高等院校环境类系列教材

现代环境监测技术

第3版

吴邦灿　费　龙　编著

中国环境出版社·北　京

图书在版编目（CIP）数据

现代环境监测技术/吴邦灿，费龙编著. —3版. —北京：中国环境出版社，2013.7
（高等院校环境类系列教材）

ISBN 978-7-5111-1433-4

Ⅰ.①现… Ⅱ.①吴…②费… Ⅲ.①环境监测 Ⅳ.①X83

中国版本图书馆CIP数据核字（2013）第082584号

出 版 人 王新程
责任编辑 张维平 宋慧敏
封面设计 彭 杉

出版发行 中国环境出版社
（100062 北京市东城区广渠门内大街16号）
网 址：http：//www.cesp.cn
电子信箱：bjgl@cesp.com.cn
联系电话：010－67112765（编辑管理部）
010－67112738（管理图书出版中心）
发行热线：010－67125803，010－67113405（传真）

印 刷 北京联华印刷厂
经 销 各地新华书店
版 次 1999年8月第1版 2005年9月第2版 2014年4月第3版
印 次 2014年4月第1次印刷
开 本 787×1092 1/16
印 张 27
字 数 630千字
定 价 88.00元

首 版 序

世界“环发”大会之后，我国及时制定了环境与发展的十大对策，实行可持续的发展战略，逐步建立适应社会主义市场经济体制的环境政策、法律和标准体系。人民群众对改善环境质量的要求日益增长。因此，控制污染、有计划地推行清洁生产、进一步提高监测监督执法作用和地位已迫在眉睫。

环境监测技术是环境监测工作的重要内容和基础，是提高监测质量和效能的根本保证。在加强监测管理的同时必须提高监测技术水平和监测队伍的整体素质，才能适应环保工作新形势的要求。

《现代环境监测技术》是系统地阐述环境监测技术的一本实用专业书。我相信该书的及时出版对提高环境监测水平，实现环境保护工作的新突破会起到推动作用。

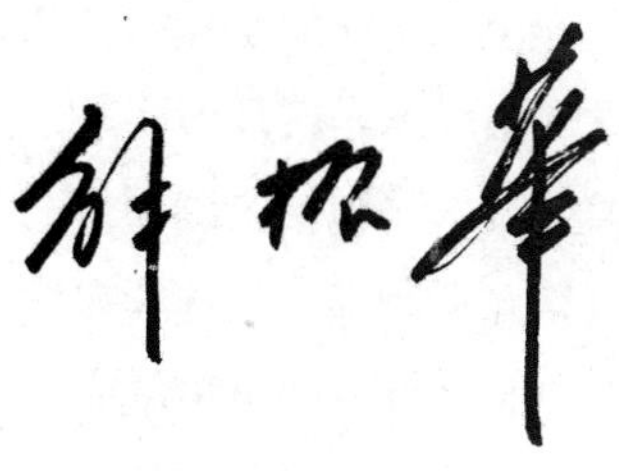

1999.10.4

再版前言

为了保障人民呼吸新鲜空气、饮用干净水、享受放心食品、生活在安全和谐的美好环境中，必须加强环境保护工作。

环境监测是环境保护的基础，是为政府监督管理实现安全和谐总目标提供技术支持和保障的。近年来，环境监测发展很快，已由单一的实验室分析转向室内与现场、应急与预警结合，化学、物理、生物与遥感生态监测多方面、全方位、天地一体化的方向发展。监测技术水平的高低直接关系到监测数据的真实性，关系到环境保护的科学化程度。

党的十八大明确提出“建设美丽中国、实现中国梦”的奋斗目标。李克强总理一再强调“要下定决心解决好关系群众切身利益的大气、水、土壤等突出的环境污染问题。改善环境质量，维护人民健康”。

我国环境监测起步较晚，虽已取得长足发展，但在技术应用开发上尤有差距，目前还有相当一部分监测站缺少必需的监测设备，有的监测技术能力不足，配置的仪器使用不起来，不能充分发挥仪器设备的作用。与当今环境监测技术的发展不相匹配，严重地制约了我国环境监测技术与方法体系的构建及环境管理的需求。

为了实现“中国梦”，完成我国跨世纪环境保护任务，“打铁还需自身硬”，须从根本上提升环境监测服务的科学化、规范化和精准化水平。要做到“测得准、报得快”。加大监测技术投入，提高监测人员的技术水平已迫在眉睫。

《现代环境监测技术》是一部融科学性、先进性、实用性为一体的系统地阐述当今国内外环境监测新技术的科技书、大学教材。有理有据、深入浅出。为便于读者理解和掌握，以环境污染种类和技术类型分章论述。

全书共分十章：第一章概述，综述现代环境监测技术的基本理论及新技术开发状况；第二章至第七章是按环境要素、污染介质种类分水、气、土固、物理、生物、生态等六大类污染监测技术（包括监测项目、基本原理、维护技能、仪器装置等）；第八章介绍遥感监测技术；第九章阐述自动连续在线监测技术；第十章为配合当前节能减排“一控双达标”现场执法监测和突发性污染事故应急监测的需要，专门介绍现场应急快速监测技术。

本书由中国环境出版社张维平编审、宋慧敏编辑进行了全面编辑审定，得到各方的帮助，在此向为本书再版给予支持和帮助的各级领导和同志们，向为本书提供引用文献的作者表示衷心感谢！

由于作者水平有限，有疏漏不当之处，敬请读者和专家惠予指正！

吴邦灿

2014.1.5

目 录

第一章　概述

第一节　环境监测技术的意义和作用

一、环境监测技术的意义

环境监测技术是随着环境科学的形成和发展而产生，在环境分析的基础上发展起来的。它是运用现代科学技术方法测取、运用环境质量数据资料的科学活动，是用科学的方法监视和检测反映环境质量及其变化趋势的各种数据的过程。用监测数据表征环境质量的变化趋势及污染的来龙去脉为目的，它是环境保护的基础。

从 20 世纪 70 年代开始，人们认识到环境问题不仅仅是控制排放污染物、保护人类健康的问题，而且包括自然环境的保护和生态平衡，维护人类繁衍发展的资源问题。人们对环境质量的理解和要求不断提高。不仅要掌握化学物质的污染，还要掌握各种物理因素的污染和生物污染。不仅要求自然环境质量，还要求社会环境质量。在控制污染方面，由末端治理向全过程控制的清洁生产发展。由主要搞单项污染治理进化到综合整治[illegible]资源综合利用。相应环境监测的概念不断深化，监测范围不断扩大。早期理解的环境监测——环境分析，是以化学分析为主要手段，建立在对测定对象间断地、定时、定点局部的分析结果，已不能适应及时、准确、全面地反映环境质量动态和污染源动态变化的要求。70 年代后期，随着科学技术的进步，环境监测技术迅速发展，仪器分析、计算机控制等现代化手段在环境监测中得到了广泛应用。各种自动连续监测系统相继问世。环境监测从单一的环境分析发展到物理监测、生物监测、生态监测、遥感、卫星监测，从间断性监测逐步过渡到自动连续监测。监测范围从一个断面发展到一个城市、一个区域，整个国家乃至全球。监测项目也日益增多，环境质量及污染状况发展趋势随时可知。故而一个以环境分析为基础，以物理测定为主导，以生物监测为补充的环境监测技术体系已初步形成。环境监测技术内容包括：

1. 化学指标的测定

主要应用环境化学分析技术对化学污染物监测，包括各种化学物质在空气、水体、土壤、生物体内水平的测定。

2. 物理指标的测量

主要应用环境物理计量技术对能量污染进行监测，包括噪声、振动、电磁波、放射性等水平的监测。

3. 生物、生态系统的监测

主要应用环境生物计量技术监测由于人类的生产和生活活动引起的生物畸形变种、受害症候及生态系统的变化。

从监测的环境要素来看，包括水质监测（各种环境水和废水的监测技术）、大气监测（包括环境空气和废气的监测技术）、土壤与固弃物监测、噪声监测、振动监测、放射性监测、电磁辐射监测等。

由此可见，环境监测技术是运用化学、物理、生物等现代科学技术方法，间断地或连续地监视和检测代表环境质量及变化趋势的各种数据的全过程。环境监测技术不仅仅是各种测试技术，还应包括布点技术、采样技术、数理技术和综合评价技术等。因此，环境监测技术涉及的知识面、专业面宽，它不仅需要有坚实的分析化学基础，还需要有足够的物理学、生物学、生态学、气象学、地学、工程学等多方面的知识，环境监测活动是一个复杂的科学技术工作，在处理环境关系时还不能回避社会性问题。在做环境质量综合评价时，必须考虑一定的社会评价因素。环境监测具有多学科性、综合性、边缘性、连续性、追踪性、生产性及艰苦性等特点。因此，对环境监测技术首先必须有个全面的正确认识。

二、环境监测技术的作用

环境监测的目的是及时、准确、全面地反映环境质量和污染源现状及发展趋势，为环境管理、环境规划和污染防治提供依据。

1. 当前环境监测的基本任务

（1）为实施强化环境管理的各项制度做好技术监督和技术支持工作。

（2）强化污染源监督监测工作。

（3）切实加强全国环境监测网络建设，完善环境监测技术体系。

（4）加速以报告制度为核心的信息管理与传递系统建设。

（5）巩固监测队伍，提高监测技术水平。

（6）进一步完善监测技术质量保证体系。

（7）坚持科技领先，做好监测科研，全面提高监测工作质量。

因此，环境监测是环境管理的“耳目”和“哨兵”，是反映环境管理水平的“尺子”。环境管理必须依靠环境监测，具体表现在如下三个方面：

（1）及时、准确的环境质量信息是确定环境管理目标、进行环境决策的重要依据。这些信息的获取要依靠监测，否则很难实现科学的目标管理。

（2）具有中国特色的强化环境管理制度的贯彻执行要依靠环境监测，否则制度和措施将流于形式。

（3）评价环境管理效果必须依靠环境监测，否则难以提高科学管理水平。所以，环境监测技术是环境管理的重要支柱。

2. 环境监测为环境管理服务应遵循的原则

（1）及时性：一是建立一个高效能的环境监测网络，理顺环境监测的组织关系；二是建立完善的数据报告制度，有一个十分流畅的信息通道，做到纵横有序，传递自如；

三是有能满足管理要求的数据加工处理能力；四是有一个规范化的监测成果表达形式。

(2) 针对性：即着重抓好环境要素监测和污染源监督监测。摸清主要污染源、主要污染物、污染负荷变化特征及排放规律，掌握住环境质量的时空变化规律。做到针对性要消除监测与管理脱节现象。监测人员不仅要有数据头脑，而且要有管理头脑，还要努力开拓污染源监测工作，建立和完善污染源监测网络。环境监测站应具有说清环境质量现状的能力和说清污染来龙去脉的能力。

(3) 准确性：一是数据的准确性；二是结论的准确性。前者取决于监测技术路线的合理性，后者取决于综合技术水平的高低。在综合分析过程中要防止重监测数据、轻调查材料，说不清环境污染史；重自然环境要素、轻社会环境要素，看不清环境问题的主要矛盾；重监测结果、轻环境效应，提不出改善环境质量的对策。

(4) 科学性：一是监测数据和资料的科学性；二是综合分析数据资料方法的科学性；三是关于环境问题结论的科学性。三者缺一不可。

第二节　环境监测的内容与类型

一、环境监测的内容

人类生存在地球表面上，地球可划分为不同物理化学性质的圈层，即覆盖地球表面的大气圈；以海洋为主的水圈；构成地壳的岩石圈及它们共同构成生物生存与活动的生物圈等，总称人类生存与活动的环境。环境监测就是以这个环境和各个部分为对象的，监测影响环境的各种有害物质和因素。

物质从宏观上说是由元素组成的；从微观结构上说是由分子（多以共价键）、原子（以金属键）或离子（离子键）构成，依其组成和结构不同，物质有两种形式：一种是无机物；另一种是有机物。

无机物：单质（包括金属、非金属等）和化合物（包括氧化物、络合物及酸、碱、盐等）。

有机物是碳氢化合物，包括烃类（链烃和环烃）和烃的衍生物（包括卤代烃、酚、醛、酮、酯、胺、酰胺、硝基化合物等）。自然界无机物有 10 多万种；有机化合物有 600 多万种，所以影响环境的各种有害物质和因素的监测必然是：无机（包括金属和非金属）污染监测、有机（包括农药、化肥）污染物监测及物理能量（噪声、振动、电磁、热、放射性）污染监测。故而我们可以依据不同污染物特性，有针对性地选用不同的监测分析技术和方法。对于无机污染物、金属、非金属宜用离子、原子分析技术，对于化合物有机污染物适用分子分析、色质谱法等。物质的组成与分类如图 1-1、图 1-2 所示。

通常环境监测内容以其监测的介质（或环境要素）为对象分为：空气污染监测、水质污染监测、土壤、固弃物监测、生物监测、生态监测、噪声振动污染监测、放射性污染监测、电磁辐射监测等。

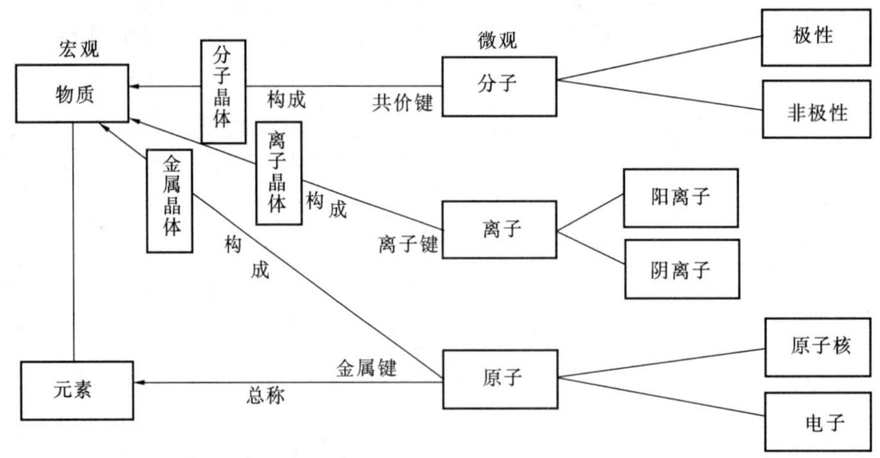

图 1-1 物质的组成

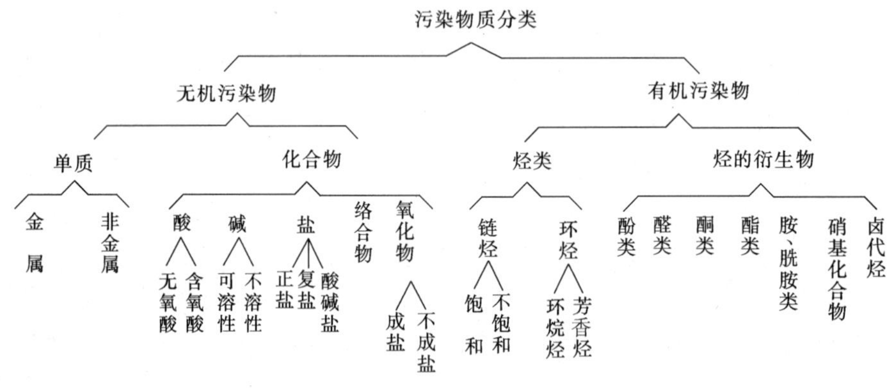

图 1-2 污染物质的分类

（一）空气污染监测

空气污染监测是监测和检测空气中的污染物及其含量，目前已认识的空气污染物约100多种，这些污染物以分子和粒子两种形式存在于空气中，分子状污染物的监测项目主要有 SO_2、NO_2、CO、O_3、总氧化剂、卤化氢以及碳氢化合物等。粒子状污染物的监测项目有 TSP、IP、自然降尘量及尘粒的化学组成，如重金属和多环芳烃等。此外还有酸雨的监测，局部地区还可根据具体情况增加某些特有的监测项目。

因为空气污染的浓度与气象条件有密切关系，在监测空气污染的同时要测定风向、风速、气温、气压等气象参数。

（二）水质污染监测

水质污染的监测项目是很多的，就水体来说有未被污染或已受污染的天然水（包括江、河、湖、海和地下水）、各种各样的工业废水和生活污水等。主要监测项目大体可分为两类：一类是反映水质污染的综合指标，如温度、色度、浊度、pH、电导率、悬浮物、溶解氧（DO）、化学耗氧量（COD）和生化需氧量（BOD_5）等。另一类是一些有毒物质，如酚、氰、砷、铅、铬、镉、汞、镍和有机农药、苯并芘等。除上述监测项目外，还要对水体的流速和流量进行测定。

（三）土壤固弃物监测

土壤污染主要是由两方面因素所引起，一方面是工业废弃物，主要是废水和废渣；另一方面是使用化肥和农药所引起的副作用。其中工业废弃物是土壤污染的主要原因（包括无机污染和有机污染），土壤污染的主要监测项目是对土壤、作物有害的重金属（如铬、铅、镉、汞）及残留的有机农药等进行监测。

（四）生物监测

与人类一样，地球上的生物也是以大气、水体、土壤以及其他生物为生存和生长的条件。无论是动物或植物，都是从大气、水体和土壤（植物还有阳光）中直接或间接地吸取各自所需的营养。在它们吸取营养的同时，某些有害的污染物也进入体内，其中有些毒物在不同的生物体中还会被富集，从而使动植物生长和繁殖受到损害，甚至死亡。受害的生物、作物，用于人的生活，也会危害人体健康。因此，生物体内有害物的监测、生物群落种群的变化监测也是环境监测的对象之一。具体监测项目依据需要而定。

（五）生态监测

生态监测就是观测与评价生态系统对自然变化及人为变化所做出的反应，是对各类生态系统结构和功能的时空格局的度量。它包括生物监测和地球物理化学监测。生态监测是比生物监测更复杂、更综合的一种监测技术，是利用生命系统（无论哪一层次）为主进行环境监测的技术。

（六）物理污染监测

包括噪声、振动、电磁辐射、放射性等物理能量的环境污染监测。虽然不同于化学污染物质引起人体中毒，但超过其阈值会直接危害人的身心健康，尤其是放射性物质所产生的 α、β 和 γ 射线对人体损害更大，所以物理因素的污染监测也是环境监测的重要内容。

上述的监测对象基本上都包括环境监测和污染源监测。这里所谓环境，可以是一个企业、矿区、城市地区、流域等。在任何一个监测对象中都包括许多项目，要适当加以选择。因为环境监测是一项复杂而繁重的工作，监测的内容和项目是很多的。在实际工作中，由于受人力、物力及技术水平和环境条件的限制，不能也不可能对所涉及的项目全部监测。因此要根据监测目的、污染物的性质和危害程度，对监测项目进行必要的筛选，从中挑选出对解决问题最关键和最迫切的项目。选择监测项目应遵循如下原则：

第一，对污染物的性质（如自然性、化学活性、毒性、扩散性、持久性、生物可分解性和积累性等）全面分析，从中选出影响面广、持续时间长、不易或不能被微生物所分解而且能使动植物发生病变的物质作为日常例行的监测项目。对某些有特殊目的或特殊情况的监测工作，则要根据具体情况和需要选择要监测的项目。

第二，需要监测的项目，必须有可靠的监测手段，并保证能获得满意的监测结果。

第三，监测结果所获得的数据，要有可比较的标准或能做出正确的解释和判断，如果监测结果无标准可比，又不了解所获得的监测结果对人体和动植物的影响，将会使监测结果陷入盲目性。

二、环境监测的类型

（一）监视性监测

监视性监测又叫常规监测或例行监测，是纵向指令性任务，是监测站第一位的工作，是监测工作的主体。其工作质量是环境监测水平的主要标志之一。监视性监测是对各环境要素的污染状况及污染物的变化趋势进行监测，评价控制措施的效果，判断环境标准实施的情况和改善环境取得的进展，积累质评监测数据，确定一定区域内环境污染状况及发展趋势。

1. 空气环境质量监测

在县级以上城区进行。任务是对所辖区空气环境中的主要污染物进行定期或连续的监测，积累空气环境质量的基础数据。据此定期编报空气环境质量状况的评价报告，为研究空气质量的变化规律及发展趋势，做好空气污染预测、预报提供依据。

2. 水环境质量监测

对所辖区的江河、湖泊、水库、地下水以及海域的水体（包括底泥、水生生物）进行定期定位的常年性监测，适时地对地表水、地下水（或海水）质量现状及其污染趋势做出评价，为水域环境管理提供可靠的数据和资料。

3. 环境噪声监测

对所辖城区的各功能区噪声、道路交通噪声、区域环境噪声进行经常性的定期监测。及时、准确地掌握城区噪声现状，分析其变化趋势和规律，为城镇噪声管理和治理提供系统的监测资料。

（二）监督性监测

为了监督和实施法律法规规定的环境管理制度和政策措施，针对人为活动对环境的影响而开展的监测活动，是环境监测站的主体工作。主要是为环境管理制度和措施，如排污许可、目标责任制、环评、“三同时”验收、总量控制等。监测数据可以“一测三用”。

污染源监督监测是为掌握污染源，监视和检测主要污染源在时间和空间的变化所采取的定期定点的常规性的监督监测，包括主要生产、生活设施排放的各种废水的监测，生产工艺废气、机动车辆尾气监测，各种锅炉、窑炉排放的烟气、粉尘的监测，噪声、电磁辐射、放射性污染的监督监测等。

污染源监督监测旨在掌握污染源排向环境的污染物种类、浓度、数量，分析和判断污染物在时间空间上分布、迁移、稀释、转化、自净规律，掌握污染物造成的影响和污染水平，确定污染控制和防治对策，为环境管理提供长期的、定期的技术支持和技术服务。

（三）应急性监测

应急性监测又叫特定目的监测或特例监测，是监测站的主要工作，仅次于监督性监测的一项重要工作。但它不是定期的定点监测，而是突发的应急监测。这类监测的内容和形式很多，除一般的地面固定监测外，还有流动监测、低空航测、卫星遥感监测等形式。但都是为完成某项特种任务而进行的应急性的监测，包括如下几方面：

1. 环境灾害监测

为降低突发的环境灾害事故对环境造成或可能造成的危害，减少损失所进行的监测。

2. 污染事故监测

对各种污染事故进行现场追踪监测，摸清其事故的污染程度和范围、造成的危害大小等。如油船石油溢出事故造成的海洋污染，核动力厂泄漏事故引起放射性对周围空间的污染危害。工业污染源各类突发性的污染事故等均属此类。

3. 纠纷仲裁监测

主要是解决执行环境法规过程中所发生的矛盾和纠纷而必须进行的监测，如排污收费、数据仲裁监测、调解处理污染事故纠纷时向司法部门提供的仲裁监测等。

（四）科研性监测

科研性监测又叫研究性监测，属于高层次、高水平、技术比较复杂的一种监测。依监测站自身能力、水平承担完成，量力而行，是多向的开发性任务，可以充分利用监测站的技术力量，提高自身的监测科研水平，增加效益。

1. 标法研制监测

为研制监测环境标准物质（包括标准水样、标准气、土壤、尘、粉煤灰、植物等各种标准物质）制定和统一监测分析方法以及优化布点、采样测流的研究等。

2. 污染规律研究监测

主要是研究确定污染物从污染源到受体的运动过程。监测研究环境中需要注意的污染物质及它们对人、生物和其他物体的影响。

3. 背景调查监测

专项调查监测某环境的原始背景值，监测环境中污染物质的本底含量。如农药、放射性、重金属等本底调查监测及生态监测、全球环境变化遥感监测等。

4. 专题研究监测

如温室效应、臭氧层破坏、酸雨规律、土地沙化、生态破坏等专题性研究的监测活动。

这类监测需要化学分析、物理测量和生物生理检验技术和已积累的监测数据资料，运用大气化学、大气物理、水化学、水文学、气象学、生物学、流行病学、毒性学、病理学、地质学、地理学、生态学、遥感学等多种学科知识进行分析研究、科学实验等。进行这类监测事先必须制订周密的研究计划，并联合多个部门、多个学科协作共同完成。

（五）服务性监测

是指接受市场委托，提供经营性环境检测技术服务的监测活动，如为社会各部门、各单位提供科研、生产、技术咨询、环境评价、资源开发保护等所需要进行的监测。

第三节　环境监测技术现状与对策

一、建立监测方法体系，确定监测技术能力

我国监测分析方法标准化建立了程序，基本分三步走。首先是通过分析方法的研

究，筛选出能在全国推广的较成熟和先进的方法。分析方法的研究和筛选原则是：

（1）应具有良好的准确性与精密性；

（2）应具有良好的灵敏度；

（3）方法所用的仪器、试剂易得，便于在全国推广；

（4）尽量采用国内外新技术和新方法。

第二步将选出的方法经多个实验室验证，形成统一的方法。前阶段，我国统一分析方法已有：

《水和废水监测分析方法》（第四版，2002 年 8 月）106 个项目，248 个监测方法。

《空气和废气监测分析方法》（第四版，2003 年 3 月）80 个项目，149 个监测方法。

《工业固体废弃物有害特性鉴别与监测分析方法》、《大气污染生物监测方法》、《水生生物监测手册》等。统一方法再经过标准化工作程序审定为国家标准方法，所以我国经过这一段时间的使用修订，环境监测分析方法已逐步形成标准分析方法和非标准分析方法两类。标准方法由国家标准方法（GB）和逐步完善的国家环境监测标准方法（HJ）两部分组成。在此之外的都属于非标准监测分析方法。常规监测优先选用国家环境监测分析方法（GB、HJ），特殊需要可采用国际标准方法（ISO）。委托监测应优先使用本监测站已经认可、认证和正在开展的监测方法。若委托方推荐的方法适用，可按委托方提出的方法。在监测任务中需用非标准方法时，须经主管领导同意并经验证生效后方可使用。

在国家环境保护战略目标下，确定监测站的监测能力主要包括：为环境决策与管理提供技术支持的能力，为环境执法提供技术监督的能力，为环境管理和社会经济建设提供技术服务的能力及环境监测系统整体的能力。四个方面能力所包括的内容如下：

1. 为环境决策与管理提供技术支持的能力

（1）科学地进行环境质量、污染源监测，在实施环境保护目标责任制中为检查责任目标达标情况和考核验收工作提供依据的能力；

（2）为城市环境综合整治定量考核提供依据的能力；

（3）在实施排污许可证制度中的技术核查能力；

（4）在实施污染物集中控制中的综合分析能力；

（5）在实施污染限期治理措施中参与方案制定和效果检查的能力；

（6）“三同时”验收监测能力；

（7）在实施环境影响评价制度中的现状监测、评价能力；

（8）在实施排污收费制度中的污染源监测能力；

（9）污染物排放总量的监测能力。

2. 为环境执法提供技术监督的能力

（1）重点污染源的定期监督监测能力；

（2）及时、准确地进行突发性污染事故监测和应急监测的能力；

（3）及时、准确地进行污染纠纷仲裁的能力；

（4）各大、中型工矿企业环境监测站的污染源例行监测能力；

（5）污染物排放达标状况的监督监测能力。

3. 为环境管理和社会经济建设提供技术服务的能力

（1）说清环境质量和污染源现状及其变化趋势和原因的能力；

（2）参与环境决策的能力；

（3）快、准、全地提供各类监测报告和进行环境污染预报的能力；

（4）为制订区域规划提供依据的能力。

4. 环境监测系统的整体能力

（1）掌握全国、区域、流域环境信息的能力；

（2）环境监测质量保证能力；

（3）联合各种监测力量进行重大监测科研的能力；

（4）引进、吸收、消化国际先进监测技术的能力；

（5）开展国际合作的能力。

各级环境监测站基本工作能力主要指各站均应具备常规环境质量监测、污染源监督监测、应急监测、服务性监测及科研监测的工作技能。

表 1-1　环境监测站基本监测工作能力一览表

类　别	监　测　项　目
大气和废气监测（共 61 项）	一氧化碳、氮氧化物、二氧化氮、氨、氰化物、光化学氧化剂、臭氧、氟化物、五氧化二磷、二氧化硫、硫酸盐化速率、硫酸雾、硫化氢、二硫化碳、氯气、氯化氢、铬酸雾、汞、总烃及非甲烷烃、芳香烃（苯系物）、苯乙烯、苯并［a］芘、甲醇、甲醛、低分子量醛、丙烯醛、丙酮、光气、沥青烟、酚类化合物、硝基苯、苯胺、吡啶、丙烯腈、氯乙烯、氯丁二烯、环氧氯丙烷、甲基对硫磷、敌百虫、异氰酸甲酯、肼和偏二甲基肼、TSP、$PM_{2.5}$、降尘、铍、铬、铁、硒、锑、铅、铜、锌、铬、锰、镍、镉、砷、烟尘及工业粉尘、林格曼黑度
降水监测（共 12 项）	电导率、pH 值、硫酸根、亚硝酸根、硝酸根、氯化物、氟化物、铵、钾、钠、钙、镁
水和废水监测（共 71 项）	水温、水流量、颜色、臭、浊度、透明度、pH 值、残渣、矿化度、电导率、氧化还原电位、银、砷、铍、镉、铬、铜、汞、铁、锰、镍、铅、锑、硒、钍、铀、锌、钾、钠、钙、镁、总硬度、酸度、碱度、二氧化碳、溶解氧、氨氮、亚硝酸盐氮、硝酸盐氮、凯氏氮、总氮、磷、氯化物、氟化物、碘化物、氰化物、硫酸盐、硫化物、硼、二氧化硅（可溶性）、余氯、化学需氧量、高锰酸盐指数、五日生化需氧量、总有机碳、矿物油、苯系物、多环芳烃、苯并［a］芘、挥发性卤代烃、氯苯类化合物、六六六、滴滴涕、有机磷农药、有机磷、挥发性酚类、甲醛、三氯乙醛、苯胺类、硝基苯类、阴离子合成洗涤剂
土壤底质、固体废弃物监测（共 12 项）	总汞、砷、铬、铜、锌、镍、铅、镉、硫化物、有机氯农药、有机质
水生生物监测（共 3 类）	水生生物群落、水的细菌学测定、水生生物毒性测定
噪声、振动监测（共 6 项）	区域环境噪声、交通噪声、噪声源、厂界噪声、建筑工地噪声、振动

注：下划线项目为重点监测项目。

通过对 178 个国控网站的调查，已有 173 个站开展大气监测，170 个站开展地面水监测，169 个站开展了噪声监测，30 个站开展近岸海域水质监测，127 个站开展了生物监测，159 个站开展了废水、废气监测，111 个站开展了地下水监测。部分监测站已开展了土壤、植物中有机农药、重金属残留量监测；另外，还开展了典型海洋、草原、荒漠、陆地和森林生态的监测。

二、加强监测仪器设备管理，完善仪器设备配制

目前，环保系统仪器原值为 10 亿多元，仅原子吸收、离子色谱、气相色谱、液相

色谱、色质联机等已有 1 257 台。据对 178 个国控站的调查，共有监测仪器原值约 5.5 亿元，占全国的 51.9%，其中大中型仪器 700 多台，占全国总数的 50%左右。

为加强我国环境监测仪器设备管理，充分发挥仪器设备的作用，制定了全国环境监测仪器设备管理规定。对监测仪器使用、管理、配置、更新等都作了具体规定。各级环境监测站仪器设备配置参见表 1-2；对大型仪器设备（如色质联机、等离子体发射光谱及其专用仪器）根据各自实际需要确定。

表 1-2 环境监测站仪器配置情况一览表

序号	设备名称	数量/台			
		监测总站	省级监测站	市级监测站	县级监测站
1	色质联用仪	1	1	自定	—
2	等离子发射光谱仪	1	1	自定	—
3	原子荧光分光光度计	1	1	自定	—
4	红外分光光度计	1	1	自定	—
5	高压液相色谱仪	1	1	1	—
6	气相色谱仪	2	2	1	自定
7	离子色谱仪	2	1	2	自定
8	原子吸收分光光度计	2（一台不配石墨炉）	2（一台不配石墨炉）	2（一台不配石墨炉）	1
9	万分之一分析天平	3	4	3	1
10	1/10 万分析天平	1	1	1	—
11	可见分光光度计	3	4	4	2
12	紫外分光光度计	2	2	2	1
13	生物发光光度计	2	1	自定	—
14	非分散红外油分析仪	2	1	1	自定
15	测汞仪	2	1	1	1
16	溶解氧测定仪	2	2	3	1
17	COD 测定仪	2	2	3	1
18	声级计	2	2	4	2
19	振动测定仪	2	2	3	自定
20	场强仪	2	1	1	自定
21	电导仪	2	3	3	1
22	浊度仪	2	2	2	1
23	生物显微镜	3	2	2	自定
24	恒温室	1 间	1 间	1 间	自定
25	BOD 培养箱	2	2	3	1
26	大气采样器	6	8	10	6
27	TSP 采样器	6	8	10	6
28	PM_{10}采样器	6	8	10	自定
29	烟尘采样器	3	3	4	2
30	烟尘测试仪	2	2	2	1
31	烟气采样器	2	2	2	1
32	烟气测试仪	2	2	2	1
33	极谱仪	—	—	—	1
34	煤含硫量分析仪	1	1	1	—
35	林格曼黑度仪	2	2	4	2
36	水质采样器	4	4	4	2
37	流速仪	2	4	4	2

续表

序号	设备名称	数量/台			
		监测总站	省级监测站	市级监测站	县级监测站
38	降水采样器	2	3	6	2
39	电冰箱或冷柜	10	10	5～10	2
40	复印机	2	2	1	自定
41	电脑打字机	2	1	1	自定
42	微型计算机	20	10	8	2
43	环境监测车	3	3	2～3	1
44	柴油机排烟黑度监测仪	1	1	1	自定
45	大气自动监测系统（套）	自定	自定	自定	—
46	水质自动监测系统（套）	自定	自定	自定	—
47	应急监测装备	1	1	1	1
48	汽车尾气监测仪	1	1	2	1
49	传真机	1	1	1	自定
50	远程通讯设备	1	1	1	1
51	摄像机	1	1	自定	—
52	TOC 测定仪	1	1	1	—
53	多功能水质测定仪	2	2	3	1
54	元素分析仪	1	1	自定	—
55	采样船（或艇）	—	自定	自定	—

在先进实用的环境监测仪器的研制上：

（1）编制《环境监测仪器设备国产化发展指南》，加强环境监测仪器设备技术标准、技术政策的研究，建立和完善环境监测仪器设备的资质认证认可、环境监测技术认证制度的技术储备体系。

（2）重点研制开发 28 类在线连续自动监测仪器和主要污染物排放总量在线连续监测系统。研制浮标式水质自动监测系统、机动车排气激光光谱连续自动分析系统和其他特征污染物在线连续自动分析系统。

（3）加强 11 类空气和水质便携式监测仪器设备的研制。重点开发直读式甲醛、氨气、SO_2、NO_x、烟尘、VOCs 检测仪、便携式分光光度计、GC 仪、FTIR 以及现场化学测试组件（包括检气管、水质测试管）等。同时对 9 类采样制样设备和常规急需监测仪器设备抓紧研制，如便携式采样器、$PM_{2.5}$和 PM_{10}采样器、酸沉降采样器、微波制样系统、TOC、AOX 等。

三、开展监测质量保证，加强技术培训

我国从 20 世纪 70 年代开始逐步建立了中央、省、地市、县区的四级监测机构 2 298个站，制定了各种监测管理制度。由环保部门和其他部门的有关单位开发研制了 100 多种环境标准物质，为实验室质控提供了保证。开展了优化布点，统一监测方法，进行技术培训，实行分析人员上岗合格证制，创建和评选了国家和省级优质实验室，编辑出版了质量保证手册，从而保证了监测工作质量，达到监测数据的代表性、准确性、精密性、可比性、完整性的 QA 目标。基本形成了从监测点位优化、样品的采集与输送，实验室分析到数据处理、报告的综合编写等全过程的监测质量保证体系。

（一）环境监测质量保证体系的建立

1991年国家环保局以环监字第043号文下达了《环境监测质量保证管理规定（暂行）》，对机构和职责、量值传递、实验室及人员的基本要求，监测质量保证的具体内容和报告制度，均提出了具体要求和做法。

在机构和职责方面，以分级管理的方式，建立各级质量保证管理小组和质量保证专门机构。前者负责人员考核认证、实验室评比、审定质量保证的规章制度和工作规划、指导有关技术文件的编写和主持对数据质量有争议的仲裁工作。后者负责本单位内的质量保证工作，组织实施QA技术方案、工作计划和规章制度，审核质控数据和组织技术培训以及考核评比等工作。

“十五”期间系统研究并编写了环境监测QA/QC手册，重点完善空气和废气、地表水和污水及噪声环境监测QA/QC手册。

在量值传递方面，以标准物质为量值传递的重要物质基础，对各类计量器具执行《计量法》，按有关计量检定规程进行检定。

实验室及人员的基本要求方面，提出了建立健全有关制度，配备必要的仪器设备；人员应具有大专以上文化程度，考核合格上岗。

从采样至报出数据的具体QA内容亦作了阐述，包括了三级审核。

（二）计量认证工作的开展

计量认证是根据《计量法》由政府计量行政部门对向社会提供公证数据的技术机构的计量检定、测试的能力、可靠性和公证性所进行的考核和证明。也就是给予该机构在某方面为社会提供公证数据的资格。国家环保局为此制定了《环境监测机构计量认证的实施和环境监测机构计量认证评审内容和考核要求》（环监测［93］204号），还制定了《关于印发环境监测机构计量认证准备与监督检查内容的通知》（环监测［93］245号），并正式出版了《环境监测机构计量认证和创建优质实验室指南》，为在环境监测系统开展这一工作提供了技术性文件，将其纳入了法制轨道。到目前为止，绝大多数环境监测站通过了认证。

（三）人员的技术培训与考核

1983年由中国环境监测总站组织举办了第一期有省、市、自治区、省会城市和全国重点城市环境监测站参加的环境监测质控学习班。尔后，培训工作多以省为单位进行，亦有专门的干部进修学院以及教学与科研单位等联合举办，为提高技术水平而做出努力。

1981—1982年和1987—1988年两次组织了全国上百个实验室参加的环境监测分析方法验证工作，既统一了分析方法，又锻炼了队伍。

1983年组织了第一次质控考核，从1984年起进行分级考核，包括持证上岗、国控网点和城市环境综合整治等专项考核。

1990—1998年，在各省考评的基础上，国家环保局对申报国家级优质实验室组织专家进行了评审，内容包括实验室环境、人员素质、质控措施和工作完成情况等。

2000—2010年系统地研究并编制了《环境监测仪器设备质检数据采集与传输QA/QC手册》，编写环境监测QA/QC考试标准试题库和各种监测技术规范。

今后要求各级环境监测站人员技术培训及持证上岗。

总站高、中级技术人员和省级站、国控网络站高级技术人员、业务领导者（站长）的培训，由国家环境监测总站组织实施；地、市和区、县级监测站高级技术人员、业务领导者（站长）的培训，由各省、自治区、直辖市监测中心站组织实施。国家和省级高级技术人员、业务领导者（站长）培训班每 3～5 年举办一次，其他专题技术报告会或专题研讨会可不定期举办。

省级及省级以下初、中级监测人员的培训，采取由上一级监测站举办培训班和站内“以老代新”与自学相结合方式。每年举办技术培训班 1～2 次，其他专题报告会或研讨会可不定期举办。

各级技术人员培训的主要内容为：

① 环境监测的基础理论和方法的系统培训；

② 我国现行环境监测有关方针政策、技术规范、质量保证、标准分析方法及分析技术方法指南等业务技术系统培训；

③ 我国现行有关环境监测为环境管理服务方面的法规、标准、制度等方面的培训；

④ 国内外有关环境监测的新方法与技术、新仪器与设备的掌握及应用推广；

⑤ 环境监测技术管理、监测数据资料库、监测信息系统、计算机网络化系统以及监测站规范化管理经验交流等。

各级从事例行环境监测、污染源监测、环境现状调查、污染纠纷仲裁、应急监测和科研监测课题等任务并向社会提供公证数据者，必须通过基本理论、基本操作技能和实际样品分析三部分组成的技术考核，考核合格后方可上岗从事监测工作。

（四）开展《环境监测质量管理三年行动计划》活动

通过实施环境监测质量管理（2009—2011 年）三年行动计划活动，进一步强化环境监测质量意识，经过环境监测质量管理各项制度的落实，规范使用常规、应急、自动环境监测仪器设备，提高环境监测人员的能力水平。使在用环境监测实验室主要分析仪器设备合格率达 100%；监测人员持证上岗率达 100%；省级环保重点城市环境监测机构的计量认证通过率达 100%。进一步完善环境监测质量管理制度、夯实环境监测质量管理的基础。完成如下重点任务：

① 开展对《环境监测质量管理规定》执行情况的检查。

② 开展对《环境监测人员持证上岗考核制度》执行情况的检查。

③ 在用环境监测仪器设备的检查。

④ 开展环境监测数据质量监督检查。

⑤ 对环境监测技术人员及质量管理人员进行培训。

⑥ 开展全国环境监测技术“大比武”。

⑦ 不断完善环境监测质量管理制度。

四、监测科研不断发展，科学监测水平提高

我国制定并颁布实施了环境监测技术规范及有关的技术管理规定，使环境监测技术管理走上了规范化轨道，全国监测系统可以开展水、气、渣、土壤、生物、噪声、放射性等要素 200 多个项目的环境质量和污染源监测，还可承担较复杂的环境问题调查。各级监测站获奖科研项目 1 800 多项，其中有环境背景值、工业污染源、酸雨和农药污染

调查等大型课题，更多的则是实用监测技术。内容涉及优化布点、分析方法、仪器设备、计算机应用、数据分析评价以及标准物质的开发研究等。

“八五”期间，据不完全统计，各级监测站获得国家级和省（部）级科技进步奖共788项，市级奖1 050项；在总站的组织下，制定水质监测方法78项，空气和废气监测方法33项，固体废物监测方法13项；总站开发研制了106种标准样品。进入“九五”以来，监测科研力度开始得到加大，总量监测、应急监测、技术路线、在线监测技术等已立题开始研究。尤其值得一提的是中科院的环境监测工作在各个领域都有领先研究，他们在全国主要生态区设有52个生态定位研究站，长期进行生态、气候变化研究，取得了十分有价值的研究成果。中国环境监测总站建立环境监测科研题库，对监测科研进行动态管理。

“九五”期间，全国环境监测工作出现了六大可喜现象：一是“九五”第一年，配合中央领导要求到2000年要将污染物排放总量冻结在1995年水平的要求，各级监测站在企业监测站的密切配合下，加紧污染源监测和调查工作，说清1995年环境质量和污染源状况，为实现“九五”环境目标提供基数；二是配合总量控制行动计划，出现了总量监测和科研的新气象；三是配合各级环保局以改善环境质量为主线的工作大局需要，部分地区认真召开环境质量分析会，如大连市环保局邀请企业的同志一起分析环境质量状况，已坚持数年；四是配合提高全民环境意识、强化监督管理的需要，广州、南京、上海、沈阳、大连、厦门、武汉等46个城市首先开展了空气质量周报工作，全国陆续不少城市由周报变为日报预报；五是配合区域、流域管理的需要，组织区域、流域联网监测，流域性同步监测工作已被广泛认同；六是出现了国际合作的新步伐，从中央到地方广泛地开展国际合作，合作项目比过去任何时期都多。除此之外，各级监测站在环保局的领导下普遍开展了监测计划，规划的制定工作为“九五”环境监测工作奠定了良好的基础。

“十五”期间，以国家环境保护“十五”计划和2010年远景目标为依据，以环境管理需要、面向环境监测现代化的需要和面向环境监测的现实需求为动力，以说清环境质量现状和变化趋势、说清重点污染源主要污染物排放总量和说清环境质量变化的原因为目标，统筹规划、系统安排，突出重点、逐步落实，全面提升环境监测科研工作的现代化水平和科技保障能力。利用10年时间，创建环境监测学理论体系，建立完善的环境监测技术支持体系，力争在一批方向性、基础性、实用性的现代环境监测技术领域有所突破。

“十一五”期间牢牢把握科学监测主题和提高环境监测质量的主线，以建设先进的环境监测预警体系为载体，不断提升“三个质度”的能力。

五、完善监测网络，实现监测信息管理网络化

“八五”第一年，通过优化筛选建立了由200个站组成的“国家环境质量监测网”（简称“国控网”）。1992年由国家环保局会同各有关部门组建了由27个部门的54个环境监测站组成的“国家环境监测网”。

根据加强流域环境管理的需要，1994年以来，分别组建了“长江暨三峡生态环境监测网”、“淮河流域环境监测网”、“太湖流域环境监测网”和“近岸海域环境监

测网”。这些跨行政区划的专业监测网络的建立，开始打破了单纯以行政区划为单元的环境监测管理体制，适应了流域环境管理的需要。尤其值得一提的是这些专业监测网认真开展同步监测工作，适时地为环境管理提供决策依据。在流域网建设的同时，各地环保局十分重视辖区范围内监测网络的完善工作，大部分省级监测中心站起到了中心站的作用。

为了掌握排污状况，加强污染源监测，在太原等 11 个城市进行了组建包括行业、企事业单位监测站在内的城市监测网络的试点工作，为实施污染物排放总量控制创造了条件。

1988 年 5 月在北京召开了由 11 个省、直辖市和 10 个省辖市参加的国家环境信息传真通信系统工作会，研究开展国家环境信息传真系统的实施方案、技术方案和管理规定。首先实现全国信息中心与各大气污染防治重点城市和大气自动监测系统城市的终端之间及各终端之间的各种图、文、声数据资料等环境信息快速保密传递，为环境统计及环境质量报告书编报服务。

“九五”期间，国家环保局以各类监测报告质量为突破口，狠抓了监测为管理服务的效率。年度监测报告多数省可在 1 月底将数据软盘报到总站，5 月底前完成公众版和领导参阅材料的编制，6 月底前完成报告书。在报告的类型方面，国家及地方已编制了年度报告书的详本、简本、公众版、领导参阅材料等种类；编制了季报、月报、周报、快报、简报、各种专题报告等，为了适应流域管理的需要，长江、淮河、太湖、近岸海域分别编制了年度报告书、季报，淮河网基本做到了月报；国家及各省、市自 1992 年开始编制了重点污染源排放状况报告，每年对国家重点污染源名单进行了核实和调整，特别是典型环境问题、污染事故的快报、简报和专题监测报告的及时性和针对性得到各级领导的肯定。同时，随着计算机技术的发展，总站和部分省市已开始应用地理信息系统（GIS）、遥感信息系统（RS）和全球定位系统（GPS）等技术建立环境质量国情系统，制作音视图文集于一体的声像报告书，环境质量表征技术得到了较快的发展。1997 年 5 月，在国务院有关部、委、局、公司的 16 个单位密切配合下，首次编发了《长江三峡工程生态与环境监测公报》。

“十五”重点完善数据库和信息传输系统，建设成结构合理、功能齐全、运行稳定、安全可靠的总站数据库系统和现代化的全国环境监测信息传输系统。建设由多功能数据库系统、信息传输与通讯系统、自动在线监测系统、卫星遥感解析系统和信息发布系统等组成的全国环境监测信息中心，在线监控全国地表水、空气、近岸海域、城市噪声、污染源自动监测情况，实时演示和发布全国及各地区、各流域、各海域的环境质量及污染状况。

我国的监测技术工作虽然取得很大成绩，但在发展过程中也存在明显的差距和问题。总的情况是技术支持很不适应环境管理的需要，同一些先进国家相比差距很大，主要表现在：

（1）监测分析方法不够健全，现有的方法大体可以满足常规环境质量监测和部分污染源监测。但对环境和污染调查、全面的污染源监测以及应急事故的处理，就显得不够。从监测技术现状来看，水气监测多于土壤、生物、固体废弃物等；无机物的分析方法多于有机物，而有机物、有毒有害化学品的监测技术方法较薄弱；环境质量的监测方法好于污染源的监测方法，尤其是废气监测方法很薄弱。

(2) 采样技术仍然是一大难题，环境标准物质缺口很大，使监测方法的研究和应用以及质量保证工作开展受到严重制约。质量保证远未达到系统化、程序化，目前局限在水质分析质控上，水质质控也只抓了实验室分析环节，其他环节还没得到有效控制。

(3) 现有监测技术配套性较差，仪器设备条件急需改善。监测技术是一个完整的体系，只有成龙配套才能形成力量，监测项目、方法、仪器、标准、质控程序缺一不可。现有不少项目缺方法、缺仪器、少标准、无质控，特别是监测仪器设备大多是七八十年代购置的，有相当一部分需要更新。

(4) 监测信息管理和开发尚存在诸多问题。国家对监测技术工作的指导、管理和支持缺乏系统的、科学的战略发展规划。监测技术的发展方向、目标、技术路线以及步骤措施不够明确，监测技术发展带有一定的盲目性。监测技术规范和有关的技术规定还没有很好地贯彻实施。尤其是对监测技术发展的投入严重不足。

今后监测技术工作总的指导思想是：监测技术工作要以增强监测能力、提高监测质量、适应环境管理为目标，从我国监测工作的实际情况和环境管理的需要出发，本着统筹配套、协调发展和突出重点的原则，确立开拓与完善并举，发展与提高兼顾的方针，积极开拓新的监测技术和新的监测方法。进一步完善已有的监测技术和监测管理体系；大力发展标准物质和质量保证工作。努力提高监测信息的管理和开发应用水平。环境监测技术工作是环境监测的重要基础，只有提高并完善环境监测技术，才能不断使环境监测工作上新台阶。

“十一五”期间，中央财政对环境监测专项资金投入达54亿多元，其中对国家环境监测网能力建设资金投入约为4.7亿元，环境监测的覆盖范围、项目领域和技术手段均有了前所未有的提高。“十二五”期间，环境监测继续以削减主要污染物排放总量为主线。

第四节　环境监测新技术开发

随着科学技术的发展与仪器的更新，各国环境监测工作者都在利用新的仪器开发一系列新的监测技术和方法，如新型监测仪器 GC-MS、GC-FTIR、ICP-MS、ICP-AES、HPLC、HPLC-MS、RS、GDS、GIS、XRF 等系列方法等。

目前发达国家环境监测单位所拥有的大型仪器主要有气相色谱-质谱联用仪（GC-MS)、液相色谱-质谱联用仪（LC-MS)、傅里叶红外光谱仪（FTIR)、气相色谱-傅里叶红外光谱联用仪（GC-FTIR)、电感耦合等离子体-质谱联用仪（ICP-MS)、微波等离子体-质谱联用仪（MIP-MS)、电感耦合等离子体发射光谱仪（ICP-AES)、X-射线荧光光谱仪（XRF）等。在这些大型仪器中，除 GC-MS 和 ICP-AES 已在我国用于环境监测分析外，其他仪器还没有相应的标准或统一的监测分析方法。而在发达国家，这类仪器监测分析方法的研究开发以及应用发展较快。由于此类仪器尚不能国产化，所以在我国环境监测分析中的普及和应用尚待时日。

原子吸收光谱仪［AAS，包括 FLAAS（火焰）和 GFAAS（石墨炉）］、原子荧光光谱仪（AFS）、气相色谱仪（GC）、高效液相色谱仪（HPLC）、离子色谱仪（IC）、紫外-可见分光光度计（UV-VIS）以及极谱仪（POLAR）等属中型分析仪器。目前，国内外的标准环境监测分析方法中这类仪器的使用仍占主导地位。其中，FLAAS、UV-VIS 和 POLAR 已经国产化，仪器的性能指标已达到或接近国际先进水平。就价格性能比来看，国产仪器占绝对优势。GC 和 GFAAS 在国内发展较快，研制和生产技术也日趋成熟，产品已基本能满足我国环境监测分析的需要。我国自行研制生产的 AFS 的技术居世界领先水平，国外尚无同类专用仪器。AFS 对 Hg、As、Sb、Bi、Se 和 Te 等环境污染物元素的测定有很高的灵敏度，可以满足我国环境监测分析的需要。

一、有机污染监测技术的开发

目前，我国有机污染物的监测项目不够多，监测水平与管理需要差距较大，急需开发研究适合我国国情的 GC、HPLC、GC-FTIR、GC-MS 方法，而另一个重要问题是要解决有机标准样品，这样才能更好地进行方法开发、质量控制和质量保证、方法验证等。

“十二五”重点加大对持久性有机物、农药残毒等监测技术领域实验室大型仪器和配套前处理设备的研发。加快开发国产、高端实验室分析设备。

就我国现状而言，GC 柱的标准化、监测有机污染物的提取（从水、废水和空气、废气采集的样品中）、净化等监测技术仍需要研究和提高。

农牧产品及各类食品中农药残留量的分析是环境监测分析工作者的重要任务之一。由于农药类的挥发性强，所以通常使用 GC［包括电子捕获检测器（ECD）、火焰光度检测器（FPD）和氮磷检测器（NPD）］法。对检测出的农药进行结构鉴定一般使用 GC-MS 法，而有些热稳定性差的农药需用 LC-MS 鉴定。有文献报道了共有 19 种在水果和蔬菜中残留的农药类，它们的不挥发性和热稳定性差，须用热喷雾液相色谱-质谱联用仪（TSP-LC-MS）鉴定。方法是将试样经丙酮萃取，液—液分配法净化。在 19 种农药类中确认了 13 种。用选择离子检测方式（SIM）的检测限是 0.02～1.0 mg/L，加标0.5 mg/L 时的回收率达 70%以上。变质花生中的黄曲霉素 B1、B2、G1 和 G2 也是用 TSP-LC-MS 法检定出的。方法是将黄曲霉素类用水—甲醇提取后，固相萃取（C_{18}＋NH_2）净化，LC-MS 检定，检测限是 50～100 pg。

二、无机污染监测技术的开发

我国无机污染物监测项目比有机污染物多，方法也相对成熟，但仍需补充一些项目，尽力使方法简单化、成熟化。Co、Ni、V、Al 的方法则补充了原来监测方法中缺少的项目；电极流动法和公布的流动注射在线富集法测定 Cl^-、NO_3^--N、F^-、Cu、Zn、Pb、Cd、硬度等，除能保证良好的测定精度外，还节省时间，便于实现自动化，也是三个效益俱佳的方法体系。

重金属污染危害防治已成为当前环保工作的重点任务之一。环境监测部门要为重金属污染防治提供坚强的监测技术支撑、需要不断加强对实验室重金属监测技术研究和仪器设备的研发。特别是 ICP-AES、ICP-MS 推广应用及方法研制等。

ICP-AES 法测定 Al、Zn、Ba、Be、Cd、Co、Cr、Cu、Fe、Na、K、Mg、Ni、Pb、Sr、Ti、V、Cd、Mn、As 则代表了大型仪器在环境监测中的应用。此外，石墨炉原子吸收法、氢化物发生原子吸收法以及离子色谱法测定无机离子等方法体系也正在开发中。

ICP-MS 是以 ICP 作为离子化源的质谱分析方法，该方法是 80 年代开始应用于实际样品分析的高灵敏度方法。ICP-MS 比 ICP-AES 灵敏度高 2～3 个数量级，比 AAS 高 1～2 个数量级，并可实现多元素同时分析。另外，质谱图比较简单，干扰峰少，可进行同位素比的测定，在金属元素的分析方面与 AAS 并行，正在快速发展普及。日本和美国都已把用 ICP-MS 分析水中 Cr(VI)、Cu、Cd 和 Pb 列为标准方法。用 HPLC-ICP-MS 和 IC-ICP-MS 进行尿液中各种形态 As 的分析，以及 ICP-MS 在新型材料学、医学和药学等分析领域的应用都有报道。用高分辨率 ICP-MS 还可直接进行痕量稀土元素定量分析。

三、优先监测污染物监测技术的开发

本着选择在国外水污染控制名单中出现频率高的及水中难以降解、在生物体中有积累性、具有水生生物毒性的污染物，选择应具毒性效应大的化学物质，具有较大的（生产）排放量并较广泛地存在于环境中的原则，根据国内已具备的监测基础条件及治理技术、经济力量等因素分期分批地建立了优先污染物控制名单，同时也进行了相应的项目、分析方法、标准物质及质量保证程序的开发和研究，我国水中优先污染物名单见表 1-3。

表 1-3 我国水中优先监测污染物名单

化学类别	名称	分析技术
挥发性卤代烃类	二氯甲烷、三氯甲烷、四氯化碳	HS-GC-ECD（填充柱）
	三溴甲烷、三氯乙烯、四氯乙烯、1,2-二氯乙烷、1,1,1-三氯乙烷、1,1,2,2-四氯乙烷	HS-GC-ECD（毛细柱）
苯系物*	苯、甲苯、乙苯、邻二甲苯、间二甲苯、对二甲苯	HS-GC-FID SE-GC-FID
氯代苯类	氯代苯、邻二氯苯、对二氯苯、六氯苯	HS-GC-ECD
多氯联苯	多氯联苯	SE-GC-ESD
酚类	苯酚、间-甲酚、2,4-二氯酚、2,4,6-三氯酚、五氯酚、对硝基酚	GC-FID HPLC
硝基苯类*	硝基苯、对硝基甲苯、2,4-二硝基甲苯、对硝基氯苯、2,4-二硝基氯苯	SE-GC-ECD HS-GC-ECD
多环芳烃*	萘、荧蒽、苯并［*b*］荧蒽、苯并［*k*］荧蒽、苯并［*a*］芘、茚并［1,2,3-*c*,*d*］芘、苯并［*g*,*h*,*i*］苝	HPLC
苯胺类	苯胺、2,4-二硝基苯胺、对硝基苯胺、2,6-二氯硝基苯胺	HPLC

续表

化学类别	名　　称	分 析 技 术
酞酸酯类	酞酸二甲酯、酞酸二丁酯、酞酸二辛酯	SE-GC-ECD SE-HPLC
农药*	六六六、滴滴涕、敌敌畏、乐果、对硫磷、甲基对硫磷、除草醚、敌百虫	SE-GC-ECD SE-GC-FID
丙烯腈	丙烯腈	
亚硝胺类	*N*-亚硝基二甲胺、*N*-亚硝基二正丙胺	HPLC
氰化物*	氰化物*	SP
石棉	石棉	光学显微镜法
重金属及其化合物	砷及其化合物* 铍及其化合物 镉及其化合物* 铬及其化合物* 铜及其化合物* 铅及其化合物 汞及其化合物* 镍及其化合物* 铊及其化合物	SP AAS、SP AAS、SP SP AAS、SP AAS、SP AAS、SP

注：上述方法除带＊号已具有标准方法外，其他方法尚未经过标准化程序，在建立 GC、HPLC 定量方法的同时也建立了 GC－FTIR、GC－MS 鉴定水中有机物的定性方法。

对空气中有毒有害污染物名单的筛选及采样监测方法的研究已开始进行。监测信息管理和开发应用技术要上新台阶。数据传输要由软盘过渡到计算机联网通信传输。首先是总站与省级站联网，然后逐步扩大，环境质量报告与污染源报告要统筹考虑，逐步向统一化过渡。

四、自动监测系统和技术开发

在自动监测系统方面，一些发达国家已有成熟的技术和产品，如大气、地表水、企业废气、焚烧炉排气、企业废水以及城市综合污水等方面均有成熟的自动连续监测系统。

在水质等自动监测系统中主要使用流动注射法（FIA）技术。FIA 与分光光度法、电化学法、AAS、ICP-AES 等结合，可测定 Cl、NH_3、Ca、NO_3、Cr(Ⅲ)、Cr(Ⅵ)、Cu、Pb、Cd、Zn 、In、Bi、Th、U 以及稀土类等多种无机成分，已应用于各种水体水质的监测分析。

我国虽有少数废水自动监控系统生产，但监测项目较少，在提高自动化程度及降低故障率等方面仍有许多工作要做。因此，结合我国环境监测分析工作的实际情况，有选择地吸收国外先进经验和技术及产品，对于发展我国的自动监测系统大有裨益。为了实施污染物排放的总量监测与控制，需配备水质和空气的自动监测系统。目前，“十一五”

期间我国污染源自动在线监测设备技术的建设发展取得了长足的进展，在环境管理和总量减排中发挥了应有的作用。目前全国已建成了 324 个省、地市级监控中心，在10 279 个国家重点监控企业分别安装了废水自动在线监测设备7 225套、烟气自动在线监测设备5 472套。

在环境质量监视性监测领域，我国已经建立了一定数量的水环境和大气环境自动监测系统，并在环境管理工作中发挥了重要作用。以国家环境监测网为例，我国已经建立起覆盖全国环保重点城市的共 600 多套空气自动监测系统，以及覆盖全国十大流域的 150 多个地表水自动监测系统，并进一步完善自动连续监测网络、提高技术装备集成化水平、满足环境质量综合评价需要，为行政管理部门提供更全面、准确、翔实的监测数据。

为首先巩固完善现有的、能正常运行的自动监测系统，在全国环境保护重点城市中稳步发展自动监测系统，并在这些城市中选择技术条件好的城市开展空气污染 $PM_{2.5}$ 预报。

空气自动监测系统以干法测定原理的自动系统为发展方向，不宜再新建以溶液电导率等为测定手段的湿法自动监测系统。从 2000 年起国控网络城市的自动监测系统应全部采用干法测定系统。

重点城市的自动监测系统宜采用集中-分散微机控制网络，提高系统中心与子站之间的“透明度”。通信方式应更新为有线传输。

建立完善的、运行良好的空气自动监测系统，发布空气 $PM_{2.5}$ 污染警报并进行污染预报是空气污染防治的要求，也是建立高效能空气连续自动监测网络的根本目的。

五、现场简易监测分析仪器和技术开发

现场快速测定技术有以下几类：试纸法；水质速测管法—显色反应型；气体速测管法—填充管型；化学测试组件法；便携式分析仪器测定法。

突发性环境污染事故的不断发生给环境监测分析人员提出了重要课题。除了实施预防性监测分析外，还必须开展快速简易检测管（气、水、有机污染物、无机污染物）的研制以及便携式现场测试仪器的研制等，用于调查和解决突发性污染事故，以及半定量地解决污染纠纷。另外，我国地域辽阔、地形复杂，国有工矿企业和乡镇企业分布很广，这给环境监测人员的工作带来许多不便，尤其是许多县和乡镇还没有监测能力。因此，简易便携式现场监测分析仪器有很大的应用前景。这类仪器的使用不仅可以减少环境试样在传输过程中的玷污，减少固定和保存的繁杂手续，还可以大大减轻监测分析人员的工作量，便于适时掌握环境质量的动态变化趋势。但从目前的便携式仪器来看，无机污染物的监测分析仪器较多，多开发一些有机污染物的监测分析仪器是该领域的发展方向。另外，开发这类仪器也可减少监测分析的消耗。此外，在进行这类仪器设备及监测分析方法研究时，必须进行实用性检验，即使用同样的污染源样品，用标准方法和现场测定方法同时对污染成分进行测定，检验测定结果的可比性或相关性。

在便携式现场速测仪中，目前以可测定 DO、pH、水温、浊度、电导和总盐度的仪器最为成熟，我国已应用于污染事故调查（死鱼等）和长江同步监测中。便携式 COD 测定仪可测定有机污染物的综合指标，而可测定水和气多种有机成分的便携式光

离子化检测器气相色谱仪（GC-PID）、便携式红外光谱仪将会在应急监测中起到重要的作用。

在便携式速测仪中，便携式GC与一般的GC相比，在性能方面已无明显差别；而体积小、轻便、适用于现场监测是其主要特征。这类仪器主要使用PID。PID可检测离子电位不大于12 eV的任何化合物，如烷烃（除甲烷外）、芳香族、多环芳烃、醛类、酮类、酯类、胺类、有机酸、有机硫化合物以及一些有机金属化合物，还可检测O_2、NH_3、H_2S、AsH_3、PH_3、Cl_2、I_2和NO等无机化合物。用PID测定烷烃、芳香族和多环芳烃等HC化合物的灵敏度比火焰离子化检测器（FID）高5～10倍；测定含P、S农药类比FPD低10倍左右。此外，PID对无机物的检测限达到或超过其他任何检测器。如对NH_3的检测限达200 pg，比热导池检测器（TCD）低2～3个数量级；对无机硫化合物比FPD的检测限低30倍；对PH_3的检测限比FPD低5倍。此外，ECD对电负性高的卤化物等响应的高灵敏度和高选择性，必将会使其成为便携式GC的常用检测器之一。便携式傅里叶变换红外光谱仪可直接现场测定我国优先登记的有毒化学品沸点低的气态污染物。

六、生物检测技术的开发

多年来，气相色谱/质谱联用（GC/MS）和高效液相色谱（HPLC）已经非常成功地应用于环境分析，能精确地检测残留的农药量。然而，它们需要昂贵的仪器设备、复杂的前处理、熟练的技术人员及较长的分析周期。因此，人们迫切希望一种简单、快速及价廉的检测技术，能在野外或实验室内进行大批量的筛选试验。酶免疫检测（EIA）技术就此脱颖而出，尤其是在农药分析领域。为了使EIA技术在环境监测中得到应用，美国的一些管理机构相继开发了许多化学品的检测技术，并制定相应的规范程序。USEPA的主要目标是发展简单、快速的检测技术，包括野外和实验室的EIA检测。野外方法可用于危险废物处置能力的测定，能快速获得污染程度的信息，迅速提出行动方案。USEPA主要将EIA集中用于食品和饲料中农药残留量的检测，同时开发天然毒素（如黄曲霉素）的检测方法。USFSIS资助开发了拟除虫菊酯、含氯杀虫剂以及其他化合物的检测技术。近年来，EIA试剂盒的商品化，为EIA技术在环境监测领域的大量运用创造了条件，并使之有可能成为常规分析法。

在检测方法不断改进的同时，新化合物的EIA检测方法也在不断涌现。Dankwardt等人设想制备不同特性的抗体，将不能使用化学方法提取的atrazine从与其结合的天然腐殖酸的农田土壤颗粒上分离，并测定其残留量。Lawrukdeng等人选用磁性颗粒基质作为2,4-D抗体固相，检测环境水样中的2,4-D及其酯类。该方法灵敏度更高，最低检出限可达到0.7 μg/L。Hothenstein等人开发了一种利用特殊的PCP抗血清，与磁性颗粒固相共价结合竞争EIA的检测方法，可定量测定水及土壤中的PCP含量。

我国的研究者也自行开发了许多EIA检测方法。

（1）成功地合成了对硫磷人工抗原，并在免疫的兔子体内获得高效抗血清。在此基础上，应用了ELISA法对梨、苹果中的对硫磷残留量进行检测，并以GC法验证，充分说明其具有良好的重现性。

（2）通过化学方法，将杀虫脒偶联到载体蛋白制成抗原，然后免疫BALB/C小鼠。

经细胞融合、筛选、克隆等步骤，获得了抗杀虫脒的特异性抗体，并以该抗体建立了大米中杀虫脒残留量的单克隆抗体 ELISA 检测方法。

（3）应用B淋巴细胞杂交瘤技术，研制出特异性强的 T-2 毒素的单克隆抗体，并建立了小麦 T-2 毒素的 ELISA 检测方法等。

EIA 检测技术具有快速、灵敏、费用低并适合于现场检测等特点，是大批量环境样品筛选试验的良好工具。EIA 野外测定，能帮助人们迅速溯源并了解污染物的量及其在环境中的迁移、转化等情况。因此，EIA 在环境中的应用已不再局限于农药及其残留量的检测。近年来，为了治理环境污染，人为地引入了许多基因工程微生物（Genetical Engineered Microorganism，GEM）。在 GEM 的存活、扩散、基因传播以及可能对生态系统和人类健康产生危害的研究中，EIA 充分发挥其特异性和敏感性等优点，成为监测环境中对特异 GEM 的一种良好的检测手段。另外，EIA 技术与信号传感系统结合，产生一种新的环境生物传感器，可用于环境有毒化合物的连续、原位监测。随着对 EIA 技术的不断开发和完善，并与其他技术有机结合，其在环境监测领域的应用前景十分广阔。

生物监测技术在污染物持续影响和综合毒性等方面更具优势，并且具有操作简单、快速、耗资少等特点。“十二五”我国要加大对以生物学为原理的监测技术和仪器设备的研发力度，研究推广以生物传感器为核心的手工和自动监测技术。

七、生态遥感监测技术的开发

从各国生态监测的发展状况来看，不难发现生态监测的总体趋势是：遥感手段和地面监测相结合，从宏观和微观角度来全面审视生态质量状况；网络设计上趋于一体化，考虑全球生态质量变化，重视加强国与国之间的合作；在生态质量评价上逐步从生态质量现状评价转为生态风险评价，对于生态质量状况提供早期预警。

目前，我国对生态环境变化及监测已高度重视。我国参加了国际间的地圈-生物圈计划，并成立了相应的中国全球变化委员会（挂靠中国科学院），在全球变化研究中积极做出自己的贡献。

我国生态监测方面考虑的主要内容有：空气环境监测（CH_4、CO_2 的观测），土地覆盖的变化及对全球变化的影响（包括森林覆盖的变化、湖泊面积的变化、沙漠化的发展、高山冰雪的进退等），海洋环境的监测（海面温度、洋流、海平面变化等），生态网络系统（自然保护区的监测），人对环境的影响，危机带（脆弱、不稳定的过渡带）监测系统，西藏高原对全球变化的影响等。

遥感监测方面，遥感技术也由可见光、近红外提高到成像光谱，由真实孔径雷达提高到多极化成像雷达，商品化的遥感卫星的空间分辨率已接近于米级；全球定位系统卫星覆盖着全球，多媒体传输进入了数字通信网络。我国低纬探空火箭和中纬高空探空气球实验、航空遥感快速反应能力与波谱测试定标技术、土地资源详查与卫星遥感制图等发展很快。在环境监测中大有用武之地。

遥感是监测全球环境变化的最重要的技术手段。在获取空间数据方面，可以充分利用北京、广州和乌鲁木齐 3 个气象卫星地面站接收的气象卫星（NOAA、我国风云一号 F_y-1 等）数据，北京陆地卫星地面站接收的陆地卫星数据以及中高空航空遥感飞机所得到的数据。同时，现有的50个生态环境观测站、自然保护区的观测数据以及其他专门的地面观测台站等地面观察手段，也可以作为空间遥感数据的重要补充和验证，以完成监测任务。此外，还建立了全国自然环境信息系统、全国国土基本信息系统、全国自然资源数据库及全国湖泊、沼泽、沙漠化、冰川等数据库，为全球、全国环境变化研究，提供基本数据和数据分析、评价的依据。

八、“3S”技术与地面监测技术综合应用

“3S”技术是指遥感RS（Remote Sensing）、全球定位系统GPS（Global Position System）和地理信息系统GIS（Geographic Information System）。前两个“S”是通过遥感接收、传送的；后一个“S”是地面的计算机图像图形和属性数据的处理。整体“3S”系统要经过地面和卫星遥感通讯连成计算机网络。

卫星遥感技术可应用于空气污染扩散规律研究、水体污染监测、海洋污染监测、城市环境生态与污染监测、环境灾害监测，还可提供沙漠化进程、土地盐渍化和水土流失的情况、生态环境恶化状况以及工业废水和生活污水对水体的污染、石油对海洋的污染等基本状况和发展程度的数据和资料，还可获取生态环境变化的基本数据和图像资料，以现代高新技术为手段，全面地、综合地、系统地研究地球生态环境系统的各个要素及其相互关系，建立全球尺度上的关系和变化规律，为可持续发展提供动态基础数据和科学决策依据。

“3S”技术在我国环境科技上已有不同程度的应用，但大多是分散的，没有充分发挥多种新技术联合作战的巨大作用。为全面掌握环境污染的时空分布和变化规律，对非点源污染、面源无组织排放的有效监测和宏观监控还须通过遥感监测平台，开展水陆空天地一体化环境监测。2010年环境保护部卫星环境应用中心已经开发环境一号小卫星环境应用系统，由野外运行管理、数据管理与用户服务、图像处理、环境空气遥感应用、地表水环境遥感应用、生态环境遥感应用及地面数据采集等7个分系统和1个计算机支撑平台组成的卫星环境应用系统。利用遥感技术（RS）、地理信息技术（GIS）、导航定位技术（GPS）与地面监测技术有机结合应用，向天地一体化、协同化、集成化发展。环境监测技术研究和应用的重点应该是开发集RS、GPS、GIS于一体的，适合环境监测技术应用的、综合性多功能型的“3S”技术。为实现可持续发展，应用“3S”技术开展环境科技信息的管理与分析。

九、环境预警监测体系的构建

统筹先进的科研技术、仪器和设备优势，充分利用全天候、多区域、多门类、多层次的监测手段，依托先进的网络通讯资源，及时调动包括高频的数据采集系统、先进的计算和网络支撑系统、快速安全的数据传输系统、功能完备的业务联动预警响应对策，构建成环境预警监测系统，实现监测数据信息的代表性、准确性、精密性、完整性，全面反映环境质量状况和变化趋势，准确预警突发环境事件的目标。到2020年在国家环境宏观战略规划基本架构的基础上，全面改善我国环境监测网络、技术装备、人才队伍等方面薄弱的状况，重点区域流域具备前瞻性和战略性监测预警评价能力，支撑环境监测技术发展的基础得到有效巩固，环境质量监管能力显著提升，全面实现环境监测管理

和技术体系的定位、转型和发展。掌握环境质量状况及变化趋势。弄清污染物排放情况，对突发环境事件和潜在的环境风险进行有效预警响应，形成监测管理全面一盘棋、监测队伍上下一条龙和监测网络天地一体化的现代化环境监测格局。

习　题

1. 简述环境监测技术的意义和作用。
2. 简述环境监测的内容。
3. 环境监测工作类型有哪几种？各有什么特点？
4. 确定监测站的监测能力主要有哪些内容？
5. 各级监测技术人员培训的主要内容是什么？
6. 我国目前环境监测分析方法分几类？研究和筛选的原则是什么？
7. 试述我国环境监测技术工作状况。
8. 简述环境监测新技术开发状况。

第二章　水和废水监测技术

水是生命之本，但全球水环境形势严峻："淡水资源匮乏、水源污染严重"。据世界卫生组织调查，80%的人类疾病与水源污染有关。在发展中国家，每年因缺乏清洁的饮用水造成死亡人数为 1 240 万人。因此环境保护、饮用水安全已是公众高度重视的问题。监测是保护的基础，水源监测范围大、内容广泛，包括地表水、地下水、饮水、海水及各类污水等，监测项目繁多，化学的、物理的、生物的指标中除常规监测反映水源状况的指标外，有毒污染物项目就有百余种。目前已有 400 多种监测分析方法。水和废水监测分析技术按污染的毒物类别分为：重金属污染物监测分析技术、非金属无机污染物分析技术、有机污染物监测分析技术。核污染监测分析技术在第五章中专述。

第一节　金属污染物监测分析技术

一、原子吸收分析技术

（一）用原子吸收法（AAS）测定的项目

原子吸收分光光度法的测定灵敏度较高，干扰少或易于克服，测定手续简单快速，与某些其他现代仪器分析方法相比，其设备费用较低。应用的范围日益广泛，可测定的元素 60～70 种，如图 2-1。

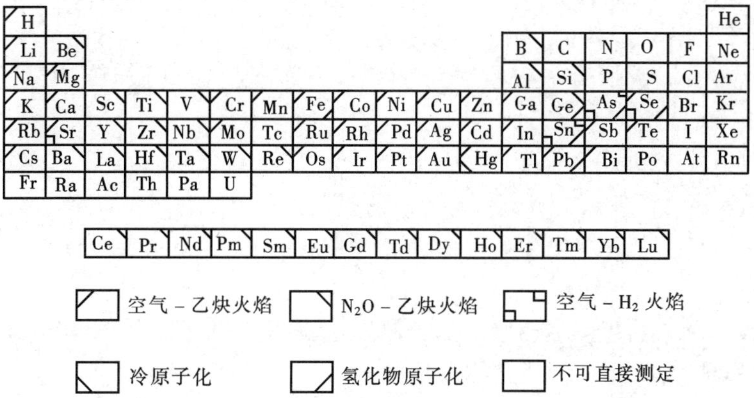

H He
Li Be B C N O F Ne
Na Mg Al Si P S Cl Ar
K Ca Sc Ti V Cr Mn Fe Co Ni Cu Zn Ga Ge As Se Br Kr
Rb Sr Y Zr Nb Mo Tc Ru Rh Pd Ag Cd In Sn Sb Te I Xe
Cs Ba La Hf Ta W Re Os Ir Pt Au Hg Tl Pb Bi Po At Rn
Fr Ra Ac Th Pa U

Ce Pr Nd Pm Sm Eu Gd Td Dy Ho Er Tm Yb Lu

空气－乙炔火焰　N_2O－乙炔火焰　空气－H_2 火焰

冷原子化　氢化物原子化　不可直接测定

图 2-1　原子吸收分光光度法能够测定的元素

如果含量太低，或者基体干扰较大，我国还规定了用 KI-MIBK、APDC-MIBK、DDTC-MIBK 体系萃取，火焰原子吸收法测定的方法。直接测定一般为 10^{-6} 级。石墨炉原子吸收法测定的金属成分可达 10^{-9} 级。

目前在水和废水中测定的主要金属成分有 Ag、Cd、总 Cr、Cu、Fe、Mn、Ni、Pb、Sb、Zn、Be、Hg、K、Na、Ca、Mg 等。

(1) 铜（Cu）火焰原子吸收法：用 324.7nm 波长，低浓度时用双硫腙-CCl_4 或 $CHCl_3$ 萃取，DDTC-醋酸丁酯萃取，双硫腙-MIBK 萃取浓缩。

(2) 铅（Pb）火焰原子吸收法：用 233.3 nm 波长，低浓度时用双硫腙-CCl_4 或 $CHCl_3$ 萃取，反萃取 DDTC-醋酸丁酯萃取，双硫腙-MIBK 萃取浓缩。

(3) 锌（Zn）火焰原子吸收法：用 213.9 nm 波长，低浓度时用双硫腙-CCl_4 或 $CHCl_3$ 萃取，反萃取 DDTC-醋酸丁酯萃取，双硫腙-MIBK 萃取浓缩。

(4) 镉（Cd）火焰原子吸收法：用 228.8 nm 波长，低浓度时用双硫腙-CCl_4 或 $CHCl_3$ 萃取，反萃取 DDTC-醋酸丁酯萃取，双硫腙-MIBK 萃取浓缩或用三辛胺-MIBK 萃取浓缩。

(5) 总铬（TCr）火焰原子吸收法：用 357.9 nm 波长，空气-C_2H_2 火焰，富燃性火焰灵敏度高，但干扰多。低浓度时用三辛酸-醋酸丁酯萃取。

(6) 六价铬（Cr^{6+}）火焰原子吸收法：用 357.9 nm 波长，省去了总铬测定时的氧化步骤。

(7) 总汞（THg）火焰原子吸收法：用 253.7 nm 波长。

① 还原气化原子吸收法：用 Sn^{2+} 还原后，常温下测汞，用密闭循环式或开放送气式。

② 加热气化原子吸收法：双硫腙-CCl_4 萃取后加热分解。

(8) 钙（Ca）火焰原子吸收法：422.7 nm 波长，用 La 抑制干扰。

(9) 镁（Mg）火焰原子吸收法：285.2 nm 波长，用 La 抑制干扰。

(10) 锰（Mn）火焰原子吸收法：279.5 nm 波长，低浓度时用 Fe 共沉淀，含 SiO_2 较多时，用 Ca 或 Mg 消除干扰。

(11) 铁（Fe）火焰原子吸收法：348.2 nm 波长，含 SiO_2 多时用 Cu 或 Mg 消除干扰。

(12) 铝（Al）火焰原子吸收法：309.2 nm 波长，N_2O-C_2H_2 火焰，富燃性。

(13) 镍（Ni）火焰原子吸收法：232.0 nm 波长，低浓度时，用 Cu 的方法浓缩，但是 Ni 在 CCl_4 相，或用丁二酮肟萃取、反萃取。

(14) 钴（Co）火焰原子吸收法：240.7 nm 波长，浓度低时，用 Cu 的浓缩法浓缩，但 Co 在 CCl_4 相。

(15) 砷（As）火焰原子吸收法：193.7 nm 波长，使用 Ar-H_2 火焰预先还原气化成 AsH_2，不用 Zn 而使用 $NaBH_4$ 作还原剂。

(16) 锑（Sb）氢化物发生石英管原子吸收法：在 $NaBH_4$ 还原过程中使用不同的 pH 分离 Sb^{3+} 和 Sb^{5+}。

(17) 锡（Sn）石墨炉原子吸收法：测饮用水用硅胶富集，2 mol/L HCl 洗提，加入抗坏血酸以消除 $HClO_4$ 干扰；测海水时可在石墨炉中直接进行氢化物富集。

火焰原子吸收法、无焰原子吸收法和 ICP 发射光谱法的检测限相比较，除稀土元素外，火焰原子吸收法具有更高的灵敏度，所以测定微小量样品的火焰原子吸收法最近得到进一步发展，且比 ICP 所用的仪器更便于普及和推广。美国 EPA 已把石墨炉原子吸收法作为水质监测的标准方法。而日本用浓缩前处理火焰原子吸收法。

（二）原子吸收法的基本原理

原子吸收法是基于空心阴极灯发射出的待测元素的特征谱线，通过试样蒸气，被蒸气中待测元素的基态原子所吸收，由特征谱线被减弱的程度来测定试样中待测元素含量的方法，如图 2-2 所示。

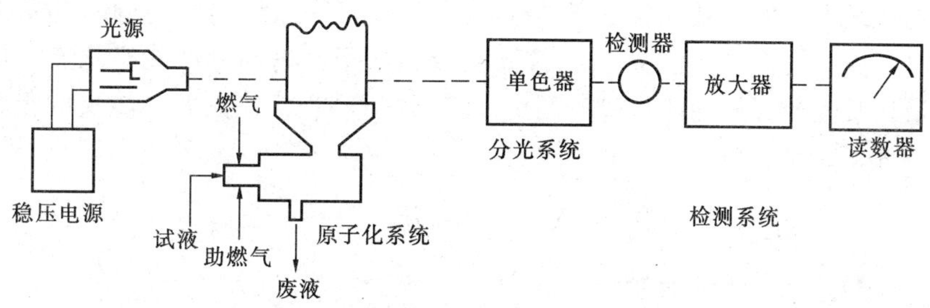

图 2-2　原子吸收分光光度计基本部件示意

原子吸收法是建立在研究基态原子蒸气对光吸收的性质和规律上，所以对它基本理论的了解主要是解决基态原子的产生以及它的吸光特性，基态原子浓度与试样中该元素含量间以及基态原子浓度与吸光度之间的定量关系等几个主要问题。

1. 基态原子的产生

待测元素在试样中都是以化合物的状态存在。因此，在进行原子吸收分析时，首先应使待测元素由化合物状态变成基态原子，即使其原子化。使试样原子化的方法很多，有化学法、火焰法、电热法等。以火焰原子化法为例，火焰的作用是提供热能，使待测元素的化合物解离，而变成基态原子。

将金属盐（以 MX 表示）的水溶液，经过雾化成为微小的雾粒喷入火焰中，雾粒中金属盐的分子将发生一系列的变化。这种变化是复杂的，不过大体可分为蒸发、解离、激发、电离、化合等过程。蒸发过程是金属盐水溶液的雾粒（湿气溶胶）在火焰的作用下脱水和气化，即：

$$\text{MX（湿气溶胶）}\xrightarrow[\text{脱水}]{}\text{MX（干气溶胶）}\xrightarrow[\text{气化}]{}\text{MX（气态分子）}$$

金属盐的气态分子，在高温条件下吸收热能可被分解为基态原子（包括气态金属原子和气态非金属原子），一部分基态原子由于热能和被碰撞的作用被激发而成为激发态原子或被电离成为离子。其过程表示如下：

$$\begin{array}{l} \qquad\qquad\text{Mi（激发态原子）} \\ \qquad\qquad\Updownarrow \\ \text{MX（气态分子）}\rightleftharpoons\text{Mo（气态金属原子）}+\text{Xo（气态非金属原子）} \\ \qquad\qquad\Updownarrow \\ \qquad\qquad\text{M}^{+}\text{（金属离子）}^{-e(\text{电子})} \end{array}$$

由于火焰中还存在其他部分（如氧气），它们在火焰的作用下，还可能与基态金属原子进行化合反应。在原子吸收分析中应当使试样在火焰中更多地生成基态原子，而尽可能不使基态原子被激发、电离或生成化合物。

2. 共振线与吸收线

任何元素的原子都是由原子核和核的电子分层排布的，每层都有确定的能量，称为原子能级，所有电子都按照一定的规律排布在各个能级上，每个电子的能量由它所处的能级决定，核外电子排布处于最低能级时，原子的能级最低、最稳定，原子处于基态，称为基态原子。当原子受到外界能量（如热能）激发时，最外层电子吸收一定能量而跃迁到较高的能级上，原子处于激发态，称为激发态原子，激发态原子能量较高，很不稳定，在短时间内（约 10^{-3}s），跃迁到较高能级的电子又返回到低能级状态。同时释放一定的能量。吸收或释放的能量等于两个能级的能量差 ΔE。因此，能量的吸收或发射光的波长有如下关系：

$$\Delta E = E_i - E_0 = hv = \frac{h \cdot c}{\lambda}$$

式中，E_i——激发态能级的能量；

E_0——基态能级的能量；

h——普朗克常数（6.63×10^{-34}J·s）；

c——光速；

v——频率；

λ——波长。

由上式说明，原子内电子跃迁时，吸收或辐射时的能量越大，则吸收或辐射出光的波长越短，而频率越高，原子受外界能量的激发，其最外层电子可能跃迁至不同能级，因而可能有不同的激发态，如图 2-3 所示。

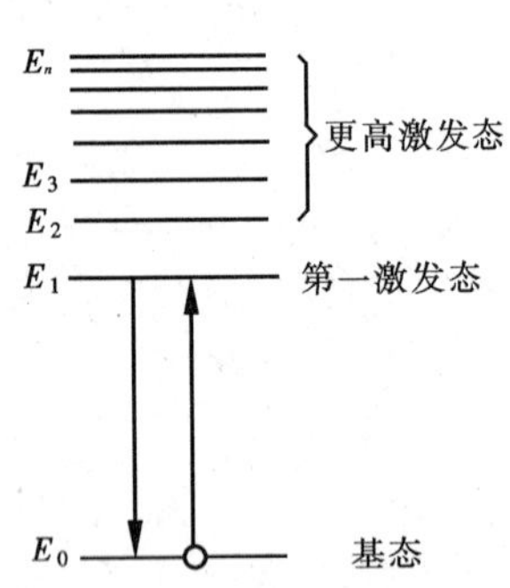

图 2-3 原子能量的吸收和发射示意

电子从基态跃迁到能量最低的第一激发态的几率最多，要吸收一定能量，即一定波长的谱线。这一由基态到第一激发态的跃迁吸收谱线称为共振吸收线。当它从第一激发态返回到基态时，则又辐射出该波长的谱线。各种元素的原子结构和外层电子排布不同。故不同元素的原子从基态跃迁到第一激发态（或者是由第一激发态返回到基态）时吸收（或辐射）的能量不同。各种元素的共振线都具有不同的波长。所以元素的共振线又称为元素的特征谱线。从基态跃迁到第一激发态最容易，因此，对大多数元素来说，共振线是元素所有谱线中最灵敏谱线。原子吸收分析就是利用处于基态的待测原子蒸气，对从光源发射出的待测元素的共振线的吸收进行定量分析。

若将不同频率（强度为 $I_{\sigma v}$）的光，通过原子蒸气有一部分光波吸收，其透过光的强度（即原子吸收了部分共振线后光的强度）与原子蒸气的宽度（即火焰的宽度）间的关系，同有色溶液吸收光的情况完全类似，是服从朗伯定律的，即：

$$I_v = I_{\sigma v} \cdot e^{-K_v L}$$

式中，I_v——透过光的强度；

$I_{\sigma v}$——入射光的强度；

L——原子蒸气宽度；

K_v——原子蒸气对频率为 v 的光吸收系数。

由于物质的原子对光的吸收具有选择性，对不同频率的光，吸收的程度不同，所以透过光的强度 I_v 随入射光的频率而有所变化，其变化规律如图 2-4 所示。由图可见，在频率为 v_0 处透过的光最小，亦即吸收最大。这种情况叫做原子蒸气在特征频率 v_0 处有吸收线。可见，原子的吸收线并不是几何学上的线，而是具有一定的宽度，通常称之为谱线的轮廓（或形状）。K_v 为频率 v 的函数，若将吸收系数 K_v 随入射光的频率而变化的关系作图 2-4，则吸收线轮廓的意义更清楚。表示吸收轮廓特征的值，是吸收线中心的频率（或波长）以及吸收线的半宽度。由图 2-4 可见，在频率 v_0 处，吸收系数有一极大值 K_v，在距 v_0 某一点——K_v 之值为零，吸收线在中心频率两侧具有一定的宽度，通常用系数等于极大值的一半（$K_{0/2}$）处，吸收线轮廓上两点间的距离（即两点间的频率差）来表示吸收线的宽度，称为吸收线的半宽度，以 Δv 表示。其数量级约为 0.01～0.1Å，同样，发射线也具有宽度，不过其半宽度要窄得多，一般为 0.005～0.02 Å。使谱线变宽的原因，主要有以下几点。

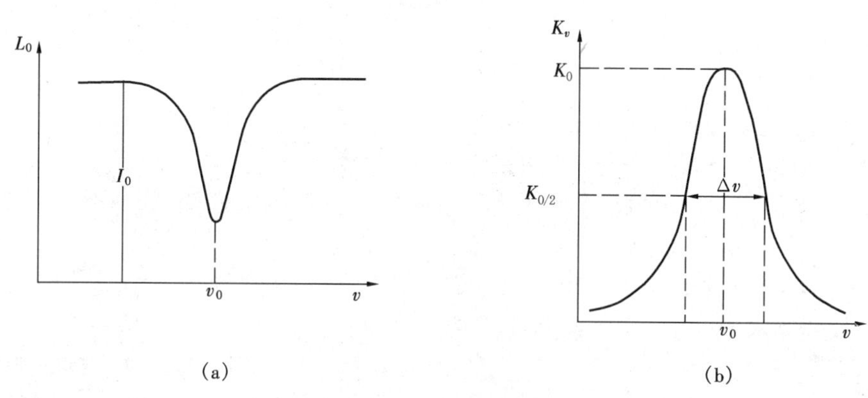

图 2-4　吸收关系

(a) 吸收线；(b) 频率与吸收系数对吸收的关系

（1）谱线的自然宽度

在外界影响的情况下，谱线仍有一定的宽度。这种宽度称为自然宽度，它依赖于原子处在激发态的平均寿命，寿命越短，谱线越宽；寿命越长，谱线越窄。不同谱线的自然宽度是不同的，通常在 10^{-4}Å 数量级，与谱线的其他宽度相比要小很多。

（2）谱线的热变宽

又称多普勒变宽。它是因为发射（或吸收）原子在空间做无规则的热运动所引起的。多普勒变宽取决于原子的原子量、光源强度和谱线的波长。待测元素的原子量越小，温度越高，谱线波长越长，则谱线的热变宽越大。热变宽对于吸光和发光原子都是存在的。特别是发光原子的热变宽大大影响原子吸收分析的灵敏度和准确度，所以应尽可能降低光源灯中的热变宽效应。

（3）碰撞变宽

又称压力变宽，又叫罗仑兹变宽。它是由于微粒间的相互碰撞而导致的。压力变宽的大小也在 0.01～0.05Å 以内。

(4) 自吸变宽

光源发射共振线，由于周围较冷的同种基态原子吸收掉部分共振线，使光强减弱，这种现象叫谱线自吸收。严重的谱线自吸收，就是谱线的“自蚀”，即是中心频率（v_0）处的辐射几乎被完全吸收掉，一条谱线似乎被分割成两条线。谱线自吸效应，一方面使谱线强度降低；另一方面直线导致谱线轮廓变宽。

此外，还有因外部电场或磁场影响而产生的变宽。

所有的变宽效应均使原子吸收分析的灵敏度下降，准确度较低，其中影响最大的是多普勒变宽。

3. 积分吸收与峰值吸收

(1) 积分吸收

在原子吸收分析中，常将原子蒸气所吸收的全部能量，称为积分吸收，即图 2-4 中吸收线下面所包括的整个面积。积分吸收与单位体积原子蒸气中吸收辐射的原子有下列关系：

$$\int K_v = \frac{\pi e^2}{m \cdot c} N f$$

式中，c——光速；

e——电子电荷；

m——电子质量；

N——单位体积原子蒸气中吸收或辐射的原子数；

f——振子强度，代表每个原子中能够吸收或发射特定频率光的平均电子数。在一定条件下，对一定元素，f 可视为定值。

公式表明，积分吸收与单位体积原子蒸气中吸收辐射的原子数成正比。因此从理论上讲，只要能测出积分值，就可以计算出待测元素的含量。

然而在实际工作中，测量积分吸收是非常困难的。因为吸收谱线的宽度非常窄，要测量这些窄小的谱线轮廓并求出它的积分吸收，就需要用到高分辨率的分光仪，而现代的分光技术还不能够达到这种高分辨率的要求，所以积分吸收不能准确地测得。

(2) 峰值吸收

1955 年，Walsh 提出用测定中心吸收系数 K_0 来代替测量积分吸收，这样就解决了测量原子吸收的困难，建立了原子吸收光谱分析法，这种测定中心吸收系数来计算待测元素含量的方法即为峰值吸收法。

实现测量中心吸收系数的条件是：①入射光线的中心频率与吸收谱线的中心频率严格相同；②入射光线的半宽度远小于吸收谱线的半宽度。要实现这两个条件，就必须使用一个与待测元素相同的元素制成的锐线光源（能发射出谱线半宽度很窄的光源）。如图 2-5 为使用锐线光源时的发射线及吸收线。

从图中可以看到，若光源发射线轮廓很窄，发射线所包围的面积相当于吸收线轮廓的峰值吸收部分，则其积分吸收（相当于发射线轮廓）与吸收线的峰值吸收值是非常近似于相等的。发射线轮廓愈窄，这种近似则愈好，此时可用峰值吸收代替积分吸收。

实验证实，采用与待测元素相同的元素制成锐线光源时，谱线的中心吸收系数 K_0 与积分吸收线宽 Δv 存在如下关系：

$$K_0 = \frac{b \cdot 2}{\Delta v} \int K_v dv$$

式中，b——比例系数，与原子谱线变宽有关，一般在 0.318～0.467 之间。

$$K_0 = b \cdot \frac{2}{\Delta v} \cdot \frac{\pi e^2}{m \cdot c} f N$$

在一定的测定条件下，对一定的待测元素，振子强度 f 一定，b 和 Δv 皆为定值，则上式可转变为：

$$K_0 = b \cdot \frac{2}{\Delta v} \cdot \frac{\pi e^2}{m \cdot c} \cdot f N = K \cdot N_0$$

此式说明：中心吸收系数 K_0 在一定条件下，与单位体积原子蒸气中吸收辐射的原子数成正比。

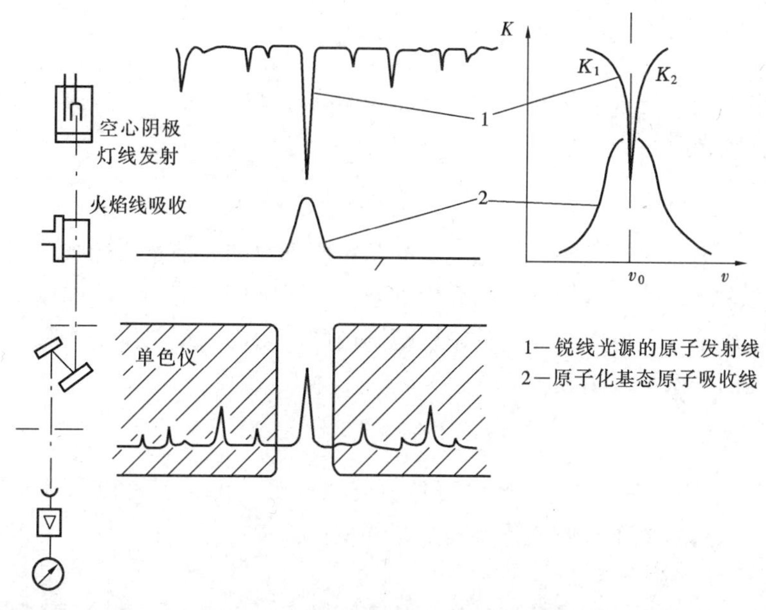

图 2-5　原子的发射线与吸收线示意

4. 火焰中的基态原子浓度与定量分析公式

在原子吸收光谱分析中，待测元素原子蒸气中，基态原子与待测元素原子总数之间有什么关系，是分析中必须了解的问题。一般广泛应用的火焰原子化方法，火焰温度一般低于 3 000 K，在这样的温度下，大多数化合物被解离成了原子状态，其中少数被激发。即在火焰中既有基态原子，又有激发态原子。在一定温度下两种状态的原子数有一定的比值，若温度变化，这个变化也随之而变。其关系可用玻尔兹曼方程表示：

$$\frac{N_i}{N_0} = \frac{P_i}{P_0} \cdot e^{-\frac{E_i - E_0}{KT}}$$

式中，N_i——激发态原子数；

N_0——基态原子数；

P_i——激发态统计权重（表示能级的简并度，即相同能级的数量）；

P_0——基态统计权重；

K——玻尔兹曼常数；

T——热力学温度。

在原子光谱中，对一定波长的谱线 P_i/P_0 和 E_i、E_0 都是已知的值。因此，只要火焰温度确定后，就可以求得 N_i/N_0 的值。一般而言，温度 T 越高，N_i/N_0 值越大；在同一温度电子跃迁的能级 E_i 越小，共振线的波长越长，N_i/N_0 也越大，常用的火焰温度多低于 3 000 K，大多数元素的共振线波长都小于 6 000 Å。因此对大多数元素来说，N_i/N_0值都很小（<1%），即火焰中激发态原子数远小于基态原子数，N_i 与 N_0 相比，N_i 可以忽略不计，能够用基态原子数 N_0 代表火焰中吸收辐射的原子总数 N_0。

既然能够把基态原子数看作吸收辐射的原子总数，在原子吸收光谱应用于定量分析时，对一定的待测元素来说，共振线的频率应该是一定的，因此可以用 K_0 代替 K_v 得：

$$I = I_0 \cdot e^{-K_0 T}$$

$$A = \lg \frac{I_0}{I} = 0.434\,3 K_0 L$$

可以看出吸光度与原子蒸气的宽度（即火焰的宽度）成正比。故而，改变火焰的宽度，可以改变吸光度值的大小，即：

$$A = 0.434\,3 K_0 \cdot N_0 L = K N_0 L$$

该式表示，吸光度与火焰中待测元素的基态原子数和火焰宽度的乘积成正比。在实际分析中，要求测量的是试样中待测元素的浓度，而试样中待测元素的浓度与火焰中基态原子的浓度成正比。所以在一定的浓度范围内和一定的火焰宽度下，吸光度与试样中待测元素浓度的关系可表示为：

$$A = K'' \cdot c$$

式中，K''在一定实验条件下是常数。可见只要测出吸光度，就可以求算出试样中待测元素的浓度。该式是原子吸收光谱定量分析的依据。

（三）原子吸收分光光度计

原子吸收光谱分析所用的仪器，称为原子吸收分光光度计，或称原子吸收光谱议。原子吸收分光光度计有单光束型和双光束型两种（图 2-6）。目前，在商品仪器中仍以单光束型原子吸收分光光度计占多数，它的结构如图 2-6（a）所示。光源是空心阴极灯，由稳压电源供电。它所发出的光经过火焰，其中的共振线有一部分被火焰中待测元素的基态原子所吸收，透过光经单色器分光后，未被吸收的共振线照射到检测器上，由此而产生的光电流，经放大器放大后，就可以从读数装置（或记录仪）读出吸光度值。

单光束原子吸收分光光度计结构简单，也能获得较满意的结果，而且操作简便，价格便宜，便于维护使用，所以广泛应用。但其不足的是不能克服由于光源波动所引起的基线漂移。国产的 WFD—Y_2、WYX—401、WF—5、GGX—5 等均属单光束类型。

近年来，双光束型原子吸收分光光度计的应用日益增多，它可以消除光源被波动的影响和火焰背景的干扰，有较高的准确度和灵敏度。其结构如图 2-6（b）所示。

在双光束分光光度计中，采用旋转的扇形反射镜，将来自空心阴极灯的光分为两束。一束称为试样光束，它可通过火焰（或其他原子化装置）；另一束为参比光束，它不通过原子化器，而通过具有可调光栏的空白吸收池，经过半反射镜之后，两束光经同一光路交替通过单色器，投射到检测器上，在检测系统将得到的信号分离成参比讯号和测试讯号，并在读数装置上显示出两讯号强度之比，所以光源的任何波动都可以得到补偿。但是，这

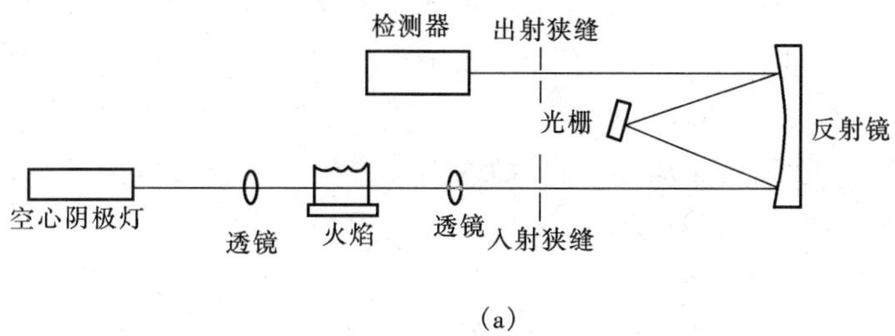

(a)

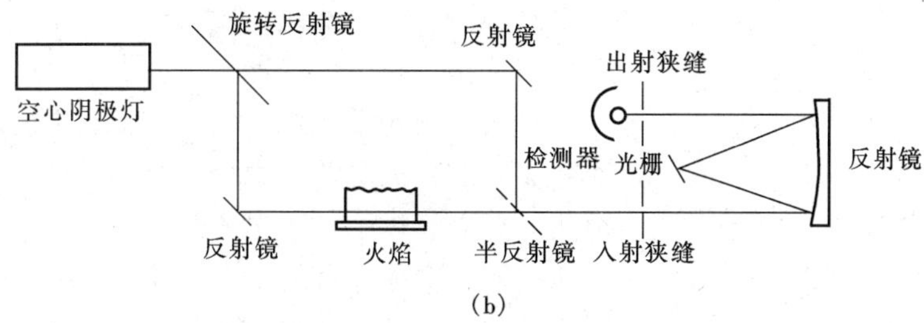

(b)

图 2-6　原子吸收分光光度计结构原理

(a) 单光束原子吸收分光光度计；(b) 双光束原子吸收分光光度计

种仪器结构复杂，价格较贵。国产 GFV—202 型、WFX—Ⅱ型及 3200 型等属于这种仪器。

由上述可见，原子吸收分光光度计一般都由光源、原子化系统、光学系统、检测系统及放大指示系统五个主要部分组成。

1. 光源

光源的作用是辐射待测元素的共振线（实际上除共振线外还有其他非共振谱线），作为原子吸收分析的入射光。为了能够测出峰值吸收，获得较高的准确度及灵敏度，所使用的光源必须满足如下要求：

① 光源要能发射待测元素的共振线，而且强度要足够大；

② 光源发射的谱线的半宽度要窄（是锐线光），应小于吸收线的半宽度，以保证测定的灵敏度和峰值吸收的测量；

③ 辐射光的强度要稳定，而且背景发射要小。

在原子吸收分析中，能作为光源的有空心阴极灯，无极放电灯及蒸气放电灯。但应用最广泛的是空心阴极灯。

(1) 空心阴极灯

空心阴极灯又叫元素灯。它是一种特殊的辉光放电器，其结构如图 2-7 所示。阴极为圆筒形，由用以发射所需特征谱线的金属或其合金制成。阳极为同心圆球状，其材料是在钨棒上镶以钛丝或钽片，两极密封于充有低压惰性气体（氖或氩等）的带有石英透光窗的玻璃壳中，内充的惰性气体又称为载气。当两极间施加适当电压时（一般为 300～500 V），便开始辉光放电，两极间气

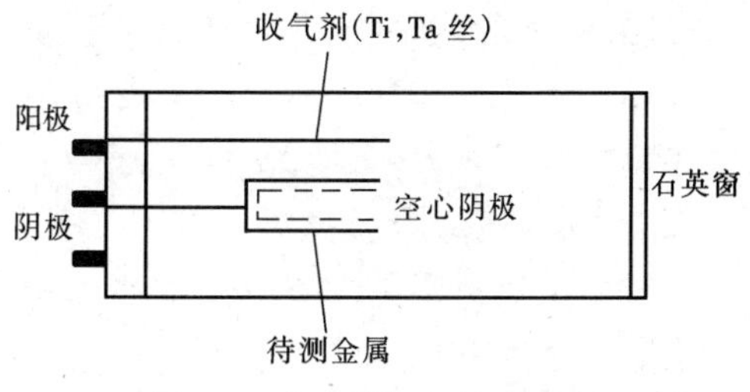

图 2-7　空心阴极灯构造示意

体中自然存在着的极少数阳离子向阴极运动，并轰击阴极表面使阴极表面的电子获得外加能量而逸出。在电场的作用下，电子加速向阳极运动，在运动中与惰性气体原子碰撞使之电离产生电子和阳离子。这些阳离子在电场的作用下，向阴极运动并轰击阴极表面，使阴极表面的金属原子被溅射出来。被溅射出来的阴极元素的原子，再与电子、原子及离子发生碰撞而被激发。于是空心阴极灯便发射出阴极物质的光谱（其中也杂有内充气体及阴极材料中杂质的光谱）。用不同的金属元素作阴极材料，可制成相应的空心阴极灯并以此金属元素来命名，表示它可以用作测定这种金属元素的光源。例如“铜空心阴极灯”，就是用铜作为阴极材料制成的，能发射铜的特征谱线，用作测定铜的光源。

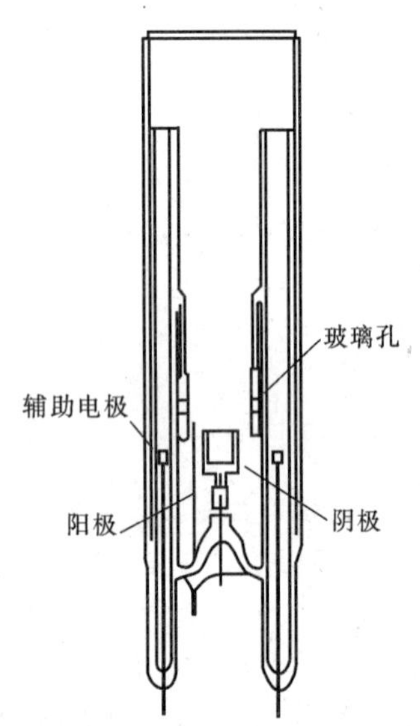

图 2-8 高强度空心阴极灯的原理

空心阴极灯的发光强度与灯的工作电流有关，增大灯的工作电流，可以增大发射谱线的强度。但工作电流过大，溅射增强，灯内原子蒸气的密度增加，谱线变宽，引起测定的灵敏度降低，也会使灯的寿命缩短。但灯电流过小时放电不稳定。因此在实际工作中应当选取一个最适宜的工作电流。

火焰中的基态原子被激发时，也能发射待测元素的特征谱线，从而干扰测定。为了消除火焰发射的直流讯号的干扰，空心阴极灯的供电方式，目前多采用稳压、稳流窄脉冲供电。当光源发射的脉冲讯号经过火焰时，一部分为基态原子所吸收，透过的光讯号被选频放大器放大，而火焰发射的是直流讯号，不会被放大，因而消除了火焰发射的干扰。

（2）高强度空心阴极灯

在普通的空心阴极灯中从阴极溅射出的金属原子，只有一部分被激发，所以灯的发射强度受到限制，针对这个问题，J. V. Sullivon 和 A. Walsh 设计了这种高强度空心阴极灯（如图 2-8 所示）。这种灯是在普通空心阴极灯中增加一对辅助电极，其间通以几百毫安的低压直流电，则产生电离的气体原子流与从空心阴极溅射出来的金属原子相碰撞而将金属原子激发。通过这种改进可提高待测共振线的强度，而充入的惰性气体和该金属在高能级产生的其他谱线的强度增加不大。例如，普通镍空心阴极灯的 Ni 2 320.0 Å线与Ni 2 319.8 Å线一般分不开，而高强度空心阴极灯，可使 Ni 2 320.0 Å 线强度增加，而使 Ni 2 319.8 Å 却变得几乎可以忽略，如图 2-9 所示。因此，它对测定光谱复杂的元素特别有效。

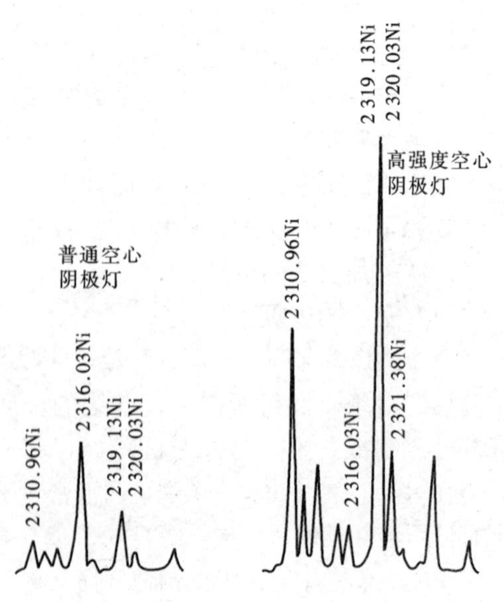

图 2-9 普通空心阴极灯与高强度空心阴极灯的发射线的比较

（3）无极放电灯

它是通过微波激发无极放电管能辐射高强度的谱线作为原子吸收分析光源的一种。无极放电灯是将少量待测元素和惰性气体一起封入抽过真空后的直径 1 cm、长 4～10 cm 的石英管中，制成放电管，将其放到空腔谐振器中，在 2 450±25 MHz 频率的微波场作用下，惰性气原子首先被激发，随后又使蒸发出来的金属卤化物解离进而过渡到发射待测原子激发，辐射出该元素的共振谱线。

无极放电灯的共振线强度比空心阴极灯大，而且谱线很窄，稳定性也高，但是目前无极放电灯仅局限于那些蒸气压较高的元素，对于大多数元素，由于它们的蒸气压低或者容易和石英起反应，还难以制成无极放电灯。另外，灯的价格较高，使用时要配备单独的微波发生器。因而无极放电灯目前仅仅是空心阴极灯的补充光源。

蒸气放电灯，在原子吸收分析中，常常把它用于那些激发电位低、易蒸发的元素（碱金属、Hg、Cd 等）的光源，这种灯的构造简单、价格较低，能辐射较强的共振线。但是谱线较宽，测定的灵敏度很低。因此，目前很少应用。

2. 原子化系统

原子化系统的作用，是将试样中的待测元素由化合物状态转变为基态原子蒸气。使试样原子化的方法，有火焰原子化法和无火焰原子化法两种。前者具有简单快速、对大多数元素有较高的灵敏度和较低的检测极限等优点，所以使用非常广泛。

火焰原子化法：

火焰原子化装置有两种类型，即全消耗型和预混合型。全消耗型原子化器是将试液直接喷入火焰；而预混合型原子化器是用雾化器将试样雾化，在预混合室内除去较大的雾滴，与燃料器混合后再喷入火焰。目前，全消耗型原子化器由于稳定性差、噪音大、灵敏度低等原因，很少使用，一般仪器多采用预混合型原子化器。预混合型原子化器由雾化器（喷雾器）、预混合室和燃烧器三部分组成，如图 2-10 所示。

（1）雾化器

雾化器亦称喷雾器，其作用是将试液雾化。它是原子吸收分光光度计的重要部件，其性能对原子吸收分析的精密度和灵敏度有显著影响。雾化器的雾化效率要高、喷雾稳定、雾粒细小而均匀。同心型雾化器是目前性能较好的雾化器，它的雾化效率一般为 5%～15%，其结构如图 2-11 所示。

雾化器大多由特种不锈钢、聚四氟乙烯塑料制成。其中的毛细管则多用贵重金属（如铂、银等）的合金制成，能耐腐蚀。

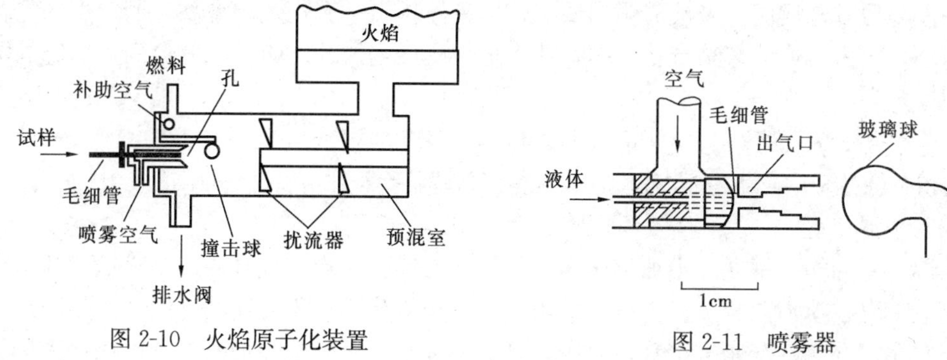

图 2-10 火焰原子化装置

图 2-11 喷雾器

当助燃气（如空气、氧化亚氮等）高速通过雾化器时，在毛细管外壁与喷嘴口构成的环形间隙中，形成负压区，从而将试液沿毛细管吸入并被高速气流分散成气溶胶。喷出的雾滴经节流管碰在撞击球上，进一步分散成细雾。

① 试液提升量

溶液的提升量（流量）可用泊塞尔经验公式决定。

$$Q=\frac{\pi r^4 \cdot \Delta P}{6\eta l}(\mathrm{cm^2/s})$$

式中，ΔP——压力差；

r——毛细管半径；

l——毛细管长度；

η——溶液黏度。

从式中可知负压越大，毛细管越粗，毛细管越短，溶液的黏度越小，则溶液的提升量越大。气体产生的负压与气体的流速有关。显然，气体流速越大，则产生的负压越大，吸取的试液量就越多。

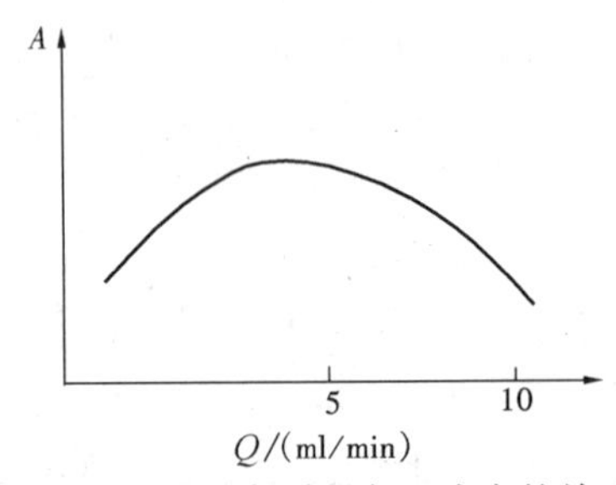

图 2-12 溶液提升量与吸光度的关系

试液提升量应适当控制，一般宜选择在 3～6 ml/min 范围，具有最佳的吸收灵敏度，如图 2-12 所示，提升量小于 3 ml/min 时，随溶液提升量的增加，吸光度增大，这是因为小提升量，雾化效率高，雾滴直径大，但由于进入火焰溶液太少，因此吸光度会随着提升量增加而逐渐增大，提升量太少，还会影响结果的稳定性；但是当提升量大于 6 ml/min 后，由于雾滴直径反而增大，较大的雾滴进入火焰，未能得到完全蒸发，反而使原子化率降低，因此，吸光度降低。未完全蒸发的固体颗粒，亦使火焰噪声增大。在实用分析中，喷雾试液的黏度应尽可能选择小一些，并通过调节毛细管的直径和长短，达到适当调整溶液提升量的目的。

② 雾化效率

雾化效率就是指单位时间内进入火焰的试液量与总消耗试液量之比。雾化效率难以准确测定，可用下述方法进行估算：用蒸馏水喷雾数分钟，用同一时间内毛细管的吸液量减去雾室废液出口排水量，两体积之差与毛细管的吸液量之比，即可代表雾化效率。

雾化效率反映了通过喷雾器的试液中，有多大比例的试液被雾化成微小的雾粒，进入火焰参与原子化反应。未被雾化的试液，以废液排出。雾化效率愈高，所产生的雾粒直径越小，进入火焰的雾滴量就愈多，在火焰中所产生的基态原子浓度愈高，测定的灵敏度也就愈高。

影响雾化效率的因素很多，如助燃气的流速、溶液的黏度、表面张力及毛细管与喷嘴口之间的相对位置等。故为提高灵敏度，要调整好这些实验条件，以得到较高的雾化效率。

（2）预混合室

预混合室的作用是进一步细化雾滴，并使之与燃料气均匀混合后进入火焰。为了提高雾化效率，在喷嘴前装一撞击球，或用燃料气与雾化器喷嘴对喷的方法，使雾滴进一步细化。预混合室的废液排出管，要用导管通入废液收集瓶中并加水封，以保证火焰的稳定性，也避免燃料气逸出造成失火事故。

对预混合室的要求是，能使雾滴细化并能与燃料气充分混合均匀，记忆效应小及废液排出快。记忆效应亦称“残留效应”，它是指由喷雾试液转为喷雾蒸馏水时，仪器的读数机构返回零点或基线位置的时间。记忆效应小，则返回零点或基线位置的时间短。反之，则时间长。记忆效应大，不仅影响分析过程，而且还会给分析结果带来误差。特别是同时分析含量高低变化较大的试样时，往往给低含量试液的分析结果引进误差。

（3）燃烧器

燃烧器的作用，是利用火焰的热能将试样气化进而解离成基态原子。燃烧器多用不锈钢制成，有孔型和长狭缝型两种。为了提高测定的灵敏度，一般采用长狭缝型燃烧器。为了适应不同组成的火焰，长狭缝型燃烧器有两种规格，一种是 100 mm×0.5 mm（缝长×缝宽），适用于空气-乙炔火焰；另一种为 500 mm×0.4 mm，适用于氧化亚氮-乙炔火焰。

（4）火焰

火焰是使试样原子化的能源，火焰的温度明显地影响着原子化的过程。一般来说，火焰的温度，只要能使试样解离成基态原子就行了，若超过所需温度，则被激发或电离的原子数增大，基态原子数减少，导致灵敏度降低。若温度低，则盐类不能解离成基态原子，也会使测定的灵敏度降低，并且使分子吸收的干扰增大。一般易挥发、易电离的元素（如镉、铅、锡、碱金属及碱土金属等）应使用低温火焰，而与氧易生成耐高温氧化物的元素（如铝、钒、锆、硅、钨等），应使用氧化亚氮-乙炔高温火焰。表 2-1 列出了几种常见火焰的温度及燃烧速度。所谓燃烧速度为气体点燃后因热传导作用，在单位时间内气体燃烧传播的距离。火焰气体自燃烧器缝口流出，单位时间内所走的距离叫行程速度。通常，行程速度几倍于燃烧速度为宜，当燃烧速度大于行程速度时，易产生“回火”爆炸。当行程速度远远超过燃烧速度，火焰就会被“吹灭”。所以原子吸收分析过程中，应注意控制好火焰的燃烧速度。

表 2-1 几种常用火焰气体及其燃烧特性

燃气	助燃气	化学计量助燃比（摩尔比）	主要燃烧反应	温度/K	燃烧速度/(cm/s)
丙烷	空气	25	$C_3H_8+5O_2+20N_2 \rightarrow 3CO_2+4H_2O+20N_2$	2 200	80
乙炔	空气	12.5	$C_2H_2+5N_2O_2+10N_2 \rightarrow 2CO_2+H_2O+5N_2$	2 600	160
乙炔	N_2O	5.0	$C_2H_2+5N_2O \rightarrow 2CO_2+H_2O+5N_2$	3 200	180

火焰的组成决定了火焰的温度及氧化还原特性，直接影响到化合物的解离与难解离化合物的形成，从而影响到原子化的效率。不同种类的火焰其氧化还原特性不同，即使是同一类的火焰，由于燃料气与助燃气的比例不同，火焰的特性也不一样。

① 贫燃性火焰

当燃料气与助燃气流量比小于化学计量比（或称物质的量比）时，所形成的火焰即为贫燃性火焰。该火焰燃烧“贫弱”，燃烧也不够稳定。因火焰温度低，助燃气充分，火焰中半分解产物少，还原性气氛最低。因而不利于较难离解的元素的原子化，特别是不能用于易生成单氧化物的元素的原子化。但是由于它的温度低，对于易解离、易电离等元素，用该状态的火焰是有利的。

② 化学计量火焰

当燃料气与助燃气流量比等于化学计量比时，所形成的火焰即为化学计量性火焰，又叫中性火焰。它具有温度高、干扰少、火焰稳定、背景低等特点。火焰温度对许多元素的热解离是适宜的，并稍具还原性气氛。因此，对许多元素的常规测定，均具有较高的灵敏度和精确度，并且燃烧比较安全，是目前使用最普遍的一种火焰状态。

③ 富燃性火焰

当燃料气与助燃气流量比大于化学计量比时所形成的火焰即为富燃性火焰。该火焰温度略低于化学计量火焰，有很强的热辐射感。这种火焰具有强烈的还原性，而氧原子浓度较低。因此，金属氧化物易被还原成基态自由原子。例如，Cr、Ba、Mo、Mn 等元素的分析，无论用空气-乙炔或氧化亚氮-乙炔火焰，都是用富燃性火焰比较有效。

在火焰内不同区域，温度等特性也不相同。因此，不同区域内基态原子浓度也不相同。如图 2-13 为预混合型原子化装置的火焰结构。它可划分为四个区。

预热区：最靠近燃烧器缝隙的一条宽度较小的光带。混合气体预热到点火温度而开始燃烧。

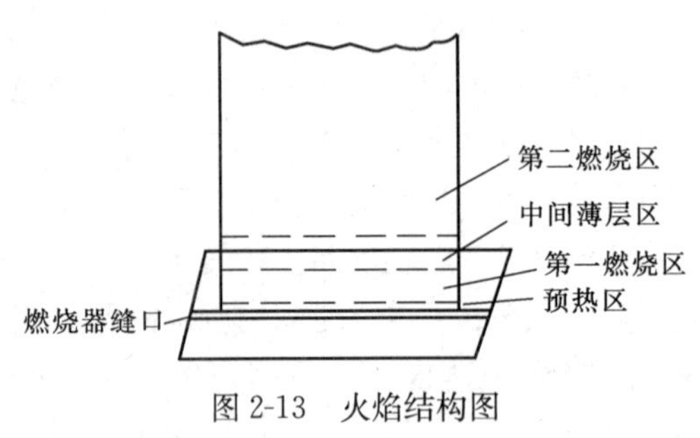

图 2-13 火焰结构图

第一燃烧区：是一条清晰的蓝色光带，燃料气和助燃气在这里进行复杂的燃烧反应，燃烧不完全，温度未达到最高点。

中间薄层区：这是紧靠第一燃烧区的一小薄层，没有什么明显的标志，燃烧完全，温度很高，基态原子浓度最大，是原子吸收分析主要应用区。

第二燃烧区：燃料气在该区反应充分，温度逐渐下降，被解离的基态原子又开始重新在这一区域形成化合物，因此，这一区域不能用于实际原子吸收分析工作。

故在进行原子吸收分析时，必须调节光束通过火焰的位置，使得来自光源的光从原子浓度最大的火焰区域——中间薄层区通过，从而使测定获得最高的灵敏度。

现对常用的两种火焰介绍如下：

① 空气-乙炔火焰。这是目前原子吸收分析中应用最广泛的一种火焰。最高温度为 2 300℃，能测定 35 种以上的元素。但是当测定铝、硅、钒、锆等元素时，由于能生成难解离的氧化物，灵敏度很低，不宜采用。由于火焰的燃助比不同，对测定结果影响很大，所以应根据不同的待测元素，选用不同燃助比的火焰。

Ⅰ. 贫燃性空气-乙炔火焰：其燃助比小于 1∶6。这种火焰燃烧充分、温度较高、还原性差、能产生基态原子的区域很窄，仅能用于测定不易氧化的元素（如银、铜、镍、钴等及碱金属）。

Ⅱ. 富燃性空气-乙炔火焰：其燃助比大于 1∶3。由于燃烧不充分，火焰温度较低，具有强还原性气氛，因此适用于测定较易生成难熔氧化物的元素。

Ⅲ. 中性（物质的量）空气-乙炔火焰：其燃助比约为 1∶4。这种火焰稳定、温度高、背景小，在原子吸收分光光度分析中，大多数都采用这种火焰进行测定。

乙炔可由“稳压乙炔发生器”获得，但最好还是用“高压乙炔钢瓶”供气。在乙炔钢瓶中装有丙酮和活性炭等。使用时若乙炔压力降至 5 kg/cm^2 时，就应更换新气瓶。若继续使用，则钢瓶内的丙酮，将沿管道进入火焰，造成火焰燃烧不稳定、噪音增大，使检出极限变坏，还应注意的是，乙炔管道系统禁止使用铜材料，因为乙炔与铜会生成乙炔铜，它是一种引爆剂。

② 氧化亚氮-乙炔火焰。这种火焰的温度高达 3 000℃左右。不但温度高，而且可形成强还原性气氛。适用于测定易生成氧化物的元素，并且能消除在其他火焰中可能存在的化学干扰现象。通常用稍富燃型火焰。

火焰原子化，不管使用何种类型的火焰，均应严格遵守以下安全原则：“先开后关，后开先关”，或者说，“后开燃气，先关燃气”。具体操作就是先打开助燃气，调整好流量，再开燃气，调整好流量，让燃气和助燃气混合半分钟后，再点燃火焰。熄灭时，光切断燃气，待火焰熄灭后再切断助燃气。

而使用乙炔-氧化亚氮火焰时不能直接点燃。使用不当，容易发生回火爆炸。

在使用乙炔氧化亚氮-火焰时，除了遵守“后开燃气，先关燃气”的规则外，还必须采用乙炔-空气火焰过渡的方法，即首先点燃空气-乙炔火焰，待火焰稳定后，徐徐增加乙炔的流量至火焰呈黄色光亮，然后迅速将开关转换到“氧化亚氮”，氧化亚氮流量在未点火前已经调好，熄灭时，也是迅速从“氧化亚氮”转换到空气，建立起空气-乙炔火焰后，再熄灭火焰。绝对禁止用空气-乙炔燃烧器直接点燃氧化亚氮-乙炔火焰。

无火焰原子化法：

火焰原子化法具有操作简便、重现性好的优点，已经成为原子化的主要方法，但火焰法仍有它的局限性。首先，雾化效率低，到达火焰参与原子化的试液，仅为提取量的 5%～15%，大部分试液通过废液管排泄掉了。那些来源困难、贵重或数量很少的试样的分析，就会受到很大的局限。另外，基态原子在火焰的原子化区停留的时间很短，大约只有 10^{-3}s，因而限制了灵敏度的进一步提高。其次，火焰原子化法还不能对固体样品直接进行测定。无火焰原子化法正好从上述几个方面弥补了火焰原子化的不足。无火焰原子化方法较多，有冷原子化法、阴极溅射法、高频感应加热法和低温化学蒸气原子化法等。现分述如下，目前广泛使用的是高温石墨炉原子化法。

(1) 高温石墨炉原子化

石墨炉有多种装置形式，但机理大体相同，如图 2-14 所示。石墨管状炉是将样品用进样器定量地注入石墨管中去，并以石墨管作为电阻发热体，通电后使石墨迅速升温，高温（最高温可达 3 400℃左右）石墨管使试样完全蒸发，在短暂时间内充分原子化，从而进行吸收测定。在操作过程中应通过氩气或氮气以防止石墨氧化，在此惰性气体的保护下，分几个升温程序进行加热，升温程序为干燥、灰化（或分解）、原子化及高温除残四个步骤，如图 2-15 所示。

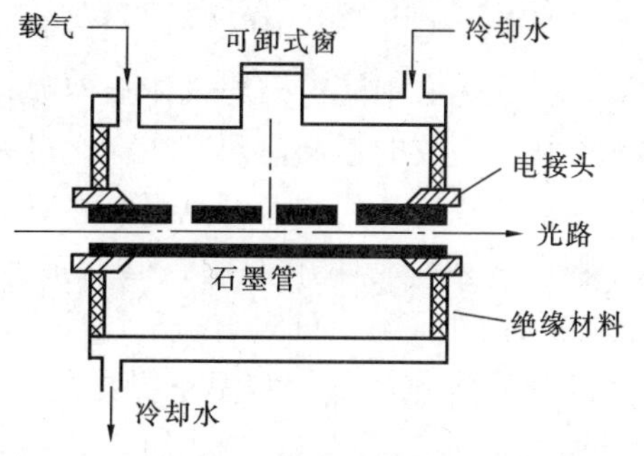

图 2-14　石墨炉装置示意图

① 干燥：主要是除去溶剂，即在溶剂沸点温度下，加热使溶剂完全挥发。对于水

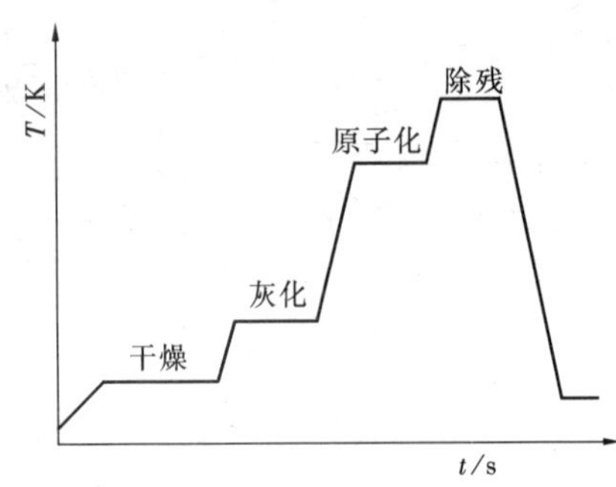

图 2-15　石墨炉升温程序示意图

溶液干燥温度应为 100℃，每微升溶液的干燥时间约需 1.5 s。

② 灰化（分解）

主要是使待测物的盐类分解，并赶走阴离子、破坏有机物以及除去易挥发的基体。这一步骤相当于化学预处理。最适宜的灰化温度及时间，随样品及待测元素的性质而异，以待测元素不挥发损失为限度。一般灰化温度在 100～1 800℃之间，灰化时间一般为 0.5～5 min。

③ 原子化

原子化是使以化合物形式存在的待测元素蒸发并解离为基态原子。原子化温度一般在 1 800～3 000℃之间，原子化时间为 5～10 s。对多数元素，无论以何种化合物形式存在，这个温度和时间是足够的。因为样品用量极少，具有很低的分压，其蒸发和原子化一般可在低于化合物沸点下进行，但对于那些易与石墨形成稳定化合物的元素，即使在 3 000℃也难以原子化。

④ 高温除残

其作用是清除石墨管炉中残留的分析物，以减少或避免“记忆效应”。

与火焰原子化方法相比，石墨炉原子化方法的主要优点是具有较高并且可调的温度；气态原子在测定区停留的时间比在火焰中长 100～1 000 倍；液体或固体样品均可测定，而且用量极少；原子化效率高，试样利用率达 100%；灵敏度高，其绝对检出极限可达 10^{-14}～10^{-6} g；由于在充有惰性气体的气室内，并有强还原性石墨介质的条件下进行原子化的，因此有利于难解离氧化物的原子化。其次，由于灰化步骤相当于化学预分离和富集，因而在某些情况下具有抗干扰的能力。石墨炉原子化的主要缺点是由于取样量少，试样组成的不均匀性影响较大，所以精密度不如火焰原子化法好；有时记忆效应严重。此外，石墨炉原子化法的设备复杂，价格昂贵。

（2）低温原子化

某些元素在酸性溶液中，能被还原剂还原成金属原子或还原生成挥发性气体，而且该挥发性气体在不太高的温度下就有可能全部分解，产生待测元素的基态原子，所以这些元素可采用低温原子化法。

① 氢化物原子化

As、Sb、Ge、Sn、Pb、Se、Fe 等元素，它们的共振线位于 230 nm 以下的紫外光谱区，在火焰法中能被火焰气体强烈吸收产生干扰，利用石墨炉原子化法时，又易受基体元素背景吸收的影响，而且在灰化过程中，像砷、锡、硒等元素易挥发而产生损失，若采用氢化物原子化技术可克服上述弊病。

将含有这些元素的样品用 $NaBH_4$ 或 KBH_4 还原生成它们的氧化物，反应方程式如下：

$$AsCl_3+4KBH_3+KCl+12H_2O \longrightarrow AsH_3\uparrow+4KCl+4HBO_3+17H_2\uparrow$$

这些氢化物沸点很低，室温下操作足以使溶液中的氢化物以气态释放出来，由氮气导入石英吸收管，石英吸收管加热，则氢化物热分解为基态原子，以进行吸光度的测定。

② 汞的冷原子化

若要测定废水中的汞，则可利用 $SnCl_2$ 将试液中的汞离子还原为汞原子。

若试样含有机汞，则先硝化处理，即用高锰酸钾和硫酸混合液分解有机汞，使汞在溶液中呈离子状态，再用 $SnCl_2$ 将它还原成汞原子。

汞原子由氮气导入吸收管，即可进行吸光度的测定，其检测限可达 0.01 μg/ml。

专门的冷原子吸收测汞仪，结构简单、操作方便，各级监测站广泛使用。

3. 光学系统

原子吸收光谱仪中的光学系统由聚光系统和分光系统两个部分组成。

(1) 聚光系统

聚光系统又称为“外光路系统”，如图 2-16 左边所示，它的作用有两个方面：首先是将光源发射的谱线聚焦于原子蒸气（火焰）的中央；然后将通过原子蒸气后的谱线聚焦于单色器的入射狭缝上。聚光系统的装置有多种，比较广泛使用的为双透镜装置。

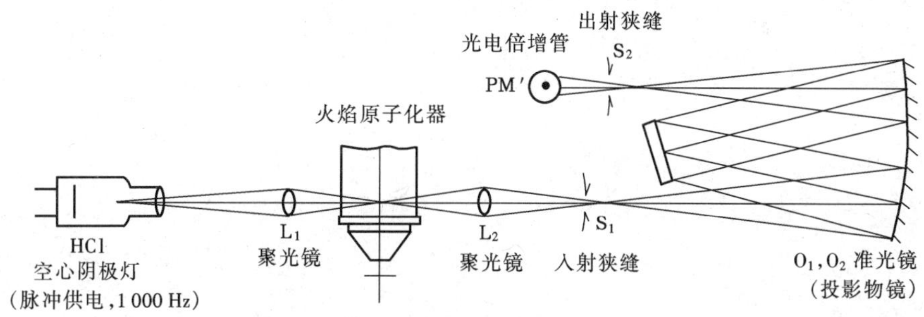

图 2-16　原子吸收分光光度计光学系统

应该注意的是，原子吸收法中应用的波长范围十分宽广，所以要求：首先，透镜应以石英制成，以使紫外和可见光区域都可应用。其次，两个透镜的位置应该是可以沿光轴而移动的，以适应光源波长不同时聚焦的需要。一般说来，对短波谱线，第一透镜应向空心阴极灯靠拢，同时，第二透镜应向单色器入射狭缝靠拢。反之亦反。第三，为了获得良好的灵敏度和避免标准曲线弯曲，在第二透镜处一般设有半可调光栏，以调通光口径。

(2) 分光系统——单色器

分光系统亦称单色器，主要由色散元件、狭缝及凹面反射镜组成。

原子吸收分光光度计中，单色器的作用是将待测元素的共振线与其他邻近谱线分开。单色器的色散元件为棱镜或光栅。单色器的性能由色散率、分辨率和集光本领决定。色散率是指色散元件将波长相差很小的两条谱线分开所成的角度（角度散率）或两条谱线投射到焦平面上的距离（线色散率）的大小。色散率越高，则两条谱线所成的角度越大或在焦平面上两条谱线的距离越远。分辨率则是指将波长相近的两条谱线分开的能力。色散元件的分辨率是影响色散率的重要因素，分辨率越高，则色散率越大。

棱镜的色散率较低，而且色散率随波长而变化，因此在现代原子吸收分光光度计中，多用衍射光栅作为色散元件，它的分辨率高于棱镜，而且色散率不随波长而变。

在原子吸收分析中采用的是锐线光源，吸收值的测量是用峰值吸收法，而且光谱比较简单，所以对单色器的分辨本领要求并不很高，只要能将共振线与邻近的谱线分开到一定程度就可以。但是在原子吸收分析的测定中，除要求能将谱线分开到一定程度外，还要求有一定的出射光的强度，这样才便于测定。也就是既要求单色器有一定的分辨率，又要求有一定的集光本领（即传递光的本领，它影响出射光谱线的强度）。因此，若光源强度一定时，就要选用适当色散率的光栅与狭缝宽度配合，构成适合测定的光谱通带（单色器通带）来满足上述要求。所谓光谱通带，是指单色器出射光谱所包含的波长范围，它由光栅（或棱镜）的色散率和狭缝宽度决定。其表示式如下：

$$光谱通带(nm)=狭缝宽(mm)\times 线色散倒数(nm/mm)$$

由上式可知，若一定的单色器采用了一定色散率的光栅（或棱镜），则单色器的光谱通带取决于狭缝的宽度。狭缝宽则光谱通带亦宽，出射光的强度就强；狭缝窄则光谱通带亦窄，出射光强度就弱，所以一定要调节好适宜的狭缝宽度。

原子吸收分光光度计的分光系统有各种形式，图 2-17 为常用的两种分光系统的光路图，图 2-17（a）为 Czerny-Turner 型，图 2-17（b）为 Ebert 型。

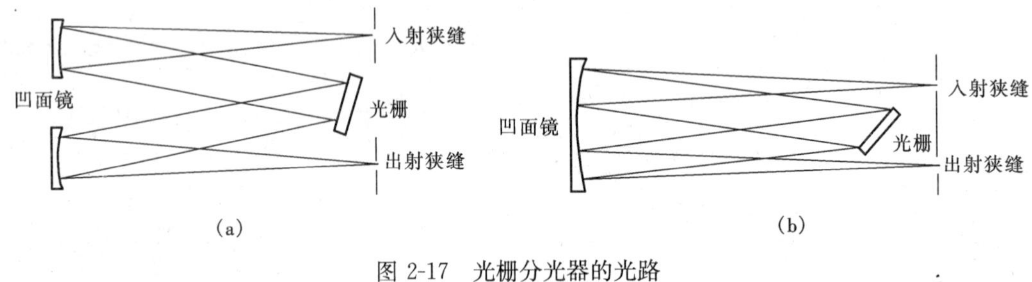

图 2-17 光栅分光器的光路

（a）水平对称方式；（b）垂直对称方式

从光源发射出的光束通过火焰后，经入射狭缝射入，被凹面镜反射准直成平行光束到光栅上，经光栅衍射分光后，再被凹面镜反射聚焦于出射狭缝处，经出射狭缝得到平行光束的光谱。光栅转动可以使光谱中各种波长的光按顺序从出射狭缝射出。光栅的转动方位与波长刻度鼓轮相关联，所以从仪器面板上刻度鼓轮上的数值即可读出出射光的波长。

4. 检测系统

检测器的作用是将单色器分出的光信号进行光电转换。在原子吸收分光光度计中，广泛使用光电倍增管作检测器，其结构见图 3-6。光电倍增管输出的光电流，与入射光强度和光电倍增管的增益（即光电倍增管放大倍数的对数）成正比。而增益取决于打拿极的性质、个数和加在打拿极之间的电压。通过改变所加的电压，可以在较广泛的范围内改变输出电流。产生的电流可经负载电阻 R 而变成电压讯号。这个讯号还不够强，在进入指示仪表前，还必须将此电压讯号放大。

光电倍增管的重要特性是它的光谱灵敏度。它由涂敷阴极的光敏材料决定。具有 CsSb 阴极光电发射表面的紫敏光电管，能接收 200～625 nm 波长范围的光辐射，而采用 AgO-Cs 光电发射表面的红敏光电管，接收的波长范围为 625～1 000 nm的光辐射。在使用光电倍增管时，一定要注意暗电流对实验的影响和避免疲劳效应的产生。

5. 放大及指示系统

(1) 放大器

由于检测器输出的讯号较弱，在进入显示装置之前必须进行放大，一般采用同步检波放大器和相敏放大器来放大讯号。

(2) 指示仪表

讯号经放大器放大后，得到的只是透光度读数。为了在指示仪表上指示出与浓度成线性关系的吸光度值，就必须将讯号进行对数转换，然后由指示仪表指示。随着电子技术的发展，目前许多仪器已采用自动记录测量数据或用数字显示测量数据，有的还用微型电子计算机处理数据，直读分析结果。

(四) 测定条件的选择

原子吸收光谱分析中的可变因素很多，而且各种测量条件不易重复。测量条件能够直接影响测定的准确度和灵敏度，也关系到能否有效地减除干扰因素。不同的测量条件会得到不同的测定结果。因此，适当地选择和严格地控制测量条件是很重要的。

1. 分析线的选择

为了提高测定的灵敏度，通常选用元素的共振线作为分析线。因为共振线往往也是元素最灵敏的谱线，可使测定具有较高的灵敏度。但这也不是绝对的，在某些情况下，则应选用次灵敏线或其他谱线作为分析线。例如测汞，由于空气和火焰气体对汞的共振线 1 349 Å 都产生强烈吸收，因而只能用 2 537 Å 谱线。当被测元素的共振线受到其他谱线干扰时，为了排除干扰保证结果的准确性，只好选用没有干扰的其他谱线作为分析线。例如铅的共振线 2 170 Å 受火焰吸收及背景吸收干扰较大，只好选用它的次灵敏线 2 833 Å。即使共振线不受干扰，在实际工作中，也未必都选用共振线。例如分析高浓度试样时，为了保持工作曲线的线性范围，选次灵敏线作为分析线是有利的。显然，对于低含量组分的测定，应尽可能选择最灵敏的谱线作分析线。

2. 光谱通带的选择

选择光谱通带，实际上就是选择狭缝宽度，但是由于不同仪器的线色散倒数不同，仅有狭缝宽度不足以说明出射光的波长范围，所以用光谱带更具有普遍意义。

确定通带宽度，既要考虑到能将共振线与邻近的谱线分开，又要使单色器有一定的集光本领。一般说，调宽狭缝虽然能够增大出射光强度，但出射光包含的波长范围也宽了，这样会使邻近的谱线与分析线同时进入检测器，而使测定的吸收值偏低；反之，调窄狭缝虽然可以减少非吸收线的干扰，但出射光强度不足，给测定造成困难。因此，应根据具体情况调节适当的狭缝宽度。合适的狭缝宽度可通过实验的方法确定。将试液喷入火焰，调节狭缝宽度，测定不同狭缝宽度时的吸光度。当测得在某一狭缝宽度时，吸光度趋于稳定，再调宽狭缝时，吸光度立即减小。不引起吸光度减小的最大狭缝宽度，就是理应选取的最合适的狭缝宽度。

但有些仪器的狭缝不是连续可调的，而是一些固定的数值，如 0.1 mm、0.2 mm、0.5 mm、1 mm 等，可根据要求适当选择。

3. 空心阴极灯工作电流的选择

较小的灯电流，使发射的谱线宽度较窄，有利于提高测定的灵敏度。但灯电流过低，使放电不稳定，光谱输出的稳定性差、强度下降，还会使灯的寿命缩短。一般说，在保证有稳定的和一定光谱强度的条件下，应当尽量选用小的灯电流。商品空心阴极灯上都标有允许使用的最大工作电流（额定电流），对大多数元素而言，日常工作中应选用额定电流的40%～60%较为合适。空心阴极灯需经预热才能达到稳定的光谱输出，使用前一般需预热10～30 min。

4. 燃烧器高度的选择

燃烧器高度不同影响测定灵敏度、稳定性和干扰程度。在测定每种元素时，一般都有一个最佳的火焰位置。为了提高测定的灵敏度，应当使光源发出的光通过火焰原子密度最大的区域，这个区域的火焰比较稳定，而且干扰也少。图2-18为燃助比一定时，燃烧器高度对测定吸收的影响。

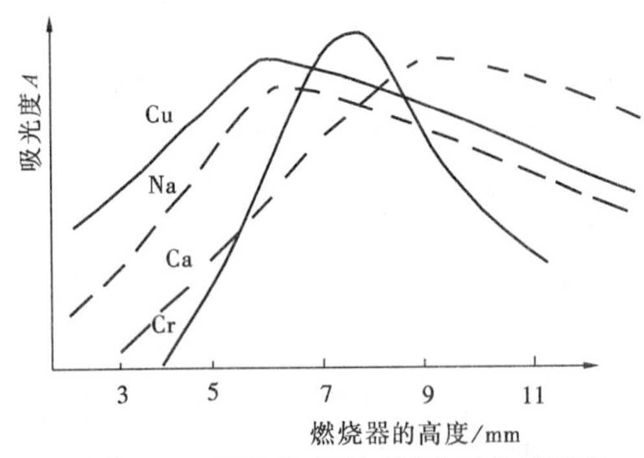

图2-18 燃烧器高度对测定吸收的影响

从图中可以看出，当燃助比一定时，火焰位置对有些元素的测定灵敏度影响极大，吸光度有较显著的峰值，如Cr、Na等元素。而有些元素在曲线达到峰值后，当提高燃烧器高度时，吸光度变化就比较平缓，如Cu、Ca等。

此外，还需要注意在不同的燃烧器高度对所测吸光度的稳定性影响，一般而言，应当选择在曲线变化相对缓慢的高度，以便使结果具有较好的重现性。

一般在燃烧器狭缝口上方10 mm附近，为基态原子密度较大区域，但也随待测元素的种类和火焰的性质而异，所以，每做一种元素的分析前，都应通过实验来选择恰当的燃烧器高度。其方法是，用一固定浓度的溶液喷雾，缓缓上下移动燃烧器高度，并测量吸收值，如图2-18，在吸收值为最大值左右的某一位置，且吸收值变化相对缓慢时，把燃烧器高度固定下来。

5. 火焰的选择

需要根据待测元素的性质，选择适当的火焰。合适的火焰不仅可以提高测定的稳定性和灵敏度，也有利于减少干扰因素。火焰的温度要能使待测元素解离成基态原子即可，太高或太低的火焰温度，对测定都不利。在火焰中容易生成难解离化合物的元素以及易生成耐热氧化物的元素，应当选用高温火焰；而对于易电离易挥发的碱金属元素，应当选用低温火焰。在进行原子吸收光谱分析时，除应选择火焰的种类外，还应选择合适的燃助比。确定最佳燃助比，一般通过实验的方法。即配制一标准溶液喷入火焰，在固定助燃气流量的条件下，改变燃气流量，测出吸光度值。吸光度最大时的燃料气流量，即为最佳燃料气流量。

6. 光电倍增管负高压的选择

增大光电倍增管的负高压，能提高测定的灵敏度，但稳定性差，信噪比较小。降低负高压，能改善测定的稳定性，提高信噪比，但灵敏度降低。在日常分析中，光电倍增管的工作电压一般选在最大工作电压的1/3～2/3范围内。

（五）定量分析方法

1. 标准溶液和样品溶液配制

原子吸收分析所选用的试剂以不玷污被测元素为原则。在实用中，如果在仪器灵敏度范围内，检测不到试剂中的被测元素吸收信号，一般即认为所选用的试剂“不玷污”被测元素。在分析中，“高纯级”试剂常被选用。有些元素用99.9%纯度就可以了，要视具体情况而定。

原子吸收分析在环境监测中常用于痕量污染元素的测定。用水作溶剂时，水的纯度直接影响到测定结果，通常采用蒸馏水或离子交换水。在使用高温石墨炉测定某些ppb数量级的元素，则使用的水需要先用石英蒸馏器蒸馏后再进行离子交换。无机酸（常用盐酸、硝酸）也是常用的溶剂，它常含有低量的有色金属，使用前应严格检查，日常分析使用分析纯（AR）就可以了。

有些元素化合物或矿石、底泥样品，往往不能单纯用无机酸或有机酸溶解，而需要用熔剂先熔融后再溶解。最为常用的是碱，如 NaOH、Na_2CO_3 等。由于熔剂所占比例常常多于样品，因此，对熔剂的玷污可能性须加以注意。

原子吸收分析常用的有机酸和有机试剂为醋酸、MIBK（甲基异丁基酮）、APPC（吡咯烷二硫化氨基甲酸胺）、EDTA、乙醇、8-羟基喹啉等。

（1）标准溶液配制和储存

配制标准溶液，首先要配制一个母液，然后用稀释法配制系列标准，用以测定。

原子吸收分析用的标准溶液（母液），一般都是纯水溶液。大多数元素的母液浓度为1 000 μg/ml，通常能保存一年，有些元素需加进少量无机酸进行保存，个别元素母液浓度为500 μg/ml，或10 000 μg/ml。一般而言，浓度小于1 μg/ml的系列标准溶液，应每天使用每天配制。大于1 μg/ml的标准溶液可保存数天或更长时间，不同元素有所不同。

母液储存通常用玻璃瓶或塑料瓶。有些含氟离子的母液，只能用塑料瓶储存（如铌、钽、铪、硅等）。有些要用深棕色瓶储存，以防光照（如金、银等）。

（2）样品溶液制备

样品分液体和固体两种。取样要有代表性。对液体样品，要考虑到它的酸度应尽可能和标准一致。对于含有较多基体元素的溶液，在标准中亦要适当加进基体元素，以清除基体元素的干扰效应。要注意溶液中的夹杂物防止堵塞毛细管。含有夹杂物溶液应当过滤或澄清后使用。对于固体样品，原则上能用酸溶解的，就不用碱溶解。需要用到碱时，也要用量适当。同时，标准系列也要加同样数量的溶剂。

样液（包括溶解固体样品）的黏度以小为宜，尽可能和标准一致。日常分析一般控制在1%～2%，对于黏度较大的样液，要使用多缝燃烧器。

2. 分析方法

原子吸收光谱分析法的定量依据也是吸收定律，即 $A=KC$。也就是说，当待测元素浓度不高时，试样的吸光度 A 与待测元素的浓度 C 呈线性关系。原子吸收的定量方法有很多，常用的有标准曲线法、标准加入法等。

（1）标准曲线法

原子吸收分析工作曲线法，与紫外-可见分光光度分析中的工作曲线法相似。根据样品的实际情况，配制一组浓度适宜的标准溶液，在选定的实验条件下，以空白溶液（参比液）调零后，将所配制的标准溶液由低浓度到高浓度依次喷入火焰，分别测出各溶液的吸光度 A，以待测元素的浓度 C 作横坐标，以吸光度 A 作纵坐标绘制 A-C 工作曲线。然后在仪器和操作方法与绘制标准曲线相同的条件下，测得样品溶液的吸光度 A_x，直接在标准曲线上查得样品溶液中待测元素的浓度 C_x（见图 2-19）。

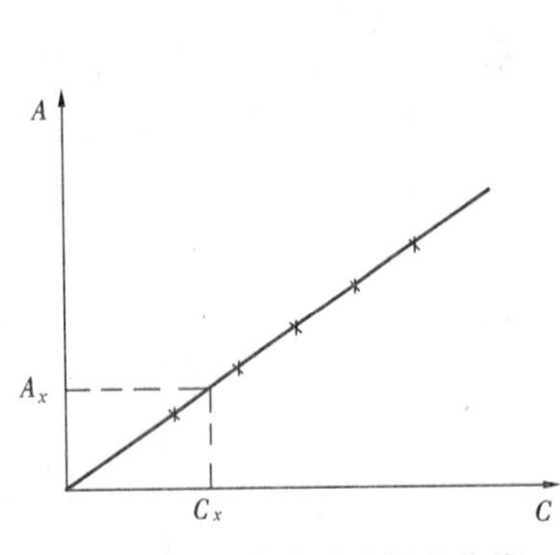

图 2-19 吸光度浓度标准曲线

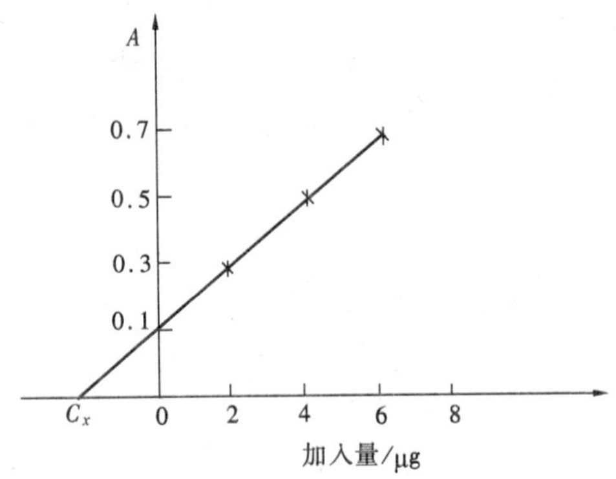

图 2-20 标准加入法测镁

在实际分析中，有时出现标准曲线弯曲的现象，最常见的是标准曲线向浓度坐标弯曲。当元素浓度较高时，吸收线的碰撞变宽就不能忽略，使吸收线轮廓造成非对称性，而使中心波长错位，因此光源辐射的共振线的中心波长就与共振吸收线的中心波长错位，吸收相应地减少，即测定的吸光度降低，结果使标准曲线向浓度坐标弯曲。

必须注意的是，在原子吸收法中，由于喷雾效率等因素不易控制，所以在测定样品溶液时的情况，难与绘制标准曲线时完全相同。所以在测定样品溶液时，通常需要带一个适当浓度的标准溶液，作为控制试样，测定控制试样的吸光度，以便对标准曲线进行校正。

校正方法如下：在每次测定试样时，加测一个控制试样，其浓度是已知的，并在标准曲线的中部范围。然后，通过控制试样所测出的点位另作一条与原标准曲线平行的新标准曲线，用它分析试样。或者利用如下计算式算出校正系数来校正测定结果：

$$K=\frac{A}{A'}$$

式中，K——校正系数；

A——控制试样在原标准曲线上的吸光度；

A'——控制试样新测得的吸光度。

用该 K 值乘试样的吸光度即得校正值，从原标准曲线上查出对应该校正值的浓度，就是待测试样的浓度。

还需注意的是，标准溶液的浓度必须在吸光度与原子浓度或直线关系的范围内。一般应控制吸光度在 0.05～0.8 之间。同时，仪器操作条件（光源、喷雾、火焰、通带、检测等）在整个分析过程中应保持恒定。

标准曲线法虽然简便，但必须保证标样与试样溶液的物理性质（如比重、黏度等）相同，保证不存在干扰物（或能采用适当方法消除干扰）时，才能适用。对于那些组成尚不清楚、干扰物质数量尚不清楚的样品，不能用标准曲线法。

（2）标准加入法

当试样的基体效应（指试样溶液的基本成分不同，将直接影响到溶液的物理特性，如黏度、表面张力、密度等，进而影响到雾化效率）对测定有影响，或干扰不易消除，标准溶液配制麻烦、分析样品数量少时，用标准加入法较好，它也常用来检验分析结果。

标准加入法分为复加入法和单加入法两种。

① 复加入法

取若干体积相同的试样溶液（不少于 4 份），从第二份开始依次递增地加入不同份量的待测元素的标准溶液（如分别加入 10 μg、20 μg、30 μg），然后用蒸馏水稀释至相同体积后摇匀。在相同的实验条件下依次测得各溶液的吸光度为 A_x、A_1、A_2、A_3。以吸光度 A 为纵坐标，以加入标准溶液的量（浓度、体积、绝对含量）为横坐标，作出 A-C 曲线，外延曲线与横坐标相交于一点，此点与原点的距离，即为所测试样溶液中待测元素的含量。

例如测定合金中微量镁。称取 0.268 7 g 试样，经化学处理后移入 50 ml 容量瓶中，以蒸馏水稀释至刻度后摇匀。取上述试液 10 ml 于 25 ml 容量瓶中（共取 4 份），分别加入镁 0 μg、2 μg、4 μg、6 μg。以蒸馏水稀释到刻度，摇匀。测出上述各液的吸光度依次为 0.1、0.3、0.5、0.7，求试样中镁的百分含量。

根据已知数据绘制 A-C 曲线（图 2-20）。由图可见，曲线与横坐标点到原点的距离为 1.0，即未加标准镁的 25 ml 容量瓶中，含有 1.0 μg 镁。这 1.0 μg 镁只能来源于所加入的 10 ml 试样溶液。所以可由下式算出试样中镁的百分含量。

$$\mathrm{Mg}=\frac{1.0\times10^{-5}}{0.268\,7\times10}\times50\times100\%=0.062\%$$

② 单加入法

仅取两份同体积的试液，于其中一份加入已知量的待测元素，其量最好与试样含量相近。稀释至一定体积后分别测其吸光度。按下式进行计算：

$$C=\frac{S}{A-A_i}\cdot A_i$$

式中，C——试样中被测元素浓度；

S——试样中加入标准的浓度；

A_i——试样吸光度；

A——试样加标准后的吸光度。

复加入法比较费时，但结果可靠，通过 3～5 个分析试样，就可以检查标准曲线是否还在直线范围内，可以看出加入的浓度是否恰当。单加入法比较简单，但无法判断该浓度是否还在直线范围内。因此结果的准确性不够。

使用标准加入法应注意以下几点：

Ⅰ. 标准加入法只适用浓度与吸光度成直线关系的范围；

Ⅱ. 加入第一份标准溶液浓度，与试样溶液的浓度应当接近（可通过试喷样品溶液和标准溶液，比较两者的吸光度来判断），以免曲线在斜率过大、过小时给测定结果引进较大的误差；

Ⅲ. 该法只能消除基体干扰，而不能消除背景吸收等的影响。

（3）间接分析法

原子吸收光谱分析，除可以对大多数金属元素进行直接测定外，还可以用间接分析的方法测定某些非金属元素和有机化合物。

例如，某试样中氯的测定。由于氯元素最灵敏的共振线，在真空紫外区，能被火焰气体强烈吸收，难以直接测定。若在试样中定量地加入过量 $AgNO_3$，使 Cl^- 与 Ag^+ 生成 AgCl 沉淀，然后用原子吸收法准确地测定溶液中剩余的 Ag^+，从而推算出试样中氯的含量。

又如，利用 8-羟基喹啉能与铜盐生成可萃取的络合物，用原子吸收法可准确地测定萃取物中铜的含量，可推算出试样中 8-羟基喹啉的含量。间接原子吸收光谱法大大地推广了原子吸收分析的应用范围，目前已经用间接原子吸收光谱法测定了许多有机化合物及金属元素。

（六）干扰因素及消除办法

原子吸收分析法总的来说干扰较少，分析结果的精密度和准确度较高，不失为一种好的分析技术的选择。这也是它得到迅速推广应用的重要原因之一。但是它的干扰因素不是没有，有时甚至是严重的。这些干扰包括光谱干扰和非光谱干扰两大类，非光谱干扰是由于化学的、物理的以及电离等原因引起的干扰。在测定工作中应采取相应的措施来消除干扰以保证获得满意的分析结果。下面分述几种典型的干扰及其抑制或消除办法。

1. 光谱干扰及消除

这种干扰主要指光谱线干扰和背景吸收干扰。

（1）光谱线干扰

光谱线干扰是指原子光谱对分析线干扰。

① 非吸收线未能被分辨开

在所选光谱通带内，有两条光谱发射线，但是样品只有一条吸收线。两条发射线一起到达检测器，由于非吸收线在检测器中也产生一个常数背景信号，结果吸光度被冲淡——偏低，工作曲线向浓度轴弯曲，非吸收线干扰来自光源辐射。

这一类干扰的消除，可采用适当减小狭缝宽度或另外选择无干扰的吸收线作为分析线的措施。

② 存在两条或多条吸收线

在所选光谱通带内，存在两条或多条吸收线产生的干扰，通常出现在多谱线元素，如 Fe、Co、Ni 等。

由于发射的多重谱线是能被待测元素所吸收的，所以吸收线的轮廓是非单一的。又因为各条谱线的发射强度不同，而且，基态原子对它们的吸收程度也不相同，所以测定结果的灵敏度和准确度均下降，造成干扰。

要消除这种多重吸收的干扰，有的可设法提高光源发射强度，减小狭缝宽度。但是如果多重吸收线与主吸收线波长相差很少，过分减小狭缝仍难消除，可能使信号降低太大无法工作。

③ 吸收线重叠

许多元素的吸收线相互重叠或十分接近，这时，当被测样品中含有两种谱线重叠的元素时，无论测定二者中的哪一元素，另一种元素都要吸收待测元素的共振线。这种干扰使待测元素的吸光度值增大，分析结果偏高。例如，测汞时，若试样中含有微量钴，则对汞的测定产生干扰，钴的吸收线为 2 536.9 Å，它将对汞的发射线 2 536.52 Å 产生吸收，造成假吸收现象，使测定结果偏高。

实验表明，这种干扰的大小取决于吸收线重叠的程度，当两个元素吸收线相差≤0.3 Å时，大多显严重干扰。但是当重叠的吸收线都是灵敏线时，即使波长相差大到1～2 Å，干扰还明显地表现出来。

消除这种干扰的方法，是选用待测元素的其他谱线作为分析线，或者预分离造成干扰的共存元素。

(2) 背景吸收干扰。

背景吸收是光谱干扰的主要因素。它是指待测元素的基态原子以外的其他物质，对共振线产生吸收而造成的干扰，常常导致结果偏高。背景吸收主要包括分子吸收和光散射。

① 分子吸收

分子吸收是宽带吸收，分子吸收干扰使测定结果偏高，产生正误差。这种干扰主要来源于火焰中的氧化物、金属盐类的分子、氢氧化物、无机盐分子以及火焰气体分子对共振线的吸收。例如，在空气-乙炔火焰中测钙中钡的含量时，发现结果偏高。原因是钙在火焰中能生成 $Ca(OH)_2$，它在 5 300～5 600 Å 有吸收带，能吸收光源发射的钡的共振线 5 536 Å，所以使钡的测定结果偏高。含 10%NaCl 的溶液在波长 3 200～2 800 Å 有吸收带，它给 Cd 2 288 Å、Ni 2 300 Å、Hg 2 536 Å 的测定带来严重的干扰。在波长 2 000～2 500 Å硫酸及磷酸有很强的分子吸收，而且随酸浓度的增大而增大。而硝酸和盐酸的分子吸收则很小，所以在原子吸收光谱分析中，无机酸大多采用硝酸与盐酸而尽量不采用硫酸、磷酸。

分子吸收干扰的扣除可采用以下两种方法：

一种方法是利用“空白溶液”扣除，因为若火焰控制稳定，则在一定条件下产生的分子吸收可认为是固定的，所以配制不含待测元素的基体溶液在同样波长、同一工作条件下，测出背景吸收值，然后从被测元素的总吸光度中减去背景吸光度，就是被测元素的真实吸光度，在实用中背景吸收能准确扣除。

另一种方法是利用氘灯连续光谱扣除火焰的分子吸收干扰。其扣除原理如下：

我们知道，背景吸收主要来源于分子吸收和光散射，光散射强度是波长的函数。而分子吸收本质是宽带吸收，原子吸收本质是窄带吸收。因此，当连续光源（氘灯）辐射线通过火焰时，火焰中的宽度背景吸收连续光源辐射能，而原子对连续光源辐射“不表现”吸收。确切地说，其吸收可忽略不计，约为空心阴极灯的 1/100 倍。这样当两种灯交替地通过火焰，而火焰中存在分子吸收时，则得到：

$$A_{空心阴极灯} = A_{分子吸收} + A_{原子吸收}$$

$$A_{氘灯} = A_{分子吸收} + \frac{1}{100}A_{原子吸收}$$

式中，A 为吸收值，而空心阴极灯和氘灯的光线被分子吸收降低的程度是一样的，即空心阴极灯的 $A_{分子吸收}$ 等于氘灯的 $A_{分子吸收}$，所以两式相减，就可以得到扣除背景后的测量值，即可得到 99%的原子吸收讯号，从而消除了分子吸收的背景干扰。

② 光散射

吸收池内未能被原子化的固体颗粒，对入射光产生“散射”作用使部分入射光没有进入单色器，造成“假吸收”，使结果偏高。

被测元素的波长越短，散射越大，因此在 $\lambda < 2\ 300$ Å 的远紫外区如果吸收池内存在难熔元素，“光散射”特别严重，如 Cd、Zn、Pb、Se、As 等元素的灵敏吸收线。光散射造成的吸收一般可以通过仪器“调零”机构加以解决。

2. 电离干扰

火焰中一些元素被解离为基态原子后，还可继续电离为正离子和电子，这些离子不产生吸收，而原子吸收分析是测定基态原子对共振线的吸收。部分基态原子的电离，减少了被测基态原子的浓度，使被测元素的吸光度降低。

火焰温度越高，元素的电离电位越低，电离度就越大，干扰也就越严重。对于电位低于 6 eV 的元素，容易被电离。碱金属、碱土金属的电离电位较低，在火焰中这些元素的电离干扰较严重。

电离干扰的消除，常用以下两种方法：

（1）降低火焰温度

温度低则被电离的原子数就少，所以可根据元素的电离电位，改变火焰的类型和燃烧状态，选择合适的火焰温度。

（2）加入消电离剂

即在试液中加入大量过量的比待测元素的电离电位更低的金属元素，在火焰中它优先被电离，使火焰中的电子浓度增大，从而能抑制待测元素的电离，或者从已电离的元素回到基态。所加入的更易电离的金属元素，叫做消电离剂。例如，溶液中加入大量钾时，钙原子的电离被抑制。其原理如下：

$$K \xrightarrow{\triangle} K^{+} + e \qquad Ca^{2+} + 2e \longrightarrow Ca$$

从上面反应可以看出：钾优先被电离，产生大量的电子，大量电子的存在使钙的电离平衡向中性原子方向移动，从而钙原子的电离被抑制。

又如，在预混合空气-乙炔火焰中，要消除碱金属的电离干扰，可加 500～2 500 mg/L的 K 或 Cs。常用的消电离剂有 CsCl、KCl、RbCl 等。

3. 化学干扰

化学干扰是原子吸收光谱分析中的主要干扰因素。所谓化学干扰，是指待测元素与其他共存组分形成的化合物，在一般条件下未能充分离解，降低了火焰中被测元素的基态原子浓度而造成的干扰。化学干扰的形式及消除方法如下。

（1）形成难解离的、稳定的化合物

被测元素与共存元素形成难解离的、稳定的化合物，有两种情况：

① 在溶液中，被测元素与共存元素作用形成难解离化合物，致使参与吸收的基态原子数减少。例如，测 Ca 时，溶液中若有 H_3PO_4 存在，则会形成难解离的 $Ca_2P_2O_7$，使测定的灵敏度大大降低。

② 在火焰中，由于火焰温度的作用，被测原子将形成难熔的氧化物或碳化物，从而造成严重的化学干扰。例如，在空气-乙炔火焰中测镁，若有铝存在将产生干扰，使镁的吸光度下降。因为在这种火焰中镁与铝生成了难熔的化合物 $MgO \cdot Al_2O_3$，它是耐高温的氧化物晶体，妨碍了镁的原子化。又如硼、铀甚至在氧化亚氮-乙炔火焰中测定，灵敏度都很低，就是因为它们能与火焰气体生成难熔氧化物或碳化物。

（2）阴离子干扰效应

许多实验表明，阴离子的存在（如 SO_4^{2-}、AlO_2^-、ClO_4^- 等），对火焰中金属原子产生影响。不同阴离子在火焰中可形成不同熔点、沸点的化合物而影响被测元素的原子化。

阴离子干扰机理说法尚不统一，有人认为阴离子存在，使阳离子干扰变得复杂，阴、阳离子同时施加干扰影响；有人认为主要是阴离子的干扰。

（3）化学干扰的消除

因为化学干扰因素是各种各样的，具体采用什么方法消除，也要视具体情况而异，常用的方法有以下几种：

① 改变火焰温度

对某些由于生成难熔、难解离化合物的干扰，可以通过改变火焰的种类，提高火焰温度来消除。如在空气-乙炔火焰中，磷酸对钙测定的干扰，铝对镁测定的干扰，在改用氧化亚氮-乙炔火焰后，就可以消除。

② 加入释放剂（或称抑制剂）

加入一种试剂，使试液中的干扰元素与之生成更稳定、更难解离的化合物，将待测元素从与干扰元素生成的化合物中释放出来，从而达到消除干扰的目的。所加入的这种试剂称为“释放剂”。例如，H_3PO_4 对 Ca 测定的干扰，当加入 $LaCl_3$ 时，则

$$LaCl_3 + H_3PO_4 = LaPO_4 + 3HCl$$

$LaPO_4$ 比 $Ca_2P_2O_7$ 具有更高的稳定性，因而使待测元素 Ca 能从 $Ca_2P_2O_2$ 中释放出来，或者说 $LaCl_3$ 抑制了 Ca 与 H_3PO_4 化合。常用的释放剂有镧、锶或其盐类。

③ 加入保护剂

保护剂亦称保护络合剂或络合剂。它可以与待测元素生成稳定的络合物，而使待测元素不能再与干扰元素生成难解离的化合物；或者这种试剂与干扰元素生成稳定的络合物，而把待测元素孤立起来。很明显，这两种情况都保护了待测元素，避免了干扰。因而，所加入的试剂称为保护剂。H_3PO_4 对 Ca 测定的干扰，当加入 EDTA 后，Ca 与之生成了稳定的络合物，消除了 H_3PO_4 对 Ca 测定的干扰；测镁对铝的干扰，当加入 8-羟基喹啉时，它与铝生成的螯合物比镁更稳定，把铝“保护”了起来，防止了铝对镁的干扰。有些情况下，释放剂和保护剂同时使用可以更有效地克服干扰。例如测镁时有铝的干扰，如果同时加入释放剂（镧盐）及保护剂（甘油高氯酸），可以得到很好的效果。

④ 加入缓冲剂

即在标准溶液和试样溶液中，都加入大量的干扰成分，当加入量达到一定值时，可使干扰趋于稳定，不再变化。这种含有干扰成分的试剂称为缓冲剂。例如，在氧化亚氮-乙炔火焰中测钛，铝有严重的干扰，使测定结果难以准确。但当溶液中铝的浓度达到200 $\mu g/L$时，铝对钛的干扰不再随溶液中铝的量而变化，从而可准确地测定钛。但这种方法不是很理想，因为它大大地降低了测定的灵敏度，并且不是经常有效。

⑤ 化学分离

利用化学（或物理）方法将待测元素与干扰元素分离，然后进行测定，是消除化学干扰的有效手段，对复杂样品尤其如此。分离的方法很多，例如沉淀分离、离子交换、

有机溶剂萃取等，最常用的是有机溶剂萃取分离。萃取不仅可以分离出待测元素，以除去大部分干扰物质，而且还可富集待测元素，效果很好。萃取法，即把某些元素从水溶液中转移到有机溶剂中，一般分为两种情况：

Ⅰ. 适当地选择有机试剂（如螯合剂 APDC）与待测元素螯合，然后用有机溶剂（如萃取剂 MIBK）萃取，可把很多微量元素从试样基体中分出，直接喷雾含待测元素的有机物（或将萃取后的有机溶剂蒸发，制成水溶液后喷雾）。

例如，测定河水或废水中的铜、铅、锌、钙等金属元素，当样品中金属含量低时，先用螯合剂 APDC 或 KI 螯合或络合试样中的铜、铅、锌、镉金属离子，然后将金属螯合物或络合物萃取到有机溶剂 MIBK 中，直接喷雾有机物，送入空气-乙炔火焰中测定。

Ⅱ. 用有机溶剂萃取除去干扰元素，然后喷雾含待测元素的水相。

在原子吸收分析中 MIBK（甲基异丁基铜）是最常用的一种溶剂。常用的螯合剂有 APDC（吡咯烷二硫代氨基甲酸胺）、DDTC、双硫腙及 8-羟基喹啉等。

通常，有机相试液表面张力和黏度较小，在火焰中又有助燃作用，因此直接吸喷有机相时，一方面要适当降低燃气流量，另一方面要相应地减少试液提取量。比如，吸喷 MIBK 有机相的提取量为水相的 1/4 以下。这样，可望保证较好的原子化状态。过大的燃气流量或试液提取量，会造成火焰波动，噪声增加。有些黏度比水相大的有机相，可考虑使用多缝燃烧器。

在吸喷有机相时，仪器的"空白"调零，不能用水相，只能用同种有机试剂，以防止水溶剂的玷污。同时，废液排泄管道的气阀，最好亦改用有机试剂"封闭"。

4. 物理干扰

溶液中溶质的浓度或溶剂不同时，则溶液的表面张力、黏度等物理性质必然存在差异，所以溶液被雾化的效率及原子化效率都因此而变化，对吸光度的测定造成影响。这种干扰叫物理干扰或基体效应（基体干扰）。当标准溶液与样品溶液中溶质的组成差别较大时，在测定时将产生这种干扰。样品溶液中含酸类或盐类的浓度越高，则雾化效率越差，吸光度越小。标准溶液与样品溶液所用溶剂不同或温度不同也能产生这种干扰。结果使含待测元素量相同的标准溶液和样品溶液得不到相同的吸光度，造成测定结果的误差。消除基体干扰的方法有两种：

(1) 配制与样品溶液组成相似的标准溶液或采用标准加入法，是消除基体干扰最常用的方法；

(2) 如果样品溶液中含盐类或酸类浓度过高时，可用稀释的方法将样品溶液稀释至其干扰可以忽略为止（但应使待测元素仍能测出为前提）。

(七) 灵敏度及检出极限

灵敏度和检出极限是衡量原子吸收分光光度计性能的两个重要指标。

1. 灵敏度（S）

(1) 百分灵敏度

在火焰原子吸收光谱分析中，通常把所能产生 1%吸收（或 0.004 4 吸光度）时，被测元素在溶液中的浓度（μg/ml），称为百分灵敏度或相对灵敏度。用μg/（ml · 1%）或 $10^{-6}/1\%$表示。

百分灵敏度的测定，是必须测出 1%吸收时的浓度，这可以按下式计算：

$$S = \frac{c \times 0.0044}{A} \mu g/(ml \cdot 1\%)$$

式中，c——被测溶液的浓度，$\mu g/ml$；

A——该溶液的吸光度。

（2）绝对灵敏度

在石墨炉原子吸收光谱分析中，常用绝对灵敏度的概念。它定义为能产生1%吸收（或0.004 4吸光度）时，被测元素在水溶液中的质量，常用pg/1%或g/1%表示（1 pg=10^{-12} g）。

灵敏度通常可以看作是试液浓度测定的下限。最适宜的试液浓度，应选在灵敏度的15～100倍的范围内。同一种元素在不同的仪器上测定会得到不同的灵敏度，因而灵敏度是仪器的性能指标之一。

2. 检出极限（D_L）

（1）相对检出极限

在火焰原子吸收分析中，把能产生二倍标准偏差时某元素在水溶液中的浓度定义为相对检出极限，用$\mu g/ml$或ppm表示。相对检出极限可由下式算出：

$$D_L = \frac{c \times 2\sigma}{A} (\mu g/ml)$$

式中，c——待测元素在水溶液中的浓度；

A——该溶液的吸光度；

σ——标准偏差。它是用空白溶液或接近空白的标准溶液，经至少10次连续测定，所得吸光度值算出。

（2）绝对检出极限

在石墨炉原子吸收光谱分析中，把能产生二倍标准偏差的读数时待测元素的质量称为绝对检出极限。常用pg或g表示。

检出极限不仅与仪器的灵敏度有关，而且与仪器的稳定性有关。既有高的灵敏度又有低噪音电平的仪器才是好仪器，这样的仪器才能运用于微量组分的测定。

通常所说的灵敏度和检出极限，都是对火焰原子吸收法而言。只有在表示石墨炉原子吸收分析的灵敏度和检出极限时，才加上“绝对”二字。

（八）仪器的使用与维护

（1）仪器正常使用

① 仪器应放置在无振动、无腐蚀性气体、通风良好的实验室内，附近应无强电磁场干扰，仪器上方应装有排风罩。室温不得低于5℃，也不应高于30℃。

② 气路必须严格密封，不可泄漏。

③ 空心阴极灯长期不用时，应每季度点燃一、二次，方法是在工作电流下点燃1 h。

④ 光电倍增管一般不能长期使用高电压，应尽可能减少每次的使用时间。

⑤ 燃烧器在使用一段时间，会发现点火后火焰呈锯齿状，说明缝隙处有盐类沉积，可用滤纸插入缝中清洁，或用刀片轻轻刮去沉积物，也可用稀酸进行清洗。

⑥ 撞击球位置对雾化效率影响较大，若发现效率变低，应调整到最佳位置，提升

量以 3.5 ml/min 最佳（不同仪器有差异）；废液管应备水封装置，保持雾化室负压稳定，减少测定误差。燃烧器预混合室应至少每周清洗一次。

⑦ 日常使用的乙炔气体是溶解在丙酮里的，随着钢瓶内压力的降低，进入火焰中的丙酮浓度会增高。所以当乙炔钢瓶压力小于 0.5 MPa 时，应及时更换。

⑧ 石墨炉体两侧石英窗易玷污，应经常检查。出现玷污，可用镜头纸蘸无水乙醇擦洗。

⑨ 应按浓度由低到高的顺序，测定试样，每测 5～10 个试样进行一个标准溶液测定，检查仪器基线是否漂移，漂移严重时应重新校零。在测定试样时，若发现浓度很高，应用空白溶液充分喷雾清洗，以克服“记忆效应”，待回复到零点以后才能继续测定。

⑩ 标准系列及试样吸光度值不应高于 0.6，否则，标准曲线严重变弯，误差增大，最佳吸光度范围应在 0.1～0.5 范围内（不同仪器有差异）。

⑪ 仪器长期闲置不用，也要定期通电，以防止各种部件受潮、损坏。尤其在南方的梅雨季节，每周都应该通电 1 h 以上。

⑫ 最佳测量条件选择的原则在原子吸收测定中十分重要，一般仪器主要选择以下条件：

Ⅰ. 空心阴极灯电流：灯电流较小时，可提高测定灵敏度。但过小，会使信噪比增大，反而使检测变差，也影响测量精度；灯电流过大会缩短灯的使用寿命，也会由于谱线不纯引入误差。

Ⅱ. 通带宽度：Ca、Mg 等谱线简单的元素可选择较大宽度，Fe、Co、Ni、Mn 等谱线复杂，通带应较小。如果通带宽度选择不适当，也会影响信噪比和灵敏度。

Ⅲ. 波长：一般元素都有多条吸收线可供选择，应根据试液中待测元素浓度范围选择最适宜的波长。若待测元素的浓度很低，应选用灵敏度最高的共振线；如果待测元素浓度很高，为了避免过分稀释引入的误差，则应选用灵敏度较低的波长。

Ⅳ. 增益：即加在光电倍增管上的负高压，是决定输出信号的重要因素。当能量达到所需值时，应尽量使用低增益，这样暗电流小、噪声小、光电倍增管使用寿命长。

（2）常见的故障与排除

① 测量空白偏高不下时，可能雾化、燃烧系统受到腐蚀，应喷入 3%HCl（或 3% HNO_3）充分冲洗后用水洗净。

② 如果灵敏度明显降低，除测定条件选择不当外，还可能有三个原因：

Ⅰ. 燃烧器有偏角，缝隙不与光束平行，应调整。

Ⅱ. 光束没有全部通过火焰，可用一小片纸放在光路中检查，调整光路，使其通过燃烧器狭缝的正上方，并且平行。

Ⅲ. 雾化器堵塞，在测定高盐含量的试样时常有此现象发生，应清洁雾化器。

③ 如果灵敏度逐渐下降，可能光路系统有玷污，应清洗外光路的元件。一般每年清洗一次。

④ 表头或显示器无响应，仪器不工作，可能电源插头、插座不牢，未能接通电源，或者是保险丝松动、熔断等。

⑤ 若能量档无指示，除整机电源部分出现故障外，可能选择的波长不对，或单色

器波长指示有偏差；光电倍增管损坏，或增益调节有故障。

冷原子吸收测汞仪的正确使用与维护：

1. 仪器的正确使用与日常维护

(1) 测汞仪应放在洁净、无汞污染的实验室；室内有排风装置。

(2) 仪器闲置不用，每周应通电半小时以防止电路受潮。每次测量前需将仪器预热1～2 h，直至零点漂移小于0.5 V后才能进行测定。如果使用双光测汞仪只需预热半小时。

(3) 测量前检查气路干燥管中的硅胶是否保持蓝色，如失效变红色要适时更换。

(4) 汞吸收管内不允许水珠或水汽积存。

(5) 按从低到高浓度顺序测定，测定高浓度的试样后一定要认真清洗汞发生器，以消除对低浓度样品的影响。

2. 影响测量结果的因素分析

(1) 干燥程度的影响：若干燥管中的干燥剂失效未及时更换，将使反应瓶中产生的汞蒸气和水汽一起进入吸收池，水汽对253.7 nm线亦有吸收作用，会使测量结果偏高。

(2) 载气流速的影响：当采用抽气或吹气鼓泡法进样时，载气流速太大，会稀释进入吸收池内汞蒸气的浓度；流速太小，又会减缓气化速度，均能使灵敏度降低，一般载气流速以0.9～1.2 L/min为宜，流量应保持恒定。

(3) 温度的影响：温度会影响汞蒸气从溶液中的挥发速度，不同温度下绘制的校准曲线斜率不同，低于10℃时不利于汞挥发，而消化液经浓酸稀释后能使样液温度升高，导致测定结果偏高。因此，除不宜在低于10℃的室温下测定外，还须注意使标准溶液与待测样品溶液的温度基本保持一致。

(4) 反应瓶体积和气液比的影响：应根据试样的体积选择合适的反应瓶（如50 ml、100 ml等），还要选择灵敏度最佳的气液比。例如，用抽气或吹气鼓泡法进样，以2∶1～3∶1的气液比最佳；用闭气振摇法时，以3∶1～8∶1最好。实验表明，气液比越大，灵敏度越高。

(5) 吹气管与反应瓶

吹气管末端以莲蓬形，即带中孔的玻璃球最好，与反应瓶底部的距离控制在0.5～1.0 cm，圆形反应瓶底比平底好，以倒锥形最佳。测量中更换反应瓶时须确保上述条件一致，否则可能引起测量误差。

3. 常见故障与排除方法

(1) 开机预热后，若达不到满度，可能吸收池被污染，或者汞灯、光电管老化，需更换。

(2) 若表头无响应，可能汞灯不亮，或者电子管灯丝烧坏。

(3) 仪器的气路漏气、鼓泡瓶漏气、电子管老化、汞灯能量下降等都会导致灵敏度下降，应及时处理故障部分。

(4) 测定过程中仪器难以回到零点，可能管路被污染，须进行清洗。

(5) 读数漂移，可能管路或吸收池有水汽或水珠，可用电吹风吹干。

(6) 汞发生器中的试液被载气带入管路中，可将发生器和管路中的试液排出，用纯水清洗数次，再吹入载气使管路中的液体吹干，此时仪器读数应恢复至“0”点。

二、原子荧光分析技术

（一）用原子荧光光谱法（AFS）测定的项目

原子荧光光谱法（AFS）是一种成熟的痕量和超痕量元素分析法，操作简单快速，可同时进行多元素测定，是介于原子发射光谱（AES）和原子吸收光谱（AAS）之间的光谱分析技术。具有原子发射和原子吸收两种技术的优点，又克服了两种方法的不足，是继AES和AAS之后发展起来的一种新的分析方法。该法的优点是灵敏度高，目前已有20多种元素的检出限优于原子吸收光谱法和原子发射光谱法；谱线简单；在低浓度时校准曲线的线性范围宽达3～5个数量级，特别是用激光做激发光源时更佳。主要用于金属元素的测定，在环境科学、高纯物质、矿物、水质监控、生物制品和医学分析等方面有广泛的应用。

目前，原子荧光光谱分析最有效的元素有As、Se、Te、Zn、Mg、Pb、Bi、Hg等。

由于荧光的信噪比大，灵敏度比原子吸收高1～2个数量级。原子荧光线性范围宽(0.001～1 μg/L)。由于荧光强度与浓度成正比，不需对数转换、不用曲线校直。

原子荧光大都需要用高温激发。规定方法中测定硒的方法中就有原子荧光法。它是把硒还原成硒化氢，导入电加热石墨管的高温区，使硒原子化并辐射出荧光。这种方法与氢化物发生的原子吸收法有类似之处，而且，能用氢化物原子吸收法测定的元素大都能用原子荧光法测定。

在此需说明的一种是被测离子与试剂分子的反应产物有荧光，如测定硒的二氨基萘荧光法与测定铍的桑色素荧光法；另一种是被测的分子本身受紫外线照射就会发出荧光，如矿物油和苯并芘的测定。在空气自动监测系统中，用来测定二氧化硫的也是荧光法，也是二氧化硫分子自身受紫外线激发，辐射出与浓度成正比的荧光。这是分子荧光法，而不是原子荧光法。

（二）原子荧光光谱法原理

在原子吸收中，火焰内基态原子也因吸收共振辐射而激发，虽然其中大部分由于二次碰撞而迁回基态，不发生辐射，但少部分激发原子迅速地再发射出吸收的共振辐射——又叫辐射去活化过程，即共振荧光（这种荧光与吸收的辐射频率相同）。在原子吸收分析中可以忽略其共振荧光，但若改变测试条件：即在激发源的光束成垂直的方向上，则可测量原子荧光。因此，原子荧光光谱分析是据测量原子发射的共振荧光强度来确定物质含量的方法。

原子荧光光谱仪与原子吸收光谱仪基本相同，所不同的是采用连续光源，并用单色器分光，以得到一定波长的入射共振辐射来激发共振荧光。

AFS的基本原理是对待测元素的原子蒸气在一定波长的辐射能激发下发射的荧光强度进行定量分析。原子荧光的波长在紫外、可见光区。气态自由原子吸收特征波长的辐射后，原子的外层电子从基态或低能态跃迁到高能态，约经10^{-8} s，又跃迁至基态或低能态，同时发射出荧光。若原子荧光的波长与吸收线波长相同，称为共振荧光；若不同，则称为非共振荧光。共振荧光强度大，分析中应用最多。在一定条件下，共振荧光强度与样品中某元素浓度成正比。

（三）原子荧光分光光度计

原子荧光分析仪的主要部件为激发光源、原子化器、光学系统、检测器。

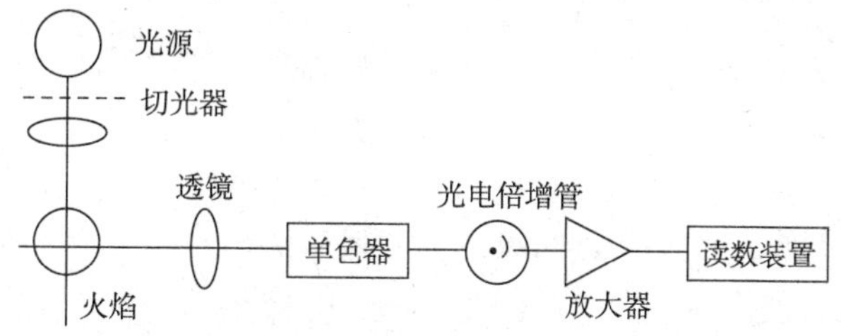

图 2-21　原子荧光分光光度计结构

1. 激发光源

可用连续光源或锐线光源。常用的连续光源是氙弧灯，常用的锐线光源是高强度空心阴极灯、无极放电灯、激光等。连续光源稳定，操作简便，寿命长，能用于多元素同时分析，但检出限较差。锐线光源辐射强度高，稳定，可得到更好的检出限。

2. 原子化器

原子荧光分析仪对原子化器的要求与原子吸收光谱仪基本相同。

3. 光学系统

光学系统的作用是充分利用激发光源的能量和接收有用的荧光信号，减少和除去杂散光。色散系统对分辨能力要求不高，但要求有较大的集光本领，常用的色散元件是光栅。非色散型仪器的滤光器用来分离分析线和邻近谱线，降低背景。非色散型仪器的优点是照明立体角大，光谱通带宽，集光本领大，荧光信号强度大，仪器结构简单，操作方便。缺点是散射光的影响大。

4. 检测器

常用的是光电倍增管，在多元素原子荧光分析仪中，也用光导摄像管、析像管做检测器。检测器与激发光束成直角配置，以避免激发光源对检测原子荧光信号的影响。

（四）仪器使用维护技术

（1）原子荧光光谱法是一种痕量和超痕量分析方法。因此，在测定较高含量样品时，应预先稀释后进行测定，如不慎遇到极高含量时（特别是 Hg）则管路系统将受到严重污染。

处理方法可将载流/样品进样管放入 10％HCl（体积分数）溶液中，启动蠕动泵不断进行清洗，如仍然难以清洗干净时，则需更换聚四氟乙烯管路，一般情况下，均可得明显改善，如仍有残余难以清除情况下，则需对石英炉管进行处理，按照说明书将石英炉管拆下，用 20％～30％王水浸泡 24 h 左右。然后再用去离子水清洗干净，晾干或置于烘箱内烘干后使用。

（2）更换点火的电炉丝要按照说明书要求，将备有专用的炉丝换上即可，不可将炉丝剪短，否则阻值发生变化，与输入电压不能匹配。

（3）应注意空心阴极灯前端石英玻璃窗清洁，不能用手触摸，如发现不洁现象应用乙醚-乙醇混合液进行擦拭干净。

(4) 石英炉管的清洗，在一般情况下可用滤纸卷成棒状伸入管内擦拭。使用时间较久污染严重时可拆卸下来用稀酸浸泡几个小时，然后轻擦干净。

(5) 保持氢化物/汞蒸气发生器表面清洁，经常用干净湿纱布擦拭，保持发生器的透明度。绝对禁止使用甲苯、氯仿等有机溶液，以免损坏发生器。

(6) 仪器中的透镜应保持清洁，如发现不洁现象，可用脱脂棉蘸乙醇和乙醚的混合液拧干后擦拭（混合液为：30%乙醇和70%乙醚）。

(7) 原子化室内容易受酸气和盐类的侵蚀，因此透镜前帽盖和原子化器上会有白色沉淀物形成的斑点，可用干净的纱布擦拭，以保持清洁。

(8) 为保持仪器表面清洁，可用洗涤剂稀释后用干净的纱布浸湿后擦拭，再用干净湿纱布擦洗。禁用酒精或有机溶剂擦拭。注意擦洗时应拔下电源。

（五）用其他方法测定的项目

Ag：镉试剂2B法　在Triton×100存在下pH 8.8～9.8介质中，Ag与试剂生成络合物。554 nm测定。Σ1.0×10^4，适用范围0.01～0.8 mg/L。

3，5-二溴PADAP法　在十二烷基磺酸钠存在下，pH 4.5～8.5，576 nmΣ7.6×10^4，0.02～1.4 mg/L。

Cd：双硫腙（H_2O_2）法　强碱性介质$CHCl_3$萃取Cd与H_2O_2，络合物518 nm Σ8.5×10^4。定量范围：0.001～0.006 mg/L。

Cr：二苯碳酰二肼法　540 nm Σ4×10^4，0.004～1.0 mg/L（总Cr先用KNO_4氧化）。

Cu：DDTC萃取法　pH 9～10，$CHCl_3$或CCl_4萃取DDTC和Cu的络合物，440 nm Σ1.4×10^4，0.02～0.60 mg/L。

新亚铜灵法　盐酸羟胺将Cu^{2+}→Cu，$CHCl_3$-甲醇萃取Cu^{2+}与试剂的络合物，457 nm Σ8×10^3，0.06～3 mg/L。

Hg：双硫腙法　485 nm，2～40 mg/L（250 ml水样）。

Fe：邻菲啰啉法　pH 3～9 510 nm Σ1.1×10^4，0.03～5.0 mg/L。

Mn：高碘酸氧化法　将Mn全部氧化为MnO_4^-，525 nm，最低检出浓度0.05 mg/L。

甲醛肟法　pH 9～10，甲醛肟与Mn（Ⅳ）络合，450 nm Σ1.1×10^4，0.05～4.0 mg/L。

Ni：丁二肟法　440 nm Σ1.5×10^4，0.1～4 mg/L，530 nm Σ6.6×10^4。

Pb：H_2O_2法　pH 8.5～9.5，Pb与H_2O_2络合物用$CHCl_3$萃取，510 nm，Σ6.9×10^4，0.01～0.3 mg/L。

Sb：2Br-PAPAP法　在丙酮和KI存在下，0.02～0.1 mol/L HCl介质，Sb与试剂生成络合物。

Zn：H_2O_2法　pH 4.0～5.5，用$CHCl_3$（或CCl_4）萃取Zn与0.02～0.1 mol/L HCl介质H_2O_2络合物，535 nm，Σ9.3×10^4，最低检出浓度为0.005 mg/L（100 ml水样）。

Se：3,3-二氨基联苯胺法　pH 7，用甲苯萃取Se^{4+}与试剂生成的络合物，415 nm，2.5～50 mg/L。

Tn：Tn试剂Ⅲ法　在HNO_3介质中和酒石酸存在下，用磷酸三丁酯吸附Tn，

4 mol/L HCl 解析后，以草酸尿素为掩蔽剂、Tn 与 U 试剂Ⅲ络合，668 nm Σ1.27×10^5，0.008～3.0 mg/L。

U：TRPD-5-Br-PADAP 法　酸介质中 U^{6+} 与三烷基氧磷（TRPD）生成络合物，用环己烷萃取，环己二胺四乙酸-NaF 溶液反萃，pH 7.8 测定 U^{6+} 与 5-Br-PADAP 络合物，578 nm Σ7.4×10，0.001 3～1.6 mg/L（100 ml 水样）。

第二节　非金属无机污染物监测分析技术

一、用电位法（EP）测定的项目

以测定溶液（电池）两电极间电位差或电位差的变化为基础的分析技术称为电位分析法。它包括直接电位法和电位滴定法两种。直接电位法是根据电池电动势与有关离子浓度之间的函数关系，即能斯特原理，直接测出水中污染物离子的浓度。常用的水中 pH 值的测定，它是使用 H^+ 离子敏感的玻璃电极来测定水的 pH 值。近年来研制成各种欲测离子有选择性响应的离子选择性电极，可测定的非金属无机污染物的项目有：F^-、CN^-、S^{2-}、NH_3、NH_3-N、NO_3-N、NO_2-N、Cl^- 以及 DO（联电极）等。如果电极性能好，该法操作方便迅速、灵敏度高，可连续自动监测。

电位滴定法是根据滴定过程中电位的突跃变化来确定滴定终点的方法。它与一般的容量法即指示剂滴定法相类似。通常监测分析水质的项目如下。

酸度：以酚酞为指示剂用 0.1 mol/L NaOH 滴定 pH 8.3，叫“酚酞酸度”或总酸度；以甲基橙为指示剂 pH 3.7 叫“甲基橙酸度”。

碱度：用 0.025 mol/L HCl 滴定，可用酚酞作指示剂 pH 8.3；或甲基橙指示剂 pH 4.4～4.5。

游离 CO_2 和侵蚀性 CO_2 则分别用酚酞、甲基橙作指示剂，用 NaOH 滴定和酸滴定。

溶解氧（DO）：以淀粉为指示剂，用 $Na_2S_2O_3$ 滴定，此外迭氮化钠修正法和 $KMnO_4$ 修正法均为滴定法。

氨氮：酸滴定法。在 pH 6.0～7.4，加热蒸馏出的 NH_3 用 H_2BO_3 溶液吸收，以甲基红-亚甲蓝为指示剂，用标准 H_2SO_4（0.02 mol/L）滴定等。

电位滴定法是用指示电极的电位“突跃”来代替指示剂的变色以确定终点。因而它可以应用于有色、浑浊溶液（污水）滴定及无合适指示剂的滴定中。比直接用指示剂滴定法指示准确、精度高、更适于水和废水中无机污染物的监测分析，近年来备受各地监测分析人员的青睐。用电位滴定法测定的项目有：硬度、游离 CO_2、侵蚀性 CO_2、氯化物、硫化物、碱度等。

氯化物目前多用 $AgNO_3$ 滴定法、硝酸汞滴定法；氟化物多用硝酸钍滴定法；硫酸根亦用 EDTA 滴定；氰化物用 $AgNO_3$ 滴定法等。

二、电位测定技术原理

电位分析法是电化学分析法的一种。电化学分析是在化学分析的基础上逐步发展起来的，它的方法原理是通过测量溶液的电物理量来测定其成分和含量，也涉及有关化学分析的基本理论。

电位分析法是一种在零电流下测量电极电位来分析成分的方法，电极电位的值与溶液中被测离子活度的关系，由能斯特公式表示：

$$E = E_0 + \frac{RT}{nF}\ln\frac{a_{ox}}{a_{red}}$$

在 25℃，$E = E_0 + \frac{0.059}{n}\lg\frac{a_{ox}}{a_{red}}$。

a_{ox}，a_{red} 是参与电极反应物质的氧化态、还原态的活度。对于金属指示电极、还原态是纯金属，其活度是个常数，定为 1，则公式简化为：

$$E_{指} = E_0 + 0.059\ \lg aM_n^+$$

单个指示电极电位是不能测定的，需将它与参比电极形成化学电池，在零电流下，测定电池的电动势。电池电势 $E_{池}$ 为指示电极电位与参比电极电位 $E_{参}$ 之差，另加不可忽略的液接电位 $E_{接}$：

$$E_{池} = E_{指} - E_{参} + E_{接}$$

将上式代入该式得：

$$E_{池} = E_0 + \frac{RT}{nF}\ln aM_n^+ - E_{参} + E_{接}$$

式中，$E_{参}$ 与被测离子活度无关，为常数。液接电位发生在参比电极和被分析溶液之间。在正常情况下，使用盐桥可使液接电位减至最小值可忽略。影响液接电位的因素较多，在实验条件保持恒定的情况下，液接电位可视为常数，上式中的 E_0、$E_{参}$、$E_{接}$ 等三项合并为一个常数 $E_{常数}$，即得：

$$E_{池} = E_{常数} + \frac{RT}{nF}\ln aM_n^+$$

此式表示，电池电势是金属离子活度的函数。电池电势的值反映溶液中离子活度的大小。电位法就是上述基本公式完成测定任务的。离子选择性电极测定离子活度的方法与玻璃电极测定 pH 值相似。离子选择性电极与参比电极组成的电动势 E 与离子活度 a 的关系，可由下式表示：

$$E = E^{\circ}_{ISE} \pm \frac{RT}{nF}\ln a$$

式中，E°_{ISE} 与通常含义的标准电动势是不同的。它主要决定于内参比溶液的活度及所使用的参比电极的类型，亦可称为离子选择电极的标准电势，即：

$$E = E^{\circ}_{ISE} \pm \frac{0.059}{n}\lg a$$

上式表示原电池的电动势与 $\lg a$ 成线性关系。

若符合能斯特的理论公式，则直线部分的斜率，在 25℃，$n=1$ 时为 59 mV；$n=2$ 时则为 29.5 mV。符合理论斜率的直线关系称为离子选择性电极的能斯特响应。此直线部分亦即为离子选择性电极的校正曲线（工作曲线），是电位法定量分析的理论基础。

直接电位法对电极响应斜率和稳定性的要求很高，并且往往受到电极性质的限制。因此在应用上尚不够广泛。电位滴定是测量滴定反应过程中电位变化的方法，所使用的指示电极（包括离子选择性电极）不必像前者要求那么严格并可利用化学反应，间接地测定很多本身无相应指示电极的离子，以及非水体系。电位滴定法比一般容量分析法测定范围广，它可以用于不能使用指示剂的滴定场合，并且便于自动监测各类水体。

电位滴定的基本原理是当容量滴定反应达到等当点时，待测物质浓度突变，引起指示电极的电极电位产生突跃，故可用来确定终点到达。滴定终点可以从电位对加入滴定剂体积（ml）作图的曲线（即电位滴定曲线上）求得。滴定曲线的作图法有三种，即 $E\text{-}V, \dfrac{\Delta E}{\Delta V}, \dfrac{\Delta^2 E}{\Delta V}$，如图 2-22 所示。

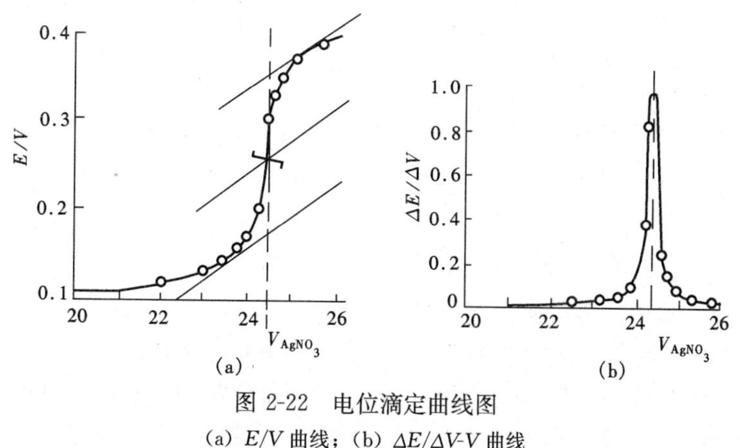

图 2-22　电位滴定曲线图

(a) E/V 曲线；(b) $\Delta E/\Delta V\text{-}V$ 曲线

在容量分析中的酸碱中和滴定、沉淀滴定、络合滴定以及氧化还原滴定反应都可采用电位滴定法。但对不同类型的滴定应该选用合适的指示电极。酸碱滴定用 pH 玻璃电极，络合和沉淀滴定用离子选择性电极、氧化还原滴定，用惰性的电极。参比电极皆可用饱和甘汞电极。因此无论是直接电位法还是电位滴定法，它们都是测量电极电位来确定离子浓度，仪器的关键部件是电极。

三、离子选择性电极技术

离子选择性电极的品种繁多，形式各异，新型电极不断出现，发展迅速，分类见表 2-2。这里主要讨论玻璃电极和氟离子选择性电极性能机理。

表 2-2　离子选择性电极分类

主类	原电极						敏化离子电极	
亚类	晶体膜电极		非晶体膜电极				气敏电极	酶敏电极
	均相膜电极	膜电极非均相	刚性电极	流动载体电极				
				正电荷载体	负电荷载体	中性载体		
主要电极	F 电极 LaF_2	S 电极 Cl 电极	P_{H^+} 电极 P_{Na^+} 电极	硝酸根电极	钙电极	钾电极	氨气敏电极	酶化电极

（一）玻璃电极

玻璃电极的膜的选择性主要是玻璃，即为刚性基质材料所组成，所以又叫刚性基质电极。目前应用最多而且比较成熟。除 H^+ 玻璃电极以外，还有 Na^+ 玻璃电极、K^+ 玻璃电极。

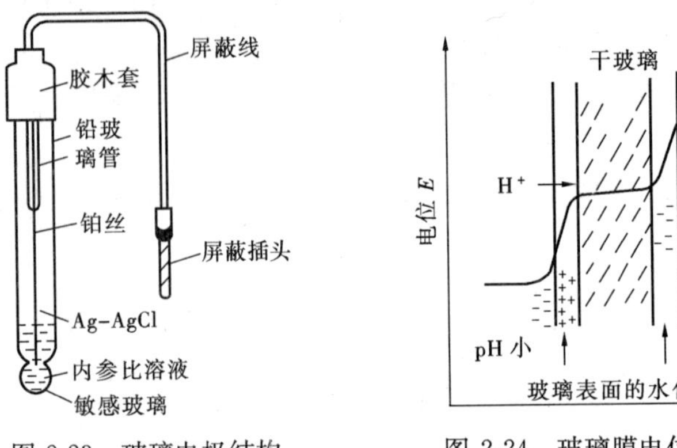

图 2-23　玻璃电极结构　　　　图 2-24　玻璃膜电位产生示意

pH 玻璃电极是最早出现的膜电极，它是一种 H^+ 离子的选择性电极，其结构见图 2-23，它是在一支玻璃管下端接上一个特殊材质的玻璃球形薄膜（厚度在 0.03～0.1 mm），膜内盛一定 pH 的内参比溶液（通常为 0.1 mol/L HCl 溶液），溶液中浸入一支银-氯化银电极作为内参比电极。由于玻璃电极的内阻很高（50～500 mΩ），导线及电极引出端都要求高度绝缘，并有屏蔽隔离罩，以免漏电及静电干扰。

玻璃电极响应 H^+ 的机理，已研究很多，经实验证明为了使玻璃电极能测定溶液的 pH 值，其表面必须水化。使用前没有充分泡过的玻璃电极，对溶液中 H^+ 离子浓度的变化无能斯特响应。

一个泡好的玻璃电极薄膜剖面的示意图如下：

	$E_{外}$		$E_{内}$	
外部溶液表面点位由 H^+ 占据 $[H^+]=a_1$	水合胶 10^{-4} mm 点位由 H^+ 和 Na^+ 的混合物所占据	干玻璃层 0.1 mm 全部点位由 Na^+ 占据	水合胶 10^{-4} mm 点位由 H^+ 和 Na^+ 的混合物所占据	内部溶液表面点位由 H^+ 占据 $[H^+]=a_2$

$$相界电位\ E_{膜}=E_1-E_2$$

构成膜厚度的主体是干玻璃层，它夹在两个很薄的水合胶层之间。这个水合胶层就是玻璃电极对 H^+ 离子的敏感层。

一般玻璃膜含 Na_2O 为 22%，CaO 为 6%，SiO_2 为 72%，可以看作是由带负电的 SiO_2^{4-} 离子组成一个硅酸骨架，其中还含有小的阳离子（主要是指活动能力较强的钠离子）。水溶液中的 H^+ 离子能进入 SiO_2^{4-} 离子组成的网络中，并顶替钠离子的位置，其他负离子却被带负电的硅酸网络所排斥。二价或高价阳离子亦不能进、出硅酸网络。当电极泡入水中时，由于硅酸结构与 H^+ 离子的结合能力远大于 Na^+ 离子的结合力，所以在溶液中膜表面形成水合胶层的同时，伴随着玻璃上的阳离子与溶液中的质子发生交换反应。这一交换反应仅仅只有一价阳离子进行。因为在硅酸盐结构中的二价和三价离子的结合比一价阳离子牢固得多。其离子交换反应可以完成：

$$\underset{(水溶液)}{H^+}+\underset{(固)}{Na^+Cl^-}=\underset{(水溶液)}{Na^+}+\underset{(固)}{H^+Cl^-}$$

反应的平衡常数很大，有利于正向进行，使得玻璃膜表面的点位在酸性或中性溶液中，基本上全为氢离子所占有而形成一个硅酸（HCl）的水合胶层（硅胶层）。只有在氢氧化钠溶液中，由于逆反应的进行，使得钠离子仍占有某些点位。于是当玻璃膜长期浸泡在水中时，水将在固体中继续渗透，达到平衡后形成厚度为10^{-5}～10^{-4} mm的水合胶层。在水合胶层的最表面，钠离子的点位基本上全被氢离子所占有；而在水合胶层的内部，氢离子的数目渐次地减少；钠离子的数目则相应地增加；在玻璃膜的中部，则是干玻璃区域，点位全为钠离子所占有。图 2-24 是一个玻璃膜的两个表面的示意图。

膜电极作为指示电极的先决条件是膜必须能导电，玻璃电极膜是能导电的。在硅胶层内电流由氢离子和碱金属离子所载带，在干玻璃层中的导电则是由于碱金属离子从一点到另一点位移的结果，这一层内阳离子的移动很困难。因此，玻璃膜的电阻值很高，为 50～500 mΩ，跨越胶层与溶液界面的电流是靠硅胶表面与溶液中的 H^+ 离子移动而输送的。

玻璃膜有内外两个界面，各具有相界电位，外水合胶层表面对内部溶液有相界电位 $E_{外}$，而内水合胶层表面对内部溶液有相界电位 $E_{内}$。相界电位的方向则是指玻璃膜对溶液而言。这种相界电位产生的原因，是由于在溶液中和在水合胶层中氢离子浓度的不同而引起的，浓度高的要向浓度低的扩散。因为负离子和其他正离子难以进出玻璃膜表面，所以只存在氢离子的扩散。如果溶液中的氢离子浓度较大，就会有氢离子自溶液扩散到水合胶层中；相反，如果溶液中的氢离子浓度很小，例如在碱性溶液中，则水合胶层中的氢离子也会扩散到溶液中，扩散的结果，破坏了界面附近原来正负电荷分布的均匀性。于是在两相界面就形成双电层结构，而产生电位差（见图 2-24），电位差的存在影响氢离子在两相间相互扩散的速度，最后两个过程的速度相应，达到平衡建立稳定的相界电位 $E_{外}$ 和 $E_{内}$。$E_{外}$ 与 $E_{内}$ 的差值即是玻璃电极的膜电位 $E_{膜}$：

$$E_{膜}=E_{外}-E_{内}=0.059\lg\frac{a_1}{a_2}$$

如果膜内溶液 a_2 保持恒定，上式可写为：

$$E_{膜}=常数+0.059\lg a_1$$

可见，玻璃电极的膜电位与膜外溶液中的氢离子活度有关，符合能斯特公式的关系，所以玻璃电极具有氢电极的功能。

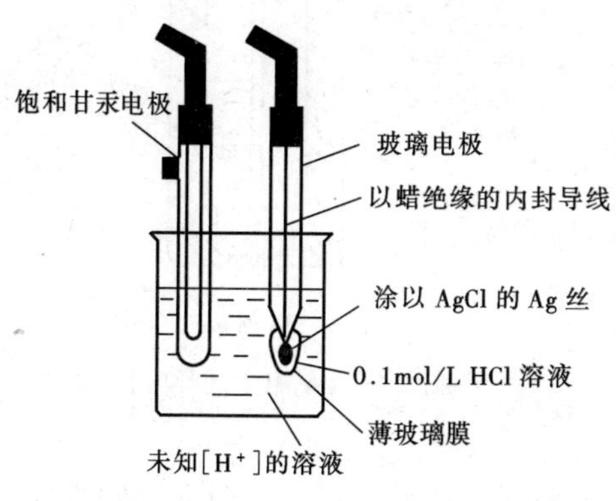

图 2-25　用于 pH 值测量的典型电池体系

用电位法测定溶液的 pH 值，是以 pH 玻璃电极作指示电极，饱和甘汞电极作参比电极，浸入试液，组成电池（见图 2-25），使用酸度计来测量电池的电动势。电池的图样表示如下：

Hg，Hg_2Cl_2 | 饱和 KCl ‖ 试液玻璃膜 | 内参比溶液（Cu^+、a_{Cl^-}） | AgCl，Ag 电池的电动势等于各相界电位的代数和，即：

$$E_{池}=E_{甘}-E_j+E_{膜}+E_{AgCl/Ag}$$

如试液与饱和氯化钾溶液之间的液接

电位 E_j 忽略不计，由于 $E_{膜}$=常数+0.059lga_{H^+}，$E_{甘}$ 与 $E_{AgCl/Ag}$均为常数，代入上式可得出：

$$E_{池} = 常数 + 0.059\lg a_{H^+} = E^{\circ}_{ISE} - 0.059pH$$

所以，$E_{池}$ 与试液中的氢离子活度之间符合能斯特公式的关系。当试液的 pH 值每改变 1 个单位时，电池电动势的变化为 59 mV（25℃）。在实际工作中，各种商品 pH 计和离子计，通过标准缓冲液校准、定位后，即可从仪表上直接得到 pH。

用普通玻璃电极测定 pH 值大于 10 的溶液时，发现电极不再具有良好的氢电极性质，电极电位与 pH 值之间将偏离线性关系，测的 pH 值比实际数值偏低，这种现象称为“碱误差”，它来源于钠离子的扩散作用，故又称为“钠误差”。由于在强碱性溶液中，氢离子浓度很低，而大量钠离子的存在，将使钠离子重新进入玻璃膜的硅酸晶格，并与氢离子交换而占有少部分点位。因此，玻璃电极的膜电位除了决定于水合胶层和溶液中的氢离子活度外，还增加了因钠离子在两相中扩散而产生的相界电位。钠差随溶液的 pH 值、碱金属离子的浓度及温度的增高而增加。

所以普通玻璃电极只适用于测量 pH 值小于 10 的溶液，如需测量 pH 值大的溶液，可使用所附的钠差校正表，简略进行校正。有一种用锂玻璃吹制的玻璃电极，钠差很小，可用于测量 pH 值高至 13.5 的溶液。

当玻璃电极用于测定 pH 值小于 1 的强酸性溶液时，也存在电极电位与 pH 值之间不成线性关系的现象，测得的 pH 值较实际数值偏高，这称之为酸性偏差，并且达到平衡电势所需的时间延长。

（二）氟电极

氟电极是晶体膜类型的电极，与玻璃电极很相似，所不同的是用能离子导电的固态膜代替了玻璃膜。氟离子选择性电极的出现成功地解决了氟的快速分析的课题，也推动了离子选择性电极的迅速发展。迄今，氟离子电极与经典的 pH 玻璃电极相媲美，在环境监测中使用较广泛。

氟电极的制作机理是：这种电极的薄膜是难溶盐 LaF_2 的单晶片，为了增加电导，在膜制作时掺入了 EuF_2（见图 2-26）。

晶体片（1～2 mm 厚）封在硬塑料管的一端，内充溶液一般为 0.01 mol/L NaF 和 0.1 mol/L NaCl 为参比溶液，用银-氯化银为内参比电极。

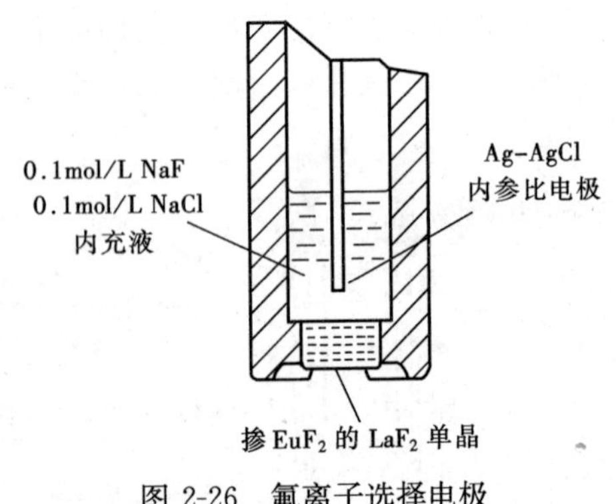

图 2-26 氟离子选择电极

氟化镧单晶对氟离子之所以具有选择性是由于氟离子是电荷的传导者，F^- 离子活度用以控制 LaF_2 膜内表面的电位，而 Cl^- 离子活度可固定 Ag-AgCl 内参比电极的电位。F^- 离子可以透过电极膜而阳离子则不能。测定时氟离子选择电极与外参比电极（Ag-AgCl 饱和甘汞电极）构成如下电池：

$$Hg|Hg_2Cl_2、KCl(饱和)\|F^-试液|LaF_2膜|\begin{matrix}0.01mol/L\ NaF\\0.1mol/L\ NaCl\end{matrix}、AgCl|Ag$$

在 LaF_2 膜的内侧，F^- 离子活动保持恒定，如果外参比甘汞电极的电位及其一系列被测试液界电位均保持恒定，则电池电位为：

$$E = E_0 - \frac{RT}{F}\lg a_{F^-}$$

式中，a_{F^-} ——待测试液中 F^- 离子的活度。

电极电位对氟离子活度具有上式的能斯特响应区间一般在 1～5 或稍宽的测定范围。电极的检测下限在纯水体系中检测在 10^{-7} mol/L 左右。电极响应时间一般当离子活度高于 10^{-5} mol/L 时为 1 至数分钟。若低于此活度，平衡时间要延长。

氟离子选择性电极的主要特点是共存离子的干扰很少，也就是选择性高。对游离 F^- 离子测定有干扰的主要离子是 OH^- 离子。因此被测试液的 pH 值应维持在 5～6 之间，试液中的氟化物才能基本上以 F^- 离子形式存在。在较低 pH 值时形成 HF 分子，影响氟离子活动而电极不能响应。pH 值过高则 OH^- 离子有干扰。通常使用柠檬酸盐的缓冲溶液来控制试液的 pH 值。此外，当试液中有 Fe^{3+}、Al^{3+}、Th^{3+}、Zr^{3+} 等离子能与试液中的氟离子生成微溶性盐或络合物，可能会使结果偏低。可采用 EDTA 和柠檬酸盐掩蔽，以消除这些干扰，至于其他一些阴离子如 Cl^-、Br^-、I^-、NO_3^- 和 SO_4^{2-} 等，即使它们的浓度超过 F^- 离子 1 000 倍也无明显干扰。试液中氟离子浓度在 10^{-8}～10^{-1} mol/L 范围内电极有良好的响应。

这里顺便提出的是：能适用于离子电极性能要求的单晶甚少，主要是氟化镧。但当把相应难溶盐的晶体与硫化银（起惰性导电基体作用）压成一种能导电的多晶膜片，对阴离子来说能得到同样的效应。用这种方法可制得对 S^{2-}、Cl^-、Br^-、I^-、Cu^{2+}、Pb^{2+} 等有响应的膜电极，这类电极也有良好的选择性，可以不受氧化还原电对的影响，测定范围一般在 10^{-6}～10^{-1} mol/L。

另外，当固体膜的组分和某些络合剂生成络合物时，在膜的表面便建立和络合剂浓度相对应的膜电位。因此，它可以用来测定该络合剂的浓度。如 AgI 膜电极可以当作 CN^- 离子选择性电极使用就是这个道理。

（三）其他电极

离子选择性电极是以电位法测定溶液中待测离子活度（或浓度）的指示电极，发展迅速、品种较多，在水质监测尤其是自动监测中发挥了重要作用。目前国内外电极已达 30 余种，其中比较成熟的电极有 20 余种。有待进一步开发应用于环境监测。常见的还有 Cl^-、Br^-、I^-、CN^-、S^{2-}、NO_3^-、BF_4^-、Cu^{2+}、Pb^{2+}、Cd^{2+}、Ca^{2+}、Ag^+ 等离子电极以及 CO_2、NH_3、SO_2、H_2S、NO_2、HCN、HF 等气敏电极。一些固体和液气膜电极性能不再分述，见表 2-3。

表 2-3 某些固体和液体膜电极的性能

电极种类	被测离子	薄膜材料	pM 范围	pH 范围	主要干扰离子	内阻,温度范围
固体盐膜电极	F^-	LaF_3	0～6	1～8.5	OH^-	内阻单晶膜电极 1 mΩ 以下 多晶膜电极 2～100 mΩ 沉淀膜电极 1～10 mΩ 使用温度范围 0～50℃
	I^-	AgI/Ag_2S	0～7.7	0～14	S^{2-},CN^-	
	CN^-	AgI/Ag_2S	2～6	0～14	S^{2-},I^-	
	CNS^-	$AgCNS/Ag_2S$	1～5	0～14	S^{2-},I^-,Br^-	
	Ag^+	Ag_2S	0～17	0～14	Hg^{2+}	
	S^{2-}	Ag_2S	0～17	0～14		
	Cu^{2+}	CuS	1～8	1～7	Ag^+,Hg^{2+},Fe^{3+}	
	Pb^{2+}	PbS/Ag_2S	1～7	1～14	Ag^+,Hg^{2+},Cu^{2+},Fe^{3+},Cd^{2+}	
	Cd^{2+}	Cds/Ag_2S	1～6	1～14	Ag^+,Hg^{2+},Cu^{2+},Fe^{3+}	
	Br^-	$AgBr/Ag_2S$	1～5.7	2～12	I^-,CNS^-,$S_2O_3^{2-}$,S^{2-},CN^-	
	Cl^-	$AgCl/Ag_2S$	1～4.7	2～12	Br^-,I^-,S^{2-},CN^-	
液膜电极	Ca^{2+}	$Ca[(RO)_2PO_2]_2$	0～5	5.5～11	Zn^{2+},Fe^{2+},Mg^{2+},Ba^{2+},Na^+等	内阻:一般小于 25 mΩ 使用温度:通常为 50℃以下
	Cu^{2+}	$Cu[RSCH_2COO]_2$	0～5	5.5～11	Sr^{2+},Ba^{2+},K^+,Na^+	

（四）电极的性能

离子选择性电极性能的评价依据是电极的特性参数，这些特性参数主要是响应及检测限、电极的选择性、响应时间、电极内阻和温度效应等。

1. 能斯特响应与检测限

离子选择性电极与参比电极组成的电池的电动势 E 与离子活度 a 的关系，由能斯特公式所示：

$$E = E^{\circ}_{ISE} \pm \frac{RT}{nF}\ln a$$

式中，E°_{ISE}——电极的标准电位，若 T 为 25℃时：

$$E = E^{\circ}_{ISE} \pm \frac{0.059}{n}\lg a$$

式中表示主电池的电位与 $\lg a$ 成线性关系，根据 IUPAC 推荐，在离子选择性电极所得到的 $E-\lg a$ 曲线如图 2-27 所示。将两直线部分外延，其交点所对应的待测离子活度，即为该电极对待测离子的检测下限，图中 a 点所对应的 i 离子的活度 a_i 即为 i 离子的检测下限，就是离子选择性电极能够检测离子的最低浓度。检测下限常以摩尔浓度或百万分之一为单位。而电极与待测离子活度（浓度）的对数值呈线性关系所允许的该离子的最大活度即为该离子选择电极的检测上限，不同离子选择性电极检测上限也各不同。一般上限在 1 mol/L 左右。

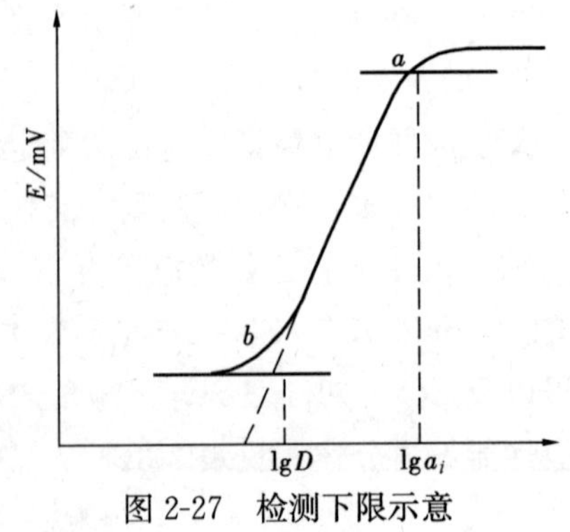

图 2-27 检测下限示意

离子选择性电极的检测下限和上限之间的直线范围，就是该电极电位与待测离子活度的对数呈线性关系的范围，如图 2-27 的 *ba* 段。这个范围被称为离子选择性电极的线性范围，或称能斯特响应，它表明某个离子选择性电极所适用的待测离子活度（浓度）的范围。所以在使用离子选择性电极时必须控制好待测离子的活度（浓度）在该电极的线性范围内，否则将会产生测定误差。

离子选择性电极在线性响应范围内其活度每变化 10 倍所引起的电极电位的数值称为电极系数，用 S 表示，单位为 mV/PX，简化为 mV。理论上，电极系数应该等于能斯特因子，即：

$$S=\frac{2.303RT}{nF}$$

也就是说，若符合能斯特理论公式，则直线部分的斜率在 25℃时，$n=1$，$S=\pm55.9$ mV；$n=2$，斜率则为 $S=\pm29.5$ mV。对阳离子，S 取正；对阴离子，S 取负。符合理论斜率的直线关系，称为离子选择性电极的能斯特响应，此直线部分亦即为离子选择性电极的校正曲线（工作曲线），是定量分析的理论基础。

在实际测试过程中，有些电极电位与能斯特方程之间有一定的偏离，即实测的 E-lg$a$曲线的斜率与理论斜率不完全相同。为了反映这种偏差，常用“转换系数”K_{tr}表示，转换系数定义为：实测的斜率与理论斜率的百分比，即：

$$K_{tr}=\frac{S_{实}}{S_{理}}\times100\%$$

由下式计算：

$$K_{tr}=\frac{E_2-E_1}{\frac{2.303RT}{nF}\lg\frac{a_2}{a_1}}\times100\%$$

式中，a_1，a_2——分别表示待测离子的两种溶液的活度；

E_1，E_2——分别表示活度 a_1 和 a_2 溶液的电极电位。

转换系数 K_{tr}反映了电极将变化 10 倍时的活度转换为电位的能力。转换系数大，表示电极的性能（转换能力）好，使其在测试过程中有较好的准确度和灵敏度。例如，碘离子选择性电极在室温 25℃转换系数为 99.7%～103%，斜率为 55～56 mV。一般认为转换系数大于 95%的电极是较好的选择性电极。如果转换系数低于 90%，就不适宜用作直接电位法测定，但仍可作为电位滴定的指示电极，但测量精密度较差。所以说，电极的转换系数也是选择性电极的重要指标之一，在选择电极时要注意。

2. 电极选择性系数

电极选择性系数定义为：当其他条件相同时，能产生相同电位的待测离子活度 a_i 和干扰离子活度 a_j 的比值，即：

$$K_{ij}^{pot}=a_i/a_j$$

电极选择系数是衡量电极选择性好坏的性能指标。因为，任何一种选择性电极都不可能只对特定离子有响应，由于在测定时膜相界面上交换反应所产生的相界电位或膜内电荷的移动，干扰离子也会参与这两种过程，则就会显示出其他离子的干扰作用。其干扰作用的大小与干扰离子参与此过程的程度成正比。其干扰程度以能斯特公式表示：

$$E=E^{\circ}_{ISE}+S\cdot\lg(a_i+K_{ij}^{pot}\cdot a_j^{ni/nj})$$

式中，a_i——待测离子活度（i——待测离子）；

a_j——干扰离子活度（j——干扰离子）；

n_i，n_j——离子的电荷；

K_{ij}^{pot}——选择性系数；

S——电极系数。

K_{ij}^{pot}值是电极响应能否区别溶液中i、j两离子的标志。显然，K_{ij}^{pot}愈小，电极对离子i的选择性愈好。如一个pH玻璃电极对Na^+的选择性系数$K_{H^+ \cdot Na^+}^{pot}=10^{-11}$。这表明电极对$H^+$的响应比$Na^+$灵敏$10^{11}$倍，换句话说，$a_{H^+}=10^{-11}$ mol/L对电位的影响和$a_{Na^+}=1$ mol/L影响相当。

K_{ij}^{pot}是一个实验值。测定的方法不同，数值也不同。另外，它随着测定离子和干扰离子的绝对离子强度而变化。例如，钙离子电极在稀溶液中（<0.1 mol/L），对于干扰离子Na^+的选择系数$K_{Ca^{2+} \cdot Na^+}^{pot}\approx 2\times 10^{-4}$，但在6 mol/L NaCl、$CaCl_2$溶液中为$K_{ca^{2+} \cdot Na^+}^{pot}\approx 0.3$。$K_{ij}^{pot}$不是常数，不能用它来校正因干扰离子存在而引起的误差。对离子选择性电极来说它是一个重要指标。用它可以判断电极对各种离子的选择性能，并可粗略地估计，在干扰离子j共存下测定i离子所带来的误差。这个误差可用下式估算，即相对百分误差D：

$$D=\frac{K_{ai}^{pot}\cdot a_j^{ni/nj}}{a_i}\times 100\%$$

3. 响应时间

响应时间也是离子选择性电极性能的一个重要指标，1976年IUPAC建议响应时间的定义是：从离子选择性电极和参比电极一起接触试液的瞬间算起，或事先与离子选择性电极-参比电极处于平衡的溶液的活度突然变化的瞬间算起至达到电位稳定在1 mV以内的所经过时间。

电极响应时间的长短主要决定于敏感膜的性质。因为电极膜表面与外部溶液的相界要达到平衡的某一时间与试样溶液的活度存在着偏差。这种活度偏差的大小与膜的性质有关。实际上，这个时间是在组成某一测量电池后测量的，此时得到的应是整个电池的动力学平衡时间。因此，影响电极的响应时间的因素主要有以下几点：

（1）电极结构和敏感膜的性质

不同结构和性质的敏感膜内阻不同。膜的离子交换、萃取平衡电荷传输速度及膜物质的溶解度不同，故响应时间不同。一般液态膜电极响应时间长于固态膜电极；敏感膜厚度越薄，表面光洁度越好响应时间越快。

（2）待测离子浓度和共存离子的影响

同一支离子选择性电极浸入同种离子不同浓度的溶液中响应时间不同，溶液越稀，响应时间越长，特别是在接近检测下限的稀溶液中，由于敏感膜物质的溶解程度逐渐增加，电极平衡时间拖长，而使响应时间延长。

如果溶液中的共存离子对测定不产生干扰，它的存在提高了离子强度，往往可以缩短响应时间。如在铜离子选择性电极测定溶液中加入KNO_3使离子强度为1.0时，响应时间为22 s；若离子强度为0.1时，响应时间为7 min。

（3）测定温度和搅拌情况

一般来讲，提高测定时的温度条件可使溶液中离子交换速度加快、敏感膜的内阻降低，荷传导加速，同时还可使溶液中待测离子达到电极表面的速度加快。故而使响应时间缩短。

同样，搅拌可以加速待测离子到达电极表面的速度，加快电极表面达到平衡，使响应时间缩短。搅拌越快响应越快。因此待测液应与标准溶液在同一搅拌速度、温度条件下进行搅拌。

4. 电极的稳定性与重现性

电极的稳定性用“漂移”来表示，所谓漂移是指在一个组成恒定、温度不变的溶液中插入某离子选择性电极和参比电极组成工作电池，其电池的电动势随时间的变化而有秩序地改变的程度。如果仪器零点电位漂移忽略不计，参比电极的电位相对稳定时，测得的漂移就是该电极漂移。以 24 h 电位的变动毫伏数（mV/24 h）来表示。漂移越小，表示电极越稳定。一般漂移应小于 2 mV/24 h。最好的电极漂移可到 1 mV/24 h。对同一支电极，电极的漂移将随着使用时间的延长而增大。

电极重现性的好坏，常用“记忆效应”（或“滞后现象”）来表示。“记忆效应”是指当某支离子选择电极从一给定浓度的待测离子的溶液中转移到另一浓度的溶液中以后，再放回原来溶液中时，两次测得的电位值不同，这种现象称为“滞后现象”。在实际工作中常是将电极从 10^{-3} mol/L 溶液中移到 10^{-2} mol/L 溶液中，重复三次，分别测量电极电位，用测量所得电位值的平均偏差来表示。偏差越小，表示电极的重现性越好。

电极的稳定性和重现性的好坏将直接影响电极的寿命。所谓寿命，是指电极保持其能斯特功能的时间。一般玻璃膜或固膜电极，电极寿命受物体的结构损伤或敏感膜的化学浸蚀所限制。若电极在热的腐蚀性溶液中连续使用，寿命可能只有几天。在通常条件下，可达数年（玻璃电极可达 1 年以上）。晶体固体膜电极还可以重新抛光，更新敏感膜表面，重新活化使用。液体膜电极受使用中离子交换剂的损失的限制，一般为半年左右，短的只有 1～3 个月，但是它可以用更换膜离子交换液相或填充液的办法来恢复功能。因此，电极的稳定性和重现性也受电极使用情况的制约。一支新电极长时间使用后，电极的稳定性和重现性显然是不同的。

四、直接电位技术

直接电位法以能斯特原理，表示方程为：

$$E = E^{\circ}_{\mathrm{ISE}} \pm S\lg a$$

根据离子选择性电极电位 E 与离子活度 a 有对数关系设计的仪器——离子计（或 pH 计、pNa 计等）利用标准溶液通过不同的定量方法来直接测得试样中待测离子的方法。这些分析方法如下。

（一）直接指示法

直接指示法，即电极校正法，或称离子计法。利用标准溶液校正离子选择电极及仪器，可在仪表上直接测得试样中待测离子的 P_X 值。此法简便、快速，适合于低浓度、成分简单的少个样品的快速分析。因能斯特公式中，电极电位 E 是离子活度对数的函数。故用直接法测得的是活度，这是其特有的。如果要测定的是浓度而非活度，只需使标准溶液和样品溶液中活度分数相同。这样能斯特方程即可用浓度代替活度。低浓度的简单样品当然可以满足。对于体系单纯、组成简单的试样溶液，可以采用含有待测离子完全解离的纯盐溶液来配制标准，此时稀溶液的离子活度系数近似 1，浓溶液可连续稀释。因此，纯溶液不仅为活度标准也为浓度标准。

（二）标准曲线法

标准曲线法又叫校正曲线法。当试样溶液中含有其他不干扰测定的离子时，由于待测体系的离子强度的变化，如仍采用纯标准溶液会导致待测离子的浓度产生误差。这时可采用与样品溶液类似的标准溶液，即使标准溶液中的 E°_{ISE} 和液接电位尽可能不变，标准溶液的组分与试样溶液力求一致。选择适当的方法配制该标准溶液。

此法是置电极在一系列的标准溶液中，测定电极电位，标准溶液应包括预计的试样溶液的活度（浓度），然后测得样品溶液的电极电位，由绘制在半对数（或方格）坐标纸上的标准溶液的活度（或浓度）的对数与相应的电极电位的标准曲线上求得试样溶液的活度（或浓度）的方法。对于性能比较了解、组分大体一致的批量待测试样分析宜用此法。在实际监测分析中这种情况较多，因此经常在溶液中加入定量的不干扰测定的中性电解质，保持较高的离子强度，使试液中的离子强度近似一致，不再受样品或标准溶液中原有离子含量的影响，因而样品溶液与标准溶液中的待测离子的活度系数可认为相等。

这种中性电解度就是离子强度调节剂（ISB）。为了消除样品溶液中可能存在的干扰离子的影响，选择测定时最适宜的 pH 条件，保持液接电位的稳定，可在离子强度调节剂中加入适当量的掩蔽剂和缓冲剂，构成总离子强度调节缓冲剂（TISAB），它的成分依测定的离子而定。例如，在测定试样中的 F^- 时，采用的一种总离子强度缓冲剂是由氯化钠、柠檬酸钠、醋酸和醋酸钠配成。大量的氯化钠保持总离子强度恒定；醋酸和醋酸钠维持 pH≈5.5，以保持 H^- 和 OH^- 的干扰，也有利于液接电位稳定；柠檬酸根络合样品溶液中可能存在络合 F^- 的 Fe^{3+}、Al^{3+} 等干扰离子，使 F^- 游离出来。所以总离子强度调节缓冲剂的作用可简单地归结为：①维持一定的离子强度；②保持一定的 pH 值；③消除干扰；④使液接电位稳定。

（三）标准比较法

要分析的样品数不多，为避免绘制标准曲线的麻烦，可采用计算法。电极斜率已知的用单标准比较法，斜率未知的用双标准比较法。采用标准比较法的前提是标准液和样品液中的待测离子的离子均需在电极响应线性范围内。

单标准比较法是由测量一个标准溶液 C_S 和样品溶液 C_X 的相应电位 E_S 和 E_X 来计算的。

$$\because \quad E_S = E^{\circ}_{ISE} + S\lg C_S \qquad E_x = E^{\circ}_{ISE} + S\lg C_X$$

$$\therefore \quad C_X = C_S \cdot 10^{\Delta E/S}$$

式中，对于阳离子电极，$\Delta E = E_S - E_X$。

双标准比较法如同电位较正法，由测量两个标准溶液 C_{S1} 和 C_{S2} 与样品溶液 C_X 的相应电位 E_{S1}、E_{S2} 和 E_X 计算而得。由两个标准溶液可得斜率：

$$S=\frac{E_{S2}-E_{S1}}{\lg(C_{S2}/C_{S1})}=\frac{\Delta E_S}{\lg(C_{S2}/C_{S1})}$$

将 S 代入 $C_X=C_S\cdot 10^{\Delta E/S}$ 中可得：

$$\lg C_X=\frac{\Delta E}{\Delta E_S}\cdot\lg\frac{C_{S2}}{C_{S1}}+\lg C_{S1}$$

式中，$\Delta E=E_X-E_{S1}$。

为了得到较准确的结果，便于计算和减小测量时 E°_{ISE}，液接电位和电极斜率非线性变化等变化引起的误差。在实际工作中，应尽可能选择与待测标准溶液的组分相近的标准溶液，并经常使两个标准溶液的浓度成10倍关系，即 $C_{S1}<C_X<10C_{S1}=C_{S2}$，这样则有：

$$S=\Delta E_S$$

$$\therefore\quad C_X=C_{S1}\cdot 10^{\Delta E/\Delta E_S}$$

（四）标准加入法

如果试样的组成比较复杂，用工作曲线法有困难，此时可采用标准加入法，即将标准溶液加到样品溶液中进行测定。

标准加入法分两步进行测定：设待测离子的浓度为 C_X，体积为 V_X，活度系数为 f_X，与离子选择电极和参比电极组成工作电池，测得的电池电动势为 E_1，E_1 与待测离子的浓度符合能斯特响应：

$$E_1=E^{\circ}_{2SE}+S\lg f_X\cdot C_X$$

然后向待测的样品试液中加体积为 V_S（ml）的标准溶液，其浓度为 C_S，所加标准溶液的体积 $V_S\ll V_X$，而浓度 $C_S\gg C_X$。加入标准溶液后，待测离子的活度系数为 f'_X，在相同条件下测定其电位值为 E_2，E_2 与待测离子的浓度仍符合能斯特方程：

$$E_2=E^{\circ}_{ISE}+S\lg\frac{C_X\cdot V_X+C_S\cdot V_S}{V_X+V_S}\cdot f'_X$$

由于所加标准溶液体积 $V_S\ll V_X$，所以可认为 $f_X\approx f'_X$，又因测定时使用同一支电极，故 $E^{\circ}_{2ES}=E^{\circ\prime}_{2ES}$。将上述两电位值相减后有：

$$\Delta E=E_2-E_1=S\lg\frac{C_X\cdot V_X+V_S\cdot C_S}{C_X(V_X+V_S)}$$

将此式整理取反对数：$C_X=\dfrac{C_X\cdot V_S}{V_X+V_S}\Big/\left(10^{\Delta E/S}-\dfrac{V_X}{V_X+V_S}\right)$

这就是标准加入法的基本计算式。因 $V_S\ll V_X$，所以 $V_X+V_S\approx V_X$，则上式可简化成：

$$C_X=\frac{C_S\cdot V_S}{V_S}/(10^{\Delta E/S}-1)$$

式中，$\dfrac{C_S\cdot V_S}{V_X}$ 实际上为试液浓度的增量，可用 ΔC 表示，即 $\Delta C=\dfrac{C_S\cdot V_S}{V_X}$。则上式可改写为：

$$C_X=\Delta C/(10^{\Delta E/S}-1)$$

所以 $Q(\Delta E)$ 表示$\left(\dfrac{V_S}{V_X+V_S}\right)\left(10^{\Delta E/S}-\dfrac{V_X}{V_X+V_S}\right)^{-1}$，则得：

$$C_X=C_S\cdot Q(\Delta E)$$

如果固定 V_S 与 V_X 的比值，可事先将 $Q(\Delta E)$ 算出并制成表供查用。实际分析时，按测得的ΔE值由表中查出相应的$Q(\Delta E)$，乘以所取标准液浓度C_S，即得分析结果C_X。

标准加入法的特点是：适用于组成比较复杂的溶液，精确度较高。在有大量络合物存在的体系中，此法是使用离子选择性电极测定待测离子总浓度的有效方法。可不用加入TISAB溶液，操作简便，只需一种标准溶液。

标准加入法的测量精度取决于C_S、V_S、V_X，按常规方法可做得很准确，S是经过相当高的精度进行了测量，因此方法精度主要与ΔE有关，它不仅直接取决于E_1和E_2的测量精度，而且与选择的增量ΔE的大小有关，ΔE值小，测量的精度就差；相反，ΔE值大，测量精度就高，但加入量不能太大，否则将影响溶液的离子强度和液接电位的变化。实验证明，ΔC最佳选择应在C_X～$4C_X$范围内，此时ΔE处在15～40 mV之间误差最小。在采用标准加入法时，此时待测液的体积和所加入标准溶液的体积均要十分准确，且使$C_S \gg C_X$，$V_S \ll V_X$。通常是取待测试液的体积为100 ml，而加入标准溶液的体积为1 ml，最多不超过10 ml。

（五）格氏作图法

格氏作图法的原理，是将一系列已知量增加到样品试液中，并测量每次加入后的电位值，以电位和已知增量的体积作图，这些点可以连成直线，并使其下延长，与水平坐标的交点，即得样品试样浓度。格氏作图法是离子电极进行测量，改进数据处理的最重要的方法，甚至已将格氏法计算机化并用于连续监视。公式如下：

$$E = E^{\circ}_{\mathrm{ISE}} + S\lg\frac{C_X V_X + C_S V_S}{V_X + V_S}$$

重排可得：

$$(V_X + V_S)\cdot 10^{E/S} = (C_X V_X + C_S V_S)\cdot 10^{E^{\circ}_{\mathrm{ISE}}}$$

所以对于已知增量法，$(V_X+V_S)\cdot 10^{E/S}$对V_S作图，可得一直线。外推此直线在V_S轴上将交点V，此时$C_X V_X = -C_S V_S$，故$C_X = -C_S V_S / V_X$。

如果计算$(V_X+V_S)\cdot 10^{E/S}$值，在普通坐标纸上作图，比较麻烦。现可利用10%体积校正的格氏作图纸，即离子电极用半反对数坐标纸进行，避免了复杂的计算。此种图纸的纵坐标为反对数，直接算出E；横坐标代表加入的标准液体积，每大格代表向100 ml试液加入1 ml。向上斜的纵坐标完成体积稀释影响的校正，对一价离子电极，每大格代表5 ml，二价离子电极减半。测量过程中遇到的检知物的最大浓度时的电位值标在上方。

此图纸的斜率是固定的，对一价电极（P_X）为50 ml，二价为29 ml。如果实际使用电极斜率与此不符，则要产生误差。为了消除由斜率变化和试剂空白影响导致的误差，所以采用格氏作图法，一般需要作空白校正。如试剂及水中含有被测离子，所得之直线将不能过“0”；如图2-28，电极斜率偏离本坐标所用之S值时，亦将不通过原点，此数值可在计算时校正：

$$C_0 = \frac{(V_0 - V)C_S}{V_S}$$

式中，C_0，V_0——分别为试样的浓度和体积；

C_S，V_S——分别为添加的已知增量（标准）的浓度和体积；

V——空白。

格式作图法步骤如下：

(1) 先用去离子水制作空白试液，若加 ISA 或 TISAB 后使总体积保持为 100 ml，然后依次加入标准溶液分别为 0 ml、1.0 ml、1.5 ml、2.0 ml、2.5 ml、3.0 ml，在给定条件下，用选定的离子选择性电极分别测定以上溶液的电位值 E（mV）。

(2) 准确吸取一定体积的待测试液，加 IS 或 TISAB 使总体积为 100 ml，在相同条件下测定其电位 mV 值。

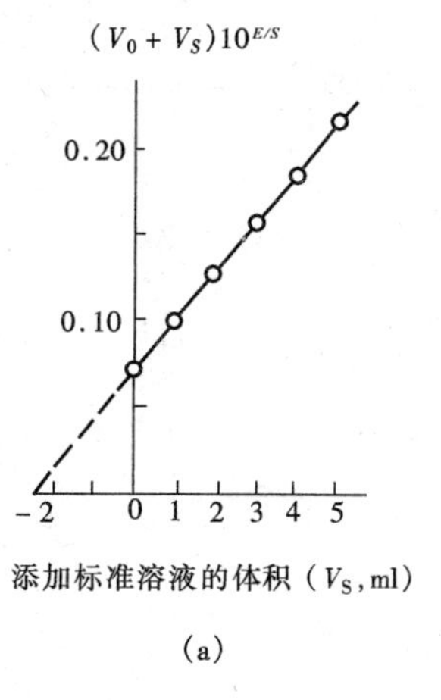

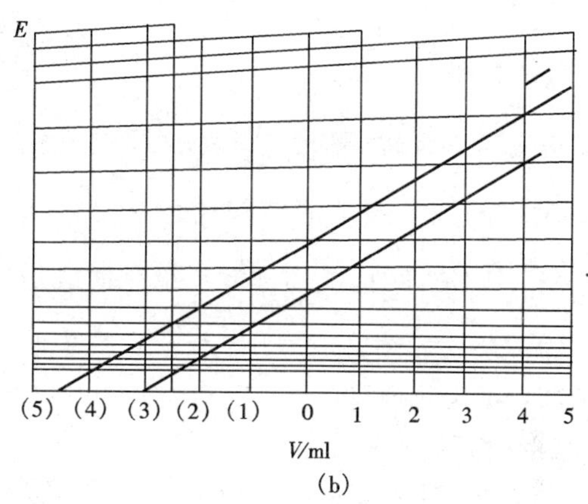

图 2-28 格氏作图法

(a) 计算作图；(b) 格氏作图纸

(3) 以电位值 E（mV）为纵坐标，标度的方法视待测离子的种类及浓度而定，注意保持相对比例。然后以溶液的最后一个电位值的整数从上往下标度。

(4) 根据空白试液及试液加标后所测的数据，在格氏坐标纸上绘图，得两条曲线将其延长与横坐标相交，得读数 V_0、V_S 代入公式即可计算出试液中待测离子的浓度。

五、电位滴定技术

电位滴定是一种用电位法确定滴定终点的滴定方法。进行电位滴定时，在被测溶液中插入一个指示电极和一个参比电极，组成工作电池，随着滴定剂的加入，滴定液与被测离子发生化学反应。被测离子的浓度不断变化，指示电极的电位也相应地发生变化，在等当点附近引起电位的突跃，故而测定工作电池电位的变化就可以确定滴定终点，用电位变化来指示滴定终点比用指示剂方法更简便、准确，不受溶液有色和浑浊的限制，均可用于酸碱滴定、沉淀滴定、络合滴定和氧化还原滴定。

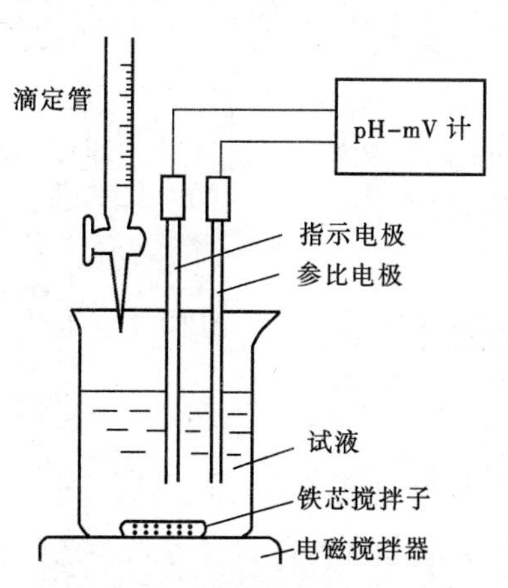

图 2-29 电位滴定基本仪器装置

（一）电位滴定仪

电位滴定仪主要由滴定管、滴定池、指示电极、参比电极、搅拌器、电位计（mV 计）组成。其仪器装置如图 2-29 所示。

在滴定过程中，每加一次滴定剂测量一次电位，直到超过等当点为止。这样就得到一系列的滴定液用量（V）和相应的电位 mV 值（E），根据这些数据可求得滴定终点。

（二）滴定终点的确定

1. E-V 曲线法

如图 2-30（a）所示，用测定结果绘制 E-V 曲线，曲线上的转折点即为滴定终点。

2. $\frac{\Delta E}{\Delta V}$-$V$ 曲线法

该法又叫一级微商法。$\frac{\Delta E}{\Delta V}$表示 E 的变化值与相对应的加入滴定液体积的增量 ΔV 之比。它是$\frac{dE}{dV}$的估计值。用$\frac{\Delta E}{\Delta V}$与 V 绘制曲线是比较好的方法。如图 2-30（b）所示，图中曲线的最高点即为滴定终点。

3. 二级微商法

不用绘图而用计算的方法，也可求得滴定终点，因为$\frac{\Delta E}{\Delta V}$-$V$ 曲线上有一个最高点，根据数学原理，该最高点的二阶导数$\frac{\Delta^2 E}{\Delta V^2}$等于零，求出对应于零的体积，这就是滴定终点时滴定液的体积，图 2-30（c）所示为$\frac{\Delta^2 E}{\Delta V^2}$-$V$ 曲线。

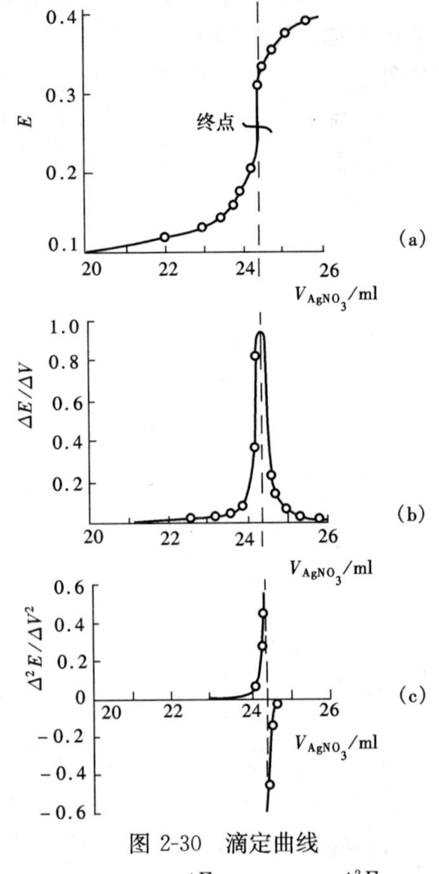

图 2-30 滴定曲线

（a）E-V 曲线；（b）$\frac{\Delta E}{\Delta V}$-$V$ 曲线；（c）$\frac{\Delta^2 E}{\Delta V^2}$-$V$ 曲线

上述三个方法，后两个方法较准确，但比较费时，如采用微分滴定计，将滴定的转折点用数字显示，就方便多了。目前，国内普遍使用的滴定计为 ZD-2 型自动电位滴定计，代微机的滴定计也已问世。

（三）滴定指示电极

电位滴定能用于所有的滴定反应，但不同类型的反应滴定，选用不同的指示电极。参比电极一般多采用饱和甘汞电极。

1. 酸碱中和滴定

酸碱滴定常用 pH 玻璃电极作指示电极，参比电极用 Ag/AgCl 饱和甘汞电极，以 pH 计指示滴定过程中 pH 的变化比较灵敏。

2. 沉淀滴定

沉淀滴定使用最广泛的电极是银电极，可用 $AgNO_3$ 溶液滴定 Cl^-、Br^-、I^-、CNS^-、S^{2-}、CN^-等离子，也可用卤化银薄膜电极或硫化银薄膜电极等离子选择性电极作指示电极，以 $AgNO_3$ 溶液滴定 Cl^-、Br^-、I^-、S^{2-}等离子。

3. 氧化还原滴定

氧化还原滴定一般以铂电极为指示电极，可以用 $KMnO_4$ 溶液滴定 I^-、NO_2^-、Fe^{2+}、V^{4+}、Sn^{2+}、$C_2O_4^{2-}$ 等离子；用 $K_2Cr_2O_7$ 溶液滴定 Fe^{2+}、Sn^{2+}、I^-、Sb^{3+}等离子。

4. 络合滴定

络合滴定用汞电极作指示剂，可用 EDTA 滴定 Ca^{2+}、Mg^{2+}、Al^{3+}、Cu^{2+}、Zn^{2+} 等多种离子，也可用离子选择性电极，如氟离子电极作指示电极，用镧滴定氟化物，或用氟化物滴定铝，用钙离子电极作指示电极，可用 EDTA 滴定钙等。总之，电位滴定把离子选择性电极的应用范围更扩大了。

六、生物传感器的测定技术

生物传感器测定法是利用生物分子优良的分子识别功能，结合转换功能进行测定的检测方法。利用与待测物质具有良好选择性反应的生物分子进行测定。随着反应的进行，生物分子及其反应生成物的浓度发生变化，通过转换器变为可测定的电信号，从而达到选择性地测定待测物质的目的。常用的生物分子有多种，其中以酶及抗体最为常用。常用的转换器有电极、各种光学装置及石英振子等。生物传感器测定法具有操作简便、快速、耗资少的特点，特别是在测定二噁英类剧毒物质时能够达到安全检测。

七、非金属元素的其他检测技术

用 GC-MIP-FTIR 同时测定试样中的 C、H、O、N、F、Cl、Br、S 等元素，根据混合试样中这些元素的保留时间、共振频率及强度进行三维解析，仪器要求条件较高且复杂昂贵。用一般元素分析仪能很方便地进行 C、N、S 等元素的测定；测定水中颗粒物吸附的 Cl、Br、I 时，可用二级石英管燃烧法。用衍生化方法测定非金属元素。还可用 IC 法、HPLC 法以及分光光度法。用分光光度法检测 HS^-、CN^- 及 Br^-、I^- 等离子可达到极高的灵敏度，例如用氯胺 T、二苯甲烷，测定 Br^-、I^- 的检测限分别是 15 pg 和 20 pg。

第三节　有机污染物监测分析技术

一、用色谱法测定的项目

在先进国家，有机污染物监测分析主要使用 GC、GC、MS、HPLC 法，我国也开始由分光光度法采用 CP 法。目前测定的主要项目如下。

（一）用气相色谱法测定的项目

1. 顶空 HS-GC 法

目前通用的方法中，用 HS-GC 法测定的有机污染物有苯系物和挥发性卤代烃。HS 是处理水样的方法，即在恒温的密闭容器（顶空瓶）中，水样中有机物在气-液两相间分配，达到平衡，取液相气相用 GC 测定。

苯系物：用 3 m×4 mm 填充柱，填料为 3N 有机皂土/101 白色担体；2.5NDNF/101 白色担体＝36∶65，FCD 检测器，0.005～0.1 mg/L。

挥发性卤化烃：用 2 m×3 mm 柱，填充 10N OV—101/Chromosorbe，ECD 检测器，可测定沸点低于 150℃的挥发性卤化烃，依化合物不同，最低检出浓度为 0.01～0.3 mg/L。

2. 液-液萃取 SE-GC 法

SE-GC 法目前采用的较多，易挥发性有机物在萃取中容易挥发损失，此外在 GC 测定中易受溶剂的影响，但灵敏度较高，精度也好，简便易行。

苯系物：CS_2 萃取；无水 Na_2SO_4 脱水干燥，用同 HS-GC 法相同的条件测定。0.05～1.2 mg/L。

三氯乙醛：用石油萃取分离溶性物质，再用石油醚-乙醚（2∶1）萃取，2 m×2～3 mm柱；填充 10%硅油 1 涂渍的 101 酸洗白色担体（80～100 目），ECD 检测器，最低检出量为 $3\times10^{-5}\mu l$。

硝基苯类：用苯萃取，无水 Na_2SO_4 干燥 2 m×2～3 mm 柱，填充 3N PEGA（或 3N DEGA）/ChromosorbeHPGD—80 目，ECD 检测器，检出限为 0.10～0.36 mg/L。

氰苯类：用石油醚萃取，萃取液经 H_2SO_4（96N）洗涤净化，用 2 m×2～3 mm 填充 2N 有机皂土＋2N DC—200×101 白色硅烷化担体（80～100 目）柱分离后，ECD 检测。

六六六、滴滴涕：用石油醚萃取水中六六六、DDT，萃取液经 H_2SO_4 处理，再用水洗，无水 Na_2SO_4 干燥后，用 1.8～2 m×2～3.5 mm 填充 15XOV-17＋1.95N DF-1/Chromosorbe AND HCS（90～100 目）的柱分离，ECD 检测器，γ-666 4 μg/L，DDT 200 μg/L 均可测定。

有机磷农药：将水样调至 pH 7，加入 NaCl 后用 $CHCl_3$ 萃取三次，经脱水干燥定容后，用 2 m×3 mm 填充 3.5N OV—101＋3.25NOV—210/Chromosorbe HP（80～100 目）柱分离，EPA 检测，最低测定浓度分别为：乐果 0.02 μg/L，甲基对硫磷 0.01 μg/L，对硫磷 0.02 μg/L，乙基对硫磷 0.01 μg/L。

有机磷：用苯萃取后注入高温石英还原管中，在 H_2 气流中被还原成 PH_3，经 3 mm×4 mm 填充 GDX—401（60～80 目）柱分离后，FPD（539 nm 波长滤光片）检测，定量下限为 0.3 μg/L。

3. 吹扫捕集 PT-GC 法

该法是美国环保局 70 年代末开发出的一种气相色谱的吹扫捕集技术（Purge and trap technique）分析水中挥发性有机化合物（VOC）。采用这一技术是针对水溶性差的挥发性有机化合物。

将惰性气体（氦）成小气泡通过样品，使挥发性有机化合物从水基质中解溶，随着气泡进到捕集材料中，这一材料把挥发性物质捕集住，经加热后又把其释放出来，形成气流中一段密集成分，进入毛细管色谱柱头中，色谱柱经程序升温组分分离检测（见图2-31）。

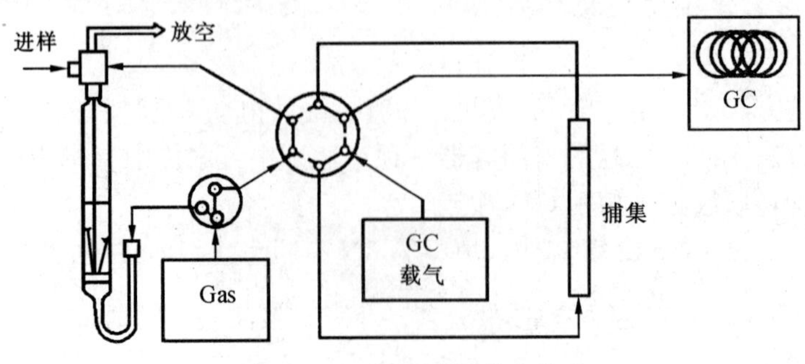

图 2-31 PT-GC 吹扫捕集技术

该法的关键是气体吹扫的容积和流量，是本法的萃取部分，捕集的材料取决于被分析的对象。可以是 1/2Tenax GC（2,6-氧化二酚烯聚合物）和 1/2 的硅胶，或是 1/3 的 Tenax、1/3 的硅胶和 1/3 的活性炭。

定性的方法取决于不同的检测器。美国 EPA502.2 方法使用常规的电导和光离子化检测器串联的方法。化合物识别和定量亦由保留时间和峰面积分别确定。美国 EPA502.2 方法使用质谱法，化合物的识别靠用其质谱与已知标准质谱的比较，获得定量离子的响应与参比物质相比较而得出浓度，在相同条件下作出样品数据的标准曲线，其曲线应至少在零点之外有三个点。

上述两种方法能检测从挥发性至半挥发性的 60 种有机化合物。检测限依化合物不同而异，但均在 0.01～3.0 μg/L 内，是很好的方法（见图 2-32）。

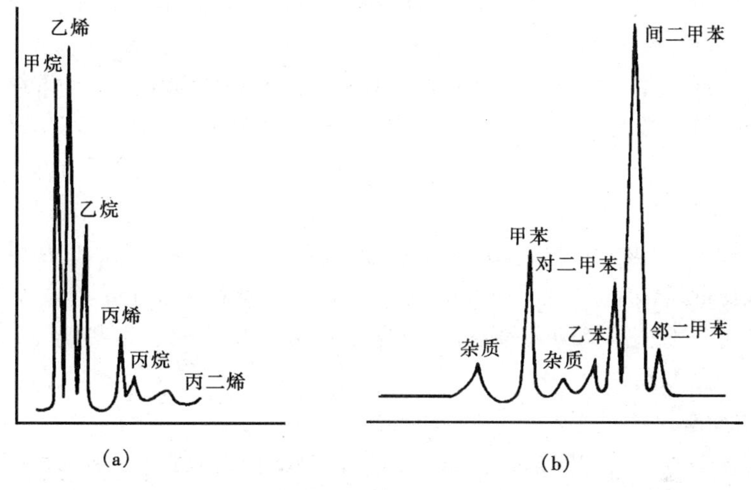

图 2-32　气色分离图

(a) C_1-C_4 烃类；(b) 二甲苯类

在测定水中微量有机污染物时，为免除水的干扰，可采用如下合适的方法处理：

1. 有机溶剂萃取

这是最常用的方法，即将待测物萃取到有机溶剂层中，去除水分以达到浓集目的。有机溶剂对所使用的检测器最好是最不灵敏的。在用氢焰检测器时，常用的溶剂是二硫化碳，有时也用四氯化碳和氯仿等，在用电子捕获检测器时，常用烷烃，如正已烷、庚烷、苯等，考虑到萃取时该物质在水和有机溶剂中分配系数不尽一致，所以经常将欲测物的标准样也配成溶液，然后与水样同时萃取。

2. 固定相分离

采用适当的固定相，它能使水峰提前，可以避免水的干扰。如采用 GDX-101 型固定相（不涂固定液）在数十秒内就出现水峰，而苯峰将在 2min 之后才能出现。故用此固定相可将含苯的水样直接注入仪器，无需事先分离，测定十分方便。GDX-101 固定相对苯、甲苯、氯苯以及醛、酮、酸等均能分离，所以在水质分析中很有特点。但一般在欲测物在水中的浓度高达几个毫克/升时，才可直接注入，否则必先用有机溶剂萃取，以保证测定灵敏度。

另外，用一种极性很强的固定液，往往可以在色谱图中不显示水峰。如用双甘油固定液直接注入水样时不出现水峰。

3. 选择适当的分离条件

也可以选择适当的分离条件，免除水峰的干扰。如将待测物的保留时间避开水峰的出现时间。或者选择适当的柱温也能收到较好效果。如用聚乙二醇琥珀酸酯分离醛、醇、酸效果很好，但若柱温为200℃时，10 μg/L 的水峰将高达十余厘米，而在100℃时只有1cm左右的线条，实际上无碍于测定。

在测定水中微量有机污染物浓度很低时，可采用如下合适的方法浓集：

1. 有机溶剂萃取浓集

这是最常用的方法，如用CS_2萃取水中苯、甲苯、二甲苯等苯系物。通过有机溶剂萃取可以浓缩10～20倍。如果水质比较清洁，则浓集倍数更高。

2. 蒸馏或吹气法

将水样加热或水蒸气蒸馏，把待测物吸收于水或有机溶剂中以达到浓缩的目的。这种方法对于低沸点物质的浓集是可行的。将待测物保留在蒸馏液中，蒸出水分以达到浓缩的目的。

3. 活性炭吸附

将水样通过预处理过的活性炭柱，使待测的有机物被吸附，然后此活性炭用氯仿或其他溶剂萃取。此法浓缩水中各种有机组分很有效，但操作复杂，且由于吸附的种类多，在注入色谱仪前还需提纯。另外，对于低沸点物可能损失，某些组分可能在活性炭表面发生氧化作用而损失。

4. 冷冻浓集法

此法用于易挥发有机物的浓集。由于水在逐渐结冰的过程中，纯水是冻成冰，使水中微量待测物浓集于结冰的水中。

（二）高效液相色谱法（HPLC）测定的项目

HPLC法适用于难挥发性有机污染物的分析，如N-甲基氨基酸酯杀虫剂、草甘膦、百草枯、敌草快等，用HPLC，荧光检测器检测。此外，酚类包括苯酚、间甲酚、2,4-二氯酚、2,4,6-三氯酚、五氯酚、对硝基酚，除用GC-FID检测外也可用HPLC技术检测。苯胺类（苯胺、2,4-二硝基苯胺、对硝基苯胺、2,6-二氯硝基苯胺）、亚硝胺类（*N*-亚硝二甲胺、*N*-亚硝基二正丙胺）、醛类、酮类及水中多环芳烃等用高效液相色谱技术检测。目前，我国水中有机污染物优先监测的项目多环芳烃（PHA）检测，先用环已烷萃取水样中的PHA，萃取液用弗罗里达硅土或硅胶层析法予以分离，用$CHCl_3^-$丙酮(8：1～4：1)洗脱液浸泡层析柱，在60～70℃水溶，用K.D浓缩器浓缩至0.3～0.5 ml，在十八烷基硅烷（DDS）液相色谱柱中，以甲醇/水为流动相，把经预处理的HPA分离，UV 254 nm检测或荧光检测e×286 nm，e×430 nm。

二、色谱技术原理

色谱法原是一种分离技术，它的基本原理是使混合物中各组分在两相（固定相和流动相）间进行分配，其中一相是不动的称为固定相；另一相是携带混合物流过此固定相的流体，称为流动相。当流动相中所含混合物经过固定相时，就会与固定相发生相互作用，由于各组分在性质和结构上的差异，不同组分在固定相中滞留时间有长有短，从而按先后不同的次序从固定相中流出。这种借助于两相间分配不同而使各组分分离的技术，称为色谱分离技术，又称层析法。色谱法类型很多，按流动相分为两大类：①气相色谱：以气体为流动相的称为气相色谱；②液相色谱：以液体为流动相的称为液相色谱。

按分离方式不同分为四大类：

（1）吸附色谱法：利用组分在吸附剂表面上被吸附的强弱不同而分离的方法。

（2）分配色谱法：利用组分在固定相中溶解度不同而分离的方法。

（3）交换色谱法：利用离子与离子交换剂的亲合性不同而分离的方法，称为离子交换色谱法。

（4）排阻色谱法：利用分子的大小不同在固定相中渗透压不同而分离的方法，称为排阻色谱。

按固定相外形又可分为填充柱色谱，毛细管色谱等，按动力学方式又可分为冲洗法顶替法、吹集法等（见表 2-4）。

表 2-4　色谱分类表

大　类		分　类	流动相	固定相	备　注
气相色谱	GC	气液色谱	气　体	液　体	固定液吸附在担体表面
		气固色谱	气　体	固　体	固体安装在柱内
液相色谱	LC	分配色谱	液　体	液　体	固定液附在担体表面
		吸附色谱	液　体	固　体	固体为吸附剂
		排阻色谱	液　体	液　体	固定相保持在孔隙中
		纸色谱	液　体	液体或固体	固定相保持在纸上
	IC	离子交换色谱	液　体	固体或液体	离子交换树脂为固定相

（一）色谱术语

在气液色谱中，载气携带混合物进入色谱柱，气相中的被测组分就溶解解析到固定相中去。溶解在固定相中的被测组分又会从固定相挥发到气相中来，随着载气流动，气相中的待测组分又会解析到前面的固定相中去，如此反复地交换，它们会彼此分离，如示意图 2-33 表示。

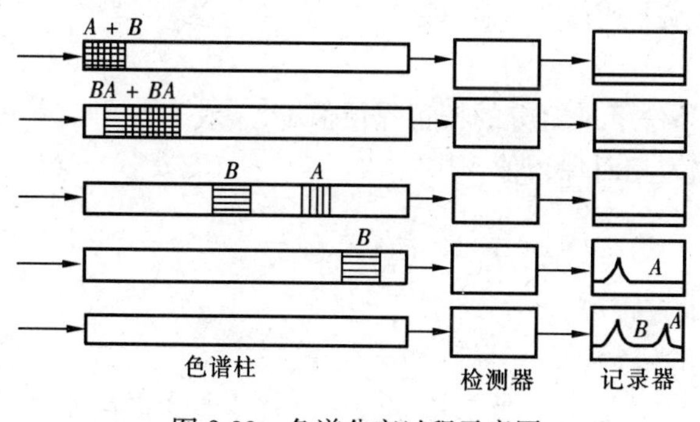

图 2-33　色谱分离过程示意图

经色谱柱分离后，随载气依次流出，经检测器转变为电讯号，由记录仪得出流出曲线，即为色谱图，色谱图是以组分引起的响应值为纵坐标，流出时间为横坐标，如图2-34所示。

流出曲线有关术语分述如下：

基线　色谱柱中没有待测组分流出时，记录笔画出的线，称为基线。

基线反映检测器噪声随时间变化。由各种偶然因素，如固定相挥发、外界电信号干扰等引起基线的起伏，称为噪声。有些因素引起基线漂移，会给定量分析带来误差。而过大的噪声会给痕量组分的检测带来困难。所以，基线反映了系统的重要特性。稳定的实验条件下，基线应为一直线，如图 2-34 的最底直线 CD。

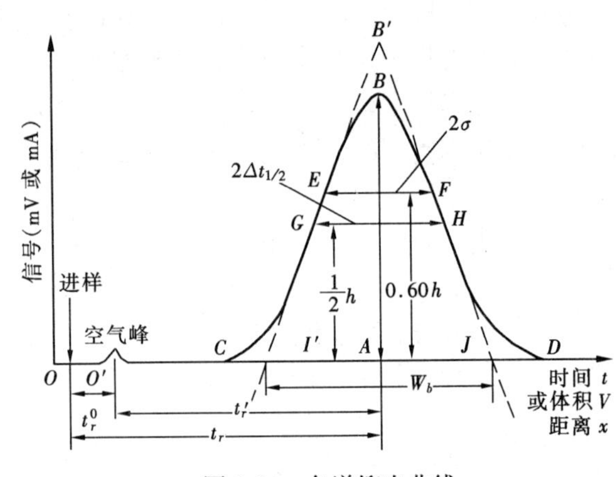

图 2-34 色谱馏出曲线

死时间（t_r^0）不被固定相滞留的组分（溶剂等）通过色谱柱所需时间。

在色谱图上量取死时间，是从进样开始到非滞留分的峰顶对应的时间。显然它要大于以上定义的死时间，因为实际测量时包括了组分经过柱前后连接管道所需的时间。使用热导池检测器时，用空气测死时间；使用氢焰检测器时用甲烷测死时间。

死体积（V_0）自不被固定相吸附或溶解的气体进入色谱柱至出现色谱峰最高点时所通过的载气体积称为死体积，即死体积 V_0 为死时间 t_r^0 与载气流速 F_C 的乘积。

$$V_0 = t_r^0 \cdot F_C$$

保留时间（t_r）自某一组分进入色谱柱至出现色谱峰最高点时所用的时间称为保留时间。以 min 作为保留时间单位。

校正保留时间（t'_r）扣除死时间后的实际保留时间，即：

$$t'_r = t_r - t_r^0$$

保留体积（V_r）自某一组分进入色谱柱至出现色谱峰最高点时所通过的载气体积称为保留体积。这一组分的保留体积就是它的保留时间 t_r（min）与载气流速 F_C（ml/min）的乘积，其单位为 ml。

$$V_r = t_r \cdot F_C$$

校正保留体积（V'_r）为保留体积减去死体积 V_0，即：

$$V'_r = V_r - V_0$$

相对保留值（$\gamma_{2\cdot1}$）在相同操作条件下某组分的校正保留值（$t'_{r,2}$ 或 $V'_{r,2}$）与另一组分校正保留值（$t'_{r,1}$ 或 $V'_{r,1}$）的比值称为相对保留值 $\gamma_{2\cdot1}$。

$$\gamma_{2\cdot1} = \frac{t'_{r,2}}{t'_{r,1}} = \frac{V'_{r,2}}{V'_{r,1}} = \frac{t_{r2}}{t_{r1}} \neq \frac{V_{r2}}{V_{r1}}$$

峰高（h）从色谱峰顶到基线的垂直距离。

半峰宽（$W_{1/2}$）色谱峰高一半处的峰宽。

峰底宽度（W_b）从色谱峰两侧拐点作切线，这两根切线与基线交点之间的距离。

标准偏差（σ）当色谱峰呈正态分布时，曲线两侧拐点之间距离的一半，亦即峰高 0.607 倍处的宽度之半。

组分通过色谱柱时，它们在固定相与流动相之间经历无数次溶解和挥发的过程，完全是随机的。因而，它们的迁移速率也完全是随机的。因此，一般地呈正态分布构型。用标准偏差表达峰宽，经计算已知峰宽 W 为 4σ，半峰宽 $W_{1/2}$ 为 2.354σ。

分配系数（K）指物质在一定温度、压力下两相间分配达到平衡时两相中浓度的比值，即：

$$K=\frac{C_s}{C_m}$$

式中，C_s——固定相中组分的浓度；

C_m——流动相中组分的浓度，单位为 g/ml。

分配系数 K 由组分的性质和固定相的性质决定，是与两相体积无关的常数。若流动相为液态，还与流动相的性质有关。

如果两个组分的分配系数相同，则色谱峰重合；反之差别越大，色谱峰的相离越远。

分配比（k）亦称容量比，它是表示在一定温度和压力下，两相平衡时，组分在两相中的分配量，即组分在固定相和流动相中的质量分数比。

$$k=\frac{p}{q}$$

式中，p——组分在固定相中的质量分数；

q——组分在流动相中的质量分数。

分配比（k）值也是由组分及固定液热力学性质所决定，不仅随柱温、柱压变化，而且与两相体积有关。组分在两相中的分配比等于组分在液相中的停留时间与在气相中停留时间之比，即：

$$k=\frac{t'_r}{t_m}=\frac{V'_r}{V_m}$$

故 k 值可从实验分析的色谱图中求出。分配比越大，组分停留在固定相中的分子数越多，保留时间越长。

分配系数与分配比之间的关系是：

$$K=\frac{\dfrac{p}{V_l}}{\dfrac{q}{V_g}}=k\frac{V_g}{V_l}$$

式中，V_g——气相在柱中所占的体积；

V_l——液相在柱中所占的体积。

一个组分的 K 值为其校正保留时间与死时间的比值，即：

$$K=\frac{t'_r-t_0}{t_0}$$

所以，K 值可以看作色谱柱对组分保留能力的参数。K 值越大，保留时间越长。

（二）色谱基本理论

1. 色谱柱效与塔板理论

当样品从柱前进样口瞬间进样，此时谱带呈尖锐的脉冲形，经过柱内迁移后在柱出口仍以一系列极尖锐且完全分离的色谱峰出现。这种谱带在迁移过程中会明显地展宽，这个现象会使分配系数接近的两组分不能分离。为了研究谱带在柱内的宽展机理，人们首先要设计一种物理模型，以便形象地描述这一过程，就是一种半经验性的“塔板”理

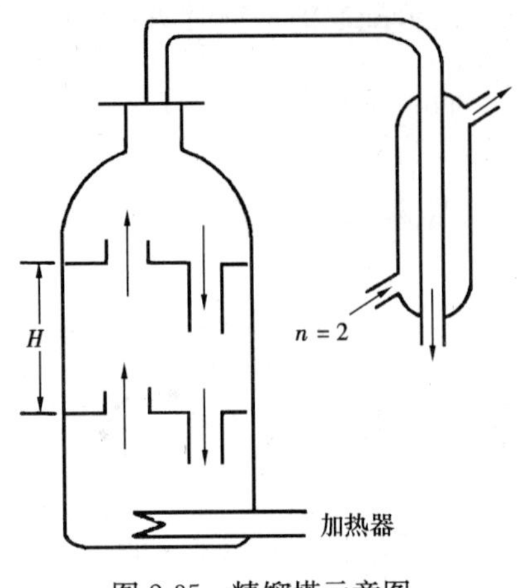

图 2-35　精馏塔示意图

论。即把色谱比作一个分馏塔，塔内有若干个想象塔板。试样物质在每个塔板里的气相和液相之间达成一次分配平衡，经过这样多次分配后，挥发度大的组分与挥发度小的组分彼此分离，挥发度大的组分最先从塔顶（即柱后）逸出。如图 2-35 所示精馏塔。

在柱（塔）内每达成一次分配平衡所需要的柱长（H）叫做塔板高度。显然，塔板数越多，该柱的柱效就越高。H 越小，在等长的柱中物质被分配的次数就越多。柱效能也就越高。

这个概念并不完全符合色谱柱内的实际分离过程，实际上，载气和组分在柱内的移动是连续的，不是跳跃式的一次移动一个塔板，也不是在一个塔板高度内达成平衡，而是在柱内处处平衡。但是因为这个比喻形象简明，能说明一些问题。因此引入的“理论塔板数”一直作为衡量柱效能高低的指标。理论塔板数用以下公式进行计算：

$$n = 5.54\left(\frac{t_r}{Y_{1/2}}\right)^2$$

式中，t_r、$Y_{1/2}$均需以同一单位（时间或长度单位）表示，$Y_{1/2}$为半峰宽。

理论塔板高度 H 为：

$$H = \frac{L}{n}$$

式中，L——色谱柱长（mm 或 cm）。

理论塔板数（n）和理论塔板高度（H）似乎可以很好地作为柱效能指标了。其实不然，由于死时间 t_r^0 包括在 t_r 中，而 t_r^0 不参加柱内分配，所以往往计算出来的 n 尽管很大，H 很小，但是色谱柱在实际中表现出来的效能却不好，特别是对于流出色谱柱较早的那些组分更突出，因而提出了把死时间 t_r^0 除外的有效理论塔板数 $n_{有效}$ 和有效塔板高度 $H_{有效}$ 作为柱效能指标，其计算方法为：

有效理论塔板数：$n_{有效} = 5.54\left(\frac{t'_r}{Y_{1/2}}\right)^2$

有效塔板高度：$H_{有效} = \frac{L}{n_{有效}}$

在实际分析工作中，人们要求在最短的时间内能得到最佳的分离结果，就需要具有最小的 $H_{有效}$ 值和较大的 $n_{有效}$ 值的色谱柱。在比较色谱柱效率时，必须把操作条件固定下来，用同一物质通入不同的色谱柱，从所得到的色谱峰计算 $n_{有效}$，再进行比较。

另外只用柱效来判断色谱柱好坏还不完全，因为色谱柱的作用把混合物分离成单个组分，所以组分分离的好坏就成为判断色谱柱好坏的另一个尺度，可用分离效率 R 来表示。分离效率定义为：相邻两峰的保留时间之差与其各自半峰宽之和的比值。用数学式表示为：

$$R = \frac{t_{r(2)} - t_{r(1)}}{Y_{1/2(1)} - Y_{1/2(2)}}$$

式中，$t_{r(2)}$，$t_{r(1)}$——分别为组分（2）、（1）的保留时间；

$Y_{1/2(2)}$、$Y_{1/2(1)}$——分别为组分（2）、（1）的半峰宽。

显然，式中分子项保留时间差越大，说明两峰相距越远；分母项越小，说明两峰越窄。也就是说 R 越大。相邻两组分分离就越好。R 越大意味两峰的距离足够远，且每个峰又很窄。

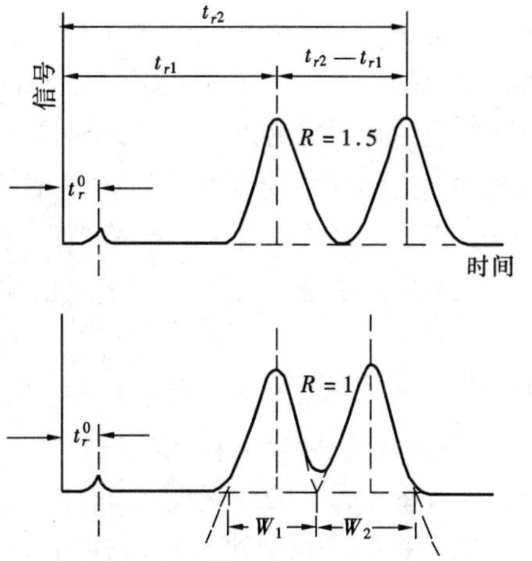

图 2-36　色谱总分离效能指标

同一色谱柱在相同条件下，对不同的物质有不同的 R 值，一般认为 $R \geqslant 1.5$ 时，两个组分就可完全分离，如图 2-36 所示。具体要多大的 R 值才合适，应根据分离的目的来决定。有的定量分析时只需在色谱图上露出峰尖即可计算含量，就不必 $R \geqslant 1.5$。R 大分离时间长。

R 和 $n_{有效}$ 的关系用数学式表示为：

$$n_{有效} = 16R^2\left(\frac{r_{2\cdot1}}{r_{2\cdot1} - 1}\right)^2$$

假如有一物质的相对保留值 $r_{2\cdot1} = 1.05$，要在填充柱上得到完全分离（$R = 1.5$），所需要的有效理论塔板数为：$n_{有效} = 16 \times 1.5^2 \times 1.05^2 / (1.05 - 1)^2 = 15\ 900$。

若用普通柱子，有效理论塔板高度为 0.1 cm，则柱长应为：$L = 15\ 900 \times 0.1 = 15.9$ m。那么，一个色谱柱的有效理论塔板高 H 值的大小如何来的呢？

2. 板高影响因素与速率理论

用塔板理论解释了色谱柱的效率机理，却未能反映决定塔板高度的条件。当然，更无法提出降低塔板高度的途径。

速率理论考虑到了一支色谱柱 H 值的大小，不仅取决于各组分在柱中的分配过程，还取决于同一组分的不同分子在柱中迁移速度的差异所引起的色谱峰扩展程度。并将它与理论塔板高度 H 之间的关系归纳为一个公式：

$$H = A + B/u + C_g u + C_l u$$

式中，A——涡流扩散形成的塔板高分量；

B/u——纵向扩散形成的塔板高度分量；

$C_g u$——气相传质阻力形成的塔板高度分量；

$C_l u$——液相传质阻力形成的塔板高度分量。

欲降低 H 的数值，提高柱效率，需将上式各项的数值降低才行。

为此需分述式中各塔板高分量对塔板高度 H 的影响。

（1）涡流扩散（A）所形成的塔板高度分量及其对板高（H）的影响：

$$A = 2\lambda d$$

式中，λ——填充不规则因子（由柱中固定相颗粒不均匀性所决定）；

d——固定相颗粒直径。

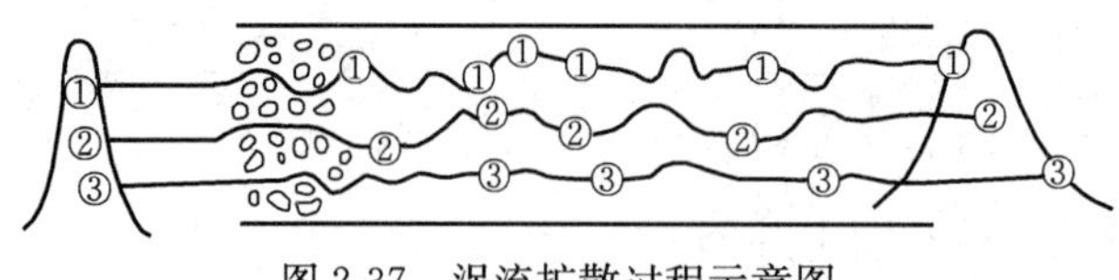

图 2-37 涡流扩散过程示意图

由图 2-37 可以看出，当组分随着流动相通过色谱柱时，由于固定相颗粒不均匀，同一组分的不同分子通过时有三种情况：颗粒间的孔隙小时，组分的一部分分子受到的阻碍大，移动距离小，如图 2-37 中①。颗粒间的孔隙大时，组分的一部分分子受到阻碍小，移动距离较大，如图 2-37 中③。还有一部分分子受到颗粒阻力介乎二者之间，移动距离在二者之间，如图 2-37 中②。因此，组分分子在流动相中形成不规则的“涡流”。由于这种涡流扩散现象，这三部分分子到达柱末端的时间不同，而引起峰形变宽。要想降低涡流扩散，需利用直径小、粒度均匀的固定相。

(2) 纵向扩散（B/u）所形成的塔板高度分量及其对板高（H）的影响：

$$B/u = 2rD_g/u$$

式中，r——弯曲因子（反映柱中流路弯曲情况的因子）；

D_g——组分分子在气相的扩散系数；

u——载气的线速度（单位时间内载气在色谱柱中移行的距离）。

纵向扩散是组分进入色谱柱后，由于柱中存在浓度梯度，使组分由高浓度向低浓度扩散引起的，其扩散方向与载气运动方向一致。

上式中由于填充柱中固定相颗粒的存在使分子自由扩散受到阻碍，扩散距离降低，一般 $r=0.5\sim0.7$，而在空心柱中，扩散不受障碍 $r=1$。

D_g 受组分及载气性质的影响，与组分在载气中扩散系数成正比；与载气分子量的平方根成反比。

线速度（u）与组分在柱中停留时间有关。停留时间越长，线速度 u 小，色谱峰扩展越严重。故可降低纵向扩散塔板分量，宜采用较大的线速度。

(3) 气相传质阻力（C_gu）所形成的塔板高度分量及其对板高（H）的影响：

$$C_gu = \frac{0.01K^2}{(1+K)^2}\cdot\frac{d_p^2u}{D_g}$$

式中，K——分配比；

d_p——固定相粒度；

u——载气的线速度；

D_g——组分分子在气相中的扩散系数。

气相传质阻力是由于组分分子进入色谱柱后，靠近固定相颗粒的部分分子受到的阻力大于流束中央的分子，流动速度较慢，移行距离较短；流束中央的分子流动快，移行距离较长，从而引起了峰形扩展。故气相传质阻力亦即是组分在气相与气液界面间进行交换传质的阻力。式中分配比（K）为常数。因此，可以看出，气相传质阻力与固定相粒度平方成正比，与组分在气相中的扩散系数成反比。为了降低由气相传质阻力所形成的塔板高度分量，可选用小颗粒固定相及分子量小的气体作载气。

(4) 液相传质阻力（C_lu）所形成的塔板高度分量及其对塔板高（H）的影响：

$$C_lu = \frac{3K}{3(1+K^2)}\cdot\frac{d_f^2}{D_l}u$$

式中，K——分配比；

d_f——液膜厚度；

u——载气的线速度；

D_l——组分分子在液相的扩散系数。

当组分分子进入柱后，一部分分子由于与固定液之间的作用力强，渗入固定液较深，在固定液中消耗的时间长，因而，在柱中移行距离较短。另一部分分子进入固定液所用时间较短，在柱中移行距离较长。组分这种从气液界面扩散到液体内部，达到分配平衡，然后又扩散到气液界面的过程为液相传质过程。液相传质阻力塔板高度分量反映了上述过程。此分量中 K 为常数，故由式可知液相传质与固定相液膜厚度成正比。与组分分子在液相的扩散系数成正比。因此使用低固定液含量以降低液膜厚度，加快组分在固定液中的扩散，可缩小液相传质阻力所形成的塔板高的分量。

在高效液相色谱分析中，液相传质阻力项是影响塔板高（H）的主要因素。其他几个塔板高分量数值较小，故应着重考虑液相传质阻力对分离的影响。

（三）分离条件的选择

1. 色谱柱

色谱柱形、内径、柱长直接影响柱效，要选择适当。一般柱长为 0.6～6 m，很少使用大于 6 m 的柱子。分离度随柱长平方根增加而增加，但分析时间却呈线性增加。为达到最佳分离效果，最小柱径应与进样量相匹配。填充柱内径一般为 2～6 mm。制备柱内径为 0.9～10 cm。使用高敏检测器，进样量大大减少，可采用较小的柱径，使柱效提高。最合适的内径为 2 mm。这样小的柱径，易填充均匀。因柱径越大，分布越难均匀，大颗粒趋向柱壁，小颗粒趋向中间；另外在程序升温中，小径柱的温度易迅速达到平衡，亦有利于快速分析。对于柱形，U 形柱比螺旋形柱效高，螺旋形柱的体积小可采用弯曲半径大的螺旋形柱。

2. 担体

担体应为化学惰性、多孔性、孔径分布均匀的颗粒涂渍固定液后，能够得到一层均匀的薄膜，以降低 d_f 项。此外，由涡流塔板高度分量可看出，板高（H）与担体粒度 d_p 成正比。为得到小的塔板高（H）应选用粒度小的担体，但粒度过小，会增加柱压差，从而使填充不规则因子加大，又导致板高（H）增大，对担体粒度的选用要兼顾两方面的因素。对较长的柱子多用 60～80 目担体，较短的柱子用 80～100 目担体。

3. 固定液及配比

由速率方程式可知，固定液的性质及配比与液相传质阻力塔板高分量有关。为降低液相传质阻力，需降低液膜厚度 d_f，即以使用低固定液配比为宜。但随所用担体不同，固定液配比也应有所不同。表面积小的担体可选用较低的配比。表面积大的担体，固定液若过少往往担体表面未被固定液覆盖，而使出现吸附作用，致使峰形拖尾，故不宜采用过低配比。分离气体及低温点组分可采用液/担比为 10%～25%配比，其他组分采用 5%～20%配比为宜。

4. 柱温

柱温升高，使气相及液相传质速率加快，有利于降低塔板高度。但由于柱温升高，纵向扩散应增加，从而加大了塔板高度，降低了分离度，导致柱效下降。降低柱温可提高柱子的选择性。但降低柱温若不降低固定液配比，则组分在柱中达到平衡较慢，导致峰形变宽柱效下降。因此，选择柱温时，要兼顾这几方面的因素，多采用较低的固定液配比与较低的柱温相配合。对分离各类组分适宜的条件分述如下：

(1) 对于气体及气态烃等低沸点组分，柱温可在室温或50℃以下，固定液配比在15%～25%。

(2) 对于沸点为100～200℃的混合物，柱温可稍低于其中高沸点组分的沸点。固定液配比10%～15%。

(3) 对于沸点为200～300℃的混合物，柱温可稍低于各组分的沸点，即在150～200℃。因在较低柱温下分析高沸点组分，故固定液配比要低，一般为5%～10%。

(4) 沸点在300～400℃的高沸点混合物，可在200～250℃柱温下，使用小于3%的固定液配比。

(5) 对于沸程宽的多组分混合物，可使用程序升温法。即在分析过程中，按一定速度提高柱温。从而克服恒温时，低沸点组分出峰拥挤不易分开，而高沸点组分在柱中拖延时间过长，甚至停留于柱中而不能出峰的毛病。

5. 载气及流速

首先要考虑选择的载气是否适合所用检测器。若检测器对载气无特殊要求，选择摩尔质量大的载气（Nr或Ar等）可以使速率方程的（*B*）项的影响减小，从而提高柱效。但是载气流速较高时，方程的（*C*）项影响大于（*B*）项的影响。这时，应选用摩尔质量小的气体作为载气。

从速率方程式中可知载气流速对塔板高（*H*）有明显影响。用理论塔板高度（*H*）与线速度 u 作图（见图2-38）可看出。

速率方程式中涡流扩散为截距 A，A 与流速无关。纵向扩散 $\frac{B}{u}$ 为双曲线与其渐近之间的垂直距离。而渐近线与截距之间的距离为气相传质阻力与液相传质阻力 $(C_g+C_1)u$ 对 H 的作用。

由图2-38可以看出，由于纵向扩散项及气相传质阻力项均匀组分在载气中的扩散系数 D_g 有关，而 D_g 随载气分子量的加大而减小，故当线速度 u 较小，纵向扩散起主导作用时，尽量使用Nr、Ar等分子量较大、扩散系数较小的载气以减小纵向扩散。而当线速度 u 较大，传质阻力起主导作用时，则使用 H_2、He等分子量较小、扩散系数较大的载气，以降低传质阻力。

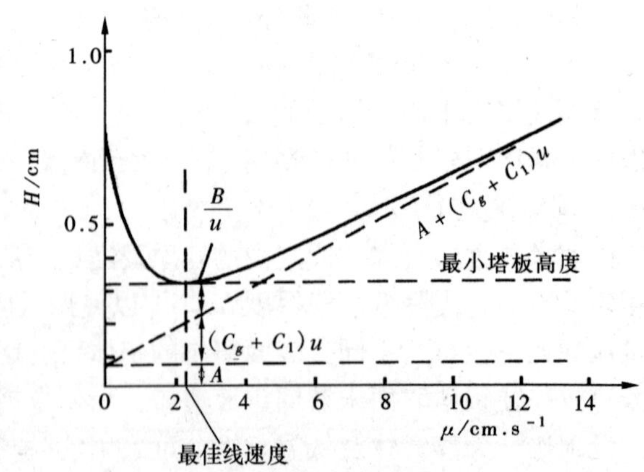

图2-38 塔板高度 H 与线速度 u 的关系

图2-38中曲线的最低点所对应的塔板高度值最小，故此点的线速度称为最佳线速度。最佳线速度理论塔板值虽最小，但所需时间往往过长，为缩短分析时间，可将线速度略高于最佳线速度。用 H_2 作载气

时，线速度以 5～10 cm/s 为宜。

6. 进样

进样量与汽化温度、柱容量及仪器的线性响应范围等因素有关。进样量要适当，此时，分配系数 K 保持一个常数，所得色谱峰形对称，在一定操作条件下保留值恒定。进样量太大，不仅峰形不对称程度增加，而且，保留值也发生变化。进样量太小又会因检测器灵敏度不够而不能检出。进样量应控制在能瞬间气化、达到规定分离度要求和线性响应的允许范围之内。填充柱淋洗法的瞬时进样量若为液态，一般为 0.01～10 μl。气体样品一般为 0.1～10 μl 为宜。另外要注意进样器读数要准确，因样量的大小直接关系到谱带的初始宽度。初始宽度越大，经过柱内外展宽后，进入检测器的最终带宽也就越大，越不容易分离。进样操作要迅速，使样品在汽化室中立刻全部汽化成蒸气，被载气带入色谱柱。进样缓慢会造成峰形扩张，不利于分离。

三、气相色谱仪

气相色谱仪是由气路系统、电路系统、分离系统、检测系统等部分组成。

（一）气路系统

气路系统如图 2-39 所示。

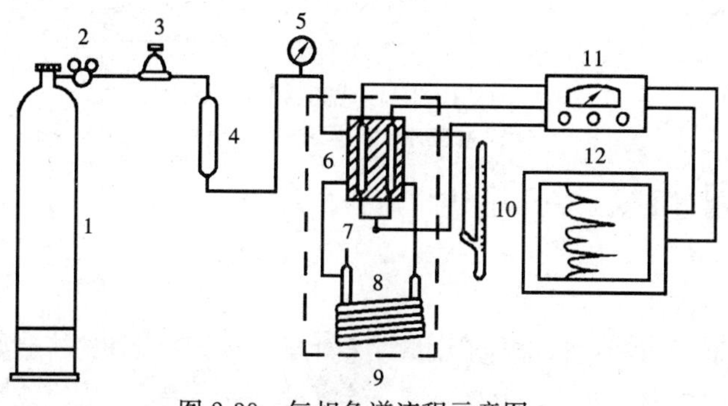

图 2-39　气相色谱流程示意图

1—高压气瓶（载气源）；2—减压阀；3—气流调节阀；4—净化干燥管；5—压力表；6—热导池；7—进样口；8—色谱柱；9—恒温箱（虚线内）；10—皂膜流量计；11—测量电表；12—记录仪

（1）净化器

如水分、烃类、油污或其他无机及有机杂质混入气中时，这些杂质不但容易使气固色谱柱中的填料失效，而且也能使气液色谱柱中某些固定液发生水解、氧化或其他不必要的变化，从而使柱效降低。载气和辅助气体中的杂气一般会使“噪声”增大，影响基线的稳定性，同时，影响检测器的灵敏度。

常用的净化方法是吸附法。如图 2-40 所示装置内填充适宜的净化剂，例如分子筛、硅胶、活性炭等固体颗粒吸附剂。让载气首先通过净化剂层，则可去除杂质。其中活性炭对一般杂质均有一定吸附能力。硅胶常用于除去大量的水分，分子筛则适于除去载气中的微量水分、二氧化碳以及有机杂质。

特殊的分析采用其他净化手段。例如，有些检测器需要去除载气中的微量氧气，则要采用催化剂（475℃下的紫铜粉）才能达到要求。

净化器内的净化剂在使用一段时间以后就会失效。因此，应注意经常更换或作再生处理。把失效的硅胶和分子筛置于 400～450℃的温度下烘烤 10～20 h（最好能同时通氮气）后于干燥器内，冷却后即可重新使用。

（2）稳压阀

稳压阀在气路系统中用于调节气体流量和稳定流程中的气体压力。稳压阀的入口压

力 P_1 应超过 6 kg/cm²，出口压力在 0.5 kg/cm² 的范围内可获得最佳稳压效果。

(3) 稳流阀

为了更好地稳定气体流速，可在气路中装上稳流阀。在程序升温过程中，柱子对气流的阻力随温度上升而增加，致使柱后气体流量发生变化，造成基线漂移。故在有程序升温的色谱仪中，一般均装有稳流阀。

稳流阀的工作条件是必须保证入口压力恒定。因此，在稳流阀前要串接稳压阀。

常用的稳流阀为膜片式，其工作原理见图 2-41。当针阀开启一定位置以及气体入口及出口压力恒定时，出口流量恒定。若针阀位置一定且入口压力恒定，而出口压力发生变化时，针阀的入口与出口间气压差变化，会使膜片受力发生变化，可自动调节硅橡胶与阀座之间的间隙，从而使气体流量维持恒定值。

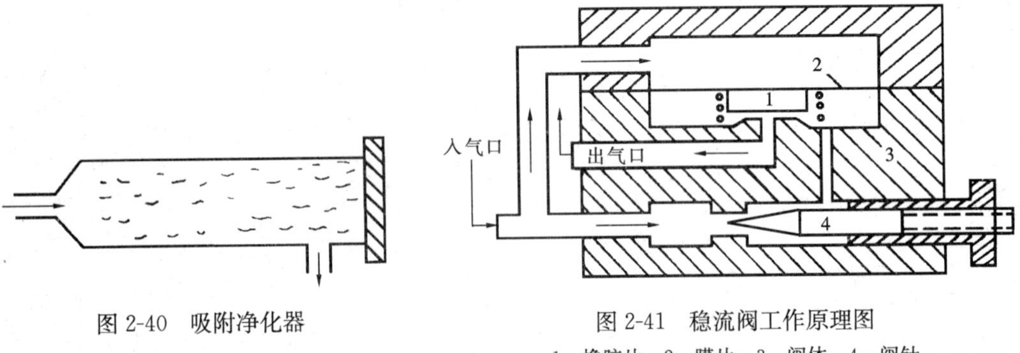

图 2-40　吸附净化器

图 2-41　稳流阀工作原理图

1—橡胶片；2—膜片；3—阀体；4—阀针

稳流阀入口压力一般不能超过 2.5 kg/cm²，出口压力控制在 0.2～2 kg/cm² 范围内获得较好的稳流效果。

(4) 流量计

气相色谱仪气路系统中的气体流量一般采用转子流量计来计量。转子流量计的构造如图 2-42 所示。当有气体通过转子流量计时，转子便上浮转动。若流量恒定，转子在固定位置上转动，转子上端面所对应的刻度即为气体的流量值。在同一流量下，转子上浮的高度不仅与转子本身的形状和重量有关，而且还与玻璃管的大小和锥度有关。因此，在清洗时切不可把这支流量计的转子调换到另一支流量计中去，否则读数就无法准确。

转子流量计读数一般用皂膜流量计校正。根据皂膜流量计所测得的流速 $F_{皂}$，按下式即可计算出常压下气体流过转子流量计的流速：

$$F_c(\text{ml/min}) = F_{皂}\frac{P_0 - P_w}{P_0}$$

式中，P_0——当天大气压；

P_w——室温下水的饱和蒸汽压。

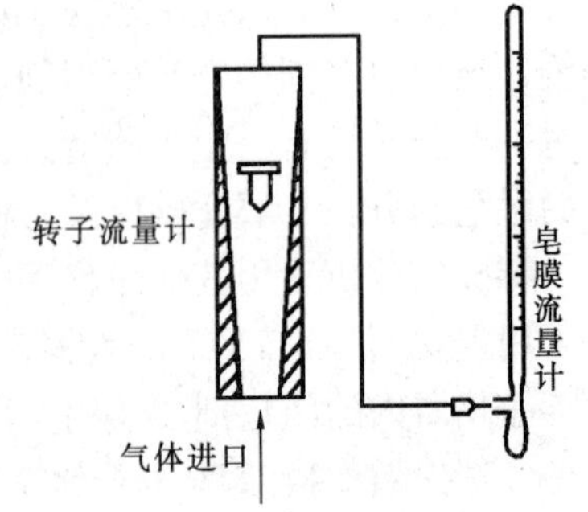

图 2-42　转子流量计校正

(5) 压力表

在转子流量计之后，气化器之前装有压力为 0～6 kg/cm² 左右的气压表，用于指示色谱柱前载气压力 P_i。P_i 的大小可反映柱填料的松紧程度，以及系统是否发生堵塞或漏气等现象。

(6) 六通阀

六通阀是气相色谱分析中一种常用的气体样品进样装置。优点是操作简便，而且重现性好（相对偏差小于 1%）。再则，以便于实现进样操作自动化。

六通阀由不锈钢制成，分阀体和阀瓣两部分（图 2-43）。(a) 代表取样位置，样品取好后，将阀瓣旋转 60°；(b) 为进样位置，可将样品送入色谱柱中，量气管分 1 ml、3 ml、5 ml、10 ml 数种规格，也可将气体样吸入 0.2 ml、0.5 ml、1 ml、2 ml、5 ml 注射器中，由色谱仪进样口的硅胶垫处进样。

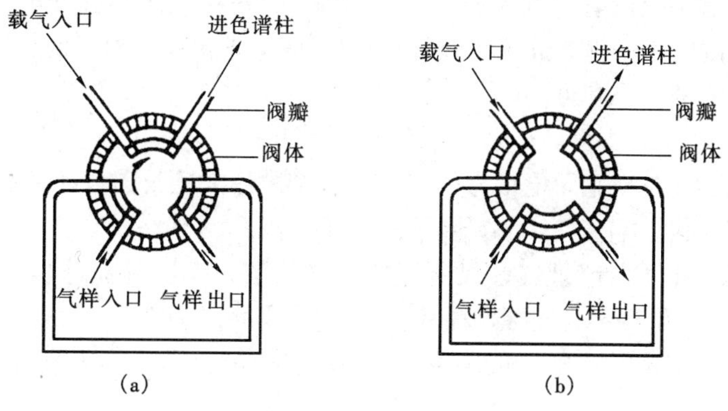

图 2-43　六通阀

(7) 气化器

气化器（见图 2-44）的主要功能是把注入的液态样品在瞬间气化。因此，它一般满足以下几条要求：

①进样方便，密封性好。气化器的进口采用厚的硅橡胶垫片密封，它既可以让针头穿过，又能很好地密封，可以承受一定的工作温度和气压。

②热容量大，以便气化时温度无明显下降。可选用不锈钢材料以增大热容量。

热容量＝比热×物质的质量

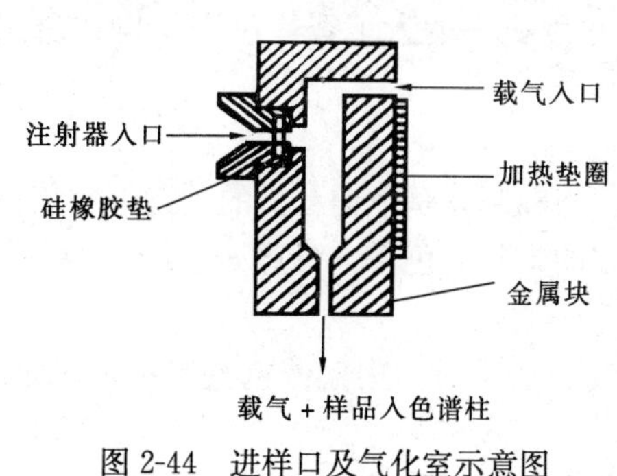

图 2-44　进样口及气化室示意图

③无催化活性。在气化器内衬以石英玻璃管，可以使气化室不具催化活性。

④死角小。

(二) 电路系统

一般气相色谱仪的电路系统由电源、温度控制器、微电流放大器及记录仪等组成。这些装置都各自独立构成一体，以便于维护和使用。

对电路系统的基本要求是：结构简单、使用方便、性能稳定可靠、响应迅速等。

(1) 电源

气相色谱仪要求电源电压变化小于 10%，否则应经稳压器后才能输入仪器。所用电源最好不与其他大功率设备同一电力线路。

(2) 温度控制器

温度控制器用于控制气路系统中的气化器、柱室和检测器等处的温度，使其达到给定的操作温度，其温度波动小于±0.3 K。

老式色谱仪用接点式温度计控温，难以满足色谱分析的要求。现在大都采用可控硅电子线路来控温。一般装有温敏电偶，利用测温毫伏计来指示温度。

（3）微电流放大器

微电流放大器的主要作用是为电离式检测器提供极化电压或脉冲电源，并将检测器所收集到的微弱电流（一般仅有 $10^{-13}\sim10^{-8}$ A）加以放大，使之有足够的输出功率推动记录仪。

微电流放大器一般设有“基流补偿”、“调零”、极化电压和脉冲电源等调节旋钮，用以控制检测器的工作条件。此外，还设有“放大”、“衰减”和“倒相”等选择开关，用以改变输出信号的大小和方向。

（4）记录仪

记录仪是一种能自动记录电信号的装置。大都采用大型长图自动平衡电位差计作为色谱仪的配套记录仪。配套使用时，要注意以下几点：

①满标量程　此系指记录仪标尺所标的总毫伏数。满标量程越小，记录仪灵敏度 U_1 越高。现在大都为 5 mV，也有满标量程为 1 mV 的记录仪。

②满标纸宽　记录纸宽度一般为 250 mm。应控制色谱峰高为满标纸宽的 30%～80%。

③行程时间　记录笔走完满标纸宽所需时间，称行程时间。常用的记录仪的行程时间为 5 s、2.5 s 和 1 s。比较好的可达 0.5 s。

④记录纸速度　单位时间记录纸匀速移动的距离为记录纸速度。纸速的快慢主要取决于分析工作的需要，常用的记录纸速度为 5 mm/min 和 10 mm/min。

（5）其他辅助设备

除上述几种外，有的气相色谱仪配有数据处理系统，以便自动完成定量分析。有的备有程序升温和程序变流的控制器。有的备有反应装置用于衍生物分离。有些还配有自动进样装置。随着电子计算机技术进步，自动化程度更高的人工智能色谱仪也在研制中。

（三）分离系统

色谱的分离是在柱内完成的，所以色谱柱的选择和制备是色谱分析的关键。气相色谱有气固色谱柱和气液色谱柱两类。目前应用最多的是气液色谱。分述如下：

1. 气固色谱

柱内固定相为吸附剂，分离常温下的气体及气态烃类时，用气液色谱有一定困难，常用吸附剂作固定相，气固色谱的特点：

（1）组分在气固色谱中分配系数一般比气液色谱体系中大很多，适合于分离低沸点化合物和“永久”气体。（不适用于分离高沸点化合物）

（2）吸附剂热稳定性好。由于不存在固定液流失问题，柱温可高于气液色谱的柱温，更适用于痕量分析。

（3）吸附剂的选择性高，特别适合不少异构体的分离。

（4）不存在固定相传质阻力引起的谱带变宽，易提高柱效。

气固色谱法的一些缺点已由新型的合成固定相克服。

常用的吸附剂有：活性炭、分子筛、硅胶、氧化铝等。

（1）炭吸附剂

①活性炭是应用最早的吸附剂之一，它具有微孔结构，比表面积大（约 800～1 000 m^2/g）。通常用于分析永久性气体和低沸点烃类，不宜分析高沸点组分。组分在活性炭上的保留值的重复性较差，拖尾较严重，若在活性炭上涂少量减尾剂或固定液，则能改善峰形，提高柱效。

商品层析用活性炭在 160℃下活化 2 h 即可使用。最高使用温度小于 200℃。

②石墨化炭黑

一般活性炭在 2 500 K 以上，石墨化可得到非极性表面，国外 Carbopack 就是这类固定相。为了提高柱效，最好是将表面“减活”，而不是“活化”。方法有以下几种：

Ⅰ. 在 100℃下通氢处理，可除去表面吸附的氧分子以及痕量金属。

Ⅱ. 将少量固定液覆盖表面活性中心，从而同时获得气固色谱与气液色谱两者具有的特点。

Ⅲ. 分析酸性化合物时，可用磷酸“活化”；分析碱性化合物时，可用碱性有机物“减活”。

③炭分子筛

将聚偏二氯乙烯高温热解处理，可制得炭分子筛，国外商品 Carbosfeveb 及国内 TX 等就属于此类，可用于分析醇、醛类、水和其他短链极性化合物，得到对称的峰。因为水是在有机化合物之前出峰，炭分子筛更适合有机物中痕量水分的分析。炭分子筛失效后，可将柱温升至 180℃“活化”。

（2）分子筛

分子筛是一种合成的硅铝酸盐，基本化学组成是 X（MO）·Y（Al_2O_3）·Z（SiO_2）·U（H_2O）。其中 M 表示 Na^+、K^+ 等金属正离子。气相色谱中常用 Na 型（4A，13X）和 Ca 型（5A，10X）。它是一种无规则的结晶，可制成颗粒状或微球形粒，加热后结晶水从骨架中逸出，留下大小相近和均匀分布的孔穴。所以通常认为分子筛的分离机理是“过筛”作用。实际上，分子筛的分离机理主要是基于它对极性不同分子的作用，它需要在 550℃下活化 2 h 冷却后装柱使用。使用日久、吸水而失去活性，可在柱内加温至 200℃下通入载气活化 2 h 以上，也可从柱中取出活化。

（3）硅胶

色谱用硅胶孔径为 10～70 Å，比表面积 800～900 m^2/g，一般用于分析 CO_2、SO_2、H_2S、SF_6 等。分离能力与孔径、含水量有关。市售商品需在装柱后 200℃下通入载气活化处理 2 h 脱水。

此外，硅胶可用作键合固定相的载体。国产色谱硅胶有 DG 系列多孔球产品。国外商品名称有 Parasil、Sphrosil 和 Chromosil 等。

（4）氧化铝

氧化铝的比表面积约 200 m^2/g，具有较好的机械性能和热稳定性，一般用来分析 C_1—C_4 烃类、烯烃及永久性气体的混合物，使用温度小于 400℃。催化活性强，可在低温(－196℃)分离氢的同位素及异构体。氧化铝的活化需根据分析对象进行处理，一般在 600℃的马弗炉中活化 4 h。

当用一种吸附剂难完成给定的分析任务时，可将几种吸附剂配合使用，也可用单柱串联和柱并联的方法。

2. 气液色谱

气液色谱的固定相是由担体（固体颗粒）涂渍着固定液，固定液在柱温下呈液体状。对担体的要求是：

（1）气相表面应是化学惰性的。表面没有吸附性或吸附性很弱。更不能与被测物质起化学反应。

（2）多孔性，即比表面积较大，使固定液与试样的接触面较大。

（3）热稳定性好，有一定机械强度，不易破碎。

（4）对担体粒度的要求，一般希望均匀。这样有利于提高柱效，但颗粒过细，使柱压增大，对操作的稳定性不利。一般选用40～60目、60～80目或80～100目等。

总之，担体的表面化学惰性，没有吸附活性，没有催化作用，热稳定性好，比表面积适当，孔径结构分布合适，机械强度足够高等是气液色谱对担体的基本要求。

担体可分为硅藻土型和非硅藻土型两大类。硅藻土担体在目前使用最普遍，由于制造工艺不同，又分为红色硅藻土担体和白色硅藻土担体等。

（1）红色硅藻土担体

由天然硅藻土在黏合剂作用下，于900℃左右煅烧而成，其中含有少量Fe_2O_3，使担体略带红色，故简称红色担体。此担体孔径较小，比表面积较大，能承担较多的固定液，机械强度好，不宜粉碎，分离效能可以改善。主要用于分析非极性和弱极性化合物。由于表面存在吸附活性中心，分析极性物质时，易产生拖尾。国产6201、201、202以及国外产品C-22保温砖、Chromosorbe P都是此类担体。

（2）白色硅藻土担体

天然硅藻土加Na_2CO_3助熔剂后在900℃以上煅烧而成。其中Fe_2O_3变成白色的铁硅酸钠，故称为白色担体。它的孔径比红色担体大，比表面积较小，表面惰性好。主要用于极性和碱性物质的分析。但白色担体机械强度较差，易破碎，涂渍固定液和装柱时要细心操作。国产101白色担体，102、405、303釉化担体，国外产品Chromosorbe W、Celite545、Gas Chrom Q属此类担体。

（3）非硅藻土担体

目前应用的有氟担体、玻璃微球、陶瓷担体、氟氯担体等，其中以玻璃微球及氟担体应用较广。

玻璃微球　是一种形状规则的小球。主要优点是能在较低柱温下分析高沸点样品，且分析速度快。由于比表面积很小，只有0.1～0.2 m^2/g（红色担体为4 m^2/g，白色担体为1 m^2/g），固定液涂渍量在3%以下。虽然柱效低，近年采用含铝较高的碱石灰玻璃制成蜂窝状结构、低密度的微球，经过改性后的玻璃微球可分离，分析甾族化合物，理论塔板数量高达1 000块，峰形不拖尾。如国外商品GLC-100和GLC-110系列，国内也有各种规格的担体供应。由于这类担体热稳定性好、形状规则、大小均匀和机械强度高等优点，在近代药物、农药分析、分离方面广泛采用。

氟担体　由四氟乙烯聚合而成。它耐腐蚀，广泛用于强极性化合物分析，又称卤化碳载体。强极性组分在其他担体上拖尾。它的比表面积小于2 m^2/g，固定液载荷不超过5%，吸着固定液的性能差。在耐热性方面最高使用温度不超过200℃（聚二氟氯乙烯不超过160℃），由于带有静电，给制备带来困难，宜在10℃以下装柱。此类担体形状规则，大小均匀，耐腐蚀性好以及允许温度范围内性能稳定，可用于分析水、醇、酸、胺和卤化氢等。

担体表面处理后用于涂渍固定液，这是由于：

（1）担体表面一般有硅醇Si—OH和Si—O—Si基团，与极性组分形成氢键，引起色谱峰拖尾。

（2）担体含矿物杂质，如氧化铝、铁等碱性作用点，这些作用点会引起组分的强烈吸附，造成峰拖尾。

处理方法有酸洗、碱洗、硅烷化、釉化、钝化、涂减尾剂等。现分别介绍：

酸洗　通常将担体浸在1∶1盐酸中加热20～30 min，然后漂洗至中性，改用甲醇脱水，110℃烘干2 h，过筛备用。也可用王水处理红色担体。酸洗担体使酸性组分峰不拖尾。

碱洗　将酸洗后担体用10%NaOH的甲醇溶液浸泡或回流，然后用甲醇和水洗至中性，烘干。也可用1%Na_2CO_3溶液浸泡5 min，过滤烘干，过筛备用。碱洗后担体主要用于碱性组分分离。

硅烷化　担体表面的硅醇和硅醚基团，经硅烷化处理后，失去氢键作用力，表面钝化。

一般把12 g担体浸在60 ml 5%硅烷化试剂的甲苯溶液中，摇动5 min过滤，依次用甲苯、甲醇洗至中性，110℃，干燥4 h。

常用的硅烷化试剂有三甲基氯硅烷、六甲基二硅胺（HMDS）、二甲基二氯硅烷（DMCS）等。硅烷化担体适用于涂布非极性或弱极性固定液，且固定液配比不超过10%（即固定液用量为担体重量的10%以下）。

釉化处理　用2%Na_2CO_3水溶液（或硼砂水溶液）浸泡红色担体24 h，吸滤。母液用3倍水稀释后淋洗担体，烘干，先用870℃煅3.5 h，再升温980℃煅40 min。表面形成玻璃态釉层，这一釉层钝化了表面活性，减免了峰拖尾。同时，微孔吸附Na_2CO_3（或硼砂）烧结后将微孔堵死，使担体孔隙结构趋于均匀，可以提高柱效。

涂减尾剂　减尾剂是在担体表面涂上一层能与羟基形成氢键的物质。常用的减尾剂是己二酸、癸二酸、硬脂酸、三元酸、间苯二甲酸、对苯二甲酸、三乙醇胺、氢氧化钠、磷酸等。

物理覆盖处理　在担体表面覆盖一层适宜的物质，以改善表面特性。例如，表面上镀银或涂四氟乙烯以掩盖表面活性，用于分析强极性和活泼的化合物，已有商品出售。

制备填充色谱柱时，选择担体的主要依据是样品性质、固定液性质和用量。担体的选用适当，有利于组分分离，提高效柱。大致根据如下原则：

固定液用量大于5%，选用硅藻土白色担体或红色担体；

固定液用量小于5%，选用表面处理过的担体；

腐蚀性样品选用氟担体。

高沸点组分，选用玻璃微球。

担体粒度常用40～60目或80～100目，也有选用100～120目的。

合成固定相的品种很多，可根据需要选用。它可分为极性和非极性两大类。非极性固定相是以苯乙烯为单体、二乙烯为交联剂的共聚物。如国产GDX_1、GDX_2型。极性类固定相是苯乙烯与二乙烯基苯的共聚物中引入各种极性基团的化合物。

色谱多组分分析能否完全分离开，主要决定于色谱柱效能和选择性。在很大程度上取决于固定相的选择是否恰当。在气液色谱中固定液的选择又是其关键。固定液一般为高沸点的有机物，均匀地涂在惰性固体支持物——担体表面。对固定液的要求是选择性好，特别是对难分离物质时的分离能力要高。还要求它稳定性好，不与样品组分发生化学反应，在操作温度下为液体，蒸气压低，固定液的流失慢。

（1）固定液的选择性

固定液的选择性可用相对保留值$r_{2\cdot1}$衡量：

$$r_{2\cdot1}=\frac{t'_{r,2}}{t_{r,1}}=\frac{V'_{r,2}}{V_{r,1}}=\frac{K_2}{K_1}$$

对于填充柱一般要求：$r_{2\cdot1}>1.15$；对于毛细管柱$r_{2\cdot1}>1.08$。$r_{2\cdot1}$也是分配常数K_2和K_1的比值，而K值取决于组分和固定液本性，取决于组分和固定液分子间的作用力，反映了组分在固定液的热力学性能。对于难分离的物质对，固定液的γ值愈大，色谱柱的选择性愈高。γ值随温度而变，温度升高γ值下降。

（2）固定液和组分分子间的作用力

分子间的作用力是一种较弱的分子间的吸引力，它不像分子内的化学键那么强，它包括有色散力、静电力、诱导力和氢键作用力等，前三种统称范德华力，都是由电场作用而引起的，而氢键力则与它们有所不同，是一种特殊的范德华力。

色散力　非极性分子间存在的一种作用力，称为色散力。在用非极性固定液分离非极性组分时，分子间的作用力就是这种力。对于各种分子，色散力的大小基本相同。因此，组分的沸点愈高，组分在气相浓度愈低，分配常数K值越大，保留时间越长。

静电力　极性分子有永久偶极矩，在极性分子间就存在永偶极矩的相互作用力，称静电力，在用极性固定液分离极性组分时，分子间的作用力主要就是静电力。分子极性越强，静电力越大，保留时间越长。

诱导力　在极性分子和非极性分子之间，由于极性分子永久偶极矩电场的作用力下，非极性分子也会极化而产生诱导偶极矩。它们之间的作用力叫诱导力。极性分子的极性越强，非极性分子愈容易，被极化则诱导力就愈大。当样品具有非极性分子和可极化组分时，可用极性固定液的诱导效应来分离。如在分析苯环物时，苯（B. P. 80.1℃）和环己烷（B. P. 80.8℃）沸点非常接近，用非极性固定液很难将它们分离开，尽管它们的偶极矩都等于零，但苯比环己烷容易极化。如果采用极性固定液，它能使苯产生诱导偶极矩，而比环己烷有较大的保留值。固定液极性越强，则两者分离得越远。完全分离所需的塔板数就越少。

氢键作用力　这也是一种空间力。它在气液色谱中占有重要地位。当分子中一个氢原子同一个电负性很大的原子X构成共价键时，它同时还能与另外一个电负性较大的原子Y以静电力的作用形成“氢键”，以X—H…Y表示。这是一种比较强的分子间作用力。形成氢键的条件是：一类化合物分子中有氢键提供者 X—H 键或其他活泼氢（如 α 氢）；另一类化合物有氢键接受者 Y 原子。饱和烃中 C—H 键不能形成氢键，因为碳原子的电负性很小。

在两分子间往往存在几种作用力，只是组分和固定液性质不同，起主导作用的力不同。在色谱分析中，只有当组分与固定液分子间作用力大于组分分子间的作用力时，组分才能在固定液中进行分配，这时固定液才适用。

(3) 固定液的极性与类别

在气相色谱中，固定液的种类很多，有几百种，它们的分子结构、极性大小和用途都各不相同。按它们的相对极性进行分类，有五级分度和百分分度分类法两种。就是把强极性的 β,β'-氧二丙腈的极性定为+5（或 100），把非极性的鲨鱼烷定为 0，以此为标准，用气相色谱法测定其他固定液的相对极性，给以相应的数值。附表 6 为所列常用固定液及相对极性，供选择固定液时参照。

(4) 固定液选择原则和方法

一般依“相似性原则”选择，即按被分离组分的极性或官能团与固定液相似的原则来选择。因为性质相似，分子间的作用力就强，组分在固定液中溶解度就大，分配系数大，保留时间长，易于相互分离。

对于非极性化合物（如烃类），选用非极性固定液（相对极性为 0、±1），如鲨鱼烷、甲基硅油、阿皮松等。在非极性柱中组分和固定液之间的作用力为色散力。主要按组分沸点顺序分离，沸点低的组分先流出。对于同系物则按碳数顺序分离，低分子量组分先流出。如果样品是极性和非极性混合物，则同沸点的极性组分先流出。

对于中等极性样品，选择中等极性固定液（相对极性+2、+3），如邻苯二甲酸二壬酯、聚乙二醇己二酸酯、甲基硅油等。这类固定液含有极性和非极性基团，组分和固定液分子间作用力为色散力和诱导力。没有特殊选择性，用的范围广，组分基本上按沸点顺序分离，同沸点的极性组分后流出。

对于强极性样品，应选择强极性固定液（相对极性+4、+5），如 β,β'-氧二丙腈、聚丙二醇己二酸酯等。这类固定液含有强极性基团。组分和固定液之间的作用力主要是静电力，这时组分主要按极性的顺序分离，非极性物质首先流出。固定液极性越强，非极性组分的保留值越小，极性物质的保留值越大。

对于能形成氢键的组分，可选用极强性或氢键型固定液，按形成氢键能力大小的顺序分离。如在三乙胺作固定液的柱子上一甲胺、二甲胺、三甲胺的流出顺序是三甲胺最先。因其最不易形成氢键，最后流出的是最容易形成氢键的一甲胺，而与沸点顺序相反。

对于复杂混合物，单用一种固定液，有时很难分离所有组分，则可采用混合固定液，就是把几种不同的固定液按适当比例混合，可将固定液的极性或氢键结合能力调节到样品要求的范围，使其达到在较短的时间都能分离开。

(四) 检测系统

主要是检测器（又称鉴定器），它是反映柱后流出物组成变化的装置，载气携带组分进入检测器时，它就能利用组分与载气的物理性质上的差异产生相应的电讯号。检测器应具备以下性能：灵敏度高、稳定性好、死体积小、线性范围宽、检测限低等。

按响应特性分类为：

(1) 浓度型检测器

检测器测量的是载气中组分浓度瞬间的变化，即检测器的响应值取决于载气中组分的浓度，如热导检测器、电子捕获检测器等。

(2) 质量型检测器

检测器测量的是载气携带的组分进入检测器的速度变化，即检测器的响应取决于单位时间组分进入检测器的质量。如氢焰检测器、火焰光度检测器等。

检测器的性能指标包括：

(1) 检测器的灵敏度

一定量的组分通过检测器时，所给出的讯号大小叫该检测器对组分的灵敏度，亦称响应值或应答值，是衡量检测器质量的重要指标。

浓度型检测器的响应讯号与载气中组分的浓度成正比。液体样品的灵敏度常用单位体积（ml）载气中含有单位重量（mg）组分通过检测器时所产生的讯号（mV）表示，单位为$\frac{\mathrm{mV}}{\mathrm{mg/ml}}$。

浓度型检测器的灵敏度可在一定操作条件下，向色谱柱中加入一定量的纯苯样品，由所得峰面积计算：

$$S_i = \frac{A_i C_1 C_2 F}{m_i} = \frac{h \cdot W_{1/2} \cdot F}{m_i}$$

式中，S_i——液体组分 i 的灵敏度；

A_i——液体组分 i 的峰面积（cm^2）；

C_1——记录器灵敏度（mV/cm，即单位长度记录纸所代表的毫伏数）；

C_2——记录纸转速的倒数（min/cm）；

F——载气流速（ml/min）；

h——峰高（mV）；

m_i——样品重（mg）；

$W_{1/2}$——半峰宽（min）。

气体样品的灵敏度同单位体积（ml）载气中含有单位体积（ml）组分通过检测器时所产生的讯号表示，单位为$\frac{\mathrm{mV}}{\mathrm{ml/ml}}$。

质量型检测器的响应讯号与单位时间通过检测器的组分量成正比。如氢火焰离子化检测器的灵敏度为，每秒钟有 1 g 组分通过检测器时所产生的讯号，单位为$\frac{\mathrm{mV}}{\mathrm{g/s}}$。

$$S_i = \frac{A_i C_1 \cdot C_2 \cdot 60}{m_i} = \frac{h \cdot W_{1/2} \cdot 60}{m_i}$$

式中，S_i——氢焰检测器的灵敏度；

h——峰高（mV）；

$W_{1/2}$——半峰宽（min）；

m_i——样品重（g）。

(2) 检测器的敏感度

检测器的灵敏度 S 只能表示检测器对某组分产生讯号的大小。但灵敏度大时，基线波动也随之增大。因此，仅用灵敏度 (S) 还不能很好地衡量检测器的质量，必须引入检测器的敏感度 (M) 这一性能指标，敏感度 (M) 又称检出限。敏感度 (M) 定义为单位体积或时间内，使检测器出现能检测讯号时的最小物质量，也叫检测器的最小检出限。

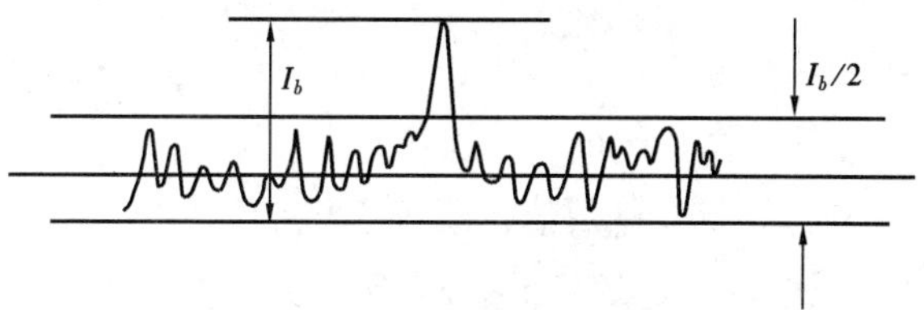

图 2-45　基线波动示意图

但因仪器在运行中有基线波动（见图 2-45）。定义为在纯载气通过检测器时，给出讯号的不稳定程度，以 $I_b/2$ 表示。通常讯号要等于基线波动的 2 倍时，才能检出，故敏感度 (M) 为：

$$M=\frac{I_b}{S}$$

式中，I_b——基线波动的 2 倍 (mV 或 A)；

S——检测器的灵敏度。浓度型检测器的 S 的单位为 $\frac{\mathrm{mV}}{\mathrm{mg/ml}}$；质量型检测器的 S 的单位为 $\frac{\mathrm{ml}}{\mathrm{g/s}}$；

M——检测器的敏感度。浓度型检测器的 M 的单位为 mg/ml；质量型检测器的 M 的单位为 g/s。

值得注意的是，检测器的敏感度与色谱分析的最小检出量不同：前者是衡量检测器性能的指标，仅与检测器质量有关。后者是指检测器出现能检测讯号时，所需进入色谱柱的最小物质量，除检测器性能外，尚受柱效率及操作条件的影响。其单位也与前者不同，而为 mg 或 ml。

(3) 检测器线性范围

定义为响应呈线性关系的最大允许进样量与最小进样量之比。色谱仪中检测器的线性范围应当相当宽。

目前环境监测常用的检测器有热导检测器 (TCD)、氢焰检测器 (FID)、电子捕获检测器 (ECD)、火焰光度检测器 (FPD) 和碱焰离子化检测器 (AFID)。其性能比较见表 2-5。

表 2-5　常用检测器性能比较

检测器	类　型	灵　敏　度	噪　　声	敏　感　度	适用范围
热导池	浓度	$10\,000\ \frac{\mathrm{mV}}{\mathrm{mg/ml}}$	0.01 mV	2×10^{-6} mg/ml	无机气体及有机物
氢焰	质量	$0.01\ \frac{\mathrm{A}}{\mathrm{g/s}}$	10^{-14} A	2×10^{-12} g/s	含碳化合物
电子捕获	浓度	$800\ \frac{\mathrm{A}}{\mathrm{g/ml}}$	8×10^{-12} A	2×10^{-14} g/ml	多卤及其他对电子亲和力强的组分
火焰光度	质量	400 C/g		10^{-12} g/s (P) 10^{-11} g/s (S)	含硫、磷化合物

1. 热导池检测器（TCD）

热导池检测器设备简单、应用范围广、定量方便，是目前应用最普遍的一种检测器。因为任何物质都具备传热性质，气态物质更是如此，故依据载气中混入其他气态物质时流动相热传导率发生变化的原理设计。

热导池检测器由两根电阻值相同的金属丝构成，基于各种物质的热导系数不同，当不同物质通过热导池时，引起金属丝的温度改变，而金属丝的温度改变又引起了电阻改变，记录其电阻变化数值，即可进行组分测定（见图 2-46）。

在金属块上，开两个完全相同的孔，每个孔中串一根钨铼丝，这两根金属丝的电阻值相同，其中一根作热导池参比臂，此臂中只有载气通过；另一根作热导池的工作臂，有载气及样品通过。将热导池的两臂与两个固定电阻组成惠斯登电桥（图 2-46b），R_1 为参比臂，R_3 为工作臂，R_2、R_4 分别为固定电阻，R_5 为可调电阻。

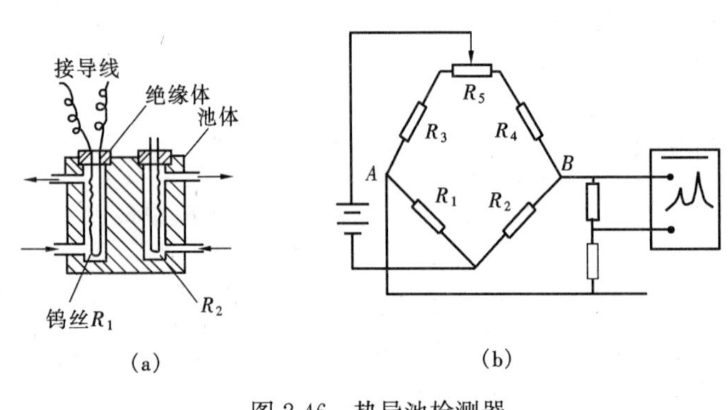

图 2-46　热导池检测器

(a) 双臂池；(b) 测量电路

输出信号与组分浓度变化相关。当池通入样品后，由于参比臂仅有载气无样品通过，而工作臂有载气和样品通过，两边电阻改变使电桥失去平衡。在输出端有不平衡电位差，不同组分引起的电阻值变化也不同，记录器将电桥输出的电位差记录下来，就出现相应的色谱峰。

热导池检测器的灵敏度主要由桥电流的平方、载气的热学性质、热池温度及热丝电阻等四个因素决定，虽然热导池的灵敏度并不算太高。但它是十分重要的检测器，主要是对含碳有机物检测，对非烃类、惰性气体或火焰中难电离物与不电离物质无响应，尤其它对永久性气体 O_2、N_2、CS_2、SO_2、HCOOH、$CONH_2$、H_2O 等基本没信号；因此用它监测水体有机污染有独特的优越性。

2. 氢焰离子化检测器（FID）

它是利用有机物在氢气-空气火焰中由于离子反应而能生成许多离子对，并在火焰上下两侧加有一定电压的电极作用下定向运动形成离子流，通过测量离子流强度进行组分检测。该检测器具如下特点：

（1）对几乎所有的有机物都有响应；

（2）对空气和水没有响应，特别适于大气和水体污染监测；

（3）对载气流速和压力变化不敏感，使其操作简便；

（4）灵敏度高，响应快，死体积小，线性范围宽。因此是目前应用最广泛的检测器之一。

氢焰离子化检测器结构简单（如图 2-47 所示），在一个离子化室内装有一个火焰喷

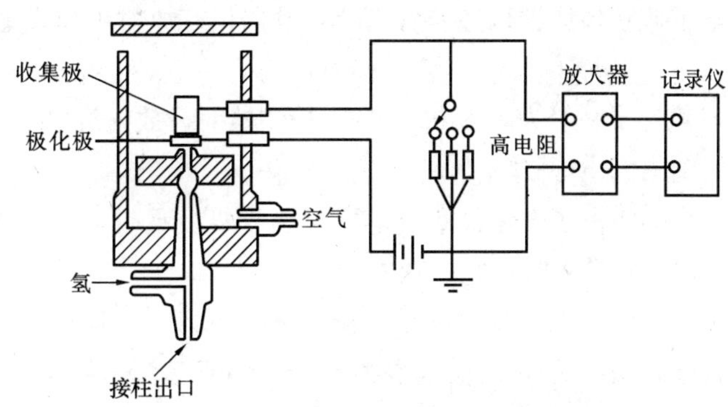

图 2-47　氢焰离子化检测器示意图

嘴，其上有一个发射极与一个收集极，共三部分组成。工作时，氢气与载气混合后由喷嘴射出，助燃气由一侧引入离子化室。事先用点火极点燃氢火焰，温度可以达到 2 000℃左右。当有机物带入时，它们的分子离子化并由收集极吸引，从而产生微弱电流，可由微电流放大器放大后被记录下。火焰离子化机理是化学电离。即有机物在火焰中产生自由基反应而被电离：

$$C_6H_6 \longrightarrow 6CH$$

$$6CH + 3O_2 \longrightarrow 6CHO^+ + e$$

$$6CHO^+ + H_2O \longrightarrow 6CO + 6H_3O^+$$

化学电离过程中产生的正离子 CHO^+、H_3O^+ 和电子等在电场作用下，分别为收集极发射极收集而产生色谱峰。

使用氢火焰离子化器时，要用三种气体，开机时先通 N_2，再通空气，直到点火才通 H_2。

(1) 实验证明，用 N_2 作载气比用其他气体（H_2，He，Ar）灵敏度要高。

(2) 在一定范围内增大氢气和空气流量，由于火焰的温度提高可提高灵敏度。然而，流速过大反而降低灵敏度。一般参考如下流量比：

$$氮：氢：空=1：1：10$$

如，N_2 40 ml/min、H_2 40 ml/min、空气 400 ml/min。

(3) 收集极与喷嘴之间距离 5～7 mm 时，可获得较高灵敏度，可见，离子化过程是在第一反应区。

(4) 适当提高检测器温度也可以提高灵敏度。通常比柱温高 50℃以防止高沸点物在检测室内冷凝。

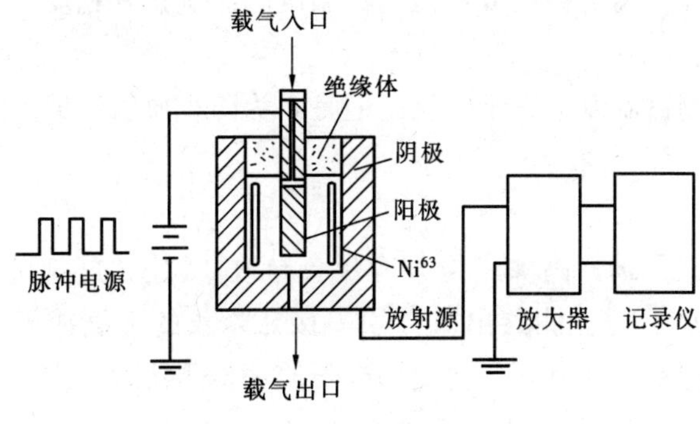

图 2-48　电子捕获检测器

3. 电子捕获检测器（ECD）

电子捕获检测器也是一种离子化检测器，是选择好的高灵敏度浓度型检测器，对组分的响应取决于组分的电负性。它只对含有卤素、硫、磷、氮等元素的物质有信号。可用于甾族化合物、金属有机化合物、金属螯合物、多环芳烃、多卤或多硫化合物的分析及有机氯农药分析。

电子捕获检测器构造非常简单，其内仅有放射源和收集极两个主要部件（如图2-48所示）。

当载气（一般为高纯 N_2）进入检测器时，放射源的β射线使之载气电离：

$$N_2 —— N^{2+} + e$$

生成的正离子在施加直流电压时被收集极吸引形成“基流”。一般为 10^{-8} A。当样品 AB 被载气带入时，它捕获电子：

$$AB + e \longrightarrow AB^- + 能量$$

这样，由于 AB^- 的质量很大，不易形成基流，使其基流下降。因此出现倒峰，其峰的大小与组分的浓度有关。当加入甲烷等气体，有利于 AB 电子捕获反应。工作时要注意控制：

（1）极化电压

极化电压只是为了收集电子，只需 5 eV 以下。最好是外加脉冲电压，100 μs 内脉冲宽度仅 1 μs。当脉冲供电时，电子密度随之呈锯齿状变化。如图 2-49 所示。也就是说，脉冲加上后，所有电子被阳极收集，电子密度降到零。在脉冲间隔内，电子密度逐渐上升。由于这段时间内电极之间无外加电场，阳极附近不会聚集大量负离子，空间电荷云也就不会出现，因此，检测器的线性范围宽，而且避免了许多不正常的响应（但脉冲周期过长，电子与正离子复合的几率增加，导致基流下降）。脉冲周期一般要小于 1 000 μs。因此，采用脉冲供电，对于吸收系数较大的组分，灵敏度比直流供电大 3～4倍。

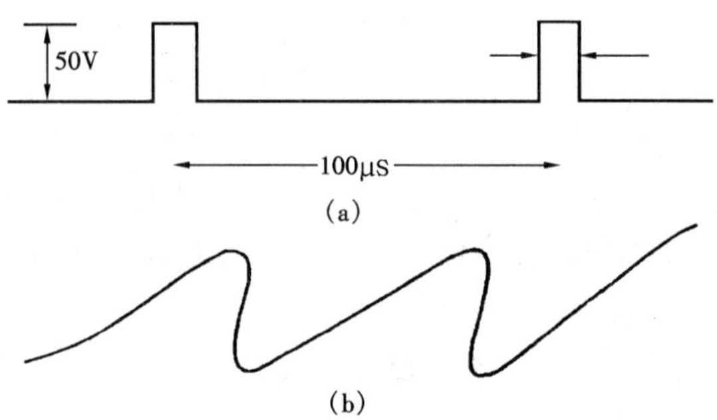

图 2-49 脉冲间隔内电子密度的时间分布曲线

（a）脉冲形状；（b）电子密度变化曲线

（2）检测器温度

温度对电子获捕检测器的灵敏度的影响比较复杂，要想获得最大响应值，检测器温度必须通过实验来确定。对于离解型和非离解型组分，检测器温度的影响正好相反。一般要求检测器温度不应超过±0.3 K。

为防止组分在检测室内冷凝，检测器温度应高于柱温。但是，为防止放射流失，温度不能过高。

（3）检测器的污染及其防治

载气中的氧气会捕获电子而使基流下降。高沸点组分冷凝会导致β粒子的自吸收。为此，必须使用高纯氮气（99.99%以上）。检测器出口必须串接几米长的金属或塑料管，以防止大气中氧气反扩散进入检测室，并且第一次使用电子捕获检测器时，应用大量高纯氮气吹扫色谱仪管道达 24 h 以上。若停机时间较短，不要中止氮气流，只需将流量减少，维持管内正压。

此外，尽可能不采用电负性强的溶剂，如丙酮、乙醇、乙醚、含氧溶剂等。

4. 火焰光度检测器（FPD）

这是一种对硫、磷化合物具有高选择性和高灵敏度的质量型检测器，因此也叫硫磷检测器。这种检测器是根据硫磷化合物在富氢-空气焰中燃烧时发射出不同波长的特征光，其结构如图 2-50 所示。

它包括燃烧系统和光学系统两大部分。燃烧系统与氢焰离子化检测器一样。若在火焰上附加一个收集极，就成了氢火焰离子化检测器。光学系统包括石英窗口、滤光片和光电倍增管。火焰光度检测器的工作原理主要利用如下三个条件来达到检测的目的。

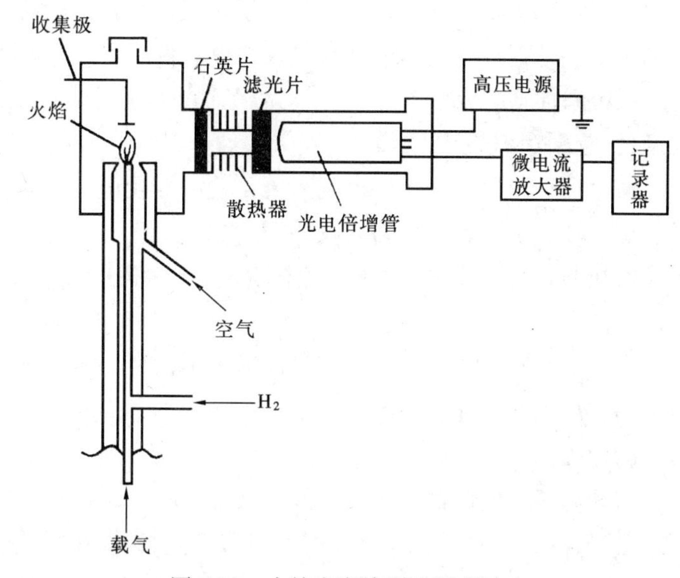

图 2-50　火焰光度检测器原理图

(1) 检测器中有氢火焰存在，为含硫、磷化合物提供燃烧和激发的条件。

(2) 样品在火焰中发射特征光谱。

(3) 检测器内设有滤光片和光电倍增管，能把光谱号转变为电信号，其检测机理为如下。

Ⅰ. 含硫化合物检测机理

含硫化合物生成化学发光物质：

$$2R-S+O_2 \longrightarrow X+SO_2$$

$$2SO_2+4H_2 \longrightarrow 4H_2O+S_2$$

$$S_2 \xrightarrow{390℃} S_2^*$$

$$S_2^* \longrightarrow S+h\upsilon$$

此过程中生成的激发态分子 S_2^*，是一种化学发光物质，它返回基态时，发射出特征的分子光谱（394 nm）。

Ⅱ. 含磷化合物检测机理

有机磷化合物首先氧化生成磷的氧化物，然后被富氢火焰的 H 还原为 HPO^*，这个磷碎片发射 526 nm 的光谱带。

因此，为了获得高灵敏度，关键是保持富氢火焰。这可以通过调节氢气和助燃气（空气）的流量比例来达到。空气过多，燃气过少，火焰温度升高，灵敏度降低，不同类型的化合物，其燃助比不同，因此，需要寻找最佳燃助比。适当减少助燃气，火焰温度降低，有助于减少杂质光以及减少噪声（降低光电倍增管温度也有助于减少噪声）。

5. 碱焰离子化检测器（AFID）

碱盐离子化检测器又称氮磷检测器，因为它对含氮、磷等杂原子的有机化合物具有高选择性和高灵敏度，例如，它对马拉硫磷的灵敏度达 0.5×10^{-13} g/s。比氢火焰离子化验测器的灵敏度高三个数量级。对于含氮化合物，碱盐离子化检测器就是不可缺少的检测手段。它具有操作简单、易自制、灵敏度高等优点。因此，在农药分析以及含氮和磷的原料添加剂的分析等方面有较为广泛的应用。检测器的最小检测度为 $10^{-13}\sim10^{-12}$ g，线性范围达 10^3。

碱盐离子化检测器和氢火焰离子化检测器相似，只是在喷嘴和收集极之间加上一个碱盐源以及一个加热碱盐的装置如图 2-51 所示。

碱盐源采用碱金属硅酸盐，制成珠状。常用的 Rb_2SiO_3 是非挥发性的硅酸铷玻璃珠，它性能稳定，寿命长。

关于检测原理，至今有许多方面还不很清楚，有几种理论解释。一般认为含氮、磷原子的有机化合物在火焰中燃烧会增加碱盐的蒸发和化学解离，从而使收集到的离子信号大为增加。

碱盐离子化检测器有两种操作方式。一种称氮磷型，能将含氮或磷的化合物一起检测，另一种称磷型，只检测含磷化合物。这两种操作方式变换简单，只要改变燃气和助燃气的流量，即改变碱盐源的温度以及改变喷嘴的极性就可以达到。

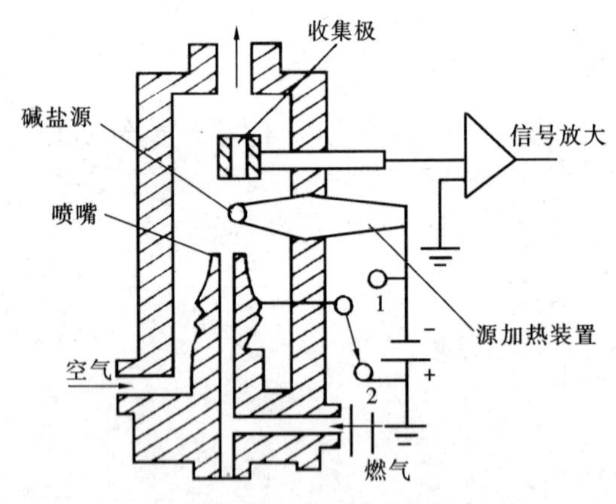

图 2-51 碱盐离子化检测器结构图

（1）磷型

将图 2-51 中转换开关置于“2”，此时喷嘴接地，并按氢火焰离子化检测器的燃助比供给氢气和空气。点燃氢火焰，使硅酸铷珠烧至红热，碱盐蒸发，从而增加磷化物的灵敏度。为了除去由碳氢化合物离子化生成的电子，在铷珠上加上一个负电位，使这些电子无法克服负电位，而通过接地喷嘴导入大地，这样就消除了烃类产生的信号。这种方式只能使有机磷化合物中的磷被烧热的铷珠激发，形成对磷的特效响应。

（2）氮磷型

将图 2-51 装置的转换开关置于“1”，喷嘴不接地，空气和氢气流速不同于磷型。此时，采用低氢气流速，约 1～3 ml/min，空气远远过量，达 100 ml/min。

由于氢气流速过低，燃烧生成的热量低，铷珠的温度不高，碱盐难以蒸发，因此，必须用一个附加的电加热装置。此装置采用低电压和大电流，使铷珠加热至红热状态，氢气就围绕红热的铷珠燃烧，但这种条件下产生的能量不足以使碳氢化合物离子化，而对氮、磷同时有特效响应。

两种操作方式的检测结果如表 2-6 所示。

表 2-6　两种操作方式的比较

参数＼类型	氮磷型	磷型
测试物质	吡　　啶	马拉硫磷
噪　声 (A)	7.5×10^{-14}	5×10^{-14}
灵敏度 (C/g)	0.9 (N)	1.0 (P)
检测度 (g/s)	1.2×10^{-1} (N)	0.5×10^{-1} (P)
线性范围	10^3	10^4
选择比	$5\times10:1$	$10^2:1$

对于磷型、碱盐离子化检测器是专一的检测器，因此，当许多氮、磷峰共有时，二者比较中可以容易地分辨出磷化物。

四、气相色谱分析技术

(一) 定性分析技术

色谱是通过保留时间和保留值进行分析的，由于色谱能分离分析的物质很多，不同组分在同一固定相上色谱峰出现的时间可能相同，仅依据色谱峰确定物质有一定困难。故对未知样，在首先了解它的来源、性质、分析目的基础上对样品作初步估计，再结合一定的定性方法来确定色谱峰所代表的化合物。常用的定性技术主要有以下几种：

1. 保留值定性法

保留值定性是最简单、最常用的色谱定性法，它是以固定相及操作条件恒定时，每种组分都有恒定保留值作为依据的。其中分为：

(1) 绝对保留值法

当有纯未知物时，可在适当条件下，测出此已知物的保留值，然后在相同条件下测出未知样品的保留值。当未知样品中出现与已知物保留值相同的色谱峰时，则未知物中可能含有此种已知物。

绝对保留值法又分保留时间法和保留体积法，此法必须严格控制在柱长、柱温、固定液配比及载气流速等因素一致的情况下操作。

(2) 相对保留值法

该法是在某一固定相及柱温下，分别测组分及基准物（或标准）S 的校正保留值，求出其相对保留值，即可定性比较，文献中能查到某些组分的相对保留值。

2. 加已知物增峰法

此法是加入已知物增加峰高。先将未知物的色谱峰作出，然后在未知样品中加入一种已知的纯物质相同实验条件下又得一色谱图。峰高增加的组分即可能为这种已知物。

(二) 定量分析技术

气相色谱更主要用于有机物的定量分析。其定量依据是峰面积和峰高，故而有峰面积定量法和峰高定量法。但要获得可靠的定量结果，必须准确测定响应信号和定量校正因子，并且还要严格控制分析中可能出现的误差。

1. 峰面积的测量

对称峰面积的测量：

（1）峰高乘半峰宽法：当色谱峰为对称峰时，则可用此法。设峰高为（h），即峰高低切线与峰顶垂直距离；半峰宽为 $Y_{1/2}$，按等腰三角形面积计算方法，近似认为峰面积（A）等于峰高与半峰宽的乘积。

$$A = h \cdot Y_{1/2}$$

实际的峰面积应乘以校正值 1.065，即：

$$A = 1.065h \cdot Y_{1/2}$$

在做相对测量时，可以约去 1.065。该法简单方便，实际工作中经常采用。但不适宜对窄峰、不对称峰和分离不完全、重叠较重的色谱峰定量。

（2）峰高乘保留时间法

在一定操作条件下，同系物的半峰宽与保留时间成正比，即：

$$Y_{1/2} \propto t_R$$

$$Y_{1/2} = bt_R$$

$$A = h \cdot Y_{1/2} = h \cdot b \cdot t_R$$

在作相对测量时，比例系数 b 可约去不计，这样就可以用峰高与保留时间的乘积表示峰面积。此法适用于较窄的对称峰。

不对称峰面积的测量：

（1）峰高乘平均峰宽法

该法用于不对称峰。在峰高 0.15 和 0.85 处分别测出峰宽，取其平均值，再与峰高相乘。

$$A = h \cdot \frac{1}{2}(Y_{0.15} + Y_{0.85})$$

对于不对称峰可得到较准确结果。

（2）剪纸称重法

对于不对称峰，可把色谱峰剪下来称量，每个峰的质量代表峰面积。此法操作费时，且剪开了整个色谱图。非特殊情况，一般不采用此法。

此外，越来越多的仪器采用自动积分仪定量。自动积分仪能自动测出一曲线包围的面积。此法快速、准确。数字积分仪还对峰面积的数据和保留时间能自动打印出来。

2. 定量校正因子

虽然色谱定量分析是基于响应值与组分含量成正比的关系，但是由于同一检测器对不同的物质具有不同的响应值，故而不同组分峰面积或峰高之比并不代表各组分含量之比。也就是不能用峰面积或峰高来直接计算物质的含量。为了使峰面积（或峰高）正确地反映出物质的含量，就要对峰面积（或峰高）进行校正，而引入“定量校正因子”（m_i）。

$$m_i = f_i \cdot A_i$$

即

$$f_i = \frac{m_i}{A_i}$$

式中，f_i——绝对校正因子（即单位峰面积所代表的物质量）。实际无法直接应用，都用相对校正因子，即用 f'_i 表示：

$$f'_i = \frac{f_i}{f_0} = \frac{m_i/A_i}{m_s/A_s}$$

式中，A_i，A_s——分别为组分或标准物质的峰面积；

m_i，m_s——分别为组分和标准物质的量。

当 m_i、m_s 用质量单位时，所得相对校正因子称为相对质量校正因子，用 f'_w 标示。当 m_i、m_s 用摩尔为单位时，所得相对校正因子称为相对摩尔校正因子，用 f'_m 表示。应用时常将“相对”二字省略。

相对校正因子也可换算为相对响应值（S_i）。当单位相同时，相对响应值为相对校正因子的倒数，即：

$$S'_w = \frac{1}{f'_w} \qquad S'_m = \frac{1}{f'_m}$$

相对校正因子或相对响应值只与试样、标准物质以及检测器类型有关，与操作条件和柱温、载气流速、固定液性质无关。

相对校正因子可从文献中查到，也可实测出，即准确移取一定量待测组分的纯物质（m_i）和标准物质的纯物质（m_s），混合后，取一定量（在检测器的线性范围）在实验条件下注入色谱仪，出峰后分别测量峰面积 A_i、A_s，由上式计算出相对校正因子（实际为质量校正因子）。

3. 定量方法

常用的定量方法有归一化法、内标法和外标法。

（1）归一化法

当一试样中各组分都能流出色谱柱，并在色谱图上都显示出色谱峰时，可用此法定量计算。

$$C_i = \frac{f'_i \cdot A_i}{\sum_{i=1}^{n} f'_i \cdot A_i} \times 100\%$$

式中，f'_i——相对校正因子。如用 f'_w，得组分的质量分数；如用 f'_m，则得组分摩尔分数；

C_i——组分 i 的含量（%）；

A_i——组分 i 的峰面积。

因同系物中沸点接近相同，如当试样中各组分的 f'_i 很相近时则上式可简化为：

$$C_i = \frac{A_i}{\sum_{i=1}^{n} A_i} \times 100\%$$

如果色谱峰形对称、窄长、操作条件稳定，使各组分色谱峰的半峰宽不发生变化，也可用峰高代替峰面积进行归一化法定量，即：

$$C_i = \frac{f''_i \cdot h_i}{\sum_{i=1}^{n} f''_i \cdot h_i} \times 100\%$$

式中，h_i——i 组分的峰高；

f''_i——峰高校正因子（可自行测定出，测定方法与峰面积校正因子相同）。

此法定量简便、准确，且当进样量、流速等操作条件有所变化时对结果也影响不大。但此法必须要求试样中的组分全部出峰，否则不能用此法。

（2）内标法

当试样中所有组分不能全部出峰，或只要测定试样中某几个组分时，可采用此法。

将一定量的纯物质作为内标物加到准确称取的待测样中，根据待测组分和内标物的峰面积来计算被测组分的含量。内标物应是待测样中不存在的纯物质，加入的量应接近待测组分的量，同时要求内标物的色谱峰应位于待测组分色谱峰附近或几个待测组分色谱峰的中间。

$$\because \quad m_i = f'_i \cdot A_i \qquad m_s = f'_s \cdot A_s$$

$$\therefore \quad \frac{m_i}{m_s} = \frac{f'_i \cdot A_i}{f'_s \cdot A_s} \qquad m_i = m_s \cdot \frac{f'_i \cdot A_i}{f'_s \cdot A_s}$$

故而：

$$C_i = m_s \cdot \frac{\dfrac{f'_i \cdot A_i}{f'_s \cdot A_s}}{m_i} \times 100\%$$

式中，m_i, m_s——分别为待测物质量，内标物质量（g）；

A_i, A_s——分别为待测物和内标物峰面积；

f'_i, f'_s——分别为待测物和内标物质量校正因子；

C_i——待测组分 i 的含量（%）。

内标法中常以内标物为基准，即 $f'_s = 1.0$ 则：

$$C_i = \frac{m_s \cdot f'_i \cdot A_i}{m_i \cdot A_s} \times 100\%$$

上式中的峰面积亦可用峰高代替，则：

$$C_i = \frac{m_s \cdot f''_i \cdot h_i}{m_i \cdot h} \times 100\%$$

内标法操作条件不要求严格控制却定量准确，试样中含有不出峰的组分时也能应用。但是每次分析时，都要准确称取试样和内标物质，较费事，不适用于快速控制分析。为了减少称量和计算数据的麻烦，可用内标标准曲线法进行定量测定。这是一种简化的内标法。

若固定试样的称取量，加入恒定量的内标物，则上式中的 $m_s \cdot f'_i / m_i \cdot f'_s \times 100\%$ 为一常数，则简化为：

$$C_i = \frac{A_i}{A_s} \times 常数 \times 100\%$$

以 C_i 对 $\frac{A_i}{A_s}$ 作图，可得一条通过原点的直线，即内标标准曲线，利用此曲线确定组分含量。

做标准曲线时，先将待测组分的纯物质配成不同浓度的标准溶液，取固定量的标准溶液和内标物混合后进样分析。测得 A_i 和 A_s，用 A_i/A_s 对标准溶液浓度作图，得一组通过原点的直线（见图 2-52）。

分析时，取一绘制标准曲线相同量试样和内标物，测出峰面积时，从标准曲线上查出待测组分的含量。此法不必另外再测校正因子，消除了某些操作条件的影响，也不必严格定量进样，故适于待测样品的常规分析。

选择内标是此法的关键，要使内标物结构或官能团与组分相似，内标物与样品互溶且两峰接近又不重叠，二者的加入量即浓度接近。在分析条件下内标物不与样品发生反应。

（3）外标法

外标法是与分光光度法中的标准曲线一样，用待测组分的纯物质来制作标准曲线。先取纯物质配成一系列不同浓度的标准溶液，然后分别取一定体积，注入色谱仪，测出峰面积，做峰面积（或峰高）和浓度的标准曲线，如图 2-53 所示。

之后在相同条件下进入等量（固定量进样）待测样，测出该试样的峰面积（或峰高），由上述标准曲线查出待测组分的含量。

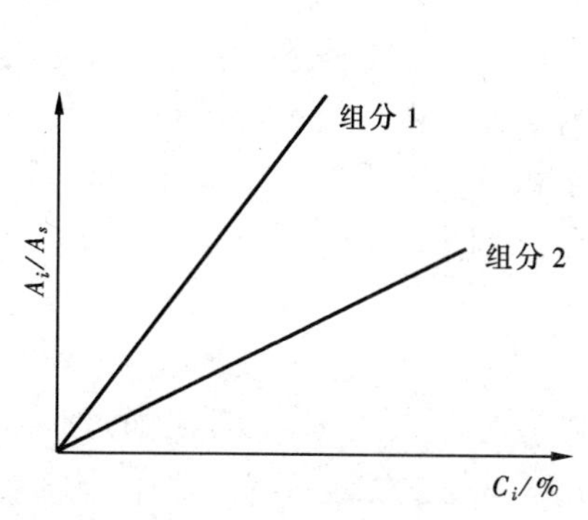

图 2-52 内标法标准曲线图

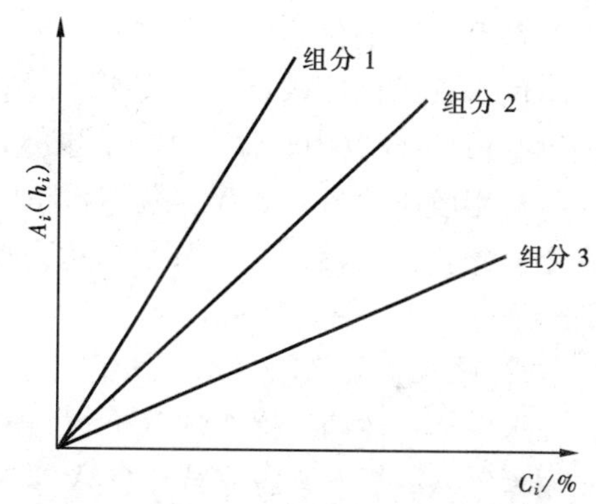

图 2-53 外标法标准曲线图

当待测样品组分浓度变化不大时，可不做标准曲线，用单点校正法，即配制一个和被测组分含量十分接近的标准样 C_s，取相同量的标准液和待测液分别注入色谱仪，测得相应的 A_s 和 A_i。由待测组分和标准样的峰面积（或峰高）比，可求得待测组分的含量。

$$\because \quad \frac{C_i}{C_s}=\frac{A_i}{A_s}$$

$$\therefore \quad C_i=\frac{A_i}{A_s}\cdot C_s$$

环境监测的批量样品分析还得做标准曲线。标准曲线应是通过原点的直线，若发生弯曲，可将样品适当稀释。若直线不通过原点，也可将样品适当处理转化为新的化合物形式。在制作标准曲线时，不能用改变进样体积的方法，而应制备不同浓度的标准样品，进样体积要保持不变。所以在分析气体样品进样体积较大时，进样误差相对减少，尤其适合气体分析。此法方便简单，无需校正因子，但要求操作条件要稳定，进样重复性高，否则误差较大。

（4）标准加入法

标准加入法类似于内标法，区别在于内标物是样品某一组分。内标法中的内标物应是样品中原来没有的物质。凡是找不到适当内标物，或是色谱图容纳不下内标物的峰，就可用标准加入法。具体步骤是：先分离样品得一色谱图，在待测样中加入一定量该组分，测得加标后的峰面积。由响应值增量 ΔA 计算出该组分在样品中的浓度。

$$C_i = \frac{A_i}{\Delta A} \cdot \frac{m_\Delta}{m_i} \times 100\%$$

式中，$m\Delta$，m_i ——分别为加标量及取样量（g）；

ΔA，A_i ——分别为两峰面积。

标准加入法适于样品组分复杂的情况，其缺点是，由于进样两次，分离较费时，二次进样误差加倍。

（三）顶空分离（HS-GC）技术

在气液混合的水样中置于一定液上空间的密闭容器中，水中的挥发性组分就会向容器的液上空间挥发，产生蒸发，产生蒸气压。在一定条件下组分在气液两相达成热力学动态平衡（组分分压服从拉乌尔定律）。取气相样品用带有（ECD或FID）检测器气相色谱仪或色法谱仪（GC-MS）进行分析。顶空样品的制备是称取 20 g 氯化钠放入 100 ml 注射器中，加入 40 ml 水样，排出针筒内空气，再吸入 40 ml 氮气，然后将注射器用胶帽封好。置于振荡器水槽中固定，约恒温在 30℃下振荡 5 min。这时恒温密闭容器水样气液两相间分配已达到平衡。抽取液上空间的气样 5 ml 做 GC 或 GC-MS 分析。

（四）吹脱捕集（PT-GC）技术

在水中挥发性和半挥发性有机物测定前常采取吹脱捕集技术。其原理是通过吹脱管，用氮气（或氦气）将水样中的 VOCs 连续吹脱出来，通过气流带入并吸附于捕集管中，待水样中 VOCs 被全部吹脱出来后，停止对水样的吹脱并迅速加热捕集管，将捕集管中的 VOCs 热脱附出来，进入气相色谱仪。气相色谱仪采用在线冷柱头进样，使加热脱附的 VOCs 冷凝浓缩，然后快速加热进样。吹脱捕集法具有样品用量少、组分损失小、检测限低、无溶剂污染、操作快捷方便等特点。而且在测定水中有机物时，水体中的半挥发性有机物不会干扰分析。该技术适用于江河湖等地表水以及自来水中的挥发性有机物的测定。也适用于污水中的有机物的测定，但样品要做适当稀释才行。

吹脱捕集技术需要吹脱管、捕集管和气密性注射器等必备器具。一般吹脱时间 8 min，捕集温度 35℃，解析温度 180℃，解析时间 6 min，烘烤温度 220℃，烘烤时间 25 min，吹脱气体可为高纯 N_2，吹脱流速 40 ml/min。测定时用气密性注射器吸取 25 ml水样，加入 1 μl 内标（浓度为 4 μg/L）注入吹脱管，进行分析测定，记录色谱峰的保留时间和峰高（或峰面积）。

五、气相色谱（GC）在有机污染监测的应用

气相色谱法作为一种高效的分离方法和一些高选择性的检测手段结合在一起的技术是当今仪器分析领域发展方向之一。气相色谱法在各方面的应用十分广泛，在环境分析

中的应用是一个重要领域。

氯代、硝基代、羟基代以及烷基代苯、苯胺类物质是具有“致癌、致畸、致突变毒性”的化学物质，这些化学物质作为原料、中间体广泛用于石化、印染、化工、农药等行业，因而也常出现在这些行业排放的废水、废气和固体废弃物中，存在污染饮用水源、空气、土壤等环境要素的可能性。

从70年代起，一些先进的工业国家都从法律上开始对有毒化学品加强管理，并公布了各种优先控制名单。日本政府1985年初列出了需要优先控制的化学品为600种，进一步筛选提出重点控制的优先污染物189种。美国是最早开展优先监测的国家，EPA采用先进的分析手段，方法系列中大量采用了现代气相色谱技术。

目前水中有机污染物对人体健康的影响引起世界各国的极大重视，对农药、除草剂、氯代烃、酚类、油脂及表面活性剂等有机物在生活污水工业废水、天然水及饮用水中都有发现。一些发达国家有关天然水中有机污染的监测技术已趋成熟，有的已作为EPA或JIS的标准方法。我国制定了相应的标准方法（GB、HJ），并对集中饮用水源地水质规定了严格的标准限值，见表2-7-1。大都是采用（GC）气相色谱技术。GC是检测的主要手段，一般使用ECD、FPD、NPD、HECD（霍尔检测器）等检测器均能达到较高的灵敏度，而且选择性好，水中农药、除草剂的检测技术见表2-7-2。

表2-7-1 饮用水源水质有机污染及农药量标准限值

单位：mg/L

序号	项目	标准值	序号	项目	标准值
1	三氯甲烷	0.06	36	2,4-二氯苯酚	0.093
2	四氯化碳	0.002	37	2,4,6-三氯苯酚	0.2
3	三溴甲烷	0.1	38	无氯酚	0.009
4	二氯甲烷	0.02	39	苯胺	0.1
5	1,2-二氧乙烷	0.03	40	联苯胺	0.000 2
6	环氧氯乙烷	0.02	41	苯烯酰胺	0.000 5
7	氯乙烯	0.005	42	丙烯腈	0.1
8	1,1-二氯乙烯	0.03	43	邻苯二甲酸二丁酯	0.003
9	1,2-二氯乙烯	0.05	44	邻苯二甲酸二（2-乙基已基）酯	0.008
10	三氯乙烯	0.07	45	水合肼	0.01
11	四氯乙烯	0.04	46	四乙基铅	0.000 1
12	氯丁二烯	0.002	47	吡啶	0.2
13	六氯丁二烯	0.000 6	48	松节油	0.2
14	苯乙烯	0.02	49	苦味酸	0.5
15	甲醛	0.9	50	丁基黄原酸	0.005
16	乙醛	0.05	51	活性氯	0.01
17	丙烯醛	0.1	52	滴滴涕	0.001
18	三氯乙醛	0.01	53	林丹	0.002
19	苯	0.01	54	环氧七氯	0.000 2

续表

序号	项目	标准值	序号	项目	标准值
20	甲苯	0.7	55	对硫磷	0.003
21	乙苯	0.3	56	甲基对硫磷	0.002
22	二甲苯（1）	0.5	57	马拉硫磷	0.05
23	异丙苯	0.25	58	乐果	0.08
24	氯苯	0.3	59	敌敌畏	0.05
25	1,2-二氯苯	1.0	60	敌百虫	0.05
26	1,4-二氯苯	0.3	61	内吸磷	0.03
27	三氯苯（2）	0.02	62	白菌清	0.01
28	四氯苯（3）	0.02	63	甲萘威	0.05
29	六氯苯	0.05	64	溴氰菊酯	0.02
30	硝基苯	0.017	65	阿特拉津	0.003
31	二硝基苯（4）	0.5	66	苯并［a］芘	2.8×10^{-6}
32	2,4-二硝基甲苯	0.000 3	67	甲基汞	1.0×10^{-6}
33	2,4,6-三硝基甲苯	0.5	68	多氯联苯（6）	2.0×10^{-5}
34	硝基氯苯（5）	0.05	69	微囊藻毒素－LR	0.001
35	2,4-二硝基氯苯	0.5			

注：(1) 二甲苯：指对-二甲苯、间-二甲苯、邻-二甲苯。
(2) 三氯苯：指1,2,3-三氯苯、1,2,4-三氯苯、1,3,5-三氯苯。
(3) 四氯苯：指1,2,3,4-四氯苯、1,2,3,5-四氯苯、1,2,4,5-四氯苯。
(4) 二硝基苯：指对-二硝基苯、间-二硝基苯、邻-二硝基苯。
(5) 硝基氯苯：指对-硝基氯苯、间-硝基氯苯、邻-硝基氯苯。
(6) 多氯联苯：指 PC-1016、FEB-1221、FCB-1232、PCB-1242、PEB-1248、PCB-1254、PCB-1260。

表 2-7-2 饮用水中农药、除草剂的监测技术

农药、除草剂名称	监　测　技　术	检测限（DL）或最低标准点的量
异恶唑磷	二氯甲烷提取后，用无水 Na_2SO_4 脱水，水浴中（40℃）浓缩后，GC-NPD 或 GC-FTD（碱性热离子检测器）测定	0.20 ng
毒死蜱	二氯甲烷提取（加入 NaCl），无水 Na_2SO_4 脱水，40℃水浴浓缩，N_2 气吹干后用丙酮定容，GC-NPD 或 IC-FID 测定	0.20 ng
二嗪农	二氯甲烷提取（加入 NaCl），无水 Na_2SO_4 脱水后，约40℃水浴浓缩，N_2 气流吹干后，用丙酮定容，GC-FPD（P 滤片）测定	0.20 ng
敌百虫（DEP）	二氯甲烷提取（加入 NaCl），无水 Na_2SO_4 脱水后，约40℃水浴浓缩，N_2 气流吹干后，用丙酮定容，GC-FPD（P 滤片）测定	0.40 ng
杀螟松（MEP）	二氯甲烷提取（加入 NaCl），无水 Na_2SO_4 脱水后，约40℃水浴浓缩，N_2 气流吹干后，用丙酮定容，GC-FPD（P 滤片）测定	0.40 ng
草不绿	加入内标后，用二氯甲烷提取，蒸发浓缩后，加入甲苯/甲醇，GC-FTD 或 GC-ECD 测定	0.20 μg/L

续表

农药、除草剂名称	监测技术	检测限（DL）或最低标准点的量
拿草特	注入 400μl 于反相 HPLC 中，梯度淋洗后加水分解（NaOH），使分解产物（甲胺）与邻苯二甲醛反应，荧光检测（EPA 法）二氯甲烷提取后，用无水 Na_2SO_4 脱水、浓缩并用 N_2 气吹干后，用己烷定容，GC-ECD 检测（JIS 法）	1.3μg/L 0.02 ng
喹啉铜	浓缩，用二氯甲烷洗净后在 pH 值 7～8 用二氯甲烷萃取，在 40℃水浴中减压浓缩，用 N_2 气流吹干后，以甲醇定容，HPLC-荧光检测器测定	灵敏度 10 ng
TPN	二氯甲烷提取，无水 Na_2SO_4 脱水，浓缩并用 N_2 气吹干后用己烷定容，GC-ECD 检测	0.02 ng
福美联	二氯甲烷提取，无水 Na_2SO_4 脱水，在约 40℃水浴中减压浓缩，N_2 气流吹干后用乙腈定容，HPLC-UV 检测	灵敏度 2 ng
西呜三嗪（CAT）	二氯甲烷提取，无水 Na_2SO_4 脱水，减压浓缩并用 N_2 气流吹干后，用己烷定容。GC-NPD 或 GC-FTD 检测	0.2 ng
氯丹	用含 15%二氯甲烷的己烷提取，再用无水 Na_2SO_4 脱水后，浓缩，GC-ECD 分析	0.05μg/L
2,4-二氯苯氧基乙酸	用乙醚提取后，再用酸分解提取物，洗涤除去有机物杂质，将酸变成甲酯后从水相中提取，该酯提取液用 GC-ECD 测定	50μg/L
异狄氏剂	用含 15%二氯甲烷的己烷提取，无水 Na_2SO_4 脱水并浓缩后 GC-ECD（微库仑法）定量分析，也可用 GC-MS 鉴定	单一化合物：0.001μg/L 混合物：0.05μg/L
七氯环氧化合物	用含 15%二氯甲烷的己烷提取，无水 Na_2SO_4 脱水并浓缩后 GC-ECD（微库仑法）定量分析，也可用 GC-MS 鉴定	
林丹	用含 15%二氯甲烷的己烷提取，无水 Na_2SO_4 脱水并浓缩后，GC（ECD，微库仑、电导检测器）测定	单一化合物：0.001μg/L 混合物：0.05μg/L
2,3,7,8-四氯二苯并二噁英	二氯甲烷提取后，用己烷代换提取液，毛细柱 GC-MS 测定	0.02μg/L
2,4,5-三氯乙酰丙烯酸	将乙醚提取物用酸分解后，洗净，除去杂质有机物，再改用甲酯提取水相，以酯溶液进行 GC 测定	10.0μg/L
甲氧 DDT	用含 15%二氯甲烷的己烷提取，无水 Na_2SO_4 脱水并浓缩后，用 GC-MS 鉴定	单一化合物：0.001μg/L 复合物：0.05μg/L
毒杀芬	用含 15%二氯甲烷的己烷提取，用无水 Na_2SO_4 脱水后浓缩，GC-ECD（或微库仑、电导）定量，GC-MS 鉴定	单一化合物：0.001μg/L 复合物：0.05μg/L

以往总有机污染物的测定方法有碳-氯仿提取法或直接测定污染物组分的有机碳（TOC）法。前者比较合理，而后者与有机物的权重有关。两种方法都不能给出具体有机污染物的种类及浓度。美国 EPA 根据有机化学物质对健康的影响程度规定的各种有机污染物的检测方法也大都采用的是 GC 技术，如：挥发性有机氯化合物，前处理用吹脱捕集后进 GC-ELCD（电导）或 PID 检测；挥发性芳烃及不饱和烃，用吹脱捕集，GC-PID 检测；1,2 二溴乙烷、1,2 二溴-3-氯丙烯，用溶剂萃取，GC-ECD 检测；有机

氯农药、PCB及PCD的隔离物，用溶剂萃取，GC-ECD检测；酞酸和已二酸酯，用溶剂萃取，GC-PID检测；含氮和含磷农药，用溶剂萃取，GC-NPD或FTD检测；草多索用固相萃取，GC-ECD检测；氯消毒副产品和有机氯，用溶剂萃取，GC-ECD检测；卤代乙酸用溶剂萃取，GC-ECD检测；挥发性芳香化合物，用吹脱捕集后GC-PID检测；丙烯醛和丙烯腈，用吹脱捕集后GC-FID检测；联苯胺类，用溶剂萃取，GC-ECD检测；酞酸酯，用溶剂萃取，GC-NPD或FTD检测；硝基胺，用溶剂萃取，GC-ECD检测；硝基苯类和异佛尔酮，用溶剂萃取，GC-FID或ECD检测；多环芳烃，用溶剂萃取，GC-FID检测；卤醚类，用溶剂萃取，GC-ELCD检测；卤代烃，用溶剂萃取，GC-ECD检测。

我国公布了废水中严格控制排放浓度的25类有机物质名单，之后研制、采用国际上通用的方法和技术，测定范围包括废水、地表水、地下水甚至扩展到废气、固体废弃物的先进的气相色谱分析方法，包括与人民生活密切相关城市饮用水的有机化合物分析；工厂企业的排放的废水、废气、废物的有机污染物监测；新建项目、改扩建项目的各种环境要素的有机污染物监测；对挥发性卤代烃、苯系物、氯代苯类、硝基苯类、有机氯和有机磷农药、酚类化合物、多环芳烃等八类有机物进行了细致研究监测，如图2-54～图2-58。

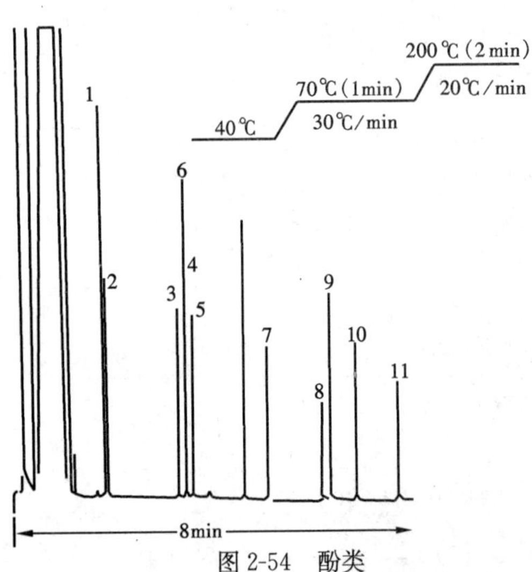

图2-54 酚类

EPA-625酸萃取物：1. 苯酚 2. 2-氯苯酚 3. 2-硝基苯酚 4. 2,4-二甲基苯酚 5. 2,4-二氯苯酚 6. 4-氯-间-甲苯酚 7. 2,4,6-三氯苯酚 8. 2,4,-二硝基苯酚 9. 4-硝基苯酚 10. 4,6-二硝基苯-邻-甲苯酚 11. 五氯苯酚

色谱柱：U2m2（交联5%苯甲基聚硅氧烷）25 m × 0.32 mm × 0.52 μm（HP部件号：19091B-112）

载气：氦气 柱箱温度：程序升温如图所示

进样方式：柱上进样，1 μl 检测器：FID

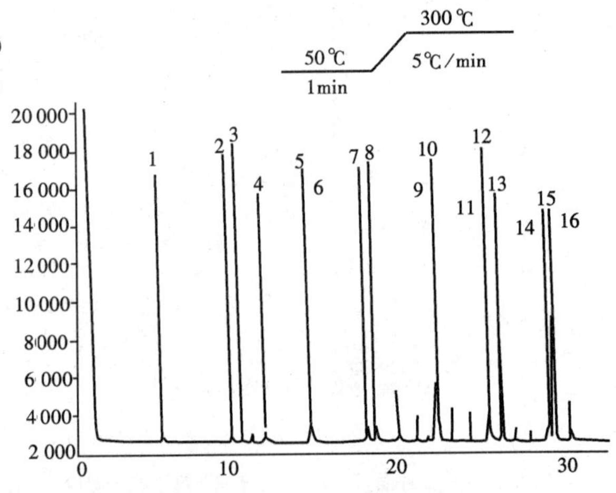

图2-55 多环芳烃

EPA-8100目标化合物：1. 萘 2. Acnnaphthalene 3. Acenaphthlene 4. 芴 5. 菲 6. 蒽 7. 荧蒽 8. 芘 9. 苯并[*a*]蒽 10. 芘菌 11. 苯并[*b*]荧蒽 12. 苯并[*k*]荧蒽 13. 苯并[*a*]芘 14. 二苯并[*a*,*h*]蒽 15. 苯并[*g*,*h*,*i*]苝 16. 苯并[1,2,3-*cd*]芘

色谱柱：U1m2（交联5%苯甲基聚硅氧烷）25 m×0.32 mm×0.17 μm（HP部件号：19091B-012）

保留间隙：5 m×0.32 mm（HP部件号：19091-60600）

载气：氦气，程序升压：120 kPa（10.5 ml/min～142 cm/s）至40 kPa 682 kPa/min保持恒流

柱箱温度：50℃（1 min）至300℃，8℃/min

进样方式：无分流1 μl 进样口：260℃

检测器：ECD 320℃ 样品：2.5 mg/L PAHs

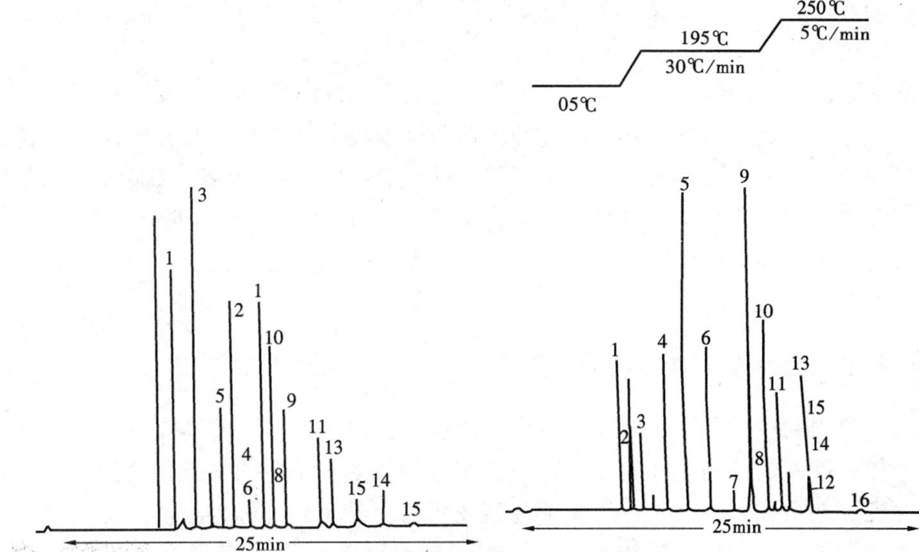

图 2-56　有机氯农药（双柱分析）

EPA-608 目标化合物：1. α-BHC　2. β-BHC　3. 六氯苯　4. δ-BHC　5. 七氯（$C_{10}H_5Cl_7$）　6. 艾氏剂　7. 七氯环醚　8. 硫丹Ⅰ　9. 狄氏剂　10. 4,4′-DDE　11. 内氯甲萘　12. 硫丹Ⅱ　13. 4,4′-DDD　14. 内氯甲桥萘醛　15. 硫丹硫酸酯　16. 4，4′-DDT

色谱柱：PAS-1701　25 m×0.32 mm×0.25μm
（HP 部件号：19091S-011）
载气：氦气，12.4 psi
柱箱温度：程序升温如图所示
进样方式：无分流，1μl，200 μg/L（主要组分）
检测器：ECD

色谱柱：PAS-S　25 m×0.32 mm×0.52μm
（HP 部件号：19091S-010）
载气：氦气，15.7 psi
柱箱温度：程序升温如图所示
进样方式：无分流，1 μl，200 μg/L（主要组分）
检测器：ECD

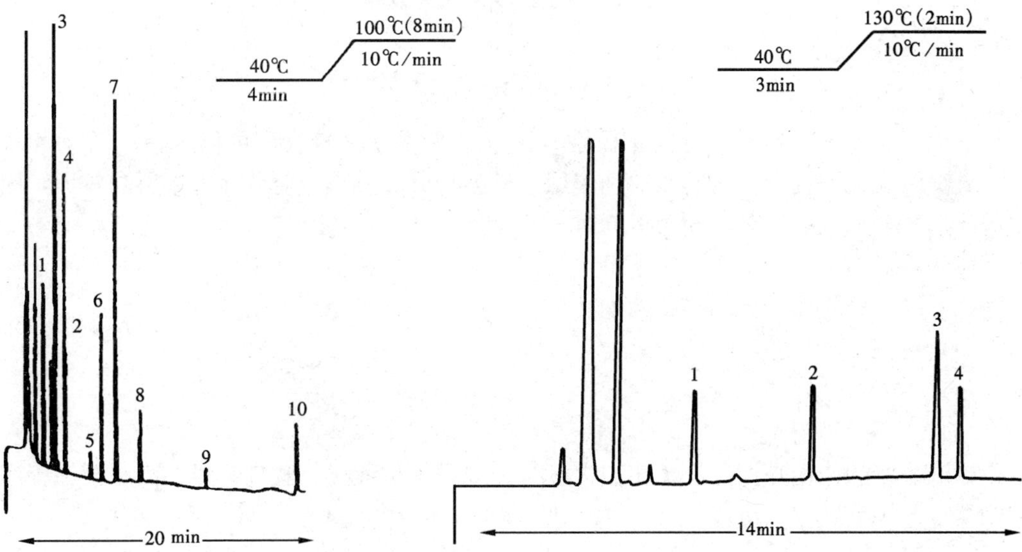

图 2-57　顶空分析挥发性的卤代烃

1. 氯仿　2. 1,1,1-三氯乙烷　3. 四氯化碳　4. 溴二氯甲烷　5. 1,1,2-三氯乙烷　6. 二溴氯甲烷　7. 四氯乙烯　8. 溴仿　9. 邻-二氯苯　10. 1,2,4-三氯苯

色谱柱：HP-1(交联甲基聚硅氧烷)25 m×0.32 mm×0.52 μm(HP 部件号：19091Z-112)载气：氦气，49 cm/s　柱箱温度：程序升温如图所示

进样方式：分流(64∶1)，顶空分析，1×10^{-10}/每组分

检测器：Ni^{63}，ECD

图 2-58　顶空分析可洗脱的芳烃（BTX）

1. 苯　2. 甲苯　3. 间＋对-二甲苯　4. 邻-二甲苯

色谱柱：HP-1（交联甲基聚硅氧烷）25 m×0.32 mm×0.52 μm（HP 部件号：19091Z-112）

载气：氦气：24 cm/s　柱箱温度：如图所示

进样方式：顶空分析，（HP1939SA），分流（50∶1），1 μl

检测器：FID

选用 HP6890 气相色谱仪可配置各式各样进样口，满足不同样品的需要，适合填充柱和各种口径的毛细管柱，参数设置方便，提高了分析工作效率，其 EPC（电子气路控制）遍及从进样口到检测器的各个气路部件，自动补偿外界环境温度和大气压力的微小变化，提高了稳定性，可以获得较好的保留时间及峰面积的重复性。该仪器可满足优良实验室规范（GLP）的要求，分析过程中包括气路控制在内的所有仪器参数、运行过程中所有修改变动的参数全部自动记录，存储和打印 GLP 数据和实验方法的报告，对日益严格的质量认证和分析质量保证提供支持，便于与国际标准接轨，很好地保证了同国外的技术交流与合作。

六、高效液相色谱（HPLC）及其应用

在气相色谱的基础上，色谱理论得到了发展，同时出现了新的高效填充剂，发展了适合于液相色谱用的检测器和高压泵，使液相色谱技术有了新的突破，分析速度和分离效率大大提高并实现了仪器化，形成了色谱技术的一个分支，称为高效液相色谱。其基本概念和方法理论与气相色谱相似。仪器结构有差别。图 2-59 是高压液相色谱的典型流程框图。主要是输液系统、色谱柱和检测器。

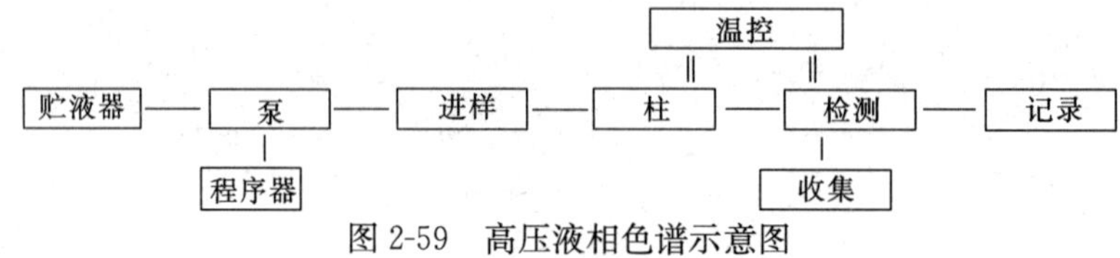

图 2-59　高压液相色谱示意图

（一）主要部件

1. 输液系统

在液相色谱中，不同的流动相极性、浓度、黏度差异较大，可供选择的流动相很多，淋洗液在色谱柱中不仅起着冲洗作用，还参与分离过程，对分离效果影响较大，因此需要选择合适。在选择流动相溶剂时，应满足以下要求：

（1）溶剂不应与固定相产生不可逆反应，以保证色谱柱的稳定性。

（2）能与所使用的检测器相匹配。

（3）对试样有足够的溶解能力。

（4）不干扰试样的回收。

（5）使用后易清洗。

输液系统的作用是保证流动相正常运行。它是由贮液罐、脱气装置、高压泵和程序控制器（即梯度装置）组成。

（1）高压泵

高压泵是液相色谱仪的关键部件，液相色谱所用的泵应满足下列条件：

① 必须有较高的输出压力，对于一般分离 60 kg/cm^2 即可，但对高效分离要求达到 150～400 kg/cm^2 的压力。

② 能抗溶剂的腐蚀。

③ 流量恒定，无脉冲，并有较大的调节范围。

④ 泵的死体积要小，便于快速更换溶剂和梯度淋洗。

液相色谱用泵主要有两大类：一类是机械泵，它提供恒速的流动相；另一类是放大泵，提供恒压的流动相。每类泵各有优缺点，使用时可根据需要情况选用。见表 2-8。

表 2-8　高压液相色谱各种泵特性比较表

泵类型	优点	缺点
机械注射泵	无脉冲 流量实际上与流动相黏度和柱渗透性无关 达到要求压力快 电子系统控制流量方便	价格高 溶剂流量有限 更换溶剂不便
机械往复泵	流量与流动相黏度和柱渗透性无关 内体积小 有些型号价格适中 机械系统控制流量简单	输出有脉冲 输出体积范围有限 达到所要求的压力较慢
直接气压泵	价格最低 操作简单 无脉冲 很快达到所要求压力	载液量有限 输出量压力有限 流量与流动相黏度及柱渗透性有关
气动放大泵	高压、价格便宜、可靠性好、无脉冲 流量控制方便，程序操作容易 能高速输液 改变流动相容易 达到所求压力快	流量与流动相黏度及柱渗透性有关

(2) 程序控制器

程序控制就是梯度淋洗装置。它与气相色谱中的柱温程序升温装置相似。在液相色谱中，改变流动相的流速或组成可以改善分离效果，因此在分离复杂混合物时，可按一定的程序连续改变流动相的组成，可以提高分离效率和加快分析速度（见图 2-60）。

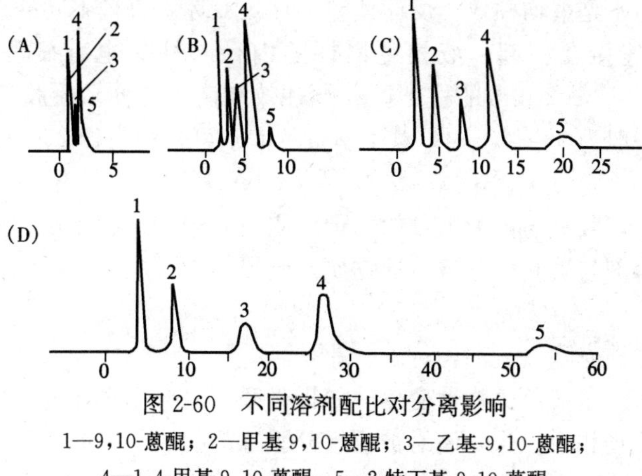

图 2-60　不同溶剂配比对分离影响

1—9,10-蒽醌；2—甲基 9,10-蒽醌；3—乙基-9,10-蒽醌；4—1,4-甲基 9,10-蒽醌；5—2-特丁基-9,10-蒽醌

流动相：甲醇-水。甲醇含量：(A) 60%；(B) 50%；(C) 40%；(D) 30%。

梯度装置就是为此设置的控制装置。梯度装置有两种：一种是低压混合梯度系统，如图 2-61 所示。另一种是高压混合梯度系统，如图 2-62 所示。

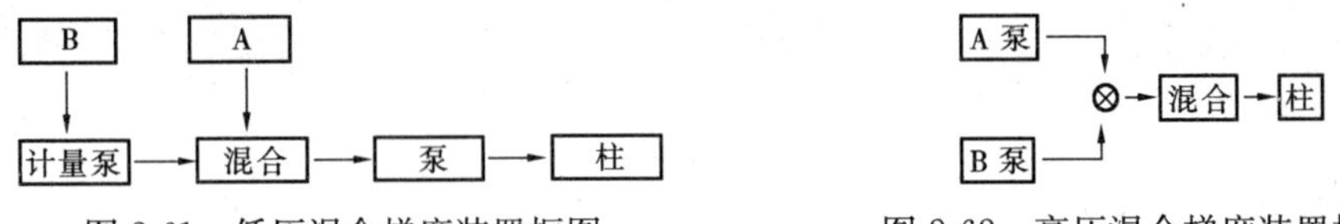

图 2-61　低压混合梯度装置框图　　图 2-62　高压混合梯度装置框图

低压混合梯度系统，适用范围宽、设备简单、价格便宜，在洗脱能力上可以较大变化；高压混合梯度系统，溶剂改变容易，易自动化、比较方便。

2. 进样系统

进样系统也是影响柱效的一个重要因素。在高压液相色谱中，一般可以用注射器进样。但在压力高于 100 kg/cm^2 时，需采用停流进样。也可采用进样阀——六通阀进样。其各自的特点如下。

(1) 注射器进样

注射体积容易改变，允许样品的体积很小，产生的谱带扩展很小，且注射器价格低廉，操作简单方便、采用普遍。

(2) 六通阀进样

六通阀适用于高压，比较精确，与操作关系不大，无干扰流，能适于大体积样品，且易实现自动化进样。

3. 色谱柱

色谱柱是分离系统，是高压液相色谱的最重要的部件。高压液相色谱的材料与气相色谱柱相似，也是用不锈钢管或其他材料的管制成的，所不同的是高压液相色谱柱内管必须仔细抛光，使其柱管内壁非常平滑，以保证均匀填充床层，这对高效分离柱尤为重要。再者，高压液相色谱柱通常都是直形的，便于液相流动，其长度一般为 25～150 cm。当需用长柱时，可把几根短柱串联在一起，连接时要注意，接管必须用毛细管，而且必须尽可能短，几根相连的柱子要相互匹配。如果将一根高效柱接在一根低效柱上，得到的不但不是平均柱效，反而使整体柱效变坏。直径不同的柱子或含不同固定相的柱子也不应连接在一起。液相色谱柱的内径对柱效也有显著影响，一般内径 1～4 mm，其中内径 2～3 mm 的柱则可兼顾柱效和装填方便。凝胶色谱分析一般采用内径大的柱子，一般为 7～10 mm；对于制备色谱则可采用内径 25 mm 以上的柱子。

4. 检测器

在气相色谱中，载气与被测组分的物理性质差异较大，检测较容易。而在液相色谱中，由于流动相溶剂与被测组分溶质的物质性质很相近，所以检测比较困难。一般采用三种检测方式：

(1) 在检测之前先除去流动相；

(2) 测定柱后流出液总的物性变化。如折光率、电导率和介电常数等变化；

(3) 采用对流动相无讯号，而对被测组分敏感的检测器，如紫外吸收、极谱和放射性检测器等。

目前的液相色谱仪多配有紫外吸收和示差折光检测器。紫外吸收检测器（UVD）可分为固定波长和分光两种，实际上就是利用紫外吸收光谱的原理所研制的检测器应用于液相色谱分析。

示差折光检测器，是一种中等灵敏度的通用检测器，它是利用纯流动相和含有被分析组分的流动相之间折光率的差别进行检测的。由于折光率随温度而变化，检测器必须恒温才行，所以这种检测器不便于采用梯度洗提。常用的几种液相色谱检测器性能特点如表 2-9 所示。

表 2-9　几种 LC 检测器性能

参　数	紫　外（吸收值）	折　光（折光指数单位）	放射性	极　谱（μA）	红外（吸收值）	萤　光	电　导（$\mu\Omega$）
检测器测定类型	选择性	通用	选择性	选择性	选择性	选择性	选择性
用于梯度洗提	可	不可	可	未定	可	可	不可
线性动态范围上限	2.56	10^{-3}	无数据	2×10^{-5}	1.5	无数据	1 000
线性范围	5×10^4	10^4	无	10^4	10^4	$\sim10^3$	2×10^4
在±1%噪音下满刻度灵敏度	0.005	10^{-5}	无数据	2×10^{-6}	0.01	0.005	0.05
对合适样品灵敏度	5×10^{-10} (g/ml)	5×10^{-7} (g/ml)	50 C_i/ml	10^{-10} (g/ml)	10^{-6} (g/ml)	$10^{-10}\sim10^{-9}$ (g/ml)	10^{-8} (g/ml)
对流速敏感性	无	无	可忽略	有	无	无	有
对温度敏感性	低	10^{-4}℃	可忽略	1.5%/℃	低	低	2%/℃

（二）机理综述

前述气相色谱的理论也基本上适用于高效液相色谱。其差异是液相色谱的流动相为液体，故而试样在液体中的扩散系数远远小于气相中的扩散系数，大约为气相中的万分之一。其塔板高 H 和线速度 u 之间的关系如图 2-63 所示。

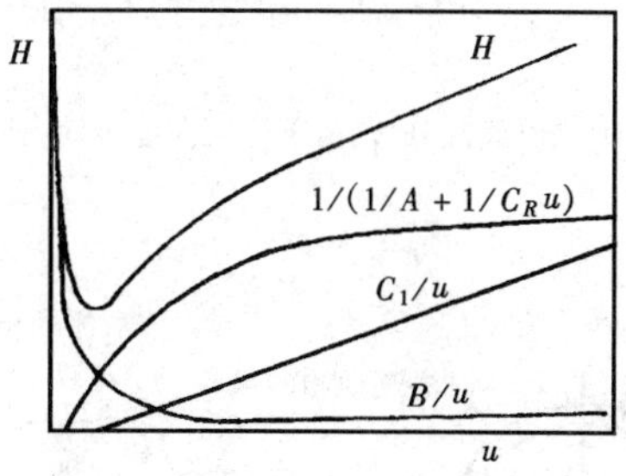

图 2-63　LC 中塔板高(H)与流速(u)的关系图

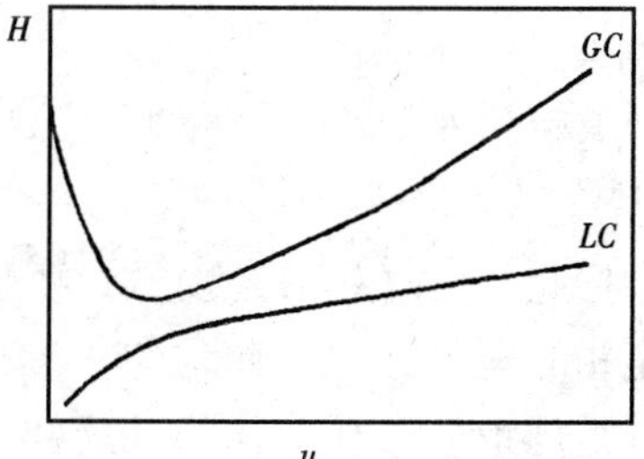

图 2-64　GC、LC　H/u 比较图

如将气相色谱与液相色谱进行对比，从图 2-63 不难看出，塔板高的最小值是在流速很小的地方。在实际工作中，常把流速提高到某一值，这样虽然损失了分离效率，但可加快分离速度。H/u 曲线可近似的用下式表示：

$$H=au^2$$

式中，a——分离常数（相对保留值）；

H——塔板高；

u——线速度。

a 和 u 对一定柱子和溶剂是个常数。用 $\lg H$ 对 $\lg u$ 作图，曲线斜率则为 η，其值通常在 0.3～0.6 之间。当 $u=1$ 时，$H=a$，故而 a 是衡量总柱效的一个很好的尺度，也是描述一定柱子最佳工作状态的重要参数（见图 2-64）。

此外，高效液相色谱要达到高效快速分离的目的，像气相色谱柱中全多孔性填料就不适应了，必须尽可能减少谱带展宽。在液相色谱中，影响谱带展宽的因素如图 2-65 所示。

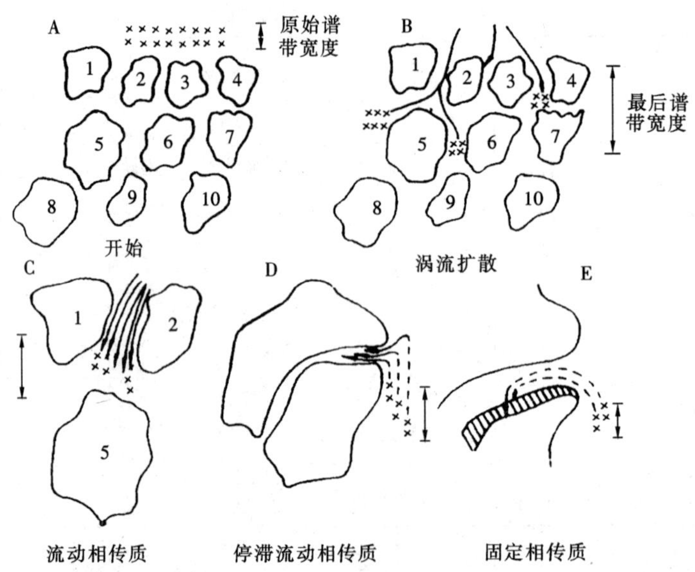

图 2-65　影响谱带展宽的因素示意图

A 表示柱顶的一个剖面（1～10 个填充颗粒，表示样品分子；图旁的↕孔表示谱带的宽度）；

B 表示涡流扩散，这是由于不同的颗粒间隙引起液体流速变化而造成的；

C 是流动相传质引起的谱带加宽，在同一流路中，中间流动快，靠近颗粒的部分流动慢，造成谱带加宽；

D 表示停滞流动相传质阻力，是在用多孔填充剂时，由于孔有深度，扩散到孔中的路程不同，再回到流动相就会有差异，使谱带变宽；

E 表示固定相传质影响，分子扩散进孔后，就渗入固定相（画有斜线部分），由于渗入深度不同，回到流动相的时间也不同，引起谱带展宽。

据此，要改善谱带展宽，要求固定相的颗粒必须小而均匀，形状最好是球形，装柱要均匀，这样可以减少涡流扩散和流动相传质阻力。如果要减少 D 和 E 的影响，最好采用表面多孔性填料（也称多层填料或薄壳珠）或很小的全多孔填料。这几种填料的性能和特点如图 2-66 和表 2-10 所示。

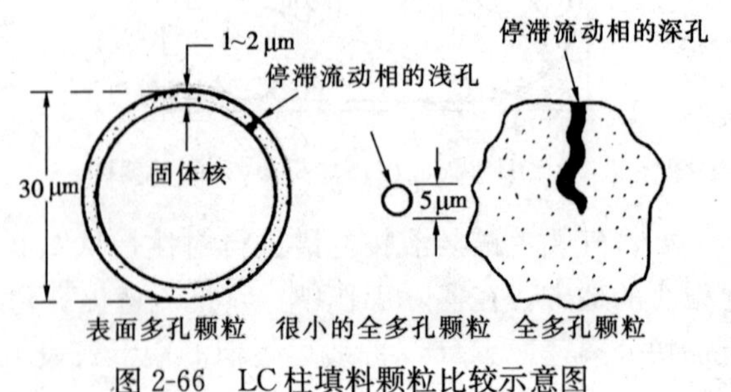

图 2-66　LC 柱填料颗粒比较示意图

表 2-10　LC 几种填料性能特点

性　能	全　多　孔　填　料			表面多孔填料球形>20 μm
	无定型>20 μm	球形>20 μm	球形或无定形<20 μm	
效　率	低到中等	中　等	高	高
速　度	低到中等	中　等	高	高
填充特性，重现性	中　等	好	中　等	极　好
容　量	高	高	高	低
价　格	低	中　等	高	高

为达到高效分离的目的也需要把固定液涂在填料担体上。为了防止固定液溶解在流动相中而流失，开发了化学键合固定相，它是利用化学反应的方法，把有机分子通过化学键结合到担体表面。键合固定相分为两种：一种是把硅胶表面的（ —OH ）羟基和醇直接进行酯化反应形成 Si—O—C 键，即：

$$\text{硅胶—OH} + \text{HO} - \text{R} \rightleftharpoons \text{硅胶—OR} + H_2O$$

另一种是将硅胶表面的羟基硅烷化，制成 ≡Si—O—Si—C 键担体，其反应与气相色谱中担体硅烷化反应相似，可用下式表示：

$$\text{硅胶—O—}\underset{\substack{|\\ R}}{\overset{\substack{R\\ |}}{Si}}\text{—O—(—}\underset{\substack{|\\ R}}{\overset{\substack{R\\ |}}{Si}}\text{—O)—}SiR_2$$

高效液相色谱中，由于固定相的粒度比较细，所用的压力又很高，所以柱的结构也与气相色谱柱有所不同，除了柱接头要求密封耐高压外，不锈钢柱的内壁必须抛光，柱子也必须用特殊方法填充。其高效液相色谱与一般液相色谱的性能参数比较见表 2-11。

表 2-11　LC 与 HPLC 比较表

参　　数	经　典	高　效
填充剂颗粒大小（μm）	75～600	5～50
填充剂颗粒大小（筛目）	30～200	300～2 500
填充物	一般标准规格	特制
颗粒大小分布范围 σ 占中间值的百分数	20～30	<5
柱长（cm）	10～100	20～200
柱径（cm）	1～5	0.1～1.0
柱入口压（表压）	0.01～1.0	20～300
柱效、理论塔板数	2～50	10^3～10^4
样品量（g）	1～10	10^{-6}～10^{-2}
分离速度（塔板数/s）	<0.05	1～20
分析时间（h）	1～20	0.05～1

（三）类型应用

1. 液固吸附色谱

在色谱柱内充填固体填料为吸附剂，即利用吸附剂表面活性中心进行吸附，试样不进入固定相内部。当流动相带着被测组分进入柱子时，吸附剂不仅对不同的组分具有不同的吸附能力，而且对流动相分子也具有一定的吸附作用。在吸附剂表面除了各组分分子之间发生吸附竞争外，各组分分子与流动相分子之间也会发生吸附竞争，所以实际上保留值是由这两种因素决定的。

液-固吸附色谱与薄层色谱在分离机理上有很大类似性。故而可将薄层色谱的分离条件用在液固吸附色谱上。有时可以用薄层色谱的吸附剂来装柱，再使用同一溶剂而得到高分辨、快速的分离目的。液-固吸附色谱常用硅胶作吸附剂，因为它对大多数样品不起反应，而且线性容量大，柱效高，当分离效率不高时，应首先考虑改换溶剂。当改变溶剂已无法满足选择性的要求时，才更换其他吸附剂。如多环芳烃在氢化铝小球上分离要比在硅胶上好，这是因为相似的苯系物（如萘和菲）的相对保留值 α 在氧化铝上要比在硅胶上大得多，因此它们的异构体在氧化铝上更易分离，如图 2-67 所示。

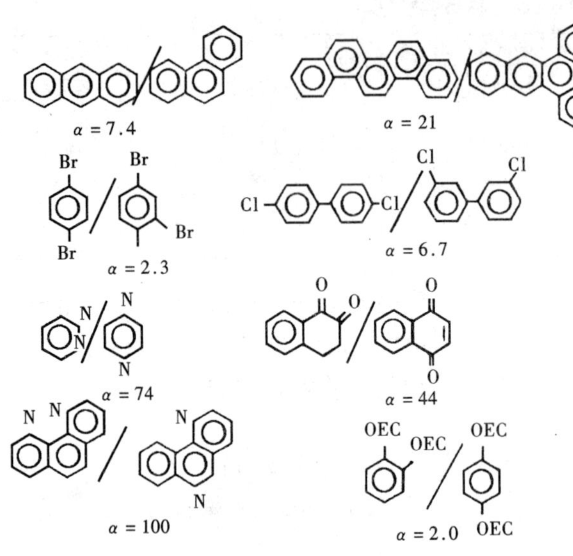

图 2-67 用氧化铝小球分离异构体

液-固吸附色谱用于分离异构体，比其他液相色谱更优越。同时，液固吸附色谱还可用于分离偶氮染料、抗氧化剂、表面活性剂、维生素、石油烃类，硝基化合物等。图 2-68 为脲的取代物和氨基甲酸酯的高效液相（液-固）色谱分离图。

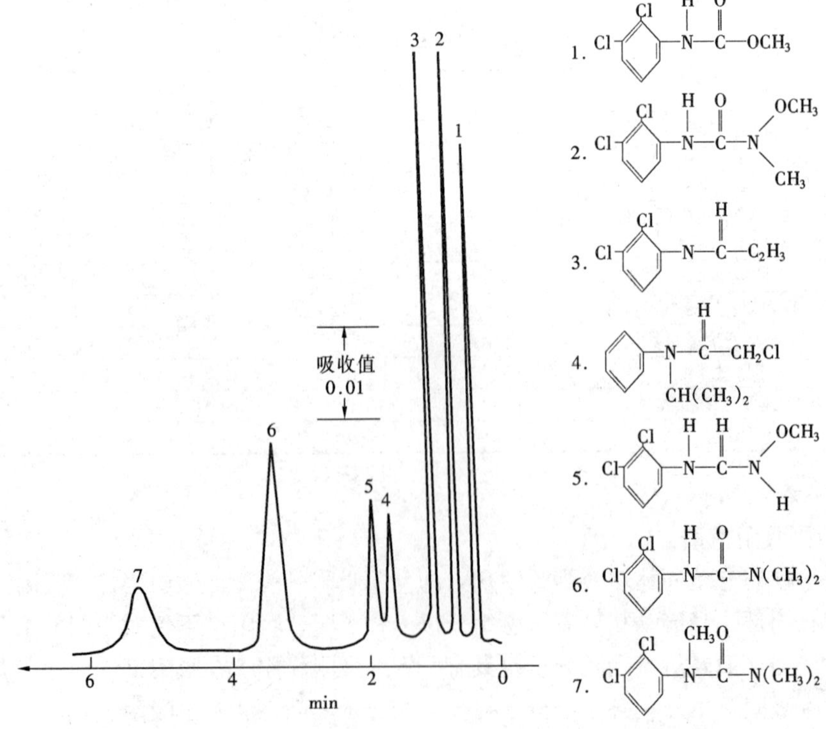

图 2-68 脲的取代物和氨基甲酸酯的高效液相色谱分离图

2. 液-液分离色谱

当作为固定相的固定液涂渍在很细的惰性担体上，这样流动相和固定相均为液体，且这两种液体互不相溶，即为液-液分配色谱。

当带有试样的流动相进入色谱柱时，组分分子在二液相之间很快达到分配平衡，利用试样中各组分在二液相之间的分配系数的不同进行分离，类似于萃取原理。

以非极性溶剂作流动相，极性物质作固定相的液-液分配色谱适合分离极性化合物。这种色谱也叫正相分配色谱。若欲分离非极性物质可以用极性溶剂（常用水）作流动相，非极性物质作固定相，这又叫反相分配色谱。液-液分配色谱广泛用于农药分析。反相色谱可用于分离芳香烃、烷烃及稠环芳烃等化合物。

图 6-68 是用梯度淋洗分离一些标准稠环芳烃的色谱图。

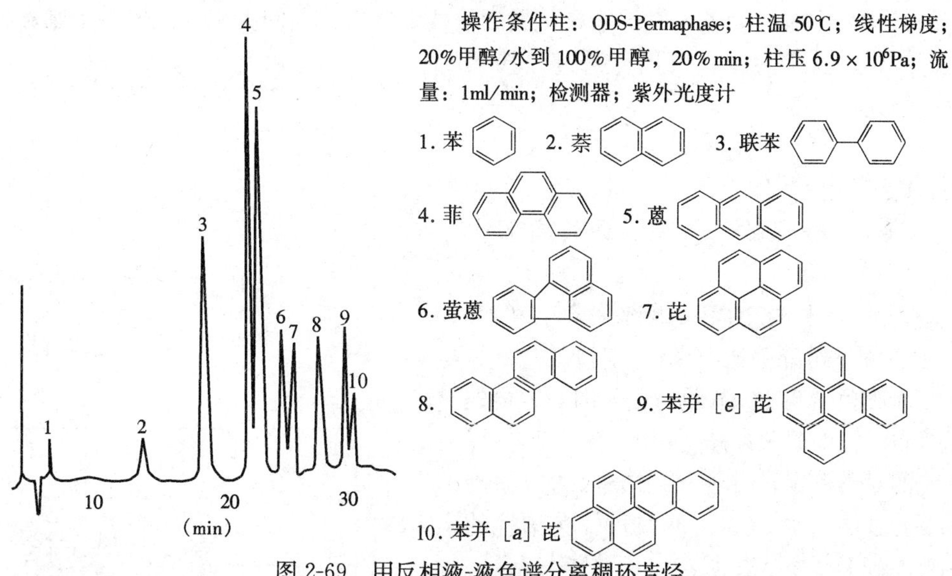

图 2-69　用反相液-液色谱分离稠环芳烃

表 2-12 所列液-液分配色谱的一些应用实例。

表 2-12　液-液色谱应用实例

待分离物	固定相	流动相
甾族化合物	乙二醇	3%$CHCl_2$/庚烷
	β,β′-氧二丙腈	庚烷
杀虫剂	β,β′-氧二丙腈	7%$CHCl_3$/己烷
非离子型表面活性剂	聚乙二醇-400	己烷
烃类化合物	角鲨烷	20%H_2O/CH_3CN
香豆素类	腈乙基聚硅氧烷	水
青霉素酯	聚酰胺	5%己烷/乙醇
酚类	ETH-Permaphase（脂族醚键合相）	2.5%甲醇/环戊烷
稠环芳烃	ODS-Permaphase	2%CH_3OH/H_2→100%CH_3OH
脂溶性维生素	烃类聚合物 ODS-Premaphase	79%甲醇，21%H_2O，0.1%H_3PO_4

3. 凝胶渗透色谱

凝胶色谱又叫排斥色谱、凝胶过滤色谱或渗透色谱，它是最新的一种色谱。凝胶色谱是按试样中各种分子在流动相中的大小不同进行分离的（如图 2-70 所示）。柱中装填多孔的凝胶，它的分离效果在很大程度上取决于凝胶类型，因此凝胶的选择很重要。凝

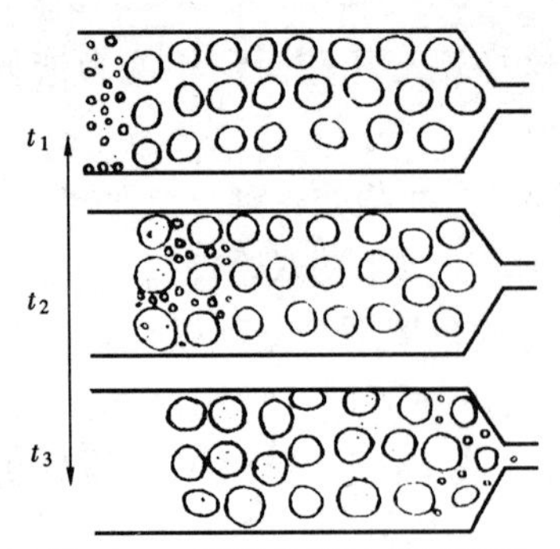

图 2-70　凝胶色谱过程示意图

胶的种类很多，按其质料可分为有机凝胶和无机凝胶；按其制备的方法又可分为均匀、半均匀和非均匀三种凝胶；而根据凝胶的强度又可分为软胶、半硬胶和硬胶三类；根据它对溶剂的适用范围还可分成亲水性、亲油性和两性凝胶等，附表 7 列到了一些常用凝胶和高效凝胶。

关于凝胶色谱的分析机理目前尚未完全阐明，一般用排除理论来解释，即在凝胶颗粒上有大小不同的细孔、比细孔大的试样不能扩散到孔的内部，被凝胶颗粒排斥在外，故而随着流动相通过柱子首先流出；而小的试样分子能扩散进入全部细孔，最后从柱中流出；中间大小的试样分子则在这二者之间流出。这个过程也可用色谱过程基本方程式描述，即：

$$V_R = V_m + KV_S$$

式中，V_R——保留体积；

V_S——凝胶微孔体积（凝胶内部容积）；

V_m——柱空隙体积（凝胶外部容积）；

K——分布系数（$0 \leqslant K \leqslant 1$）。

用凝胶色谱测定未知物分子量时，需要先用窄分布的已知分子量样品作为标样，以标样分子量的对数和淋洗体积 V_e 作图，可以得到如图 2-71 的校正曲线。由曲线可知色谱柱的适用范围（即图中 AB 所对应的分子量范围）及求出未知样品的分子量或分子量分布。

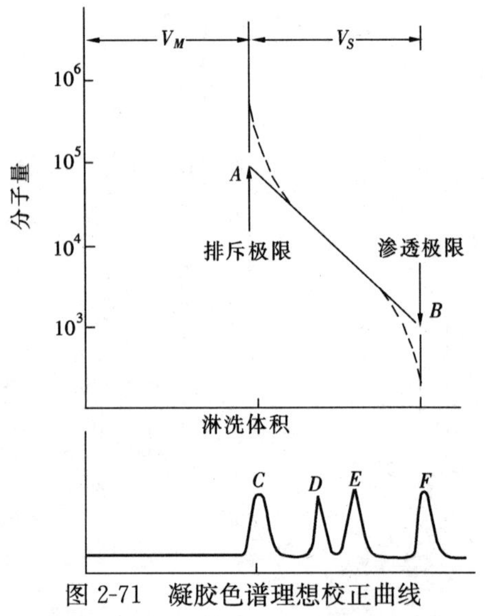

图 2-71　凝胶色谱理想校正曲线

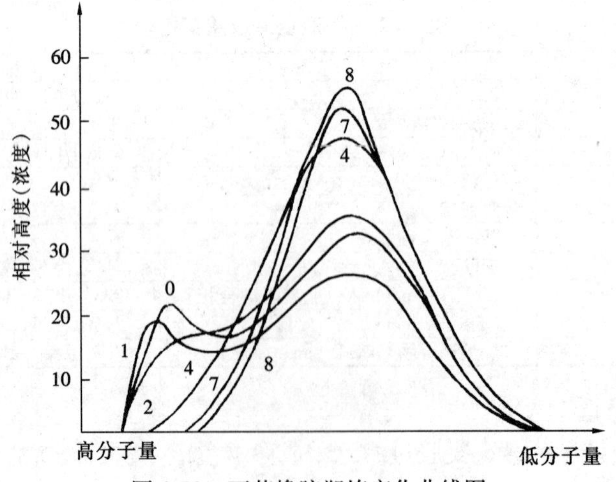

图 2-72　丁苯橡胶塑炼变化曲线图

试样：0，1，2，4，78

塑炼时间：0 来回 4 次，5′，25′，120′，180′

在实际上色谱柱的淋出体积反映的是试样的流体力学体积，因而 lg$M$-V_e 的校正曲线只能适用于与标样相同的试样。如果标定曲线用流体力学体积来标定，则可得普通检量线，也就是用 lg［h］m-V_e 作图，其中 h 为特性黏度。

凝胶色谱的特点是谱带窄，易检测；不用梯度淋洗，而且流动相选择容易，能预测分析时间，因此可连续进样，便于自动化，且能缩短未知样品的分析时间，适于未知样品的探索性分离。凝胶色谱的缺点是峰容量较小，对分子尺寸相似的样品不易分离。有关凝胶色谱的常用流动相性质见附表 11。

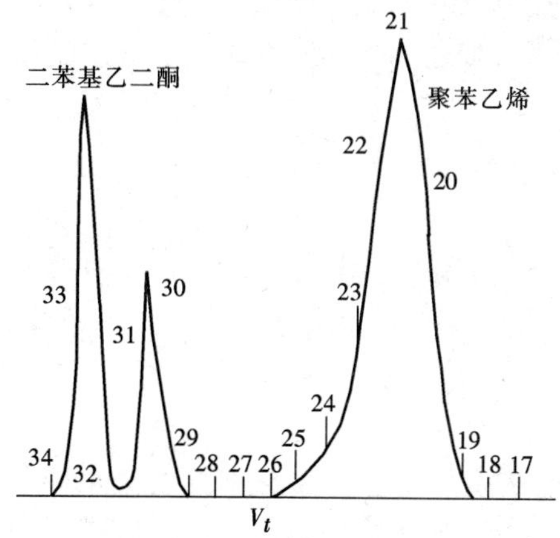

图 2-73 含有添加剂的聚苯乙烯色谱图

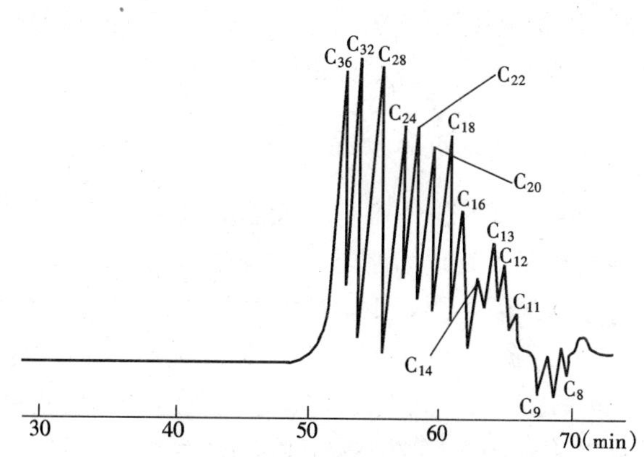

图 2-74 正构烷烃的凝胶色谱图

柱：Shodex A-802×4，2 m；溶剂：THF；

流量：ml/min；压力：48 kg/cm^2

凝胶色谱应用于环境污染监测高分子有机化合物。应用最广的是测定高聚物的分子量分布，从而有助于研究高聚物的聚合工艺、加工和使用性能的关系及共聚物组成、链结构等。如图 2-72 所示是丁苯橡胶大分子量的分布随塑炼时间的变化曲线。可以看出随塑炼时间的增长，丁苯橡胶大分子量的组分逐渐减少，分子分布变窄，从而可以依照图形选择合适的塑炼条件。

凝胶色谱还可用于石油工业中油的分析、一些油类的高分子添加物或者高聚物中的低分子助剂等。如图 2-73 所示是含有低分子助剂的聚苯乙烯色谱图。

另外，还可用于有机化工、表面涂层工业排放污染物分析等。如图 2-74 是按碳数不同分离正构烷烃的色谱图。

第四节 污染物的价态分析技术

污染物的价态（或形态）分析，通常是指原子的存在价态以及有机态、无机态等的分析。重金属在水系中存在的形态不同，且它们的有用性和毒性差别很大。例如金属铬，适量的 Cr^{3+} 是人体必需的微量元素，而 Cr^{6+} 无论存在量多少都是有毒的，且 $Cr_2O_7^{2-}$ 是强致癌物。甲基汞、四乙基铅、烷基砷等以有机态存在的重金属远比无机态毒性强。因此，在测定水中重金属的含量时，应该区分出其存在的价态，这才更接近于环境监测的目的。用2-巯基乙酸苯并噻唑-SG化学修饰硅胶分析水中的二价汞和有机汞、用巯萘剂-SG化学修饰硅胶、分析三价砷和五价砷等能很方便地进行价态分析。随着新仪器的开发研制及前处理技术的发展，用现代化的分离和检测手段相结合已成为重金属价态分析的主流。重金属形态分离与检测技术的特点是，在分离技术方面，气相色谱（GC）不能用于难挥发或受热不稳定的化合物分离，离子色谱（IC）只能用于离子的分离，高效液相色谱（HPLC）能分离可溶于溶剂的成分，对于离子态、中性分子态或受热易分解的成分均可分离。在检测技术方面，原子吸收（AAS）很好，但定量测定范围必须遵守朗伯-比耳定律，ICP等离子发射光谱灵敏度高、线性范围宽，而ICP-MS联机灵敏度很高，测定范围宽但仪器昂贵。质谱（MS）技术必须将各种形态的重金属离子化才能测定，只能用GFAAS法。

一、汞的价态分析

汞是在常温下唯一呈液态的金属元素，其形态有金属汞、无机汞、烷基汞，在微生物的作用下转化为剧毒的甲基汞（包括甲基汞、二甲基汞和碘化甲基汞）、乙基汞等。海水中的汞主要以 $HgCl_4^{2-}$ 和 $HgCl_3^-$ 的形态存在。

1. 烷基汞的分析（GC-ECD法）

GB/T 14204—1993规定了测定水中甲基汞和乙基汞的方法，用巯基棉富集水中的烷基汞，用HCl和NaOH溶液解吸后以甲苯萃取，GC-ECD测定。该法灵敏度低，分析流程长，操作比较困难。主要是用MBT-SG树脂的吸附容量较低，但按下述方法进行调后能简单迅速地从水样中捕集汞的化合物。树脂柱［玻璃管12 mm（内径）×140 mm（长）］的下部装有磁性孔板和活栓。在柱中填充5 g干燥的MBT-SG载体，上部加纸盖，这样填充树脂的部分约长7 cm。将含Hg的水样调至pH值4～5，以1～3 L/h的流速通过柱，树脂很容易将Hg捕集。再将10 ml纯水通过树脂柱，再用1%尿素+0.1 mol/L HCl或者丙酮+HCl（25+1，体积分数）以1 ml/min的流程洗脱。将洗脱液调整到2.5 ml，用吸管移取3 ml到试管中，用γ射线测定，结果如表2-13所示，回收率和测定结果均较好。

表2-13 树脂标法测定三种价态汞的回收率

价态	浓度/（μg/L）	流速/（L/h）	回收率/%	备注
Hg^{2+}	20	1～2	100	
	1	2～3	100	
	0.032	1～3	100	
CH_3Hg^+	200	1～2	100	（甲基汞）
$C_2H_5Hg^+$	200	1～2	100	（乙基汞）

用2-巯基乙酸苯并噻唑-SG化学修饰的硅胶分析水中 Hg^{2+} 和有机汞，海水和污水中的重金属干扰也可忽略不计，一般只有用冷原子吸收或冷原子荧光法测定，方法的测定浓度范围2～50 ng。从树脂柱洗脱 Hg^{2+}、CH_3Hg^+ 和 $C_2H_5Hg^+$ 的淋洗曲线如图2-75所示。

在水样中有机汞含量极低的情况下，必须进行浓缩才能用GC分析。一般可先用苯萃取，再用半胱氨酸反萃浓缩500倍后，用GC-ECD可进行0.1 μg/L以下有机汞的测定。

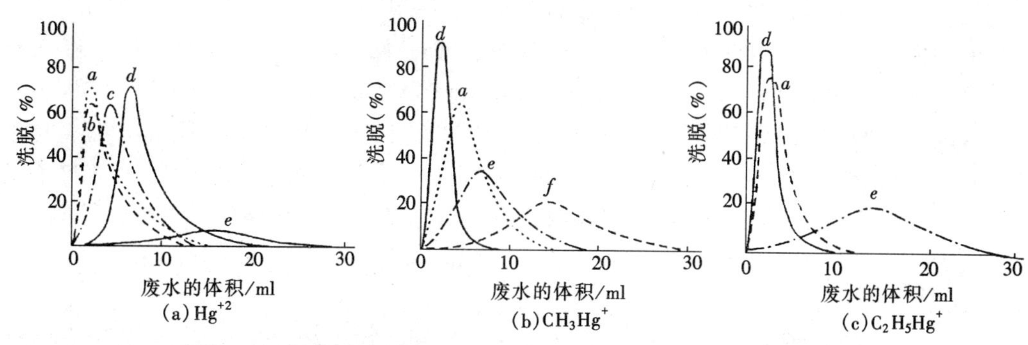

图 2-75　从树脂中洗脱 Hg^{+}、CH_3Hg^{+}、$C_2H_3Hg^{+}$ 的淋洗曲线

2. GC 分离——原子荧光（AFS）分析

原子荧光法是测定 Hg 的最好方法之一，其灵敏度高，检测限可达 0.001 ng/ml，且仪器已经国产化，关键是制作 GC 和 AFS 的接口、筛选合适的 GC 分离柱和分离测试条件，在分离技术方面可选用 GB/T 14202—93 标准规定的技术条件。

3. GC 与 ICP-MS 联用

利用 Hg 和有机汞的易挥发性，经 GC 柱分离，将分离出的各种形态汞用载气带入 ICP-MS 系统进行高灵敏度测量，该技术的关键是要解决 GC 与 ICP-MS 之间的接口。

二、砷（As）的价态分析

高分辨 ICP-HRMS 及 ICP-MS 对于 As 的痕量分析是目前灵敏度最高、检测限最低的，用于砷的形态分析方法有放射分析、钼蓝法电热原子吸收（ETAAS）和有机溶剂萃取结合的方法，与无焰原子吸收法相结合的柱色谱法、与高效液相色谱相结合的无火焰原子吸收法、比色法和中子活化分析等。GC-ETAAS 法是目前应用最广的方法。

1. 不同 pH 条件下的还原、捕集法

利用不同的砷化物在不同的条件下被硼氢化钠选择性地还原，生成相应的砷化氢及其有机衍生物，由此可以测定不同形态的砷含量。As^{3+} 在 pH 值为 4～9 时被硼氢化钠还原成砷化氢，As^{5+} 在 pH 值为 1～2 时被氰基硼氢化钠还原成 As^{3+}，然后在同样的 pH 条件下再被氢化钠还原成砷化氢。$CH_3AsO(OH)_2$ 和 $(CH_3)_2AsO(OH)$ 在 pH 值为 1～2 时分别被硼氢化钠还原成 CH_3AsH_2 和 $(CH_3)_2AsH$。产生的氢态砷化物在液氮下被吸附柱捕集，然后在不同温度下分别将其加热氯化后分离测定，采用 ICP 法。

2. GC 分离，其他技术检测的方法

用 GC 法选择性地分离并测定砷的有机或无机态化合物时，需要处理样品使其中无机或有机物挥发以得到稳定的衍生物。在液氮温度下捕集富集，加热蒸发即可用 AAS 及 GC-ECD、FPD 检测分离的砷化氢或胂化氢。此法不仅分析天然水中的 As^{3+}、As^{5+}、MA（甲基胂）和 DMA（二甲基胂）效果较好，而且还可分离测定三甲基胂。

3. 离子交换树脂分离、AAS 测定

用两根 2 m 长的强酸型阴离子交换树脂柱，以水和氨水为洗脱液，可将 As^{3+}、As^{5+}、MA 和 DMA 相互分离用 AAS 法测定。As 无极放电灯作光源，在 193.7 nm 波长无火焰 AAS 测定几种形态的砷。

4. LC-ETAAS 法

液相色谱（LC）可用于水样中 DMA（甲基胂酸）、MA（二甲基砷酸）、As^{3+} 和 As^{5+} 的分离，LC 色谱柱填充 Dionex［250 mm 长×3 mm 内径］，低容量交换树脂，梯度液从 H_2O+MeOH（80+20，体积分数）到 0.02 mol/L $(NH_4)_2CO_3$+MeOH（85+15，体积分数）为止，流速是 1.2 ml/min，注入量是 5～25 μl，平衡时间 8～10 min。以加热石英管原子吸收作检测器，在 43 s 时间间隔内，用全自动进样器进样 20 μl，110℃干燥 8 s，1 200℃原子化 20 s，冷却 25 s 后再进行第二次测定，线性范围是 5～200 ng As。

5. LC-ICP-MS 法

用 Gelpack GL-IC-A15 型柱，以 2.0 mmol/L 的磷酸缓冲液和 0.2 mmol/L 的 EDTA-2Na（pH 值 6）的洗脱液。10 min 内可将 4 种化合物离子完全分离，检测限可达 0.09～0.16 μg/L 的 As，该法可用于自来水中各种形态 As 的测定。

三、铬（Cr）的价态分析

Cr^{3+} 和 Cr^{6+} 的测定通常用 APDC-MIBK 萃取分离原子吸收法、FIA 在线分离原子吸收法、APDC-CO 等共沉淀法和 Cr^{6+} 共沉淀法等。

1. APDC-MIBK 萃取分离原子吸收法

选用 pH 值 4 时测定 Cr^{3+} 和 Cr^{6+} 的含量可得到满意的结果，可用于测定各种水样，包括海水、自来水、河水及净化处理的水。EPA 把在 pH 值 2.4（以溴酚蓝为指示剂）用 APDC-MIBK 萃取法列为测定 Cr^{6+} 的方法。

2. FLA 在线分离原子吸收法

利用 NP 多氨基磷酸盐树脂柱能选择性吸附 Cr^{3+}，而 Cr^{6+} 不被吸附，在吸附过程中用 AAS 法测定 Cr^{6+}，经吸附-解吸后测定 Cr^{3+}。

3. APDC-CO 等共沉淀法

利用金属配合物作为共沉淀物，其 Cr^{6+} 和 Cr^{+3} 的回收率受 pH 值影响很大，Cr^{6+} 在 pH 值 1～3 之间回收率很高，而 Cr^{3+} 在 pH 值 3 以下几乎不能共沉淀。在 Cr^{6+} 共沉淀时，Cr^{3+} 存在量在 Cr^{6+} 的 100 倍时也不影响其沉淀的效果，通过分离后用原子吸收测定。

4. Cr^{6+} 共沉淀法

EPA 推荐用本法测定废水和废物提取液中的 Cr^{6+}。在 pH 值 3.5±0.2 的 HAC 介质中用 $PbSO_4$ 共沉淀铬酸铅，将 Cr^{6+} 从溶液中分离出来，弃去上层清液，洗涤除去吸附的 Cr^{3+} 后，将沉淀溶解于 HNO_3 中，火焰或石墨炉原子吸收法测定。当 SO_4^{2-} 超过 1 000 mg/L时，要适当稀释试样。

四、有机铅的价态分析

铅（Pb）是有毒的重金属元素，烷基铅毒性更大，过去与汽油使用的防爆剂辛烷中常加入四烷基铅，从而造成对环境的污染危害，选择性测定烷基铅离子的方法有紫外分光光度法（UV），差分脉冲阳极溶出伏安法（DP-ASV），GC-ICP、HPLC-AAS 及 GC-AAS，或者丁基化与 GC-AAS 联用的方法等。先用于基化试剂形成四烷基铅化合物，再用 GC-AAS 测定是目前最理想的方法。

1. 丁基化 GC-AAS 法

以往在同时测定 R_3Pb^+ 及 R_2Pb^{2+} 时，先把这类化合物在 NaDDTC 和 NaCl 存在下同时萃取入有机相苯中，再用格林试剂（正丁基氯化镁溶于四氢呋喃中）进行丁基化后，用 GC-AAS 测定。

2. 丙基化 GC-AAS 法

与丁基化法不同的是采用了新的衍生技术，把 R_4Pb 及烷基铅离子同时萃取入有机溶剂（正己烷）中，再进行丙基化使生成 R_4Pb，用 GC-ETAAS 测定。

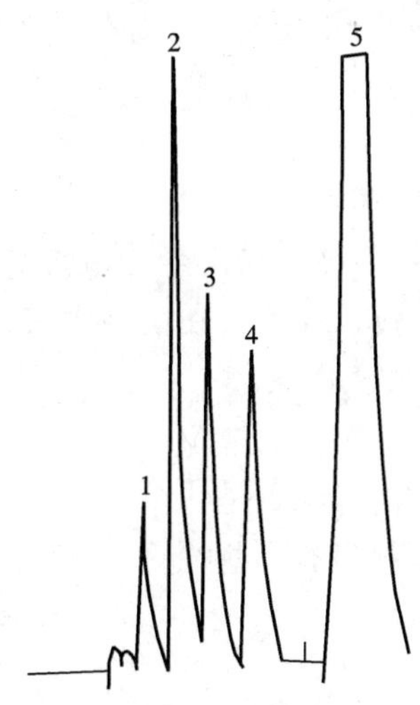

图 2-76　四烷基铅的色谱分离图（GC）
1—Me_4Pb（100 pg）；
2—Me_3EtPb（100 pg）；
3—Me_2Et_2Pb（100 pg）；
4—$MeEt_3Pb$（100 pg）；
5—Et_4Pb（1 000 pg）

3. 用四乙基硼化钠（$NaBEt_4$）对水中铅乙基化后 GC 分离

该法是一种比较简单的衍生提取分离-AAS 方法，对 Me_2Pb^{2+} 有相当高的灵敏度，尤其对于环境水样分析更为适合，先用 $NaBEt_4$，使水溶性甲基铅离子乙基化，形成具有挥发性的烷基化合物，并用 GC 法进行动态纯化，低温分离并解吸后进入电热石英原子化器进行 AAS 测定。此法的灵敏度及分离效果都较好，对于 Me_3Pb^+、Me_2Pb^{2+} 中 200 pg Pb 的测定精度为 8.5%（RSD），线性范围是 50 pg～1 ng Pb。50 ml 水样中检测限 Me_3Pb^+ 为 0.18 pg/ml，Me_2Pb^{2+} 为 0.21 pg/ml。几种标准物质的分离图谱如图 2-76 所示。

五、硒（Se）的价态分析

天然水、土壤、大气、植物及人体中以无机态存在的 Se 主要是 SeO_3^{2-} 和 SeO_4^{2-}，有机态则以二甲基硒（DMSe）、二甲基二硒（DMDSe）、二甲基硒矾、硒代蛋氨酸（SeME）、硒代半胱氨酸（SeCYS）和三甲基硒（$TMSe^+$）等形态存在。由于 Se 的有用性和致毒性的含量界限很窄，在我国大力提倡补硒，而国外对 Se 的环境质量标准限制较严，因此 Se 的形态分析更为重要。Se 的形态分析技术主要原理如下：

（1）无机硒的价态分析监测比较简单，Se^{6+} 必须预还原成 Se^{4+} 后才能以氢化物形式发生和测量。在 4～5 mol/L HCl 介质中加热至 70～90℃，用 KBr 和 $SnCl_2$ 预还原时测定总 Se，不预还原只测定 Se^{4+}，差减后为 Se^{6+}。

（2）低温捕集生成氢化物的 H_2Se 和烷基硒（Me_2Se、Me_2Se_2、Er_2Se 等），再逐次升温解吸后 Hy-AAS 测量。

（3）将 Se^{4+} 选择性地用离子交换分离，将 Se^{4+} 和 Se^{6+} 用 IC 法分离测定。

（4）甲基硒用 U 型 GC 管分离、浓缩。

（5）HPLC 分离后的再进行 Hy-AAS 测量。

（6）蛋白质结合的硒化合物用凝胶色谱（GPC）及等速电泳等分离测定。

无机态 Se 和含硒氨基酸及蛋白质等用 HPLC 分离后，氧化剂存在下用微波消解，Hy-AAS、ICP-AES、ICP-MS 测定是 Se 形态分析技术的主流。

习 题

1. 在水质监测中用AAS法目前主要测定哪些项目？有哪些干扰因素？如何消除？

2. 原子吸收分析技术有几种定量法？各适于什么样品？

3. 何谓电位分析？何谓电位滴定？各有何特点？

4. 用直接电位法测定时影响因素有哪些？如何消除？

5. 在0.001 mol/L的F^-离子溶液中，放入F^-离子选择电极与另一参比电极分别测得的电动势为0.150 V和0.217 V，两份溶液离子活度一致，计算未知溶液中F^-离子浓度？

6. 色谱法有哪些类型？其分离的基本原理是什么？

7. 气相色谱和高压液相色谱仪各由哪几部分组成？它们的异同点是什么？

8. 目前我国对水中有机污染监测，用色谱法测定的主要项目有哪些？

9. 色谱定性分析为什么需与其他方法相结合？

10. 请列举出污染物价态分析技术常使用的仪器有哪些？

第三章　空气和废气监测技术

空气和废气监测是空气污染控制战略的基础，空气污染控制目标的确立和控制措施效果的评估都要依靠环境空气质量监测及废气排放源的监测。

目前我国空气和废气的监测分析方法大约有 80 个项目 150 多个方法，但大多数方法与水和废水的监测分析方法相同，主要差别在采样和制样方面。空气和废气监测分析方法大体分为无机污染物监测分析技术、有机污染物监测分析技术、颗粒物监测分析技术及降水监测分析技术四个部分。

第一节　无机污染物监测分析技术

无机污染物的监测项目主要是一氧化碳（CO）、氮氧化物（NO_x）、氨（NH_3）、氰化氢（HCN）、氟化物、五氧化二磷（P_2O_5）、二氧化硫、二氧化碳、氯、氯化氢、硫酸雾以及光化学氧化剂和臭氧等。能够直接进行仪器测定的只有 CO、CS_2 等少数项目；通过滤膜等固相吸附，再解析后测定的项目也不多，主要有 F、P_2O_5、B、硫酸雾、硫酸盐氧化速率等。大部分项目都是用相应的溶液吸收，然后用类似于水质监测的方法进行定量测定，如 NO_x、氨、臭氧和光化学氧化剂、H_2S、CO_2、HCN、CS_2、氯气、氯化氢等。从监测方法体系来看，除 CO、CS_2 等少数项目外，大部分采用的方法是水和废水监测中比较成熟的方法。因此，这里只概括介绍。

一、用紫外-可见分光光度法（UV）测定的项目

NO_x：用对氨基苯磺酸-冰乙酸-盐酸萘乙二胺混合水溶液作为吸收液，采样吸收后，用盐酸萘乙二胺分光光度法测定。

氨：用 0.01mol/L 的 H_2SO_4 作吸收液采样后，用与水监测同样的纳氏试剂或氯酸钠-水杨酸分光光度法测定。

氰化氢：用 0.05 mol/L NaOH 吸收液采样后，用同水质监测的异烟酸-吡唑啉酮分光光度法测定。

光化学氧化剂和臭氧：用 pH 5.5±0.2 的 KI-H_3BO_3 吸收液采样，硼酸碘化钾分光光度法测定；或用 NaS_2O_3-H_3BO_3-KI 溶液吸收后，分光光度法测定。

氟化物：用 K_2HPO_4 浸渍的滤膜采样，样品滤膜用水或 0.25 mol/L HCl 超声波浸溶后，用氟试剂或茜素锆分光光度法测定。

P_2O_5：用过氯乙烯滤膜采集空气中 P_2O_5 气溶胶加入与 P_2O_5 作用生成正磷酸，用

水中 PO_4^{3-} 的方法——抗坏血酸还原-钼蓝分光光度法测定。

SO_2：用四氯汞钾溶液吸收（10.9 g $HgCl_2$、6.0 g KCl、0.07 g EDTA2Na 溶于1 L水）或甲醛缓冲溶液吸收后用盐酸副玫瑰苯胺分光光度法测定是国内外通用的方法。为避免使用汞，用 H_2O_2 吸收并氧化成 H_2SO_4 后，SO_4^{2-} 与过量高氯酸钡反应成 $BaSO_4$ 沉淀，剩余 Ba^{2+} 与钍试剂结合生成络合物，520 nm 测定。此法操作复杂，灵敏度稍低，适合于测定 SO_2 日均浓度，列为 ISO 方法。

硫酸盐氧化速率：二氧化铅或碱片法简单易行，不需采样动力，已被各国普遍使用。碱片法是用 K_2CO_3 溶液浸渍的玻璃纤维滤膜暴露于空气中，与空气中 SO_2、H_2SO_4 雾、H_2S 等反应生成硫酸盐用铬酸钡分光光度法测定。

硫酸雾：实际上是用过氯乙烯滤膜采样后，测定样品中 SO_4^{2-} 的方法，可用二乙胺分光光度法测定。

H_2S：用 Cd $(OH)^{2-}$ 聚乙烯醇磷酸铵溶液吸收采样后，亚甲蓝分光光度法测定。

氯：用含 KBr、甲基橙的酸性溶液吸收采样，515 nm 分光光度法测定。

氯化氢：用 0.05 mol/L NaOH 溶液吸收后，硫氰酸汞分光光度法测定。

二、紫外-可见分光光度技术（UV）基本原理

紫外-可见分光光度法是基于通过测定被测液对紫外可见光的吸收来测定物质成分和含量的方法。物质总是在不断运动着，而构成物质的分子及原子具有一定的运动方式，各种方式属于一定的能级，分子内部运动的方式有三种，即电子相对于原子核的运动；原子在平衡位置附近的振动和分子本身绕其重心的转动，因此相应于这三种不同运动形式，分子具有电子能级、振动能级和转动能级。当分子从外界吸收能量后，产生电子跃迁，即分子最外层电子（或价电子）从基态跃迁到激发态。分子吸收能量（如光能）具有量子化特征，即分子只吸收相当二能级差的能量（ΔE）。

$$\Delta E = E_2 - E_1 = hv$$

式中，E_1——基态（跃迁前）的能量；

E_2——激发态（跃迁后）的能量。

基本 E_1 与 E_2 能量是一定的，故 ΔE 对一定分子来说也是一定的。即只能吸收相当于 ΔE 的光能，所以分子对光具有选择性吸收。

电子能级间的能量差约为 20～100 eV，相当于波长 60～1 250 nm 所具有的能量，紫外可见光区为 200～760 nm，所以分子吸收紫外可见光后产生电子跃迁。分子振动和转动能级的能量差较小，相当于 50～100 μm，属于红外区和远红外区。

紫外可见分光光度法是选定一定波长的光照射被测物质溶液，测量其吸光度，再依据吸光度计算出被测组分的含量。计算的理论根据是吸收定律，它是由朗伯定律（Lambert's Law）和比尔定律（Beer's Law）结合而成，故称朗伯-比尔定律。它是所有吸收光度法的理论基础，必须先了解它。

朗伯-比尔定律：是指当一束平行单色光通过均匀、非散射的稀溶液时，溶液对光的吸收程度与溶液的浓度及液层厚度的乘积成正比，即：

$$A = KCL$$

式中，A——吸光度；

C——溶液浓度；

L——液层厚度；

K——比例常数。

因此，对朗伯-比尔定律需正确理解的是：

（1）必须是在使用适当波长的单色光为入射光的条件下，吸收定律才成立。单色光越纯，吸收定律越准确。

（2）并非任何浓度的溶液都遵守吸收定律。稀溶液均遵守吸收定律，浓度过大时，将产生偏离。

（3）吸收定律能够用于那些彼此不相互作用的多组分溶液，它们的吸收光度具有加合性，即溶液对某一波长光的吸收等于溶液中各个组分对该波长光的吸收之和：

$$A_{总}=A_1+A_2+A_3+\cdots+A_n=K_1C_1L+K_2C_2L+K_3C_3L\cdots+K_nC_nL$$

（4）吸收定律中的比例系数 K 称为“吸收系数”。它与很多因素有关，包括入射光的波长、温度、溶剂性质及吸收物质的性质等。如果上述因素中除吸收物质外，其他因素皆固定不变，则 K 值只与吸收物质的性质有关，可作为该吸光物质的吸光能力大小的特征数据。所以，一般常在固定前四个因素的条件下求得 K 值。因为温度的影响不大，且一般在室温下测定，故可忽略其影响。入射光的波长一般是使用吸收物质的最大吸收（吸收峰）波长。故而当溶液浓度和透光液层厚度都为 1 时，溶液的吸光度 A 即为 K 值。它常用摩尔吸收系数 ε 表示，即溶液浓度为 1 mol/L，透光液层厚度为 1cm 时，该物质的吸光度。它是吸光物质的重要特征常数，ε 越大，表示该物质的吸光能力越强，用吸收光谱分析时的灵敏度越高，如式：

$$A=\varepsilon\cdot L\cdot C$$

各种物质的 ε 值可以比较各种显色方法的测定灵敏度。如 T_i-H_2O 络合物，ε 值是 500，测定浓度范围为 $0.4\times10^{-4}\sim8\times10^{-4}$ mol/L，而 T-变色酸络合物，ε 值是 5 000，测定浓度范围为 $0.4\times10^{-5}\sim8\times10^{-5}$ mol/L，比用 H_2O 显色的测定灵敏度要高 10 倍。

在紫外可见吸收光谱分析法中具体应用吸收定律的方式不同，所建立的具体分析方法也不同。

（一）标准曲线法

配制一系列已知浓度的标准溶液（C_1，C_2，…，C_n），在一定波长的单色光作用下，测得其吸光度分别为（A_1，A_2，…，A_n），然后以吸光度为纵坐标，以浓度为横坐标作图。若该溶液遵守朗伯-比尔定律，即划出一直线。此直线称为标准曲线。在测未知浓度的溶液时，只要在相同测定条件下测得其吸光度，即可由标准曲线上查得其未知液的浓度。

标准曲线使用一段时间后，因测定条件的变化必须对标准曲线经常进行检查和校正。即按原标准曲线制作时操作条件再配 1～3 份不同浓度的标准溶液，在相同条件下，测得相应的吸光度与原标准曲线比较，若完全相同，则证明原标准曲线仍可使用。若三点连成的新曲线与原标准曲线的斜率和吸光均不同，则证明原标准曲线已不能使用，须重新绘制。若二者斜率相同，仅吸光度数值不同，则可将原标准曲线平移至新的标准曲线位置后再使用。此法在测定条件稳定的情况下，测定结果较精确，特别适合于环境监测中的成批样品的测定。

（二）标样推算法

用一标准溶液 C_S，测得其吸光度 A_S；然后在相同条件下测得待测液的吸光度 A_X，则：

$$\frac{A_S}{A_X}=\frac{C_S}{C_X} \quad 即：C_X=C_S\frac{A_X}{A_S}$$

此法简便，适合单个样品的快速测定。

（三）差示光度法

差示光度法是用一个已知浓度的标准溶液作参比，与未知浓度的待测溶液比较，测量其吸光度，即：

$$A_S-A_X=\varepsilon\ (C_S-C_X)\ L$$

式中，A_S——用作参比的标准溶液的吸光度；

A_X——待测溶液的吸光度。

实验测得的吸光度：$A=A_S-A_X$，故称差示光度法。差示光度法有三种操作方法（见图 3-1）。

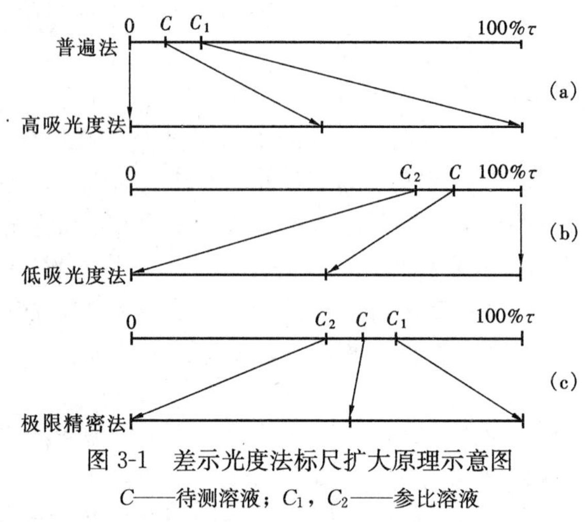

图 3-1 差示光度法标尺扩大原理示意图

C——待测溶液；C_1，C_2——参比溶液

1. 高吸光度法

当检测系统未受光照射，调节分光仪的透射率为 0%。当入射光通过一个比待测液浓度稍低的参比标液时，调节分光仪的透射率为 100%。然后测定试样的吸光度。此法适于测定高含量的试样。

2. 低吸光度法

先用纯的标准溶液调节分光仪的透射率为 100%，再用一个比待测试样液浓度稍高的参比液调节分光仪的透射率为 0%。此法适于痕量物质的测定。

3. 极限精密法

选择两个组分相同而浓度不同的标准溶液（C_1，C_2）作参比。待测试液的浓度介于两者之间。先用一个比试样浓度大的参比，调节透射率为 0%，再用一个比试样浓度小的参比，调节透射率为 100%。用此法测量试样的吸光度，在整个吸光度读数范围内都是适宜的，故是最精确的。

三、紫外-可见分光光度计

国内外使用的紫外-可见分光光度计种类很多，基本结构原理与部件是类似的。一般紫外和可见分光光度计主要由五个部分组成，即光源、单色器、吸收池（比色皿）、检测器及信号显示器。

（一）光源

光源是提供符合要求的入射光的装置。它必须满足下述要求：它必须能够产生具有足够强度的光束，以便于检出和测量；其次，光的强度应稳定，在测量时间内应恒定不变。此外，所提供的光的波长范围应能满足分析的需要；对紫外吸收光谱分析法应能提供波长为 200～400 nm 的光；对可见吸收光谱分析法应能提供波长为 400～760 nm 的光。实际应用的光源可分为紫外光光源和可见光光源两类。

1. 可见光光源

最常用的可见光光源为钨丝灯，它可发射 400～1 100 nm 范围的连续光谱。除可用作可见吸收光度分析法的光源外，还可用作近红外吸收光谱分析法的光源。

2. 紫外光光源

常用的紫外光光源为氢灯或氘灯，它们能产生 180～375 nm 的连续光谱。但氘灯的发射光强度要比氢灯大些。

由于普通玻璃对紫外光有强烈吸收，所以氢（氘）灯必须使用石英窗。

（二）单色器

单色器是一种将连续光谱按波长的长短顺序分散为单色光并从中获得分析所需的单色光的光学装置。其分散过程称为色散，色散以后的单色光经反射、聚光通过狭缝到达溶液。单色器一般是由一个色散元件（棱镜或反射光栅或两者的组合）、狭缝及透镜系统组成，色散元件的作用是将连续光谱色散成为单色光，狭缝和透镜系统的作用是控制光的方向，调节光的强度和取出所需要的单色光，狭缝对单色光的纯度在一定范围内起着调节作用，它们对单色器的性能都起着很大的作用。由于所用色散元件的不同，单色器可分为“棱镜单色器”和“光栅单色器”两类。

1. 棱镜单色器

棱镜单色器的结构原理如图 3-2 所示。

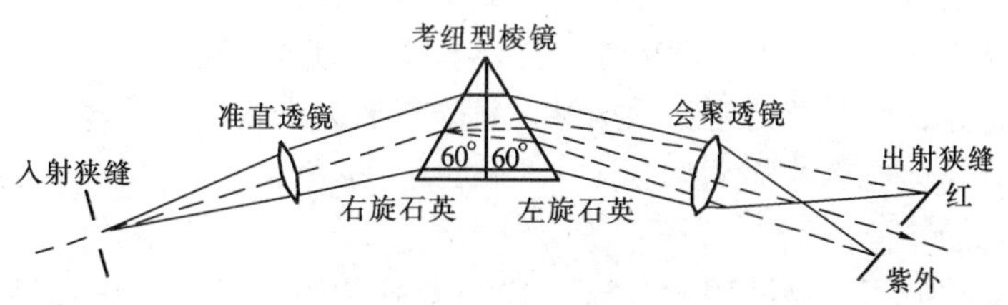

图 3-2　棱镜单色器结构原理示意图

光源所发射出的连续光谱由入射狭缝进入，经准直透镜后成平行光，并以一定角度射到棱镜表面，在棱镜的两个界面上连续发生折射产生色散，色散后的光被会聚透镜聚焦在一个稍微弯曲并带有出射狭缝的表面上，转动棱镜可使所需要的波长的单色光通过出射狭缝射出。

透镜和狭缝系统对于单色器的性能及所获得的单色光的纯度和强度，同样有很大的影响。对于透镜，要求它透光和聚光性能良好，以减少光的强度的损失。影响单色光纯度和强度的狭缝主要是出射狭缝，它的作用是选择分析所需的工作波长。出射狭缝宽度越窄，单色光纯度越高，但通过的光能量越弱；反之，提高狭缝宽度，通过的光能量较强，但单色性纯度越低。对于狭缝宽的选择，我们采用实验的方法，先缓慢的降低狭缝宽度，调到溶液的吸光度不再增加，此时的狭缝宽度则是适宜的狭缝宽。

2. 光栅单色器

光栅是另一种色散元件，由于光栅刻划技术和复制技术的提高，分光光度用光栅作色散元件日益增多，通常光栅是在非常光滑的金属平面上定向刻划出许多等距离锯齿形的平行条痕，其数目依其所需的波长而定。如紫外吸收用的光栅每毫米内刻1 200条。光栅的色散是基于对光的衍射原理。衍射角与波长有线性关系，即波长愈长，衍射角愈大。依其不同的波长要求来刻划制作的光栅，所以它能将不同波长的光分开。

（三）吸收池

分光光度计中，吸收池即为比色皿，是用于盛装试液和决定透光液层厚度的器件，比色皿一般为长方体，其底及两侧为磨毛玻璃，另两面为光学玻璃制成的透光面（光学面），两透光面之间的距离即为“透光厚度”或称“光程”，比色皿的规格是以光程为标志的（例如 0.5 cm、1 cm、2 cm、3 cm 及 5 cm 等就是表示其透光厚度），最大的光程可达 10 cm，最小的光程仅数毫米。

比色皿的质量指标主要包括透光面玻璃的光学性能和比色皿的几何精度两个方面。透光面必须由能透过所使用的小波长范围的光的材料制成。因此，紫外区必须使用石英比色皿，普通光学玻璃制成的比色皿只能在可见光区使用。对比色皿的几何精度的要求主要是两个方面：一是要求两透光面完全平行，并垂直于皿底，以保证在测定时，入射光可垂直于透光面，避免光的反射损失和保证光程固定；另一个要求是两透光面之间的距离应准确地与所标示数值相同，否则将导致测定误差（称为比色皿误差）。但一般商品比色皿的精度往往不是很高的，与其标示值常有微小误差。即使是同一工厂出品的同规格的比色皿，也不一定完全能够互换使用。在仪器出厂前是经过检测选择而配套的，所以在使用时不应混淆其配套关系。配套的比色皿在用蒸馏水校正 $T\%$为 100%时，彼此的误差应不超过 0.5。

在使用比色皿时，应特别注意保护两个光学面。为此，必须注意：

（1）拿取比色皿时，只许拿磨砂面，而不允许接触光学面。

（2）不得将光学面与硬物或脏物接触，只能用擦镜头纸或丝绸擦拭光学面。

（3）凡含有腐蚀玻璃的物质（如 F^-，$SnCl_2$，H_3PO_4 等）的溶液，不得长期盛放在比色皿中。

（4）比色皿在使用后立即用水冲洗干净。若脏物洗不掉，可用盐酸-乙酸（1∶2）洗涤液浸泡，然后用水洗净。

（5）不得在火焰或电炉上加热或烘烤比色皿。

（四）信号检测器

吸收光谱分析中，信号检测器即光电转换器，它的作用是将光信号转变成易测量的电信号。在紫外、可见分光光度计，广泛使用的光电转换器是光电池、光电管和光电倍增管。

1. 光电池

72 型分光光度计使用的是硒光电池。

硒光电池是由三层物质组成的薄片，最上层是导电的透明金属膜作为光电池的负极，中层是半导体硒，第三层是铁片（或铝片）作为正极。当照到光电池上，半导体硒表面逸出电子，这些电子只能单方向流向金属薄膜，使金属膜与铁之间产生电位差（见图 3-3 和图 3-4）。在金属膜与铁之间连接一检流计，即有电流流过，称为光电池。硒光电池能产生 100～200 μA 的电流，无需放大就可用灵敏检流计测量。它的响应范围为 330～800 nm 的光间，对 500～600 nm 最灵敏。但不适于紫外和红外光区。

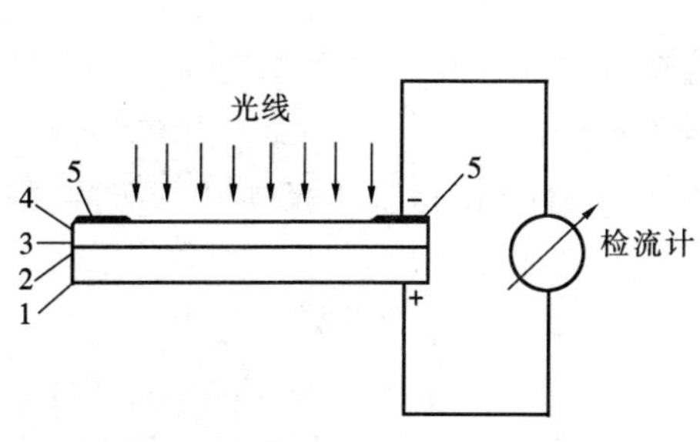

图 3-3　硒光电池结构示意图

1—金属基板；2—硒层；3—阻挡板；4—透明金属薄膜；5—收集环

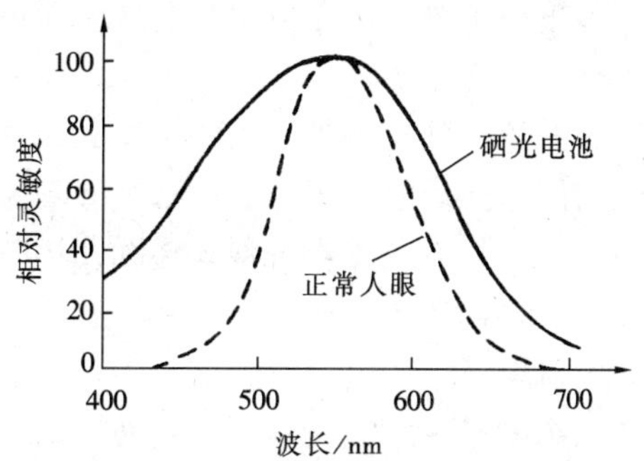

图 3-4　硒光电池的光谱响应曲线（与正常人眼睛比较）

2. 光电管

721 型分光光度计使用的是光电管。

光电管内有一个凹面阴极和一个丝状阳极，阴极凹面涂有一层对光敏感的碱金属或碱金属氧化物（如氧化铯等），当光照射时，阴极即发射电子。当在两极间加上电压时，发射出来的电子即流向阳极形成电流，光愈强，放出的电子愈多，电流愈强，经电子放大器将信号放大，最后将信号输给指示器，如图 3-5 所示。

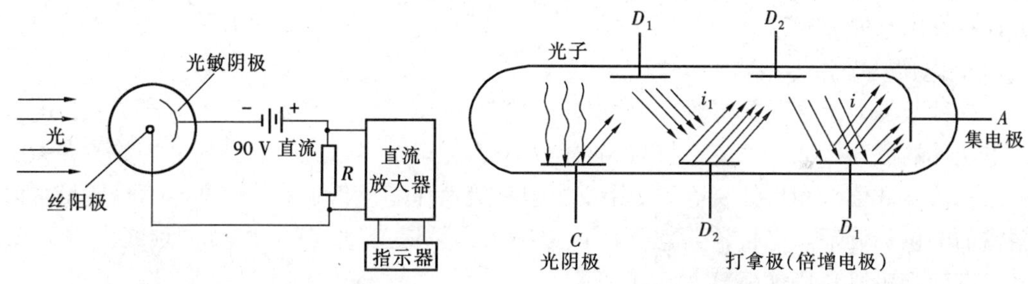

图 3-5　光电管工作原理示意图　　图 3-6　光电倍增管工作原理示意图

光电管的光谱响应特性（所适用的波长范围）取决于光敏阴极上的敏化物质的种类，即不同的光敏材料，光谱响应特性不同，所以在不同的光谱区域的分析工作，应选用相应类型的光电管。例如，铯-锑光电管可适用紫外-可见吸收光谱分析，灵敏区为 400～550 nm。

3. 光电倍增管

751 型分光光度计使用的是（紫敏和红敏）光电倍增管。光电倍增管是利用光电发射和二次电子发射作用将光电流放大。由图 3-6 可知，光电倍增管有一个光敏阴极 C，有若干个倍增电极和一个阳极 A。光照射到阴极 C 上，使之发射出电子，由于外电场的加速作用，这些电子又轰击倍增电极 D，又叫打拿极；其表面涂有 Be-Cu，Cs-Sb，产生第二次电子，第二次电子又被更正的电位加速射到第二个倍增极，并释放出更多的电子。倍增极有多个，如此继续下去，可使反射出的光电子放大几百万倍。最后倍增极的电子射向阳极（集电极）形成电流。光电流通过光电倍增管负载电阻变成电压信号送入放大器。

值得一提的是，在使用光电转换器时，应注意以下两个问题：

1. 疲劳效应

所谓疲劳效应即当光电转换器受光太强或连续受光时间过长时，其电流很快上升至一较高值，然后降下来，失去正常的响应。为避免疲劳的产生，应注意在光电转换器前安装滤光片，以免受光过强；连续使用时间一般不应超过 2 h。若显现出疲劳时，则应将光电转换器置于黑暗处，恢复原有的灵敏度后再使用。

2. 暗电流

它指的是在没有光照时，所通过的很微弱的电流，它是由于光电管或光电倍增管的阴极热电子发射而产生的。暗电流是光电管或光电倍增管的重要技术指标之一，暗电流越小，光电管质量越好，一般规定，暗电流在使用电压的条件下，不得超过 10^{-9} A。实际仪器中，均设置一个补偿电路，以消除暗电流的影响。

（五）信号显示器

它是将检测器输出的信号显示出来的装置，有时还包括必要的放大装置。在紫外-可见分光度计中，常用的信号显示器有以下几种类型：

1. 直读检流计

应用直流电流表测量光电流是一种最简便的直读式数据显示装置。

以光电池为信号检测器时，由于它所产生的光电流比较大，故可以用灵敏的微安表直接测量；若以光电管或光电倍增管为信号检测器，则由于它产生的光电流需要经过放大，故常用毫安表测量。

2. 电位调节指零型装置

这种数据显示方式是将放大后的电信号馈入一桥式线路或电位计中，调节来自电桥或电位计的已知标准信号使它与馈入的信号恰好完全抵消，此时已知信号的数值即为所测量的信号数值。在这种装置中，用一灵敏检流计作零点指示器，已知电信号的量常以精密的电位器调节，电位器转盘上的读数标尺是以吸光度（A）和百分透光度（$T\%$）来刻度的，可以直接读出 A 值或 $T\%$值。

该显示器的吸光度刻度标尺要比直读检流计的刻度标尺长得多，而且可消除表头误差，所以测量的精密度和准确度都较高。

3. 自动记录型和数字显示型装置

随着电子技术的发展，目前很多精密的分光光度计已采用自动记录测量数据或用数字显示测量数据，有的还应用微型电子计算机处理，直读分析结果。

目前各级环境监测站常用的几种分光光度计分述如下。

(1) 721 型分光光度计

这是一种可见分光光度计，光源为钨丝灯，并采用晶体管稳压电源，所以稳定性较好；光电转换元件为真空光电管，并配合电流放大器将微弱光电流放大后推动指针式微安表，灵敏度高。该类型分光光度计的波长范围是 360～800 nm，其结构原理如图 3-7。

由光源发出的白光，经聚光镜至平面反射镜转角 90°进入入口狭缝，经准直镜变成一束平行光线射入背面镀铝棱镜，色散后的光从铝面反射回来，再经过准直镜的反射进入出口狭缝。为了减少谱线通过棱镜后的弯曲形状，把狭缝二片刀口做成弧形，以便近似地吻合谱线的弯曲度，所以进出口狭缝是在同一条弧形长缝中即共轭，只是位置不

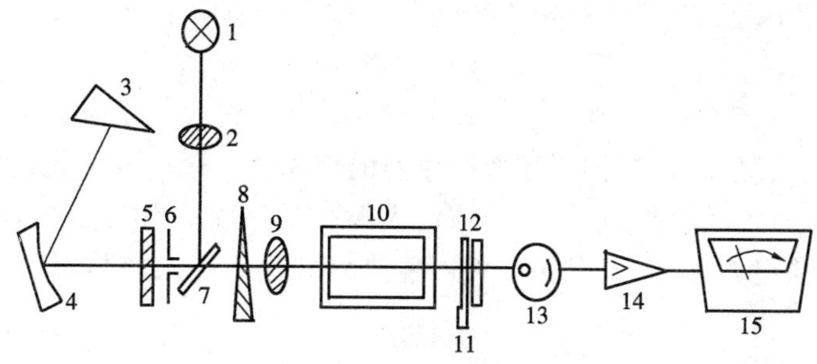

图 3-7 721 型分光光度计的光路图

1—光源；2—聚光透镜；3—色散棱镜；4—准直镜；5—保护玻璃；6—狭缝；7—反射镜；8—光栏；9—聚光透镜；10—吸收池；11—光门；12—保护玻璃；13—光电倍增管；14—放大器；15—检流计

同。转动棱镜，即可使光谱在出射狭缝上移动，这样便可连续不断地把不同波长的单色光引出照射至比色皿上。

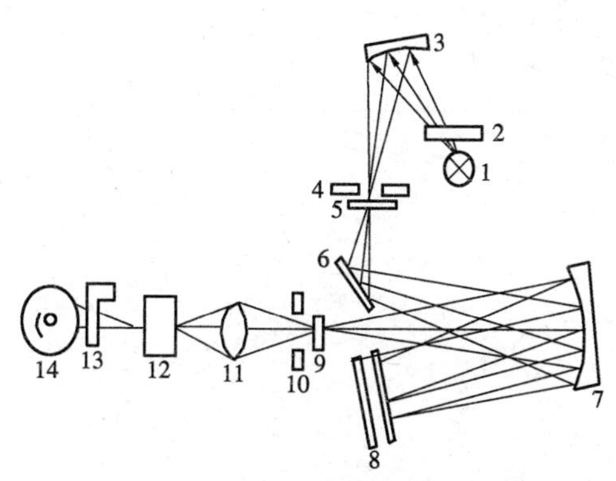

图 3-8 722 型分光光度计光路系统图

1—钨灯；2—滤色片；3—聚光镜；4—入射狭缝；5—保护玻璃；6—反射镜；7—准直镜；8—光栅；9—保护玻璃；10—出射狭缝；11—聚光镜；12—吸收池；13—光门；14—光电管

(2) 722 型分光光度计

此仪器是光栅分光光度计，波长范围为 330～800 nm，仪器的工作原理如图 3-8。

由钨卤素灯光源发出连续辐射光线经滤光镜和球面反射镜至单色器的进口狭缝聚焦成像，光束通过进口狭缝经平面反射镜至准直镜，产生平行光线射至光栅，在光栅上色散后又经准直镜聚焦在出口狭缝上成一连续光谱，转动波长手轮选择所需波长由出口狭缝射出，通过样品溶液再照射到光电管上，经微电流放大器放大，透光度 T 可以直接在数字显示器上读出。浓度直读和吸光度 A 的读数，微电流放大后经对数放大器，然后在数字显示器上读出。

(3) 751 型分光光度计

751 型分光光度计是一种紫外-可见光分光光度计，波长范围为 200～1 000 nm，在 300～1 000 nm内用钨丝灯作光源，在 200～320 nm 内用氢灯作光源，以石英棱镜作单色器，光电管为光电转换元件，配有 GD—5 紫敏光电管和 GD—6 红敏光电管，前者为 Sb-Cs 阴极面，适

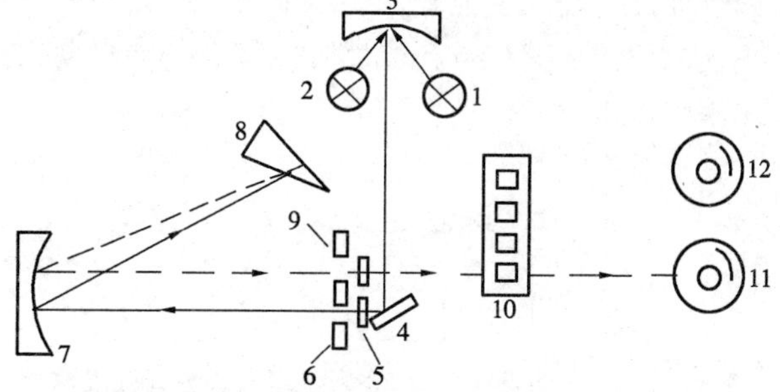

图 3-9 751 型分光光度计光学系统示意图

1—钨灯；2—氢灯；3—凹面聚镜；4—平面反射镜；5—石英透镜；6—入射狭缝（S_1）；7—准直镜；8—石英棱镜；9—出射狭缝 S_2；10—吸收池；11—紫敏光电管；12—红敏光电管

用于波长 200～625 nm 范围；后者为 Ag-O-Cs 阴极面，适用于波长 625～1 000 nm范围。仪器配有石英和玻璃两种比色皿，仪器的光路原理见图 3-9。

由光源发射出的连续辐射光线射至凹面聚光镜上，再反射至平面镜上，然后再反射至狭缝 S_1 上，而狭缝 S_1 正好位于球面准直镜的焦面上，因此入射光线到达准直镜上反射后，就以一束平行光线射向棱镜，光线进入棱镜后色散，色散后的光线经准直镜反射回来聚集在出射狭缝 S_2 上，出射狭缝和入射狭缝共轭，经出射狭缝后的光线经样品池至检测器至显示系统。

(4) 双光束分光光度计

前面讨论的三种类型的分光光度计均为单光束仪器，随着科学技术的进步，又发展了应用双光束型的分光光度计。常见的双光束自动记录紫外-可见分光光度计的光路原理如图 3-10。

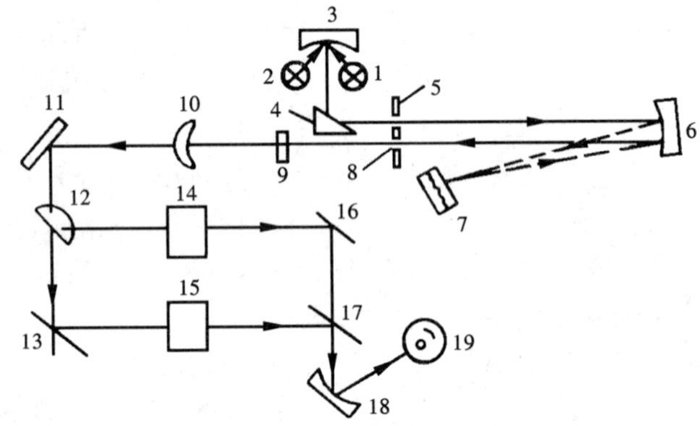

图 3-10 双光束分光光度计光学系统示意图

1—钨灯；2—氘灯；3—聚光镜；4—直角反射镜；5—入射狭缝；6—准直镜；7—光栅；8—出射狭缝；9—滤光片；10—聚光镜；11，13，16，17—反射镜；12—折波器；14—参比池；15—测量池；18—聚光镜；19—光电倍增管

双光束分光光度计是将参比池和测量池同时置于二光路中，由折波器将一定的波长光束交替通过参比池和测量池，使在光电倍增管上产生一个光电信号的变化值，如果待测溶液浓度愈大，则交替变化的信号差值愈大，信号经电子放大器放大，用记录仪记录。因仪器能自动改变波长，所以能将吸收光谱图自动记录下来。

现代的双光束紫外分光光度计的特点是能自动扫描、自动显示，有的还能自动打印分析结果。

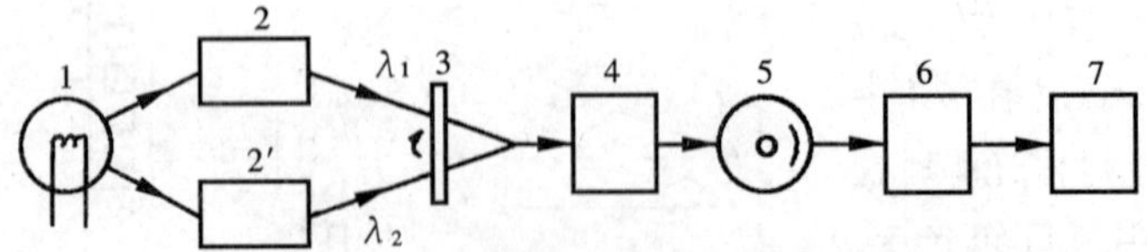

图 3-11 双波长分光光度法原理示意图

1—光源；2，2′—单色器；3—切光器；4—吸收池；5—检测器；6—电子控制系统；7—记录器

(5) 双波长分光光度计

近年来涌现一新的分光光度计叫双波长分光光度计，它的简单工作原理可用图 3-11

说明。

从光源发出的光分成两束，分别经过各自的单色器后，分出波长 λ_1 和 λ_2 的两束单色光，借助切光器调制，使 λ_1 和 λ_2 以一定频率交替通过吸收池，经检测器的光电转换和电子控制系统工作，可以在数字电位表上显示出二者的吸光度差值 ΔA，ΔA 与被测物的浓度成正比。

$$\Delta A = (\varepsilon_2 - \varepsilon_1) \cdot C \cdot L$$

如果 λ_1、λ_2 选择适当，可以不经分离直接测定混合物。

四、UV 分光光度法的误差及测定条件的选择

（一）由于偏离吸收定律所引起的误差

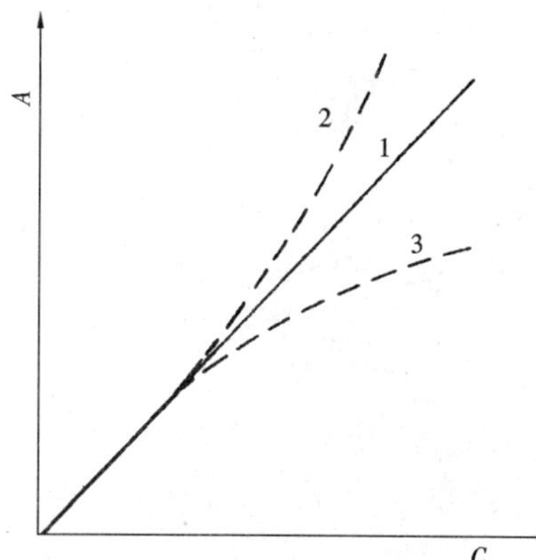

图 3-12　定量分析的校正曲线
1—遵守比耳定律；2—产生正偏差；3—产生负偏差

在实际工作中，经常发生工作曲线（或标准曲线）不成直线的情况，特别是在溶液浓度较高时。这种现象称为偏离吸收定律，如图 3-12 所示。如果测定时试液浓度在弯曲范围内则测定结果的误差较大。因而要了解偏离吸收定律的原因，应选择和控制合适的测定条件。

偏离吸收定律的原因很多，主要有以下两方面原因：

1. 非单色光引起的偏离

严格地说，吸收定律是在单色光的条件下才行。但在实际工作中分光光度计有的入射光并不是纯的单色光，而是由波长范围较窄的光带组成的复合光。由于物质对不同波长的光吸收程度不同，因而导致了对吸收定律的偏离。在测定中常采取如下措施减少由此而产生的偏离。

（1）选择合适的浓度范围

某物质溶液浓度 $C_1 < C_2$，其吸收曲线如图 3-13 所示。当溶液浓度较低时（C_1），吸收曲线较平坦，同样的波长范围 λ_1 至 λ_2，对应的吸光度变化较小，即 A_1 至 A_2 较 A_3 至 A_4 小。这样由于单色光不纯引起的偏离就较小。所以，选择合适的浓度可以得到线性较好的工作曲线。

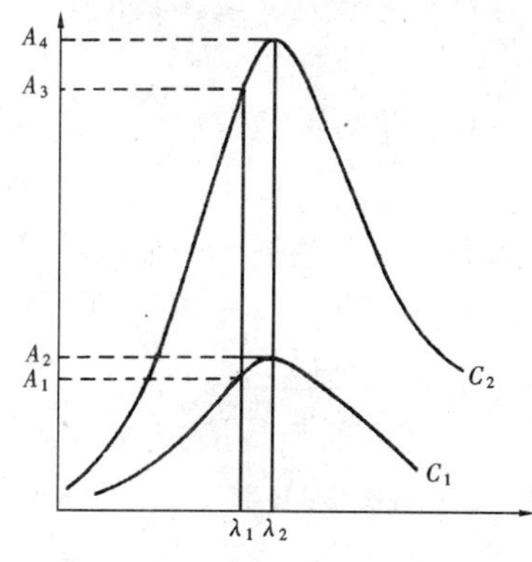

图 3-13　复合光对吸收定律的影响

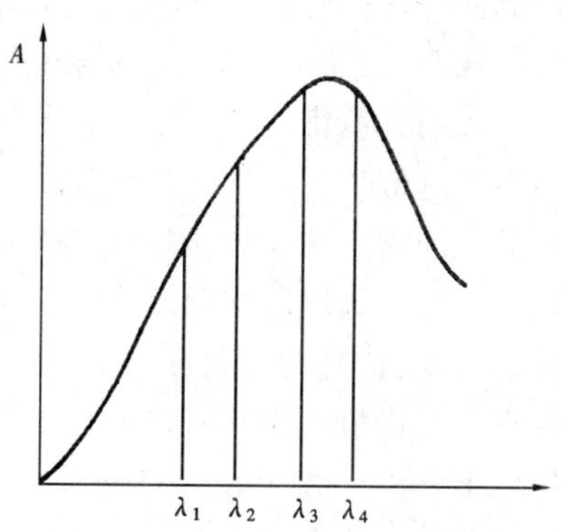

图 3-14　复合光对吸收定律的影响

(2) 选择合适的波长

由于入射光仍为具有一定波长范围的复合光，若某物质的吸收曲线如图 3-14 所示，测定时选择哪种波长的光最合适？如果选择波长 λ_1 的光，实际是 λ_1—λ_2 的复合光；如果选 λ_3 波长的光，实际是 λ_3—λ_4 范围的复合光。由图可见，前者吸光度随波长的变化较大，后者变化较小，因而可以得到较好的工作曲线。所以，测定时应选择与吸收曲线比较平坦的部分相应的波长范围。通常为吸光物质的最大吸收波长，这时不仅使测定有较高的灵敏度，而且此处的吸收曲线较平坦。

2. 溶液中化学反应引起的偏离

吸收定律一般认为适用于稀溶液，当溶液浓度大时，由于粒子间的相互作用，它们的吸光能力发生变化，所以浓度与吸光度之间的关系就偏离了吸收定律。

此外，溶液中的吸光物质常因离解、缔合或化合物形成的改变等引起对光吸收程度的变化，也将导致偏离吸收定律。如重铬酸钾在水溶液中有下列平衡：

$$\underset{\text{(橙色)}}{Cr_2O_7^{2-}} + H_2O \rightleftharpoons 2H^+ + \underset{\text{(黄色)}}{2CrO_4^{2-}}$$

溶液的浓度或酸度的变化影响上式平衡的移动，而吸光度的改变不与浓度改变成正比，所以引起偏离。所以在测定时要根据吸光物质的性质和溶液中有关化学平衡，严格控制显色反应的条件和测定条件以克服由此而产生的偏离。

(二) 由于显色反应及显色条件所引起的误差

紫外-可见分光光度法是利用显色反应将待测组分转变为有色物质，然后再进行测定。因此，选择合适的显色反应和严格控制反应条件非常重要。

1. 显色反应的选择

显色反应就是加入一定的显色剂使许多本身无色或浅色的物质转化为有色物质的化学反应。显色反应分两大类，一类是络合反应，另一类是氧化还原反应。络合反应是最主要的。在测定时，同一组分常与多种显色剂进行不同的显色反应，生成不同的有色物质。所选择的显色剂和显色反应应满足如下要求：

(1) 灵敏度高：应选择生成有色化合物的摩尔吸光系数较大的显色反应。摩尔吸光系数 (ε) 的大小是显色反应灵敏度高低的重要标志，一般 ε 值在 $10^4 \sim 10^5$ 时，显色反应的灵敏度较高。

(2) 选择性好：所选择的显色剂最好只与被测组分发生显色反应，其他共存组分不干扰测定，或者干扰较少及干扰易除的反应。

(3) 生成的有色化合物稳定：显色反应所生成的有色化合物稳定性好。也就是生成的络合物不稳定常数小，化学性质稳定。

(4) 显色剂测定波长无明显吸收：在测定波长范围内，显色剂无明显吸收，则试剂空白值就小，这样测定的准确度可大大提高。通常把有色化合物与显色剂的最大吸收波长之差的绝对值 $\Delta\lambda$ 称为“对比度”。一般要求 $\Delta\lambda$ 在 60 nm 以上。

显色剂有无机显色剂和有机显色剂两种。通常无机显色剂与待测物质的显色反应，很难满足以上条件。故而除硫氰酸盐、钼酸铵及过氧化氢少数几种外，目前使用得不多。有机显色剂以络合剂为多，显色反应也多为络合反应。反应的选择性和灵敏性都较无机显色反应高。因此广泛应用于分光光度分析中。有机显色剂种类繁多，不断出现。

常用的如双硫腙、邻苯二氮杂菲、丁二酮肟、二乙氨基二硫代甲酸盐、偶氮砷、铬天氰S、罗丹明B等。

2. 显色条件的选择

显色条件选择得是否合适，将直接影响测定结果的准确度。因此，应了解显色反应的影响因素，选择并控制合适的反应条件，使显色反应完全和稳定。影响显色反应的因素有：

（1）显色剂的用量

一般需要加入过量的显色剂以使反应尽可能完全。但不是显色剂加得愈多愈好。对于有些显色反应，显色剂太多，会生成副反应，对测定反而不利。显色剂的适宜用量需通过试验确定。可固定待测组分的浓度和其他条件，然后加入不同量的显色剂，测定其吸光度，绘制吸光度曲线。

为了使分光光度法测定有较高的灵敏度和准确度，应注意选择适当的测定条件，主要有以下几点：

①空白溶液的选择

空白溶液也叫参比溶液。在分光光度测定中，除利用参比溶液调节仪器的零点外，还可消除比色皿器壁及溶剂对入射光的反射和吸收而带来的误差。因此空白溶液的作用是非常重要的。空白溶液依不同情况有不同的选择。当溶液及显色剂均无色时，可用蒸馏水作空白溶液。如果显示剂无色，而被测试液中存在其他有色离子，可采用不加显示剂的被测试液作空白溶液。如果显色剂和试液均有颜色，可在一份试液中加入适当的掩蔽剂，将被测组分掩蔽起来，使之不再与显色剂作用。显色剂及其他试剂均按试液测定方法加入，以作为参比溶液。这样可以消除显色剂及一些共存组分的干扰。总之，选择参比（空白）溶液的原则是使试液的吸光度真正反映待测物质的浓度。

②吸光度范围的选择

由于仪器本身的测量误差，在不同吸光度范围内读数可引入不同程度的误差。对测定产生影响，为减小这方面的影响，应选择最适当的吸光度的范围来进行测定。分光光度计在不同透光度的测定相对误差见表3-1。

表3-1　不同透光度 T 的测定相对误差 $\Delta C/C$

T（%）	$\Delta C/C$（%）	T（%）	$\Delta C/C$（%）
95	20.8	36.8	2.73
90	10.7	30	2.8
80	5.6	20	3.2
70	4.0	10	4.3
60	3.3	5	6.5
50	2.9	2	12.8

一般分光光度计的透光度读数误差 ΔT 约为0.01～0.02，但是同样大小的 ΔT，在不同透光度范围引起的浓度误差 ΔC 是不同的。如图3-15所示。当透光度大时，ΔT 对应的 ΔC 小，这时因浓度小，相对误差 $\Delta C/C$ 大；当透光度小时，ΔT 对应的 ΔC 大，但此时浓度 C 大，所以 $\Delta C/C$ 也大。只有在透光度适中，也就是浓度适中时，$\Delta C/C$ 才比较小。若以 $\Delta C/C$-T 作图得到相对误差与透光度的关系，如图3-15所示。可以看出，当 $T=0.368$（即36.8%）时，测量的相对误差最小，这时对应的吸光度为0.434。因此，一般在透光度为20%～65%，即吸光度在0.2～0.7范围内测量是比较适宜的。A

与显色剂浓度C_R曲线，可能出现三种情况（见图 3-15）。

图 3-15（a）的曲线是常见的情况，开始随着显色剂浓度C_R的增加，吸光度不断增大。当浓度C_R达到某数值时，吸光度不再增大。在a—b范围内曲线平直。说明显色剂已有足够的量，因此，可在a—b间选择合适的显色剂用量进行测定。这类反应生成的有色物质稳定，对显色剂浓度控制要求也不严格，适宜光度法测定。

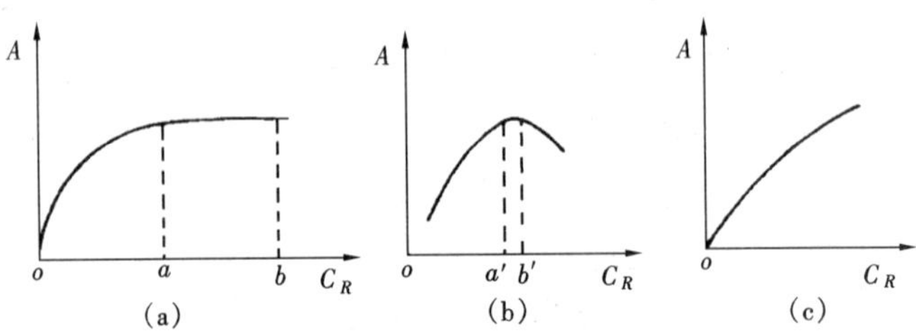

图 3-15 吸光度与显色剂浓度的关系

图 3-15（b）中曲线与（a）曲线相比，平坦区域较窄，表明显色剂浓度在a'—b'的范围内，吸光度才较稳定。C_R小于a'或大于b'，吸光度都下降。因此必须严格控制C_R的大小，否则得不到正确的测定结果。

图 3-15（c）中，与前两种情况完全不同，当显色剂浓度不断增加时，吸光度不断增大。没有一个平坦的区域出现，这种情况对测定是很不利的。如用SCN^-测定Fe^{2+}的反应，随着SCN^-浓度加大，生成颜色越来越深的高配位数络合物$Fe(SCN)_4^-$、$Fe(SCN)_4^{2-}$等。对于这种情况，必须十分严格地控制显色剂的用量，保证转换率一定的情况下才能进行测定。

（2）溶液的酸度

在显色反应中，pH 值是一个很重要的因素，它能决定反应是否发生，以及反应是否完全。pH 值对显色反应的影响是多方面的。不少有机显色剂带有酸碱指示剂的性质，不同的酸度有不同的颜色。因此，酸度控制不当，很难得到正确的测定结果。此外，大部分显色剂是有机弱酸，溶液酸度大小会影响电离平衡的移动。因为显色反应进行时，首先是有机弱酸发生离解，然后才是络合剂阴离子与金属离子络合。

$$M + HR \rightleftharpoons MR + H^+$$

溶液的酸度影响显色剂的离解。即影响有色物质的生成。另一方面，若待测物质是金属离子，则溶液酸度对金属离子的水解有直接影响，水解反应使待测物质浓度减少，又不利于显色反应的进行。

不同显色反应适宜的酸度可通过实验确定。固定溶液中待测物质和显色剂的浓度，改变溶液的 pH 值，测定吸光度，制作 A-pH 曲线，如图 3-16 所示。选择与曲线平坦区相对应的 pH 值作为测定的酸度。

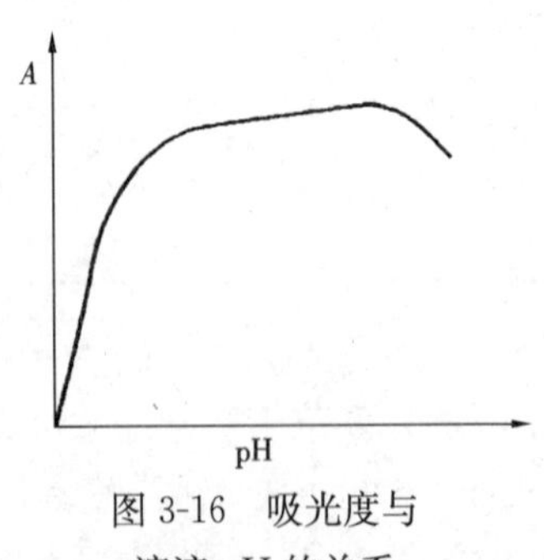

图 3-16 吸光度与溶液 pH 的关系

（3）显色温度

不同的显色反应需要不同的反应温度，一般情况下，显色反应在室温下进行，有时为了加快某一反应需要加热。有些有色化合物在温度偏高时又易分解，如用钼蓝法测定硅时，形成硅钼黄在室温下需要 15～30 min，而在沸水浴中只需 30 s 即可。又如用对氨基苯磺酸和 2-萘胺测定水中亚硝酸盐时经重氮化合物生成偶氮化合物的反应为防止重氮化合物在水中分解需要在低温下进行。为此，不同的反应温度应通过实验做吸光度-温度曲线。从曲线上找出适宜的温度范围。

（4）显色时间

不同的显色反应、反应速度及有色物质颜色稳定时间不同。有的显色反应进行得快；有的反应进行缓慢，需要经过一定时间，颜色才能达到最大深度，而有的反应由于生成的有色化合物稳定性差，颜色达到最大深度后又逐渐变浅。因此，必须通过实验，做一定温度下的吸光度-时间曲线，找出适宜的显色时间。

（5）溶剂的影响

溶剂影响有色络合物的离解度，不少有机溶剂能降低有色络合物的离解度，从而提高了显色反应的灵敏度。如在 $Fe(SCN)_3$ 溶液中加入可与水混溶的有机溶剂（如丙酮）能降低 $Fe(SCN)_3$ 的离解度而使颜色加深，提高了测定的灵敏度。

此外，有机溶剂还可提高显色反应速度及增加有色络合物的溶解度。如用氯代磺酚 S 测定铌时，在水溶液中显色需几个小时，如果加入丙酮后仅需 30 s。如果用适当溶剂将难溶于水的有色络合物萃取出来，测定萃取液的吸光度，可大大提高测定的选择性和灵敏度。溶剂的选择原则是：溶解度大、灵敏度高、显色反应快。

（6）共存离子的影响

如果共存离子本身有颜色或共存离子与显色剂生成有色络合物，则会使吸光度增加；如果共存离子与被测组分或与显色剂生成无色络合物，则会降低被测组分或显色剂的浓度，从而影响显色剂与被测组分的反应。如硅钼蓝法测定硅时共存离子磷也与钼酸胺生成磷钼蓝而干扰测定，这些都将对显色反应造成影响。消除共存离子干扰，常采用加掩蔽剂，或选择适当的显色条件来消除干扰离子的影响。还可用沉淀、萃取及离子交换等先处理法将干扰离子除去。

五、UV 分光光度计的使用与维护

1. 仪器的使用

（1）仪器的正确使用（以 721 型为例）：用波长旋钮将波长调到使用的波长刻度；在仪器未接通电源之前，电表指针应位于 0，否则用表上的校零螺丝进行调节；接通电源开关，开启比色皿暗箱盒调 0，关上暗箱盖，旋转 100％电位器，使指针达到满度（100％）。预热 30 min，连续重复几次调整 0 和 100％。仪器应在暗箱盖关上的情况下预热。

放大器灵敏度有五挡，是逐步增加的，“1”最低。其选择原则是能使参比溶液调到“100”情况下，尽可能采用灵敏度较低挡，这样仪器将有更高的稳定性。改变灵敏度则需重新校正“0”和“100％”。

在可见光选用玻璃比色皿，紫外区域选用石英比色皿。

（2）仪器的一般维护：仪器连续使用时不应超过 3 h。若需长时间使用，最好间歇

30 min 后再继续工作。

仪器底部有干燥剂筒，应保持其干燥有效，若发现硅胶变色应立即换新干燥剂后再用。

仪器长期停用，比色皿暗箱内的硅胶包也应定期取出烘干后再放回原处。

2. 仪器的调整

（1）波长调整：波长是否准确与测量结果的准确性密切相关，仪器工作数月或更换光源后要进行波长校正，校正可用仪器附带的镨钕滤光片。校正方法是：将滤光片插在比色皿架中，推入光路并调节透光率为 100%，慢慢旋动波长旋钮，测定 529 nm 处吸收峰。例如，在 529 nm 附近测定透光率结果（见表 3-2）。

表 3-2　透光率结果

波长（nm）	透光率（%）	波长（nm）	透光率（%）
525	35.6	529	32.4
526	34.2	530	33.5
527	33.0	531	35.7
528	32.6		

当透光率是最小值时所对应的波长应为 529 nm，如果超过±2 nm，应松开波长手轮旁的紧固螺丝，打开盖板，根据测量的波长误差左右调节波长的分度盘标尺，紧固后按前述方法进行测量、校对，直至波长误差小于±2 nm 为止。

（2）比色皿的配套性：比色皿不配套也往往引起测量误差，必须进行比对，数只比色皿应标上不同的序号，固定一只为参比，装入相同浓度的有色溶液，各皿读数误差不应大于 0.003。

（3）灵敏度校正：灵敏度是仪器的重要指标。校正方法如下：配制 0.001%重铬酸钾溶液，用 1 cm 比色皿，蒸馏水作参比，于 440 nm 处测得的吸光度应大于 0.010，若小于 0.010 时，应检查或更换光电管或光源。若不奏效，应检查其他原因。此外，许多显色体系的摩尔吸光度系数均为定值，亦可用来检查灵敏度。

（4）最佳的测量光度范围误差不同，理论上推算，当透光率是 36.8%时，其测定误差最小，此时的吸光度为 0.434。所以一般将溶液的吸光度调到 0.4 左右，尤其当试样吸光度大于 0.9 时，必须进行稀释。

3. 仪器的常见故障及排除方法

（1）通电后指示灯不亮：指示灯泡烧断了灯丝；灯泡与座接触不良；电源变压器中次级线圈一组 6 V 输出线可能脱焊断线。

（2）电表指针不动：调零电位器或 100%调节失调，可进行更换；电子放大系统有脱焊处；电表线圈不通。

（3）电表达到 100%后无法回零：光电管暗盒内受潮，可用电吹风吹入适量干燥的热风，即可达到调零的效果。

（4）变换灵敏度挡时零位差过大：光电管暗盒可能受潮，用同上方法处理。

（5）电表指针晃动：可能稳压电源有毛病；光电管暗盒的光门漏光或硅胶筒有漏光

处；调零电位器接触不良。

(6) 在测量过程中透射比 100%经常变化：光电管暗盒前的光门没有全部开启，设法将仪器面板罩重新盖好，或换一根新的长度足够的光门顶杆；比色皿架变形造成比色皿室密封性差；比色皿架定位槽松动而使每次移位不一致，可重新校正定位槽。

(7) 空白溶液调不到满度（透射比 100%）：光源灯位置没调好，光强度降低，可重新调好位置；单色器有问题，可检查反射镜、准直镜、棱镜、进出口狭缝等，也可能由于光电管老化，最好请专门维护人员排除故障。

六、分光光度和流动注射分析技术

研究一些高灵敏度、高选择性的显色反应，用于金属离子和非金属离子的分光光度法测定仍然受到重视。在常规监测中分光光度法占有较大的比重。值得注意的是将这些方法与流动注射技术相结合，可将许多化学操作，如蒸馏、萃取、加各种试剂、定容显色和测定融为一体，是一种实验室自动分析技术，且在水质在线自动监测系统中被广泛应用。具有取样少、精密度高、分析速度快、节省试剂等优点，可使操作人员从繁琐的体力劳动中解放出来。例如测水质中 NO_3^-、NO_2^-、NH_4^+、F^-、CN^-、CrO_4^{2-}、Ca^{2+}、Mg^{2+}、Pb^{2+}、Zn^{2+}、Cu^{2+}、Cd^{2+}等均可用流动注射技术。检测器不仅可用分光光度法，也可用原子吸收、离子选择电极等。

第二节　有机污染物监测分析技术

一、用色谱法（CP）或色质谱法（GC-MS）测定的项目

现今发达国家对有机污染物的监测主要使用 GC、HPLC、GC/MS 法，GC 法和 HPLC 法测定水中有机污染物已在第二章介绍，这里主要介绍对空气和废气中的有机污染物的 GC 或 GC/MS 法项目及方法技术。

多环芳烃：GC-FID 或 GC-MS

正构烷烃类：GC-FID 或 GC-MS

总烃及非甲烷烃：GC-FID 或 GC-MS

非甲烷烃：吸附富集 GC-FID 法或 GC-MS

芳香烃（苯系物等）：GC-FID 法或 GC-MS

苯乙烯：GC-FID 或 GC-MS

苯并［*a*］芘：HPLC 或 GC-MS

甲醇：GC-FID 或 GC-MS

甲醛：IC 或 GC-MS

低分子量醛：GC-FID 或 GC-MS

丙酮：GC-FID 或 GC-MS

酚类化合物：GC-FID 或 GC-MS

硝基苯：GC-ECD（OV-17）或 GC-MS

有机氯农药：GC-ECD 或 GC-MS

吡啶：GC-FID 或 GC-MS

丙烯腈：GC-FID 用活性炭吸附、二硫化碳解吸或 GC-MS

氯乙烯：GC-FID 用活性炭吸附、二硫化碳解吸或 GC-MS

氯丁二烯：GC-FID 活性炭吸附、四氯化碳浸泡解吸或 GC-MS

环氧氯丙烷：GC-FID 活性炭吸附、二硫化碳解吸或 GC-MS

甲苯对硫磷：GC-FID 或 GC-MS

肼和偏二甲基肼：GC-FID 或 GC-MS

醇类混合物（包括甲醇、乙醇、丙酮等混合物）：GC-MS

多氯化萘（PCN）类（$C_{10}H_2Cl$、$C_{10}H_6Cl_2$、$C_{10}H_5Cl_3$ 等）：GC-MS

高纯气体及其同位素：GC-MS

恶臭类气体如下：

硫醇、硫醚类：GC-FPD

二硫化碳：GC-FPD

苯乙烯：GC-FID 或 GC-MS

3-甲基吲哚：GC-FID 或 GC-MS

二噁英类化合物：用氨基甲酸乙酯泡沫采集，用硫酸处理，硅胶纯化，GC-MS 分析

二、色质谱技术基本原理

气相色谱-质谱联用分析法（GC-MS），简称色质谱法，是把气相色谱仪（GC）和质谱仪（MS）结合起来进行分析的方法。其 GC 部分用来分离多组分的混合污染物，而 MS 部分则对各组分进行分析。环境中的污染物在很多情况下是成混合状态。利用 GC-MS 法只用 10^{-8}g 的混合试样在 2～30 min 内便可进行定性、定量的分析，是其他方法难以比拟的。GC-MS 法的分析范围很广，几乎大多数有机污染物、有毒化学药品、农药、毒气、废气分析都能适用。

大家知道气相色谱对于很多成分的分离具有无可比拟的优越性，但为了鉴定某一污染物必须比较未知物与已知物的保留时间，在复杂组分的分析方面存在困难。而质谱法则相反，它适用于定性分析，根据质谱图可以研究试样的分子量和结构。但是它需要纯品试样或标准谱图，且在复杂的有机物的定量方面不是很方便，常需进行繁琐的标定和计算。

把 GC 与 MS 联机，组合在一起，用 GC 分离装置作为 MS 的进样系统，用 MS 作为鉴定器，用 MS 的鉴定器进行定量分析，那么，就可以取长补短、发挥各自的优点，成为一种新的有效的分析方法。特别是计算机的连用，使数据处理和解析更加迅速准确，且自动化。

色谱分离是利用混合物中各组分在不同的两相中溶解、解析、吸附、分配及其他亲合作用的性能差别，在两相做相对运动时，各组分在两相中反复多次受到上述各作用力

作用以达到相互分离。

质谱分析是通过对分离后的样品离子的质量和强度的测定，来进行各成分和结构分析。被分析的分离物首先离子化，然后利用离子在电场或磁场中的运动性质，把离子按质荷比（m/e）分开，记录并分析离子按质荷比大小排列的谱（通常称质谱）即可实现对试样成分和结构的测定。故此，首先要了解质量数、质量范围、分辨率和灵敏度。

1. 质谱数和质量范围

在质谱技术中，常用“质量数”表示离子质量大小，某原子的质量数是指该原子中质子和中子的总数。在质谱分析中，分子和原子都是以离子形式记录的，如果离子只带一个电荷，对于低分辨质谱仪，离子的质荷比在数值上就等于它的质量数，因此，可以说，质量数是离子质荷比的名义值。如某只带一个电荷的离子的质荷比是27.994 9，则其质量数为28。

质谱仪的质量范围是指仪器所能测量的离子质荷比范围。如果离子只带一个电荷，可测的质荷比范围实际上就是可测的分子量或原子量范围。不同用途的质谱仪质量范围差别很大，气体分析用质谱仪所测对象分子量都很小，质量范围一般从2～100以内，而有机质谱仪的质量范围一般从几十到几千。

2. 分辨率（R）

分辨率表示仪器分开两个相邻质量的能力，通常用R表示。如果仪器能刚刚分开质量为M和$M+\Delta M$的两个质谱峰，则仪器的分辨率为：

$$R=\frac{M}{\Delta M}$$

例如，CO和N_2所形成的离子，其质荷比分别为27.994 9和28.006 1，若某仪器能够刚分开这两种离子，则该仪器的分辨率应为：

$$R=\frac{M}{\Delta M}=\frac{27.9949}{28.0061-27.9949}\approx 2500$$

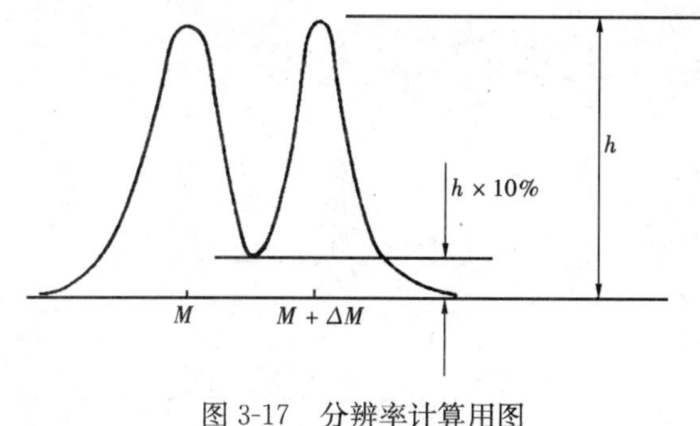

图3-17　分辨率计算用图

在实际测定时，并不一定要求两个峰完全分开，而是可以有部分重叠。一般规定，仪器的分辨率是在两峰间的峰谷高度为峰高的10%时的测量值，用$R_{10\%}$表示（见图3-17）。

不同用途的质谱仪分辨率差别可以很大。通常用作气体分析的质谱仪分辨率只有几十，而有机质谱仪分辨率可达数万或更高。

3. 灵敏度

不同用途的质谱仪，灵敏度的表示方法不同，有机质谱仪常用绝对灵敏度，它表示对于一定样品在一定分辨率情况下产生具有一定信噪比的分子离子峰所需要的样品数。目前，有机质谱仪灵敏度可优于10^{-10} g。相对灵敏度是指仪器所能分析的杂质的最低相对含量。

三、质谱碎片法（MF）及质谱色谱法（MC）分析

MF法是使用多离子监测器（MID），只限于检测以目的化合物为代表的特征峰的质荷比 m/e，在从 GC 流出的组分中，研究其特定的质谱峰是否存在。其特点是使灵敏度提高 10～100 倍，即使在 GC 分离不充分的情况下，也可以鉴别待定的组分成分。它可以从复杂的混合污染物中把特定的化合物高精度地分辨出来。日本报道了成功地分析混于 PCB 中的狄氏剂（Dieldrin）的例子。PCB 与 PCN 一样，也是一类多组分的混合物，其气相色谱图如图 3-18 所示，是很复杂的。

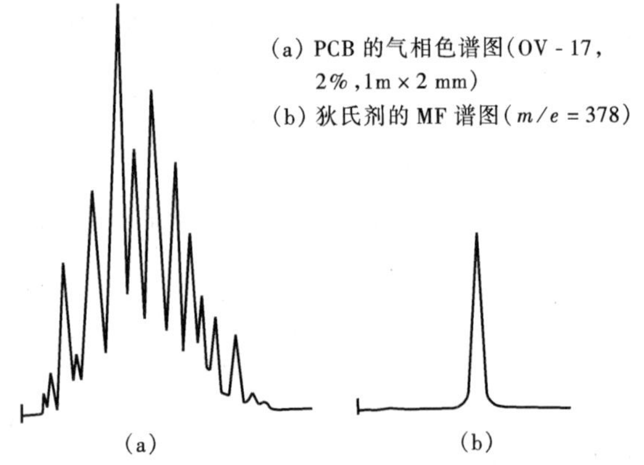

图 3-18 用 MF 法鉴别 PCB 混合物中的狄氏剂

因此，鉴定混在其中的狄氏剂极为困难，但如果着眼于狄氏剂的特征峰（$m/e=378$）应用 MF 法，那么因为在 PCB 的碎片离子峰中没有 $m/e=378$ 的峰，所以很容易加以鉴别（图 3-18），PCB 原来的峰消失了，在狄氏剂保留时间的位置上测定到非常明显的色谱峰，所以可以断定在此试样中含有狄氏剂。

MC 法是把 GC-MS 连续在电子计算机上，在一定的 m/e 范围内连续反复地进行扫描，并将这些数字记录贮存下来。然后任意地设定需要的质荷比 m/e 数，把对应于各 m/e 值的离子强度变化的色谱峰绘下来。此法对子环境污染物的多层次分析十分方便有效，一次便可全部分析出结果。

例如，应用 MC 法分析在图 3-19 中所示的甲醇、乙醇和丙酮混合试样，所得结果见图 3-19。

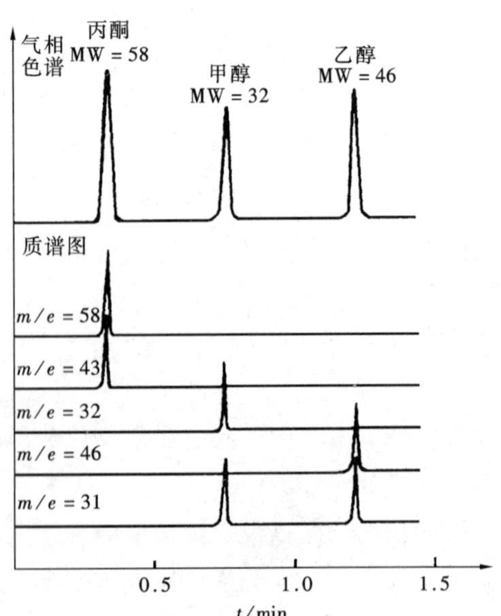

图 3-19 MC 法分析（甲醇、乙醇、丙醇混合试样）

在图 3-19 中表示了 m/e 为 58、43、32、46 和 31 的诸离子峰的 MC 谱图。由于 m/e 为 58 和 43 仅仅在丙酮的保留时间位置出峰，所以可以容易分辨出它们是丙酮的分子离子峰和碎片离子峰，也就是可以从混合物中鉴定出丙酮。同样，m/e 为 32 和 46 的峰只能分别在甲醇和乙醇保留时间的位置上出现，因而也可以由此而从混合物中测定甲醇和乙醇。但是，m/e为 31 的峰同时在甲醇和乙醇的保留时间的位置上出现，因而也可以由此而从混合物中测定甲醇和乙醇。但是，m/e 为 31 的峰却同时在甲醇和乙醇的保留时间位置上出

现，所以就不能由此峰来识别出甲醇和乙醇。

MC 法不仅可以分析工厂废水中的有机物、河水中的农药等多种复杂混合物，而且是对汽车排气中的烃类化合物分析的很好手段。

总之，GC-MS 是很理想的分离微量污染成分和监测能力的手段。在环境污染物，特别是有机污染的监测中越来越发挥其巨大的威力。

四、色谱-质谱联用仪（GC-MS）

色质联仪是由色谱仪、结合部（分子分离器）和质谱仪三部分组成（见图 3-20）。

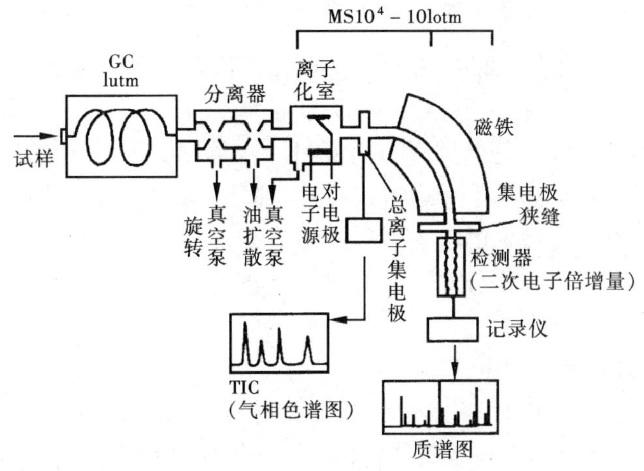

图 3-20　GC-MS 组成示意图

（一）气相色谱（GC）部分

气相色谱是作为混合物的分离手段使用的。它利用填充剂与气体分子亲合力的不同来分离混合物。亲合力小的成分首先分离出来。为了便于分离，填充剂的选择和柱子温度的确定是很重要的，关于这方面的技术与理论已在气相色谱法（GC）中详述过。一般的填充柱和毛细管柱都可使用，对于多组分混合物的分离，则使用毛细管柱可以更充分地发挥其 GC 的优越性，升温方式采取程序升温，如果柱温升得过高，填充剂的液相可能流出。因此，必须确定液相不流出的温度，掌握好 GC 的操作条件，以便得到好的质谱图。

（二）GC-MS 结合部

GC-MS 的结合部又叫接头，使用各种分子分离器，它是连接 GC-MS 的重要部件。当一个混合试样注入气相色谱仪的气化室后，试样被加热气化，由载气带入色谱柱中、经过色谱柱后试样得到分离。但是，由于 GC 是常压操作，GC 出口为一个大气压，而 MS 要求 10^{-4} mmHg 柱以上的真空度，所以从 GC 出来的被分离的试样组分不能直接进入 MS，分子分离器的作用就是除去从 GC 流出的载气和降低压强，使试样可以进入 MS。分子分离器的种类很多，有喷射型、多孔壁型、高分子膜型等。目前应用最多的是喷射型分子分离器（一般用金属或玻璃制成），如图 3-21 所示。

分子分离器的原理在于不同分子量的气体通过喷嘴时具有不同的扩散率。当用氦为载气时，样品的分子量远大于载气的分子量，所以，气体由喷嘴喷出后氦气扩散快，首

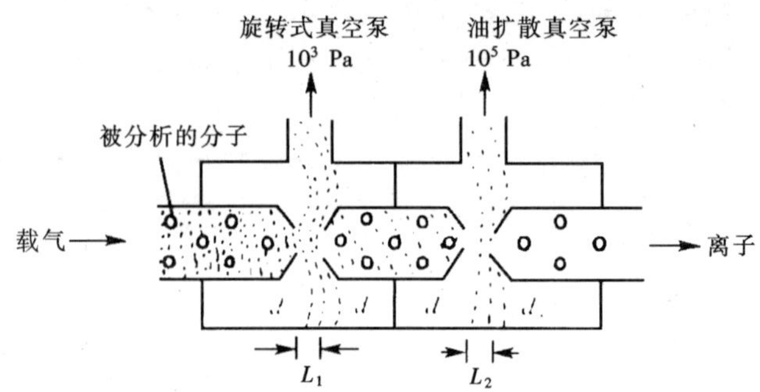

图 3-21　喷射型分子分离器

先被真空泵抽走，而分子量大的组分分子扩散慢，依靠惯性继续前进。这样，经过一次喷射后，载气被抽走一部分，压强由一个大气压降低到大约 1 mmHg 柱，而样品被抽走很少，也就是样品得到浓缩。同样，再经过一次喷射，压强再次降低到 10^{-4} mmHg 柱以上，样品进一步得到浓缩，最后进入质谱（MS）的离子源。

此外，由于真空保持技术的迅速发展，也有采用毛细管柱直接与 MS 连续方式的，在低流量的情况下，不用分子分离器，直接把毛细管柱子连接在质谱（MS）上也可保持高真空度。

（三）质谱（MS）部分

质谱(MS)首先把组分离子化，在真空中根据离子的质量 m 和电荷 e 的比(质荷比 m/e)来分离各离子，然后测定与各质荷比(m/e)相应的离子强度，就可得到质谱图。

1. 离子化法

MS 是对样品的离子进行分析，因此首先需要将样品的分子或原子电离成离子。使试样离子化的方法有电子轰击法（EI 法）、化学电离法（CI 法）、伤致电离法（FI 法）等。最常用的是 EI 法，其次是 CI 法。

EI 法，用具有 15～70 eV 的电子束把试样离子化。试样的分子受到电子轰击后，失去 1 个电子，形成分子离子 $M\cdot^+$。

$$M+e^- \longrightarrow M\cdot^+ + 2e^-$$

产生的离子 $M\cdot^+$是具有奇数个电子的不稳定自由基离子，由于它内部能量高，因而继续断裂或转位，产生很多碎片离子。

$$M\cdot^+ \rightarrow M_1\cdot^+ + M_2$$
$$\searrow M_3\cdot^+ + M_4$$

EI 法得到的离子流稳定，产额高，因此使仪器的灵敏度很高，并可以根据碎片离子的质谱图来确定未知物的结构。所以，EI 法广泛地应用于气体、有机物的分析上。但是由于产生的碎片离子太多，使一些有机物的质谱图过于复杂，不易识别；同时，对于一些易分解的大分子有机化合物，很难得到分子离子，因而不能确定分子量。

CI 法，在大约 1 mmHg 的反应气体中，混合 0.1%左右的试样，首先用电子轰击法使反应气体电离，然后反应气离子与试样分子进行复杂的离子-分子反应，进而使试样离子化。作为反应气体的有甲烷、异丁烷、氨等。现以甲烷作为反应气体，说明 CI 法的离子化过程：

一次离子的产生：

$$CH_4 + e^- \rightarrow CH_4 \cdot^+, CH_3 \cdot^+, CH_2 \cdot^+ + ne^-$$

一次离子与中性分子的 CH_4 反应，产生二次离子：

$$CH_4 \cdot^+ + CH_4 \rightarrow CH_5^+ + CH_3 \cdot^+$$

$$CH_3 \cdot^+ + CH_4 \rightarrow C_2H_5^+ + H_2$$

这些二次离子与试样分子 M 反应，使试样离子化：

$$CH_5^+ + M \rightarrow MH^+ + CH_4$$

$$C_2H_5^+ + M \rightarrow MH^+ + C_2H_6$$

生成的 MH^+ 具有偶数个电子，其内部能量小，较稳定，寿命也长，不易引起碎片离子。因此，CI 法有如下优点：一是比较容易确定试样的分子量；二是有利于用下述的碎片质谱法（MP）进行微量检测。

利用上述种种方法所产生的试样离子流经加速大部分送入磁场或四极分析管中按质荷比 m/e 进行分离，并经电子倍增管和记录仪得到质谱。在离子化室与磁场之间设有总离子集电极，收集质谱分析前总离子流的一小部分，经过放大就可以得到该组分的色谱峰。在实际操作中，当我们看到某一组分的色谱峰出现在峰顶附近时，按下 MS 钮，连续扫描 MS 仪的磁场，就可以在数秒内获得该组分的一组质谱图。当另一组分的色谱峰出现时，又同样得到另一组质谱图。

2. 质谱分析仪

质谱分析仪有磁场型质谱分析仪和四极质谱分析仪两种。

磁场型质谱分析仪，是利用被加速到数千伏的离子通过一均匀磁场时，其轨道半径随质荷比 m/e 不同来进行分析的仪器。质荷比（m/e）、轨道半径 r（cm）、磁场强度 H（Gs）～加速电压（V）的关系可用下式表示：

$$m/e = 4.82 \times 10^{-5} r^2 H^2 / V$$

式中，若 r、V 固定，则变动 H 就可进行 m/e的扫描，从而得到质谱。若固定 H，连续变化 V，也可以进行 m/e 扫描，得到质谱。后面讲的多离子检测器（MID）就是利用此方法。

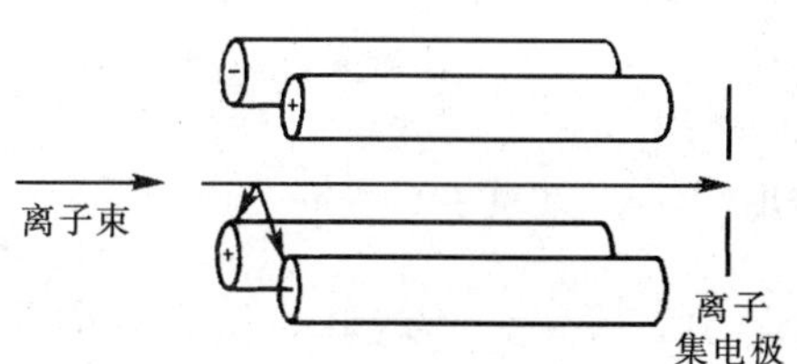

图 3-22　四极质谱分析管

四极质谱分析仪（图 3-22）是通过一个由四根平行配置的圆柱状电极所产生的四极电场中的振荡来实现离子质量分离的。电极的电场由直流电压以及与它叠加的具有数兆赫兹（MHz）、数千伏的高频电压所产生的。当离子沿着四圆柱电极中心轴通过电场时，在垂直于前进的方向上做复杂的振动。只有具有一定 m/e 的离子才能通过此电场，到达另一端的检测器；其他 m/e 的离子在振动时会碰到棒状电极，从而被“过滤掉”。

与磁场型质谱分析仪相比较，四极质谱分析仪具有体积小、重量轻、质谱扫描速度快、在低质量测灵敏度高等优点。但是，另一方面又有在高质量测灵敏度低、分辨率低等缺点。

经过质谱分析仪分离的离子，从集电极狭缝通过，用二次电子倍增管放大，把质谱记录下来。

五、色质谱（GC-MS）分析

（一）醇类的分析

把甲醇、乙醇、丙酮的混合物作为试样，用GC-MS进行分析，将结果示于图3-23。

在气相色谱图上所表明的化合物Ⅰ、Ⅱ、Ⅲ，分别对应质谱图Ⅰ、Ⅱ、Ⅲ。从质谱图可以清楚地看到它们的分子离子质量分别为58、32和46。可以确认，分子量为58的化合物Ⅰ是丙酮，分子量为32的化合物Ⅱ是甲醇，分子量为46的化合物Ⅲ是乙醇。除分子离子外，还有质量数分别为43、32和15等碎片离子，它们是用虚线表示的诸键断裂形成的。

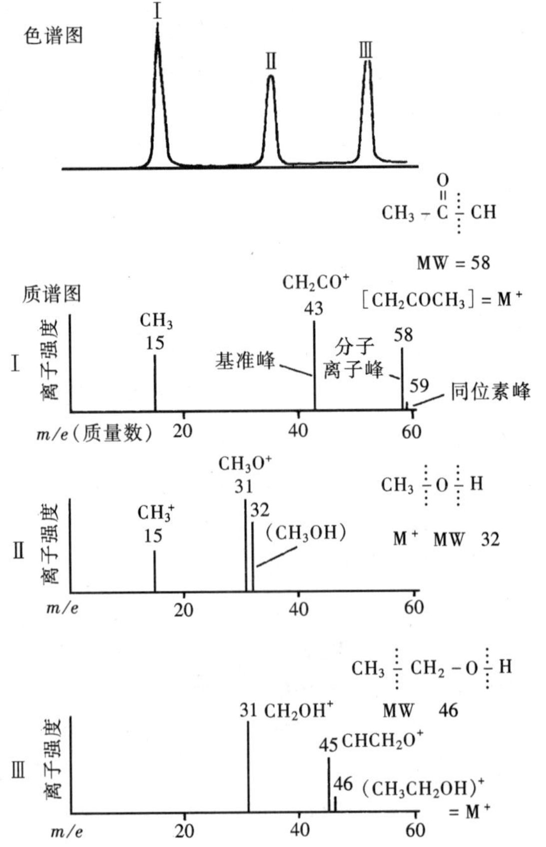

图3-23 甲醇、乙醇、丙酮的GC-MS分析

GC：FFAP 3%，3 m×2Φ，柱温50℃，取样量1μl

MS：电离电压20 eV，电离电流300 μA，I. M. V. C. 150

在质谱图Ⅰ中，把$m/e=58$的峰称为分子离子峰，这是根据$[CH_3COCH_3]\cdot^+$而定的。另外，把$m/e=43$的最强峰称为基准峰，它相当于分子离子断裂后失去$CH_3\cdot$的碎片离子$[CH_3CO]^+$。把质谱基准峰的强度作为100，则其他碎片离子的相对强度比如图3-23所示，可以看到，$m/e=59$的峰为强度最小的峰，它是一个同位素峰。因为在碳原子中有1.108%的C^{13}存在。

由图3-24可知，与丙酮相比，乙醇的分子离子变小，分子离子易于断裂而产生碎片离子。因碎片离子的m/e反映了可能的断裂方式，所以可以根据碎片离子推断出分子的结构。在下面的情况下，容易引起分子离子的断裂和转位。

（1）键能小的分子（RO—H）；

（2）产生稳定离子的情况（3级离子等）；

（3）放出稳定中性分子情况（H_2O、CO、CO_2、ROH、RX等）。

关于这些断裂方式，在许多著作中均有介绍，可查有关文献。

（二）含氯化合物的分析

在含氯化合物中，由于天然氯元素中同位素Cl^{37}的丰度较大，所以其质谱图显示明显的同位素峰。当分子中氯原子数$n=1$时，有1个同位素峰；当$n=2$时，有2个同位素峰；当$n=3$时，有3个同位素峰。它们与分子离子峰的强度比见图3-24。

多氯化萘（PCN）$C_{10}H_{8-n}Cl_2$（$1\leqslant n\leqslant 5$）是一类难以分解的环境污染物。用GC先把它们加以分离，再用MS分析得到$C_{10}H_7Cl$、$C_{10}H_6Cl_2$和$C_{10}H_5Cl_3$的质谱图（图3-24）。

它们的分子离子峰的 m/e 分别为 162、196 和 230，另外还分别有 1 个、2 个和 3 个同位素峰。所以，根据质谱图就可知道分子中氯原子的个数。

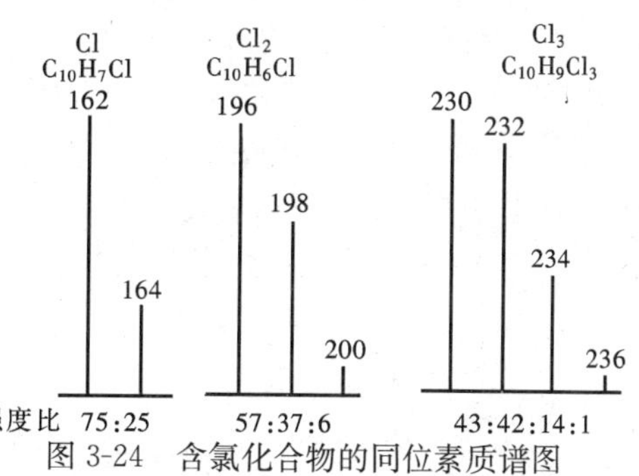

图 3-24　含氯化合物的同位素质谱图

（三）二噁英类分析

大气中的二噁英类包括四氯化物、五氯化物、六氯化物、七氯化物、八氯化物等。它们的定性和定量测定，使用毛细管色谱（GC）和双聚焦质谱（MS），即 GC-MS 测定。用保留时间及离子强度之比定性鉴定二噁英类后，以色谱峰的面积用内标法定量。由烟道、烟囱和排气筒排出的燃烧及化学反应产生的废气中也含 4～8 个氯原子的多氯二苯并对二噁英和多氯二苯并呋喃二者统称为二噁英类。采用 GC-MS 测定两种同系物和多种同分异构体，要求分辨率在 10 000 以上，对内标物分辨率要求在 12 000 以上，为了分别出各种异构体，需要将校正质量用的内标物质和测定试样同时导入离子源，用锁定质量方式选择离子检测（SIM）法进行测定，以校正检测选择离子附近质量离子的质量微小变化。

（四）多环芳烃类分析

多环芳烃主要来自煤、石油、垃圾等的不完全燃烧，测定的主要污染物有萘、苊、二氢苊、芴、菲、蒽、荧蒽、芘、苯并［a］蒽、芘䓛、苯并［b］荧蒽、苯并［r］荧蒽、苯并［a］芘、茚并［1,2,3－c,d］芘、二苯并［a,h］蒽和苯并［g,h,i］苝等。该方法是将采集在玻璃纤维滤膜或石英滤膜上的气溶胶颗粒物用二氯甲烷进行超声波萃取，在低温（或常温）离心后取出萃取液，再加入氯甲烷进行超声萃取，离心分离后，取出萃取液，合并萃取液并浓缩后用 GC-MS-SIM 测定多环芳烃、检测范围在几皮克到几千皮克数量级，如图所示 3-25。

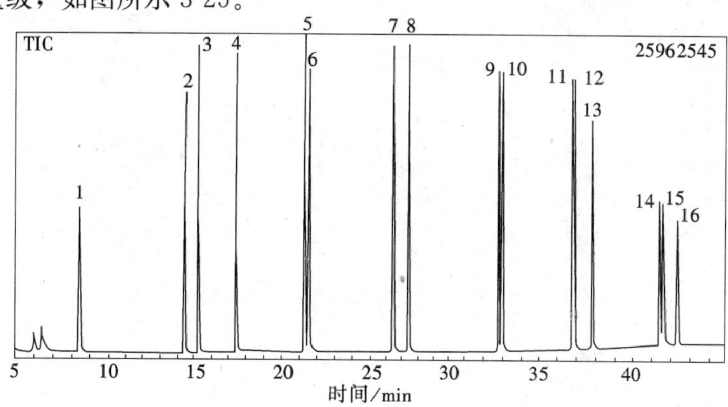

图 3-25　16 种多环芳烃标准溶液全扫描色谱图

1—萘（8.648）；2—苊（14.788）；3—苊烯（15.476）；4—芴（17.544）；5—菲（21.396）；6—蒽（21.574）；7—荧蒽（26.341）；8—芘（27.201）；9—苯并［a］蒽（32.36）；10—芘䓛（32.525）；11—苯并［a］荧蒽（36.661）；12—苯并［k］荧蒽（36.76）；13—苯并［a］芘（37.783）；14—茚并［1,2,3-c，d］芘（41.653）；15—二苯并［a,h］蒽（41.817）；16—苯并［g,h,i］苝（42.568）

注：括号中为出峰时间。

（五）环境激素类分析

许多环境激素类有机污染物如杀虫剂、除草剂等农药残留量大都使用 GC-MS 技术进行监测分析，具超强的定性能力且灵敏度高。其前处理方法主要有两种，一种是经典的液-液萃取法，如用正乙烷做溶剂进行液液萃取，用 GC-MS-SIM 法测定水中 27 种有机磷农药残留量，最低检测限范围在 0.03～0.45 μg/L。另一种方法是固相萃取法，如用 C_{18} Epnpore 固相萃取盘进行固相萃取、用活性炭-硅藻土微型柱萃取、用 GC-MS-SIM 法测定地下水中的农药 199 种，其中 90%的农药可达 70%～100%的回收率。

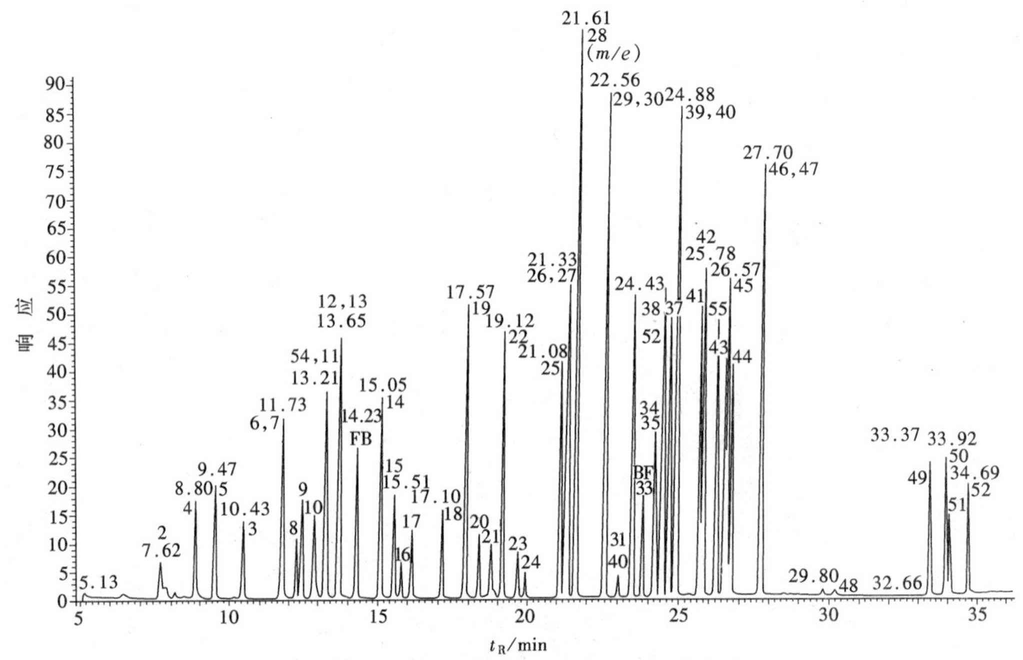

图 3-26　挥发性有机物的总离子流色质谱图

（六）挥发性有机物分析

挥发性有机化合物（VOCs）在很多国家的环境标准中无论是水样或气样都作为必检项目。由于其含量低于 ng/g 级，对样品的前处理技术要求较高。水样的前处理目前主要使用顶空法。用静态顶空-自动顶空进样器 GC-MS 分析水样中的 23 种 VOCs，用顶空 GC-MS 法测定水中三氯乙烯等 53 种挥发性有机化合物。见图 3-26。53 种挥发性有机化合物的扫描号和检测下限见表 3-3。

表 3-3　53 种挥发性有机物扫描号和检测下限

序号	化　合　物	扫描号	m/e		测定下限 ρ_i/（μg/L）
1	苯	723	78	77	0.04
2	溴苯	1 052	156	77	0.05
3	溴氯甲烷	685	49	128	0.1
4	溴二氯甲烷	782	83	85	0.04
5	正丁基苯	1 143	91	134	0.09
6	异丁基苯	1 095	105	134	0.04
7	叔丁基苯	1 078	134	119	0.04

续表

序号	化合物	扫描号	m/e		测定下限 ρ_i/（μg/L）
8	氯苯	940	112	114	0.04
9，10	邻氯甲苯，对氯甲苯	1 059	91	126	0.07
11	二溴氯甲烷	897	129	127	0.1
12	1,2 二溴-3-氯丙烷	1 251	75	157	0.17
13	1,2-二溴乙烷	912	107	109	0.1
14	二溴甲烷	788	93	95	0.1
15	1,2-二氯苯	1 175	146	148	0.04
16	1,3-二氯苯	1 127	146	148	0.04
17	1,4-二氯苯	1 137	146	148	0.04
18	1,1-二氯乙烷	630	63	65	0.04
19	1,2-二氯乙烷	720	62	64	0.04
20	1,1-二氯乙烯	555	61	96	0.04
21	顺-1,2-二氯乙烯	665	96	98	0.04
22	反-1,2-二氯乙烯	604	61	96	0.04
23	二氯甲烷	587	84	86	0.04
24	1,2-二氯丙烷	766	63	62	0.04
25	1,3-二氯丙烷	871	76	78	0.04
26	2,2-二氯丙烷	662	77	79	0.05
27	1,1-二氯丙烯	703	75	110	0.04
28	顺-1,3-二氯丙烯	810	75	110	0.04
29	反-1,3-二氯丙烯	840	75	110	0.04
30	乙苯	938	91	106	0.04
31	六氯丁二烯	1 346	225	260	0.1
32	异丙苯	1 001	105	120	0.04
33	对异丙甲苯	1 105	119	134	0.04
34	正丙苯	1 035	91	120	0.04
35	苯乙烯	980	104	78	0.05
36	1,1,1,2-四氯乙烷	940	131	133	0.05
37	1,1,2,2-四氯乙烷	1 018	83	85	0.05
38	四氯乙烯	879	166	164	0.1
39	四氯甲烷	712	117	119	0.04
40	甲苯	834	92	91	0.04
41	三溴甲烷	1 019	173	171	0.17
42	1,2,3-三氯苯	1 400	180	182	0.04
43	1,2,4-三氯苯	1 339	180	182	0.04
44	1,1,1-三氯乙烷	696	97	99	0.04
45	1,1,2-三氯乙烷	855	83	97	0.05
46	三氯乙烯	755	95	130	0.04
47	三氯甲烷	674	83	85	0.04
48	1,2,3-三氯丙烷	1 032	110	112	0.1
49	1,2,4-三甲苯	1 082	105	120	0.04
50	1,3,5-三甲苯	1 045	105	120	0.04
51	间二甲苯	942	91	106	0.07
52	对二甲苯				
53	邻二甲苯	978	91	106	0.04

注：氟苯的扫描号和选择离子为 732 和 96，4-溴氟苯的扫描号和选择离子为 1 028 和 174。

（七）环境恶臭类分析

环境中的恶臭成分多为有机化合物，而无机化合物只有氨、硫化氢等。对氨可用分光光度法定量测定。而大多数恶臭成分分析一般采用 GC 法和 GC/MS 法（还可使用 GC/FTIR 法）详见表 3-4。

表 3-4 恶臭物质的监测分析方法

序号	化合物名称	测定范围/$\times10^{-6}$	分析方法	样品采集量/L	检测限/$\times10^{-6}$
1	氨	1～5	衍生化分光光度法	50	0.05
2	甲硫醇	0.002～0.01	GC-FPD	1	0.000 2
3	硫化氢	0.02～0.2	GC-FPD	1	0.000 5
4	甲硫醚	0.01～0.2	GC-FPD	1	0.000 5
5	二甲二硫醚	0.009～0.1	GC-FPD	1	0.000 5
6	三甲胺	0.005～0.07	GC-FID	50	0.000 5
7	乙醛	0.05～0.5	衍生化 FTD	50	0.000 5
			GC-MS	2	0.000 5
8	丙醛	0.05～0.5	衍生化 FTD	50	0.002
			GC-MS	2	0.000 5
9	正丁醛	0.009～0.08	衍生化 FTD	50	0.002
			GC-MS	2	0.000 5
10	异丁醛	0.02～0.2	衍生化 FTD	50	0.002
			GC-MS	2	0.000 5
11	正戊醛	0.009～0.05	衍生化 FTD	50	0.002
			GC-MS	2	0.000 5
12	异戊醛	0.003～0.01	衍生化 FTD	50	0.002
			GC-MS	2	0.000 5
13	异丁醇	0.9～20	FID	1	0.01
14	乙酸乙酯	3～20	FID	1	0.01
15	甲基异丁基酮	1～6	FID	1	0.01
16	甲苯	10～60	FID	1	0.01
17	苯乙烯	0.4～2	FID	1	0.01
18	二甲苯	1～5	FID	1	0.01
19	丙酸	0.03～0.2	FID	25	0.000 5
20	正丁酸	0.001～0.006	FID	25	0.000 5
21	正戊酸	0.000 9～0.004	FID	25	0.000 5
22	异戊酸	0.001～0.01	FID	25	0.000 5

定性一般采用三种方法。

(1) 用 GC 的选择性检测器根据测定结果确定各化合物的构成元素。

(2) 利用 GC 的保留时间或保留指数的定性方法。该法需使用标样或基础数据。见其他物质标准样品的 TIC 图（图 3-27）。

(3) 利用质谱图定性的方法，即用质谱图谱库检索方法。目前谱库中的谱图已有十几个，但对未知的谱图还需要有解析的功能。

此外还有特殊的定性方法，即衍生法，通过分离衍生化合物，确定化合物的类别。

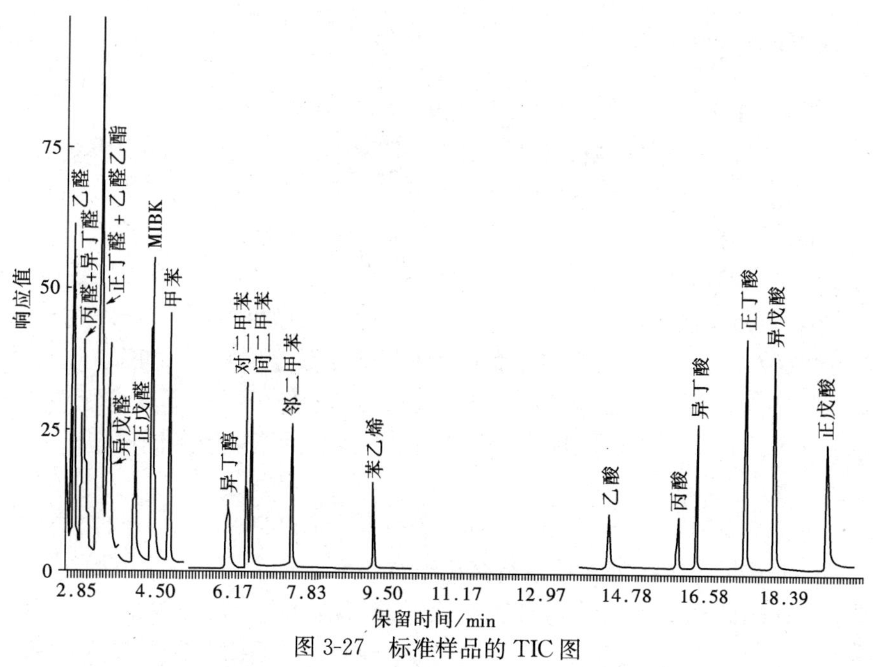

图 3-27　标准样品的 TIC 图

臭气物质分析流程是：

样品	调查臭气强度和性质 调查样品的性状 调查臭气的稳定性
试验准备	1. 酸处理；2. 碱处理； 3. DNPH 处理；4. $KMnO_4$ 处理； 5. 检测管(氨硫)
浓缩处理	根据样品形态选择浓缩法 注意臭气物质的变化
GC 测定	嗅觉强度图的制作 用所选择的检测器 用多根色谱柱
GC-MS 测定	利用保留时间定性 利用质谱图定性
臭气阈值测定	测定在溶液中的阈值
混合样的制作	臭气相似度的感官试验

六、ICP-MS 分析技术

ICP-MS 联机主要由等离子炬、质谱分析、真空排气、控制测量和数据处理等部分组成。通过喷雾器将试样溶液喷成雾状。在喷雾腔中收集雾化的试样后再导入等离子炬进行离子化。在质谱分析部分根据各种离子的质量不同可进行一高分辨分离测定。通过质量分离器的离子通过离子检测器转变为电信号。然后用收集器收集输入放大器中放大并检测。ICP-MS 仪使用 Ar 等离子体为离子源，用双聚焦质谱代替四极质谱，因此光的检测效率高，背景较低，谱线简单，容易实现超高灵敏度分析。比一般 ICP-AES 法高 1～3 个数量级，特别是在测定质量数在 100 以上的元素时灵敏度更高、检出限更低。在质谱扫描测定中，当测定范围为 m/e 0～800 时，可在 10～100 μs 进行高速度扫描。很便捷地做到多元素成分的同时测定，也可同时测定各元素的各种同位素，即可用作同位素稀释法测定。

目前最先进的 ICP-MS 有 Prekin Elmer 公司生产的 Nexion 300 型仪器，它是把两种最有效的多原子离子干扰消除技术组合相结合，根据样品需要消除干扰的水平和检出限的不同，用通用池模式切换技术再加上仪器的标准设定，仪器提供了三种（标准模式、碰撞模式和反应模式）不同的工作模式的一种四级杆质谱。它具有独创的小型四级杆离子偏转设计，使离子束发生 90°偏转，最大限度地保证分析离子进入到通用池中，而所有中性组分完全去除。确保所有离子和中性组分永远不会碰撞到仪器组件表面，避免了样品沉积，使仪器漂移最小，保证了仪器长时期稳定，完全不需要清洗，很少需要重新校准，标准曲线长时间不变，可以获得仪器长期高效工作。见图 3-28。

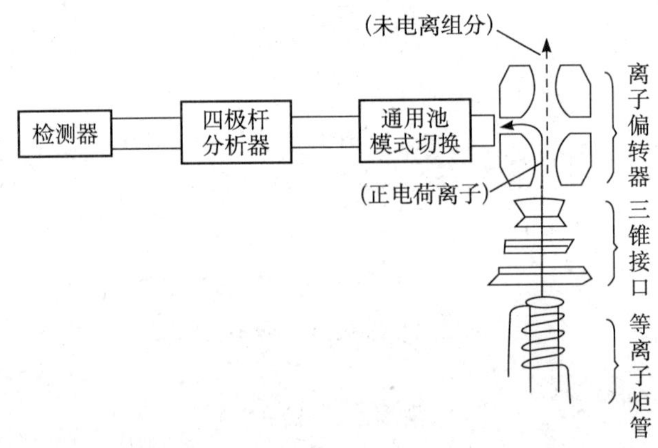

图 3-28 Nexion 300 ICP-MS 核心系统结构图

七、用其他方法测定的项目

由于有机污染物大部分都具有挥发性，从而分布于空气和废气中，因此，就有机物的监测项目而言，空气和废气的项目比水和废水的项目多，且使用的方法以 GC、GC-MS 为主，其次是分光光度法。

有机污染物的监测项目中，只有总烃、非甲烷径和低分子量甲醛等少数污染物用采集的气体样品直接分析。多数是用水、NaOH 溶液、苯等有机溶剂或 HCl、H_2SO_4 等液体吸收后用GC法或分光光度法测定。例如，甲醇、甲醛、丙酮、酚类、硝基苯、苯胺、吡啶、敌百虫、异氰酸甲酯等。丙烯腈、氯乙烯、氯丁二烯、苯系物、苯并［a］芘、甲基对硫磷、环氧氯丙烷等，则在采样时用活性炭或101柱等固相柱吸附。CS_2、CCl_4或丙酮乙酸乙酯等有机溶剂洗脱后，用GC或分光光度法测定。这里洗脱溶剂与使用的分析方法及测定物质密切相关。可以用分光光度法测定的项目有：

甲醛：乙酰丙酮分光光度法

丙烯醛：4-乙基间苯二酚分光光度法

丙酮：糠醛分光光度法

酚类：四氨基安替吡啉分光光度法

苯胺：盐酸萘乙二胺分光光度法

吡啶：巴比妥酸分光光度法

环氧氯丙烷：乙酰丙酮分光光度法

甲基对硫磷：盐酸萘乙二胺分光光度法

敌百虫：硫氰酸汞分光光度法

异氰酸甲脂：2,4-二硝基氟苯分光光度法

肼和偏二甲基肼：分光光度法

苯并［a］芘：乙酰化滤纸层析-荧光分光光度法

第三节　颗粒物监测分析技术

一、用称量法（Wel）测定的项目

目前我国空气和废气中颗粒物的监测项目有：

1. 总悬浮颗粒物（TSP）：即总悬浮微粒，系指空气动力学当量直径在100 μm以下的固态和液态颗粒物。

2. 细颗粒物（$PM_{2.5}$）：系指空气动力学当量直径在2.5 μm以下的颗粒物。

3. 灰尘自然沉降量：简称降尘量，系指空气中较大颗粒灰尘（>10 μm）的自然沉降量。

颗粒物监测目前世界各国仍以TSP为主，因为2.5 μm以下更细小的颗粒物对人体健康影响大，从污染控制角度监测$PM_{2.5}$更具根本性，故而在常规监测中要有计划地开展$PM_{2.5}$的监测。

总悬浮颗粒物（TSP）与可吸入颗粒物（$PM_{2.5}$）多采用称重法，所用的采样器按采样量不同可分为大流量（0.967～1.14 m^3/min）、中流量（0.05～0.15 m^3/min）及小流量（0.01～0.06 m^3/min）等。

大流量采样器称重法测定TSP，因其简便、准确，一直被世界各国采用为标准方法。我国已制订出大流量采样器的性能指标，并实施了强制性检定技术。在使用中流量和小流量采样器时，会因高风速及粗颗粒物浓度高而产生明显误差。

二、颗粒物称重技术的基本原理

（一）总悬浮微粒（TSP）称重法原理

抽取一定体积的空气（大流量为 0.967～1.14 m^3/min，中流量为 0.05～0.15 m^3/min），通过已恒重的滤膜，空气中粒径在 100 μm 以下的悬浮颗粒物被阻留在滤膜上，根据采样前后滤膜重量之差及采样体积，可计算总悬浮颗粒物的质量浓度，滤膜经处理后，可进行组分分析。

$$总悬浮颗粒物(TSP,mg/m^3) = \frac{W}{Q_n \cdot t}$$

式中，W——采集在滤膜上的总悬浮颗粒物质量（mg）；

Q_n——标准状态下的采样流量（m^3/min）；

t——采样时间（min）。

$$Q_n = Q_2\sqrt{\frac{T_3 \cdot P_2}{T_2 \cdot P_3}} \times \frac{273 \times P_3}{101.3 \times T_3} = Q_2\sqrt{\frac{P_2 \cdot P_3}{T_2 \cdot T_3}} \times \frac{273}{101.3} = 2.69 \times Q_2\sqrt{\frac{P_2 \cdot P_3}{T_2 \cdot T_3}}$$

式中，Q_2——现场采样流量（m^3/min）；

P_2——采样器现场校准时大气压力（kPa）；

P_3——采样时大气压力（kPa）；

T_2——采样器现场校准时空气温度（K）；

T_3——采样时的空气温度（K）。

若 T_3、P_3 与采样器现场校准时的 T_2、P_2 相近，可用 T_2、P_2 代之。

（二）空气中细颗粒物（$PM_{2.5}$）称重法测定原理

使一定体积的空气通过带有 2.5 μm 切割器的大流量采样器，小于 2.5 μm 的细颗粒物被收集在已恒重的滤膜上，根据采样前后滤膜质量之差及采样体积即可计算出可吸入颗粒物的质量浓度，滤膜样品还可进行组分分析。

$$细颗粒物(PM_{2.5},mg/m^3) = \frac{W_1}{V_1}$$

式中，W_1——捕集在圆形滤膜上的细颗粒物质量（mg）；

V_1——标准状态下的采样体积（m^3）。

定期清扫切割器内大于 2.5 μm 的细颗粒物，保持切割器入口距离，可防止大颗粒的干扰。

（三）灰尘自然沉降量测定原理

空气中灰尘自然沉降在集尘缸内。经蒸发，干燥称重后，计算灰尘自然沉降量。结果以每月每平方公里面积上沉降的吨数［t/（km^2・月）］表示。

（四）烟尘及工业粉尘测定原理

按等速原则从烟道中抽取一定体积的含尘烟气，通过已知重量的滤筒，烟气中的尘粒被捕集，根据滤筒在采样前后的重量差和采气体积，计算烟尘排放浓度：

$$烟尘或工业粉尘(mg/m^3) = \frac{W}{V_{nd}} \times 10^6$$

式中，W——滤筒捕集的烟尘量（g）；

V_{nd}——标准状态下干烟气的采样体积，L。

三、颗粒物测定称重技术的仪器要求

（一）采样器

为能够采集到空气中空气动力学当量直径小于 100 μm 的颗粒物，大、中、小流量三种采样器均应符合以下技术要求：

1. 采样口必须向下，空气气流垂直向上进入采样口，采样口抽气速度规定为 0.30 m/s。

2. 滤膜平行于地面，气流自上而下通过滤膜，单位面积滤膜在 24 h 内滤过的气体量 Q，应满足下式要求：

$$2 < Q[\mathrm{m^3/(cm^2 \cdot 24\ h)}] < 4.5$$

用超细玻璃纤维或过氯乙烯滤膜采样，在测定总悬浮颗粒物的质量浓度后，样品滤膜可用于测定金属元素（如铍、铬、锰、铁、镍、铜、锌、镉、锑、铅等），无机盐（如硫酸盐、硝酸盐及氯化物等）和有机化合物（如苯并［*a*］芘等）。

3. 采样时必须将采样头及入口各部件拧紧，并经常检查采样头是否漏气，无论使用哪种流量采样器，在采样过程中必须准确保持恒定的流量。

4. 采样器在使用过程中至少每月校准流量一次，采样前后流量校准误差应不大于7%。

5. 采样器应定期维护，通常每月一次，所有的维护项目应登记在记录本上。

6. 采样器的电机刷应在可能引起电机损坏前更换。更换电刷后要重新校准流量，新更换电刷的采样器应在负载条件下运转 1 h，等电机与转子的整流子良好接触后，再进行流量校准。

（二）测尘仪

烟尘及工业粉尘可直接选用普通型采样管测尘仪或动压平衡型测尘仪和静压平衡型测尘仪任一种采样测定。应符合下述要求：

1. 采样时，生产设备应处于正常运转状态下，对工业锅炉，锅炉运行负荷应不低于 85%。

2. 采样前，采样系统要进行漏气检查，方法是堵死采样管连接流量计量箱之间的橡皮管，打开抽气泵抽气，待流量计量箱上的负压表压力升到 6.7 kPa 时，停止抽气并堵死流量计量箱出口的橡皮管，若 1 min 内压力下降不超过 133 Pa 时，即认为系统不漏气。

3. 滤筒在采样前应检查滤筒外表有无脱毛、裂纹或孔隙等损坏现象，如有应更换滤筒。当用刚玉滤筒采样时，滤筒在称重前，要用细砂纸将滤筒口磨平，以防止因口部不平而密封不严。

4. 使用等速采样管采集高浓度烟尘时，采样过程中应注意采样管测压孔是否有积灰或堵塞现象，如堵塞应及时清除，保证等速精度。

5. 测试仪器装的流量计要求定期进行校正，转子流量计每两年校正一次。累积流量计每半年校正一次。如使用频繁应缩短校正时间。

（三）天平

监测站经常使用的称重仪器是分析天平，分度值为万分之一（或十万分之一），其精度应不低于三级天平（和三级砝码）的规定。天平计量性质的三性（稳定性、不等臂性、灵敏性）指标应定期进行检查，天平和砝码每年至少一次定期检定。

1. 天平的不等臂性

天平在使用时应注意减少温度对天平的影响造成的天平不等臂性。要求全载等量砝码交换称量的停点偏差应小于 3 个分度值，使用中的天平交换两边砝码前后两次停点偏差应小于 9 个分度值。

2. 天平的稳定性

即天平示值的变动性，是指天平在相同条件下多次称量同一物体时测量结果的一致性。分析天平示值变动不得超过一个分度值，多数是由于环境条件所引起。故应注意天平室的环境条件要清洁、恒温、稳定、操作时要轻稳，以避免示值变动。

3. 天平的灵敏性

这是指天平能反映出放在秤盘上的物体质量改变量的能力。使用中的天平当在秤盘上放置 10 mg 砝码时，指针偏斜的停点反应在微分标牌上的 10 mg 刻度线与投影屏上的标线误差不得大于 2 个分度值（即 10±0.2 mg 范围内）。空载时不超过＋2、－1 个分度。天平三性指标合格方可使用，否则应由计量部门按《JJG 98—72 天平检定规程》检定。

四、颗粒物中金属含量的测定

尘粒中含有铜、铅、锌、铬、铁、钴、镍等多种金属元素，由于大部分金属元素的含量都很低，所以要用灵敏度较高的方法，如极谱阳极溶出伏安法、原子吸收法、发射光谱法、原子荧光法及 X 射线荧光法等，以采用原子吸收法（AAS）最多。如：铍 AAS、EM；铜、铅、锌、锰、镍 AAS；铁、铬 AAS；硒、砷、锑 AFS 等。

（一）AAS 分析技术（见第二章）

使用这种方法首先要把尘样制备成测定用的试液，然后才能在原子吸收分光光度计上进行测定，将尘样转变为试液的过程，包括有机物的消解和待测重金属组分的溶解。具体处理方法是干式灰化法和湿式分解法。灰化后的试样再经如图 3-28 所示流程处理后，即可提供原子吸收光谱分析的测定液。

然而，这种方法的提取液中往往含多种干扰元素。随着 X 射线荧光分析装置灵敏度的提高，且试样不用消解处理，用大流量的采样器最近使用不同切割器采集 TSP、PM_{10}、$PM_{2.5}$试样使分析操作简便、快速。

（二）X 射线荧光分析（XFS）技术

1. X 射线荧光分析技术原理

当用 X 射线管发射的 X 射线（一次 X 射线）照射被测物质时，一次 X 射线的一部分透过，残留部分被吸收（包括散射部分）。被吸收的 X 射线能量转变为二次效应的 β 射线是二次 X 射线和热量，二次 X 射线中固有的 X 射线被称为荧光 X 射线，照射的一次 X 射线的能量使物质中原子的 K、L 层电子跃迁，原子处于激发态。

X 射线荧光分析技术，有使用分光晶体的色散型和不使用分光晶体的非色散型，色散型又分波长分散型和能量分散型。波长分散型有通用的扫描型和固定通道的多元素同时分析型两种。非分散型是多种半导体检测型，使用半导体检测器的非色散型 X 射线荧光法近年来由于半导体检测器的能量分解能力的提高和应用技术的进步而得到较大的发展，能量色散型仪器更多地用于颗粒物的定量分析中，如图 3-30。

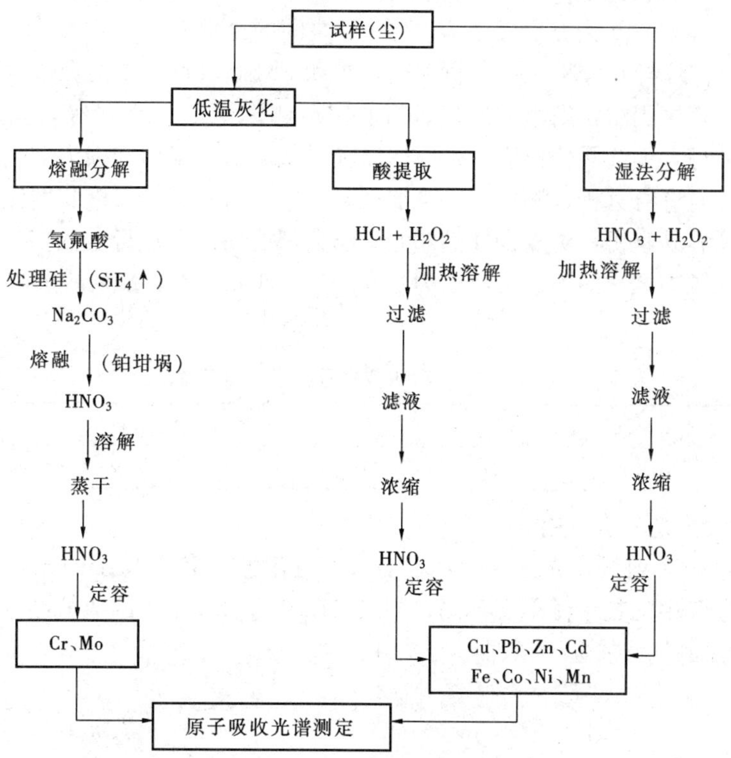

图 3-29　尘样中金属元素的分析流程

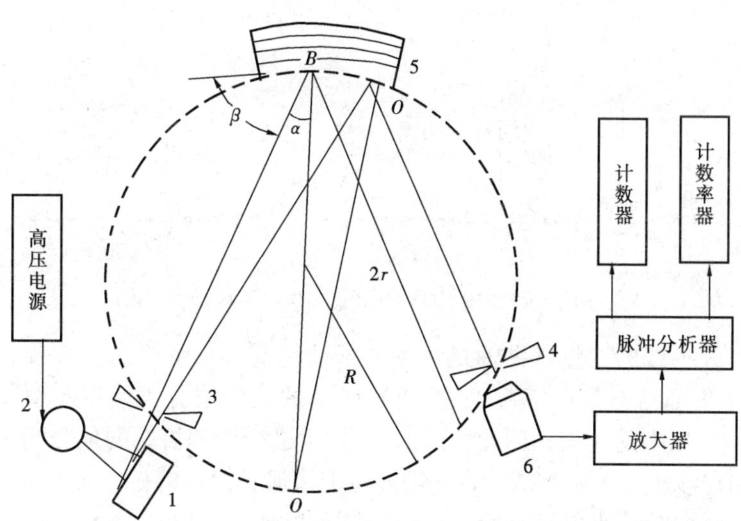

图 3-30　弯曲晶体反射 X 射线荧光光谱原理示意图

1—样品；2—X 光管；3—入射狭缝；4—出射狭缝；5—弯面晶体；6—探测器

2. X 射线荧光分析技术的特点

(1) 分析速度快：分析时间取决于分析精度，但通常定量分析一种样品的一种元素，20～100 s 可获得满意的结果。对于可同时分析多种元素的扫描式多通道仪器也有可能在 20～100 s 内完成多种元素分析。尤其是在仪器定性分析中，可在 60 min 左右测定从原子序数为 9 的 F 到原子序数为 92 的 U 之间的全部元素。

（2）无损（原样）分析：以分析大气粉尘和 PM_{10}、$PM_{2.5}$ 中的金属元素为例，试样不经前处理，直接用滤料采集的原样进行测定可测定到 10^{-9} 数量级，无需经过溶液化等复杂的前处理，不会因分析而使试样变质和飞溅，引入空白和损失的误差也很小，用一试样可以反复进行分析，测定结果更加准确，分析后的试样可以长期保留。

（3）谱图容易解析：对复杂样品的元素组成都能简便地进行定性扫描，确定其组成成分。大气颗粒物试样的测定灵敏度为 0.001～0.01 $\mu g/m^3$。X 射线荧光分析的定量下限见表 3-5。

表 3-5 X 射线荧光分析法定量下限 单位：$\mu g/L$

元素	Cr	Ni	Zn	As	Cd	Hg	Pb
定量下限	0.02	0.01	0.008	0.007	0.01	0.05	0.05

3. X 射线荧光分析应用

用能量色散 X 射线荧光法（EDX）对大气气溶胶中各种粒子的元素分析。电子显微镜可对气溶胶中的粒子做形态观测，同时其附件可对粒子中的成分进行定量测量。用 EDX 技术测量的气溶胶粒子谱图见图 3-31。

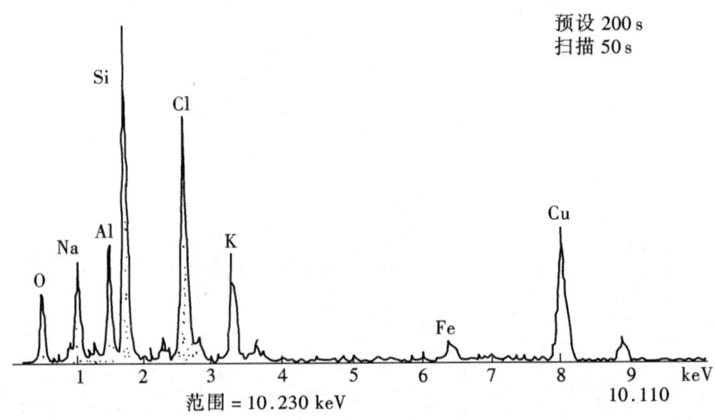

图 3-31 用 EDX 法测量的气溶胶粒子谱

其横轴是 X 射线的能量，纵轴是每秒光子计量值，每个峰对应着各元素的特征 X 线强度。EDX 法可测定 Na（原子序数 11）以上的元素成分。使用新型仪器可测定 C（原子序数为 6）以上的元素。因此，用 EDX 技术进行源解析中的成分测定已成为重要手段之一。如在沙尘暴多发季节，首先需通过卫星遥感图片解析，对沙尘暴的起源及影响进行监视，更需要对沙尘暴开始发生地的颗粒物样品和城区的扬尘样品进行定量分析，以及 PM_{10} 和 $PM_{2.5}$ 的解析等。

第四节　降水监测分析技术

一、用离子色谱法（IC）测定的项目

离子色谱法测定降水中的阴离子是利用离子交换原理进行分离。由抑制柱抑制淋洗液，扣除背景电导，然后利用电导检测器进行测定。根据混合标准溶液中各阴离子出峰的保留时间以及峰高可定性和定量分析降水中的 F^-、Cl^-、NO_2^-、NO_3^-、SO_4^{2-} 离子。方法的适用浓度范围和最低检出浓度随仪器的精度而定。

二、离子色谱技术的基本原理

离子色谱法（IC）是一种新的液相色谱分析技术，基本原理与气相色谱十分相似，可以运用速率理论解释许多重要的技术问题。但离子色谱其流动相为液体，液体与气体的理化性质有很大差异，故而分离机理与气色有很大区别。离子色谱当用低容量薄壳型阴离子或阳离子交换树脂为分离柱，当流动相将样品带进分离柱，由于各种离子对离子交换树脂的亲合性不同，样品在分离柱上分离成不连续的谱带，并依次被洗脱。常用电导检测器时，是由于电导是溶液中离子的共性，在低浓度时是离子浓度的简单函数。但由于洗脱液几乎是强电解质溶液，它的电导比待测离子高 2 个数量级，掩盖了待测离子信号。当柱后引入抑制柱，降低本底电导值，使离子色谱分析得以运用。

离子色谱通常用离子交换剂为柱填料。其交换机理依其离子交换剂和离子交换平衡分述如下。

（一）离子交换剂

离子色谱的固定相为离子交换剂。它是一种带有离子交换功能基的固态微粒。其结构为交联在高分子骨架上结合可解离的基团，在离子交换反应中，它的本体结构不发生明显变化。仅带有的离子与外界同电性离子发生等当量的离子交换。

一些天然无机物如沸石和微晶高岭土等均具有离子交换性，属于无机交换剂。但最广泛应用的是以交联的有机聚合物为骨架，在其聚合物链上带有离子交换功能基的离子交换树脂，属于有机交换剂。此外，在高效液相色谱（HPLC）中常使用键合相离子交换剂为柱填料。这种离子交换剂的骨架为多孔硅球。骨架十分坚硬，在有机溶液中不发生明显的收缩或膨胀，能承受几百万帕的压力，可以在高线速下快速分析，其孔径、交换容量等物化参数易控制，又较有机高分子填料易得 10 μm 以下窄粒度分布的微粒，因而是高效色谱的必需填料。

在离子色谱中应用最广泛的柱填料是由苯乙烯-二乙烯基苯共聚物制得的离子交换树脂。这类共聚物树脂基球与浓硫酸反应即制成带有磺酸基团的强酸性阳离子交换树脂；经氯甲基化反应后，其苯环上接上氯甲基，再与三甲胺反应接上季胺基团即得到强碱型阴离子交换树脂。还有弱酸、弱碱和螯合型等离子交换树脂。

无论哪种类型离子交换剂，都是通过其功能基所结合的离子与外界同电荷的其他离子间发生取代和络合作用来达到分离的目的。

离子交换剂均具有一定的交换容量和亲水性。交换容量是指单位重量或单位体积离子交换剂所能交换某类离子的毫克当量数，由交换剂内含有离子交换功能基的浓度来确定。亲水性是指当离子交换树脂颗粒和水溶液接触时，水分子可以通过扩散进入离子交换树脂骨架内，与骨架上可离解功能基及其吸附的反电荷离子产生强烈的水合作用，这种水合作用又加速推动水分子向树脂内的扩散作用，使树脂颗粒逐渐增大体积。这种溶胀作用，扩大了树脂内部的孔隙，增加了骨架的柔性，有利于外界离子与骨架上同电性离子发生交换反应。但是过度的溶胀也会影响离子交换树脂的刚性。使色层床不能承受高的工作压力，对分离不利。常用交联度在 8%～16%范围内，可兼顾其溶胀性和刚性。

（二）离子交换平衡

1. 简单的离子交换平衡

键合型阴、阳离子交换剂的化学结构分别为：

$$\text{硅球骨架}-O-[-\underset{|}{\overset{\overset{|}{O}}{\overset{|}{Si}}}-CH_2CH_2CH_2\underset{I^-}{\overset{+}{N}}(CH_3)_3]_n$$

$$\text{硅球骨架}-O-\underset{R_2}{\overset{R_1}{Si}}-(CH_2-CH_2)_2-C_6H_4-SO_3H$$

设用阴离子交换树脂为色谱固定相，可记为 $B-R_x$，其中 R_x 为可离解部分。在树脂和淋洗液达到平衡后，树脂上吸附的反电荷离子即为淋洗剂阴离子 B^{x^-}，当样品阴离子 A^{y-} 进入色谱系统后，将与淋洗剂阴离子 B^{x-} 争夺树脂上的正电荷位置。这种离子交换过程可用如下方程式表示：

$$xA^{y-}+yB-R_x \rightleftharpoons yB^{x-}+xA-R_y$$

$$\text{平衡常数}\ K_B^A=\frac{[A-R_y]^x\cdot[B]^y}{[A]^x\cdot[B-R_x]^y}$$

平衡常数 K_B^A 与气相色谱中的分配系数不同，但作用相似，可称为选择性系数。若分配系数为 D_g，上式中样品阴离子 A^{y-} 的量通常小于树脂总容量的 2%，因此，树脂上主要是淋洗剂离子 B^{x-}；$[B-R_x]$ 项可以当成树脂的交换容量［容量］；[B] 项即为淋洗液浓度［淋洗液］。则 $[A-R_y]$ / [A] 恰为阴离子 A^{y-} 的分配系数 D_g。

$$K_B^A=\frac{D_g^x[\text{淋洗液}]^y}{[\text{容量}]^y}$$

$$\because\quad V'_r=D_gW_S$$

式中，V'_r——校正保留体积；

W_S——柱内干树脂质量。

$$K_B^A=\frac{(V'_r)^x[\text{淋洗液}]^y}{W_S^x[\text{容量}]^y}$$

阴离子交换色谱中保留体积的基本方程为：

$$\lg V'_r=-y/x\lg[\text{淋洗液}]+y/x\lg[\text{容量}]+1/x\lg K_B^A+\lg W_S$$

从方程可知离子色谱各实验参数对保留体积的影响。即离子交换树脂的交换容量越大，淋洗剂浓度越小，保留体积就越大，淋洗剂离子的电荷越高，淋洗的能力就越强。各阴离子的选择性系数 K_B^A 决定其保留特性，是衡量该离子对离子交换树脂亲合力大小的量度。常用某离子作参比离子来比较一系列离子的选择性系数。

在季铵型强碱阴离子交换树脂上，各阴离子的选择性系数次序为：

$$ClO_4^- > I^- > HSO_4^- > SCN^- > CCl_3COO^- > CF_3COO^- = NO_3^- = Br^- > NO_2^- = CN^- > Cl^- \geqslant BrO_3^- > OH^- > HCO_3^- > H_2PO_4^- > IO_3^- > CH_3COO^- > F^-$$

在阳离子交换色谱中，样品阳离子 A^{y+} 与淋洗剂阳离子 B^{x+} 争夺在阳离子交换树脂上的负电荷位置，其交换反应为：

$$xA^{y+} + yB - R_x \rightleftharpoons yB^{x+} + xA - R_y$$

阳离子 A^{y+} 对 B^{x+} 的选择性系数为 K_B^A，用同样方法可得出阳离子 A^{y+} 的校正保留体积 V'_r 的基本公式：

$$\lg V'_r = -y/x\lg[\text{淋洗液}] + y/x\lg[\text{容量}] + 1/x\lg K_B^A + \lg W_S$$

各阳离子的选择性系数次序为：

$$Th^{4+} > Fe^{+} > Al^{3+} > Ba^{2+} > Ti(SO_4^{2-}) = Pb^{2+} > Sr^{2+} > Ca^{2+} > Co^{2+} > Ni^{2+} = Cu^{2+} > Zn^{2+} = Mg^{2+} > UO_2^{2+} = Mn^{2+} > Ag^{+} > Cs^{+} > Be^{2+} = Rb^{+} > Cd^{2+} > K^{+} > NH_4^{+} > Na^{+} > H^{+} > Li^{+}$$

对于各种离子选择性系数估计的一般原则是：较高价的离子、当量体积较小的离子、极化度较大的离子、与固定的离子交换功能基或与骨架相互作用较强的离子、与淋洗剂中其他成分相互作用最弱的离子有较大的选择性系数。

在离子交换色谱中，组分的保留值不仅限于上述的简单离子交换影响，还可能受到流动相和固定相中离子交换能基作用以及离子的水解和络合作用的影响。

2. 在络合剂存在下的离子交换平衡

在用络合剂淋洗液时，其配位体和金属离子形成络合物，将对阳离子的选择性系数产生影响，许多金属离子与某些无机酸形成络合物，因此，不被阳离子交换树脂吸附，可以用阴离子交换色谱法分离。近年来，EDTA 酒石酸等淋洗液在过渡金属离子色谱分析中获得广泛应用。而用有机络合剂做淋洗液分析金属离子有许多优点：①防止分析过程中发生水解、沉淀；②加速金属离子的洗脱；③有可能在一根色谱柱上同时分析阴离子与阳离子；④某些有机络合物可以获得较大的分离度。

用离子交换树脂做固定相，也可以通过配位体交换来分离配位体，这种方法已应用于分离氨基酸及其他氨基化合物。

3. 用螯合树脂分离金属离子的化学平衡

通常的阳离子交换树脂对各类金属离子无特殊的选择性。螯合树脂能选择性地吸附这些金属离子。有些可以通过控制 pH 值也能达到选择性地吸附。用螯合树脂可以在大量的非络合金属离子存在下，选择性地吸附所需要的金属离子。用一根短的色谱柱，就可以由螯合树脂达到浓缩痕量金属的目的。

亚氨基二乙酸类是一种广泛使用的螯合树脂。北京第五研究所和南开大学树脂厂均有商品出售。结构为：

$$\text{骨架}-\bigcirc-CH_2N\begin{cases}CH_2-\overset{O}{\overset{\|}{C}}-O\cdot Na^+\\ CH_2-\underset{O}{\underset{\|}{C}}-O\cdot Na^+\end{cases}$$

此类树脂形成络合物的稳定性除受金属离子半径大小、环上氧原子、氮原子电负性大小所控制外，还和环空穴的尺寸、共平面性及空间障碍等因素有关。这类螯合树脂的开发为碱金属、碱土金属的色谱分析开辟了新径。

三、离子色谱仪

离子色谱仪由淋洗液贮罐、高压泵、进样阀、分离柱、抑制柱、检测器和放大记录等部件组成。大体分为：输送系统、分离系统、检测系统和数据处理系统（见图 3-32）。

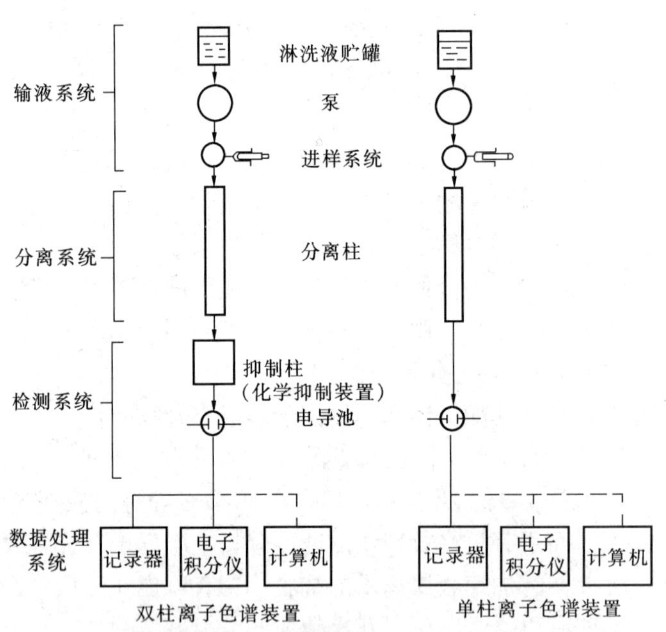

图 3-32　离子色谱装置的一般示意图

离子色谱仪可分为两大类：一类是以抑制电导检测为基础的双柱流程离子色谱仪；另一类是以直接电导检测为基础的单柱流程离子色谱仪。前者以国外 Dixon 型及国产 ZIC—1 型为代表，后者以国外 Waters 型及国产 ZIC—2 型为代表。各有其特点，可用于无机阴离子、阳离子和有机酸的分析。

（一）淋洗液罐

离子色谱的流动相为淋洗液，是离子色谱分析的又一操作条件控制手段。一般由贮液器提供符合要求的流动相，其容积应大于 0.5 L，以保证重复分析的正常供液。有的商品仪器带有 4 L 容积的聚乙烯塑料袋，容积的大小随淋洗液的减少而缩小，从而使淋洗液与大气隔离。用强碱淋洗时，应在瓶口装上烧碱石棉的二氧化碳吸收管，可以防止大气中二氧化碳渗入淋洗液。

配制淋洗液和再生液时应使用去离子水。水应经过一次蒸馏和过滤处理。去离子水的电导率应在 1 μS/cm 以下，不应含有 0.2 μm 以上的颗粒物和微生物，以免堵塞色谱柱。由分析纯以上的优级试剂配制，个别试剂应为光谱纯试剂。配制后用 G4 玻璃漏斗进行过滤方能使用，使用前要真空脱气。

（二）泵系统

离子色谱用小颗粒填料的细长色谱柱，因此，流动的阻力相当大，必须使用高压输液泵。多数采用双柱塞式往复平流泵。其结构如图 3-32 所示。

这种泵用同步电机或变速直流电机驱动偏心轮传动，偏心轮推动两柱塞往复运动。当一柱塞后缩时，另一柱塞前伸，反之亦然。所以，柱塞往复泵输液是组合的。由电子线路调节电机转速可使之输出平滑稳定，其流量由转速控制。

柱塞材料均为宝石材料，长期运转几乎无磨损现象。输出压强在 0～129 kg/cm^2 内。

（三）进样装置

为了保证测定的精密度，几乎所有离子色谱仪均采用进样阀进样。国产 ZIL—1 型色谱仪采用六通阀如图 3-34 六通阀进样程序所示。

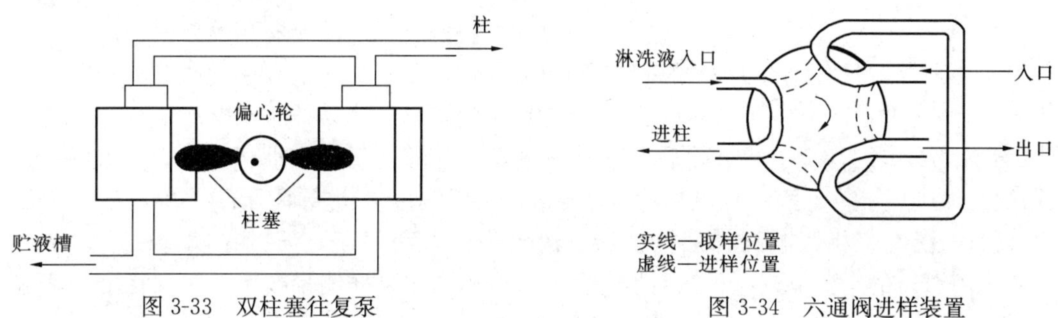

图 3-33 双柱塞往复泵　　图 3-34 六通阀进样装置

进行时间处于 A 位，淋洗液直接进入色谱柱，则样品由“1”进入定量管，将气体由“2”排出。将六通阀柄转动 60°，使其处于图 B 位，这时，淋洗液将定量管内样品注入色谱柱中。进样量由定量管容积决定。若用一短浓缩柱替换定量管，进样体积可更大。

（四）分离系统

制备性能优良的色谱性，不仅要考虑柱填料的性能，而且柱材料、柱头结构、连接工艺条件和装柱工艺也十分重要。其中柱材料强度和内壁光洁度对柱效有显著影响。不锈钢制色谱柱可用于离子色谱，但不耐强酸淋洗液腐蚀。玻璃管内壁光洁，对柱效影响小，但耐压在 50 kg/cm^2 以下，限制了使用范围。由聚三氟氯乙烯材料制的色谱柱已广泛运用。内径 4～5 mm，壁厚 1.5 mm 时可耐压 50 kg/cm^2，而且耐酸、碱、盐腐蚀。

色谱柱接口应设计成死体积最小，无死角和空穴。有关柱的性能和保养等事项，厂家均有详细说明，本书不再叙述。

使用过程中，如发现柱压异常地升高，大多是由于支撑板堵塞所致。支撑板在柱两端，通常在分离柱前，装一短的前置柱（保护柱），以保护分离柱免受样品其他杂质的影响。此柱短至 5～150 cm。

柱温±1℃（柱内温度保持±0.2℃）。国产 ZIC—1 型采用带有恒温加热系统的金属夹套来保持柱温恒定。

（五）检测系统

离子色谱的检测系统是检测器，它是离子色谱的关键部件。常用电导检测器，还有紫外-可见光度检测器、荧光光度检测器及安培检测器。现分述如下。

1. 电导检测器

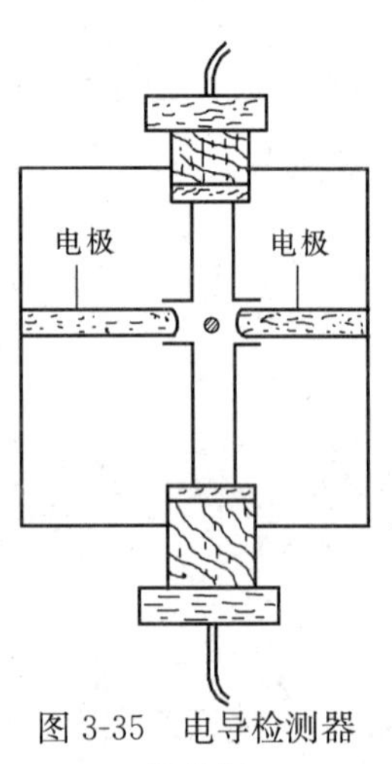

图 3-35　电导检测器结构图

电导检测器是离子色谱中使用最广的检测器，作用原理是用两个相对安装的电极测量溶液的电导，由电导变化确定溶质的浓度。此检测器死体积小，敏感度 10^{-6} g/ml。线性范围达 10^4。五极电导仪可用作单柱离子色谱检测器。敏感度达 10^{-8} g/ml。

常用电导池结构如图 3-35 所示。

可以通过微调两电极间距离来调整电导池常数，其死体积小于 2 μl。

为了精确地测量溶液的电导率采用以下措施：

(1) 电极间施加交流电压及有关交流测量技术

改变电流方向，将使离子运动转向相反方向，倒转电解方式和改变双电层结构。随着交流电频率增高，电解造成的影响可以减小，以至消除，电流易通过双电层。频率增高极限为 1 MHz。因为高于此极限后，离子不再发生迁移，仅发生偶极矩共振。在用 100 kHz 交流电压下，电解和双电层电容影响都不明显了。在电导测量线路中，可配置一个与双电层电容相匹配的补偿电容器，构成桥路以消除双电层的影响。采用频率为 100～10^5 Hz 的正弦交流电，在测量电路中，可用同步采样测量技术，即仅测出与施加频率相同步的瞬间电流。这时，在脉冲初期，尚未形成双电层，也可以消除双电层的影响。

另外一类电导池设计了双脉冲电导测量技术。其特点是在极短的时间间隔（100 μs）内，向电极输入两个电压脉冲，这两个脉冲的周期相同，幅度相等，只有电压相反。电路设计中，只采集第二脉冲终点的电流，此类电导池电流服从欧姆定律，不受双电层电容的影响，也不会发生电极反应，故可消除两者的影响。

可见，色谱中检测器测量技术比电导分析中电导仪的设计还要精巧。

(2) 四电极或五电极电导仪的采用

用四电极（或五电极）电导测量技术，能有效地消除双电层电容和电极反应的影响。抑制型电导离子色谱仪中，由于极低的背景电导，适于使用二电极电导检测器。单柱离子色谱中，淋洗液背景电导高达 50μS/cm，极化效应严重，必须用五电级电导检测器。

通常温度每升高 1℃，电导率增加 2%～2.5%，所以，必须用一温敏电阻补偿温度变化的影响。但仍不允许环境温度急剧变化，国产 ZIC—1 型仪器采用了绝热恒温措施，提高了对温度变化的适应性。

2. 紫外-可见光度检测器

紫外-可见光度检测器在离子色谱中的应用日益受到重视。这是由于：①选择性好，仅变更入射光的波长，即可选择性地检测；②通用性好，无论吸光与不吸光，均可从变化中检测到信号；③敏感度好，商品仪噪声水平为 2×10^{-5} 吸光度单位，敏感度达 10^{-10} g/ml，很容易进行 10^{-9} 级分析；④线性范围 10^5。

光度检测器基本原理是朗伯-比尔定律。通常用光栅分光，比色池的结构也很重要。

与分光光度计中比色皿比较，它要求连续地流过样品，死体积尽可能小，将光学元件与吸收池组装在一起，以消除折射的影响。

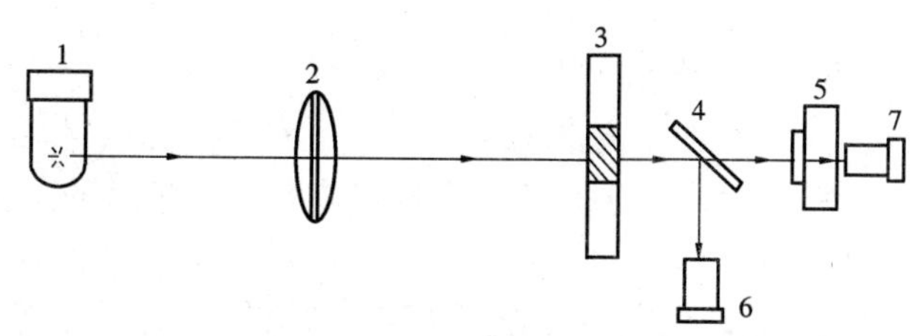

图 3-36　紫外-可见光度检测器光路示意图

1—氘灯；2—双凸透镜；3—滤光片轮；4—分光镜；5—比色池组件；6—参比检测器；7—样品检测器

3. 安培检测器

安培检测器由恒电位装置和三电极系统构成。三电极系统由工作电极、辅助用的“对电极”以及参比电极形成。恒电位装置保证施加在工作电极-对电极间电位恒定。

离子色谱中的检测手段进一步改善，称脉冲安培检测法，与光度检测器相似，除了有关极谱学特性外，还要进一步考虑死体积小、连续进样等特点。

各类检测器的特点如表 3-6 所示。

表 3-6　各类 IC 检测器特点表

类　型	电导抑制法	单柱法	紫外光度	荧光型	安培型	脉冲安培
	选择性	加合法	选择性	选择性	选择性	
池体积（μl）	1.5～2.5	1.5～2.5	6～25	10～13	10～26	10～26
检测限（g/ml）	3×10^{-10}	2×10^{-8}	10^{-10}	10^{-12}	10^{-13}	10^{-12}
线性范围（Σ）	2×10^4	10^3	10^5	$\sim10^3$	10^6	10^6
适用范围	各种离子	各种离子	S_2^{2-}，SO_3^{2-}，SCN^-，NO_2^-，ClO^-，AsO_3^{3-}，芳香族化合物，不饱和酸	芳香化合物，伯胺	Br^-，F^-，CN^-，Cl^-，$S_2O_3^{2-}$，抗坏血酸，芳香胺硫酸	醇、糖，酚，伯胺，及同左

（六）数据处理系统

离子色谱分析结果都显示在记录图上。因此需性能优良的记录仪。若满度行程时间≤1 s，输入阻抗高，屏蔽好，纸速稳定。最好采用双笔式记录器，可进行双检测器分析。

计算机系统在高档次离子色谱仪中有重要作用。自动化控制器使之处于最佳状态，例如流速、进样阀、流路转换阀、柱温、检测器灵敏度以及自动调零和自动进样等。

程序化的控制器可选择不同的淋洗液，完成再生抑制柱和清洗色谱柱等工作。

（七）其他

流量测定对确定保留时间、峰高、峰面积均十分重要。输液泵可显示流量值，需定期进行流量校正。校正流量计用滴定管收集流出液，或用称重法。

为防止淋洗液泄漏，已在厂家设计中考虑。但需定时检查系统的密封性。

四、用电导检测器的离子色谱技术

（一）化学抑制型离子色谱

1. 高效离子色谱（HPIC）

（1）HPIC 的分离机理

HPIC 的分离机理是离子交换。它是离子色谱的主要分离方式，用于亲水性阴、阳离子的分析。

阳离子分离柱使用薄壳型树脂。功能基只存在于树脂的基核表面，缩短了交换位与流动相之间的扩散路径，因此可以得到高的分离结果。

就阴离子分离柱而言，淋洗液中阴离子与样品中阳离子争夺树脂上正电荷位置。样品中阴离子由于库仑力会有不同，即亲合力不同。样品离子在柱中迁移速度不同。

（2）影响离子洗脱的因素

①离子电荷

一般地，样品离子价数越高，对树脂亲合力越大，故保留时间随价数而增加（但也有例外）。

②离子半径

对相同电荷数的离子，离子半径越大，越易极化，亲合力越大。因此，对于碱金属，洗脱顺序是 Li^+—Na^+—K^+—Rb^+—Cs^+。对于卤族却是 F^-—Cl^-—Br^-—I^-。

③淋洗液 pH

pH 影响多价离子的分配平衡。

④树脂种类

离子交换树脂的交联度、功能基性质及其亲水性的大小等对离子分离的选择性起了很大作用，因为它直接影响分配平衡。

（3）抑制柱反应及抑制性

Small 等人提出一个简单而巧妙的方法克服淋洗液的电导掩盖待测离子电导变化的问题，他们用弱酸的碱金属盐为淋洗液。当淋洗液经过分离柱后，先进入抑制柱。抑制柱内填充 H^+ 型强酸型离子交换树脂，使淋洗液中弱酸离子转化为弱酸，从而使其导电值下降，这一反应称为抑制反应（淋洗液若不先进入抑制柱而直接进入检测器，则弱酸盐的导电值很大，会掩盖样品中待测离子的电导）。可以说，抑制柱反应是一种新型的柱后反应器，其一，将样品阴离子转变为相对应的酸，此酸中的 H^+ 的电导很大，从而使样品的电导经柱后反应变大。其二，它将淋洗液中弱酸根离子转化为电导值较小的弱酸分子，二者都提高信噪比。

2. 高效离子排斥色谱（HPICE）

（1）HPICE 的分离机理

在阴离子 HPICE 中，H^+ 型高容量离子交换树脂的电荷密度较大，使样品中阴离子由于受到排斥不能进入树脂微孔，而非离子型组分不受排斥，可进入树脂的微孔，如乙二醇，可进入微孔，从而达到分离。

（2）HPICE 和 HPIC 联用

如果样品中同时含有无机酸与有机酸，样品先通过 HPICE 柱，由于离子排斥，无机酸先通过此柱，先在 HPIC 中得到无机酸的色谱峰，就可以在有机物存在下分离无机酸。

3. 流动相离子色谱（HPIC）

用疏水性的固定相、含有离子对试剂的亲水性流动相和抑制型电导检测器。这种方式具有反相离子对色谱的高选择性和高分离效率，同时又有化学抑制型电导检测器的离子色谱分析法的高灵敏度。

（1）分离机理

HPIC 分离机理较为复杂，一直存在不同观点。HPIC 的柱填料是高交联度、高比表面积的中性无离子交换功能基的聚苯乙烯大孔树脂。这种树脂的分离过程通过两个密切相关的过程中的一种方式完成（有时两个过程同时发生）。第一种方式是表面活性离子在树脂和流动相界面的直接吸附。它们定向排列，亲水的一端朝向极性大的流动相，疏水部分被吸附在树脂表面上，由形成的双电层起保留作用。已知高氯酸是一个有用的淋洗液，就是这一过程起作用。

HPIC 的第二种分离机理主要用于无机离子的分离，这些离子无表面活性，与第一种刚好相反，因为淋洗液中加入离子表面活性组分，这种外加成分吸附在树脂表面上，而被测定离子则通过与被吸附的表面活性层的相互作用而被保留。由于无表面活性，保留作用只在双电层的扩散层发生。

（2）影响 HPIC 的因素

①离子对试剂

为了使样品离子被非极性的固定相保留，必须使其具有疏水性。为此，在淋洗液中加入与样品离子相反电荷的平衡离子，它与样品离子生成离子对，HPIC 分离取决于这种离子对在两相间的分配。

当选用这种分离方式时，首先必须选择适宜的离子对试剂，常用的有脂肪族磺酸。一个高效的表面活性剂，当其平衡离子改变时，它的表面活性改变不大，因此，在 HPIC 中的选择性不高。在多数情况下，已烷磺酸是较好的离子对试剂。

离子对试剂的亲水性或疏水性的选择，主要取决于被分析离子的疏水性。一般原则是，对亲水性样品离子选择疏水性离子对试剂。

②有机改进剂

在淋洗液中加入有机改进剂可增加淋洗液的疏水性，使之更易接近疏水性的固定相，从而改变亲合力，减小保留时间。常用的有乙腈、甲醇和异丙醇，其中以乙腈为好。对 F^-、Cl^-、NO_2^-、Br^- 和 NO_3^- 等亲水性离子的分离，首先考虑使用疏水性强的离子对试剂——氢氧化四丁基铵。

（3）HPIC 的抑制柱反应

HPIC 与普遍采用的离子对色谱有区别，主要是它要求运用化学抑制柱。抑制柱的作用是从淋洗液中除去离子对试剂，同时将待测离子转变对应的弱酸，阴离子分析中有：

①离子对试剂 $R_4N^+OH^-$ 的 R_4N^+ 被除去

$$R_4N^+OH^- + R—H^+ = R_4N^+—R + H_2O$$

（H 型树脂）

②样品 A^- 转化为弱酸 HA

$$R_4N^+A^- + R—H^+ \rightleftharpoons R_4N^+—R + HA$$

阳离子分析中有：

①离子对试剂中的阴离子 $R—SO_3^-$ 除去：

$$RSO_3^-H^+ + R—OH^- \rightleftharpoons R—SO_3R + H_2O$$

②样品离子 M^+ 转化为弱碱：

$$RSO_3^-M^+ + R—OH^- \rightleftharpoons R—SO_3R + MOH$$

（OH— 型树脂）（弱碱）

抑制柱中累积了淋洗液中的离子，必须定期再生。再生液分别为 0.25 mol/L H_2SO_4 及 0.1 mol/L NaOH 溶液。

（二）非抑制型离子色谱

1979 年 Gjerde 和 Frit 等提出不同抑制柱的无机阴离子色谱发展为单柱离子色谱法。

1. 单柱阴离子色谱法

（1）单柱阴离子色谱法的发展

用引入功能基的氯甲基化反应，可以获得低交换容量的阴离子交换树脂。1973 年间合成了一系列低容量阴离子交换树脂。1979 年，Fritz 等人介绍了一种简单快速分析方法。这个方法创新在于：①用低容量大孔型阴离子交换树脂（0.007～0.04 mol/g）为柱填料，可有效地分离无机阴离子；②选用低电导率的淋洗柱的 $1\times10^{-4}\sim5\times10^{-4}$ 的苯甲酸盐或邻苯二甲酸盐，不仅有效地洗脱各个阴离子，而且背景电导较低，可显示 F^-、Cl^-、NO_3^- 和 SO_4^{2-} 等的电导。其分析流程如下：

将淋洗液用泵压入分析系统，阴离子交换柱中离子交换位置被淋洗液阴离子 F^- 完全占据。进样后，样品中阴离子等当量的离子占据树脂的交换位置。流动相中含有样品阳离子不参加交换反应，又增加了淋洗液中的阴离子，相当于样品体积的液体的总电导会大于淋洗液的电导，会出现一个假正峰（否则出负峰）。由于样品中阴离子取代部分淋洗液中阴离子，总电导将不同，此差异与样品中阴离子浓度成正比。Fritz 开发的这个新方法很快受到重视。在 1980 年为美国、日本的厂家发展为离子色谱法，称为单柱离子色谱法。

（2）淋洗液的选择

单柱离子色谱中淋洗液的选择十分重要。

①苯甲酸盐

苯甲酸钠或钾水溶液是最有用的淋洗液之一。适用于分析乙酸、甲酸、BrO_3^-、

Cl^-、NO_2^-、Br^-、ClO_3^- 和 NO_3^- 等弱保留离子。不适用于 I^-、SCN^-、ClO_4^- 等离子。

②邻苯二甲酸盐

邻苯二甲酸盐水溶液作为常用淋洗液，pH 范围在 6.1～7.0 内。可用于分离二价阴离子。如 I^-、CrO_4^{2-}、$S_2O_3^{2-}$ 等。将 pH 调至 3～4，可分离乙酸、甲酸和琥珀酸等。

③柠檬酸盐

柠檬酸盐阴离子电荷数为－3，亲合力较高，是一个较强的淋洗剂。洗脱顺序如图 3-37 中以邻苯二甲酸盐作淋洗液的流出曲线。

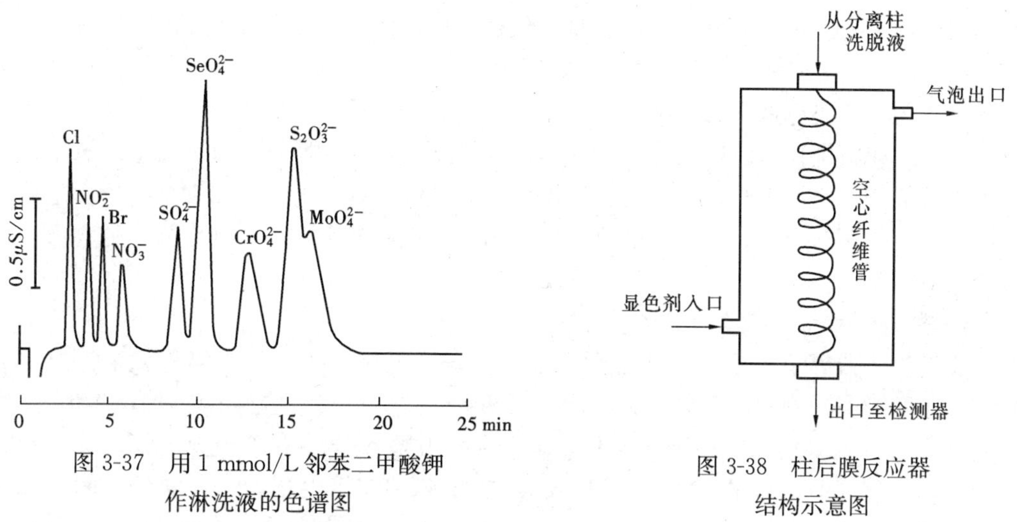

图 3-37　用 1 mmol/L 邻苯二甲酸钾作淋洗液的色谱图

图 3-38　柱后膜反应器结构示意图

④葡萄糖酸钾

邻苯二甲酸盐是最早应用的淋洗液，但缓冲能力较弱。葡萄糖酸盐有较强的缓冲能力，但淋洗能力不够强。因此，在其中加入四硼酸钠（NaB_4O_7）及 H_3BO_5 可增强淋洗能力。加入乙腈使柱子不受微生物损害。

2. 单柱阳离子色谱法

1980 年，Fritz 又提出了单柱阳离子色谱法，尔后又将此法推广于过渡金属离子和稀土离子的测定。方法是用无机酸（盐酸或硝酸）或乙二胺盐作淋洗液，对多数阳离子可检测出 10^{-6} g。对碱金属和铵等用稀硝酸，对碱土金属用乙二胺硝酸盐，过渡金属和稀土元素用乙二胺阳离子加酒石酸阴离子或 α-羟基丁酸阴离子的混合液。

各种因素对保留时间的影响与阴离子色谱法类似，不再叙述。

五、用其他检测器的离子色谱技术

（一）紫外-可见光度检测的离子色谱

电导检测器离子色谱法应用最广，但有以下不足之处，就是电导检测不宜使用高浓度淋洗液；选择性不高；分析弱电解质时不灵敏，较难进行梯度淋洗。UV 检测器、安培检测器可使用高浓度淋洗液和采用梯度脱法技术。

1. 直接紫外光度法

含有 π 键的有机物，在紫外光区均有吸收，可用紫外光度检测。将紫外光度检测器与电导检测器串联使用，可以灵敏地检测一些对电导不敏感的组分，如 SO_3^{2-}、$S_2O_3^{2-}$ 等。

2. 间接光度法

Small 等人用强紫外吸收的低浓度离子溶液做淋洗液，以薄壳型离子交换树脂作固定相，用离子色谱法分析无吸光能力的离子，产生一个负峰，其峰高正比于该离子的浓度。用邻苯二甲酸盐作淋洗液，可检测多种无机阳离子。

3. 柱后反应衍生法

多数无机离子与氨基酸生成离子对在紫外-可见光区无吸收，可加入显色剂形成衍生物，即用于光度法。可见，用此法时显色剂十分重要。但提出以下要求：①发色反应在 2 min 内完成，以获得良好的重现性。②显色剂体积为淋洗液的 10%～50%，以减小稀释作用。③显色剂本底吸光度保持最低限度。

柱后反应衍生技术的应用，增加了检测器的选择性和灵敏度。Dlonex 公司用一根可渗透试剂的空心纤维管，使分离柱后洗脱液在纤维管内从上往下流动，柱后反应试剂在管外，由于存在压强，反应试剂可向内渗透，而洗脱液不会渗透到管外。这种方法比混合池更好。

（二）用安培检测器离子色谱

安培检测器等于样品组分在工作电极表面进行氧化或还原电流测量。工作电极有 Ag 与 Pt 两种，检测器有单电位和脉冲安培两种。单电位安培检测器的选择性和灵敏度比较好。可检测 10^{-9} 级的多种化合物。缺点是电化学反应物在电极上沉积，会导致噪声增大和漂移等不良后果。1981 年 Hughes 提出脉冲安培检测器，在电极之间施加三个循环脉冲电位。第一个电位产生氧化或还原反应，第二个和第三个脉冲的作用是消除电极表面上形成的产物，从而有效地避免了电极的污染。

荧光光度检测器具有极好的选择性，在氨基酸分析中有广泛运用。

六、离子色谱条件的选择

选择色谱条件时，样品离子的组成是应考虑的因素。若样品复杂，就要做几次进样，用不同的淋洗液。

1. 增加分离度的方法

最简单的增大分离度的方法是稀释样品和对样品预处理。例如，盐水中 SO_4^{2-}、Cl^- 的分离，10%的 NaCl 中加入 10 mg/L SO_4^{2-}。图中 Cl^- 峰很宽的话，表明已超过分离柱容量。将样品稀释 10 倍，可以得到 Cl^- 与痕量 SO_4^{2-} 很好的分离。

选用适当的淋洗液和改变分离方式也是增加分离度的方法。

2. 减小保留时间

缩短分析时间与分离度的要求相矛盾。在能分离的前提下，分析时间越短越好。可改变分离柱容量，增加淋洗液流速，加入有机改进剂以及采用梯度淋洗技术，也可减小保留时间，但主要是改变柱容量方法。

用梯度淋洗的主要问题是检测器的影响。例如，用三种不同浓度的 CO_3^{2-} 淋洗液淋洗 F^-、甲酸、乙酸、Cl^-、NO_2^-、PO_4^{2-}、SO_4^{2-}、I^- 和 SCN^-。第一步用低浓度（0.000 15 mol/L）的 CO_3^{2-} 淋洗液分离 F^-、Cl^-、NO_3^- 等。第二步加入 0.001 8 mol/L

Na_2CO_3，在 SO_4^{2-} 达到峰最高时加入第三种淋洗液（0.008 mol/L Na_2CO_3）分离 I^- 与 SCN^-。

另一种梯度淋洗方式是用柱切换开关和两根串联的分离柱。第一根较短，第二根较长。例如，SO_3^{2-}、SO_4^{2-} 和 $S_2O_2^{2-}$ 的分离，第一根捕获 $S_2O_3^{2-}$，用标准淋洗液淋洗。中等保留的 SO_3^{2-} 和 SO_4^{2-} 约在 6 min 后通过第一根柱，这时关闭第一根，系统只留下第二根分离柱，待 SO_4^{2-}、SO_3^{2-} 洗脱后，再打开第一根柱，换强淋洗液洗脱 $S_2O_3^{2-}$。

3. 提高检测能力的方法

增加进样量可以提高检测能力，但上限为 800 μl。进样太大，水负峰干扰大。

第二种方法是用浓缩柱，这只适用于较清洁的样品。

七、离子色谱技术的应用

（一）降水（酸雨）监测分析

目前，酸沉降问题已引起各国广泛重视。大气中干、湿沉降酸度的增高主要来源于各种固定污染源和移动污染源，排放的二氧化硫和氮氧化物。围绕酸雨问题的很多争论是由于分析数据（酸度和组成）的可靠性而产生的。大量干、湿沉降样品的可靠分析数据是研究酸雨及其防治的基础。

在酸雨研究中要测定的很多离子，如 Cl^-、F^-、PO_4^{3-}、NO_3^-、SO_4^{2-}、Na^+、NH_4^+、K^+、Ca^{2+}、Mg^{2+} 等都用离子色谱准确而灵敏的检测，灵敏度可达 10^{-9}～10^{-6} 级。美国国家环境保护局已宣布用离子色谱法为测定干湿沉降样品中 Cl^-、PO_4^{3-}、NO_3^- 和 SO_4^{2-} 的标准方法。其色谱条件为：HPIC—AS_3 或 HPIC—AS_4 阴离子分离柱抑制型电导检测器，对 AS_3 和 AS_4 柱分别用 0.003 mol/L $NaHCO_3$/0.002 4 mol/L Na_2CO_3 等为淋洗液。流速分别为 3 ml/min和 2 ml/min。为了减小水负峰对 F^-、Cl^- 的影响，最好在样品中加入适当浓度的淋洗液，使样品溶液中所含淋洗液的浓度与所用淋洗液浓度相同，常用的方法是用 10 ml 标准溶液和样品溶液中各加入100 μl 100 倍使用浓度的淋洗液。图 3-39 为中国学者在 1985 年夏季测定的色谱图。

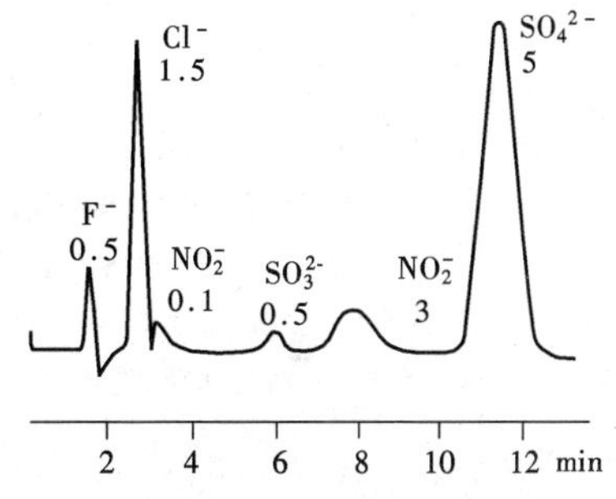

图 3-39　北京某地夏季降雨中阴离子的测定

分离柱：YSA-2 阴离子分离柱，内径 4×320 mm；淋洗液：2.4 mmol/L $NaCO_3$/3 mmol/L $NaHCO_3$；检测方式；抑制

（二）多价阴离子和其他阴离子的测定

多价阴离子对离子交换树脂有很强的亲合力，因此要用很强的淋洗液才能洗脱。测定多价阴离子的方法有两种，一种是以 0.004 mol/L HCl/0.025 mol/L Zn^{2+} 为淋洗液，用抑制型电导检测器进行检测。第二种方法是用一种专门的柱子（HPIC—AS_7）和 0.03 mol/L HNO_3 作淋洗液，以及用 $Fe(NO_3)_3$ 为柱后反应试剂。用紫外分光检测器，在波长 330 nm 处测定。这种方法能测定的多价离子包括 EDTA、NTA 和一些多聚磷酸盐。多聚磷酸盐离子的电荷数在 4～10 之间，不易被洗脱，用高酸度的淋洗剂（pH1.5）抑制其离解可使多聚磷酸盐或磷酸盐部分离子化而加速其洗脱。

饮用水和废水中的CrO_4^{2-}的测定，可用MPIC和抑制型电导检测器进行分析，检出限为0.5 mg/L，由于CrO_4^{2-}和阴离子交换树脂有较强的亲合力，必须用较短的分离柱和较强的淋洗剂使之洗脱（见图3-40）。

在自然界中矿泉水、矿坑水中的硫常被氧化成各种形态的含氧酸或含氧化合物，离子色谱法能较好地解决这些化合物的分离和测定。S_2^{2-}、SO_3^{2-}、SO_4^{2-}和$S_2O_3^{2-}$可用阴离子交换柱进行分离，用抑制电导法进行测定（见图3-41）。

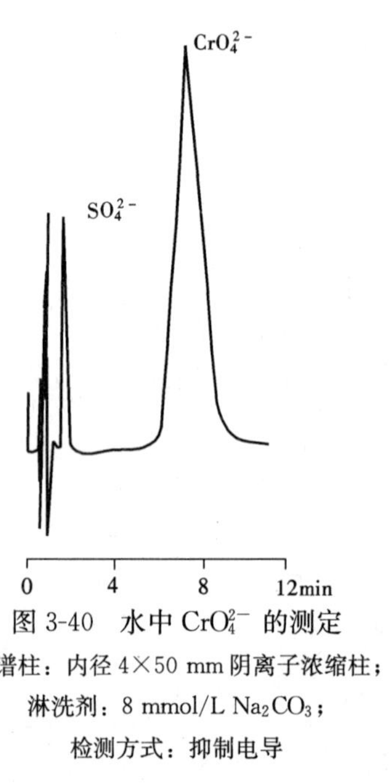

图3-40 水中CrO_4^{2-}的测定

谱柱：内径4×50 mm阴离子浓缩柱；

淋洗剂：8 mmol/L Na_2CO_3；

检测方式：抑制电导

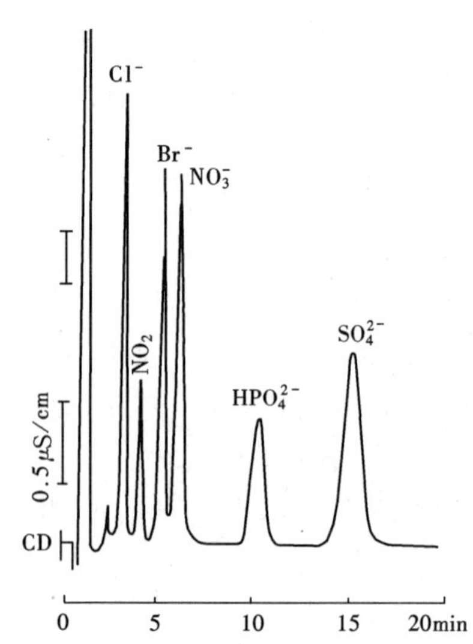

图3-41 阴离子的分离

分离柱：TSK gel-IC-Anion-PW；

淋洗液：1.3 mmol/L 葡萄糖酸钾，1.3 mmol/L $Na_2B_4O_7$，30 mmoL/L H_3BO_3，10%乙酯；

流速：1.5 ml/min

（三）阴离子和阳离子的测定

HPICE用于有机酸（图3-42）和氨基酸的分离中，HPIC主要用于疏水性阴、阳离子的分离监测。离子色谱已广泛用于数百种化合物的分析（表3-7），其中无机离子：

Li^+	Mg^{2+}	NH_4^+	SiO_4^{2-}	ClO_4^{2-}	Er^{3+}
Na^+	Ca^{2+}	Br^-	SiO_3^{2-}	BrO_3^{2-}	Tm^{3+}
K^+	Sr^{2+}	F^-	Pb^{2+}	IO_4^-	Yb^{3+}
Pb^{2+}	Ba^{2+}	VO_3	NO_3^-	IO_3^-	Lu^{3+}
Cs^+	Fe^{3+}	CrO_4^{2-}	NO_2^-	Eu^{3+}	VO_4^{2-}
Cu^{2+}	Fe^{2+}	MnO_4^{2-}	PO_4^{2-}	Sm^{3+}	Cr—EDTA
Zn^{2+}	Co^{2+}	WO_4^{2-}	$P_2O_7^{2-}$	Gd^{3+}	Co—EDTA
Cd^{2+}	Ni^{2+}	BO_3^{2-}	AsO_3^{2-}	Tb^{3+}	Pb—EETA
Hg^{2+}	Mn^{2+}	CO_3^{2-}	S^{2-}	Pd^{3+}	Fe $(CN)_6^{2-}$
Cr^{3+}	V^{3+}	CN^-	S_2^{2-}	He^{3+}	Ag $(CN)_6^{6-}$

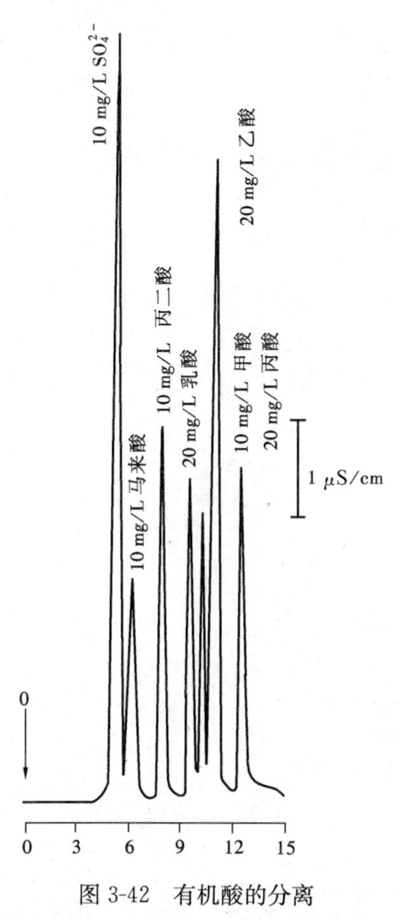

图 3-42　有机酸的分离

分离柱：HPICE—AS1；淋洗液：全氟庚酸；流速：0.8 ml/min；抑制柱：AFS—2 纤维抑制柱

表 3-7　离子色谱测定的有机离子

种　类	实　例
胺	甲胺、二乙醇胺
氨基酸	色氨酸、谷氨酸、红氨酸、酪氨酸、组氨酸、亮氨酸、天冬氨酸等
羟酸	甲酸、乙酸、丁二酸、柠檬酸、草酸、三氯乙酸盐等
季铵盐	四丁基铵、十六烷基吡啶
核酸	鸟嘌呤、单磷胞、吡啶等
酚类	苯酚、酚
氰化物	四丁基盐
维生素	抗坏血酸
碳酸酯	十二烷基磺酸盐
碳水化合物	乳糖、蔗糖、木糖醇、葡萄糖

IC 中用于无机离子分析的较成熟技术是阴离子/阳离子交换分离，柱后衍生，光度法检测，同时含有阴离子交换功能基和阳离子交换功能基的双功能基分离柱（IonPac CS5A）是目前用于金属离子分离的典型分离柱。在双功能基分离柱上，金属离子的分离中可能同时存在阴离子和阳离子两种交换机理。由于两种功能基的协同作用，分离效果较单纯的阳离子交换比阴离子交换好。离子色谱中用于金属离子分离的淋洗液是配合剂，较成熟的有两种，一种是吡啶 2,6-二羧酸（简称 PDCA），另一种是草酸。金属离子在两种淋洗条件下的洗脱顺序不同见图 3-43、图 3-44。

两种淋洗液各有其优缺点：PDCA 与金属离子形成的配合物稳定性强，在柱后衍生反应中阻碍金属离子与显色剂的作用，降低检测灵敏度。如 Pb^{2+} 可被洗脱但不能被检测，因为 Pb-PDCA 配合物较 Pb-PAR（柱后衍生物）更稳定，而用草酸做淋洗液时，由于它与金属离子所形成配合物的稳定性较与 PDCA 的弱，柱后显色反应的灵敏度高，可用于 Pb^{2+} 和 Cd^{2+} 的检测。但是在配制淋洗液时淋洗液 pH 值对金属离子保留行为的影响大于淋洗液浓度的影响。故 pH 值是关键因素。

八、用其他方法测定的项目

（一）用分光光度法测定的项目

硫酸根：铬酸钡-二苯碳酰二肼分光光度法

亚硝酸根：盐酸萘乙二胺分光光度法

硝酸根：紫外分光光度法

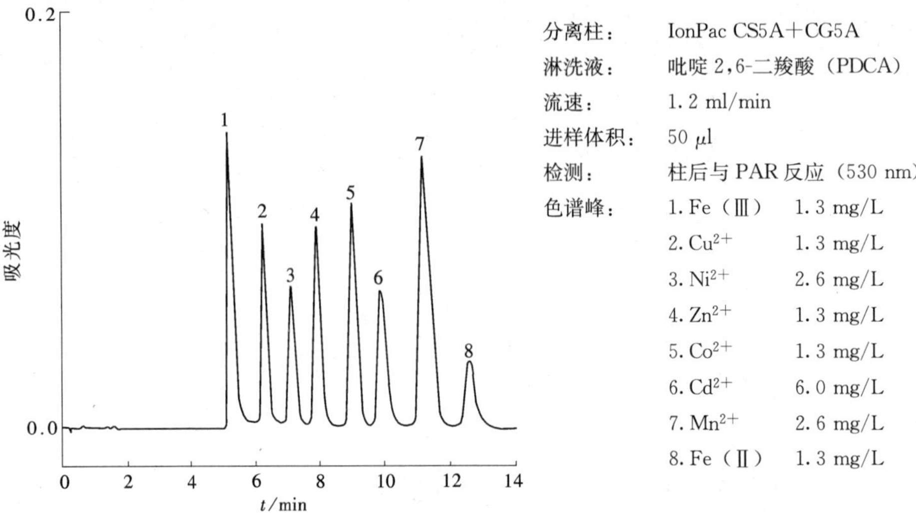

图 3-43　过渡金属的分离（吡啶2,6-二羧酸淋洗液）

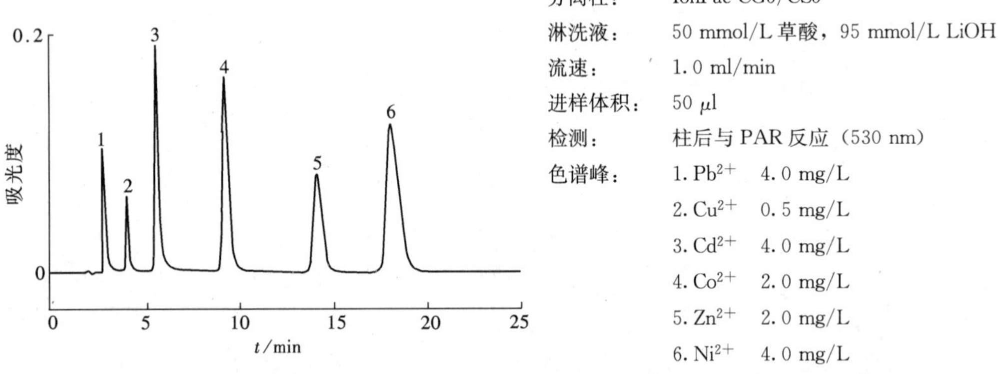

图 3-44　过渡金属的分离（草酸淋洗液）

氟离子：镉柱还原-盐酸萘乙二胺分光光度法、氟试剂分光光度法

氯离子：硫氰酸汞分光光度法

铵离子：纳氏试剂分光光度法

　　　　次氯酸钠-水杨酸分光光度法

钙离子：隅氮氯磷分光光度法

过渡金属离子：用AC法分离测定，吡啶2,6-二羧酸淋洗液（见图3-42），草酸淋洗液（见图4-43）或用分光光度法、伏安法。

（二）用电位法测定的项目

pH值：电极法

电导率：电极法（电导法）

九、离子色谱联用技术

（一）离子色谱-电感耦合等离子体-质谱联用技术

ICP-MS对砷化物有较高的检测灵敏度，同时ICP-MS与IC联用非常方便，因此

IC-ICP-MS 联用技术在砷化物分析中得到了较多的应用。离子色谱-质谱联用测定砷化物时，淋洗液的选择受所用色谱柱及其功能基的影响较大。为了在同一色谱条件下分离砷酸、甲基砷酸、二甲基砷酸、氧化三甲砷及砷甜菜碱这五种砷化物，应用梯度淋洗。样品经离子色谱分离后用 ICP-MS 测定，对五种砷化物的检出限为 0.22～0.44 μg/L。

（二）离子色谱-原子吸收/原子发射光谱联用技术

砷的氢化物原子吸收光谱法有高的灵敏度，但不能分别测定不同形态的砷，IC 中的通用检测器电导对有机砷不灵敏，而这些有机砷分子中没有电化学活泼基团，也无灵敏的吸光基团。但化合物的电荷数、离子大小和疏水性是影响其在离子交换分离柱上保留的主要因素，因此可用离子色谱将它们分开。并用电感耦合等离子体原子发射光谱测定出不同氧化态的砷，对 As^{3+} 和 As^{5+} 的检出限分别为 70 ng/ml 和 170 ng/ml。见图 3-45 0.1%Cl^- 基体中 5 种砷化物的 IC-ICP-MS。

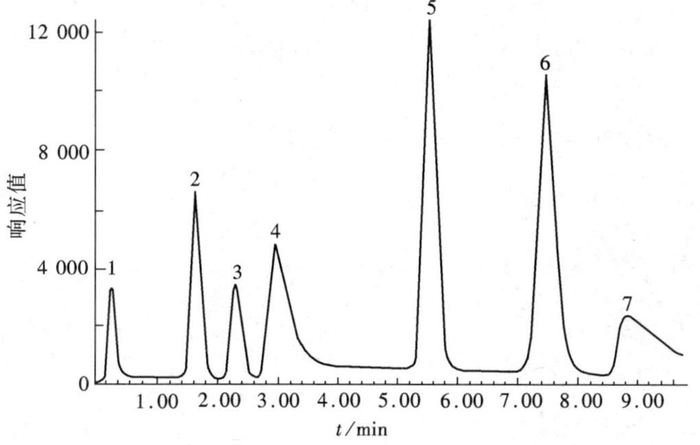

分离柱：Ion-120

淋洗液：E_1，40 mmol/L $(NH_4)_2CO_3$；E_2，70 mmol/L $(NH_4)_2CO_3$

时间/min	E_1/（%）	E_2/（%）	流速/（ml/min）
0	100		1.0
0.3	100		1.0
0.4		100	1.0
5.9		100	1.0
6.0	100		1.0
9.8	100		1.5
15.8	100		1.5
16.8	100		1.0

检测：ICP-MS

柱温：60℃

色谱峰：1—内标；2—砷甜菜碱　2 μg/L；3—二甲基砷酸　1 μg/L；4—砷（Ⅲ）　5 μg/L；5—甲基砷酸　5 μg/L；6—砷（V）　5 μg/L；7—Cl^-

图 3-45　0.1%Cl^- 基体中 5 种砷化合物的 IC-ICP-MS 图

习　题

1. 用紫外-可见分光光度法测定非金属无机污染物主要有哪些?
2. 简述紫外-可见分光光度法的基本原理及仪器主要结构?
3. 何谓差分分光光度法? 其特点是什么?
4. 目前我国空气和废气中有机污染的监测项目有哪些? 各用什么测定方法?
5. 色质谱分析法的基本原理是什么? 画图说明质谱仪的结构原理?
6. 颗粒物称重法测定的项目和特点是什么? 为什么要用大流量采样器称重法测定 TSP?
7. 简述离子色谱法的基本原理及仪器结构?
8. 简述用离子色谱法测定降水中阴离子成分的技术条件?

第四章　土壤和固体废弃物监测技术

土壤和固体废弃物监测内容和项目很多，许多技术和方法类似水和废水监测技术，所不同的是样品前处理及干扰排除等环节。土壤固弃物监测技术包括土壤环境质量标准项目、土壤理化性质指标、土壤中重金属及有机污染含量和农药残毒量分析等有百余种方法。根据全国土壤调查结果，科学研究国家土壤监测点位，加强重金属及农药残留监测。针对目前垃圾围城、固弃物围厂、废渣围矿、土地板结荒芜、生态环境破坏等问题。重点监测城市周边、关键土壤类型、工厂分布及大型污染企业周边等区域的土壤质量监测，特别是对粮食、蔬菜基地等重要敏感区和浓度高值区进行加密监测和跟踪监测。利用现代分析技术手段，如 ICP - AES、ICP - MS、AAS、POL、AFS、ICP - MS、FTIR、GC - FTIR 等可深入全面地掌握状况。土壤和固弃物监测技术主要是土壤及无机固弃物监测分析技术、塑料及有机废弃物监测分析技术、生物体残毒监测分析技术和危险废物有害特性监测技术四个部分。

第一节　土壤及无机固体废弃物监测分析技术

一、用等离子发射光谱（ICP）测定的项目

土壤是指陆地上能生长作物的疏松表层，是介于大气圈、岩石圈、水圈和生物圈之间的环境中的特有组成部分，接收着环境中的各类污染物，有些污染物（如重金属、无机盐等化合物）不易降解、被土壤积累吸附可造成土质恶化。土壤监测是查清本底值预报和控制土壤环境质量。土壤的组成很复杂，利用发射光谱分析手段监测土壤矿物质及其无机成分。

固弃物是指被丢弃的固体和片状物质，包括从废水、废气中分离出来的固体颗粒污泥等。它主要来源于人类的生产和消费活动，故包括矿业固体废物、工业固体废物、城市垃圾、农业废物等，通过各种途径对水质、空气和土壤造成污染、危害环境。有害固弃物的特性包括易燃性、腐蚀性、反应性、放射性、浸出毒性、急性毒性以及其他毒性（包括生物蓄积性、刺激性或过敏性、遗传变异性、水生生物毒性、植物毒性和传染性）等，按化学性质分有机污染与无机污染。利用发射光谱分析手段主要是监测固体废弃物中的汞、镉、砷、六价铬、铅、镍、铜、锌、锰、钠、银、钡、铍、硼及其他无机污染成分。

二、发射光谱（ES）的基本原理

原子发射光谱分析，简称为发射光谱。它是利用物质发射的光谱而判断物质组成的一门分析技术。因为在光谱分析中所使用的激发源是火焰、电弧、电火花、高频电感等离子体焰炬等，被分析物质在激发光源作用下一般都离解为原子或离子，因此被激发后发射的光谱是线状光谱。这种线状光谱只反映原子或离子的性质，而与原子或离子来源的分子状态无关。所以，光谱分析只能确定试样物质的元素组成和含量，而不能给出试样物质分子的结构信息。为了解它的基本原理必须知道原子结构、特征谱线和谱线强度。

原子是由原子核及绕其运动的核外电子组成的壳层结构，电子的每一运动状态都和一定的能量相关联。原子发射光谱就是原子壳层结构及其能级性质的反映。发射光谱分析法就基于不同的元素（原子）能产生不同的特征光谱。各元素（原子）之所以会有不同的特征光谱是与它们的原子结构密切相关的。

基态原子在外界能源（光、电、热等）作用下，获得能量而使其外层电子从低能级跃迁到较高的能级，使原子具有更高的能量，呈激发态。激发态的原子是不稳定的，约经过 10^{-8} s，电子又从较高能级将多余的能量以光的形式放出，跃迁回到最低能级，即原子由激发态回到基态。在这个过程中可以一步实现，也可以分步实现。发射光谱分析法就是研究原子由激发态回到基态过程中发射出的光的性质而建立的分析方法。从这一点而言，它与原子吸收光谱分析法都基于一共同的基础——原子外层电子的跃迁。但是两者是相反的过程。

由于原子中，两个能级间的能量差（ΔE）是量子化的，因此，原子由激发态回到基态时，所释放的光是具有确定的波长：

$$\lambda = \frac{hC}{\Delta E}$$

因此，发射谱线的波长（λ）与激发态中的电子能级和较低能态或基态中的电子能级间的能量差 ΔE 成反比。所以发射光谱的波长不是任意的，而直接与激发态电子所返回到某一能级相关联。故而，每一条光谱线就代表原子中电子在一定能级跃迁所释放出的能量。

由于每一原子中的电子能级很多，原子激发以后将有各种跃迁情况出现，因此元素可能产生的发射光谱线是相当多的。但所幸的是，每种元素的原子都有自己特有的电子构型，即特定的能级层次。所以各元素的原子只能辐射出它自己特有的那种波长的光，以致各元素发射出互不相同的光谱。即所谓各种元素的特征光谱，正由于特征光谱的存在，才使发射光谱分析成为可能。

使原子激发到某种激发状态所需要的能量称为它的激发电位，常以电子伏（eV）为单位表示。各种元素的原子被激发所需要的最小激发能，即激发到最低能级时所需要的能量，称为该元素的共振电位。从这个能级跃迁回基态时所发射的谱线叫共振线。共振线在该元素（原子）的发射光谱中是最强的谱线，一般也是最灵敏的谱线。

如果激于原子以足够大的能量，则可能使其外层电子脱离原子核的束缚而逸出，使原子成为带正电荷的离子，即电离，失去一个电子即为一次电离，失去两个电子即为二次电离，依此类推。但一般光谱分析的发射光源所提供的能量，只能产生一次或二次电离。使原子电离所需要的最小能量，称为电离电位。它反映了电子与原子核结合的牢固程度，它是该元素难、易激发的标志。电离电位越高，越难激发。各元素的离子也与中性原子一样，当获得足够能量，其外层电子同样可被激发跃迁到高能级一样产生发射光谱，即为离子发射光谱。显然，原子序数为 Z 的元素的一次电离的离子光谱与原子序数为 $Z-1$ 的元素的原子光谱相似。例如：Na Ⅰ、Mg Ⅱ、Al Ⅲ，三者的光谱是相似的。故而在光谱分析的光源激发下往往在同一光谱中既有原子光谱也有离子光谱。

谱线的强度是发射光谱分析的定量的依据。要使试样中的原子激发发光，首先就要将它们转化为气态原子，即蒸发过程。在这一过程中，物质处于等离子体状态。在蒸气云中心部分带正电和带负电的粒子浓度几乎是相等的。整个蒸气云接近电中性。在一般光源条件下，蒸气云中的粒子主要处于不规则热运动和相互碰撞状态。原子或离子在蒸气云中，依靠粒子间碰撞而发生能量传递，并以此获得能量而受激发。按热力学规律，在平衡条件下，能量为 E_0 的基态原子数 N_0 与被激发到能量为 E_i 的激发态的原子数 N_i 之间的关系，应符合玻尔兹曼分布：

$$\frac{N_i}{N_0}=\frac{P_i}{P_0}e^{-\frac{E}{KT}}$$

式中，E_i——激发能量；

T——火焰热力学温度；

K——波尔兹曼常数（1.386×10^{-17} J/K）；

P_i，P_0——激发态和基态原子统计权重（即能态的简并度）；

N_i，N_0——激发态和基态原子的数目。

显然，原子由激发态返回基态时所发射的光谱线强度（I）必然与 N_i 成比例，即：

$$I=K'N_i=K'N_0\frac{P_i}{P_0}e^{-\frac{E_i}{KT}}$$

对于给定原子 $\frac{P_i}{P_0}$ 为一定值，故谱线强度（I）仅与激发态能量（E_i）、气体温度（T）及该元素在蒸气云单位体积内的原子总数目（N_0）等三个因素有关。

1. 谱线强度（I）与激发能（E_i）的关系

对给定元素，当原子总数（N_0）和气体温度（T）固定时，该元素的激发态能量（E_i）越小时，处于这种 E_i 态的原子数目（N_i）就越多，谱线强度就越大。每一元素的共振线为最强线也就是这个道理。对于不同的元素而言，谱线强度则与它们各自的激发电位有关。例如，具有较少谱线的某些元素，如碱金属、碱土金属、铜、银、铝等，它们的特性是只有几条很强的低激发电位的谱线。它们集中了辐射的主要能量，其谱线强度远远地超过了这些元素的其他谱线强度。具有复杂光谱的元素，如铀、钍等和稀土元素，其特点是辐射能量按谱线数目多、强度弱的形式分配，形成数千条弱谱线构成的光谱。

2. 谱线强度（I）与气体温度（T）的关系

随着弧焰气体温度的升高，蒸气中所有粒子的运动速度也随之增加，粒子间的相互碰撞以及原子被激发的机会也就增加。因此，谱线强度一般随温度的继续增高而不断增强。因为更高次电离的离子将会出现。因此，对于每一条谱线来说，都有一个强度达到最高值的温度点，故提高谱线强度，不能单独地靠提高光源的温度来实现。

3. 谱线强度（a）与试样中元素浓度（c）的关系

当其他因素固定时，谱线强度与该元素在蒸气云中的原子总数成正比。原子数越多、谱线强度越强。又经实验证实：在固定了分析条件的情况下，谱线强度与该元素在试样中的浓度成正比。但当浓度较大时，由于自吸现象严重而使谱线强度随浓度的增大而变得缓慢。以下式所示：

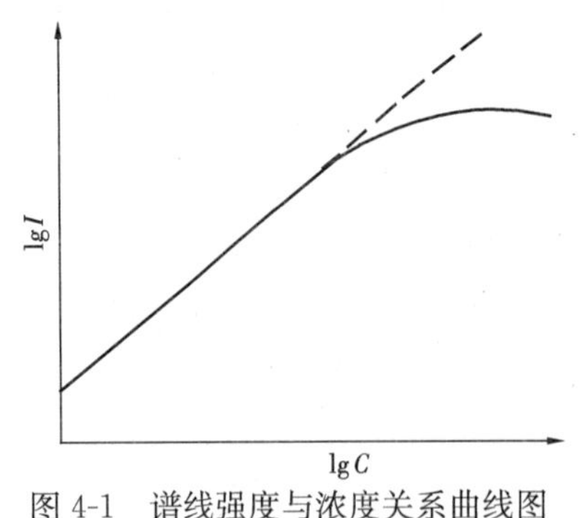

图 4-1 谱线强度与浓度关系曲线图

$$I = ac^b$$

即 $$\lg I = b\lg c + \lg a$$

式中，b——由自吸现象决定的常数（在一定激发条件下）；

a——谱线常数；

c——试样浓度。

由图 4-1 可知，元素在试样中的浓度低于临界值时，谱线强度的对数与该元素在试样中的浓度成正比，这是光谱定量分析的依据。

三、ICP 等离子体发射光谱仪结构原理

随着现代科学技术的发展，1961 年 Reed 首先研制成功电感耦合高频等离子体新光源。20 世纪 60 年代中期 Greenfield 和 Fassel 将其代替传统的火花或电弧为光源的光谱分析法，从而满足了迫切要求的环境样品微量、痕量元素的同时分析。ICP 发射光谱技术具有灵敏度高、精密度高、基体干扰少、线性范围宽、可以做多元素同时分析的优点。因此可用于环境本底值（背景值）调查监测和土壤固弃物无机污染监测。近 20 年来，国内外 ICP 技术发展很快，仪器类型较多，但大都是由高频发生器、炬管室、分光仪、测光系统和计算机系统五个部分组成。

（一）高频发生器

高频发生器是一个高频功率源，通过同轴电缆向耦合线圈提供高频能量，在耦合线圈中产生一个高频的交变电磁场。由三根同心的石英玻璃管组成的等离子炬管置于耦合线圈中（见图 4-3），石英玻璃炬管中通入氩气，用 Tesla 线圈使管内少量氩气电离，电子在高频电磁场作用下碰撞气体原子并使之电离，形成更多的电子和离子。这一过程连续下去，就可在耦合线圈中形成一个等离子炬。一般具有 10 000～20 000 K 的高温，被分析样品通过等离子炬激发。

高频发生器是由电源部分、电源配电系统、高频部分、控制系统、自动功率控制系统组成。提供高频振荡。凡具有 4～50 MHz 频率，并有 0.5～7 kW 功率的发生器均可使用。目前常采用 27～50 MHz 和 1～2.5 kW 的发生器、高频振荡多用晶体管振荡或电容调整式振荡电路，在固定频率下工作，感应圈通常用圆形的铜管绕成 2～3 匝水冷圈。

（二）炬管室及其机理

炬管室由阻抗匹配器、耦合线圈和循环冷却水系统、炬管及炬管调节机构、气路系统等部分组成。炬管是由石英制成的三层同心管组成（图 4-2）。外管进冷却气以切线方向进入，使等离子体离开管的内壁并冷却外管壁。中管进等离子气，为工作气流起维持等离子体的作用。内管进载气并引入试样的气溶胶送入等离子炬内。为了选择最佳的

激发区炬管可上下、前后调节，并可在投影屏上将等离子炬和线圈的影像直接显示出来，方便、直观。ICP 大多用来分析溶液，通常把溶液雾化成气溶胶，然后通过载气将其送入等离子体。溶液的雾化有气动雾化和超声波雾化两类。气动雾化是用喷雾器通过载气的作用来实现的。因此载气的流速是个重要参数，它将直接影响到试液的雾化效率和被测元素原子化以及激发的效果。超声波雾化虽有利于提高雾化效率，但在常规分析中较少采用。

ICP 的工作原理如同高频感应加热金属一样，只是它加热的是石英管内流动的气体。当高频电流通过感应圈时，感应圈中的炬管内即产生轴向的交变磁场。由于磁通量的变化，管内气体产生垂直于磁场平面的循环闭合感生电流，气体被加热并发生电离，从而产生等离子体。开始时，因气体不是导体，高频磁场不能立刻产生等离子体，需要点燃这一程序。这时用一个高频探漏器对准炬管发射，一些气体原子被电离后生成载流子，这些载流子在磁场的作用下运动，又与气体的其他中性原子碰撞并使它们电离。中性原子继续电离的结果，使气体产生足够的电导率，在垂直于磁场方向的截面上形成闭合环形路径的涡流，瞬间电流强度可达 100～1 000 A。因为高频磁场的方向和强度随时间变化，环形路径 D 上的离子和电子也同样受到磁场的加速运动。此时若高频探漏器离开炬管，等离子体也能自持“燃烧”。

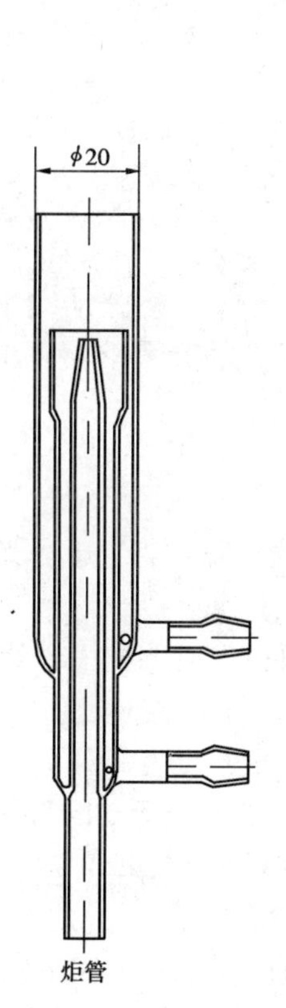

图 4-2　炬管结构图

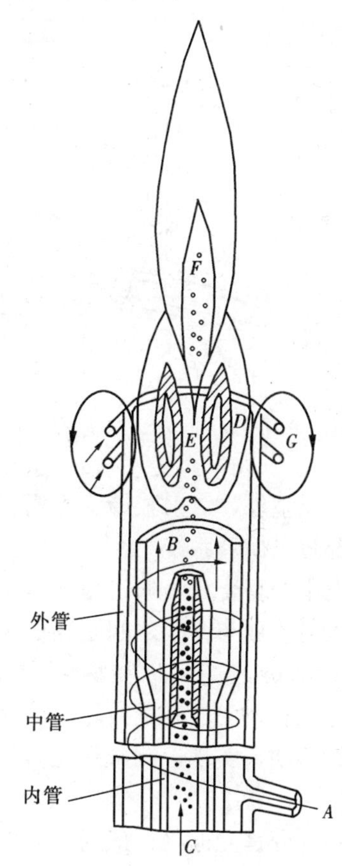

图 4-3　电感耦合高频等离子炬剖面图

高频感生电流有“趋肤”效应，即等离子体外层电流密度最大，而中心轴线上最小。与此相应，表层温度最高，中心轴线温度最低。如图 4-3 所示，载有试样 B 的载气具有一定的流速时，就能穿透等离子体温度较低的中心，使等离子体形成中心通道 E。经过通道的试样在周围高温加热下，温度可达 6 000～7 000 K。在等离子体 F 中发生原子化和激发。

等离子体光源的工作温度比其他光源高，可以激发那些难激发的元素。在这样的高温且又是惰性气氛条件下，几乎任何元素都不能再呈化合物状态存在。原子化条件极为良好，谱线强度大，背景小，可使测定的检出限降低。也正由于原子化条件好，试样中基体和共存元素干扰小，又由于等离子体光源稳定，分析结果再现性好、准确度高，故发展很快。

（三）分光仪

分光仪位于主机机柜的上部，由聚光镜、入射狭缝、光栅、出射狭缝、光电倍增管、分光室、机内恒温系统等组成（见图 4-4）。

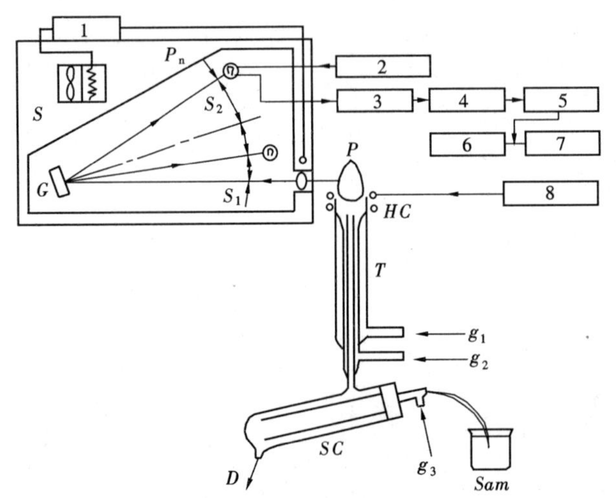

1—温控系统；2—负高压电源；
3—积分放大；4—数据采集；
5—微处理机；6—显示器；
7—打印机；8—高频发生器；
S—分光器；G—衍射光栅；
S_1—入射狭缝；
S_2—出射狭缝；P_n—光电倍增管；
P—等离子体火炬；
HC—高频感应圈；
T—炬管；g_1—冷却气；g_2—辅助气；
g_3—载气；N—雾化器；
SC—雾室；Sam—样品

图 4-4 ICP 结构原理示意图

聚光镜置于分光室外，入射狭缝、光栅、出射狭缝、光电倍增管置于分光室内；机内恒温系统是内部热风循环系统。

样品激发后发出的复合光，通过聚光镜，1∶1 地成像在入射狭缝上，聚光镜是石英玻璃单透镜。入射狭缝与谱线之间是物像关系，它的质量与谱线的质量有直接关系。它的宽度为 25μm±3 μm。它可以在罗兰圆的切线方向上往复运动。打开分光仪正面上部的小门，转动分光室外面的测微鼓轮，即可达到使入射狭缝往复运动的目的。谱线扫描依靠入射狭缝的移动来实现。测微鼓轮转动一格入射狭缝移动 5 μm，对应于谱线移动约 4 μm。

分光仪的心脏部分是光栅（一般为 2 400 沟槽/mm，曲率半径为 750 mm 的凹面光栅），置于一个十分牢固的底座上，可以承受搬运过程的震动。光栅刻划得非常精密，不允许任何东西碰它，也不能有尘土。

为了使光电倍增管的输出稳定，在光栅前面有一个疲劳灯。当仪器处于待测状态时，疲劳灯始终发出一个很弱的光，照射每一个光电倍增管，用来疲劳它们。曝光开始前疲劳灯会自动熄灭，曝光终止后又自动点燃。

出射狭缝装在罗兰圆轨道上。它的宽度为 50 μm 和 75 μm 两种，它的位置可以任意移动。谱线与出射狭缝的对准精度很高，不一致性小于 6 μm。

对应每一个出射狭缝都有一个光电倍增管。光电倍增管类型根据谱线波长来选定，光电倍增管电路位于分光室内。它是由光电倍增管加速极分压网络和衰减电阻板构成。加速极分压网络的电阻焊接在光电倍增管的管座上。每只电阻为 1 mΩ，衰减电阻板安装在分光室的侧面。每一只光电倍增管对应一只衰减电阻，其阻值的大小由现场调试确定。

为了降低仪器对环境温度的要求，分光仪内部采用机内恒温。恒温温度为 30℃，恒温系统由电炉丝、离心式风机和控温仪组成。

（四）微机测光系统

测光通道数一般为 50 道左右，每一通道设一放大器，分段积分测量。

微机测光系统是由低压电源、高压电源、微型计算机系统、接口电路和积分电路等组成。

低压电源是由市电 220 V 电压经变压器降压后通过双桥进行整流，经电容滤波为稳压器提供±15 V 串型稳压电源。

高压电源是由市电经整流、滤波和稳压变成直流高压电源（－1 000 V，20 A，稳定度 0.05%）供光电倍增管电源。

微型计算机系统，包括主机、软盘驱动器、打印机、显示器、软件操作系统等。

接口电路包括总线缓冲驱动、命令译码、多路选择控制、中断及定时、A/D 及 D/A 转换、显示及过程控制电路。

积分电路工作过程是启动电源、系统进入准备状态（如 7 502 型 ICP）$C_{全}=0$，积分电容短路开关处于短路放电状态。当进入数据采集时，微机送出控制信号，使 $C_{全}=1$，积分电容短路开关打开，积分开始。系统进入巡检阶段，每 20 ms 巡检一次各通道积分电压值。当超过 4.5 V 时收数，并送该通道积分电容分选短路信号。释放已积累的电荷后，再重新开路积分累加收数。当预定的积分时间到时，最后对各通道积分数值全部收入微机累加存入相应存数单元，巡检结束。微机发送 $C_{全}=0$，使所有积分电容短路放电，进入准备状态。每次巡检，重复上述过程。数据采集完毕则可进行分析处理，打印出相应报告。

自检电路中运行诊断程序，可及时发现主机和接口电路的故障，打印出故障部位，并点亮故障指示灯，通知维修人员做相应的检修。若无故障，则自动进入工作准备阶段，点亮准备灯及疲劳灯，使系统进入工作待命状态。

ICP 微机测光系统的工作过程是当微机系统通电启动后，首先运行系统自检程序、诊断接口电路及积分电路有无故障，并可打印相应故障部位供维修人员及时排除。若系统无故障，则可进入工作的准备状态。点燃准备指示灯及疲劳灯。当操作人员进行样品分析时，微机则按照操作员的命令运行相应的程序，并打印出分析报告。

（五）计算机系统

由计算机进行控制和数据处理，机型根据具体情况而定。计算机系统应包括主机、软盘驱动器、显示器和打印机等。

四、仪器性能的测试方法

（一）检出限的测定

首先建立每一个元素的工作曲线，由此求出灵敏度 S。利用光谱仪自检程序测定 11 次空白水溶液背景，求出空白水溶液背景的标准偏差 S_b。连续做五次，取五次结果的平均值$\overline{S_b}$。根据 $C_i=2\,\overline{S_b}/S$ 求出检出限。

（二）精密度的测定

利用已建立的工作曲线，用光谱仪自检程序，取被测元素所选用分析线检出限的 1 000倍的该元素溶液，做 11 次测定，求出精密度 R_{SD}。每小时测定一次 R_{SD}，连续做 4 h,共 5 次，取其平均性。

（三）长期稳定度的测定

$$长期稳定度=\frac{C_1-C_0}{C_0}\times 100\%$$

式中，C_0——测量第一次精密度时所得的浓度平均值；

C_1——1h 后测量第二次精密度时所得的浓度平均值。

利用上述精密度测定时，连续 4 h 做的 5 次浓度平均值可求得 4 个长期稳定度值。取其平均值。美国 J—A 型与国产 7502 型 ICP 仪器性能测试结果比较见后附表 18。

测试条件为：

入射功率：1 kW； 雾化器：168LB 同心气动雾化器；

炬管高度：11 mm； 雾室：双管雾室；

载气压力：1.6 kg/cm^3；

炬管：Scott 型低气流炬管； 测试 36 个元素。

五、发射光谱与元素在周期表位置的关系

原子发射光谱与该原子的性质和构型是密切相关的。了解这些联系的规律，对于认识各元素的光谱特性，以及在光谱分析工作中的条件选择是有帮助的。

(1) 同一周期的元素，随着原子序数的增大，外层价电子数逐渐增加，其光谱也逐渐变得复杂，而谱线强度逐渐减弱。原子序数为 1 的氢，其光谱是最简单的，它们分布在可见光及近紫外光区域中，这些谱线间的距离和强度是有规律地向着短波方向缩短和减弱。在各周期中，总是碱金属的原子光谱较为简单。

(2) 对于主族元素来说，大部分具有 s、p 外层的电子排列，所以它们的谱线数目较少，且谱线强度较大，同族元素的光谱性能也比较相近。第Ⅰ主族是碱金属，都只有一个价电子（Li $2s^1$；Na $3s^1$；K $4s^1$；Rb $5s^1$；Cs $6s^1$,）激发时只有这个价电子向较高能级跃迁，所发射的谱线就较为简单。另外，由于这些原子内有闭合层存在，价电子受原子核的作用因闭合层的屏蔽作用而减弱，所以它们也容易被激发，但一旦发生了一次电离后，仅剩下闭合壳层时，其光谱的激发就会非常困难。所以碱金属的离子谱线都在远紫外区，即使采用很大能量的光谱也较难得到。第Ⅱ主族碱土金属具有两个价电子，激发状态比较复杂，因此它们的光谱也比碱金属复杂得多。但是，如果发生了一次电离

后，这时的电子排列就类似于碱金属元素，其激发能也较小，故碱土金属的离子谱线是最容易得到的。第Ⅲ主族元素（B、Al、Ga、In、Ti）皆具有三个价电子、两个 s 电子，一个 p 电子，且 p 电子与已经组成闭合亚层的 s 电子相互作用不大。因此这些元素的光谱也较简单，与碱金属相似。Al、Ga、In、Ti 的光谱激发电位也较低。第Ⅳ主族元素有四个价电子，两个 s 电子和两个 p 电子，相互作用较强，电离电位也较高。第Ⅴ、第Ⅵ和第Ⅶ主族元素，这种相互作用力更加增强，这三族元素除 Sb 和 Bi 外都需要很大的激发能量，其共振线都在远紫外光区。

（3）对于副族元素，情况较为复杂。Cu、Ag、Au、Zn、Cd、Hg 的原子其内层 d 电子数都已饱和，外层为 s 电子排列，故其谱线较少，激发电位一般也比较低。而其他副族元素，由于它们具有 d 外层电子排列，它们的谱线就相当复杂了。如 Fe、W 等元素已知其谱线达 5 000 条以上。稀土元素和超铀元素具有 d、f 外层电子排列，其光谱就更为复杂。各条谱线的波长相差不大，强度很弱。

（4）就整个元素周期表来看，左下角的元素，金属性强，共振电位及电离电位都低，其相应的共振线波长长，处在近红外区；而左上角的元素，非金属性强，共振电位及电离电位则高，相应的共振线波长最短，处在远紫外区。如铯的电离电位为3.89 eV，第一共振激发电位为 1.45 eV，相应的波长为 852.110 nm，而氦的电离电位达25.58 eV，第一共振谱线激发电位为 21.13 eV，相应的波长为 584.331 nm。位于周期表中部的大多数元素，则具有比较接近的、中等程度的第一共振线的激发电位和电离电位，相应的谱线波长位于近紫外和可见光区。

六、定量分析方法

光谱定量分析方法主要有三标准试样法、持久曲线法及控制试样法等分析方法。但都是以三标准试样法为基础演化出来的。所谓三标准试样法，就是按照确定的分析条件，用三个或三个以上的含有不同浓度的被测元素的标准样品摄谱，测定分析线对的强度比 R，以 $\lg K$ 对 $\lg C$ 作图，未知样品也摄在同一光谱板上。根据测得未知样品中被测元素含量的 $\lg C$，从而求得 C 值。ICP 等离子体直读光谱，也可以用内标法绘制工作曲线。具体采用三标准试样法，还是控制试样法，要根据分析任务的性质来决定。成批的同类品种的样品分析，宜用三标准试样法；而对一些个别的应急样品分析宜采用控制试样法，可加快分析速度。由于光电直读法没有摄谱底板的乳剂反衬度（γ）改变的影响，故作出的工作曲线基本是持久工作曲线。只要每次测定用两个标样检查一下工作曲线，并通过仪器上的“细调”及“补偿”使读数回到工作曲线上来。所以工作曲线基本可以长期使用。

ICP 发射光谱分析法的特点是：

（1）分析速度快，能够同时将试样中许多被测元素的特征光谱一次记录下来，同时对多种元素进行定性和定量分析。

（2）分析灵敏度高，直接摄谱法测定，一般相对灵敏度为 10^{-6} 级；绝对灵敏度可达 $10^{-9}\sim10^{-3}$ g。如果再通过富集处理，相对灵敏度可达 10^{-9} 级，绝对灵敏度可达 10^{-11} g。

（3）分析准确度较高。它可以较好地克服人的主观误差、准确地进行定量分析，尤其是被测组分的含量比较低（≤1%）时。

（4）测定范围广，可以测定紫外和可见光区的谱线，被测元素的范围大，一次测定几十个元素。

ICP等离子炬发射光谱的光源的工作温度比其他光源高，可以很方便地激发那些难激发的元素，几乎任何元素都不能呈化合物状态存在，谱线强度大，背景小，试样中的基体和共存元素干扰小。再通过直读，即将分光后的谱线（预先选择的分析线）的光信号直接通过光电元件转换成电信号，以此测量被分析元素的含量。这样不需要摄谱和暗室处理等过程，使分析速度大为提高，从根本上克服了摄谱法的缺点，而其上述优点更加提高。因此，ICP等离子体发射光谱分析是理想的土壤和无机固弃物及环境本底监测分析手段。

七、光谱分析的灵敏度和准确度

（一）灵敏度

光谱分析的灵敏度是指用光谱分析的方法能可靠地测定的最小含量，所谓“可靠”是指有99.7%的把握能将谱线同背景区分开来。此即“3δ规则”。光谱分析的灵敏度有绝对灵敏度和相对灵敏度两种表示方法，绝对灵敏度是指能检出某元素所需要的该元素的最小重量；相对灵敏度是指能检出某元素在样品中的最小的浓度。

（二）准确度

光谱分析中引起误差的因素很多，例如，测光误差、激发条件误差、试样不均匀误差、试样物理状态不同引起的误差等。光谱分析的准确度是对光谱分析中随机误差和系统误差的一个总的估量。在消除了系统误差的情况下，准确度仅由随机误差决定，这时它与测定精密度的意义是一致的。

光谱分析是否存在系统误差，可通过与其他标准测定方法的测定结果相比较来检查，或者用标准样品来检查。如果没有标准样品，又找不到其他的标准测定方法相对照，亦可用标准加入法来检查。

检出限、测定下限的计算方法是制备一个模拟（土壤或无机固弃物）的硅酸盐基体溶液（一般为Al 500mg/L；Fe、Ca 250mg/L；Mg、Ti 100 mg/L……）。重复测定10次，统计各痕量元素浓度值的标准偏差δ，2δ为检出限，3δ为测定下限。

八、标准制备及干扰校正系数确定方法

1. 标准制备

用光谱纯的金属或化合物制备成单个元素的标准贮备液，根据互有化学干扰或光谱干扰的元素不能放在一起的原则，组合成三组标准溶液：

第一组，Fe、Al、Ca、Mg、Ti低标浓度为1 mg/L。

高标浓度：Al 500 mg/L；Fe、Cd 250 mg/L；Mg、Ti 100 mg/L。

第二组，Cu、Zr、Nb、Mn、Cr、Y、Ni、Ba、Sr、Ca。

第三组，P、Ce、V、Pb、Bi、Zn、Yb、Co、Mo。

第二、三组都是痕量元素，低标浓度为0.1 mg/L，高标浓度为10 mg/L。三组标准溶液的酸度都是10%王水。

2. 干扰校正系数的确定方法

(1) 用光谱纯试剂制备各干扰元素的单元素溶液。主体干扰元素分别为 200～500 mg/L的系列，痕量干扰元素都为 100 mg/L。

(2) 对所有被分析元素通道进行标准化。

(3) 把干扰元素溶液喷入等离子炬，在各分析通道得到浓度值，对该数据逐个分析，辨明是来自溶液中的杂质还是线干扰或杂散光等引起，然后用该值与干扰元素浓度相比，即可得到干扰校正系数 K_i。

(4) 将 K_i 值输入 ACT 表。在分析过程中计算机能自动进行干扰校正。

(5) 再次喷入各干扰溶液进行验证。如果各分析通道浓度值很接近于零，则说明 K_i 值正确，否则要继续修正 K_i 值。

九、土壤及无机固弃物的样品处理

称取土壤或无机固弃物样 0.1 g，置于聚四氟乙烯坩埚中，加入 3 ml HCl、2 ml HNO_3。将坩埚置于特制的铝电热板上，在 110℃下保温 1.5 h。取下加入 3 ml HF、1 ml $HClO_4$，在 130℃下溶解 2 h。于 150℃赶走 HF 至 $HClO_4$ 白烟消失尽，加入1 ml 王水溶解盐类，移至 10 ml 比色管中备用，所得溶液稀释倍数为 100 倍。或将称得的试样置于全聚四氟乙烯密封溶样罐中，用微波炉消解系统消解。

对电镀污泥、铅锌渣、铬渣、铜渣、尾矿渣、粉煤灰等试样可用 HCl-HNO_3-HF 消解；对于砷钙矿渣用 HCl-HNO_3 消解；对于锑渣、铋渣用 HNO_3-HF 消解。

十、GC-ICP-MS 联机

有机重金属比重金属毒性更强，更容易被生物富集，从而通过食物链被人体吸收，如闻名世界的日本的水俣病事件就是有机汞污染所致，而有机铅、有机锡有机砷等毒性也都远远高于无机化合物，因此有机重金属的监测与污染防治已受到世界各国的重视。目前开发的用 ICP-MS 联机仪器作为 GC 的检测器测量痕量和超痕量有机金属污染物。ICP-MS 作为 GC 的检测器可测定 10^{-6} 级的金属元素，如 Cr^{6+}、Cu、Cd、Pb、Hg、Ti、Ba、Be、Ni、Mn、As 等，选择不同质量数进行测定，还能大大提高其选择性，即使 GC 不能把干扰成分完全分离，也不会对 ICP-MS 的测定产生影响。

GC-ICP-MS 的装置是通过接口将 GC 和 ICP-MS 相连接。用 GC 将待测成分分离后，用 ICP-MS 得到测定元素的有关信息。GC 既可以使用填充柱分离，也可使用毛细管柱分离，后者称为高分辨 GC-ICP-MS。

由于在 ICP 中所有化合物都会产生分解。因此目前 ICP-MS 只能测定某种元素的单一形态，还难以测出不同化合物的形态，价态及分子中是否存在有机基团等。当然 ICP-MS 作为 GC 的检测器确有些浪费，应开发其他价廉的有机金属检测器。但目前应用 GC-ICP-MS 技术测定有机锡、有机汞以及铅、锑、砷、硒等有机污染物的技术和方法正在开发研究中。

十一、用其他方法测定的项目

1. 原子吸收分光光度法（AAS）：

火焰原子化法：Cu、Pb、Zn、Cd、Mn、Cr、Ni、Ba 等。

石墨炉原子化法：As^{3+}、As^{5+}、Be、Pb、Cd等。

氢化物原子吸收法：As^{3+}、As^{5+}、Se^{4+}、Se^{6+}、Sb、B等。

2. 原子荧光分光光度法（AFS）：As、Sb、Bi、Hg、Se、Te、Sn、Ge、Pb等。

3. UV分光光度法：V、Cr^{6+}、As、Sb、Bi、B等。

4. 离子选择电极法（EP）：F^-、Cl^-等。

第二节　塑料及有机废弃物监测分析技术

一、用红外吸收光谱法（IR）测定的项目

红外吸收光谱法已经越来越广泛的应用，尤其是对石油化工产品废弃物、有机络合物、塑料高聚物进行监测分析（包括定性、定量、结构分析）是有利的手段。它可以不管分析样品是气体、液体和固体，可以不经过任何相的转换，而直接用不同的操作技术进行分析，通常十几分钟即可完成分析任务。还可以与其他分析技术配合使用，如色质联仪、激光拉曼光谱及核磁共振谱法等。例如，橡胶工业常用丁二烯为原料，对丁二烯中杂质成分的全分析可先经气相色谱把丁二烯中各组分分离，然后用红外光谱和质谱进行鉴定。

当今有害固体废弃物对环境污染已被世人瞩目，美国国家环境保护局颁布了分析有害废弃物的方法，目前我国对有害固弃物有机污染成分总量提取做了大量的工作。使用CH_2Cl_2、苯、甲苯、石油醚等试剂提取，用GC-ECD、FPD或GC-MS法测定。可以用傅里叶红外吸收光谱分析有机污染成分（定性）和含量（定量），包括结构测定、互变异构的测定、顺反异构的测定、高聚物的测定、结晶度的测定等。尤其是在催化剂表面结构、化学吸附、催化反应机理等方面是很好的分析研究手段。

紫外可见吸收光谱主要用于测定有色分子，不能测定饱和烃及其简单的衍生物，而红外光谱，除一些同核分子外，大多数有机和无机分子都在红外区有吸收。因此红外分光光度法测定的范围要广很多。此外，红外光谱对于分析性质相近的多组分混合物具有独到之处。如用红外分光光度计可以定量分析邻二甲苯、间二甲苯、对二甲苯和乙苯的混合物且方便迅速得出结果。红外吸收光谱最突出的特点是具有高度的特征性，除光学异构体外，每种化合物都有自己的红外吸收光谱，因此红外光谱法特别适于监测有机物、高聚物，以及其他复杂结构的天然及人工合成产物。各类项目的监测分析方法待进一步开发应用。

二、红外吸收（IR）光谱法的基本原理

紫外可见吸收光谱（UV）是电子光谱，即通过测量电子由低能级跃迁到高能级时所吸收的光子。而红外吸收光谱是分子振动转动光谱。是分子中的原子或基团吸收了光子之后进行振动或转动。通常根据各种化合物吸收了哪些波长的光来进行定性分析（包括结构分析），依据吸收的强度进行定量分析。

分子光谱能量可看成是由以下三个量子化的组成部分之和，即分子的转动能、分子

中原子间的振动能和分子内的电子能。就是说每个分子只有一定数目的转动能级、振动能级和电子能级。分子的振动能级跃迁总是伴随着转动能级的跃迁。因此，可以想象与分子中电子跃迁相对应的吸收光谱也是很复杂的。红外辐射吸收主要限于那些在振动转动运动时会引起偶极矩净变化的那些分子。只有在这种情况下交变的辐射场才能同分子相互作用并使它的运动发生变化，从而在红外光谱中出现吸收谱带。这种振动方式称为是红外活性的。反之，在振动过程中偶极矩不发生改变的振动方式是红外非活性的，虽然有振动但不能吸收红外辐射。例如，CO_2 分子的对称伸缩振动，在振动过程中，一个原子离开平衡位置的振动刚好被另一原子在相反方向的振动所抵消，所以偶极矩没有变化，始终为零，因此它是红外非活性的，可是反对称伸缩振动则不然，虽然 CO_2 的永久偶极矩等于零，但在振动时产生瞬变偶极矩，因此它可以吸收红外辐射，这种振动是红外活性的。

振动光谱的跃迁规律是所吸收的红外辐射能量与能级间的跃迁相当时才会产生吸收谱带。但在常温下绝大多数分子处于振动基态，因此主要观察到的是振动基态（$V=0$）到第一激发态（$V=1$）的吸收谱带。

红外吸收谱带的强度决定于偶极矩变化的大小。分子振动时偶极矩变化愈大，吸收强度愈大。根据电磁理论，只有带电物体在平衡位置附近移动时才能吸收辐射电磁波。移动越大，即偶极矩变化越大，吸收强度越大。一般极性比较强的分子或基团吸收强度都比较大，极性比较弱的分子或基团吸收强度较弱。例如，C＝C、C＝N、C—C、C—N 等化学键的振动吸收强度都较弱，而 C＝O、Si—O、C—Cl、C—F 等的振动，其吸收谱带就很强。但是，即使是很强的极性基团，其红外吸收谱带比电子跃迁产生紫外可见光吸收谱带强度要小 2～3 个数量级。红外光谱应用最广的是中红外区 2.5～25 μm，相当于 400～4 000 cm^{-1}，即通常所说的振动光谱。红外光谱定性分析中通常把吸收谱带强度分为五个级别：

VS（很强 $\varepsilon^a>200$）；S（强 e^a75～200）；

M（中强 ε^a25～75）；W（弱 ε^a5～25）；

VW（很弱 $\varepsilon^a<5$）。ε^a 为克分子吸收系数。

红外光谱图横坐标表示吸收峰位置，纵坐标表示透过率。根据吸收峰位置、形状和强度可以进行定性分析，推断未知物的结构。根据吸收峰的强度可以进行定量分析。此外还可利用红外光谱在催化、高聚物、络合物等结构机理方面研究。

振动吸收光谱机理是：分子由原子组成，由几个原子组成的分子，有 $3n$ 个自由度，其中三个是平移的，另外三个是转动的，剩下来的就是 $3n-6$ 个基谐振动（在线型分子中有两个转动，所以，其基谐振动数为 $3n-5$）。各种振动（基谐振动）均在红外光谱的特征频率上分别进行吸收。由于有些振动不产生偶极矩，则在红外光谱中找不到吸收带。

简正振动又称基谐振动，可分为伸缩振动和弯曲振动（又叫变形振动）两类。若以亚甲基为例，如图 4-5 所示。

一般反对称伸缩振动比对称伸缩振动频率要高些，弯曲振动的频率比伸缩振动要低得多。分子除了有简正振动对应的基谐振动谱带外，由于各种简正振动之间的相互作用，以及振动的非谐性质，还有倍频、组合频、耦合以及费米共振等吸收谱带。

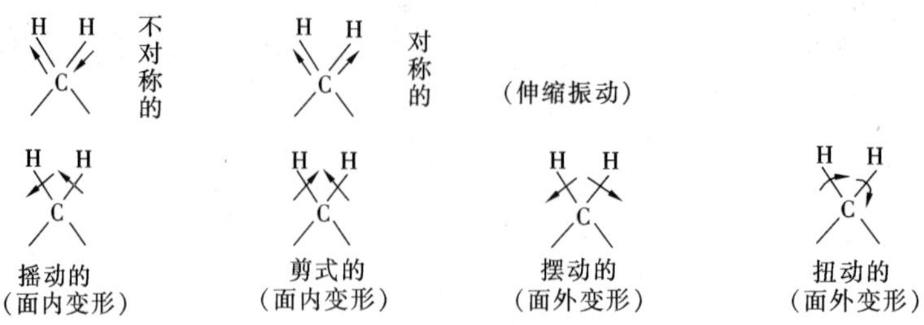

图 4-5　弯曲振动（或叫变形振动）

倍频：是从分子的振动基态（$V=0$）跃迁到 $V=2$，3，…，n 等能级所产生的谱带。倍频强度很弱，一般只考虑第一倍频。如在 1 715 cm^{-1}处吸收的 CO_2 的基频，在 3 430 cm^{-1}附近可观察到（第一）倍频吸收。

组合频：它是由两个以上简正振动组合而成。其吸收谱带出现在两个或多个基频之和或差的附近。例如，基频 υ_1 和 υ_2，组合频为 $\upsilon_1 \pm \upsilon_2$。强度也很弱。

耦合：当两个频率相同或相近的基团联合在一起时，会发生耦合作用。结果分裂成一个较高、另一个较低的双峰。

费米共振：当倍频或组合频位于一基频附近（一般只差几个波数）时，则倍频峰或组合峰的强度常被加强，而基频强度降低，这种现象叫费米共振。

由上可知，所观测的红外吸收谱带要比简正振动数目多。但是更常见的情况却是，吸收谱带的数目比按 $3n-6$ 计算的要少。这是因为：

（1）不是所有的简正振动都是红外活性的。

（2）有些对称性很高的分子，往往几个简正振动频率完全相同，即能量简并的振动，只有一个吸收谱带。

（3）有些吸收谱带特别弱，或彼此十分接近，分辨不开，仪器检测不出来。

（4）有的吸收谱带落在仪器检测范围之外。

三、红外分光光度计结构原理

（一）色散型双光束红外分光光度计

由光源、单色器、检测器和放大记录系统等基本部分组成（见图 4-6）。

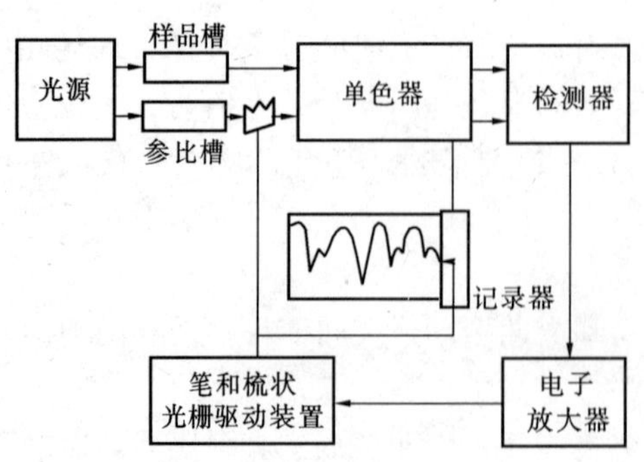

图 4-6　色散型双光束红外分光光度计框图

如图 4-7 所示，由光源来的光经 M_1、M_2、M_3、M_4 反射镜组后分成两束，一束通过样品池，一束通过参比池。两束光经 M_5 和 M_6 反射镜改变方向，当切光器 C 处于图上所示位置时，M_5 反射的样品光束被切光器挡住，而 M_6 反射的参比光束，则被切光器上的反射面反射到 M_7 反射镜，经滤光调节器 F、狭缝 S_1，反射镜 M_8、M_9 到光栅 G。经光栅 G 分光后，通过 M_9 聚焦，最后进入检测器 TC。同

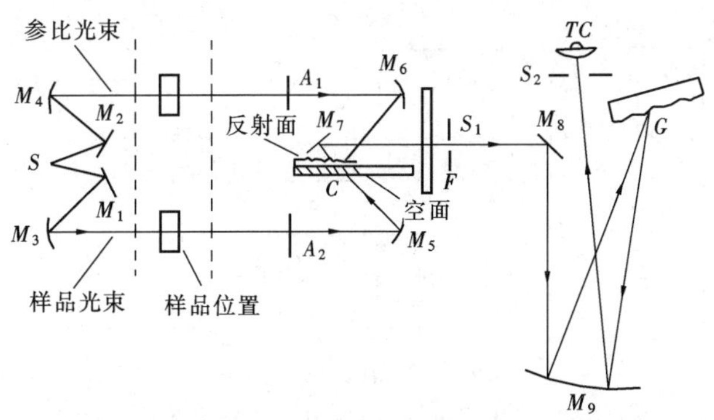

图 4-7　色散型双光束红外分光光度计光路图

S—光源；M—反射镜；C—切光器；G—光栅；F—滤光旋转调节器；A_1—衰减器；S_1—入射口狭缝；S_2—出射口狭缝；TC—热电偶检测器；A_2—100%T 调节

样，当切光器由图上所示位置转动 90°或 180°后，空面由图示的右边转到左边位置。这时，由 M_5 反射出的样品光束穿过切光器的空面射向 M_7，与参比光束一样，经 F、S_1、M_8、M_9、G 到达 TC，而此时参比光束则穿过切光器 C 的空面，因达不到 M_7 而不能与样品光束同时进入 TC。切光器 C 按匀速转动，样品光束和参比光束交替地到达检测器，检测器上出现的信号，经放大器放大后，通过伺服系统进行记录。

如果样品光路上没有放置样品，或样品光路和参比光路吸收相同时，检测器上就没有信号产生。当有样品吸收红外光时，使得到达检测器上的样品光束减弱，两光束不平衡，检测器就有信号产生，使信号经放大后驱动衰减器（为梳状光栅或双向剪式光栅）、A_1 衰减参比光路的光束，直到参比光路的辐射强度和样品的光路辐射强度相等为止，即为双光束光路中的光学零位平衡系统。衰减器和记录笔属同一个驱动装置，当衰减器 A_1 移动时，记录笔同时进行绘图。这样，由于两光束不平衡而反映出样品吸收图谱即被记录下来，直到平衡时，记录笔也停止记录。当记录笔随样品吸收情况而移动时，光栅也按一定速度运动，于是到达检测器上的入射光波数将随之变化。记录纸与光栅同步运行，这样就可绘出吸收强度随波数变化的红外吸收光谱图。在双光束分光光度计中，由于采用光学零位法，消除了来自光源和检测器的误差以及空气中的 H_2O、CO_2 等的干扰，比单光束分光光度计更有优越。目前的红外分光光度计大都配有计算机处理系统。仪器的操作控制、谱图中各种参数的计算、图谱检索、准确度、精密度分析等均可由计算机完成。

（二）傅里叶转换红外光谱仪（FTIR）

傅里叶转换红外光谱仪与上述色散型红外光谱的工作原理有较大区别、FTIR 主要是由光源、迈克逊干涉仪、探测器和计算机等部分组成。其工作原理如图 4-8 所示。

光源发出的红外辐射通过迈克逊干涉仪变成干涉图，通过试样后即得到带有样品信息的干涉图，经放大器将信号放大，记录在磁带或穿孔卡片或纸带上，输入通用电子计算机处理或直接输入到专用计算机的存储系统中。当干涉图经模拟数字转换器（A/D）进行计算后，再经数字模拟转换（D/A），由波数分析器扫描，便可由 X—Y 记录器绘

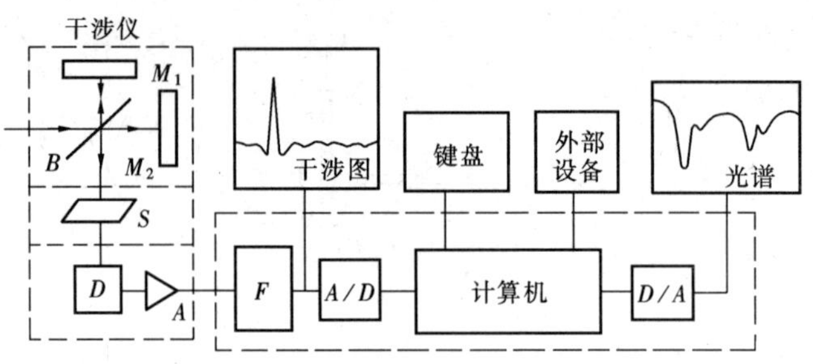

图 4-8 FTIR 工作原理图

R—红外光源；M_1—定镜；M_2—动镜；B—光束分裂器；S—样品；D—探测器；A—放大器；F—滤光器；A/D—模数转换器；D/A—数模转换器

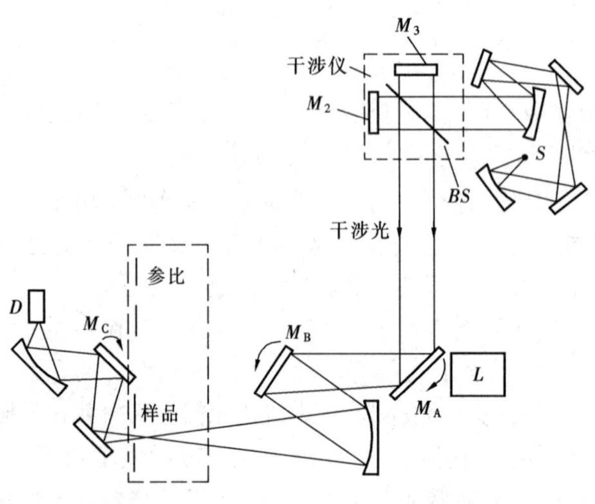

图 4-9 FTS-15G 型 FTIR 的光学装置

S—光源；M_2—动镜；M_3—固定镜；L—准直灯；D—探测器；M_A—摆动镜；M_B—摆动镜；M_C—摆动镜；BS—光束分裂器

出通常的透过率对应波数关系的红外光谱。图 4-9 是 FTS—15C 型傅里叶转换红外光谱仪的光学装置。其核心部分是迈克逊干涉仪，其结构原理如图 4-10 所示。

干涉仪主要由平面镜（固定镜和动镜 M_2）、光束分裂器 BS 和探测器 D 所组成。M_1 和 M_2 垂直放置，M_1 固定不动，M_2 则可沿图示方向移动，故称动镜。在 M_1 和 M_2 之间放置一呈 45°角的半透膜光束分裂器 BS。光束分裂器可使一半的入射光透过，一半被反射。当 S 发出的入射光进入干涉仪后，就被半透膜光束分裂器分裂成透射光Ⅰ和反射光Ⅱ，其中透射光Ⅰ穿过半透膜被动镜 M_2 反射沿原路回到半透膜上并被反射到达探测器 D，反射光Ⅱ则由固定镜 M_1 沿原路反射回来，通过半透膜到达探测器 D，反射光Ⅱ则由固定镜 M_1 沿原路反射回来通过半透膜到达探测器（图 4-10 中的虚线表示图 4-9 中干涉光经 MA、MB、MC 光路）。这样，在探测器 D 上所得到的Ⅰ光和Ⅱ光是相干光。如果进入干涉仪的是波长为 λ 的单色光，开始时，因 M_1 和 M_2 离半透膜 BS 距离相等（此时称 M_2 镜处于零位），

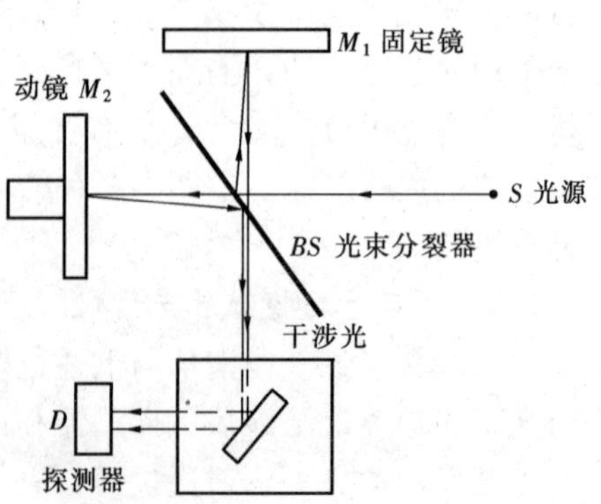

图 4-10 迈克逊干涉仪光学示意图

Ⅰ光和Ⅱ光到达检测器时相位相同，发生相长干涉，亮度最大，当动镜 M_2 移动入射光

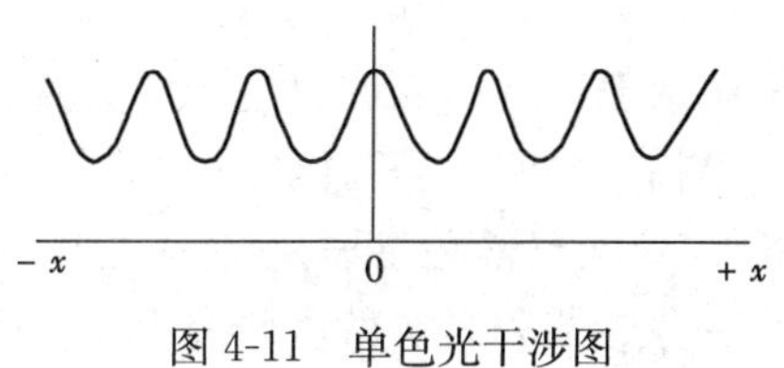

图 4-11　单色光干涉图

的 $1/4\lambda$ 距离时，则Ⅰ光的光程变化为 $1/2\lambda$。在探测器上两光位相差 180°，则发生相消干涉，亮度最小（暗条）。当动镜 M_2 移动 $1/4\lambda$ 的奇数倍，即Ⅰ光和Ⅱ光的光程差 X 为 $\pm 1/2\lambda$、$\pm 3/2\lambda$、$\pm 5/2\lambda$……时（正负号表示动镜零位向两边的位移），都会发生这种相消干涉。同样，动镜 M_2 位移 $1/4\lambda$ 偶数倍时，即两光的光程差 X 为波长 λ 的整数倍时，则都将发生相长干涉。而部分相消干涉则发生在上述两种位移之间。因此，当动镜 M_2 以匀速向 BS 移动时，也即连续改变两光束的光程差时，就会得到单色光的干涉图，如图 4-11 所示。其数学表达式为：

$$I(x) = B(\upsilon)\cos 2\pi \upsilon x$$

式中，$I(x)$ ——干涉图强度；

x——Ⅰ光和Ⅱ光的光程差；

$B(\upsilon)$ ——入射光的强度，它是频率的函数，当光源是单色光时，$B(\upsilon)$ 是一恒定值；

υ——频率。

当入射光为连续波长的多色光时，得到的则是具有中心极大向两边迅速衰减的对称干涉图（图 4-12）。

其数学表达式为：

$$I(x) = \int_{-\infty}^{+\infty} B(\upsilon)\cos 2\pi x\upsilon d\upsilon$$

这种多色光的干涉图等于所有各单色光干涉图的加和。经过样品后，由于样品吸收了某些频率的能量，结果所得到的干涉图强度曲线就发生变化，再把这种干涉图通过计算机进行快速傅里叶转换后，即得到透过率随波数 $\overline{\upsilon}$ 变化的普通红外光谱图 $B(\upsilon)$，即：

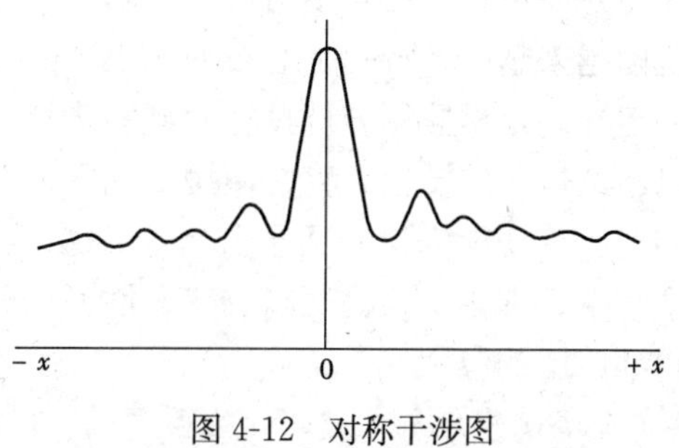

图 4-12　对称干涉图

$$B(\upsilon) = \int_{-\infty}^{+\infty} I(x)\cos 2\pi x\upsilon dx$$

傅里叶转换红外光谱与一般红外光谱相比具有许多突出的优点：

（1）具有很高的分辨力。分辨力是红外光谱仪的主要性能指标之一，是指光谱仪对两个靠得很近的谱线的辨别能力。一般棱镜式红外分光光度计的分辨力在 1 000 cm^{-1}处为 3 cm^{-1}，光栅式仪器在 1 000 cm^{-1}处目前可达 0.2 cm^{-1}，而傅里叶转换红外光谱仪在整个光谱范围内可达 0.1～0.005 cm^{-1}。这是因为傅里叶转换红外光谱仪的分辨力取决于仪器对入射光所产生的干涉图形，根据数学变迹过程的计算，仪器所能达到的光程差愈大，仪器的分辨力愈高。

（2）波数精度高。波数是红外定性分析的关键参数，因此仪器的波数精度非常重要。傅里叶转换红外光谱因为动镜位置可用 He-Ne 激光准确测定出来，因此光程差可以测得非常精确，一般波数可准确到 0.01 cm^{-1}。

（3）扫描时间快。一般色散型仪器是依次测定从出射狭缝出来的单色光而获得红外光谱的，而傅里叶转换红外光谱仪的干涉仪是在整个扫描时间内同时测定所有频率的信息。一般在 1s 即可完成全谱扫描。对于研究瞬时反应，与气液色谱联用特别适用。

（4）光谱范围宽。傅里叶转换红外光谱通过改变分光器和光源就可研究 10～10 000 cm^{-1}范围的光谱。

（5）灵敏度高。因为干涉仪没有色散型仪器中的狭缝装置，因而输出能量大，灵敏度高，它可以分析 10^{-9}数量级的微量样品。

总之，傅里叶红外光谱（FTIR）比以往的其他色散型光谱法有许多明显的优点，傅里叶变换红外光谱仪的干涉仪中只有一个动镜是运动零件，而动镜在无摩擦的空气轴承上移动，其运动受到十分稳定的 He—Ne 激光干涉系统监控，使得傅里叶变换红外光谱仪在测定光谱上比色散型仪器测定的波数更加准确。通过激光干涉图过零点取样，保证采样精度达到 0.01 cm^{-1}。此外，傅里叶变换红外光谱仪采用计算机自动进行数字计算，比一般的模拟测量的精度高得多，有利于谱峰的分离鉴定以及谱库计算机自动检查，比混合物差谱检测和计算机多组分定量分析更为准确，其计算、数据输出和绘图显示全部由计算机自动完成。因此，傅里叶红外光谱具很高的测量精度、杂散光低、分辨率高、光通量大、信号多路传输、测量速度快和测量波段宽。鉴于以上特点，因此，应用范围越来越广，特别是对石油化工产品废弃物、有机络合物、塑料高聚物、有机染料等的定性和定量监测分析具有明显的优势，不论待分析样品是气体、液体或是固体，均可以不经过相的转换，直接使用不同的操作技术进行分析，通常十几分钟便可完成，包括结构、正变异构、顺反异构、高聚物、结晶度的测定等。尤其是在催化剂表面结构、化学吸附、催化反应机理以及突发性污染事故应急监测、防化学战争和“反恐怖”活动中得到广泛的应用。

（三）红外分光光度计的主要部件

1. 光源

色散型和傅里叶型两类光谱仪使用的光源基本相同。但傅里叶（FTIR）型对光源光束的发散情况要求更加严格。因为当入射光束发散时，发散光束中的中心光线和它的外端光线之间就会产生光程差而发生干扰，这样，即使动镜有足够的移动距离也得不到高分辨光谱。同时也会使计算出的光谱线发生位移。傅里叶（FTIR）型由于测定波长范围很宽，必须根据需要更换合适的光源。常用的红外光源有如下几种：

高压汞灯	使用波长范围＜400 cm^{-1}（用于远红外区）
炽热镍铬丝灯	200～5 000 cm^{-1}
硅碳棒	400～5 000 cm^{-1}（需用水冷却）
能斯特灯	400～5 000 cm^{-1}（ZrO_2、TnO_2 等烧结而成）
碘钨灯	5 000～10 000 cm^{-1}

2. 检测器

色散型红外光谱所用的检测器，如热电偶、测辐射热计、高莱槽等，能将照射在它上面的红外光变成电信号。检测器的一般要求是：热容量低、热灵敏度高、检测波长范围宽以及响应速度快等。

傅里叶（FTIR）型，因其中红外区（400～4 000 cm^{-1}）干涉图频率范围在音频区，则要求检测器的响应时间非常短，即使色散型仪器中响应时间最短的高莱槽（响应时间为 10^{-2}s）也不能满足它的要求，FTIR 使用的特殊检测器如表 4-1 所示。

表 4-1 FTIR 使用的检测器

名 称	类 型	工作温度/K	适用波长范围/μm	响应时间/μs
硅（Si）	D—N 结型	295	0.65～1.1	—
硫化铅（PbS）	光电导型	293 或 195	1～3	—
锑化铟（InSb）	光电导型 光伏型	77	1～5.5	16
硒化铅（PbSe）	光电导型	295	1～5	2
汞镉碲（MCT）	光电导型	77	0.8～40	1
硫酸三甘钛（TGS）	热电导	295	2～1 000	1

3. 单色器

单色器是色散型双光束红外光谱仪的核心部分，所使用的色散元件有光栅和棱镜两种。目前多采用反射型平面衍射光栅。用光栅做色散元件时由于不同级次的光谱线互相重叠，降低色散功能，因此，需在光栅的前面或后面加一滤光器，或者在它前面加一棱镜。

傅里叶转换（FTIR）红外光谱是用干涉仪（原理如前所述）产生各单色光干涉图，经过样品吸收后所得到的干涉图强度曲线变化。

四、红外光谱分析样品制备

（一）气体样品

气体样品（如污染的空气或其他废气、挥发性的有机蒸气等）直接注入气体池内测定。气体吸收池的主体是一玻璃筒，直径为 4 cm，长度为 10 cm、20 cm、50 cm 三种规格，两端的筒窗为 NaCl（或 KBr）盐片，玻璃筒和盐片间用黏合剂黏合或机械压合而成。样品池内的压力一般为 500 Pa（见图 4-13）。

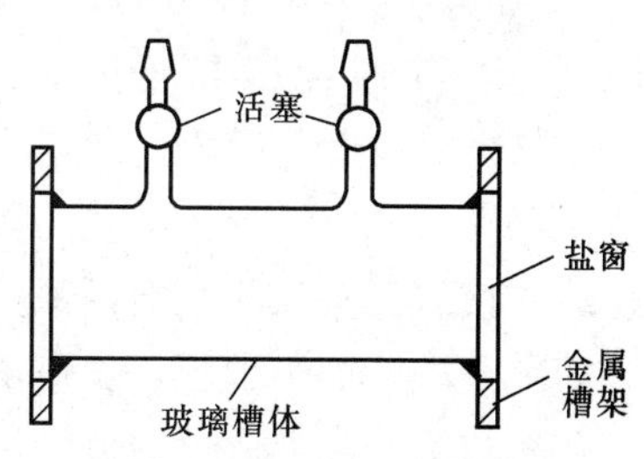

图 4-13 气体吸收池示意图

在大气污染物测定中，往往还采用多次反射气体池，即利用光学上的多次反射，使光程长度提高到几十米。

（二）液体样品

液体或溶液样品直接注入吸收池内测定，吸收池的两侧是用 NaCl 或 KBr 晶体薄片做成的池窗。常用的液体吸收池有三种：固定液体池、可拆式液体池和可变（测微计液体池）池。固定池即密封池，厚度是一定的，不可随意拆卸；可拆式液体池，（见图 4-14）可根据需用的吸收厚度更换不同厚度的垫片。可变池厚度可以连续改变，从池体上的测微计即可读出池的厚度，如图 4-15 所示。固定池和可拆池相类似，所不同的是样品用注射器从进口处注射到池体中，所以垫片 2 和晶片 3 于进、出口的相对位置上有两个小孔，让样品进、出用。当测定完用注射器把样品吹出，并反复清洗干净。不论哪种吸收池，液体吸收池窗片很容易吸潮变污，致使透光性变坏。使用时严禁用手触摸窗片，拆装时应戴橡皮手套，在温度较低的房间操作。测定含水或有腐蚀性物质的样品，必须经处理后才能使用液体池。通常液体样品制备用液膜法和溶液法。

(1) 液膜法：此法是定性分析中经常使用的一种比较简单的方法，尤其对沸点较高、不易清洗的液体样品常用此法，即在两个圆形盐片之间滴 1～2 滴液体样品，形成一薄的液膜，用专用夹具将两块盐片夹住即可进行测定。在两块盐片之间垫入不同厚度的垫片，调节液膜的厚度非常方便。但测定低沸点易挥发的液样不易采用此法。

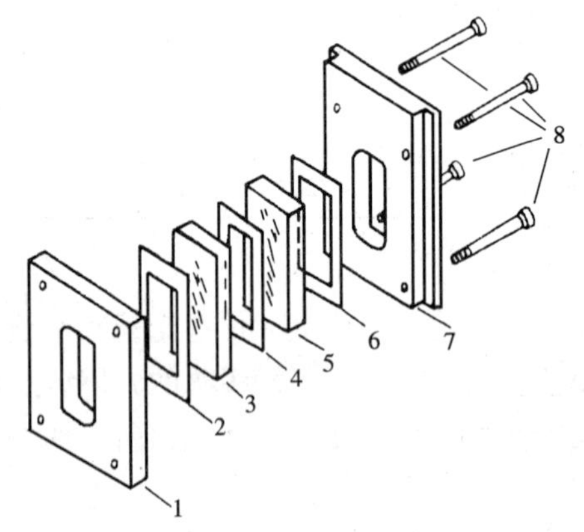

图 4-14 可拆池

1—池架前板；7—池架后板；8—池固定螺丝；
3，5—NaCl 晶片；2，6—聚四氟乙烯垫；
4—控制样厚的铅垫或聚四氟乙烯垫

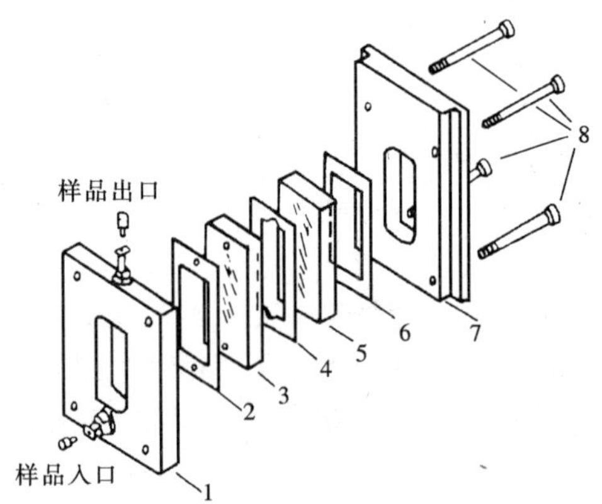

图 4-15 固定池

1—池架前板；7—池架后板；8—池固定螺丝；
3，5—NaCl 晶片；2，6—聚四氟乙烯垫；
4—控制样厚的铅垫或聚四氟乙烯垫

(2) 溶液法：对于一些红外吸收很强的液体，用调节厚度的方法仍然得不到满意的谱图时，可制成溶液以降低浓度。将配好的溶液用注射器注入液体吸收池中测定。由于溶剂本身也具有红外吸收，所以要获得整个红外区的光谱是不可能的。在定量分析时，应注意选择对分析谱带无干扰的溶剂。例如常用的溶剂二硫化碳和四氯化碳，是因为二硫化碳在长波没有吸收；而四氯化碳在短波吸收很弱。还有其他的溶剂如氯仿、环己烷等，如果一种溶剂不理想，也可使用混合溶剂。但不管使用哪种溶剂，都必须经过严格干燥，除去溶剂中的微量水分，避免腐蚀样品池。样品池用毕应立即清洗，清洗剂最好用溶解能力强的低沸点溶剂，溶剂的含水量应在 0.1%以下。乙醇一般含水量较高不易使用。而常选用 $CHCl_3$、CCl_4。清洗盐片时由于溶剂的迅速挥发，使盐片表面凝聚，因此，盐片清洗后应立即用红外灯烘干，保存在干燥器内。

(三) 固体样品

(1) 溶液法：把固体样品放入溶剂中，用上述液体池测定。

(2) 压片法：对固体样品经常采用压片法，尤其是像工业废渣等一些不溶于有机溶剂的无机化合物，以及一些难以找到合适溶剂的塑料等高聚物样品，采用压片法是合适的。

压片法应备有专用的模具和油压机。首先将样品研成粉末，一般取 1～2 mg 即可，然后加入大约 200 mg KBr 粉（200～300 目），在研钵中研磨、混匀，转移到模具中，在低真空下用 10 t/cm² 左右的压力，经 10min 左右即可将样品压成透明的薄片，压片的厚度为 1～2 mm。压片所用的 KBr 必须很纯，KBr 易吸水，必须进行干燥处理，一般要在 120℃烘烤 4 h 以上，纯的 KBr 在 400～4 000 cm^{-1} 中红外区无吸收，因此能获得样品的全部红外区光谱。但在用压片法时注意以下两点，首先是因 KBr 与大多数有机化合物的折射率很相近，这样可减少光散射造成的能量损失。如果样品和分散剂的折射率相差较大时，就会发生强烈散射，使光谱基线抬高，严重时甚至不出现吸收峰。其次是为减少散射损失，样品粒度应在 2 μm 以下。因为粒度越大，散射越强，当粒度≥波长时，每个粒子都将强烈地散射入射光。显然，这是不行的。

（3）薄膜法：就是将样品制成厚度适当的透明薄膜进行测定。其过程是，首先将样品用易挥发的溶剂溶解，然后将溶液滴在水平的玻璃板上，待溶剂挥发后样品即可成膜；也可把溶液直接滴在盐片上，在室温下使溶剂挥发成膜后，再红外灯加热进一步去除残留的溶剂。应注意在制膜时一定要把残留的溶剂去除干净，且蒸发时速度不易太快，以免产生气泡使薄膜不平。此法特别适于能够成膜的高分子物质。

有些样品难找到合适的溶剂，但在熔融时不发生分解，也可用热压的办法制成薄膜，例如聚乙烯塑料样品即可采用此法。将样品夹在两盐片间，用槽架稍稍夹紧两盐片，然后放入烘箱内慢慢升温，样品熔化时，借助槽架所施的压力可使塑料样品压成膜。

（4）调糊法：大多数固体样品都可使用调糊法测定，尤其是含羟基的样品采用此法特别合适。因为常用的压片法 KBr 分散剂易吸水，干扰羟基的测定。调糊法操作比较简便。首先把干燥好的样品研细，然后滴入几滴悬浮剂，在玻璃研钵中再研磨成均匀的糊状，即可涂在盐片上压成一薄层进行测定。常用的悬浮剂有石蜡油，它是精制的长链烷烃，红外光谱比较简单，散射损失也很小。但此法不能用于样品中饱和 C—H 链的测定，一般也不用它做定量分析。

五、红外（IR）光谱分析技术

红外吸收光谱图，其横坐标表示吸收峰的位置（cm^{-1}波数表示）。根据吸收峰的位置、形状和强度可以进行定性分析，推断未知物的结构，根据吸收峰的强度可以进行定量分析。此外，还可利用红外光谱在催化、高聚物、络合物等领域进行结构、聚合过程、反应机理、动力学等方面的研究。特别是气相色谱与傅里叶转换红外光谱（GC/FTIR）的联机已成为环境污染分析中的重要鉴定手段。

（一）红外吸收光谱的定性技术

1. 已知物的鉴定

用红外光谱验证已知物最为方便，只要选择合适的样品制备方法，测绘其谱图与纯物质的标准谱图相对照即可鉴别。在与纯物质的标准谱图对照时应注意：

（1）测定的样品物态和标准谱图是否相同。如果状态不同，谱图就会发生变化。

（2）结晶形状不同，也可使得到的光谱不完全一致。

（3）溶剂的效应：制备样品时使用不同的溶剂特别是易和溶质相互作用的极性溶剂，常使红外光谱图发生变化。因此，在比较含羰基、羟基、胺基等基团的化合物谱图时，尽可能采用同一溶剂，一般情况下采用非极性溶剂。

（4）由于其他原因，在红外光谱中可能出现一些“杂峰”，在与标准图对照时，一定要仔细判别。必须使其红外谱图中吸收峰位置和相对强度与标准谱图均能一一对应时，此样品才能确认为已知物，反之，则表示两者不是同一物质或样品中含有杂质。在环境监测中大气中的二氧化碳会在红外光谱图上出现 3 300 cm^{-1}和 1 640 cm^{-1}位置的吸收峰。

2. 未知物结构的测定

红外光谱的一个重要用途是测定未知物的结构，对于简单的化合物，根据提供的分子式利用红外谱图就可定出结构式；对于比较复杂的化合物，只用红外光谱是很难确定其结构式的，需和色谱联机（GC-FTIR）和色质联机（GC-MS）及核磁共振（NMR）等手段配合定出其结构。

对谱图解析，首先区分官能团区和指纹区，然后从官能团区入手，推断未知物可能含有的基团，再根据指纹区的吸收峰进一步验证。

例如，当在红外光谱 1 740 cm^{-1}处出现强吸收，表明未知物中含有羰基；在 1 050～1 300 cm^{-1}处又发现 C—O 的伸缩振动峰，因而可以肯定未知物中含有酯羰基。根据 C—H 伸缩振动吸收位置可初步判断是饱和烃还是不饱和烃；根据 1 500～1 600 cm^{-1}区域存在中等强度的吸收峰，可判断未知物中有无苯环等。

此外，在谱图解析之前计算化合物的不饱和度，对于推断未知的结构是非常有用的。不饱和度表示有机分子中碳原子不饱和的程度。计算不饱和度的经验公式为：

$$U=1+n_4+\frac{1}{2}(n_3-n_1)$$

式中，n_4、n_3、n_1 分别为四价、三价、一价原子的数目。

通常规定，双键和饱和环状化合物的不饱和度为 1，三键的不饱和度为 2，苯环的不饱和度为 4，因此，根据分子式，计算出不饱和度就可初步判断有机化合物的类型。

（二）红外吸收光谱的定量分析技术

1. 标准曲线法

用样品中所含各组分的纯物质配制成一系列不同浓度的标准溶液，测定各自分析波数的吸光度，以浓度为横坐标、吸光度为纵坐标绘制成标准曲线。进行未知样品分析时，只要在同一液槽测出样品溶液的红外光谱，即可在各组分相应的分析波数处读出吸光度值，再根据标准曲线即可查出组分的浓度。

采用标准曲线法的关键是选择合适的溶剂和分析波数。选择的溶剂应在分析波数无吸收或吸收很小，这样可在参比池放置纯溶剂加以补偿。选择的分析波数应无干扰，并有比较好的峰形和一定的强度。

2. 求解法

当被测样品的组分比较多时，由于各组分的相互干扰，使得选择分析波数十分困难，此时可采用求解法。

如当某一混合物由 3 个组分组成时，根据朗伯-比尔定律和吸光度的加合性，则可列出三个联立方程：

$$A_1=\varepsilon_{11}C_1L+\varepsilon_{12}C_2L+\varepsilon_{13}C_3L$$
$$A_2=\varepsilon_{21}C_1L+\varepsilon_{22}C_2L+\varepsilon_{23}C_3L$$

$$A_3=\varepsilon_{31}C_1L+\varepsilon_{32}C_2L+\varepsilon_{33}C_3L$$

式中，A_1、A_2、A_3——代表三个组分分别在分析波数 1、2、3 处的总吸光度；

ε_{11}、ε_{12}、ε_{13}——分别代表三组分在分析波数 1 处的吸收系数；

ε_{21}、ε_{22}、ε_{23}——分别代表三组分在分析波数 2 处的吸收系数；

ε_{31}、ε_{32}、ε_{33}——分别代表三组分在分析波数 3 处的吸收系数；

C_1、C_2、C_3——分别代表三组分的浓度。

ε 值可由三种纯物质配成不同浓度的溶液预先测得，L 是液槽厚度，解上述联立方程，即可求得各组分的浓度 C_1、C_2、C_3。当组分数再多时，可依次列出相应数目的联立方程求解。

3. 差示法

该法主要用于微量杂质的定量分析。在这种样品中，由于主组分的吸收对杂质峰的严重覆盖，微量杂质的分析波数难以选择，如图 4-16 所示。

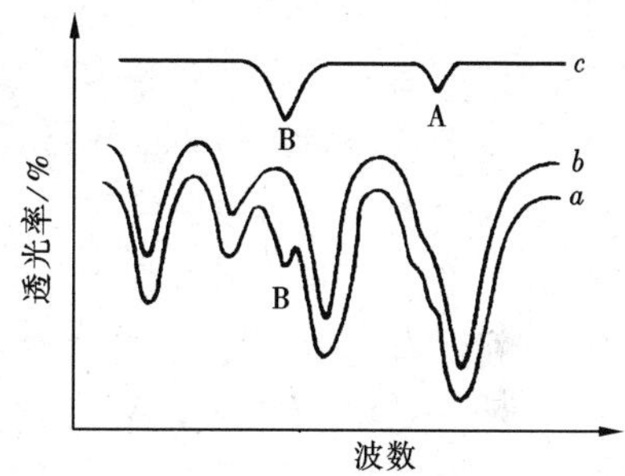

图 4-16　差示法谱图

a—样品的吸收光谱；

b—样品中主组分的吸收光谱；

c—杂质的吸收光谱

曲线 a 是样品的吸收光谱，曲线 b 是样品中主组分的吸收光谱，可以看出，仅在样品光谱的 A、B 两处与主组分的光谱有很小的差别，在这种情况下，用普通的方法对杂质进行准确的定量分析是困难的，采用差示法可获得较好的结果。只要把装有主组分的可调液槽置于参比光路中，仔细调液槽厚度使之完全补偿掉样品光路中的主组分吸收，就可获得没有主组分干扰的杂质的吸收光谱。如图 4-16 的曲线 c。再用标准曲线法进行定量分析，即可获得满意的结果。

4. 比例法

如前所述，当采用薄膜法和压片法制备样品时，由于样品厚度难以精确控制，不能用通常的定量分析方法，此时可采用比例法。即通过比较同一谱图中各组分分析波数处的吸光度就可得到各组分间的相对含量。

设有一薄膜（丙烯腈-甲基丙烯酸酯共聚物）含有两个组分，根据朗伯-比尔定律：

$$A_1=\varepsilon_1 l_1 C_1 \qquad A_2=\varepsilon_2 l_2 C_2$$

式中，A_1——共聚物中甲基丙烯酸甲酯的吸光度；

A_2——共聚物中丙烯腈的吸光度；

ε_1、ε_2——分别是甲基丙烯酸甲酯和丙烯腈在分析波数处的吸光系数；

C_1、C_2——分别是甲基丙烯酸甲酯和丙烯腈的浓度。

因是同一薄膜，故 $l_1=l_2=L$，设 P_{AN} 为共聚物中丙烯腈的摩尔分数，则甲基丙烯酸甲酯在共聚物中的摩尔分数 $P_{MMA}=1-P_{AN}$，根据朗伯-比尔定律公式：

$$\frac{A_1}{A_2}=\frac{\varepsilon_1 LC_1}{\varepsilon_2 LC_2}=\frac{\varepsilon_1}{\varepsilon_2}\cdot\frac{1}{P_{AN}}-\frac{\varepsilon_1}{\varepsilon_2}=-\frac{\varepsilon_1}{\varepsilon_2}+\frac{\varepsilon_1}{\varepsilon_2}\cdot\frac{1}{P_{AN}}$$

以 A_1/A_2 为纵坐标，$1/P_{AN}$ 为横坐标作图，可得一直线。直线的截距为 $-\frac{\varepsilon_1}{\varepsilon_2}$，斜率

为 $\varepsilon_1/\varepsilon_2$。

用已知组分的共聚物测得 A_1/A_2 及 $1/P_{AN}$ 的一系列数据，可得一标准曲线。对未知样品只需测出 A_1/A_2，即可由标准曲线查得 $1/P_{AN}$，从而可求出共聚物中丙烯腈的含量。

上述定量分析方法根据具体情况选择使用。在进行定量分析时必须注意仪器的灵敏度的变化，标准曲线应定期进行检查校正，分析用的吸收峰透过率在 30%～70%范围为宜。

（三）FTIR 红外吸收光谱新技术

由于红外吸收光谱存在固体样品压片或液膜法采集样品烦琐、光程难以控制、测量结果易产生误差和多组分共存谱峰重叠等问题，所以对一些特别复杂样品的测定有一定的困难。在傅里叶变换红外光谱的基础上现在又开发了漫反射、衰减全反射等硬件和差谱等软件技术的应用，使傅里叶红外光谱（FTIR）技术的使用范围更加宽广，下面简介漫反射、衰减全反射和热重 FTIR 技术。

1. 漫反射 FTIR 技术

漫反射 FTIR 技术是对固体样品粉末进行直接测量的方法。当光束入射至粉末状的晶面时，部分光在表层晶粒面产生镜面反射，另一部分光折射入表层晶粒的内部，经部分吸收后射至晶粒界面，再产生反射、折射吸收。往返多次最后由粉末表层向各个方向放射形成漫反射。由于漫反射 FTIR 不需要制样，不改变样品的形状，对样品的透明度和表面粗糙度的要求不苛刻，又不会损坏样品的外观及性能，所以，可以同时对多种组分进行测定，比较适合催化反应的跟踪测定，例如二氧化碳、甲烷等在催化剂 Ni/Al_2O_3 表面的物种及催化机理的研究。

2. 衰减全反射 FTIR 技术

将显微镜技术与 FTIR 联合使用所诞生的衰减全反射 FTIR 技术（ATR/FTIR）促进了微区成分的分析测定速度的提高，检测灵敏度达到纳克级，测量的微区直径为数十微米。随着计算机和多媒体图视功能的运用，实现了非均匀样品和不平整样品表面微区无损测量，获得了在微区空间分布的官能团和化合物的红外光谱图。显微 ATR－FT-IRY 是由 FTIR 显微镜及摄像系统、显微 ATR、计算机及图像软件所组成。将显微 ATR 镜头直接插入显微镜物镜上就可以进行微区样品的表面测量。该系统可进行点、线、面的红外光谱测量，并把测量点的坐标与对应的红外光谱图存入计算机，经过处理得到不同化学官能团及化合物在微区分布的三维立体图或平面图。应用傅里叶变换显微红外光谱法与环炉法相结合，可以测定大气飘尘中的铅。

3. 热重 FTIR 技术

热重（TG）分析与 FTIR 联用的原理是将样品放在 TG 分析仪中进行测量，从而得到 TG 曲线，因加热样品产生的分解产物不必经过任何处理直接进行 FTIR 测定，根据样品的 TG 曲线和分解产物的红外光谱。可以对样品的热分解过程中各种物理和化学变化以及在各个失重过程中的分解和降解产物的化学成分进行定量分析，尤其是对特殊化合物和生物材料的分析研究。

另外，裂解色谱（PYGC）与傅里叶红外光谱联用可以判断不溶物和交联高聚物的组成结构，无需对样品进行前处理。所取样品少至几微克，分离效率高。在表征高聚物的组成、结构、性能、降解机理和反应动力学方面具有重要作用。高效液相色谱（HPLC）与傅里叶红外光谱联用测定羟基自由基引发的甲烷光化学体系中的有机过氧化物，模拟反应在配有长光路的石英气体反应池中进行。

六、气相色谱与傅里叶转换红外光谱联机（GC/FTIR 系统）应用

（一）GC－FTIR 系统机理

20 世纪 70 年代将对有机化合物能够高效分离的色谱与快速扫描提供整个分子结构信息的傅里叶转换红外光谱直接联用、达到两者之长的 GC－FTIR 系统是继气相色谱与质谱（GC－MS）联机系统的又一重要色谱联用技术，在检测环境样品中 ng 水平的多组分有机污染物是非常好的方法，所以又称“飞行分析”。GC－FTIR 系统和 GC－MS 系统在鉴定有机化合物分子结构方面不仅取得许多一致的结果，而且起着互为补充的作用，GC－FTIR 系统与 GC－MS 系统相比具有如下特点：

（1）可以鉴别光学异构体以外的异构体。

（2）对于未知或不存在于谱库中的组分，也不知所属化合物的类别的均可鉴定。

（3）使用光谱技术可获得丰富的红外信息。数据处理系统可将获得的数据立即进行最后的傅里叶转换，在光谱系列上完成大量的运算工作。特别是光谱条纹试验中对吸收光谱的比例扣除，大容量存储器像磁带或磁盘体系可将许多未计算的干涉图贮存起来。

为了回避在 FTIR 光谱仪中使用 15 位模拟-数字转换器（ADC）时由动态范围带来的问题，采用对干涉仪的双光束进行测定的方法。当光程差为零时，即使使用 MCT 检测器进行测量，信号可使 S/N 减到小于模拟-数字转换器（ADC）的动态范围，从而扩大了检测的范围和提高了灵敏度。

将具有透射率为 T（υ）的样品分别置于光束 A 或 B 中，交替干涉图可由光束 A 的干涉图的总和 I（δ）$_A$，或光束 B 的干涉图的总和 I（δ）$_B$ 得到：

$$I(\delta)_A=\int_{-a}^{+a}B(\upsilon)\cos(2\pi\upsilon\delta+\theta_\upsilon)d\upsilon$$

$$I(\delta)_B=-\int_{-a}^{+a}B(\upsilon)\cos(2\pi\upsilon\delta+\theta_\upsilon)d\upsilon$$

式中，δ——光程差，以 cm 表示；

υ——波数，以 cm^{-1} 表示；

B（υ）——波数 υ 的辐射信号；

θ_υ——引起干涉图不对称、小的取决于频率的位相角。

因此，

$$I(\delta)_A+I(\delta)_B=\int_{-a}^{+a}[1-T(\upsilon)B(\upsilon)]\cos(2\pi\upsilon\delta+\theta_\upsilon)d\upsilon$$

在光束中样品量越小，各波数下它的透射率就越接近于“1”，双光束干涉图的幅度也就越小，分别测定 I（δ）$_A$ 和 I（δ）$_B$ 及变换后得到的光谱图之差。透射光谱 T（υ）由差分谱除以 B（υ）并从 1 中减去。

GC/FTIR 系统以毛细管柱或大口径毛细管柱取代填充柱，使用汞-镉-碲（MCT）检测器再配上计算机数据处理系统，大大地提高了分离效率和检测灵敏度，有利于获得丰富的红外信息和进行大量的数据处理、贮存。仪器测定灵敏度可低于 ng 水平。

(二) GC-FTIR系统有机污染分析

1. 水质

用填充柱GC-FTIR系统测定水中μg/L级的氯苯、丁醚、苯甲醚、乙二基草酸酯、水杨醛和二乙基丙二酸酯有机化合物（见图4-17）。

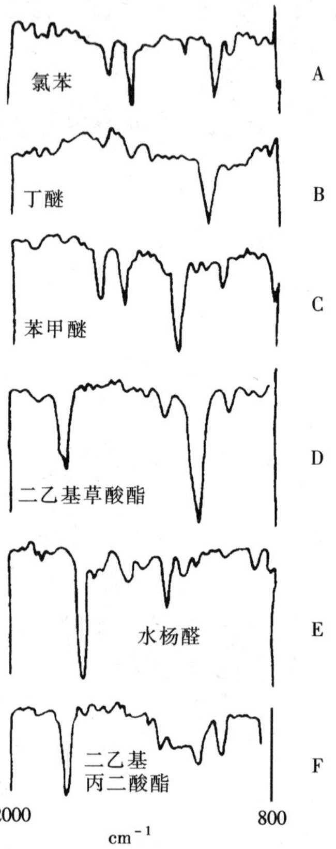

图4-17 含不同物质的水样在GC-FTIR分析谱图

先用XAD-2大网状中性聚苯乙烯树脂进行富集，再用二乙醚洗提后供测定。

用填充柱GC-FTIR系统分析水中有机氯农药，按上述方法用XAD-2树脂富集艾氏剂、高丙体六六六、DDD、p,p'-DDT、乙滴涕、狄氏剂、七氯和六氯苯，回收率在87%～100%，如图4-18所示。

将南京炼油厂废水监测，用二氯甲烷萃取水样，以硫酸酸化至pH<3，脱水浓缩后得酸性组分试样，进行GC-FTIR分析，共鉴定了酚类、有机酸等16种化合物，在GC-MS不能区分的甲酸异构体GC-FTIR，可区分开，如图4-19所示。

在分析油类污染的水样提取物时可以检出48种化合物。可区别苄基氯苯，而芳香氯苯（MSD）是无法区别的。IRD还对1,4-二氯苯、1,2,4-三氯苯、1,2,4,5-四氯苯进行定量分析。对油类提取物分析的谱图如图4-20所示。

2. 废气

应用GC-FTIR系统检测柴油机尾气颗粒级组分中硝基蒽（A）和硝基萤蒽（B）两种硝基多环芳烃的红外光谱与标准一致，如图4-21所示。

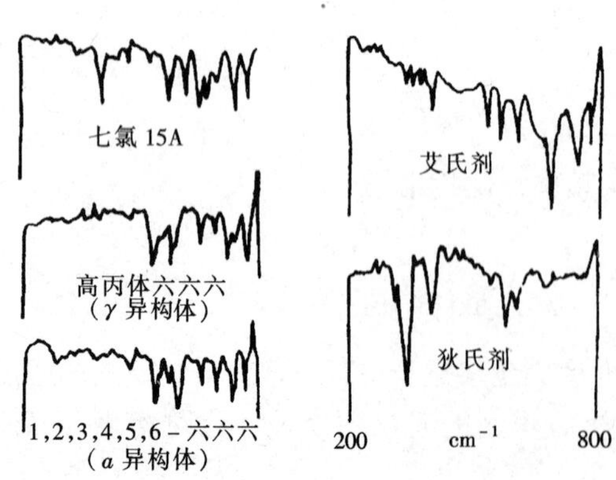

图4-18 含有机氯农药水样在GC/IR系统上的谱图

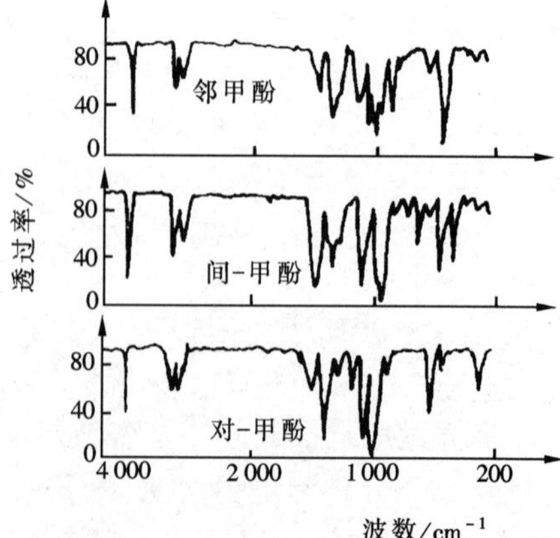

图4-19 三个甲酚异构体的红外波谱图

美国采用甲基叔丁醇（MTBE）以取代汽油中的含铅添加剂，以提高汽油的辛烷

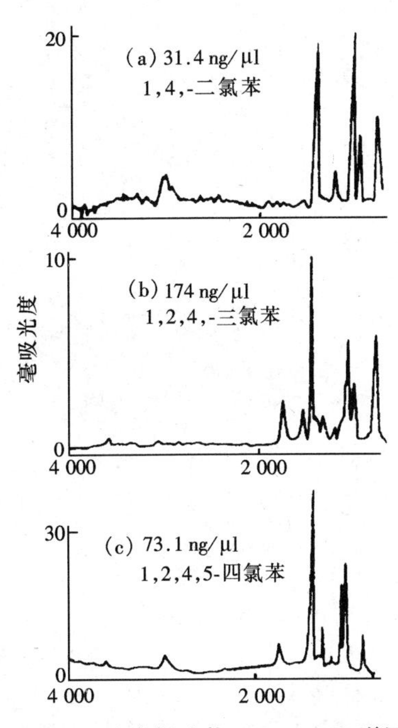

图 4-20　油类提取物 GC—FTIR 谱图

值，使用 HPGC－IRD 系统可快速鉴别汽油中的氧化添加剂——甲基叔丁酸（MTBE）。

如上所述，GC－FTIR 系统已在水质、废气等环境污染分析中得到广泛应用。主要检测多环芳烃、醚类、酯类、酚类、氯苯类、有机酸、有机氯农药、除莠剂和氯代芳香化合物等。在鉴定有机化合物的分子结构和官能团时，红外检测器（IRD）比质量选择检测器（MSD）具有更多的优点：

（1）可克服质谱的离子化/裂解/重排的过程中分子结构遭到破坏或掩蔽的问题，由于 IRD 流动池处于一低能量状态，分子彼此分离并保持自由旋转，从而可保证对完整的分子进行分析。

（2）IRD 红外光谱对不同分子有特异性，而且重现性好。

（3）IRD 检测时，不会破坏分子的几何构型。所以，GC－IRD 系统在鉴定下列有机化合物时，比 GC－MSD 具有明显的优点。

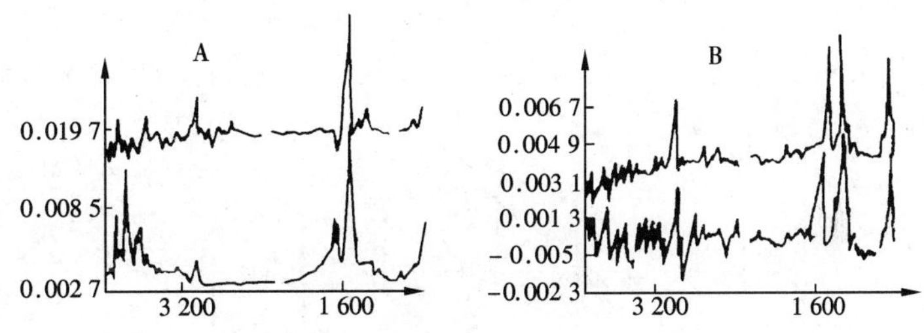

图 4-21　GC—FTIR 光谱比较

A 图：上——从 F_2 鉴定出的化合物硝基蒽或菲异构体；

下——9-NO_2-蒽的标样。

B 图：上——从 F_2 鉴出的 1-NO_2-芘；

下——1-NO_2-芘的标样。

芳香环取代基团定位：质谱不能对芳香环上特定的取代基团进行定位，借助于红外光谱可区分二甲苯、二氯苯、磷酸三甲酯、三氯苯酚。

顺反异构体，环桥、脂肪链异构体：在质谱轰击过程中，破坏了这些化合物的空间构型，故不能进行鉴定。红外光谱测定过程中可保留它们的空间构型，可区分顺反异构体和质谱图完全相同的蒽和菲，如图 4-22 所示，还能鉴定脂肪链异构体，如苯异丙胺、巴比妥酸盐、聚乙二醇。

醇类：醇类与相对应脱水化合物的烯类，分子量相同的烷基取代环丙烷都具有完全相同的质谱图，所以质谱难以区分，而红外光谱图却不尽相同，可容易地鉴别醇类。

官能团鉴定：红外检测极有意义的特点之一是符合波长选择型色谱的机理并能报告阴性结果。通过筛选数据，可从 IRD 检测结果中得出包含官能团谱的全响应色谱图。这一特点使红外光谱成为鉴定官能团的重要工具。

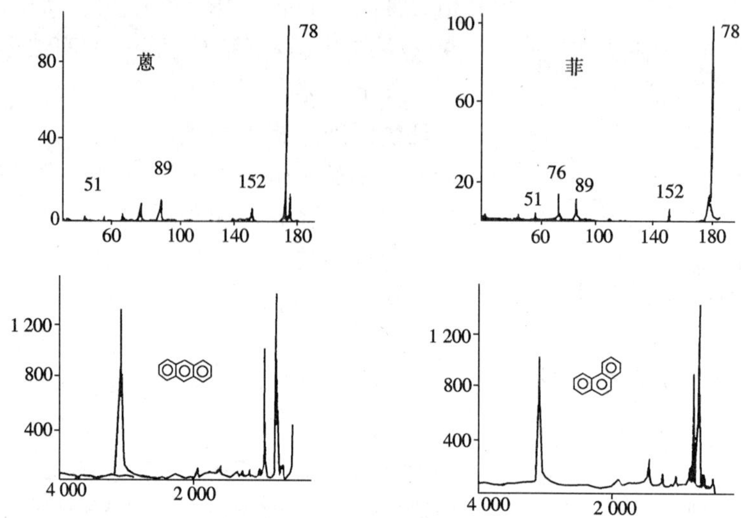

图 4-22 蒽、菲的质谱及红外光谱图

（三）GC－FTIR 系统不足的改进办法

GC－FTIR系统比 GC－MS系统有很多优点，但也存在不足之处。

（1）难于区别相似的同系物红外光谱。

（2）当红外光谱图信噪比不够高及其他实验因素影响时，检索图谱有时得不到满意的结果。可以通过下列各种方法提高定性的可靠性。

1. 保留指数联合定性法

用保留指数（RJ）辅助红外光谱 JR，结合一些知识规则进行二维检索的新方法。建立程序系统（见图 4-23）。

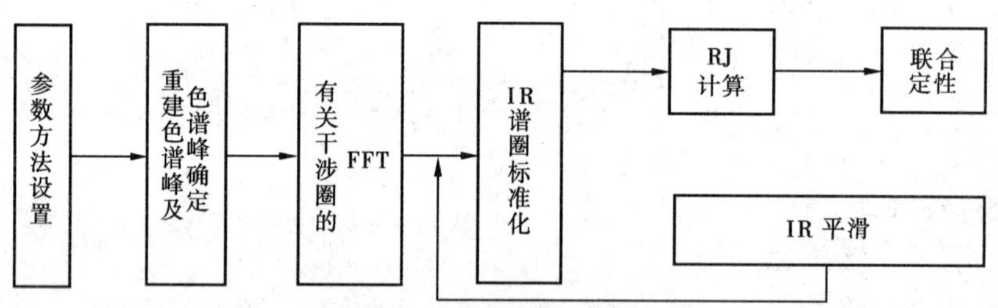

图 4-23 RI 和 IR 联合定性框图

建立的联合定性数据库系统包括红外光谱库（美国 EPA 气相 IR 库共计 3 300 张谱图）、保留指数库（主要以醇、酮、酯、醚和芳香烃共计 876 个化合物，在 OV—101 上的 RI 库）、相应的名称库（在 IR 库上的序号及保留指数的修正分类号）。

2. 吸光度减技术鉴定 GC－FTIR 的重叠峰

用吸光度减技术鉴定 GC－FTIR 中的重叠峰的方法是利用官能团色谱峰的位移判断重叠峰，然后通过人工编辑和吸光度减处理得到纯化合物的光谱（差谱）。提高检索结果的正确率，经吸光度减处理后的检索结果得到了显著的改进。

3. 新的重建色谱图

在全波数（700～4 000 cm^{-1}）范围内的吸光数据进行正交化处理重建色谱图

(AGS)，比常用的全波数或选择波数范围内的红外总吸光度图（TIA）和用时域干涉图进行正交化处理的重建色谱图（GSK）具有更多的优点，体现在相对响应强度、信噪比、计算时间、校直基线和解决部分重叠峰等方面。

总之，GC－FTIR 系统发展很快，数据处理系统、高分辨毛细管柱、高灵敏的 MCT 检测器的出现与使用，特别是红外检测器（IRD）的推出，标志着 GC/FTIR 系统已处于较为完善阶段，灵敏度低于 ng 水平，可分析环境中的复杂、痕量、多组分的有机污染物。在鉴定有机化合物分子结构上与 GC－MS 系统起着互为补充的作用，具红外光谱在测定过程中可保留完整的结构，对搞清复杂污染物的空间构型更为优越，故开发潜力是很大的。

七、有机废弃物的其他测定方法

（一）染料厂废渣中氯代苯类的测定

将 250 ml 滤液加入 5～7 g NaCl 和 20 ml 石油醚萃取，用浓 H_2SO_4 净化＋2% Na_2SO_4 除去 H_2SO_4，再用 5～6 g 无水 Na_2SO_4 干燥至 25 ml，用 GC－ECD 测定：

1,3,5-三氯苯　　1,2,4-三氯苯　　1,2,3,5-四氯苯

1,2,3-三氯苯　　1,2,3,4-四氯苯　　六氯苯

（二）一般固弃物有机污染浸出液中有机污染测定

挥发性有机物：试液处理、溶剂萃取（SE）、顶空法（SH）、气提-捕集（PT），用 GC-ECD、FPD、FTD、GC-MS 测定。

半挥发性有机物：试液处理、溶剂萃取（SE）、固相萃取（SPE），用 GC-ECD、FPD、GC-MS 测定。

难挥发性有机物：试液处理，溶剂萃取（SE），固相萃取（SPE），用 HPLC、IR 测定。

第三节　生物体残毒监测分析技术

生物体污染残毒监测分析是通过测定污染物在生物（植物或动物）体中的富集量来监测环境污染的程度的方法，属于生物监测技术。但是由于动物、植物生物制品是固态的，尤其生物组织中有害物质的分析方法及原理与空气、水体中有害物质的分析监测方法基本上是一样的，大都采用化学的或物理化学原理的方法。只是在试样的采集、制备和预处理方面有些差别。所以纳入本章中介绍。特别值得注意的是污染物在生物体中各部位之间的分布是不均匀的，而且与生物的种类有关。因此，了解生物体中各种有害物质含量的分布情况和特点对生物残毒监测结果的代表性、可比性是至关重要的。

一、污染物在动植物体内的分布

（一）污染物在动物体内的分布

动物吸收有害物质后，主要通过血液和淋巴分布到全身各组织而发生危害。按毒物性质及进入动物各种组织类型的不同，大体有下列几种分布情况：

(1) 能溶于液体的物质，如锂、钠、钾以及氟、氯、溴等离子，在体内分布比较均匀。

(2) 锑、钍等三价或四价阳离子，水解后成为胶体。它们主要贮留于肝或其他网状的内皮系统中。

(3) 与骨骼具有亲合力的物质，如二价阳离子钙、钡、锶、铅等，在骨骼中含量较高。

(4) 对某一种器官具有特殊亲合力的物质，将在该器官中积蓄较多，如碘在甲状腺中、汞在肾中积蓄较多。

(5) 脂溶性物质与脂肪组织具有亲合力，因此脂溶物质，如有机氯主要蓄积于脂肪中。

上述五种类型之间，又是彼此交叉的，往往是一种污染物对某一器官有特殊的亲合作用，但同时也能分布到其他器官中去。例如，铅除分布在骨骼中外，肝、肾等组织器官中也有；砷主要分布于骨骼、肝肾中，皮肤、毛发和指甲内也有分布。

(二) 污染物在植物体内的分布

植物叶片对重金属、二氧化碳、氟化物、氯等有一定的富集能力。对叶片中的这些物质进行含量分析，可以了解大气污染物的种类、污染范围和污染程度。例如，植物的自然含氟量质量分数为0.5～50 mg/L，自然含硫量一般为0.1%～0.3%，如果排除根系吸收等因素，测得叶片中氟和硫的含量高于上述自然含量，就表明大气中存在氟或二氧化硫的污染。树皮全年都能固定大气中的氟，监测树皮中含氟量的工作，在植物休眠期仍可进行，因此不受季节的限制。

植物从土壤中吸取的污染物、积蓄（残留）在各部位的含量是不同的。一般的分布规律是按下列顺序递减的：

根＞茎＞叶＞穗＞壳＞果瓤

有人用多种有机农药对糙米和不同的水果做过分布试验，得出的结果是糙米中有机农药的含量是：糠皮比白米大得多；水果中有机农药的含量是果皮比果肉大得多。但应该指出，随着植物种类和具体污染物的不同，也有不符合上述规律的实例。

例如，萝卜与胡萝卜中，根部含镉量就低于叶部；西维因（有机农药）在苹果中的含量则是果肉大于果皮。

二、样品的预处理技术

(一) 风干与水分测定

一般监测项目，如总汞、有机汞、铜、铅、锌、铬、砷、硒等都必须用风干样品进行测定，不能用曝晒和高温下烘干的样品。样品的制备方法如下：

(1) 要选择通风良好、干燥、干净的实验室风干样品。室内摆好样品架，并按样品的多少准备搪瓷盘或塑料盘。样品盘必须预先用洗涤剂刷洗干净，清水漂洗后，用稀硝酸清洗两次，再用清水漂洗干净、晒干。在盘的外壁贴上标签，标签的内容与样品瓶的一致，也要用防水墨水或碳素铅笔填写。

(2) 按顺序将样品袋（瓶）中的样品分别倒入盘中（一个盘只能装一个样品），残留在瓶中的样品，可用干净的玻璃棒挑入盘中。拣出石块、贝壳、杂草等杂物，将样品在盘中均匀地摊成薄层。检查盘与袋（瓶）的标签是否一致，然后将盘放在样品架上让样品自然风干。要防止阳光直射和尘埃落入，在风干过程中还要定时翻动并将大块捣碎。

(3) 将风干样品摊在有机玻璃板上（厚度 5～10 cm），用有机玻璃棒捣碎，再剔除碎石和动植物残体。过 40 目筛，弃去筛上样品。将筛下样品用四分法缩分，得到所需数量的样品。样品数量根据监测项目多少而定（见图 4-24）。

(4) 将缩分后的待分析样品置于玛瑙研钵中（不能用其他材质的研钵）手工或机械研磨，使样品全部通过 100 目筛。如果样品需要分析金属项目，网筛的材质必须是尼龙的或塑料的，不能有金属网筛。

(5) 把过筛后小样品反复搅拌均匀，然后放入预先清洗、烘干并冷却后的小磨口玻璃瓶中，塞紧后，贴上标签放在阴凉处，尽快分析。标签内容与原样瓶和盘上的标签相同。另外增加制备日期和监测项目两项。

(6) 从每批待测样品中选取 3～5 份，按下述方法测定水分。

Ⅰ. 称取 4～5 g 样品于已知重量的称量瓶中，放入烘箱于 105～110℃烘 4 h，取出后置于干燥器中冷却 0.5 h，称重。

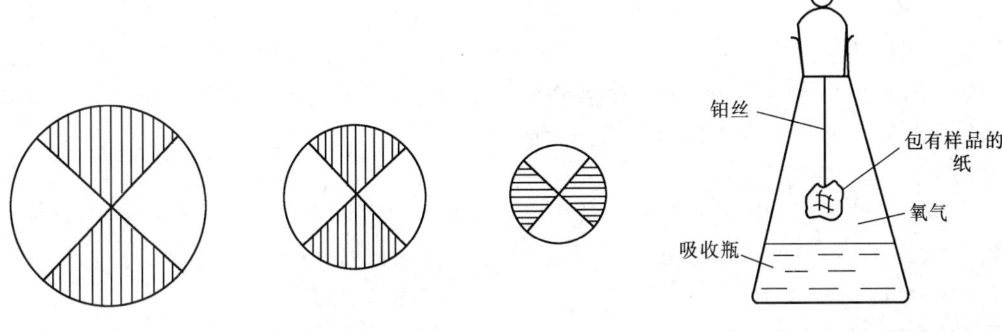

图 4-24　四分法缩分示意图

图 4-25　氧燃烧瓶灰化法

Ⅱ. 按下列公式计算待测样品水分含量：

$$水分含量（\%）=\frac{风干样重-烘干样重}{风干样重}\times 100\%$$

Ⅲ. 根据每个样品的水分含量，计算每批样品的水分平均含量（算术平均值）。

（二）消解与灰化

在分析生物样品中的痕量无机物时，通常都要将其所含的大量有机物加以破坏，使其转变为简单的无机物，然后进行测定。这样可以排除有机物的干扰，提高检测精度。破坏有机物的方法有湿法消解与干法灰化两种。

1. 消解法

消解法又称湿法氧化或消化法。它是将生物样品与一种或两种以上的强酸（如硫酸、硝酸、高氯酸等）共煮，将有机物分解成二氧化碳和水除去。为加快氧化速度，常常要加入过氧化氢、高锰酸钾、过硫酸钾和五氧化二钒等氧化剂和催化剂。常用的消解法有下列几种：

(1) 硝酸-硫酸消解法：硝酸的氧化能力强，但沸点低，硫酸的沸点较高，将二者配合使用，既可利用硝酸的氧化能力，又可提高消解温度。两种酸的配合比可在较大的范围内变动，但以 2∶5 用得较多。

（2）硝酸-高氯酸消解法：硝酸-高氯酸系统的消解能力极强，是破坏有机物的比较有效的方法。在消解过程中，硝酸和高氯酸分别被还原为氮氧化物和氯气（或氯化氢）自样液中逸出。由于高氯酸能与有机物中的羟基生成不稳定的高氯酸酯，有爆炸的危险，因此操作时，先加硝酸将醇类和酯类中的羟基氧化，冷却后在有一定量硝酸的情况下加高氯酸处理，即可避免爆炸。

（3）硫酸-过氧化氢消解法：在测定氮、磷、硼、砷等元素时，常用硫酸-过氧化氢做消解液。一般是先加过氧化氢浸没试样，再加浓硫酸进行消解。

由于生物样品中有机物的含量很高，在加热消解时，总要产生大量的泡沫，容易使被测物遭受损失。若先加硝酸，在常温下放置 24 h，再加热消解时，泡沫的产生就会大为减小。

2. 灰化法

灰化法又称燃烧法或高温分解法。根据待测成分的不同要求，选用铂、石英、银、镍、铁或瓷制坩埚盛放样品，将其置于高温电炉中，温度一般控制在 450～500℃即可进行灰化（烧掉有机物）。灰化完全后，将残渣溶解供分析使用。

对于易挥发的元素，如碲、砷、汞等，为避免高温灰化时所引起的损失，可用氧燃烧瓶法进行灰化，见图 4-25。此法是将待测样品包在无灰滤纸中，滤纸包悬挂于烧结在磨口瓶塞的铂丝钩上，瓶内事先充入氧气和溶解液，将滤纸点燃后，迅速盖严瓶塞使其燃烧灰化，所得溶液供分析使用。

（三）提取和分离

测定生物样品中的有机污染物或农药时，首先要把待测物从样品中提取出来。为避免提取物中各组分的相互干扰，还要把不同的组分加以分离，然后才能进行测定。

1. 提取

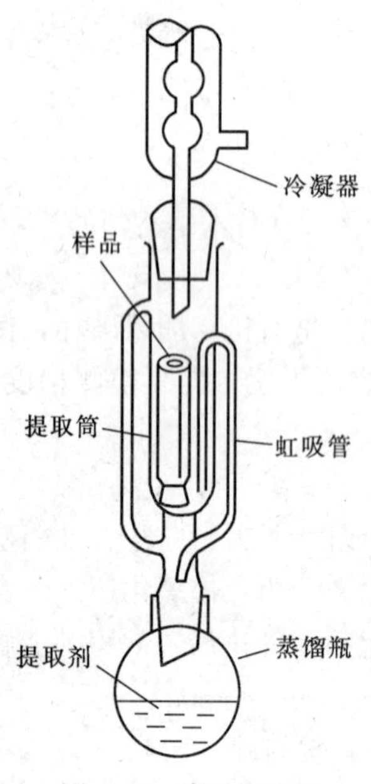

图 4-26　索氏提取器

提取有机物的方法有下列几种：

（1）振荡浸取：在切碎的样品中加入适当的溶剂，于振荡器上振荡提取，滤出溶剂后，再重复提取一次，合并提取液供分离使用。这种方法对于蔬菜、水果、小麦、稻谷等都可使用。

（2）组织捣碎：把样品适当切碎后，放入组织捣碎机中，加入适当的提取剂，快速捣碎 3～5 min 后过滤，滤渣再重复提取一次，合并提取液备用。此法比较常用，效果也较好，特别是组织中进行提取时比较方便。

（3）索氏提取器提取：索氏提取器也叫脂肪提取器，其构造如图 4-26 所示，是提取有机物的有效仪器。提取时，先将滤纸卷成直径略小于提取筒的筒状，一端用线扎紧，将研细的试样装入滤纸筒中，上面盖上滤纸后，放入提取筒中。在蒸馏瓶中加入适当的溶剂，连接好回流装置，加热提取。当提取筒中的溶剂面超过虹吸管的上端时，提取液就自动流回蒸馏瓶中，如此反复进行。因每次提取时，试样都能与纯净的溶剂接触，所以提取效率高，且溶剂用量较少，所得提取液的浓度较大，有利于下一步分析。但此法费时较多，因此常作为标准法使用。

作为提取剂的物质，都是有机溶剂，要根据“极性相似者易溶”的原则进行选择。例如，极性弱的有机氯农药用极性弱的己烷等提取；而极性较强的有机磷农药、含氧除草剂等则可选用二氯甲烷、氯仿、丙酮等极性强的溶剂提取。所选溶剂的沸点一般在45～80℃之间。沸点太低，易于挥发；沸点太高，则难以浓缩，而且会导致热稳定性差的污染物的分解。除沸点外，选择溶剂时还要考虑毒性、价格以及在分析中有无干扰等。

2. 分离

利用有机溶剂提取残留在样品中的有机农药时，同时会将样品中的脂肪、蜡质和色素一起提取出来。因此，必须将农药与杂质分离开，才能进行农药的测定。分离方法有下列几种。

(1) 柱层析法：这是一种应用最普遍的提纯方法，基本原理是先使提取液通过装有吸附剂的吸附柱，农药和杂质均被吸附在吸附柱上，然后用适当的溶剂进行淋洗。只要淋洗剂选用得合适，一般都是农药首先被淋洗出来，而脂肪、蜡质和色素则滞留在吸附柱上，从而达到分离目的。分离农药时，最常用的吸附剂是在650℃下活化过的硫酸镁担体，而以乙醚-石油醚为淋洗剂，能淋洗出来的农药见表4-2。

表4-2　硅酸镁、乙醚-石油醚淋洗农药

吸附剂	淋　洗　剂	能分离出来的农药
硅酸镁担体	6%乙醚-石油醚	艾氏剂、六六六、氯丹、DDT、DDE、七氯、多氯联苯等
	15%乙醚-石油醚	氯硫磷、二嗪农、杀螟松、对硫磷、甲基对硫磷等
	50%乙醚-石油醚	强碱、农药（如马拉硫磷）等

(2) 液液萃取法：此法是以分配定律为理论基础的分离方法，即用两种互不相溶的溶剂，借农药与杂质在不同溶剂中溶解度的差别将其分离。例如，将农药与杂质的乙烷提取液与极性溶剂乙腈混合摇振后，极性较强的农药就大部分进入乙腈层中，而极性弱的脂肪、蜡质和色素则大部分留在己烷层中。经几次萃取后，就可将农药净化。

(3) 磺化法：利用脂肪、蜡质等能与浓硫酸发生磺化反应的特性，在农药与杂质的提取液中加入浓硫酸时，脂肪、蜡质等与浓硫酸反应，生成极性很强的物质，从而将农药与杂质分离。

(4) 低温冷冻法：不同物质在同一溶剂中的溶解度，除了与它们的本性有关外，还随温度的不同而不同。如在－70℃的低温下，用干冰-丙酮做制冷剂，可使生物组织中的脂肪和蜡质在丙酮中的溶解度大大降低，并以沉淀形式析出，而农药则残留在冷的丙酮中，经过滤即可将其分离。

(四) 浓缩

经提取、分离后所得的溶液，虽是纯净的待测物溶液，但因浓度很低，一般还不能用于测定，常常要用蒸发或减压蒸发的方法浓缩后，才能进行测定。

实践证明，在样品制备、消解（或灰化）、提取、分离等步骤中，损失都是很小的，较大的损失主要发生在浓缩过程，特别是溶剂接近蒸干时损失最大。因此在蒸发过程中，温度一般应控制在50℃以下，最高不能超过80℃。值得强调的是：在这种温度下，不能把溶液蒸发至干涸，而应蒸发至剩几毫升时，就停止加热。若要进一步缩小溶液的体积，则要用微热蒸发或在室温下任其自行蒸发。

生物样品经上述处理后即可进行污染物含量的测定。测定方法很多，依其污染物的性质和实验室条件进行选择。有机物、农药残毒多用色谱法；无机重金属可用原子吸收分光光度法（见本书第二章第一节）。本节主要介绍人体尿、头发以及生物、食品中的铜、铅、锌、镉的极谱测定技术。

三、用极谱（POL）分析法测定的无机项目

极谱法具有仪器简单、分析速度快、可同时测定几种物质且灵敏度高等特点，亦常用于监测分析。在有机极谱分析上，许多有机物能在电极上发生氧分还原反应，但鉴于有些元素或有机物的电极反应过程及测量时影响因素都比较复杂，所以最常用的是无机极谱为多，包括Cr、Mn、Fe、Co、Ni、Cu、Zn、Cd、In、Tl、Sn、Pb、As、Sb、Bi等，测定技术由原经典极谱基础上发展了示波、方波、脉冲、催化波极谱、溶出伏安法等。灵敏度也大大提高，各级环境监测站广泛应用阳极溶出伏安法测定痕量Cu、Pb、Zn、Cd等残毒分析。检测限在10^{-11}～10^{-9}mol/L，灵敏度高可与无火焰原子吸收光谱媲美。

四、极谱（POL）法的基本原理及装置

在环境监测中经常采用的溶出伏安法是从极谱法发展而成的，它设备简便，利用一般的极谱仪就可进行测定，连续测定几种离子而且灵敏度高，通常可达10^{-11}～10^{-8} mol/L。所以成为极谱法中发展较快的技术之一。

溶出伏安法又称反向溶出极谱法，它是以恒电位电解富集法和伏安法相结合的一种极谱分析新技术。其基本原理是：首先将待测溶液在适当条件下进行恒电位电解，并富集在固定表面积的特殊电极上，然后反向改变电位，让富集在电极上的离子重新溶出，同时记录电流-电压曲线。在一定的测定条件下根据溶出峰电流的大小进行定量分析，即为反向溶出伏安法基本原理。

仪器的装置及电极如图4-27所示。因为极谱分析是依据电解时所得到的电流-电压曲线进行分析的。因此电解装置必须是能连续地改变电解池外加电压，并随时记录通过电解池的电流，这样才能得到电流-电压曲线。

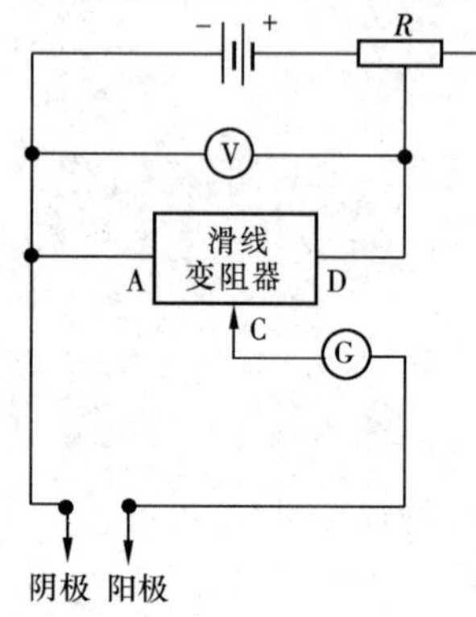

图4-27 极谱分析基本装置

电解池由工作电极（或指示电极）和饱和甘汞电极（参比电极）组成。电解时移动电位器接触键来改变加在电解池两极上的外加电压（从0～2.5 V范围内连续变化），工作电极和电位器负的一端相连，甘汞电极和正的一端相连。这时工作电极为阴极，工作电极上进行还原反应。当反向时，工作电极和正的一端相连，甘汞电极和负的一端相连，这时工作电极变为阳极，工作电极上进行氧化反应。通过改变电流方向改变还原和氧化进行富集和溶出，达到提高测定灵敏度的目的。流经电

解池的电流（从 0.01～100 μA 范围内变化）可用灵敏检流计（G）记录外加电压改变过程中的电流的变化。

溶出伏安法通常使用的工作电极是静止汞电极，包括悬汞电极、汞膜电极和玻璃碳汞膜电极。分述如下：

1. 悬汞电极

悬汞电极种类很多，利用汞的表面张力可安装成各式各样的汞滴大小能重现的悬汞电极，如机械挤压式悬汞电极，构造见图 4-28（a）所示。玻璃毛细管上端连接密封的贮汞器中，使用时由旋转顶针的圈数来控制汞滴的体积。每次只挤压出一滴汞，有较好的重现性，但电解富集时因溶液搅拌而容易脱落。另一类悬汞电极是把汞滴悬挂于镀汞的微铂电极上，又称挂汞电极，较容易制备，如图 4-28(b)所示。悬汞电极适用于某些能形成汞齐的金属及能形成难溶性汞盐的阴离子，适用浓度范围为 10^{-7}～10^{-3} mol/L。

2. 汞膜电极

目前应用较普遍的是玻璃炭为基体的玻炭汞膜电极和以银或铂为基体的汞膜电极。玻炭汞膜电极的性能更理想。

玻炭汞膜电极制作比较简单，将玻璃态石墨加工成长约 5 mm、直径为 3 mm 的圆柱体，一端用金相砂纸和碳化硼抛光成镜面，用环氧树脂封闭在玻璃管内即可制成电极。如图 4-28（c）所示，玻璃管中放少量汞，浸入一根铂丝做导线。在此电极上镀一层汞膜，即为玻炭汞膜电极。由于玻璃态石墨的结构致密，离子或原子不容易渗透到电极内部去。因此，电极的使用寿命、分辨能力和数据的重现性都比其他电极好，灵敏度比悬汞电极高 1～2 个数量级，是目前常用的电极。

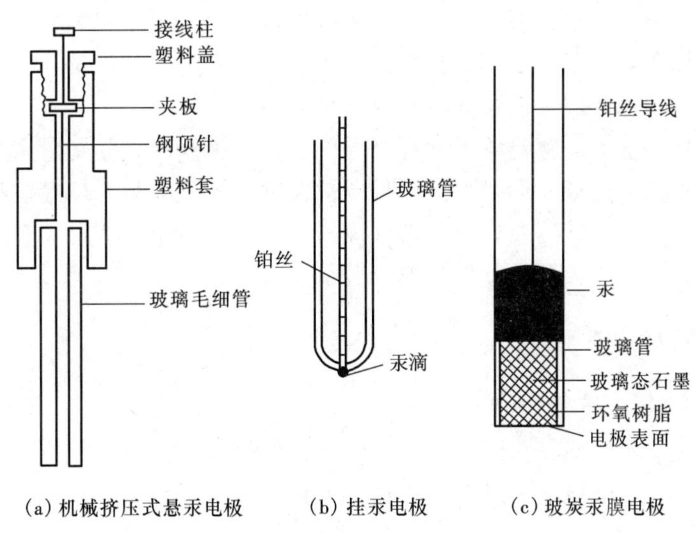

图 4-28　溶出伏安法工作电极

用银棒做基体的汞膜电极可用电解法镀上汞膜，也可直接用汞涂布制成。

由于在溶出法中使用了固定面积的工作电极，因此电极表面的沾污将产生严重的影响。沾污会同时影响富集和溶出两过程，其结果会使溶出波形失真，峰电流降低，重现性不好。因此对电极表面的处理极为重要。

例如，测定盐酸底液中微量 Cu^{2+}、Pb^{2+}、Cd^{2+} 时，首先在－0.8 V 下电解一定时

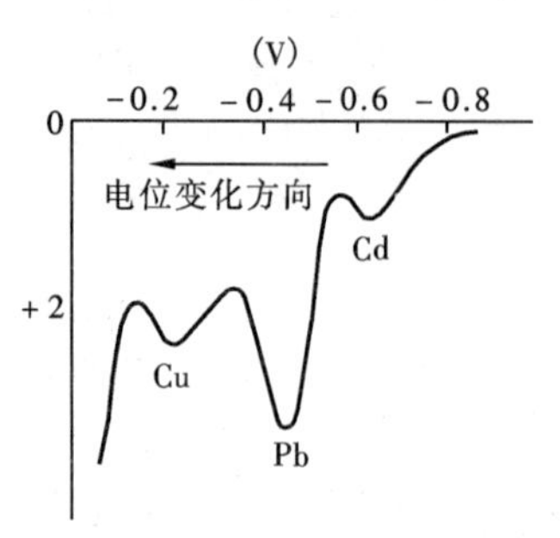

图 4-29 1.5 mol/L HCl 底液中微量 Cu^{2+}、Pb^{2+}、Cd^{2+} 的溶出伏安图（悬汞电极，−0.8 V）

间，此时溶液中一部分 Cu^{2+}、Pb^{2+}、Cd^{2+} 在悬汞电极上还原，生成汞齐并富集在汞滴上，电解完毕后，使悬汞电极的电位均匀地由负向正变化，让它们在电极上发生氧化反应而溶出，从而产生很大的氧化电流，形成氧化峰，如图 4-29 所示。

峰状曲线的形成是由于电位由负向正变化，首先到达镉的氧化电位，电极表面的镉被氧化产生氧化电流，随着电位的继续变正，电极表面的镉浓度迅速降低，而汞滴内部的镉又来不及扩散出来，氧化电流便逐渐减小，因此出现镉的溶出峰。随着电极电位继续变正，达到铅和铜的氧化电位时，也将得到铅和铜的溶出峰。

溶出曲线的峰高与溶液中金属离子的浓度、电解富集时间、电解时溶液的搅拌速度、悬汞电极的大小及溶出时的电位变化速度等因素有关。当其他条件固定不变时，峰高与溶液中金属离子的浓度成比例，故可以进行定量测定。

溶出伏安法可根据工作电极上发生的反应不同，区分为阳极溶出法和阴极溶出法，前者在富集时，电极上发生还原反应，溶出过程中，电极上发生氧化反应。后一类与前一类相反。因为在测定金属离子时应用溶出反应，所以较多地称本法为阳极溶出伏安法。

被测物质在电极上电解富集的形式大体归纳为两大类，一类是以汞电极为工作电极，被测物质以汞齐或以汞盐形式富集在电极上；另一类是以非汞电极为工作电极，被测物质以金属薄膜或难溶盐的形式富集在电极上。

由于溶出伏安法的电解富集过程是在控制电位下进行，为分离消除干扰、提高极谱方法的选择性提供了途径。而且，溶出伏安法在常规极谱法基本装置条件下，配以固定表面积的工作电极、搅拌器及计时秒表即可开展工作。因此，溶出伏安法已被广泛应用于土壤、水质、生物制品及其他污染痕量分析上。

五、极谱定量分析

（一）扩散电流尤考维奇公式

当有大量支持电解质存在时，扩散电流 i_d 与溶液本体的离子浓度成正比。尤考维奇从理论上解决了扩散电流问题，得出如下方程式：

$$i_d = 607nD^{\frac{1}{2}}m^{\frac{2}{3}}t^{\frac{1}{6}}C$$

式中，i_d——平均极限扩散电流(μA)，代表汞滴由生成至落下过程中汞滴上的平均电流；

n——电极反应的电子转移数；

D——电极上起反应的物质在溶液中的扩散系数（cm^2/s）；

m——单位时间内自毛细管滴出的汞量（mg/s）；

t——汞滴的滴下时间（s）（滴汞周期）；

C——电极上起反应的物质在溶液中的浓度（mmol/L）。

从尤考维奇公式可知，极限扩散电流不仅与浓度有关系，还与其他许多因素有关。包括影响扩散系数 D 的因素，如离子在溶液中运动的速度、离子强度、溶液的黏度、介电常数以及温度等。影响 m、t 的因素，即毛细管特性的因素，如毛细管内径大小、汞压（汞柱高度）等。

如果温度、溶液组成以及毛细管特性等因素都保持不变，则

$$\because \quad K = 607nD^{1/2}m^{2/3}t^{1/6}$$

$$\therefore \quad i_d = KC$$

即极限扩散电流与被分析物质的浓度成正比。故通过测量扩散电流的大小求出被分析物质的浓度或含量，即为极谱定量分析的基础。

（二）干扰电流及清除方法

在极谱分析中，除了前面讨论的扩散电流之外，还有其他原因引起的干扰电流，这些电流的存在严重地干扰极谱定量分析，所以必须设法消除，分述如下：

1. 迁移电流

进行电极反应的离子（如 Cd^{2+}），从溶液主体到电极表面的运动，除了决定于溶液主体和电极表面间的浓度差之外，还和电解池的正极和负极间存在的电场所产生的库仑引力有关。由于电极对被分析离子的库仑力而产生的那部分电流称为迁移电流。迁移电流与被分析物质浓度之间无一定的比例关系。故而应加以消除。

消除迁移电流的方法是向电解池中加入大量的电解质，它们在溶液中电离为正离子和负离子，负极对所有的正离子都有静电吸引力。当加入大量电解质后，作用于被分析离子的静电吸引力就大大地减弱了，以至于由静电吸引力引起的迁移电流趋于零，达到消除迁移电流的目的。加入的电解质称为“支持电解质”。支持电解质是一些能导电但在该测定条件下不能起电极反应的“惰性电解质”，如 KCl、NH_4Cl、KNO_3、HCl、H_2SO_4 等。一般支持电解质的浓度至少要比被测物质的浓度大 50～100 倍。

2. 残余电流

残余电流主要是由于产生了充电电流所致。滴汞电极和溶液的两个界面间存在着相当于电容器作用的双电层，其电容随滴汞面积的变化而变化。当外加电压加于电解池的两极时，双电层两端存在着一定的电位差。在固定电位差的情况下，由于电容量不断改变，必然在电路中不断地产生充电电流。充电电流影响了扩散电流的准确测量。残余电流一般用作图的方法扣除，即假定电极电位变化时，残余电流呈线性变化。但这种假设与实际情况不完全相符，在－0.4～1.0 V 这一段的残余电流一般接近线性变化，所以用作图法扣除效果较好。

3. 极大现象

在极谱分析过程中，常会出现一种特殊现象，即在电解开始后，电流随电位增大而迅速增大到一个很大的数值，当电位变得更负时，这种现象就消失，趋于正常（见图 4-30），

这种现象称为极大或畸峰。极大的产生被认为是汞滴-界面搅动的结果。由于汞滴周围电场不对称使电流-界面间发生移动，或汞滴内部湍动的缘故（汞流入汞滴引起的湍动被传到表面），因而搅动了界面。

极大的产生使准确测量扩散电流或半波电位发生了困难，因此必须除去，可往溶液中加入极大抑制剂。能起极大的抑制作用的化合物都是一些大分子的有机化合物，是表面活性剂，如明胶、聚乙烯醇、羧甲基纤维素等。这些化合物会被汞滴表面吸附。吸附物固定了双电层，从而防止搅动。但应注意，加入极大抑制剂的量不能太大，若过多，会隔绝一部分电极表面，使扩散电流不适当地减小。如当明胶在溶液中的浓度大于0.01%时，就会降低扩散电流。

4. 氧波及其他干扰波

溶液中溶解的少量氧，很容易在滴汞电极上还原。还原分两步进行，产生两个极谱波。

第一个波　$O_2+2H^++2e \rightarrow H_2O_2$（酸性溶液）

$O_2+2H_2O+2e \rightarrow H_2O_2+2OH^-$（中性或碱性溶液）

第二个波　$H_2O_2+2H^++2e \rightarrow 2H_2O$（酸性溶液）

$H_2O_2+2e \rightarrow 2OH^-$（碱性溶液）

两个波的半波电位分别约为－0.2 V和－0.8 V。这个电压范围正是极谱分析的重要区域。故而在进行极谱分析时，通常都需将溶液中的氧除去。除氧方法有两种：

（1）向试液中通入惰性气体，将溶液中的氧驱赶净。常用的惰性气体有高纯氮（N_2），也有用 H_2、CO_2 的，但 CO_2 仅适用于酸性溶液。

（2）在中性和碱性溶液中加亚硫酸钠钴结晶数粒，或新配制的亚硫酸钠饱和溶液数滴，使氧转变为不干扰的硫酸根离子。

$$2SO_3^{2-}+O_2 \rightarrow 2SO_4^{2-}$$

但当溶液为酸性时，由于 SO_4^{2-} 也可以在滴汞电极上被氧化，故不适用。

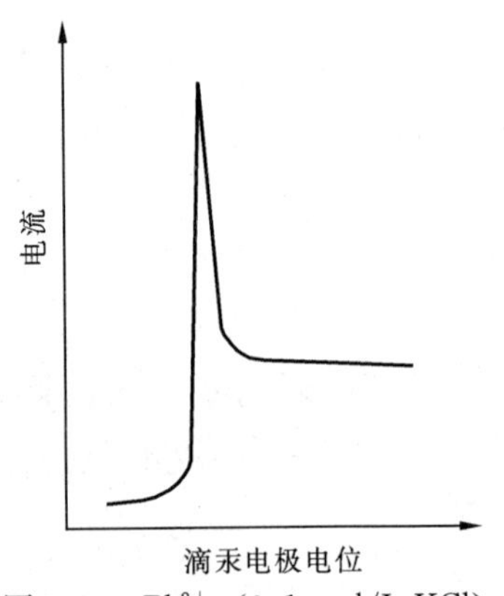

图 4-30　Pb^{2+}（0.1 mol/L KCl）的极大

除氧波外也常遇到其他物质的干扰，消除的办法通常选用其他支持电解质或改变溶液 pH 值，使其形成适当的络合离子或使干扰离子还原来改变它们的半波电位。此外，干扰较大的可以用化学方法将干扰物质预先分离后再测定。

（三）极谱定量方法

1. 直接测量法

极谱图上的波高代表了极限扩散电流，所以测量扩散电流的大小亦即测量极谱波高，一般只需要测量相对波高，即在极谱仪记录带上的格数或厘米数，与标准的格数相比较即可，不必测量扩散电流的绝对值。测量波长时，先通过残余电流，极限电流和扩散电流，分别做出 AB、CD、EF 三条切线，所以又叫三切线法，EF 与 AB 相交于 O

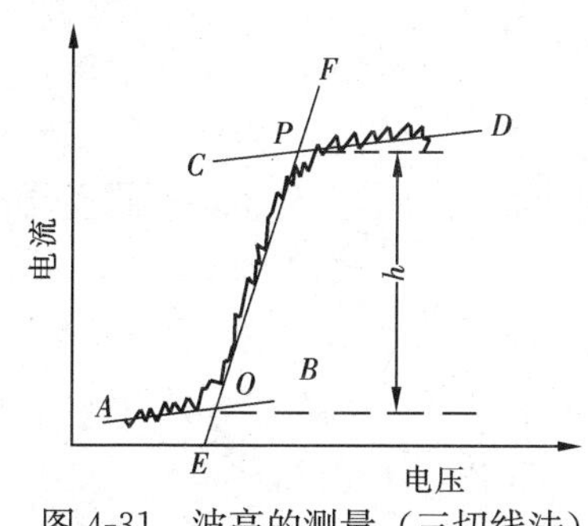

图 4-31　波高的测量（三切线法）

点，EF 与 CD 相交于 P 点（见图 4-31）。

通过 O 与 P 做平行于横轴的平行线，此平行线间的垂直距离 h 即为波高。

在同一测定条件下所测得的标准溶液和待测溶液的波高 h_s 及 h_x 与已知标准溶液的浓度比值，即可求出未知的待测溶液的浓度 C_x。

$$\because \quad h_s = KC_s$$

$$h_x = KC_x$$

$$\therefore \quad C_x = \frac{C_s h_x}{h_s}$$

式中，C_s，C_x——分别为标准溶液与待测溶液浓度；

h_s，h_x——分别为标准溶液与待测溶液测得的波高。

此法比较方便，只要正确地测量波高，误差很小，适用于不同的波形。但采用本法时，要使标准液的组成与样品溶液的组成，包括支持电解质种类及浓度、极大抑制剂浓度等应尽可能保持一致，并且在相同的测定条件下（同一毛细管，同一汞柱高度、同一温度）进行。

2. 标准曲线法

标准曲线法又叫工作曲线法，即配制一系列含有不同浓度（C_1，C_2，C_3，C_4，C_5）的标准在相同实验条件下，分别测定其扩散电流波高（h_1，h_2，h_3，h_4，h_5）绘制浓度（C）-波高（h）曲线。此标准曲线在一定浓度范围内为一直线。当分析求知试样时，只要在同一测定条件下测得其波高，然后由标准曲线求出相应的浓度。此法最适于组分大致相同的大批试样的分析测定。

3. 标准加入法

当分析个别试样时，如果试样组分比较复杂，波高受影响的因素较多，则此法可以相对减去许多因素的影响，因而结果较为准确。具体操作步骤是：先取未知溶液 VmL，其浓度为 C_x，测得极谱波高为 h，然后加入被测离子的标准溶液 V_smL，其浓度为 C_s，在同一测定条件下测得波高为 H，如图 4-32 所示。

由波高的增加可算出未知溶液的浓度。

$$\because \quad h = KC_x$$

$$H = K\left(\frac{VC_x + V_sC_s}{V + V_s}\right)$$

$$\therefore \quad C_x = \frac{V_sC_sh}{(V + V_s)H - Vh}$$

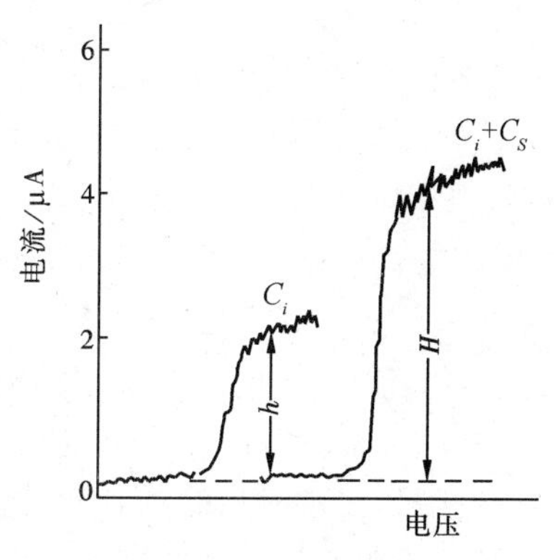

图 4-32　标准加入法

式中，h，H——分别为未知溶液和标准液测得的波高（mm）；

C_x，C_s——分别为未知溶液和标准液的浓度（mmol/L）；

V，V_s——分别为未知溶液和标准液的体积（ml）。

六、极谱（POL）技术测定生物体无机毒物量

用极谱分析技术（阳极溶出伏安法、示波极谱法等）测定人体尿、头发及生物体、食品中的 Cu、Pb、Zn、Cd、Ni 等无机残毒量已经是成熟方法，广泛使用，不再赘述。

极谱法（POL）较 AAS 法、ICP 法设备简单，价格低廉，灵敏度高，适用性强，尤其在基层监测站，大有用武之地，这里只介绍另一例用示波极谱法测定茶叶中的钙。

用示波极谱法测定茶叶中的钙。由于钙的还原电位较负，其标准电位为−2.87 V，在不除氧条件下，用单扫描示波极谱法测定茶叶中钙。因钙与桑色素形成络合物后，此络合物在−0.78 V（vs. SCE）产生一灵敏的极谱波，其峰电流与钙浓度呈良好的线性关系。

（一）测定方法

用 JP-2 型示波极谱仪（成都仪器厂），三电极系统，工作电极为滴汞电极，参比电极为饱和甘汞电极，辅助电极为铂电极。

配 Ca^{2+} 标准溶液：称取 0.250 0 g 已烘干的 $CaCO_3$ 基准物质，加适量 1∶1HCl 溶解，定容至 100.0 ml，此标准溶液浓度为 1.001 mg/ml，逐级稀释，操作液为 25.03 μg/ml。

1.32×10^{-3} mol/L 桑色素溶液：称取 0.044 6 g 桑色素，加 50 ml 乙醇溶解，用水定容至 100.0ml。

0.05 mol/L KOH 溶液。

所用试剂均为分析纯以上，用水均为石英亚沸蒸馏水。

取一定量含 Ca^{2+} 溶液于 25.00 ml 比色管中，加入 1.32×10^{-3} mol/L 桑色素溶液 2.0 ml，并加入 0.05 mol/L KOH 溶液 10.0 ml，定容至25.00 ml，置于 25℃水溶液中恒温 10 min。然后在示波极谱仪上进行测定，使用阴极化导数挡，调节扫描电压范围为−0.50～1.0 V，Ca^{2+}-桑色素络合物的峰电位为−0.78 V（vs. SCE）。峰形见图 4-33。

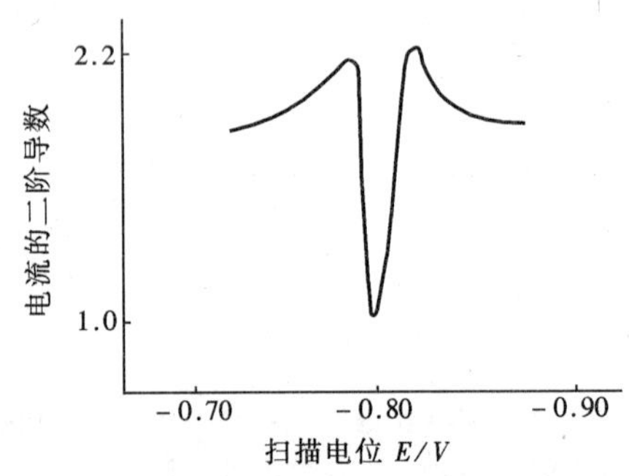

图 4-33　Ca^{2+}-桑色素络合物的二阶导数峰（0.5 μg/ml Ca^{2+} ＋底液）

（二）测定结果

1. 条件试验

经条件试验确定，1.32 mol/L 桑色素加入量以 2.0 ml 为宜，因为络合剂总是过量的。0.05 mol/L KOH 加入量以 10.0 ml 为宜（pH＝12.30）。

2. 干扰试验

1/5 量的 Cu^{2+}、Co^{2+} 和 Cr^{3+}，1/4 量的 Zn^{2+} 和 Mn^{2+}，相同量的 Al^{3+}、Ba^{2+}、Fe^{3+} 和 Pb^{2+}，5 倍的 Mg^{2+}，50 倍的 Mo（Ⅵ）和 Bi^{3+}，90 倍的 Na^{2+} 和 K^{+}，100 倍的 NO_3^-，150 倍的 SO_4^{2-} 和 Cl^- 均不干扰 Ca^{2+}-桑色素络合物的测定。茶叶中常见元素 Pb^{2+}、Bi^{3+}、Cu^{2+}、Cd^{2+}、Zn^{2+}、Fe^{3+}、Co^{2+}、Ni^{2+}、Mn^{2+}、Al^{3+}、Cr^{3+}、Se^{4+} 和 V^{5+} 等含量均低于或远低于 Ca^{2+} 含量，故不影响 Ca^{2+} 的测定。

3. 工作曲线的绘制

在一个标准系列中，准确加入一定量的 Ca^{2+} 操作液，按实验方法进行测定。工作

曲线回归方程为 $i''_p=2.43C-0.019$（C 为 Ca^{2+} 浓度，μg/ml），相关系数 $r=0.9994$，线性范围为 0.1～0.8 μg/ml。

4. 茶叶样品的测定

样品的消化：称取已烘干的茶叶样品 0.200 0 g 置于消化管中，加 4 ml HNO_3、2 ml $HClO_4$、1 ml H_2O_2，在自控电热消化器上于 213℃消化至橙黄色，即达消化终点，消化时间为 30 min，冷却后定容至 50.00 ml。

样品的测定：吸取 1.0 ml 消化液于 25.00 ml 比色管中（标准茶叶样品吸取 1.50 ml），加 0.1%对硝基酚指示剂 1 滴，用 30% KOH 调至黄色后，用 0.5 mol/L $HClO_4$ 调至黄色恰好消失，再用 1% KOH 调至黄色，然后按实验方法进行测定。

本方法具有体系简单、测定快速、灵敏准确的特点。与昂贵的原子吸收光谱仪相比，示波极谱仪价格低廉，而且不需除氧，成本更低。

七、用 GC 技术测定生物体农药残毒量

1. 六六六、DDT 农药的测定

将生物样品经组织捣碎，提取分离用石油醚萃取，萃取液经 H_2SO_4 处理再用水洗、无水 Na_2SO_4 干燥后用 1.8～2 m×2～3.5 mm 玻璃柱填充 15%OV-17、1.95%QF-1/chromosorbe W AW DMCS（80～100 目）的柱分离 ECD 检测 8 种异构体：

α—666、β—666、γ—666、σ—666

pp′—DDE、pp′—DDT、pp′—DDD、op′—DDT

γ—666　4 μg/L　DDT　200 μg/L 均可测定。

2. 有机磷农药的测定

生物样经组织捣碎提取分离，再将其调至 pH 7 加入 NaCl 后用 $CHCl_3$ 萃取 3 次经脱水干燥定容后，用 2 m×3 mm 玻璃柱填充 3.5%OV-101＋3.25%　OV-210/Chromosorbe W HP 80～100 目柱分离，FPD 检测。

最低测定浓度：

乐果 0.02 μg/L

甲基对硫磷 0.01 μg/L

马拉硫磷 0.02 μg/L

乙基对硫磷 0.01 μg/L

如图 4-34 所示。

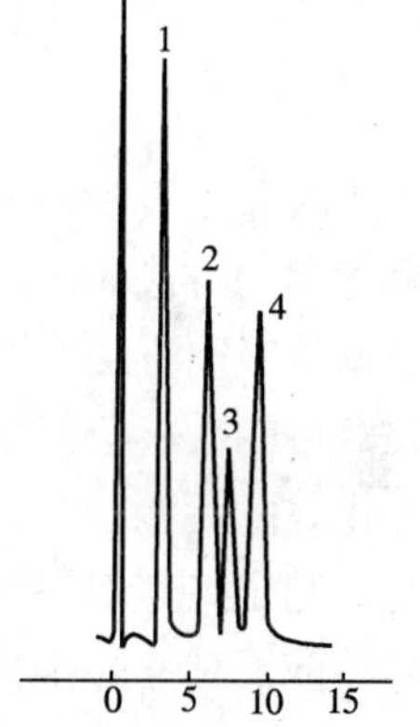

图 4-34　有机磷农药标准谱图

1—乐果；2—甲基对硫磷；3—马拉硫磷；4—乙基对硫磷

3. 有机磷的测定

经提取分离后的生物样中的有机磷化合物用苯萃取后注入高温还原管中，在 H_2 气流中被还原成 PH_3、经 3 m×4 mm 玻璃柱填充 COX-401（60～80 目）柱分离后，用 FPD（529 nm 波长滤光片）检测定量，检测下限为 0.3 μg/L。

GC 原理及操作技术详见第二章。

八、用 EIA 法检测生物体农药残毒量

如上所述 GC 法测定生物体、食品、饲料以及水、土壤中的农药残毒已是成熟的方

法。同样，气相色谱与质谱联机（GC/MS）和高效液相色谱（HPLC）更能精确地检测各类农药的残留量，然而它们需要昂贵的仪器设备和较复杂的测定技术。人们迫切希望开发出一种简单、快速、价廉的检测技术，20世纪80年代末期EIA技术应用于环境监测并迅速得到发展。EIA酶免疫检测技术，首先在农药残毒量检测脱颖而出。

1. 酶免疫检测技术机理

酶免疫检测（Enzyme Immunoassay，EIA）技术，是根据抗原抗体反应具有高度的特异性，以酶作为标记物，与已知抗体结合，但不影响其免疫学特性，然后将酶标记物的抗体作为标准试剂来鉴定未知的抗原[7]。抗体是哺乳动物为了自我保护而对外界抗原刺激产生的特异性血清蛋白。它由两条长链和两条短链组成Y型对称结构，在Y顶端的两条支链特性是易变的，可通过细胞调节与外来刺激分子的结构相匹配，使其能识别特定的分子。

EIA技术基于被测定物与特定抗体之间的相互作用，再通过测定颜色的变化而定量。环境污染物多为低分子量的小分子，必须与载体结合（如蛋白质）形成抗原，才能使免疫兔、羊等动物制备多克隆抗体或小鼠制备单克隆抗体。EIA技术检测程序如图4-35。

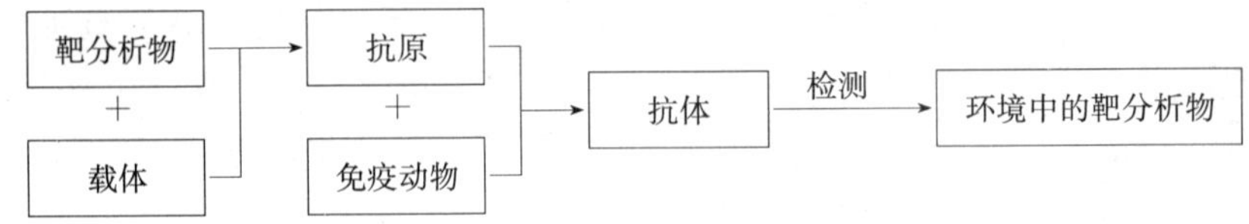

图4-35 EIA技术检测程序示意

酶联免疫吸附检测（Enzyme Linked Immunosorbent Assay，ELISA）是目前监测中最常用的方法。ELISA是根据酶免疫检测原理发展的一种固相免疫技术，其试剂盒基于竞争吸附方法，可分别供实验室和野外测试。在测试过程中，样品中的靶分析物与已知数量的酶标物竞争有限数量的抗体结合位置。经孵育、清洗、加入酶底物，引起颜色变化，随后测定光密度。光密度与样品中被分析物的量成反比。样品中被分析物含量低时，测定终点时溶液颜色深，这是因为有较多的酶标物与抗体结合。ELISA法在测定样品前需建立标准曲线。

表4-3 已建立EIA检测方法的化合物1)

	化合物	基质	最低检测限
农药类	Alachlor	水	1 μg/L
	Aldicarb	果汁，水	0.75 mg/L，0.3 mg/L
	Atrazine	水	62 pg/ml
	Bentazon	水	2 mg/L
	Benomvl	食品	0.35 mg/L
	Diflubenzuron	水，牛奶	1～40 μg/L，1 μg/L
	Endosulfan	水	3 ng/ml
	Fenpropimorph	水	13 ng/L
	Mollnate	水	20 ng/L
	Norflurazon	水	1 ng/ml
	Pidoram and 2，4-D	水	100 ng/ml
	Triadimefon	食品	0.5 mg/L
	Triazine herbicides	水，土壤	0.1～10 μg/L，0.5～5 μg/L
	Monolinuron	食品	14～22 ng/g

续表

	化　合　物	基　　质	最低检测限
工业化合物	Benzene toluene xglene	水	5 mg/L
	PCDDs PCDFs	飞灰	1 μg/L
		土壤，机油	
	Nitroaromatics	土壤，水	1 ng/ml
	PCBs	土壤	50 mg/L
	Pentachlophenol（PCP）	水，土壤	3 μg/L（野外），100 μg/L
生物毒素	Aflatoxi	谷物	0.1 ng/ml
	T-2toxin		10 ng/ml
	Ochratoxin		1 ng/ml
	Mycotoxins	谷，小麦	0.1 ng/ml（提取物）

1）检测方法为酶联免疫吸附测定法（ELISA）。

2. 酶免疫检测技术应用

EIA 技术的快速发展，归因于许多环境化合物的单克隆及多克隆抗体的应用，如许多杀虫剂、微生物毒素、有机磷化学品、微生物的蛋白产物及多种生物标记的特异性抗体制备。在环境监测中，单克隆抗体具有更多的优越之处：①可以筛选到亲合力很强的抗体；②单抗试剂稳定，易建立标准方法，可比较出自不同实验室的数据。

适合于 EIA 检测的环境化合物必须是亲水性的、不挥发的、在水中稳定性好的，如磺酰基尿素、苯酰基尿素、氨基甲酸酯、除莠剂、基因工程及微生物的蛋白质产物等（见表 4-5）。

随着 EIA 技术在环境监测中运用的范围不断扩大，新的环境污染物的 EIA 分析方法也不断开发。Kroemer 等人开发了最新的自动化 EIA 监测方法，可在水样测试中采用流动注射法（flow injection analysis，FIA），将特定的抗体固定在膜上。试剂由时间控制的泵输入，并通过检测膜，透过膜的溶液进行酶产物的荧光测定。每个样品检测完毕后，膜自动更换。FIA 为污染控制提供了良好的监测技术。

九、用其他方法检测生物的样品

用 HNO_3-H_2O_2-HF 消解人发、茶叶、树叶、贝类、米粉等试样，用 ICP-MS 法测定 V、Ni、Zn、Ge、As、Mo 等。

第四节　危险废物有害特性监测技术

危险废物是指列入《国家危险废物名录》或者根据国家规定的危险废物鉴别方法认定的具有危险性的废物。危险废物鉴别标准及毒性物质含量鉴别按 GB5085—2007 执行。一般地危险废物有害特性包括：急性毒性、浸出毒性、易燃性、腐蚀性、反应性、放射性、传染性及生态毒性等。

一、易燃物及其鉴别技术

具有易燃性的废物，通常是闪点在 21～55℃的液态及固态混合物，其闪点低于

21℃与空气接触导致升温而燃烧的为强易燃物。由于摩擦、吸湿、升温等自发的化学变化着火燃烧引起对人体或环境的危害。用闭口闪点测定仪测定，试样在试验期间都要转动搅拌器进行搅拌，只有在点火时才停止搅拌。点火时，打开盖孔1 s，如果看不到闪火，就继续搅拌试样，直至再现点火，出现蓝色火焰时，立即读出温度计上的温度值，即为测定结果。危险废物鉴别标准易燃性鉴别按 BG 5085.4—2007 执行。

二、腐蚀性物质及其鉴别技术

腐蚀性物质是指通过接触会损伤生物组织的物质及混合物。腐蚀性废物既可能腐蚀损伤接触部位的生物细胞组织，也可能腐蚀盛装容器造成泄漏，引起污染。

用 pH 计测定废物的 pH 值来鉴别其腐蚀性。称取 100 g 风干的试样，磨碎通过 ϕ5 mm筛，倒入浸取的混合容器中，加 1L 水，放置振荡器上振荡（振荡频次 110±10 次/min，振幅为 40 mm，在室温下振荡 8 h，静置 16 h），然后分离固液相，滤后立即测定滤液的 pH 值。危险废物鉴别标准腐蚀性鉴别按 GB 5085.1—2007 执行。

三、浸出毒性物质及其鉴别技术

有毒物质是吸入、吞下或由皮肤吸收后对健康有危害的物质及混合物。其中有的能造成急性危害的为急性毒物。其浸出毒性试验是先将样品 100 g 置于三角瓶中，加入 100 ml 蒸馏水（即固液比为 1∶1），在常温下静止浸泡 24 h，将滤纸过滤出的滤液用作小白鼠的灌胃（按 GB 7919—87 中规定的灌胃方法），对灌胃后的小白鼠进行中毒症状观察，记录 48 h 内实验动物的死亡数。如出现半数以上的小白鼠死亡，则可判定该废物是具有急性毒性的危险废物。危险废物鉴别标准浸出毒性鉴别按 GB 5085.3—2007 执行。

四、反应性物质及其鉴别技术

固体废物的反应性通常是指在常温、常压下不稳定或在外界条件发生变化时发生剧烈变化，以致产生爆炸或放出有毒有害气体，如果一种废物具有下列性质之一时，则可视为反应性废物。

（1）通常情况下不稳定，极易发生剧烈的化学反应。

（2）与水猛烈反应，或形成可爆炸性的混合物或产生有毒的气体、臭气。

（3）含有氰化物或硫化物，可产生有毒气体、蒸气或烟雾。

（4）在常温、常压下即可发生爆炸反应，在加热或引发时可爆炸。

（5）其他所规定的爆炸品或按照规定的试验方法，可以着火、分解、对热或冲击有不稳定性的危险废物鉴别和反应性鉴别按 GB5085.5—2007 执行。

（一）撞击感度测定

用立式落锤仪，将试样置于撞击装置上进行冲击，观察是否发生爆炸、燃烧和分解，测定其爆炸百分数，即为撞击感度值。

（二）摩擦感度测定

用摆式摩擦仪将一定量的试样夹在试验装置的两个滑动端面之间，并沿上滑柱的轴线方向施加一定压力，当上滑柱受到摆锤从某一摆角释放的侧击力作用时，将相对于受压的样品滑动。观察样品受摩擦作用后是否发生爆炸、燃烧和分离。在一定试验条件下的发火率即为样品的摩擦感度。

（三）爆发点测定

用爆发点测定仪，从样品开始受热到爆炸这段延滞期，采用5 s延滞期的爆发点来比较样品的热感度，即确定试样在浸入伍德合金溶5 s后爆炸、点燃和分解的温度。

（四）火焰感度测定

用火焰感度仪测定样品对火焰的敏感程度。将被测样品与黑药柱保持一段距离，用灼热的镍铬丝点燃标准黑药柱，观察黑药柱燃烧时产生的热量能否点燃样品来确定样品对火焰的敏感程度。

五、传染性废物

传染（或感染）性废物是指已知能引起人或其他生物生病，或者确有能致病的微生物或含有此种毒性的物质。未经无害化处理的垃圾和人畜粪便常会有许多微生物病原体，引发人与生物之间传播各种传染性疾病（见第六章第三节）。

习　题

1. 试述 ICP 等离子体发射光谱测定的项目及基本原理？
2. ICP 光谱仪仪器性能和测试方法有哪些？
3. 红外光谱的基本原理及主要测定的物质是什么？
4. 红外光谱样品制备技术有哪些？
5. GC－FTIR 系统的特点是什么？
6. 污染物通常在动物、植物体内的分布规律如何？怎样对生物样品预处理？
7. 简述极谱阳极溶出伏安法的机理与仪器装置？
8. 目前生物体残毒监测分析项目（有机和无机的）主要有哪些？用什么方法测定？
9. 危险废物的有害特性监测技术主要有哪些？

第五章　物理污染监测技术

人类生存的环境中各种物质都在不停地运动着，物质的运动表现为能量的交换和变化，这种物质能量的交换和变化，构成了物理环境。人类生存于它所适应的物理环境，也影响着这种物理环境。如各种机器发生的声波包围着人们，各种设备发出的电磁波包围着人们，各种能源不断释放的热、光、放射性等（如噪声、振动、电磁辐射、核污染等）也影响着人群。物理因素在环境中过量，超过了人的忍耐限度就会造成物理污染（又称能源污染），使人眩晕恶心，导致多种疾病甚至死亡。物理污染对人类的威胁日益严重，人类必须控制物理污染，开展物理污染监测。物理污染监测的内容很多，目前主要是噪声污染监测、振动污染监测、电磁污染监测和核污染监测等。

第一节　噪声污染监测技术

一、噪声污染监测机理

环境噪声污染干扰人们的正常工作、生活和休息，严重时甚至影响人们的身体健康，如心血管系统疾病、神经系统疾病、内分泌系统疾病等，噪声还可使人暂时性或永久性失聪，即所谓的噪声性耳聋。

人耳对声音的感觉和声学仪器的测量，都是对声压变化的反映。所以在实际测量中就需要一种量度这种变化的简便标度。而最好的标度是：既能反映声压的大小，又能符合人的听觉器官的识别能力。在客观实际中，人耳能察觉的最大声压与最小声压之比为 10^6 ∶1，动态范围很大；但是辨别微小变化的能力却很差。因此采用帕这个单位表示声压时，就显得很小，使用不方便，也没有这样的必要。实践证明，人耳对声音的感觉，与声压大小成对数关系。因此用对数关系的分贝标度来量度声压时，不仅解决了声压变化动态范围大的问题，而且还与人的听觉器官对声音的反应相符合。

声压的分贝标度叫做声压级，用 L_p 表示。声压级的定义可用数学式表示：

$$L_p = 20\lg \frac{P}{P_0}$$

式中，P 为待测声压；P_0 为基准声压，其值取人耳能察觉的最低声压，当声频为 1 000 Hz时其值为 2×10^{-5} Pa；声压级的单位为 dB。

二、噪声监测仪器

根据不同的测量和要求，可选择不同的噪声测量仪器对噪声的强度（主要是声压）和噪声的频率特性（即声压的各种频率组成成分）进行测量，以评价噪声对环境及人体健康造成的影响。噪声测量仪器主要有：声级计、频谱分析仪、记录仪、录音机、实时分析仪和噪声自动监测系统等。

（一）声级计

1. 仪器结构

声级计，又叫噪声计，是一种按照一定的频率计权和时间计权测量声音的声压级和声级的仪器，是声学测量中最常用的基本仪器。它是一种电子仪器，但又不同于电压表等客观电子仪表。在把声信号转换成电信号时，可以模拟人耳对声波反应速度的时间特性以及对高低频有不同灵敏度的频率特性。因此，声级计是一种主观性的电子仪器。其仪器结构见图。

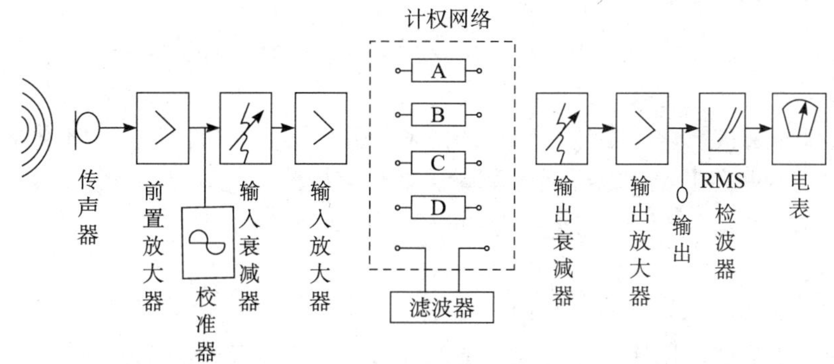

图 5-1　声级计工作方框图

声级计通常由传声器、信号处理器和显示器组成。声压由传声器膜片接收后，将声压信号转换成电信号，经前置放大器做阻抗变换后送到输入衰减器，由于声音范围变化可高达 140 dB，甚至更高，所以为防止过载，必须使用衰减器来衰减较强的信号，再由输入放大器进行定量放大。放大后的信号由计权网络进行计权（在计权网络处可外接滤波器，这样可做频谱分析），输出的信号由输出衰减器减到额定值，随即送到输出放大器放大，使信号达到相应的功率输出，输出信号经 RMS 检波后（均方根检波电路）送出有效值电压，推动电表或数字显示器，显示所测的声压级。

2. 仪器分类与选用

①按用途分为：一般声级计、积分声级计、频谱声级计、脉冲声级计等；

②按整机灵敏度分为：一类是普通声级计（2 型、3 型），另一类是精密声级计（0 型、1 型），并规定普通声级计的频率范围是20～8 000 Hz，精密声级计的频率范围为20～12 500 Hz。

③按精度分为：0 型是实验室用的标准声级计，精度为±0.4 dB；1 型相当于精密声级计，精度为±0.7 dB；2 型为普通声级计，精度为±1.0 dB；3 型为调查声级计，精度为±1.5 dB。

根据监测对象及监测目的和要求决定选用何种进行噪声测量。在测量噪声强度时，一般来说，在实验室条件下可采用精密度高的仪器，如 0 型或 1 型的声级计。进行现场测量时，可用普通精度的便携式仪器，如稳态环境噪声的测量用 2 型以上声级计；非稳态环境噪声用积分式声级计，而大面积测量非稳态环境噪声时，最好采用多台声级计和多道数据处理装置，或采用多通道磁带录音机进行现场录制，然后带回实验室处理。

由于声源特性的不同，使得声学仪器必须具备不同的功能特性。日常监测过程中常用的统计分析仪具有“快”和“慢”的时间计权（电表阻尼）特性，而在脉冲式声级计中还有“脉冲”和“保持”时间计权特性。测量时需要根据不同的测量对象及其规范要求来进行选择。测量区域环境噪声、交通噪声规定使用“快”响应特性，测量地铁电动机组司机室、客车室内部噪声使用“慢”响应特性。在没有规定时，测量比较稳定的噪声，“快”和“慢”响应特性会得到相同的测量结果；如果噪声很不稳定，使用“快”响应特性使得声级计变化幅度很大，则应当使用“慢”响应特性。若是要测量某一段时间的最大值，则应当使用“快”响应特性。对于短暂的脉冲声和冲击声，应当使用“脉冲”特性；使用“保持”特性则可以将测量结果在电表上保持一段时间，便于读数，这对于测量幅值变化大的噪声很方便。

噪声监测中要求使用精度为 2 型以上积分平均声级计或环境噪声自动监测仪，其性能应不低于 GB 3785《声级计的电、声性能及测试方法》和 GB/T 17181《积分平均声级计》对 2 型仪器的要求。在用声级计要定期校验。测量前后使用声校准器校准测量仪器的示值偏差不得大于 0.5 dB，否则测量无效。声校准器应满足 GB/T 15173 对 1 级或 2 级声校准器的要求。测量时传声器应加防风罩。

3. 使用校准

①使用电池供电的声级计，必须正确安装电池并检查电压，电压不足应予以更换：若仪器用交流电供电，应检查电源供电电压和频率是否与仪器的规定值相符。

②在电源符合要求的情况下，接通电源后，要对仪器进行校准。校准方法分为电位校准和声校准器校准。校准所用仪器应符合 GB/T 15173 对 1 级或 2 级声校准器的要求。电位校准是用内部电信号进行灵敏度校准，可参看声级计的说明书，有些仪器设有自动校准电路，开机后可自行校准。声校准器是使用标准声源进行绝对声压级标准，可产生频率为 1 000 Hz、声压级为 94 dB 或 114 dB 的标准正弦信号。由于 A、B、C、D 计权网络在 1 000 Hz 处衰减为零，所以声级校准器在使用中与计权网络无关。校准时，必须将声校准器紧密地套在传声器上，并将声级计的滤波器拔到校准器指定的相应频率范围内，然后比较声级计上的显示数值。如果两者出现差异，需将声级计上的灵敏度调节器做适当调整，使声级计上的显示数值与校准器标准值一致。

③选择时间计权特性（“快”挡或“慢”挡）：仪器上有阻尼开关能反映人耳听觉动态特性，快挡“F”表示信号输入 0.2 s 后，表头上就迅速达到其最大读数，一般用于测量起伏不大的稳定噪声。如噪声起伏超过 4 dB 可利用慢挡“S”，它表示信号输入 0.5 s 后，表头指针就达到其最大读数。有的仪器还有读取脉冲噪声的“脉冲”挡。

④选择频率计权特性：根据噪声测量的目的和要求，选择 A、B、C 等频率计权。

⑤估计待测声源声级范围，正确选择量程。

⑥正确读取数据：声级计的指示方式有两种，即电表指示和数字显示。若数据显示不稳，应读取中间值。现在使用的声级计一般具有自动加权处理数据的功能。

⑦测量完毕，对仪器再次进行校准：噪声测量中要求测量前后使用声校准器校准的示值偏差不得大于 0.5 dB，否则测量无效。

4. 维护保养

①保持仪器外部清洁；传声器不用时应干燥保存；传声器膜片应保持清洁，不得用手触摸。传声器又称话筒，是将声压转变为电压的换能元件。传声器是影响声级计性能和测量准确度的关键部位。

②仪器长期不用时，应每月通电 2 h，梅雨季节应每周通电 2 h；

③仪器使用完毕应及时将电池取出；

④测量仪器和校准仪器应定期送计量部门检定合格，并在有效使用期限内使用。

（二）噪声频谱分析仪

1. 噪声频谱分析原理

实际生活和工作中的噪声都是由许多不同频率、不同强度的纯音组合而成。在对噪声污染进行评价时，不仅要选择合适的评价量以表明噪声对人产生的影响，而且要分析噪声源的主要频率特性，为噪声控制提供依据，这就是噪声的频谱分析。

人耳不仅对声压微小变化的识别能力较差，同样对声频的微小变化也难以识别，因此，在噪声频谱分析中，为了方便，将动态范围大的连续声谱（20～20 000 Hz）划分为若干个相连的小段，每段叫做频带或频程。每一频带有上、下截止频率（f_2 和 f_1），并有代表该频带的中心频率（f_m），它们之间的关系是：

$$f_m=\sqrt{f_1 \cdot f_2}$$

频带是人为划分的，为了统一，对划分方法作了如下规定：

$$f_2=2^n \cdot f_1$$

式中，f_1——频带的最高频率；

f_2——频带的最低频率；

n——决定频带宽的倍频程数；n 可以根据需要取值。

在噪声测定与评价中，n 值一般取 1 和 1/3。

表 5-1 列出了 1 倍频程滤波器最常用的中心频率值（f_m）以及上、下截止频率。根据需要使用此十挡。

表 5-1 常用 1 倍频程滤波器的中心频率和截止频率

中心频率 f_m/Hz	上截止频率 f_2/Hz	下截止频率 f_1/Hz	中心频率 f_m/Hz	上截止频率 f_2/Hz	下截止频率 f_1/Hz
31.5	44.5	22.3	1 000	1 414	707
63	89	44.5	2 000	2 828	1 414
125	177	89	4 000	5 657	2 828
250	354	177	8 000	11 314	5 657
500	707	354	16 000	22 627	11 314

对于声源进行频谱分析，应当根据所应用的场合及所希望达到的分辨率，选择标准的倍频程带宽或 1/3 倍频程带宽进行测量。例如，对于空调通风系统引起的室内噪声评价应当采用倍频程分析；进行机场噪声监测，测量连续感觉声级应当使用 1/3 倍频程带

宽分析；对于含有明显的纯音部分或者不规则频谱的噪声，应当采用窄带分析，以便将主要的频率成分分离出来。对于非稳态噪声，需要进行详细的实时分析，则要采用FFT技术进行实时采样分析。

2. 噪声频谱仪

频谱分析仪的基本组成大致与声级计相似，但主要用于测量噪声的频率特性，当需要进行噪声的频谱分析时，仪器性能应符合GB/T 3241中对滤波器的要求。频谱分析仪设置了完整的计权网络（滤波器），一般分为十挡，如表5-1所示，可根据规定需要选用。例如用倍频程划分频带时，若将滤波器中心频率置于500 Hz的挡上，频谱分析仪上所显示的就是频率为355～710 Hz噪声的声压级，其他类推。一般情况下，进行频谱分析时，都采用倍频程划分频带。如果对噪声要进行更详细的频谱分析，就要用窄频带分析仪（1/3频程）。在没有专用的频谱分析仪时，也可以把适当的滤波器接在声级计上进行频谱测定。

在噪声监测中，可以用频谱分析仪（也可用声级计与适当的滤波器组成）进行噪声的频谱分析，使噪声信号通过一定带宽的滤波器，测定出各频带的声压级，再以声压级为纵坐标、频带的中心频率为横坐标绘图，即得出所测对象的频谱图，如图5-2所示。噪声频谱图能形象地反映出声音的频率分布和声级大小的关系。

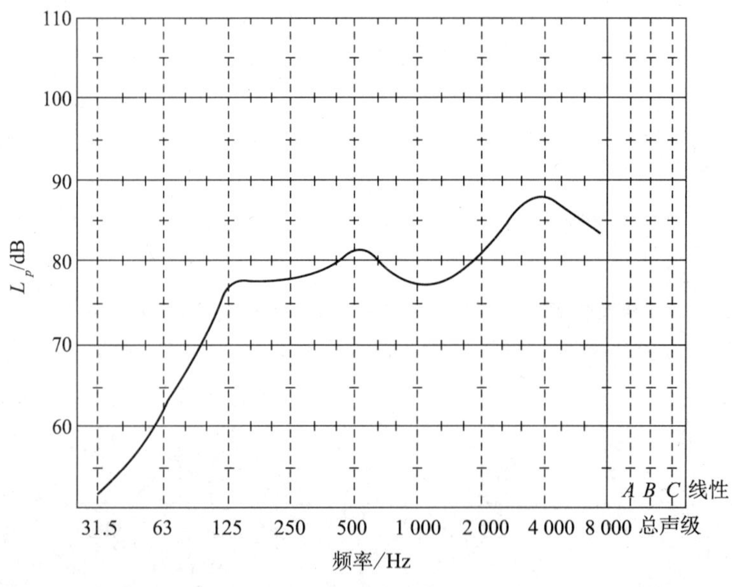

图5-2 噪声频谱图

（三）其他噪声测量仪器

1. 录音机

在进行现场噪声测量中，有时不能携带复杂的和较多的分析仪器，需要用录音机保存噪声信号，然后带回实验室进行详细的分析。供测量用的录音机不同于家用录音机，其性能要求高得多。它要求频率范围宽（一般为20～15 000）Hz，失真小（小于3%），信噪比大（35 dB以上），此外，还要求具有较好的频率响应、较宽的动态范围等。

2. 记录仪

记录仪常与声级计或频谱分析仪联合使用，可以连续测量、记录声级与频谱，并能将噪声随时间的变化情况记录下来，从而对环境噪声做出准确评价。记录仪能将交变的声谱电信号做对数转换，整流后将噪声的峰值、均方根值（有效值）和平均值表示出来，用人造宝石或墨水记录在坐标纸上。

3. 实时分析仪

实时分析仪是一种数字式谱线显示仪，它能在极短的时间内将声音的频谱线分析出来，显示在荧光屏上并储存起来，弥补了频谱仪只能分析稳态噪声信号的缺点。因此，实时分析仪通常用于较高要求的研究测量，特别是适用于测量瞬时变化的噪声信号（如脉冲信号）。

三、噪声测量技术

（一）监测点的选择

1. 城市环境噪声的测点选择

城市环境噪声的监测，大体可分为普查性监测、例行监测和交通噪声的监测。在做噪声普查时，可将全市划分为500 m×500 m的网格，测点选在每个网格的中心（在城市地图上用做网格的办法决定），网格数目一般不少于100个，也可根据实际情况决定，但不宜过少。如果城市较小，网格间距也可小一些，例如采用250 m×250 m划分网格。无论用什么距离划分网格，若网格中心受建筑物、污沟和禁区等影响而不宜测量时，可移至该点附近可进行测量的位置。

在进行长期性例行监测时，测点数目要少得多，但一般希望不少于7个。7个点的位置可按下列区域布设：繁华市区一点；典型居民区一点；交通干线两点；工厂区一点；混合区两点。

在进行城市交通噪声的监测时，在每两个交通路口之间的交通线上选择一个测点，测点设在马路边的人行道上，一般离马路边沿20 cm。这样选点的好处是该点的噪声可代表两个路口之间的该段马路上的交通噪声。

2. 工厂车间内的测点

车间内部的测点，要根据车间大小和声级波动情况选择。若车间较小且车间内各处的A声级的差别不大时（小于3 dB），只在车间内选择1～3个测点；若车间较大且车间内各处A声级的差别较大时（大于3 dB），则要按声级大小将车间划分为若干个区域，每个区域应包括工人经常活动和工作的地方，任意两个区域的A声级差应大于3 dB，每个区域内设1个测点。

3. 扰民噪声源的测点

扰民级噪声源的种类很多，但基本的是交通噪声和工业噪声，工业噪声对厂周围的影响选点时，把工厂看作一个噪声源，在一个工厂边界线外1 m的周围路线上选择若干个测点，每个测点间的噪声平均声级差幅度为5 dB。

（二）干扰因素的消除

噪声测量中常遇到多种因素的干扰，从而影响测量结果的准确性。因此，在噪声监测中应注意干扰因素的影响，并采取相应的措施。以下介绍了几种常见的干扰因素对测量的影响。

1. 反射声的影响

当测量现场附近的物体尺寸大于声波的波长时，物体就会对声波产生反射。为避免反射声对测量的影响，应使物体远离声源及传声器或在选择测点时尽可能使噪声源的直达声大于反射声 10 dB 以上，在这种情况下反射声的叠加即可忽略不计。

现在常用的便携式声级计往往将传声器直接安装在声级计上，由于声级计外形的影响，可能会给测量带来误差。声级计的体积越大、所测频率越高，影响越大。当频率在 500 Hz 以下时，可以忽略其影响。而当手持声级计位于测量人的身体和声源之间时，可能会对高于 100 Hz 的被测噪声造成 1 dB 或更大误差。

在测量时，声级计最好安装在三脚架上，若手持声级计，应尽量使声级计和人体远离传声器，人体与传声器相距 0.5 m 以上，这可以借助于延伸杆和延伸电缆。或者使得被测声波的入射方向与传声器膜片平行，即与传声器轴线相垂直来减小声级计及人体的影响。

2. 风力的影响

风本身也是一种噪声，而且风可以直接迫使传声器动作，因此室外的测量工作，最好在无风天气进行。当风速低于 5 m/s 时，也可以用防风罩罩住传声器进行测量。待测噪声的强度不高而风速高于 5 m/s 时，则不宜进行测量。

3. 颤动噪声的影响

倍频程声压级在 120 dB 以上的强噪声，可能引起测量器机壳的振动，这种振动传导给传声器会引起颤噪声。为避免颤噪声的干扰，可将测量仪器与噪声场隔离。

4. 背景噪声的影响

通常在扰民噪声监测及噪声源监测过程中，需要进行背景噪声的修正，即从测量结果中扣除背景噪声的影响。测量背景噪声时，测量环境要不受被测声源影响，且其他声环境与测量被测声源时要保持一致。测量时段与被测声源测量的时间长度相同。噪声测量值与背景噪声值相差大于 10 dB（A）时，噪声测量值不做修正。噪声测量值与背景噪声值相差在 3～10 dB（A）之间时，噪声测量值与背景噪声值的差值取整后，按表 5-2进行背景噪声修正；噪声测量值与背景噪声值相差小于 3 dB（A）时，应采取措施降低背景噪声后，再视情况按上述方法进行修正。

表 5-2 噪声监测背景值修正表

差值/dB	3	4～6	7～9
修正值/dB	−3	−2	−1

第二节 振动污染监测技术

一、振动污染机理及量度

所谓环境振动是指特定环境条件引起的所有振动，通常是由远近许多振动源产生的振动组合。常见的振动源有振动台、打桩机、油锯、凿岩机、砂轮风动工具；空气压缩机、水泵、发电机、电动机、通风机、破碎机、各种振动机械；振动筛、锻锤；燃料泵、大型载重车、机车与车辆行走等。

能使人感觉到的最小振动称为振动感觉阈。随着振动的增加使人们感到不舒适，继而引起疲劳。对于超过疲劳阈的振动不但有心理反应，而且有生理反应。表现为手麻、手僵、手发凉、疼痛、关节痛和四肢无力。此外，还有头痛、头晕、易疲劳、记忆力减退和耳鸣等神经衰弱综合症。环境振动对人类的危害主要通过两种途径：一是通过空气介质作用于人，称之为声，二是通过固体介质作用于人，称之为振动。从环境保护角度来讲，环境振动是指长时间地重复影响或危害人们日常生活和工作的那些振动，因此也属于公害。

环境振动的主要特征一是频率低，其作用范围为 1～80 Hz，人体对 20 Hz 以下的振动最为敏感；二是振动强度低，一般 10^{-3} m/s² 的微弱振动就可以被人们感知。对于环境振动，只要人们感觉到，就会造成不良影响；三是振动方向分为垂直方向（z 方向）和两个水平方向（x、y 方向），人对垂直方向的振动最敏感。

常见的环境振动有三种形式：连续振动（包括稳态振动和随机振动）、间歇振动和重复性冲击。

环境振动常属于一种无规律的随机振动。

量度振动的物理量主要有频率、强度、振动方向和暴露时间。

1. 频率：人能感觉到的振动频率范围为 1～ 1 000 Hz 左右，而 1～100 Hz 为敏感区，特别是对小于 16 Hz 的低频振动更为敏感。环境振动考虑的频率范围为 1～80 Hz，振动频谱应取 1～80 Hz 范围的 1/3 倍频程带宽的振动加速度。

2. 强度：振动强度的物理量有位移、速度和加速度等。振动对人的影响实际上是振动能量转换的结果，加速度的有效值能较好地反映这种状况，因此在环境振动中，振动强度一般以有效值加速度表示，常以 m/s^2 为单位，有时也以海平面高度的重力加速度 g 为单位（$1\ g=9.81\ m/s^2$）。

加速度还常用加速度级表示，其定义类似声压级的定义，即如果某一振动加速度有效值为 a，其加速度级则为：

$$V_{AL}=20\lg\frac{a}{a_0}$$

式中，V_{AL}——加速度级；

a——某一振动加速度有效值，m/s^2；

a_0——参考加速度值，$a_0=10^{-6}\ m/s^2$。

3. 振动方向：人对不同方向的振动感觉不一样，在研究振动时一般可以将其分解为一个垂直方向 z 和两个水平方向 x、y。如果以人体骨架为坐标，z 轴通过脊柱，x 轴垂直于脊柱贯穿人体前后，y 轴则垂直于脊柱贯穿人体左右。人对 z 向振动最敏感。

4. 暴露时间：人暴露在振动环境里的时间长短不一，对振动的反应程度也不同。不同类型的振动时间特性不同。如正弦振动、随机振动和冲击振动，它们的时间特性不同，引起的振动感觉也不一样。当振动强度变化或者发生暴露间歇或中断时，可采取有效暴露时间的概念（指超过标准的所有振动的持续时间）。如果暴露在振动中的状态有所间断，但暴露时的强度不变，有效总暴露时间可简单地认为是各段暴露时间相加之和。

振动的物理量是可以测量，但是它的尺度和人对振动响应的程度并不是 1∶1 的关系，与噪声的主观评价一样，要研究振动的评价，也就是要建立振动物理量和人的响应之间的关系，这就是振动评价量。通常用振动频谱与振动级表示。

振动频谱：人对振动的响应和振动频率有着极为密切的关系，对人最敏感的频率范围纵向振动 a_z 为 4～8 Hz，横向振动 a_x、a_y 为 2 Hz 以下。

一个振动频谱形式可能很简单，也可能很复杂。

振动级：在实际过程中，为了方便，往往希望有一个单值来表示对人产生效应的振动环境，为噪声评价中的 A 声级那样。在频谱分析困难或不方便时更需要如此，为此，可在极振器和指示器之间加一个电子计权网络，对所测得的 1～80 Hz 频率范围内的全部振动信号加以计权，这就得到经过振动感觉修正后的加速度级，也就是振动级。

二、振动监测仪器

环境振动的测量仪器称为振级计。振级计是指一种符合有关国家标准的，专门用来测量振动对人体影响的测振仪器。

振动测量系统基本与噪声测量系统相同，主要区别是将加速计及其前置放大器替代了传声器和前置放大器。振级计基本上以加速度级为其度量单位。振动加速度的读数大多以经过频率计权后的 dB 值来表示，也有用 m/s^2 来读数的。

环境振动测量设备一般由下列部分组成：传感器（拾振器）、放大器、振幅或振级指示器（记录器）。为了测量上述定义的振动级，在仪器中加进具有特定频率的计权网络，还可以外接滤波器、频谱分析器等。用于人体感受振动的测量系统方框图如图 5-3。

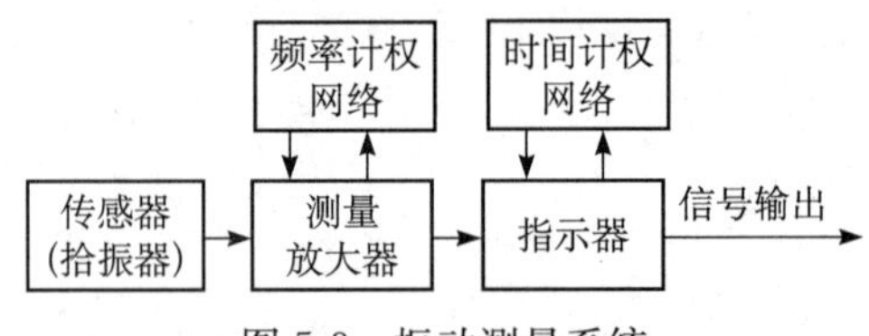

图 5-3 振动测量系统

常用的仪器有压电式加速计和公害测振仪。由于振动和声音有着密切的关系，因此，振动测量系统基本与噪声测量系统相同，不过主要区别是将加速计及其前置放大器来替代传声器和前置放大器，所以一般测量声段的声级计亦可，但是计权网不同，衰减刻度盘和表盘要调换；所需滤波器可不同。当然，更大量地被使用的仪器是一些专门测量振动的振动计。

由于测试中振源的振动类型不尽相同，有稳态、随机、冲击等振动，而仪器中配备频率计权网络和时间计权网络，则可用于不同条件下人体感受的振动测量。在环境振动测量中运用了计权网络，可以直接从仪器中读出总值。评价振动量是否超出限值，方法较为简便，在没有频率分析条件的情况下可以评价振动。常用的环境振动测量仪器有：日本 NODE3160 型“公害振动级计”；丹麦 B&K2512 型“人体振动计”；

北京测振仪器厂 GAZ—1 型“公害测振仪”；扬州无线电厂 TYE5930 型“公害振动级计”等。

表 5-3 振动测量中使用的传感器比较表

名称	测量方法	测量范围			特点
		频率/Hz	位移/μm	加速度	
机械测振仪	接触式	5～200	1～数千		性能稳定 抗干扰强
电动式速度计	同上	5～1 000	0.2～2 000		输出电压大
压电加速度计	同上	5～10 000		10^{-4}～10^{4}	自重小、测频高、灵敏度高
差动式速度计	同上	0～600	10～60 000		适合振幅大、频率低的振动
应变式传感器	同上	100～20 000			低频响应好，阻抗小
电容式测振计	非接触式	20～20 000	1～数百		灵敏度高
涡流式传感器	同上	1～10 000	0.3～3 000		
光电式传感器	同上	1～10 000			

（一）压电式加速计

环境振动的量值表示有位移、速度、加速度，普遍采用加速度值表示。因此，一般用于环境振动的是压电式加速度计。它的换能元件是一个压电晶体，受机械应变时便产生电荷，其量与加速度成正比，灵敏度与压电片上的金属块质量成正比，与压电材料的电压模量成正比。

在振动监测中最广泛选用的是压电加速计，它具有体积小、重量轻、频响宽、稳定性好和坚固等优点，目前就仪器灵敏度而言，能测的范围低至 10^{-4}g、高至 10^{5}g，其频率宽度可达 0.01～100 Hz。

仪器使用时应注意如下几点：

（1）加速计的下限频率因低到几赫兹，甚至百分之几赫兹，故后面要放大。分析仪器使用必须满足低频要求。如果测量振动频谱时，须配用低通或带通滤波器。

（2）加速度计须妥帖、牢固地安装在被测物件上，否则除了加速度计自身固有的共振峰外，又附加了稍低频率范围内的共振峰。

（3）要考虑加速度计本身质量的影响问题，例如对薄板的振动测量将会引起测量值的降低。

（4）调节声级计的下限截止频率，拨下输入级，可看到一螺槽调节开关，逆时针旋转为 10 Hz，反之为 2 Hz。

（5）应配用不同序号的衰减器刻度盘，一般声级计所附衰减器刻度盘有 10 块 20 面，前 3 块用于噪声，后 7 块用于振动。

（6）振动的绝对值的表盘刻度在声学量刻度的反面。

（7）计权网络开关置于线性，并加接低通滤波器，或用外接滤波器来进行频率分析。

(8) 避免环境中的强电磁场和温度剧变的影响。

(9) 放置在混凝土、金刚板等坚硬面上时，不得晃动，表面易滑时，使用橡皮泥黏牢；放置在如沥青面的坚硬地面时，轻轻地放稳即可；要避开草地、田地等柔软的地表面，不得已时，应先除草，并将土地充分踩实后放置。

除采用加速度计测振外，尚有将加速度计连接到输入阻抗为数千兆欧的电荷放大器输入级，就形成了振动计的一种类型。有了电荷放大器做前置放大器后，可使加速度计接以长达数百米的电缆而不致引起灵敏度有明显的损失。通过积分器使仪器可测速度和位移。当进行环境振动测量时，在条件许可下，还可以选用磁带机、频谱分析仪、实时分析仪、记录仪、滤波器等其他设备与其配合，以使测试手段要更加完善。选用磁带机，主要是在许多实际应用中并非仅仅依靠现场测试，而是通过现场用合适的磁带机记录后，供回实验室分析使用。

(二) 公害测振仪

公害振动与机器振动相比，其显著特点是振动强度小，频率低。一般人的可感振动加速度仅有 0.03 m/s^2，而感觉难受的振动加速度为 0.5 m/s^2，不能容忍的振动加速度为 5 m/s^2。人的可感振动频率最高为 1 000 Hz，对 100 Hz 以下的振动才较为敏感，而最敏感的振动频率是与人体的共振频率数值相等或相近。人体的共振频率：直立时为 4～10 Hz，俯卧时为 3～5 Hz。

根据人体对振动的感觉，要求测量公害振动的加速度灵敏度高，应对加速度小至 $10^{-3}m/s^2$ 的振动可以进行测量，并将公害用测振加速度计做成质量大、底面积大的结构，以便牢靠地压贴在地面上。其电子线路设计要求频率响应在 1～100 Hz 的范围内具有平直特性。

表 5-4 振动分析与记录设备

序号	名 称	型号	技术规格	主要用途
1	恒百分比带宽频谱分析仪		测量范围：数十至数千 kHz	1. 不稳定的噪声分析； 2. 随机振动的分析
2	1/3 或 1/2 倍频程频谱分析仪		中心频率范围：2～20 kHz	1. 声频谱分析； 2. 对结构振动频谱作粗略分析
3	恒定带宽频谱分析仪		测量范围：整个频谱段	对各种振动进行频谱分析
4	光线振子示波器		测量范围：0～5 kHz	一般的振动测量
5	笔式记录器		测量范围：0～100 Hz	地震测试，频率很低的振动测量
6	记忆示波器		测量范围：0～10^7 Hz	记录冲击、振动及各种瞬态波形

三、振动监测技术

振动的测量技术核心是如何用实地测量或模拟试验的方法来观察、研究振动系统的振动特性，如位移、速度或加速度的幅值、频率、相位、振动方式的频谱等。由于振动的位移、速度和加速度等参量，在简谐振动或多共振系统的随机振动中，它们之间存在着一定的关系。因此，原则上只要测量其中的一个量就可以计算其他两个量。最常遇到的是测量加速度、然后用积分器对加速度经一次积分求得振动速度，经两次积分求得振动位移。一般来说，测量位移用静电式换能器，测量速度用动圈式换能器，测量加速度用压电式换能器。

振动测量可以用位移、速度或加速度表示。显然位移测量比较容易，但在许多实际问题中不一定是振动的主要特性。因此位移测量用于运动的振幅是主要因素的情况中，而在声辐射的噪声控制问题中要测量速度，在机械零件损伤为主要的情况时则测量加速度最有用。

由于各种机械设备及交通运输工具所产生的环境振动对人的正常工作和生活都会产生较大的影响，我国已制定出《城市区域环境振动标准》（GB 10070—88）和《城市区域环境振动测量方法》（GB 10070－88）。在城市区域环境振动监测时，一般测量1～80 Hz范围内振源应处于正常工作状态，应避免足以影响振动监测值的其他环境因素，如温度剧变、强电磁场、强风、地震或其他非振动源污染引起的干扰。

（一）测振点的选定

测定人体受振动的情况，振动测点应该尽可能选在振动物体与人体接触的地方。在房间内测量振动，在地面中心附近几点测量然后取平均。对振动源的测量则应该在基础上及其附近测量，当测量公路两侧由于机动车辆驶过引起的振动时，测点应该选在公路边缘处。具体的点位布设方法如下：

（1）室内振动：在室内居中位置选取测点。

（2）室外振动：在受干扰的城郊居住区、机关、学校、医院等环境，在室外距建筑物外墙 1 m 处选择测点，对于建筑稠密区的测点、距外墙距离可缩短到 0.5 m。

（3）工厂厂界振动：在工厂法定边界线上布置测点，若工厂有围墙，则在围墙外 1 m处布点。

（4）铁路振动：距铁路中心线 7.5 m 处选择测点，若要掌握铁路振动传播规律和影响，则在 15 m、30 m 处增加测点。

（5）交通干线振动：应在公路便道上距公路边缘 0.5 m 处（距路口距离应大于 50 m）选择测点，若掌握公路振动传播及影响，则在距边缘 2.5 m、5m、10 m 处增加测点。

（6）建筑施工振动：应在规定的工地边界上选择测点。

（二）拾振器的安装

在振动测量中，拾振器灵敏度已经达到低至 10^{-4} g，高至 10^5 g；其频率宽度可达 0.01 Hz～100 kHz。安装使用时应注意下述几点：

（1）拾振器灵敏度主轴方向与测量方向应一致。

（2）确保拾振器平稳地安放在平坦、坚实的地面上，要避开草地、田地等柔软的地表面，不得已时，应先除草，并将土地充分踩实后放置。

（3）传感器须妥帖牢固地安装在被测物件上，否则除了传感器自身固有的共振峰外，又附加了稍低频率范围内的共振峰。如放置在混凝土、金刚板等坚硬面上时，不得晃动，表面易滑时，使用橡皮泥黏牢。

（4）要考虑传感器本身质量的影响问题，例如对薄板的振动测量将会引起测量值的降低。

（5）传感器的下限频率因低到几赫，甚至百分之几赫，故其后的信号放大器必须满足低频要求。如果测量振动频谱时，须配用低通带滤波器。

（三）测量及读数方法

因环境振动中垂直振动大于水平振动 10 dB 左右，所以测量一般只取铅垂向 z 振级，在特殊情况下考虑水平振动级。

各种振动类型的读数方法如下：

（1）稳态振动：像鼓风机、空压机正常运转时，属于稳态振动，每个测点测量一次，取 5 s 内的平均值。

（2）冲击振动：对于打桩机或自由锻造等工作引发的重复性冲击振动，先读取每次冲击过程的最大示数，再以 10 次读数的算术平均值作为评价量。

（3）无规则振动：每个测点等间隔地读取瞬时示数。采样间隔不大于 5 s，连续测量时间不少于 1 000 s，以测量数据的 VL_{z10} 值作为评价量。

（4）间歇振动（铁路振动）：原则是不分上行和下行列车，对连续通过的 20 辆列车读取该处每次通过列车的峰值振级，以 20 次读数的算术平均值作为评价量。

（四）测量数据记录和处理

要填写环境振动测量记录表，并要画出“测点分布示意图”，在图上标出测点与主要振动源的相对方位和距离、测点周围的环境条件，如公路交通干线的铁路的走向、附近的工厂及车间的分布等。

当测量对象的振动指示值和本底振动（指测量对象以外的，在该测量场所发生的振动）指示值的差不到 10 dB 时，应将测量对象的振动指示值减去相应的修正值（见表 5-5）。当指示值与本底值相差 10 dB 以上时，则认为振动对象不受本底振动的影响。

表 5-5 振动指示值的修正

本底值指示值的差/dB	3	4	5	6	7	8	9
修正值/dB	3	2	2	1	1	1	1

第三节 电磁污染监测技术

一、电磁污染机理与量度

电磁辐射（Electromagnetic Radiation），就是能量以电磁波的形式通过空间传播的现象。电磁辐射对机体的损伤主要是由于大量热能沉积引起的生理功能紊乱和病理变化等生物效应而造成的症状，如记忆力衰退、失眠、多梦、脱发、乏力、头昏、月经不调等。为了防止电磁辐射的污染，对产生电磁辐射污染的单位或部门制定管理限值，并对超过豁免水平的电磁辐射体在工作场所以及周围环境的电磁辐射水平进行监测。

环境电磁场可以分为两大类：一类为“一般电磁环境”，它是指在较大范围内，电磁辐射的背景值是由各种电磁辐射源通过各种传播途径造成的电磁辐射环境本底；另一类称为“特殊电磁环境”，它是指一些典型的辐射源在局部小范围内造成的较强的电磁辐射环境。一般电磁环境可以作为特殊电磁环境的本底辐射电平。

二、电磁辐射监测仪器

监测仪器根据测量目的分为非选频式宽带辐射测量仪和选频式辐射测量仪。

（一）非选频式宽带辐射测量仪原理

由偶极子和检波二极管组成探头，有三个正交的 2～10 cm 长的偶极子天线，端接肖特基检波二极管、RC 滤波器组成。检波后的直流电流经高阻传输线或光缆送入数据处理和显示电路。当 $D \ll h$ 时（D 偶极子直径，h 偶极子长度）偶极子互耦可忽略不计，由于偶极子相互正交，将不依赖场的极化方向。探头尺寸很小，对场的扰动也小，能分辨场的细微变化。

表 5-6 为常用的非选频式宽带辐射测量仪的有关数据，实施环境电磁辐射监测时，可根据具体需要选用仪器。

表 5-6　常用的非选频式宽带辐射测量仪

名称	频带	量程	各向同性	探头类型
微波漏能仪	0.915～12.4 GHz	0.005～30 mW/cm²	无	热偶结点阵
微波辐射测量仪	1～10 GHz	0.2～20 mW/cm²	有	肖特基二极管偶极子
电磁辐射监测仪	0.5～1 000 MHz	1～1 000 V/m	有	偶极子
全向宽带近区场强仪	0.2～1 000 MHz	1～1 000 V/m	有	偶极子
宽带电磁场强计	E：0.1～3 000 MHz H：0.5～30 MHz	E：1～20 000 V/m H：1～2 000 A/m	有	偶极子 环天线
	E：20～10^5 Hz H：50～60 Hz	E：0.5～1 000 V/m H：1～2 000 A/m		
辐射危害计	0.3～18 GHz	0.1～200 mW/cm²	有	热偶结点阵
	200 KHz～26 GHz	0.01～20 mW/cm²		
宽带全向辐射监测仪	0.3～26 GHz 10～300 MHz	8621B 探头： 0.005～20 mW/cm² 8623 探头： 0.05～100 mW/cm²	有	热偶结点阵
宽带全向辐射监测仪	10～300 MHz	8631 探头： 0.005～200 W/cm² 8633 探头： 0.05～100 mW/cm²	有	热偶结点阵
宽带全向辐射监测仪	0.3～26 GHz 10～300 MHz	8621B 探头： 0.005～20 mW/cm² 8631 探头： 0.05～100 mW/cm²	有	热偶结点阵

续表

名称	频带	量程	各向同性	探头类型
宽带全向辐射监测仪	8635、8633 10～3 000 MHz 8644 10～3 000 MHz	8633 探头： 0.05～100 mW/cm^2 8644 探头： 0.000 5～2 W/cm^2 8635 探头： 0.002 5～10 W/cm^2	有	热偶结点阵
全向宽带场强仪	E：5×10^{-4}～6 GHz H：0.3～3 000 MHz	E：0.1～30 V/m H：0.1～1 000 A^2/m^2	有	热偶结点阵

（二）选频式辐射测量仪原理

用于环境中低电平电场强度、电磁兼容、电磁干扰测量。除场强仪（或称干扰场强仪）外，可用接收天线和频谱仪或测试接收机组成的测量系统经校准后，用于环境电磁辐射测量。用于环境电磁辐射测量的仪器种类较多，凡是用于 EMC（电磁兼容）、EMI（电磁干扰）目的的测试接收机都可用于环境电磁辐射监测。专用的环境监测仪器，也可组成测量装置实施环境监测。常用的选频式辐射测量仪见表 5-7。

表 5-7　常用的选频式辐射测量仪

名称	频带	量程	备注
干扰场强测量仪	10～150 kHz	24～124 dB	交直流两用
	0.15～30 MHz	28～132 dB	
	28～500 MHz	9～110 dB	
	0.47～1 GHz	27～120 dB	
	0.5～30 MHz	10～115 dB	
场强仪	2×10^{-8}～15 GHz	1×10^{-8}～1 V	NM—67 只能用交流
EMI 测试接收仪	9 kHz～30 MHz 20 MHz～1 GHz 5 Hz～1 GHz 20 Hz～1 GHz 20 Hz～26.5 GHz	<100 V/m	交流供电 显示被测场频谱
电视场强计	1～56 频道	灵敏度：10 μV	交直流两用
电视信号场强计	40～890 MHz	20～120 dB	交直流两用
场强仪	40～860 MHz	20～120 dB	交直流两用

三、电磁污染监测技术

主要掌握好如下三方面技术。

1. 监测的环境条件选择

应符合行业标准和仪器标准中规定的使用条件。测量记录表应注明环境温度、相对湿度。

可使用各向同性响应或有方向性电场探头或磁场探头的宽带辐射测量仪。采用有方向性探头时，应在测量点调整探头方向以测出测量点最大辐射电平。

测量仪器工作频带应满足待测场要求，仪器应经计量标准定期鉴定。

2. 测量时间和位置的确定

在辐射体正常工作时间内进行测量，每个测点连续测 5 次，每次测量时间不应小于 15 s，并读取稳定状态的最大值。若测量读数起伏较大时，应适当延长测量时间。

测量位置取作业人员操作位置，距地面 0.5 m、1 m、1.7 m 三个部位。

辐射体各辅助设施（计算机房、供电室等）作业人员经常操作的位置，测量部位距地面 0.5 m、1 m、1.7 m。

辐射体附近的固定哨位、值班位置等。

3. 数据处理及分析评价

求出每个测量部位平均场强值（若有几次读数）。

根据各操作位置的测量值按国家标准《电磁辐射防护规定》（GB 8702—88）或其他部委制定的“安全限值”做出分析评价。

测量时应注意的问题：

1. 测点选择

一般电磁环境测量选择测试点时，还应考虑附近地形、地物的影响，测试点应选在比较平坦、开阔的地方，尽量避开高压线和其他导电物体、避开建筑物和高大树木的遮挡。由于一般电磁环境是指该区域内电磁辐射的背景值，因此测量点不要距离大功率的辐射源太近。

为了监测某一区域（例如一个城市的市区）中电磁辐射的水平，被测区域可能被划分为许多方格小区（一般有几十个到一百多个），所有小区都设监测点工作量太大，也是不必要的，可以采用“人口密度加权”和“辐射功率加权”的方法选择其中部分典型的、有代表性的小区设监测点。

典型辐射源测量选择测点时还应远离导电物体和交通干线，避免机动车辆放电辐射的干扰。

2. 环境条件

气候条件环境温度一般为－10～40℃，相对湿度小于 80%，室外测量应在无雨、无雪、无浓雾、风力不大于三级的情况下进行。室内测量，特别是测量工业高频炉、高频悴火、电解槽等设备的电磁辐射时，应注意环境温度不能超过测量仪器允许的范围。

在电磁辐射测量中，人体一般可以看做是导体，对电磁波具有吸收和反射作用，所以天线和测量仪器附近的人员对测量都有影响。实验表明：天线和测量仪器附近人员的移动、操作人员的姿势、与测量仪器间的距离都影响数据，在强场区可达 2～3 dB，为了使测量误差一定，保证测量数据的可比性，测量中测量人员的操作姿势和与仪器的距离（一般不应小于 50 cm）都应保持相对不变，无关人员应离开天线、馈线和测量仪器 3 m 以外。

3. 测量内容

环境电磁场的测量包括各种频率电磁辐射的电场强度、磁场强度、辐射功率密度的测量和辐射频谱分析等。

在辐射源的近区，对电压高而电流小的辐射源主要测量电场；对电流大而电压低的辐射源主要测量磁场。在远区只需测量电场强度 E、磁场强度 H 或平均辐射功率密度 SAV 中的一个量，另外两个量可由计算得出。如果辐射不是单一频率的（例如一般电磁环境和脉冲干扰场等），需要做频谱分析。

在高压条件下（例如高压输电设备等），工频场的测量主要是测量电场；在大电流条件下，主要测量磁场。

静电场测量一般是测量静电电位。

4. 测量时间

一般电磁环境的测量需要全天 24 h 连续监测，考虑到由于各种原因，辐射场可能出现随机波动，每次测量应连续进行 3～5 d，对每天的辐射高峰期，还应进行更详细的测量。

典型辐射的测量应在该辐射源正常时进行，考虑到辐射场可能出现的随机波动，每天可在上午、下午、晚上各测一次，每次间隔几分钟读取一个数据，连续测量 3～5 d。

5. 单位的换算

电场强度的单位是 V/m；磁场强度的单位是 A/m；辐射功率密度的单位是 W/cm^2 时，也常用 mW/cm^2。用不同的单位表示同一强度的辐射场，换算关系如下。

$$\frac{V/m}{120\pi}=A/m$$

$$mW/cm^2 \cdot 10=W/m^2$$

$$mW/cm^2 \cdot 1\,200\pi=(V/m)^2$$

$$\frac{mW/cm^2}{12\pi}=(A/m)^2$$

四、一般环境电磁辐射监测方法

（一）监测点位的布设方法

1. 典型辐射体环境测量布点

对典型辐射体，比如某个电视发射塔周围环境实施监测时，则以辐射体为中心，按间隔 45°的八个方位为测量线，每条测量线上选取距场源分别为 30 m、50 m、100 m 等不同距离定点测量，测量范围根据实际情况确定。

2. 一般环境测量布点

对整个城市电磁辐射测量时，根据城市测绘地图，将全区划分为 1 km×1 km 或 2 km×2 km 小方格，取方格中心为测量位置。

按上述方法在地图上布点后，应对实际测点进行考察。考虑地形地物影响，实际测点应避开高层建筑物、树木、高压线以及金属结构等，尽量选择空旷地方测试。允许对规定测点调整，测点调整最大为方格边长的 1/4，对特殊地区方格允许不进行测量。需要对高层建筑测量时，应在各层阳台或室内选点测量。

（二）监测仪器的选定

1. 非选频式辐射测量仪

具有各向同性响应或有方向性探头的宽带辐射测量仪属于非选频式辐射测量仪。用有方向性探头时，应调整探头方向以测出最大辐射电平。

2. 选频式辐射测量仪

各种专门用于 EMI 测量的场强仪、干扰测试接收机，以及用频谱仪、接收机、天线自行组成测量系统经标准场校准后可用于此目的。测量误差应小于±3 dB，频率误差应小于被测频率的 10^{-3}数量级。该测量系统经模/数转换与微机连接后，通过编制专用测量软件可组成自动测试系统，达到数据自动采集和统计。

自动测试系统中，测量仪可设置于平均值（适用于较平稳的辐射测量）或准峰值（适用于脉冲辐射测量）检波方式。每次测试时间为 8～10 min，数据采集取样率为 2 次/s，进行连续取样。

（三）监测条件的选择

测量高度：取离地面 1.7～2 m 高度。也可根据不同目的，选择测量高度。气候条件应符合行业标准和仪器标准中规定的使用条件。测量记录表应注明环境温度、相对湿度。

测量频率：取电场强度测量值＞50 dB. μV/m 的频率作为测量频率。

测量时间：基本测量时间为 5：00～9：00，11：00～14：00，18：00～23：00 城市环境电磁辐射的高峰期。若 24 h 昼夜测量，昼夜测量点不应少于 10 点。测量间隔时间为 1 h，每次测量观察时间不应小于 15 s，若指针摆动过大，应适当延长观察时间。

（四）数据处理及制图评价

如果测量仪器读出的场强瞬时值的单位为分贝（dB. μV/m），则先换算成 μV/m 为单位的场强。对于自动测量系统的实测数据，可编制数据处理软件，分别统计每次测量值中的最大值 E_{max}、最小值 E_{min} 和中值，95％和 80％时间概率的不超过场强值 $E_{95\%}$、$E_{80\%}$ 上述均值均以 dB. μV/m 表示。还应给出标准差值 δ，以 dB 表示。

绘制频率、场强、时间、场强、时间、频率、测量位、总场强值等各组对应曲线、典型辐射体环境污染图、居民环境污染图等。按国家标准《电磁辐射防护规定》（GB 8702—88）和《辐射环境监测技术规范》（HJ/T61—2001）或其他部委制定的“安全限值”做出分析评价。

第四节　核污染监测技术

一、放射性及核衰变机理

放射性是具有不稳定原子核的元素的一种特性，这种核子的自发转换和随之引起本身物理和化学性质改变的现象，称为放射性。在自然条件下，大气和水体中都会含有微量的放射性物质。当环境中的放射性水平高于天然本底值或超过规定标准，构成放射性污染，简称核污染。

通常将具有一定原子序数及质子数、处于特定能量状态的原子称为核素。原子核内的质子相同，中子数不相同。但化学性质几乎一致的一类核素称为同位素。至今已发现的元素 110 多种，而已知的同位素 2 000 多种。各种同位素的原子核分为两类：一类是能够稳定存在的稳定原子核；另一类则属于不稳定的同位素。此类核素能自发地放射出 α、β 射线（带电粒子）和 γ 射线（不带电粒子），这种现象称为“核衰变”。核衰变过程中放射出的各种射线称为核辐射。衰变后的核有的是稳定的，有的则不稳定而继续衰变，直至变成稳定同位素为止。通常将衰变前的核素称为母体，衰变后的核素称为子体。例如，$^{238}_{92}U$ 经过 14 个子体同位素的递次衰变，变成稳定同位素 $^{206}_{82}Pb$。

为了掌握从核设施释放出的气体、液体等放射性废物对人体及环境的影响，可以从暴露形态、途径及范围等几个方面开展工作。环境放射性监测方面可分为空间放射性监测和环境试样的监测，后者包括大气、陆地和海洋监测。在探查核设施对环境的影响时，环境监测工作最为重要。例如与水环境关系最为密切的氚（^3H），一般不能回收而以 HTO 的形态释放，废气和大气颗粒物中 ^3H 是环境监测和评价核设施的重点，气态 ^3H 的排放量约为液体中排放量的 1/10，能被人体直接吸入而造成危害。在进行核设施监督监测时，必须识别核查沉降以外的其他因素影响，其方法是首先与对照点位相比较，然后与该地区 3 年的平均值相比较，并通过共有的核素种类及存在比例判断核设施是否泄漏。

随着核能和核技术利用产业的快速发展，核污染事件屡有发生。1986 年前苏联切尔诺贝利核电站泄漏事件、2011 年日本“3·11”福岛核电站泄漏事件，后果严重，影响长远。1986 年前苏联的切尔诺贝利核电站发生泄漏事故以来，据测在 1998 年该区域 ^{137}Cs 对地表面污染密度仍为 370 kBq/m^2。众多国家对放射性核素监测及污染控制非常重视。为了收集人群接受天然放射性和人工放射性的暴露量数据，摸清人工污染源及事故发生地对周围环境的影响，对降水、沉降物、大气粉尘及日常食品、米、奶、鱼、肉等食品进行定期监测，主要用 γ 线谱仪进行核素分析（^{90}Sr、^{137}Cs 等）。目前放射性测定技术发展较快，以往 γ 线测定效果比 β 线测定的效果要差，大约低 10 倍，然而 Ge 单晶的研制成功使 γ 射线的测定可达到 β 线测定的效果。

二、放射性监测仪器

核污染检测仪器种类多，需根据监测目的、试样形态、射线类型、强度及能量等因素进行选择。表 5-8 列举了各种常用放射性检测器。

放射性测量仪器检测放射性的基本原理是射线与物质间相互作用所产生的各种效应，包括电离、发光、热效应、化学效应和能产生次级粒子的核反应等。最常用的检测器有三类，即电离型检测器、闪烁检测器和半导体检测器。

（一）电离型检测器

电离型检测器是利用射线通过气体介质时使气体发生电离的原理制成的探测器。应用气体电离原理的检测器有电流电离室、正比计数管和盖革计数管（GM 管）三种。电流电离室是测量由于电离作用而产生的电离电流，适用于测量强放射性；正比计数管和盖革计数管则是测量由每一入射粒子引起电离作用而产生的脉冲式电压变化，从而对入射粒子逐个计数，适于测量弱放射性。以上三种检测器之所以有不同的工作状态和不同的功能，主要是因为对它们施加的工作电压不同，从而引起电离过程不同。

表 5-8　各种常用放射性检测器

射线种类	检测器	特点
α	闪烁检测器	检测灵敏度低，探测面积大
	正比计数管	检测效率高，技术要求高
	半导体检测器	本底小，灵敏度高，探测面积小
	电流电离室	检测较大放射性活度
β	正比计数管	检测效率较高，装置体积较大
	盖革计数管	检测效率较高，装置体积较大
	闪烁检测器	检测效率较低，本底小
	半导体检测器	检测面积小，装置体积小
γ	闪烁检测器	检测效率高，能量分辨能力强
	半导体检测器	检测分辨能力强，装置体积小

1. 电流电离室

这种检测器用来研究由带电粒子所引起的总电离效应，也就是测量辐射强度及其随时间的变化。由于这种检测器对任何电离都有响应，所以不能用于甄别射线类型。

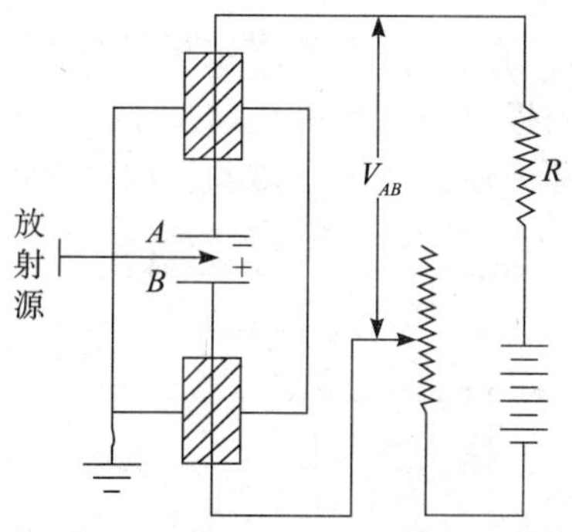

图 5-4　电离室工作原理示意图

图 5-4 是电流电离室工作原理示意图。A、B 是两块平行的金属板，加于两板间的电压为 V_{AB}（可变），室内充空气或其他气体。当有射线进入电离室时，则气体电离产生的正离子和电子在外加电场作用下，分别向异极移动，电阻（R）上即有电流通过。电流与电压的关系如图 5-5 所示。开始时，随电压增大电流不断上升，待电离产生的离子全部被收集后，相应的电流达饱和值，如进一步有限地增加电压，则电流不再增加，达饱和电流时对应的电压称为饱和电压，饱和电压范围（BC 段）称为电流电离室的工作区。

由于电离电流很微小（通常在 10^{-12}A 左右或更小），所以需要用高倍数的电流放大器放大后才能测量。

2. 正比计数管

这种检测器工作区在电压-电流关系曲线的正比区（CD 段）。在此，电离电流突破饱和值，随电压增加继续增加。这是由于初始电离产生的电子在电场的作用下，向阳极加速运动，在运动中与气体分子碰撞，使其发生次级电离，次级电子又可能再生产次级离子对，形成“电子雪崩”，使最后达到阳极的电子数大大增加。这种过程称为“气体放大”。气体放大后电离总数与初始电离数之比称为气体放大倍数。在正比区内，在一定电压下，气体放大倍数是相同的（约 100），因此，最后在阳极收集到的电子数与初

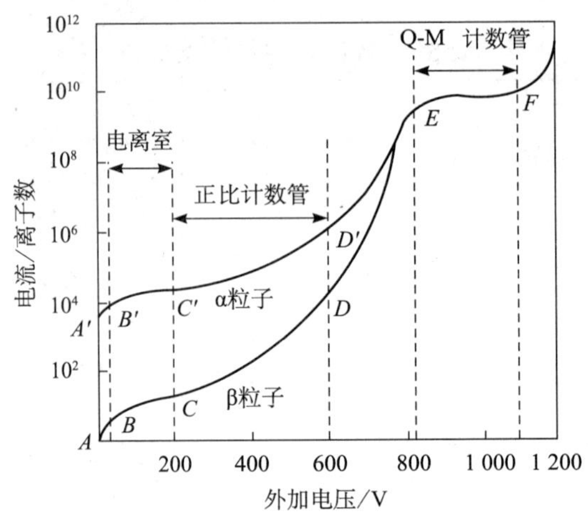

图 5-5 α、β粒子的电离作用与外加电压的关系曲线

始电离的电子数成正比。正比计数管广泛用于α粒子和β粒子的计数，性能稳定、本底响应低。

正比计数管（见图 5-6）实际上是一个圆柱形的电离室，圆柱筒的金属外壳做阴极，中央安放的金属细丝做阳极。当工作电压超过正比区的闸电压时，气体放大现象开始出现，在阳极就感应出脉冲电压，脉冲高度与入射粒子的能量成正比。

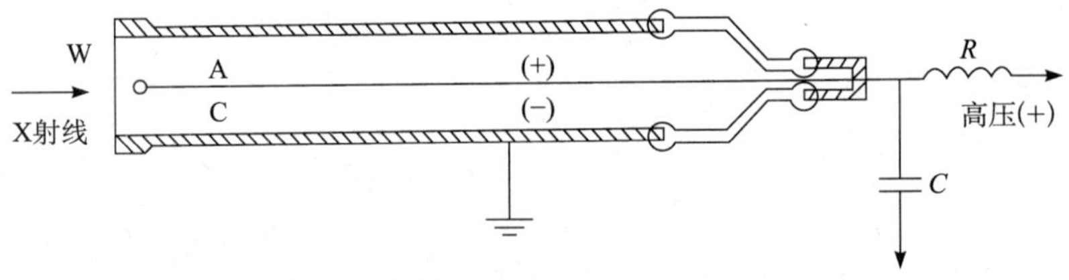

图 5-6 正比计数器示意图

3. 盖革计数管

盖革计数管是目前应用最广泛的放射性检测器，它被普遍地用于检测β射线和γ射线强度。这种计数器对进入灵敏区域的粒子有效计数率接近 100%；它的另一个特点是，对不同射线都给出大小不同的脉冲（参见图 5-5 中 GM 计数管工作区段 EF 线的形状），因此不能用于区别不同的射线。

常见的盖革计数管如图 5-7 所示。

在一密闭玻璃管中间固定一条细丝作为阳极，管内壁涂一层导电物质或另放进一金属圆筒作为阴极，管内充约 1/5 大气压的惰性气体和少量有机气体（如乙醇、二乙醚、溴等），有机气体的作用是防止计数管在一次放电后发生连续放电。

图 5-8 是用盖革计数管测量射线强度的装置示意图。为减小本底计数和达到防护目的，一般将计数管放在铅或生铁制成的屏蔽室中，其他部件装配在一个仪器外壳内，合称定标器。

（二）闪烁检测器

闪烁检测器是利用射线与物质作用发生闪光的仪器。它具有一个受带电粒子作用后

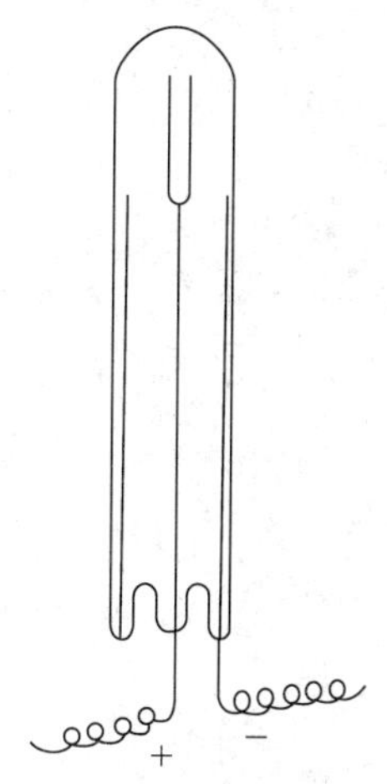

图 5-7　盖革计数管

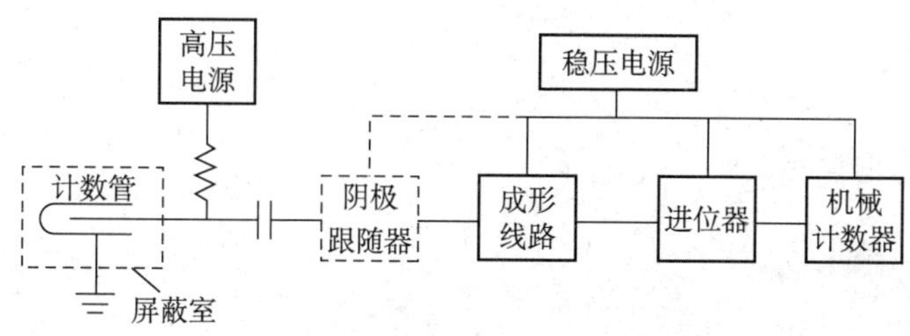

图 5-8　射线强度的测量装置示意图

其内部原子或分子被激发而发射光子的闪烁体。当射线照在闪光体上时，便发射出荧光光子，并且利用光导和反光材料等将大部分光子收集在光电倍增管的光阴极上。光子在灵敏阴极上打出光电子，经过倍增放大后在阳极上产生电压脉冲，此脉冲还是很小的，需再经电子线路放大和处理后记录下来。图 5-9 是这种检测器测量装置的工作原理。闪烁体的材料可用 ZnS、NaI、蒽、芪等无机和有机物质。探测 α 粒子时，通常用 ZnS 粉末；探测 γ 射线时，可选用密度大、能量转化率高、可做成体积较大并且透明的 NaI (Tl) 晶体。蒽、芪等的有机材料发光持续时间短，可用于高速计数和测量短寿命核素的半衰期。

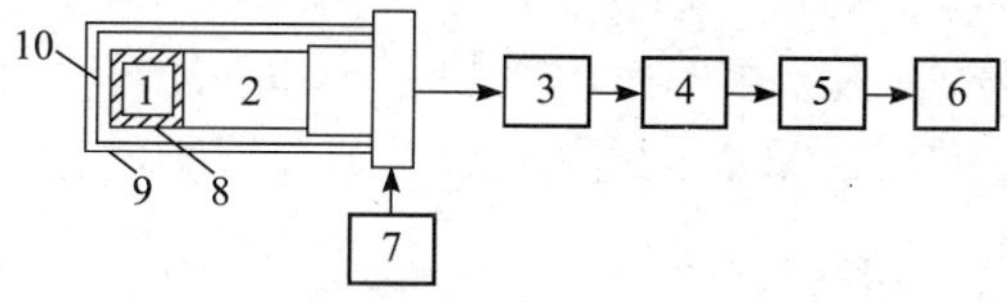

1—闪烁体；2—光电倍增管；3—前置放大器；4—主放大器；5—脉冲幅度分析器；
6—定标器；7—高压电源；8—光导材料；9—暗盒；10—反光材料

图 5-9　闪烁检测器测量装置示意图

闪烁检测器以其高灵敏度和高计数率的优点而被用于测量 α、β、γ 辐射强度。由于它对不同能量的射线具有很高的分辨率，所以可用测量能谱的方法鉴别放射性核素。这种仪器还可以测量照射量和吸收剂量。

（三）半导体检测器

半导体检测器的工作原理与电离型检测器相似，但其检测元件是固态半导体。当放射性粒子射入这种元件后，产生电子-空穴对，电子和空穴受外加电场的作用，分别向两极运动，并被电极所收，从而产生脉冲电流，再经放大后，由多道分析器或计数器记录。如图 5-10 所示。由于产生电子-空穴对的能量较低，所以该种探测器具有能量分辨率高且线性范围宽等优点。因此在放射性探测中已被广泛的应用，制成各种类型的探测谱仪。如用硅制成的探测器可用于 α 计数及 α、β 能谱测定；用锗制成的半导体探测器可用于 γ 能谱测量，而且探测效率高，分辨能力好。

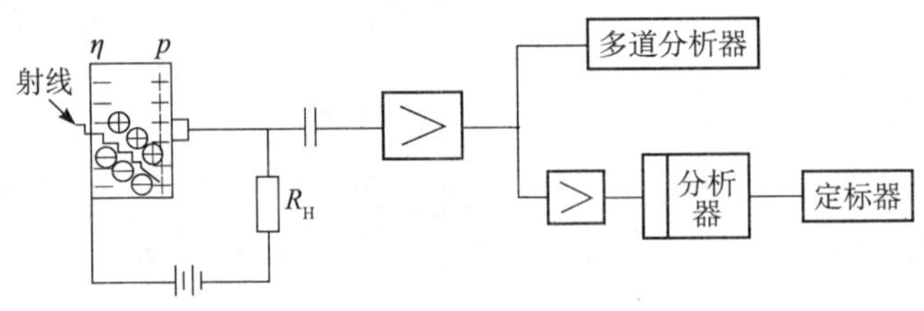

图 5-10　半导体检测器工作原理

三、核污染监测技术

（一）放射性样品的采集

放射性监测频率应依环境受污染的情况而定，常规监测可一年两次或每季度一次。若监测排放源对环境污染情况时，则可根据排放的变化情况、放射性核素的半衰期、环境介质稳定情况及统计学的要求而定。如放射性核素半衰期短，则采样频率应高，可连续采样或每日采样一次；又如对于短半衰期的放射性核素，监测频率和采样频率一般相同，而对长半衰期的放射性核素，测量频率可以减少，且可将几次采集的样品混合，进行一次性的测定。

1. 放射性气体的采集

在环境监测中采集放射性气体样品，常采用固体吸附法、液体吸收法和冷凝法。

（1）固体吸附法：应用固体颗粒做收集器。固体吸附剂的选择应首先考虑与待测组分的选择性和特效性，以使其他组分的干扰降至最少，利于分离和测量。常用吸附剂有活性炭、硅胶和分子筛等。活性炭是^{131}I的有效吸附剂，因此混有活性炭细粒的滤纸可作为^{131}I收集器；硅胶是^{3}H水蒸气的有效吸附剂，如采用沙袋硅胶包自然吸附或采用硅胶柱抽气吸附。对气态^{3}H的采集必须先用催化氧化法将气态^{3}H氧化生成氮化水蒸气后，再用上述方法采样。

（2）液体吸收法：该法是利用气体在液相中的特殊反应或气体在液相中的溶解而进行的。为除去气溶胶，可在采样管前安装气溶胶过滤器。

（3）冷凝法：可以采用冷凝器收集挥发性的放射性物质。一般冷凝器采用的冷却剂有干冰和液态氮。装有冷肼的冷凝器适于收集有机挥发性化合物和惰性气体。

2. 放射性气溶胶的采集

采集方法有过滤法、沉积法、黏着法、撞击法和向心法等。

过滤法简单，应用最广。采样设备由过滤器、过滤材料、抽气动力和流量计等组成。采样时抽气流速约为 100～200 L/min，气溶胶被阻挡在过滤布或特制微孔滤膜上。

3. 放射性水样的采集

放射性水样的布点、采样原则与水质污染监测基本相同。采样容器可选用聚乙烯瓶或玻璃瓶，为防止放射性核素在储放过程中的损失，需加入烯酸或载体、络合剂等。

（二）环境中放射性监测技术

1. 水样的总 α 放射性活度的测定

取一定体积水样，过滤除去固体物质，滤液加硫酸酸化，蒸发至干，在不超过 350℃温度下灰化。将灰化后的样品移入测量盘中并铺成均匀薄层，用闪烁检测器测量。在测量样品之前，先测量空测量盘的本底值和已知活度的标准样品。测定标准样品（标准源）的目的是确定探测器的计数效率，以计算样品源的相对放射性活度，即比放射性活度。标准源最好是欲测核素，并且二者强度相差不大。如果没有相同核素的标准源，可选用放射同一种粒子而能量相近的其他核素。测量总 α 放射性活度的标准源常选择硝酸铀酰。

2. 水样的总 β 放射性活度的测量

水样总 β 放射性活度测量步骤基本上与总 α 放射性活度测量相同，但检测器用低本底的盖革计数管，且以含 ^{40}K 的化合物做标准源。

^{40}K 标准源可用天然钾的化合物（如氯化钾或碳酸钾）制备。用 KCl 制备标准源的方法是：取经研细过筛的分析纯 KCl 试剂于 120～130℃烘干 2 h，置于干燥器内冷却。准确称取与样品源同样重量的 KCl 标准源，在测量盘中铺成中等厚度层，用计数管测定。

3. 土壤中总 α、β 放射性活度的测量

土壤中总 α、β 放射性活度的测量方法是：在采样点选定的范围内，沿直线每隔一定距离采集一份土壤样品，共采集 4～5 份。采样时用取土器或小刀取 10 cm×10 cm、深 1 cm 的表土。除去土壤中的石块、草类等杂物，在实验室内晾干或烘干，移至干净的平板上压碎，铺成 1～2 cm 厚方块，用四分法反复缩分，直到剩余 200～300 g 土样，再于 500℃灼烧，冷却后研细、过筛备用。称取适量制备好的土样放于测量盘中，铺成均匀的样品层，用相应的探测器分别测量。注意测 β 放射性的样品层应厚于测 α 放射性的样品层。

4. 大气中氡的测定

^{222}Rn 是 ^{226}Ra 的衰变产物，为一种放射性惰性气体。它与空气作用时，能使之电离，因而可用电离型探测器通过测量电离电流测定其浓度；也可用闪烁探测器记录由氡衰变时所放出的 α 粒子计算其含量。

①电离型检测器法原理：根据活性炭常温能吸附氡、高温能释放氡的特性。用活性炭常温采集、浓缩大体积空气中的氡，然后加热解析，引入电离室中静止 3 h，待氡和其子体平衡后，用经过 ^{222}Rn 标准源校准的静电计测量电离电流。当气体流速为 1～2 L/min时，活性炭的吸收率达 90%以上。

②闪烁室法原理：氡引入闪烁室后，氡及其子体发射的 α 粒子使室壁的 ZnS 产生闪烁荧光。放置 3 h 后，测量核辐射。

5. 大气中各种形态 ^{131}I 的测定

大气中的 ^{131}I 呈单质、化合物等各种化学形态和蒸气、气溶胶等不同状态，因此采

样方法各不相同，图 5-11 为一种能收集各种形态^{131}I的采样器的示意图，该采样器由粒子过滤器、元素碘吸附器、次碘酸吸附器、甲基碘吸附器和炭吸附床组成。对例行环境监测，可在低流速下连续采样一周或一周以上，然后用 γ 谱仪定量测定各种化学形态的^{131}I。

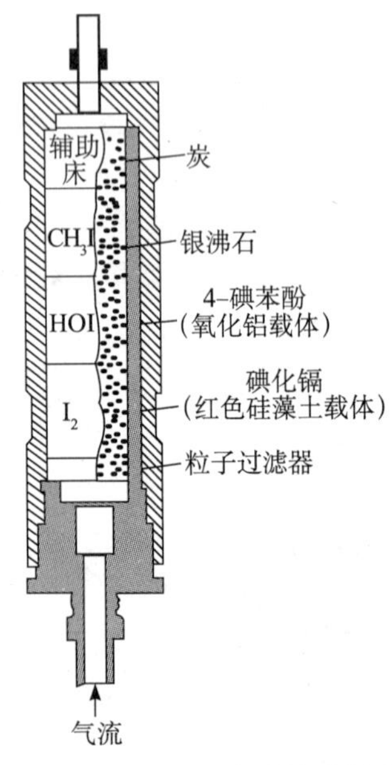

图 5-11　各种形态碘的采样器

习　题

1. 简述声级计的结构原理，基本性能及操作维护？
2. 何谓计权声级？有何作用？在噪声监测时为什么不用平均声压而采用等效声压？
3. 振动监测的主要测量仪器是什么？与声级计结构原理有何异同？
4. 环境振动监测时应注意哪些问题？
5. 简述选频式和非选频式辐射仪结构原理各有什么特点？
6. 一般环境电磁辐射监测与污染源电磁辐射监测的技术方法有何异同？
7. 简述放射性及核衰变机理及防护？
8. 主要核污染监测仪器有几类？各有何特点？

第六章　生物监测技术

生物都是直接或间接地从大气、水体和土壤中吸取营养的，当大气、水体和土壤受到污染后，生物在吸取养分的同时，也要吸收并积累一些有害的物质，从而使生物也遭到污染危害，人们吃用被污染的生物后又可间接受到危害。因此生物监测也是保护生物生存条件、维护生态平衡的手段，是环境监测技术的重要组成部分。生物监测技术是用生物评价技术和方法对环境中某一生物系统的质量和状况进行测定，它可以弥补理化监测不足，配合物理化学监测，或者成为综合的环境监测手段。生物监测最根本的特点是与被监测的生物系统密切一致。生物监测技术有如下特点：

（1）生物监测所反映的是自然的和综合的污染状况。

（2）生物可以选择性地富集某些污染物（可达 10^3～10^6 倍）。

（3）可以作为早期污染的报警器。

（4）可以监测污染效应的发展动态。

目前生物监测技术主要有以下几个方面：生物群落监测法、生物残毒监测、细菌学监测、急性毒性试验和致突变物监测技术等。生物群落监测实际上是生态学监测，即是通过野外现场调查和室内研究找出各种环境中的指示生物（特有种与敏感种）受污染所造成的群落结构特征的变化；生物残毒监测技术是生物对污染物有一定的积累能力，通过测定污染物在生物体中的富集数量来监测环境污染的程度；一般的水域在未污染的情况下细菌数量较少，当水体遭到污染后细菌数量相应的增加，细菌总数越多说明污染愈严重，因此细菌学监测也是一种很好的生物监测技术。总之生物监测的技术很多，目前常用的技术和方法介绍几种。

第一节　水体污染生物群落监测技术

水体污染的生物群落监测即为水污染生态学监测。主要是根据浮游生物在不同污染带中出现的物种频率或相对数量或通过数学计算所得出的简单指数值来作为水污染程度的指标的监测方法。该法又分为污水生物体系法、生物指数法（BI）和水生植物法三种。现分述如下。

一、污水生物体系法

根据在污染水体中生物种类的存在与否划分污水生物体系，确定不同污染程度水体中的指示生物。反之，根据水体中的指示生物的存在亦可确定水体污染程度。该方法叫做污水生物体系法，又称柯克维茨（Kolkwitz）和麦尔松（Marsson）体系法。

当一河流被污染后，在其下游相当长的流程内，水体发生一系列自净过程，一方面污染程度逐渐降低，同时出现特有的指示生物。形成几个连续污染带：多污带、α-中污带、β-中污带和寡污带等四级。

1. 多污带

多污带也称多污水域，是多污水生物生存的地带。它多处在污水、废水入口处，其水高度浑浊，多呈暗灰色，具有强烈的硫化氢臭味，并含有大量的有机物。多污带生化需氧量很高，而溶解氧趋于零，其细菌数量大、种类多，每升水中细菌数目达百万个以上，甚至达数亿个。多污带指示生物有浮游球衣细菌、贝氏硫细菌、颤蚯蚓、钟形虫等。

2. 中污带

中污带又可分为污染较严重的α-中污带和污染较轻的β-中污带。

（1）α-中污带水质呈灰色，近于多污带，水体除还原作用外，已出现氧化作用，如底泥中的硫化铁部分被氧化生成氢氧化铁。蓝藻、绿藻等已有生成，原生动物的太阳虫、吸管虫等已出现，且贝藻类等少数软体动物亦可在此生存。此带的指示生物有大颤藻、小颤藻、小球藻、臂尾水软虫等。

（2）β-中污带中氧化作用已占优势、绿色植物大量出现，溶解氧增加，硅藻、绿藻等大量出现，细菌数量显著减少，双鞭毛虫类、贝类、各种昆虫大量出现，已有鱼类。此带的指示生物有水生束丝藻、变异直链硅藻、蚤状水蚤、大型水蚤、帆口虫、巨环旋轮虫等。

3. 寡污带

寡污带又称贫污带，此带已完成自净作用，有机物已被氧化或矿化，溶解氧近饱和，生物需氧量小于 3 mg/L，浑浊度低，水细菌数量极少。

寡污带生物学特征是有大量显化植物生存，各种昆虫和鱼类种类较多。

综上所述，各带的化学和生物特征详见表 6-1。

表 6-1 污水体系各带的化学和生物特征

	多污带	α-中污带	β-中污带	寡污带
化学过程	还原作用明显开始	水及底泥中出现氧化作用	氧化作用	因氧化使矿化作用完成
溶解氧	全无	少量	较多	很高
生化需氧量	很高	高	较低	低
硫化氢的形成	有强烈硫化氢味	无硫化氢味	无	无
水中有机物	有大量高分子有机物	因高分子有机物分解产生胺酸	有很多脂肪酸胺化合物	有机物全分解
底泥	有黑色硫化铁存在，常呈黑色	硫化铁已氧化或氢氧化铁，不呈黑色	—	大部分已被氧化
水中细菌	大量存在（每毫升水中达 100 万个以上）	很多（每毫升水中达 10 万个以上）	数量减少（每毫升少于 10 万个）	少（每毫升在 100 个以下）

续表

	多污带	α-中污带	β-中污带	寡污带
栖息生物的生态学特征	所有动物无例外地皆为细菌摄食者，均能耐 pH 强烈变化，耐低溶氧的嫌气性生物，对硫化氢、氨等毒物有强烈抗性	以摄食细菌的动物占优势，其他有肉食性动物，对 pH 和溶解氧有高度适应性，对氨有一定耐性，对硫化氢有弱的耐性	对溶解氧及 pH 变化耐性差，对腐败毒物无长时间耐性	对溶解氧及 pH 的变化耐性很差，特别缺乏对腐败性毒物如硫化氢等的耐性
植物	无硅藻、绿藻、接合藻以及高等植物出现	藻类少量发生，有蓝藻、绿藻、接合藻类及硅藻出现	硅藻、绿藻、接合藻的多种种类出现，此带为鼓藻类主要分布区	水中藻类少，但着生藻类多
动物	微型动物为主，原生动物占优势	微型动物，占大多数	多种多样	多种多样
原生动物	有变形虫、纤毛虫、但无太阳虫、双鞭毛虫及吸管虫	逐渐出现太阳虫、吸管虫，但无双鞭毛虫出现	太阳虫和吸管虫中耐污性弱的种类出现，双鞭毛虫也出现	仅有少数鞭毛虫和纤毛虫
后生动物	仅有少数轮虫，蠕形动物、昆虫幼虫出现，水、淡水海绵、苔藓动物、小型甲壳类、贝类、鱼类不能生存	贝类、甲壳类、昆虫有出现，但无淡水海绵及苔藓动物。鱼类中鲤、鲫等可栖息	淡水海绵、苔藓动物、贝类、小型甲壳类、两栖动物、鱼类均有出现	除各种动物外，昆虫幼虫种类极多

注：摘引自津田松苗著，《污水生物学》，株式会社，北隆馆，1964。

二、生物指数（BI）法

污水生物体系法只是根据指示生物对水质加以定性描述。而后许多学者逐渐引进了定量的概念。他们以群落中优势种为重点，对群落结构进行研究，并根据水生生物的种类和数量设计出许多种公式，即所谓以生物指数来评价水质状况。这一方面近些年发展很快，各国已相继设计和广泛应用多种生物指数。例如，一些国家已广泛地应用生物指数来鉴定和评价水质污染状况，我国近些年来在这方面也做了不少工作并取得了经验和成绩。但是也应看到，其中大部分生物指数是根据与有机物污染的关系提出的，而毒物污染和物理污染以及各种其他诸如地理、气候、季节等因素对分析结果的影响，有时很难通过简单的指数关系加以说明，所以生物指数尚需进一步研究、完善。下面介绍几种生物指数法。

（一）培克法

培克（Beck）于1955年首先提出以生物指数来评价水体污染的程度。他按底栖大型无脊椎动物对有机污染的敏感和耐性分成两类，并规定在环境条件相近似的河段，采集一定面积（如0.1 m^2）的底栖动物，进行种类鉴定。他提出的计算式是：

$$生物指数(BI)=2n_{\mathrm{I}}+n_{\mathrm{II}}$$

其中：Ⅰ类是不耐污类；Ⅱ类是能中度耐污（但非完全缺氧）的种类；n_{I} 和 n_{II} 分

别为Ⅰ类和Ⅱ类种类数。

该生物指数数值越大，水体越清洁，水质越好。反之，生物指数值越小，则水体污染越严重。指数范围在0～40之间，指数值与水质关系为：

生物指数	＞10	1～6	0
水质状况	清洁河段	中等污染	严重污染

（二）津田松苗法

津田松苗（日）从20世纪60年代起多次对培克生物指数作了修改，他提出不限定采集面积，由4～5人在一个点上采集30 min，尽量把河段各种大型底栖动物采集完全，然后对所得生物样进行鉴定、分类，并采用与上述相同方法计算，此法在日本应用已达十几年之久。指数与水质关系为：

生物指数	＞30	29～15	14～6	5～0
水质状况	清洁河段	较清洁河段	较不清洁河段	极不清洁河段

进行采集动物样品时应注意：

（1）应避开淤泥河床，选择砾石底河段，在水深约0.5 m处采样；

（2）水表面流速在100～150 cm/s为宜；

（3）每次采样面积应一定；

（4）采样前应预先进行河系调查。

（三）多样性指数

多样性指数的特点是定量反映群落结构的种类、数量及群落中类种组成比例变化的信息。在一般情况下，自然的生物群落往往由较多个体数的少数种和具有较少个体数的多数种组成。例如，水环境受到污染，导致群落中生物种类减少，而相应耐污种类的个体数增多，从而在受污染环境中群落的多样性比正常环境内要少。

应用多样性指数虽能定量地反映群落结构，但不能反映个体生态学信息及各类生物的生理特性，也不能反映由于水中营养盐类的变化、可能引起的群落的改变等，这些均有待于进一步发展和完善。

三、水生生物法

水生植物对重金属元素具有很强的吸收积累能力，而且其吸收积累作用具有一定的区域性特点，加之植物的生长地点比较固定，样品的代表性较强。据此，可以利用水生植物对某一水域环境进行生物学评价。

藻类可对重金属浓缩、富集，这方面研究工作较多。近些年来，国内外开展了水生高等植物浓缩、富集重金属的研究工作，总结出如下一些规律：

（1）污染区植物体中重金属含量高于非污染区。

（2）河口区植物体中重金属含量高于其他区。

（3）河流、湖泊底质中重金属含量高，则植物体中的重金属含量高。

（4）不同类型水生植物对重金属的吸收积累能力为：沉水植物＞飘浮、浮叶植物＞挺水植物。

（5）重金属在水生植物体中的含量：根部大于茎、叶部位。

利用水生植物进行生物学评价时，需要首先确定评价标准。然后布点、采样，进行监测，最后经统计评价，划分水质等级。

水体污染的生物群落监测依其污染水体中的生物种类不同采用不同的样品处理和计数检验方法，现就浮游藻类、浮游动物、底栖动物三类分述如下。

（一）浮游藻类监测技术

在多数水体中，硅藻是浮游植物的重要组成部分，浮游植物叶绿素 a 常用分光光度法测定。浮游藻类的监测主要是对硅藻种类比例统计。硅藻的鉴定以壳体花纹为主要依据，一般需先去除细胞内容物，制成永久封片在油镜下分类计数。

1. 样品的前处理

一般样品要经浓缩，并经蒸馏水清洗，最后浓缩至 5 ml，然后吸取均匀混合样均匀覆盖一整片清洗过的盖片，蒸发至干。其密度以不妨碍藻体鉴定为宜。如果太稀，可再吸样覆盖，再蒸发，直至密度适度为止。蒸发时可在电热板上加微热，但注意不可沸腾。经最后一次蒸发至干，将盖片放在载片的中央（样品面朝上），在 300～500℃电热板上灼烧（载片在下）20～45 min。冷却后即可封固。

2. 封片

先置一点封片胶（Hyrax 胶）于清洗的载片上，将上述灼烧过的盖片盖上（样品面朝下），在 90℃左右加热去除溶剂，然后降低温度，在封片胶不沸腾时，用两根火柴棒同时向两边轻轻压挤盖片，让多余的胶溢出四周，使封注尽可能的薄。冷却后，用单面刀片刮去溢出的胶（刮下的胶不可再度封注），即可进行镜检。

3. 计数及计算

硅藻的分类计数在 10×10 倍(至少在 900×)油镜下进行。通常用测微尺按长条计数法分类计数至少 250 个硅藻，用划“正”的方法记录每种的个体数 n_1。n_1 除以计数的硅藻总个体数 Σn_1，再乘 100%，即得每种硅藻的百分比。原水样每毫升中任何一种硅藻的个体数等于原水样每毫升中硅藻总数(活细胞数加空壳数)乘以该种硅藻百分比。

（二）浮游动物监测技术

1. 活体观察与记录

原生动物和轮虫的分类应进行活体观察（在现场或回实验室）并应作好记录。进行活体观察时，可在盖片沿边滴一小滴 1%硫酸镉，仅以麻醉为度，并随即将多余的硫酸镉用滤纸吸掉。

留用活体观察的水样，不能太浓，并且只应充满容器的一半，不能接触固定剂及其他化学药品，在 2～3 h 内镜检。

2. 样品的浓缩

一般采用沉淀-倾泻法。即将已固定的原水样静置 48 h，让样品自然沉淀，然后用虹吸法小心吸取上清液。

3. 镜检计数及计算

浮游动物的计数采用 1 ml 计数框，其实际长度和深度以及每两相邻刻度之间的实际距离，也应事先测量准确。注液前，将盖片斜盖在计数框上，将样品按左右平移的方式充分摇匀，立即用 1 ml 吸管吸取 1 ml 样品，徐徐注入计数框内。计数方法同浮游植物，结果为每毫升原水样中含原生动物个数。亦可用浓缩样单独计数，方法同浮游植物。

轮虫和桡足类无节幼体的计数：常将原水样浓缩至 30 ml，用 1 ml 计数框。在

10×10倍镜下计数10长条。

成熟甲壳动物的计数：将浓缩样调整到8 ml（或5 ml），全部注入8 ml（或5 ml）计数框，在20～40倍解剖镜下，计数整个计数框内的个体。如果个体较多，亦可将30 ml浓缩样分批按此法计数，再将各次计数相加，得30 ml个体数。每升内某计数类群浮游动物个体数N_i，可按下式计算：

$$N_i=\frac{C\times V_1}{V_2\times V_3}$$

式中，C——计数所得个体数；

V_1——浓缩样体积（mL）；

V_2——计数体积（mL）；

V_3——采样量体积（L）。

原采样中每升内浮游动物总数等于各类群个体数之和。

（三）底栖动物监测技术

1. 监测的原则和方法

底栖动物种类繁多，在实际应用中多指大型底栖无脊椎动物。当见到软体动物和水栖寡毛类可以鉴别到种，颤蚓类需要观察成熟的生殖器官，故需要制片在显微镜下观察，由低倍到高倍，一般用甘油做透明剂，鉴定完毕即可将标本放回原瓶，以便计数。如需保存制片，或定种没有确切把握，可以保留制片，并将制片封好保存。

水生昆虫除摇蚊科幼虫外，皆可在解剖镜下鉴定到属，在低倍镜下确定目、科；在高倍镜下对照资料鉴定到属，摇蚊科幼虫主要依据口器的结构差异来定属、种，并需制片，用甘油透明观察，保存的制片需加拿大胶或Puris胶封片，可保存1～3年。

2. 计数和结果表达

将每个采样站的底栖动物种类及其数量（个体数）进行准确、系统的统计。用采泥器取样，推算出每平方米数量，包括每种的数量和总量。如可能以湿重法用扭力天平或普通天平称出每种的重量、每个个体的重量和平均重量，人工基质则以其质器的数目相同的情况下，进行种类和数量的比较。将每个采样站的底栖动物种类（先列水生昆虫，再列软体动物、水栖寡毛类及其他）统计数量填入表中。

第二节　空气污染植物监测技术

空气是生物赖以生存的条件，当空气受到污染时，某些植物就会有不同程度的反应。利用植物对空气污染的异常反应可以监测空气污染的种类和含量，这就是空气污染植物监测。

一、指示植物法

（一）抗性植物

植物受空气污染物的伤害一般分为两类：受高浓度污染物的侵袭时，短期内即在叶片上出现坏死伤斑，称为急性伤害；长期与低浓度污染物接触时，因长期受阻、发育不良，出现失绿早衰的现象称为慢性伤害。植物受害程度不仅与污染物的浓度和种类有关，而且与作用时间有关，三者又有一定的联系。在有害气体的浓度相同，作用时间也相同的条件下，不同的植物抗伤害性不同。通常将植物的抗性分为三种。

1. 抗性强的植物

这种植物在污染较重的环境中能长期生长，或在一个生长季节内受一、二次浓度较高的有害气体的急性危害后，仍能恢复生长。叶片基本上能达到经常全绿或虽出现较重的落叶、落花、芽枯死等现象，但生长能力很强，在短时间内，能再度萌发新芽、新叶，继续生长发育。

2. 抗性中等的植物

这类植物在污染较重的环境中能生活一定时间，在一个生长季节内经一、二次较高浓度的有害气体的急性危害后，出现较重的受害症状，叶片上往往伤斑较多，叶形变小，并有落叶现象，树冠发育较差，经常发生枯梢。

3. 敏感性植物

这种植物在污染较重的环境中很难生活。木本植物常常在栽植 1～2 年内枯萎死亡，幸存者长势衰弱，最多只能维持 2～3 年，其叶片变形、伤斑严重，在生长季节内，经受一次浓度较高的有害气体的急性危害后，大量落叶、落花、芽枯死，很难恢复生长。整个植株在短期内枯萎死亡。因此该类植物可作为指示植物和报警器。

植物受害的最低浓度称为临界浓度或极限浓度。植物从接受临界浓度以上的有害气体时起直到出现有受害症状时为止，这段时间称为临界时间。一般情况下污染物的浓度越高，植物受害的临界时间越短；浓度越低，临界时间越长；植物种类不同，各种污染物的症状虽然随植物而异，但一般是：阔叶植物表现为叶边缘干枯，呈显赤色；针叶松的叶尖端呈褐色；水稻的叶变为灰绿色；蔬菜的叶面出现白色伤斑或浅黄色斑点。

（二）氟化物污染的指示植物

空气中氟化物都是水溶性的，氟化物被植物叶片吸收后，会向叶子的边缘和尖端扩散，并能逐渐积累。当氟的积累量超过一定限度的量时，就使叶子遭受伤害，被伤害组织和正常组织之间的区带呈现明显的褐色特征。在一般情况下，叶尖和叶边缘（尤其是前叶边缘）最先受害，变成灰白色或褐色。在叶脉间也形成类似二氧化硫伤害所出现的斑点。

作为氟化物污染的指示植物有唐菖蒲、郁金香、葡萄、雪松等，它们对氟化物都很敏感。例如在 5 mg/L 氟化氢的浓度下，7～9 d 就会使葡萄受害。轻者脱色，重者坏死。由于唐菖蒲受氟化氢危害的临界浓度很低，因此在氟化物污染的指示植物中，唐菖蒲是更受重视的。

（三）氮氧化物和氧化剂的指示植物

氮氧化物的指示植物有烟草、菠菜、豆类和番茄等。在一般情况下，浓度为 3 mg/L的 NO_2 经过 4～8 h 后，就能使某些农作物或植物受害，其中烟草和菠菜最为敏感。25 mg/L的 NO_2 在 7 h 内，可使豆类和番茄的叶子变白，进而枯萎死亡。一般人的嗅觉能够察觉的浓度大约是烟草枯死浓度的 3 倍。

包括臭氧、过氧乙酰硝酸酯在内的光化学烟雾对植物的危害更大，植物吸收光化烟雾后，叶表面特别是下部叶表面显银白色或青铜色，并呈半透明状。对光化烟雾敏感的植物有烟草、菠菜、大麦、燕麦、甜菜、牵牛花、番茄、秋海棠、蔷薇等。

除此还需知道引起指示植物受害的污染气体的最低浓度及曝气时间，即受伤阈（受伤阈或受害阈是使植物叶片出现5%伤害症状时的污染浓度及曝气时间）了解污染物浓度和植物接触时间与植物伤害作用之间的相互关系也是很必要的。有了受害症状及受伤阈值，就可以通过指示植物的反应来估测空气污染的水平。

二、植物群落监测技术

在一定地段的自然环境条件下，由一定的植物种类结合在一起，成为一个有规律的组合，每一个这样的组合单位叫做一个植物群落，群落中的植物与植物间、植物与环境间彼此依存、互相制约，存在着复杂的相互关系。环境条件的变化会直接地影响植物群落的变化。

在空气污染的情况下，由于植物群落中各种植物对污染物质敏感性的差异，其反应有着明显的不同。因此，分析植物群落中各种植物的反应，利用植物及其群落光合速率和呼吸速率的测定，可以估测该地区的空气污染程度。

（一）测定仪器及原理

光合作用是绿色植物在光照条件下吸收光能、同化 CO_2、合成有机物质并放出 O_2 的过程。与此相反，呼吸作用是植物分解某些有机物质、释放 CO_2、水分和能量的过程。两者均使空气中的 CO_2 浓度发生变化。植物的光合作用可用下式精确表示，即：

$$6CO_2+6H_2O\longrightarrow C_6H_{12}O_6+6O_2$$

植物的呼吸作用可以用反方向的式子近似表示。植物的呼吸作用包括光呼吸和暗呼吸两个部分，在植物不进行光合作用时，测得的 CO_2 浓度是暗呼吸速率。在植物进行光合作用时测得的光合作用是总光合作用和呼吸（暗呼吸和光呼吸）作用之差，即净光合速率。植物光合速率和植物的呼吸速率现在常用红外线气体分析仪或光合作用测定仪测定。

1. CO_2 定量系统

（1）红外线 CO_2 分析仪：红外线气体分析仪的设计原理是由异原子组成的双原子气体分子（如 CO_2）具有固定的振动频率。在与其频率相同的外场作用下，即发生共振，并吸收外场的能量。不同的异原子气体分子对光谱的吸收峰不同。CO_2 的主要吸收峰为426 nm。当红外线穿过含有 CO_2 的气体后，由于 CO_2 的吸收，能量就损失掉一部分。在气压和温度恒定的情况下，损失的能量与气体层的厚度和 CO_2 密度成正相关。当仪器的气室长度确定后，损失的能量便取决于 CO_2 的密度。因此，通过检测能量的损失量，便能够测定出 CO_2 的变化量。测定时把一片叶子或植株的某些部分置于一个透明小室（容器）内，同时测定进、出容器的 CO_2 浓度及通气量，从而求出被测植物材料的光合速率或呼吸速率。

红外线气体测定法分为开路法和闭路法。所谓闭路法，在气路中注入带有已知 CO_2 量的空气后封闭气路，使 CO_2 气体在叶室和仪器之间循环流动，观察 CO_2 的变化，根据 CO_2 的变化量和测定时间来计算光合作用速率；所谓开路法，假设空气中 CO_2 在每次测定的短时间内保持不变，而仅需测定叶室或同化箱出气口的 CO_2 浓度即可，利用进气和出气口 CO_2 浓度差来计算光合作用速率。

红外线 CO_2 测定仪有台式和便携式两类，台式仪器可有多个通道，可以"同时"测定几个位点的光合或/和呼吸速率，缺点是仪器通常只能固定在一个地点、不便移动；便携式通常只有一个通道，因此只能测定一个位点的光合和/或呼吸速率，无法比较不同位点的光合和/或呼吸速率，优点是携带方便、耗电量少，较适合于野外使用。

目前，光合作用测定仪主要有美国的 LI-Cor 系列（如 LI-6 000，LI-6 200，LI-6 400），CID 系列（如 CI-301，CI-500）和英国的 ADC 系统（如 LCA-4）等。

（2）除湿装置：干燥塔。

（3）除尘过滤器：陶瓷过滤器、过滤嘴。

（4）零气装置：零气指不含 CO_2 的气体，通常用纯氮气钢瓶或碱石灰或碱石棉管做零气装置。

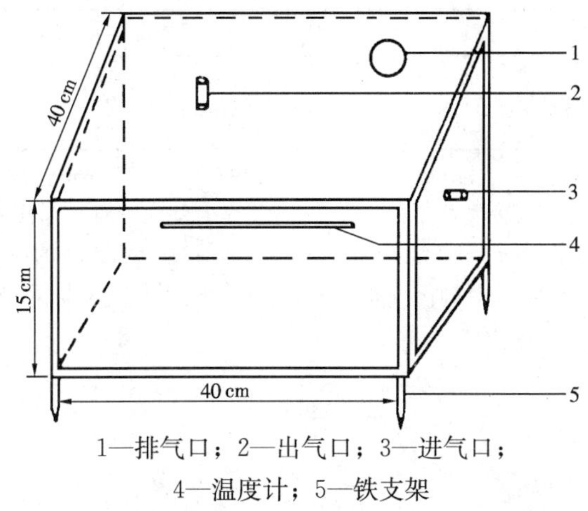

1—排气口；2—出气口；3—进气口；4—温度计；5—铁支架

图 6-1 同化箱（支架及塑料罩）示意图

注：进、出气口的位置有多种格局，以气流均匀流经同化箱、既不穿堂而过、又不形成涡流为原则。因此，在设计时应慎重对待。

2. 同化箱系统

（1）同化箱：由活动支架和透明薄膜套组成（见图 6-1），其大小尺寸按被测定植物而有相应的变化。

（2）空气调节器。

3. 气路系统

（1）各种规格的塑料管道（以无色透明或白色为宜）。

（2）流量测定装置：电风速仪、转子流量计。

（3）气体动力设备：气泵、鼓风机。

4. 附属设备

（1）光合测定车。

（2）电源装置，发电机组。

（3）测定生态因子的仪器：辐射仪（或光量子仪），温度计，湿度计，土壤水分测定仪。

（4）叶面积仪。

（5）精密天平（感量：1/1 000 g）。

（二）草地和农田群落的测定

该法可直接用于低矮植物群落，如草地、农田群落等的测定，也可用于测定森林乔木冠层。植物群落的光合速率和呼吸速率可分别用单位时间单位群落（地）面积内所有植物的光合速率和呼吸速率来表示，单位为 $\mu mol/(m^2 \cdot s)$。对多种组成的植物群落视需要分别先对各个种测定。测定必须设重复，在多个时间段测定。

为排除土壤呼吸对测定结果的干扰，可在同化箱覆盖的地面裸地上铺上塑料布，以尽量减少土壤呼吸过程中释放的 CO_2，或者，测定土壤呼吸。

预先进行样地的描述：将样地的基本特征［包括群落（作物）名称、耕作方式、株行距、生长阶段等］做一比较详细的记录。

1. 测定

测定前，对红外线气体分析仪进行预热、标定，并记录标定时的气压和温度。同时安装测定系统，将选定样地的植株罩于相应大小的同化箱内。

测定时，首先调整零点。接通测定系统，并根据测定需要调节同化箱内的有关环境因子。待仪器读数稳定后，记录 CO_2 浓度数值和相应的同化箱内的气体流量和温度、湿度，以及空气温度、湿度、CO_2 浓度和光照强度。每次测定需首先将环境因子（包括光照强度、日照时间、温度、湿度、风速与风向等）都记录在预制的表格中。在每次测定前需首先测定空气中的 CO_2 浓度（C_1）。每隔 1 h 或 2 h 测定一个循环。将结果记录在表 6-2 中。最后记录被测样品的叶面积、鲜重和干重，记录同化箱所罩的地面积。

表 6-2　光合和呼吸作用测定记录表（供选用）

地理位置：________　群落类型：________　样地号：________　测定日期：________

昼/夜	时间	t	A_1	A_2	p_1	F	C_1	C_2	P_n	R_d	R_1	备注

注：测定时间是指从几点到几点；t 为测定时的环境温度（℃）；A_1 为同化箱中叶面积；A_2 为同化箱覆盖地表的面积（m^2）；p_1 为测定时刻的气压（hPa）；F 为进气量（m^3/h）；C_1 为测定时空气中的 CO_2 浓度（mg/kg）；C_2 为叶室或同化箱出气口的 CO_2 浓度（mg/kg）；P_n 为光合速率，单位时间单位面积上的 CO_2 吸收量[μmol/(m^2·s)]；R_d 为暗呼吸速率，单位时间单位面积上的 CO_2 释放量[μmol/(m^2·s)]；R_1 为光呼吸速率，单位时间单位面积上的 CO_2 释放量[μmol/(m^2·s)]。

2. 结果计算

（1）作物群落净光合速率的计算

① 某一时间段某一样本的净光合速率计算

由于土壤呼吸放出 CO_2 使同化箱内的 CO_2 浓度差减小，所以需要加上土壤呼吸才是群体真实的净光合速率。其计算公式如下：

$$P_n=\frac{(\Delta C\times F+\Delta C'\times F')\times\rho}{A}$$

式中，P_n——净光合速率，单位时间单位面积上的 CO_2 吸收量[μmol/(m^2·s)]；

$\Delta C'$——测定土壤呼吸时样气的 CO_2 摩尔分数，$\Delta C'=C_1-C_2$，(μmol/mol)；

F'——空气流量（m^3/s）；

ρ——CO_2 密度系数（mol/L）；

ΔC——CO_2 同化量摩尔分数，$\Delta C'=C_1-C_2$，(μmol/mol)；

F——同化室（箱）空气流量（m^3/s）；

A——被测定植物叶面积（m^2），或同化箱所覆盖的地表面积（m^2）。

② 群落净光合速率的计算

$$P_n=\frac{1}{n\times m}\times\sum_{i=1}^{n}\sum_{j=1}^{m}P_{n_{ij}}$$

式中，P_n——群落净光合（或呼吸）速率，单位时间单位面积上的 CO_2 吸收量[μmol/(m^2·s)]；

$P_{n_{ij}}$——第 i 样本第 j 时间段的净光合速率，单位时间单位面积上的 CO_2 吸收量

[μmol/(m^2 · s)];

n——样本数；

m——时间段数。

结果应给出平均值、标准差和样本数。

(2) 群落呼吸速率的计算

①各时间段呼吸速率计算

同某一时段计算公式，但式中的 ΔC 为随时间的 CO_2 增量。计算植物群落的暗呼吸速率时，应把某时间段某样品净光合速率计算式中的加号改为减号。

$$R=\frac{(\Delta C\times F-\Delta C'\times F')\times\rho}{A}$$

式中，R——第 i 样本第 j 时间段的呼吸速率，单位时间单位面积上的 CO_2 释放量[μmol/(m^2 · s)];

$\Delta C'$——测定土壤呼吸时样气的 CO_2 摩尔分数，$\Delta C'=C_1-C_2$，(μmol/mol)；

F'——空气流量 (m^3/s)；

ρ——CO_2 密度系数 (mol/L)；

ΔC——CO_2 增量摩尔分数，$\Delta C=C_2-C_1$，(μmol/mol)；

F——同化室（箱）空气流量 (m^3/s)；

A——被测定植物叶面积 (m^2)，或同化箱所覆盖的地表面积 (m^2)。

②群落呼吸速率的计算

$$R=\frac{1}{n\times m}\times\sum_{i=1}^{n}\sum_{j=1}^{m}R_{ij}$$

式中，R——群落呼吸速率，单位时间单位面积上的 CO_2 释放量[mg/(dm^2 · h)]；

R_{ij}——第 i 样本第 j 时间段的呼吸速率，单位时间单位面积上的 CO_2 释放量[mg/(dm^2 · h)]；

n——样本数；

m——时间段数。

结果应给出平均值、标准差和样本数。

（三）森林群落的测定

由于森林的体积非常庞大，人们几乎不可能用红外线气体分析仪与同化箱联用法直接测定森林群落的光合速率和呼吸速率。森林群落的光合速率常通过分别测定其乔木层、灌木层和草本层的光合速率后求和而得到。相应地，它的呼吸速率是通过分别测定其乔木层、灌木层和草本层的呼吸速率后求得。

森林群落内是一个异质性较大的空间，表现为林内光强、光质、温度、湿度、风速、风向等环境因子的梯度变化。而且这种梯度特征不仅有日变化，也有季节变化。这些环境因子的不同将直接影响植物光合作用和呼吸作用的强弱。除了环境因子的异质性外，光合和呼吸主要器官的叶片也有叶龄差异。为此，测定的点应尽可能分布在林内不同的高度和树干的不同方向上，并且照顾到不同叶龄的叶片。并先做好如下工作：

(1) 样点的选择：在待测森林群落的每一样地内的每个种类选择健壮正常立木若干。每株至少选五个样本（即不同高度、主杆的不同方向、不同发育阶段），每个样点可以用一片叶（阔叶树）或一个枝（如针叶树等）来代表。

（2）样地的描述：将样地的基本特征（包括森林的名称、种类成分、生长阶段等）作一比较详细的记录。

（3）测定时刻环境因子描述：每次测定需首先将环境因子（包括光照强度、日照时间、温度、湿度、风速与风向等）都记录在预制的表格中。

1. 森林群落的净光合速率的测定

（1）将选定样点的样枝或样叶置于同化室（箱）内，用便携式或台式、单或多通道红外 CO_2 测定仪测定各个样本同化箱出气口的 CO_2 浓度（C_2），如是单通道测定仪，则每次测定需在各个样点循环一次，每次测定时间不超过 2 min（假定在这 2 min 里，周围空气浓度并不发生变化）。在每次测定前需首先测定空气中的 CO_2 浓度（C_1）。

尽量使用多通道的台式机。如使用单通道的红外 CO_2 测定仪，由于在一个位点的测定时间比较长，通常至少需要几分钟，在各个位点之间完成一次测定周期通常需要几十分钟。因而很有可能在一次测定周期中，环境因子已经发生了很大的变化，尤其是光照，常常是瞬息万变的，这是红外气体分析法测定中产生误差的一个直接原因。减少误差的办法只能是加大工作量。而多通道的红外气体分析仪可以在通道足够多、测定时间足够短的情况下可部分或全部消除这一误差。

（2）乔木层叶面积求算：森林群落光合和呼吸速率测定的关键是如何将乔木层叶片水平测得的结果合理地外推至群落水平。通常用乔木层的叶面积指数连接两者。测定森林群落的叶面积指数的通常做法是选择样枝，通过叶面积和重量的相关性测定样枝的叶面积，从而估算整株和整个乔木层的叶面积指数。林中不同树种的植物通常要分别测定。

（3）乔木层的净光合速率的计算公式如下：

$$P_{\mathrm{nt}} = LAI \times \frac{1}{n \times m} \times \sum_{i=1}^{n} \sum_{j=1}^{m} (P_{\mathrm{n}_{ij}})$$

式中，P_{nt}——乔木层净光合速率，单位时间单位面积上的 CO_2 吸收量 [μmol/（m^2 · s)]；

$P_{\mathrm{n}ij}$——白天第 i 样本第 j 个时间段的净光合速率，单位时间单位面积上的 CO_2 吸收量，[μmol/（m^2 · s]；

LAI——乔木层叶面积指数；

n——样本数；

m——时间段数。

（4）森林群落净光合速率的计算

$$P_{\mathrm{f}} = P_{\mathrm{nt}} + P_{\mathrm{nu}}$$

式中，P_{f}——森林群落净光合速率，单位时间单位面积上的 CO_2 吸收量 [μmol/（m^2 · s)]；

P_{nt}——乔木层净光合速率，单位时间单位面积上的 CO_2 吸收量 [μmol/（m^2 · s)]；

P_{nu}——灌草层净光合速率，单位时间单位面积上的 CO_2 吸收量 [μmol/（m^2 · s)]。

结果应给出平均值、标准差和样本数。

2. 森林群落呼吸速率的测定

（1）灌草本层呼吸速率的测定：同草地和农田群落呼吸速率的测定。

（2）乔木层呼吸速率的测定：白天在每次每样本光合速率测定完后，需立即测定一次呼吸作用。白天呼吸速率的测定是在同化箱外罩一块黑红布，目的是使测试样品脱离光源，而在晚上则无需布罩。同样，在每次测定前，都需要测定空气中的 CO_2（C_1），然后再测定同化箱出气口的 CO_2 浓度（C_2）（测定时间也不超过 2 min）。测定光呼吸速率可用氮气代替空气通入，也可以将通入的空气在进入叶室前，首先经过碱石灰或 NaOH，再测定出气口的 CO_2 浓度。

$$R_t = LAI \times \frac{1}{n \times m} \times \sum_{i=1}^{n} \sum_{j=1}^{m} (R_{ij})$$

式中，R_t——乔木层呼吸速率，即单位时间单位面积上的 CO_2 释放量［μmol/（m^2·s)］；

LAI——乔木层叶面积指数；

R_{ij}——乔木层第 i 样本第 j 时间段的呼吸速率，单位时间单位面积上的 CO_2 释放量［μmol/（m^2·s)］；

LAI——群落叶面积指数；

n——样本数；

m——时间段数。

结果应给出平均值、标准差和样本数。

（3）群落呼吸速率的计算

利用各个时间段内的呼吸速率 R_j，可以计算群落的平均呼吸速率（R）：

$$R = R_t + R_u$$

式中，R——呼吸速率，单位时间单位面积上的 CO_2 释放量［μmol/（m^2·s)］；

R_t——乔木层的呼吸速率，单位时间单位面积上的 CO_2 释放量［μmol/（m^2·s)］；

R_u——灌草层的呼吸速率，单位时间单位面积上的 CO_2 释放量［μmol/（m^2·s)］。

结果应给出平均值、标准差和样本数。

第三节　细菌检验监测技术

天然水域被污染后，除了其中所含的某些化学物质直接或间接对人和其他生物产生不良影响外，污水中的有机物质在一定条件下，如水温和溶解氧的变化等，也影响着水中各种微生物的变化，从而给人和其他生物带来危害。因此水的细菌学检验是很重要的。细菌总数法是细菌学检验法的一种主要方法。它是指 1 ml 水样在营养琼脂培养基上，于 37℃经 24 h 培养后所生长的细菌菌落的总数。细菌总数主要是用来反映水源被有机物污染程度的标志，以便为生活饮用水进行卫生评价提供依据。

一般水域在未污染的情况下细菌数量较少，如果发现细菌总数增多，即表示水域可能受到有机物的污染。细菌总数越多说明污染愈严重，因此细菌总数是检验一般水域污染的标志（见表 6-3）。

表 6-3 河流污染程度与细菌总数对照表

污染程度	重污染河段	中污染河段	轻污染河段	未污染河段
细菌总数	100 万个/ml 以上	10 万～100 万个/ml	1 万～10 万个/ml	1 万个/ml 以下

河流的上游一般比较洁净，其中的细菌主要来自土壤，植被降解后所产生的腐殖酸可以降低水的 pH，因而导致细菌的死亡。

但是，在河流的下游处，由于污水排入而使水体遭到污染，细菌数量也相应地增加。但河水有自净能力，入湖的河水可以继续其自净过程，细菌或是被吸附在颗粒物上因而降至湖底，或是被原生动物所吞食，流进水库的水体也出现同样情况，且可以使不同来源的水体在其中混合而达到平衡。

浅水井可能严重地被污染，细菌数每毫升可高达 2 万个，因此必须对这样的水质进行常规的细菌学检验，以保证其使用的安全性，深水井则是最洁净的水，细菌通过 5 m 厚的密致土层可被滤掉，如果通过更厚的地层，细菌数量会降低得更多。

一、细菌总数的监测技术

细菌总数是判定水体受污染程度的标志。细菌总数是指 1 ml 水样在营养琼脂培养基中，于 37℃经 24 h 培养后，所生长的细菌菌落的总数。地表水用平板法，生活饮用水用平皿计数法（GB/T 5750—2006）。

细菌学试验是通过培养基培养后进行的细菌的定性和定量工作。细菌是极其微小的，不能用肉眼分辨，故需采用琼脂培养基在一定条件下培养后，使其形成肉眼可观察的细菌菌落，必要时可借助显微镜检查，该试验全过程必须无菌操作。由于细菌存在于周围环境，极易混入试样中，所以要求器皿和培养基等均应完全灭菌，测定细菌总数的主要程序如下。

1. 灭菌

用作细菌试验的所有器皿、培养基等，须按方法要求进行灭菌，以保证所检出的细菌皆属待测样所有，常选用的灭菌方法有以下几种：

（1）干热灭菌：将试管、平皿、吸管等玻璃仪器，装入干热灭菌箱中 160℃灭菌 2 h。

（2）高压蒸汽灭菌：稀释水、培养基、采样瓶等置于高压蒸汽灭菌中，经 115℃（10lb/in^2）高压蒸汽灭菌 20 min。

（3）蒸汽灭菌：采用蒸汽灭菌器，在 100℃常压下，每次定时灭菌。

（4）火焰灭菌：此法灭菌时应用远火徐徐加热，然后再于火焰焰心灼烧为妥。

2. 营养琼脂培养基的制备：称取 10 g 蛋白胨、3 g 牛肉膏、5 g 氯化钠及 10～20 g 琼脂溶于1 000 ml蒸馏水中，加热至琼脂溶解，调节 pH 为 7.4～7.6 过滤，分装于玻璃容器中，经高压蒸汽灭菌 20 min，贮于冷暗处备用。

3. 试样培养

（1）取定量混合均匀的水样（或稀释后水样）注入灭菌平皿中，倾入 15 ml 已融化并冷至 45℃左右的营养琼脂培养基，旋摇平皿使其混合均匀。应做两份实验。

（2）待平皿上试样凝固后，将平皿倒置于恒温箱中 37℃培养 24 h，然后进行菌落计数。

（3）用营养琼脂培养基同时进行空白对照实验。

4. 菌落计数：做平皿菌落计数时，可用眼观察，也可用放大镜观察，求出 1 ml 水中的平均菌落数。进行稀释水样计数时，应采用平皿内有 30～300 个菌落的稀释度进行计算，各具体计数方法详见相应环境监测分析方法。

报告菌落计数时，若菌落数在 100 以内时按实有数字报告；若大于 100 时通常采用两位有效数字，第二位有效数字的取值以四舍五入法取舍，例如，菌落总数为 37 750 个/ml，可报告 3.8×10^4 个/ml。

二、大肠杆菌的监测技术

大肠杆菌（*Eshllus coli*）是指示粪便污染的重要指示生物。常用粪大肠菌群（耐热大肠菌群）大肠埃希氏菌和沙门氏菌。

人类所消耗和利用的水必须是无化学毒害物的，无人类及其他动物排泄物的水，以排除病源微生物的影响。当水体中出现大量的 *E. Coli*，就说明近期内水体受到了粪便污染（因其脱离寄主后，其半存留期会大大缩短）。这种微生物是一种非常灵敏的指示生物，即使每 100 ml 水中只有一个个体，也能被检验出来。如水中的 *E. Coli* 含量很低，就说明污染源是在较远的地方。

大肠菌群系一群需氧又兼性厌氧的，在 37℃生长时能使乳糖发酵，在 24 h 内产酸产气的革兰氏阴性无芽孢杆菌。大肠菌群数指每升水样中所含有的大肠菌群的数目。

大肠菌群检验方法有发酵法和滤膜法。

（一）发酵法

这是根据大肠菌群（耐热大肠菌群）使乳糖发酵产生酸和气的特性而进行检验，如产酸产气者，大肠菌群则为阳性。

1. 培养基的种类

检验大肠菌群需用多种培养基：

（1）乳糖蛋白胨培养液；

（2）3 倍浓缩乳糖蛋白胨培养液；

（3）品红亚硫酸钠培养基（供发酵用）；

（4）伊红美蓝培养基。

2. 检验大肠菌群主要程序

（1）初步发酵试验：该试验是根据大肠菌群能分解乳糖生成二氧化碳等气体的特征进行的，水体中的某些菌类不具此特点，但能产酸、产气的绝非仅属大肠菌群，所以尚需进行以下的证实试验。

初步发酵试验在灭菌操作条件下，取定量水样加入 3 倍浓缩乳糖蛋白胨培养液中，于 37℃恒温培养 24 h。

（2）平板分离：经 24 h 培养后，将产酸产气及只产酸的发酵管，分别接种于品红亚硫酸钠培养基或伊红美蓝培养基上，再恒温培养 24 h，然后分别选择具有下述特征的菌落。

品红亚硫酸钠培养基上的菌落：紫红色，具有金属光泽的菌落；深红色，不带或略带金属光泽的菌落；淡红色，中心色较深的菌落。

伊红美蓝培养基上的菌落：深紫黑色，具有金属光泽的菌落；紫黑色，不带或略带金属光泽的菌落；淡紫红色，中心色较深的菌落。取具备上述特征菌落的一小部分，进行涂片，革兰氏染色，镜检。革兰氏阳性菌呈蓝紫色，阴性菌呈浅红色。

(3) 复发酵试验：上述涂片镜检菌落如为革兰氏阴性无芽孢杆菌，可进一步挑取该菌落的另一部分接种于乳糖蛋白胨培养液中，于 37℃恒温培养 24 h，有产酸产气者，即证实有大肠菌群存在。

(4) 大肠菌群计数：根据以上试验证实有大肠菌群存在的阳性管数，查大肠菌群检数表，报告每升水样中大肠菌群数。

(二) 滤膜法 (HJ/T 347—2007)

滤膜是采用一种微孔薄膜，按灭菌操作将水样注入具有滤膜的过滤器中，经抽滤，细菌被截留在膜上，后将滤膜贴于品红亚硫酸钠培养基上，进行恒温培养 16～18 h，符合上法所述特征的菌落进行涂片，革兰氏染色，镜检。

凡属革兰氏染色阴性，无芽孢杆菌者，再接种于乳糖蛋白胨培养液，经恒温培养 18 h，产酸产气者，判断为大肠菌群阳性。

1 L 水样中大肠菌群数等于滤膜上生长的大肠菌群落总数乘以 3。

第四节　生物毒性试验监测技术

一、水生生物急性毒性试验

水生生物急性毒性试验 (acute toxicity test for aquatic organism) 是测定高浓度污染物在短时期 (一般不超过几天) 内对水生生物所产生的急性毒性作用以评价污染物毒性的实验方法。

通过水生生物急性毒性试验可以确定半数存活浓度 (TL_m) 或半数致死浓度 (TL_{50})，并用来评价污染物的毒性大小和性质。此外，还可粗略了解毒物引起生物体中毒的症状和特点，以判断毒物的毒性强弱和水环境的污染程度，并为制定在环境中的毒物最大容许浓度提供基本数据。

(一) 试验生物的选择

用于急性毒性试验的水生生物种类很多，常用的是小型水生生物，主要是鱼 (见毒性实验的鱼类)。另外，也有用浮游生物做急性试验的，如中国常用的有隆线溞 (*Daphnia carinata*)、大型溞 (*Daphnia magna*) 等溞类，栅藻 (*Scenedesmus*)、小球藻 (*Chlorella*) 等藻类。

为了避免受试生物个体差异过于悬殊，应选择种属较纯，年龄、大小、体重差别不大，雌雄性别各半的动物。受试鱼一般采用体重轻于 5 g、体长短于 7 cm 的，最长的不超过最短的 1.5 倍。

(二) 试验容器及设备

(1) 饲养水槽：对于长期存放饲养以采用室外池为佳，尺寸为长 1 m、宽 1 m，高为 0.5 m 左右的混凝土池 2～3 个就足够。饲养水不能流动，以静止水为佳。为防止有害物质的析出，可采用大型塑料容器代用。

对于短期存放饲养或试验前一周内的适应性饲养来说，可使用体积为 50～100 L 左右的循环过滤或饲养水槽（见图 6-2），使用气泵送气。饲养水可在饲养水槽和过滤槽（填装有砂和碎石）之间循环。并配备观赏鱼用的温度调节器。

（2）试验容器：使用容器为 2 L 的玻璃烧杯（约 10 只）或聚乙烯、搪瓷等无毒容器。

（3）恒温设备：恒温室、恒温槽或恒温水槽均可采用。

对于现场测试来说，是无法配备这些装置的，这时，可采用长宽 50～70 cm、深为 15 cm 左右的台式容器，溢流式要装满自来水或井水。将带有玻璃塞的试验容器浸入试验槽内，放置在大气中，努力控制以减少水温的波动。

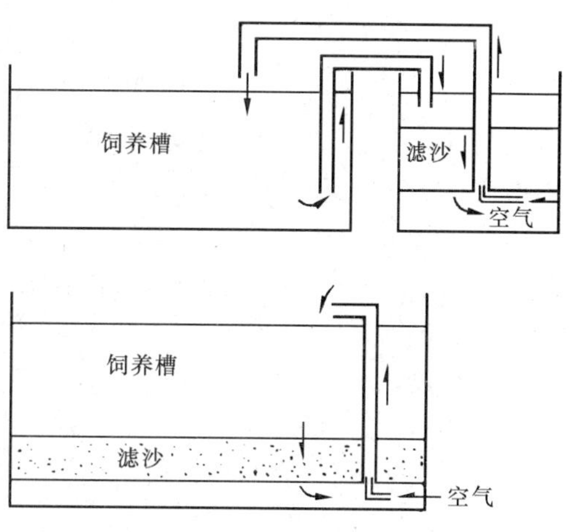

图 6-2 饲养水槽

（三）试验方法

将受试鱼随机分组。每组至少 10 尾，要设置 5 个以上不同浓度的毒物组，另有一个对照组，毒物浓度应按对数浓度分级，包括使动物完全死亡和完全不死亡的浓度。

试验前，受试动物要在实验室内饲养 7～10 d，以观察其活动是否正常，去除有病的或畸形的。试验期间，对照组动物的死亡率应低于 5%。试验容器是用无毒的玻璃、聚乙烯、搪瓷等材料制成的，形状可为椭圆形或柱形。为了便于比较，试验时环境因素要恒定。例如稀释水要无毒，要预先脱氯，溶解氧要超过 5 mg/L，pH 值在 6.5～8.5 之间，水温对温水鱼为 25℃，对冷水鱼为 15℃，保持水质恒定。静水试验每天至少换一次试验溶液，每克体重的鱼平均要有 2 L 的水。流水试验每 24 小时要换入 95%的新试液。

急性毒性试验期间一般不喂食，从致毒开始就观察记录动物中毒表现，生理、生化变化和死亡情况，并将观察结果在半对数坐标纸上用内插法或外推法求出动物的 LC_{50} 或 TL_m、动物全部死亡的最小浓度（LC_{100}）和动物全部存活的最大毒物浓度（LC_0，即最大耐受浓度）。

急性毒性试验的结果同受试动物的种属和稀释水的水质等因素有关。例如比较谷硫磷对蓝鳃鱼和金鱼的 TL_m 值，蓝鳃鱼比金鱼高 900 倍。但是，金鱼对铜最敏感，而蓝鳃鱼对铜抗性较强。许多种金属的毒性由于受稀释水的硬度和 pH 值的影响可相差两个数量级以上。一般硬度增加会使毒性减弱，而溶解氧降低会增加生物的生理负担，从而使毒性增强。水温对毒性的影响比较复杂，有些物质因升温而增加毒性，有些物质因升温而降低毒性。

（四）应用系数（鱼类毒性试验）

根据急性毒性试验求得的半数致死浓度（LC_{50}）或半数存活浓度（TL_m）推算化学

物质对鱼类的安全浓度而采用的一种常数。

从 20 世纪 40 年代起，就有人陆续提出一些根据化学物质的急性毒性试验结果确定应用系数和计算安全浓度的经验公式，其中 0.3 为应用系数，经验公式为：

$$安全浓度=\frac{24\ h\ TL_m \times 0.3}{(24\ h\ TL_m/48\ h\ TL_m)^3}$$

或

$$安全浓度=\frac{48\ h\ TL_m \times 0.3}{(24\ h\ TL_m/48\ h\ TL_m)^2}$$

这些公式一直沿用至今，也有人曾试图根据化学物质的性质把毒物分成几类，对每一类毒物提出相应的应用系数。一般来说，对性质稳定的、能在生物体内积累的化学物质，如有机氯农药等，应用系数采用 0.01，而经验公式可采用安全浓度 $=0.01\times$ 96 h LC_{50}。对那些性质不稳定而又无积累性的化学物质采用 0.1 作为应用系数，对其他化学物质可根据具体情况在 0.1～0.01 之间选用。

不论是按经验公式，还是用 0.1～0.01 的应用系数推算化学物质的安全浓度，都缺乏严格的实验依据。60 年代美国学者提出了毒物最大容许浓度的概念。用实验室鱼类的生产指数作为观察指标，由慢性试验求得的毒物最大容许浓度除以 96 h LC_{50} 来计算应用系数，即：

$$应用系数=\frac{毒物最大容许浓度}{96\ h\ LC_{50}}$$

实验证明，不同毒物有不同的应用系数。如镉对黑头软口鲦（*Pimephales promelas*）的 96 h 半数致死浓度为 7.2 mg/L，毒物最大容许浓度是 0.037～0.057 mg/L，由此计算出的应用系数是 0.005～0.008；而马拉硫磷对此种鱼的应用系数为 0.019～0.056。尽管不同种鱼对毒物的敏感存在着很大的差异，但同一种毒物对它们的应用系数却十分接近。以马拉硫磷为例，它对黑头软口鲦的 96 h LC_{50} 和毒物最大容许浓度分别是 10.45 mg/L和 0.20～0.58 mg/L，对蓝鳃鱼（*Lepomis macrochirus*）则分别为 0.110 mg/L 及 0.003 6～0.007 4 mg/L。这表明蓝鳃鱼对马拉硫磷的敏感性比黑头软口鲦高得多。若分别计算出它们的应用系数，则两者极为接近，蓝鳃鱼是 0.034～0.067，黑头软口鲦为 0.019～0.056，这就有可能从那些能在实验室条件下进行慢性试验的鱼类求出应用系数。通过公式：安全浓度 $=K$（应用系数）$\times$96 h LC_{50} 来估算那些不能在实验室做慢性试验的种类的安全浓度。

由全生活周期慢性试验求得的应用系数是比较可靠的，这种试验的缺点是试验周期长，不可能对每一种毒物都进行试验。因此又有人用鱼类早期发育阶段的试验代替全生活周期的试验，或试图从组织病变、生理生化指标、行为等方面找出在低浓度暴露下的明显早期影响，以求得毒物的应用系数。

由于一些参数是在实验室条件下求得的，而实验室条件同天然水体毕竟存在着一定的差异，因此推算出的安全浓度要在自然环境中验证。此外，在污染水体中往往同时存在着几种有毒物质，所以必须考虑毒物之间的联合作用。

二、水生生物亚急性毒性试验

水生生物亚急性毒性试验（subacute toxicity test for aquatic organism）是测定低

浓度污染物在较长时期（一般不超过 3 个月）内对水生生物所产生的毒性作用以评价污染物毒性的一种实验方法。

污染物造成的急性中毒死亡一般只是出现在污染源附近地区。随着污染物的稀释和扩散，在更大范围内是亚急性毒性造成的危害。亚急性毒性反映在生物的生态、生理、生化和行为变化上。这种变化是隐蔽的、潜伏的，但可使生物在自然环境中的存活能力、繁殖能力和生存竞争能力降低。由于这种变化不易在早期发现，不能及时采取措施，因此污染物亚急性毒性引起的生物种群的消亡，对生物的危害比急性毒性所引起的危害更为严重。

进行亚急性毒性试验可以研究污染物对生物的作用方式和致毒机理；通过这种试验可以利用生物对污染物的反应预报污染物的慢性毒性；而试验的结果则可以为制定水质标准提供依据。

（一）试验方法

亚急性毒性试验从分子、细胞、器官、个体、种群、群落生态系统这些层次研究生物对污染的中毒反应。常用的试验方法有以下几种。

细胞培养是测定污染物亚急性毒性的灵敏而可靠的方法之一。如敌百虫、六氯苯、汞和锌对细胞有丝分裂起抑制作用；苯能引起细胞染色体损伤和畸变率增高；敌枯双则使细胞中姊妹染色体交换率明显增高。测定培养细胞中核糖核酸（RNA）的合成，可反映污染物对细胞的毒性作用。

组织病变是亚急性毒性常见的一种反应，也是亚急性毒性试验的重要指标之一。如锌使鱼鳃呈急性发炎反应，次级鳃丝上皮从柱状细胞上成片地分离。氨和余氯使次级鳃丝上皮肿胀，柱状细胞完全分解。对鳃的损害使鱼从水中获取氧的能力降低，严重时甚至窒息死亡。有机氯农药和汞、镉损害鱼的肝胰和肾组织，使细胞坏死或退化。

污染物亚急性毒性作用可引起鱼类血相、呼吸代谢和酶的活性等生理、生化的变化。对这些变化的测定，可以反映毒物的亚急性毒性作用。如锌和纸浆废水使鱼血液中淋巴细胞减少，铅、余氯、牛皮纸浆废水使红细胞中不成熟的红细胞增加。这是由于污染物破坏鳃膜，使气体交换受到干扰，造成鱼对氧和二氧化碳的运输量增加，从而刺激红细胞的生成所至。有机磷农药和氨基甲酸酯农药对鱼脑胆碱酯酶有特异的抑制作用。测定这些变化，可以反映毒物的亚急性毒性。

（二）有关指标

测定污染物对鱼类呼吸活动的影响，一般采用 3 个指标：①耗氧率；②鳃盖活动频率或呼吸率；③咳嗽频率。目前所采用的是同时测量呼吸频率和咳嗽频率的测定方法。鱼类呼吸活动对低浓度污染物十分敏感，检出水平一般为 48 h 半数致死浓度（LC_{50}）的 5%～10%，可用于水质监测。

生物的行为有的是先天遗传的，有的是后天获得的，后天获得的行为是生物对环境适应能力的表现。低浓度污染物影响鱼类游泳能力和活动形式，从而降低鱼类寻找配偶、产卵场和食物或逃避敌害的能力。早在 20 世纪初，即已利用鱼的趋流性活动来监测水质。这一方法在欧洲沿用至今。近年来还使用光电技术、电视摄影、电子计算机处理数据以及自动报警装置等。

在种群、群落和生态系统水平上研究污染物的亚急性毒性，大多在天然水体中进行。这种研究是对水环境物理、化学性质和水生生物间的相互关系的实际调查，因而能直接地、可靠地反映污染的影响。我国通过对官厅水库水质、底泥和水生生物种群变化的污染生态调查，证明官厅水库曾受轻度污染，但从1973年以后，水质已经逐渐好转。野外条件下的污染生态调查，因素复杂，往往不易准确地评价和解释污染物的毒性。近年来，在人工控制下的实验室模拟试验有很大发展。

水生生物的亚急性毒性试验存在的问题有两个方面：一是缺乏水生生物正常的生理、生化和行为的资料，因而难以确定试验所观察到的变化是否在生物正常变幅以内；二是这种变化究竟是适应性的（导致种群的维持或扩大），还是破坏性的（导致种群的毁灭），暂时还不能下结论。随着毒理学各有关分支学科（如细胞毒理学、行为毒理学、生态毒理学）的发展和资料的积累，水生生物亚急性毒性试验将在水污染的控制中日益显示其重要作用。

三、水生生物慢性毒性试验

水生生物慢性毒性试验（chronic toxicity test for aquatic organism）是测定低浓度污染物对水生生物生活周期内的毒性作用以评价污染物毒性的实验方法。这种测试方法可求出污染物的最大容许浓度，为制订水质标准提供依据，因此20世纪60年代以来，受到普遍重视。

（一）试验方法

慢性毒性试验可在水生生物的生长、繁殖、卵的孵化和幼体发育等生命活动的各个主要阶段进行。在实验室条件下，一般要使用流水装置，以保持毒物浓度恒定；还要保持生物良好的生活条件，如食物、氧气、pH值等。所得到的存活率、生长率、产卵率和孵化率等数据最后用统计方法处理。

（二）有关指标

摄食、消化、吸收和代谢等生理活动的影响，都在生长率上得到反映，反过来生长状况可以反映水质状况。多数污染物在低浓度时对生物生长有害，例如水中含有铜、铬、铅、狄氏剂、六氯苯、五氯酚钠、亚硝酸钠、聚氯联苯、酚、游离氯、氯胺和洗涤剂等可使溶解氧降低，影响水生生物生长。有些污染物对生物生长没有明显影响，如鱼类的DDT慢性中毒对生长并没有明显的影响。少数污染物，如低浓度的锌反而有刺激生物生长的作用。另外，低浓度污染物对生物生长的影响因生物种类而异，例如原油污染对虾和牡蛎的生长没有影响，对鱼和藻类的生长却有抑制作用。在许多情况下，由于生物的生理调节作用，污染物对生物生长的影响具有暂时的性质，随着时间的延长，生长可得到补偿。如幼鱼在含铜的水体中，前10 d生长受到影响，比在无污染水体中生长缓慢；由于对环境逐渐适应，20 d后生长能力可得到完全恢复，并且赶上在未污染水体中的生长速度。用聚氯联苯处理幼鱼48 d，生长明显下降。但到了128 d，生长状况同对照组的鱼并无差异。试验时除测定生物的体长和体重外，有时用测定骨胶原或核糖核酸（RNA）和脱氧核糖核酸（DNA）之比作为生长指标。同测定体长、体重相比，测定食物转化效率更有意义。

污染物对水生生物繁殖过程有多方面的危害。以繁殖为指标得出的安全浓度，通常只有急性试验所得的半数致死浓度（LC_{50}）的1/100～1/10，甚至只有1/500～1/200。鱼类产卵量的降低是一些重金属慢性中毒的灵敏指示。如 0.18 mg/L 的锌使雌鱼产卵次数明显减少，产卵量不到正常鱼的 1/5；0.33 mg/L 的铜，使雌鱼完全不产卵。影响产卵的浓度低于影响存活和生长的浓度。产卵量的降低表明性腺发育过程受到危害。镉使雄鱼精巢出血坏死。六氯苯使雌鱼出现大量闭锁细胞，卵黄的形成受到抑制，西维因、敌敌畏使鱼卵黄处于重新吸收状态。硫酸二甲酯（DMS）使鱼的次级卵母细胞核内的核仁变大，数目增加，位置改变，RNA 含量比正常的高 1/5，配子发生过程受到抑制。

（三）试验周期

一次试验所需的时间同受试生物种类有关，如以鱼类为试验对象，一般需一年左右，溞类一般需 3～4 个星期。对于一些危害大的累积性污染物（如甲基汞、镉和铅等），慢性毒性试验不仅要包括一个生活周期，而且要延续三代。试验时还要结合生长、繁殖等生物学指标，测定污染物积累、分布和释放情况。如甲基汞在鱼体内迅速积累，第二代和第三代鱼卵和胚胎均有从亲鱼转移下来的大量汞残留。

水生生物慢性毒性试验周期较长。为了缩短周期，一是寻求性成熟时间短的生物做试验对象，如溞、糠虾、变形虫等。二是探索用短期毒性预报慢性毒性的可能性。如在鱼的生活周期中，幼鱼发育阶段一般要比其他发育阶段对毒物更为敏感，所以只进行幼鱼发育阶段的毒性试验，便能预报毒物对鱼的慢性毒性。其他（如生物的生理、生化和行为反应）也可作为污染物慢性毒性预报的依据。

（四）毒物最大容许浓度

毒物最大容许浓度（maximum allowable concentration for toxicant）指在慢性毒性试验中，毒物对受试生物无影响的最高浓度和有影响的最低浓度之间的阈浓度。

为确定毒物的安全浓度而进行的慢性毒性试验，由于试验浓度的设置有一定的间隔，试验求得的对生物无影响的最高浓度并不是阈浓度，真正的阈浓度应在无影响的最高浓度和有影响的最低浓度之间，因而实验不能确定阈浓度的具体数值，而只能找出阈浓度的范围。例如，研究农药马拉硫磷对黑头软口鲦的慢性影响时，试验浓度为 0.58、0.20、0.07 和 0.03 mg/L，发现 0.58 mg/L 对黑头软口鲦有明显影响，而 0.20 mg/L 及以下各种毒物浓度对它都无明显影响，因此马拉硫磷对黑头软口鲦的最大容许浓度为 0.20～0.58 mg/L。

在鱼类慢性毒性试验中，常采用受试鱼的生产指数来测定化学物质的最大容许浓度。所谓鱼的生产指数，是鱼的生长、繁殖、卵的孵化和鱼苗存活等指数，即鱼正常生长和繁殖后代的指数。一些重要的经济鱼类，如中国的青、草、鲢、鳙四种鱼，在实验室条件下是不能正常生长和繁殖的，因而无法用慢性毒性试验测定污染物对它们的最大容许浓度。但是，可以用其他鱼类慢性毒性试验求得的应用系数来计算这些不能进行慢性毒性试验的鱼类的安全浓度。

20 世纪 60 年代以来，已用全生活周期试验测定了几十种化学物质对一些鱼类的最大容许浓度。鱼的生活周期一般都比较长，完成一次试验，约需持续一年左右，有的甚至更长。即使采用生活周期较短的鱼进行试验，也需几个月时间。在进行全生活周期试验中，发现同种鱼的不同发育阶段对毒物的敏感性存在着差异。鱼早期发育阶段（胚胎、仔鱼或早期幼鱼的阶段）一般最为敏感，因此 70 年代有人用鱼的早期发育阶段试验代替全生活周期试验来测定毒物对鱼的最大容许浓度，从而缩短了试验周期，为评价化学物质对鱼类的影响提供了快速而又较经济的实验方法。为了区分早期发育阶段试验的结果和全生活周期试验测定的结果，将早期发育阶段试验测定的毒物最大容许浓度称为预测毒物最大容许浓度。就已测试的一些化学物质而言，预测毒物最大容许浓度和毒物最大容许浓度基本上是一致的。是否所有化学物质都是如此，尚待证实。

毒物最大容许浓度是制订渔业水质标准和评价化学物质对生物影响的主要依据。

四、鱼类急性毒性试验操作

对鱼类进行急性毒理试验，最主要的是半致死浓度试验（median tolerance limit，缩写为MTL）。该试验是根据鱼类毒性的观点出发，以急性中毒为对象综合评价由复杂化学组成的污水特征，不表示短期的慢性中毒，不适于以水域为主的溶解氧消耗的底质恶化及二次污染所涉及的有机废水的有害评价。

水域中的生物种类和生态是复杂的，水质污染所涉及的问题很多，为测得 TL_m 值预测排水对环境水域的影响，要充分考虑试验用鱼和试验条件。

TL_m 或 TL_{50} 值作为排放污水致使鱼中毒程度的指标，除可推测对流动水域生物的影响外，还可用于排水毒性管理。各种污水成分毒性比较和毒性负荷及处理效果的检验等应用极为广泛。

（一）选择供试鱼

为获得令人满意的 TL_m 值，先选择适宜的供试鱼。

选用大马哈鱼，每尾体重在 0.15～0.50 g 范围之内均可。同一试验使用的鱼应取自同一条件，而且鱼体的重量也应大致相同。

长期保存时，为使绿藻类和蓝藻类等植物浮游生物的繁殖接触充足的阳光，应以室外池饲养。试验前应将鱼放在设置在试验实施场所的循环过滤式饲养水槽内饲养，并对实验时的水温和水质（只能同稀释水相似的水质）进行驯化。例如，冬季里室外池的水温同室内实验水温差别显著，这时，可以每日升高 5℃的速度进行温度回升。调整水温和水质使其满足试验条件以后，每日加饵料 2～3 次，注意饵料不得间断，饲养 7 d 以上，试验当日停止给饵。试验必须取用饲养正常且健康正常的大马哈鱼。如果在试验前 4 d内憋死和发病的鱼高于 10%则不得使用。有病态或外观及行动上有异常现象的鱼，切记不能使用。

（二）排水和稀释水的准备

对于放流型的排水水质不定的场合，要变换时间采样分别进行试验。

所用排水装满采样瓶后封闭，若离采样地点不太远，可直接将水样带回实验室，尽可能早些进行试验，对于同一试验，应使用同一时间所采水样。

用于稀释排水的水，采用不含可疑成分的 pH 为 6.6～7.4、硬度为 10～70 mg/L 的清净水。用自来水时，须搁置 2～3 d，再通过活性炭层去除游离氯即可。也可以使用在纯水中加无机盐制得的人工稀释水，例如，有如下制取人工稀释水的方法，在纯水中各添加成分的含量分别为：

$CaCl_2 \cdot 2H_2O$ 26.1 mg/L；$MgSO_4 \cdot 7H_2O$ 17.7 mg/L；K_2SO_4 1.1 mg/L；$NaHCO_3$ 25.0 mg/L；pH 为 6.9～7.1，硬度为 25 mg/L。

将稀释水在保持试验水温的情况下通气，使之溶解充足的氧气。

（三）试验条件的选择

试验时间（指大马哈鱼接触稀释排水时间）对于只掌握鱼受毒的程度和各种排水时间的鱼受毒的相互比较等来看 24 h 足够。但是，把试验结果作为确定水生生物的允许浓度，则必须是 48 h 的 TL_m 值。

试验时的水温，原则上是 25℃±2℃，对于现场不能配备 25℃的恒温装置，也应尽可能保持水温稳定。

每一种浓度的水中放供试鱼 5 尾，试验容器中稀释水和鱼体重的比例是水 1 L/鱼 1 g。进行试验时，对排水的稀释浓度必须通过预备试验来决定，预备试验可按 100、10、1、0.1 的 10 倍间隔对排水分别进行稀释试验。

试验中所取用的浓度是在参考预备试验的基础上，根据试验期间大部分鱼能生存下来的最高浓度和大部分憋死的最低浓度来确定的。此时，各浓度的对数值的间隔相等。从而，决定出 5～10 个等级的浓度。浓度间隔因污水性质而异，一般是$\sqrt{2}$倍。例如：8.0，5.6，4.0，2.8，2.0，1.4，1.0。对于排水来说，若间隔太小时，可将中间浓度进行间一省略，取 2 倍间隔。

因为在试验中，或是稀释水的毒性有变化或是溶解氧减少，所以必须对试验条件做适当调整，对于要进行连续 48 h 试验的场合，为了防止成分的变化，在达到 24 h，应重新调制稀释排水和更换，对于溶解氧，注意不得低于 4 mg/L 以下，如果按每 1 L 稀释水中 1 g 大马哈鱼的比例配养，那么，供试鱼呼吸用的溶解氧不会明显下降。

（四）试验

首先，制取 5～10 个等级的稀释水，分别装入试验容器，稀释排水时，若有悬浊物，预先要摇匀。若预先已备妥稀释水，就能尽快地将大马哈鱼装入试验容器。为使转移过程中不损伤鱼体，可使用热带鱼用的小鱼网。

检查鱼是否憋死，可采用玻璃棒轻轻触及一下鱼体来断定，若鱼体没有反应，则认为鱼已憋死。死掉的鱼应尽早尽快地从容器中取出。

试验结果须记录 24 h（或 48 h）生存下来的鱼体数（见表 6-4）。

表 6-4　污水浓度与生存率的关系一例

污水浓度（%）	生存率　（%）	
	24 h 后	48 h 后
4.0	0	0
2.8	30	0
2.0	70	20
1.4	90	60
1.0	100	90
对　照	100	100

在进行试验的同时，还要另用稀释水做并列对照试验。在对照试验中，如果憋死的鱼或不健全的鱼的比例超过 10%时，不能作为试验结果来用。

试验进行之前和结束时，都要对稀释水的溶解氧和 pH 等进行测定。对不具备恒温设备的场合，试验过程中的水温变化要随时测定。

（五）TL_m 值的计算与表示

如表 6-4 测定的结果可以看到，随着排水浓度的增加，生存率由大于 50%由大变小，算出的 TL_m 值对应标在对数坐标纸上，用对数刻度表示排水浓度，普通刻度表示生存率，生存率高于50%以上的点和低于50%、最接近50%的点标入，并将这两个点用直线连接，与50%横线的交点所对应的浓度即为 TL_m 值。

为了表示排水的 TL_m 值，用排水的稀释容量百分比表示 24 h 的 TL_m 值（或 48 h 的 TL_m 值），一定要标明供试鱼种的大马哈鱼，标明其平均体重。此外，还要记载试验器的水量，每一当量浓度的鱼体数是 5 尾，还要记载是否交换稀释水、水温和水质等。

（六）注意事项

1. 大马哈鱼的饲养问题

为了求得令人满意的 TL_m 值，最重要的一环是如何正常饲养供试鱼。

室外池饲养时，池中的植物等浮游生物要求给水中供氧，以便净化残饵和鱼的排泄物。若植物浮游生物繁殖适度，那么，在表面积为 1 m^2、深度为 0.5 m 的池子中，可足以容养 0.3～0.4 g 左右大小的大马哈鱼 500 尾左右，饵以养鱼用的给饵为宜。养鱼的给饵量标准是：生饵每日按鱼体重的 1/20～1/10 配给，为了不使饲养水恶化，给饵不要过量。而干燥粉末饵粉比生饵水分含量少，所以应适当减量。有时，在对饲养水的水质试验中，如根据 DO、BOD 和氨等实测值发现有水质恶化的迹象时，要考虑是否中止给饵等注意事项。

循环过滤式饲养水槽可以采用市售观赏鱼用水槽，还有容量为 100 L 左右的研究用的水槽。另外，还可以亲手制作。因净化主要是细菌消化的作用，可先饲养少量鱼，使过滤槽的机能达到充分发挥的状态。有时，要对过滤槽的砂进行简单清洗，由于微生物对氨的氧化，长期连续饲养会使水偏向酸性。这时，可加以碳酸氢钠进行中和，如果把贝壳片之类混在沙子中，那么，贝壳的某些析出成分则有自动进行中和作用。装置所能容下的大马哈鱼的数，随过滤砂量、通气量和过滤速度而异，容量不能一概而论，通常 100 L 的水槽中，可饲养 300～500 尾大马哈鱼。

在植物浮游生物生长茂盛的室外池中饲养的大马哈鱼，因能适当摄取天然饵料，不必过分去注意人工饵料的质量，但是，若不考虑长期饲养鱼的水槽中的饵料，就会因营养障碍导致对毒物抵抗力的下降。人工饵料，可以考虑使用“东方热带鱼饵料”。大马哈鱼的很多病菌，诸如黏液细菌等均分布在鳃和鳍的根部，鱼体表面附着也是常见的。治疗的办法，可将其浸入 10 mg/L 的四环素或 100 mg/L 的磺胺-6-二甲氧嘧啶溶液中。通过这些药浴，大马哈鱼对毒物的抵抗力不会发生异常。即使把这些药投放到循环过滤或饲养水槽中，也不会因此使槽中微生物的净化机能有显著的损害。冬季里，欲把饲养水温回升到室温时，很容易使大马哈鱼发病，为了防疫，可预先加入 100 mg/L 的磺胺-6-二甲氧嘧啶溶液于饲养水中。总之作为供试鱼，要注意选择健康鱼且大小要适宜。简易法判断供试前饲养的大马哈鱼的健康可根据大马哈鱼对毒物能否正常地作出反应这一点。使用标准毒物是氯化亚汞（$HgCl_2$）来判断。其方法是：对经在 25℃时驯化过的大马哈鱼，与供试毒物的 TL_m 试验并行，测定在两种不同浓度氯化亚汞溶液中 24 h 的反应率，如其值不在下述的范围之内时，也就是说，若结果是大多数大马哈鱼对毒物反应异常，须将同时求得的 TL_m 值抛弃。

（1）在 0.5 mg/L 溶液中，24 h 死亡率在 20%以下。

（2）在 1.0 mg/L 溶液中，24 h 生存率在 20%以下。

这一检定中的水温为25℃，稀释水使用前述的硬度为25 mg/L的人工稀释水，每个浓度中分别放入5尾大马哈鱼，按每1 L水中1 g大马哈鱼的比例配置。这检验法虽谈不上很完善，但可简易区别出抵抗力有异常的大马哈鱼。通过这一检验的就是合格的，才可以对各种毒物的TL_m值进行测定。

2. 试验毒物问题

在TL_m试验中，必须注意毒物因其存在形式不同而毒性差异显著。例如，在水中加入铵盐时，就会分解成铵离子和阴离子，铵离子的一部分对pH值有支配作用，而生成不再分解的氨，因为氨离子不是氨的毒性主体，其毒性主体是不发生分解的氨的阴离子部分。如果供试水的pH值高，就是因为不分解的氨的存在比例增高之故，从而使毒性加强，如果pH低，毒性就会下降，虽然pH 7和8只差1，但对鱼类的TL_m值就会产生5倍的差。

此外，因共存物质的拮抗相乘作用，还会使毒物影响水温和溶解氧量等。因而，为了获得满意的TL_m试验，除了要努力做到正常饲养供试鱼外，还要懂得毒物与其变动因素的关系。保持这些因素在进行TL_m试验时，使实验结果的重现性能得以提高。如不掌握这方面的知识，就会造成错误的解释。有关毒性及其变动因素方面举例说明如下：

多数毒物的毒性，都会因稀释毒物用的水质而发生变化，首先看一下，稀释水的pH值对毒性变动的作用。例如，多数重金属盐在pH或碱度高的水中，会形成氢氧化物或碳酸盐沉淀，从而使毒性降低，氰氢酸、硫化氢等弱酸类，因含有与氨类似的不分解成分的毒性主体，所以，若pH下降则毒性增加。游离氯在水中发生水解生成次氯酸，同样使pH下降，毒性增加。

其次，如果稀释水中有多种共存物，那么，毒物之间也要发生变化，可能产生毒性拮抗相乘作用。例如，测定氰的毒性时，如果稀释水中含有铁，那么，就会因为形成铬盐而使氰的毒性减少。但是，若有阳光照射，铬盐发生分解而游离出氰，氰会继续起毒性作用，重金属会因形成螯合物而使毒性下降，自然界水中有含螯合型化合物的地方。如美国有一湖水中含有的螯合型化合物的浓度能削减0.05 mg/L铜离子的毒性。重金属离子同钙、镁离子的毒性拮抗相乘作用，还有重金属离子间的毒性相乘作用，都要很好的掌握。例如，锌、镉、铜、镍和钴等离子，在对金鱼的24 h TL_m的试验表明，在硬度为25 mg/L和100 mg/L的水中相差2.5倍。铜离子和锌离子的相乘作用表现在软水中两者高浓度存在时被限制。此外，有些毒物随水中的溶解氧量减少而毒性增加。例如，氰化物、铜离子、锌离子和酚等。

试验水温对毒性影响很大，一般是水温上升的同时毒性随之增加。但其程度因毒物而异，而另一方面，有些毒物，高水温有助于其挥发和分解，使其毒性下降。

试验水中的毒物由供试鱼吸附被解毒，因供试鱼分泌的黏液使毒物被凝集分离，从而毒性下降。吸附方面的有PCP的例子，黏膜的凝集有重金属的例子。含有这样一些毒物的污水进行TL_m试验时，要进行反复交换。注意根据每单位鱼体重，要多加些供试水。

3. 试验操作中需特殊处理的污水

在进行实际两个排水和废弃物的TL_m试验时，在操作上会出现种种麻烦的问题。

例如，难溶性和挥发性物质如何去除，在水中稀释时易分解而且无溶解氧的排水，含浮游生物的污水和强酸强碱的废水等。对难溶性物质的处理，对农药原体，可使用辅助的丙酮和乳化剂测定 TL_m，也可同时使用溶解辅助剂测定 TL_m。此外，要保证有充足的时间使之溶解达到饱和浓度。对于挥发性污水、浓度低易分解的有机性污水等，可采用流水式装置。但是，由于装置规模大，不便搬动，可考虑用简易试验法，即对于含有挥发性成分的排水，可用 10～20 L 的细口瓶装满供试水，放入 0.3～0.4 g 重的大马哈鱼 5 尾，盖严。采用这种方法，即使经过 24 h，大马哈鱼只消耗少量的溶解氧。毒物未挥发且基本保持原状。另外，对于在 TL_m 试验中易分解又无溶解氧的有机性污水，可通气补给氧气，但考虑到这样会助长排水中成分的分解，所以，这种办法不可取。此时还可在水中使用低浓度的抗生素，例如加入氯霉素等，能阻止由细菌产生的分解作用。而且，在供试中，还可使溶解氧保持在某一程度。对于含浮游生物的废水，采用通气把浮游生物和供试水混合。但须注意，对于强酸强碱性废水中和前后都要进行 TL_m 试验，以便获得废水毒性与 pH 的相关关系。

总之 TL_m 试验是将鱼类放入不同浓度的排放污水稀释液中，放入一定时间（一般是 24 h 或 48 h）。其中以 50％的供试鱼生存下来的排放污水浓度表示。在进行 TL_m 试验时，首先是对试鱼的选择，调节好试验条件，还要熟练掌握鱼的饲养技术，以确保供试鱼处于健全状态。并且要全面地了解关于毒性和毒性改变的因素等方面的知识。

习　题

1. 生物监测的特点是什么？主要有哪些监测技术和方法？
2. 污染物在生物体内分布有何规律？对生物体的监测有何作用？
3. 简述水体污染的生物群落监测的污水生物体系法程序？
4. 水生生物法有哪些特点和规律？如何监测？
5. 试述植物群落监测技术的基本原理和测定方法？
6. 常规细菌学检验主要有哪几种？它们在环境监测中的作用如何？
7. 水生生物毒性试验有哪几种？各有什么特点？
8. 简述鱼类急性毒性试验机理及操作步骤？

第七章　生态监测技术

目前，环境科学正在迅速发展，人们对环境问题的认识也不断深入，环境问题已不再仅仅是排放污染物所引起的人类健康问题，而且包括自然环境的保护和生态平衡，以及维持人类繁衍、发展的资源问题。随着环境科学认识上的突破以及人们对环境质量的多种要求，环境监测也不再仅仅是化学分析测定污染物质浓度的污染监测，而是包含了化学分析、物理测定、生物监测、生态监测等多种方式互渗互补的科学活动过程。生态监测已成为环境监测的重要组成部分。

第一节　生态监测技术概况

一、生态质量与生态监测技术

环境质量是指环境素质的优劣程度而言，优劣是质的概念，程度则是量的表征。具体地说，环境质量是指在一个具体的环境内，环境的总体或环境的某些要素对人群的生存和繁衍及社会经济发展的适宜程度，是反映人类的具体要求而形成的对环境的性质及数量进行评定的一种概念。生态质量是环境质量划分中的一种，目前，在关于“生态质量评价”、“生态质量分析”方面的文章中，都很少涉及生态质量的概念问题。有些文章也仅是以一些简单的理化统计指标、多样性指数和指示生物等指标来分析和判定生态质量，显然这是不够的。究其原因，主要是生态系统的复杂性和动态性增加了对其分析、评价的难度。所以，生态质量目前尚无统一的明确的定义。在实际运用中，有的将生物环境质量视为生态质量的同义语，将前者定义为“生物群落的组成结构、功能和质量”，这与生态质量的定义在本质上是相同的，并运用生态系统的弹性、适应性、物种多样性、栖息地容量、种群密度、食物网等生态指标来进行环境影响的评价；而与之相反的情况也存在，如有的将污染物和农药在生物体内的残留量，某些重金属等有毒物质在农产品中的容许含量等方面的内容也称之为生态质量。

严格说来，生物环境质量与生态质量是有区别的，通常前者多指由于环境因素的改变（自然的或人为的）而使生物的诸多指标发生异常变化而言。就环境质量变化来说，生态要比生物环境具有更广泛的内涵。生态系统是由多种生物构成的，但生态系统与生物却有着质的差别。如同群落与种群、种群与个体的区别一样，层次的变化已使事物发生了质的飞跃。从前面的分析可以看出，生态质量是以生态学理论为基础，从生态系统的层次上，研究系统各组分，特别是有生命组分的质量变化规律和相互关系，以及人为作用下结构和功能的变化情况，从而评价其环境质量的优劣。因此，生态质量及其评价的综合性很强。

生态监测是生态系统层次的生物监测。其观点是：生态监测就是观测与评价生态系统对自然变化及人为变化所做出的反应，是对各类生态系统结构和功能的时空格局的度量，包括生物监测和地球物理化学监测两方面的内容。

生态监测是比生物监测更复杂、更综合的一种监测技术。持这种观点的人认为：从学科上看，生态监测属于生物监测的一部分，但它涉及的范围远比生物学广泛、综合，能够系统地收集大范围的生命支持能力的地球资源信息，因此可把生态监测独立于生物监测之外。

生物监测包括生态监测。持这种观点者的理由是，生物监测就是系统地利用生物反应以评价环境的变化，并把它的信息应用于环境质量控制的程序中去。从生物学组建水平观点出发，各级水平上都可以有反应，但生态监测重点是放在生态系统的生物反应上。

实际上，无论是生物监测还是生态监测，都是利用生命系统各层次对自然或人为因素引起环境变化的反应来判定环境质量，都是研究生命系统与环境系统的相互关系，这无疑又都属于生态学研究范畴。从这种意义上说，凡是利用生命系统（无论哪一层次）为主进行环境监测的方法和手段都可称为生态监测。就是被视为生物监测开创者的科尔克威茨和马森也不主张简单地使用他们的生物表，强调不要根据某种生物，而应该根据其生物群落来评价环境。目前人们所说的生物监测，实际上大多都是生态监测。生态监测包含了上述两者。

根据上面的分析，生态监测概念较合理的描述是：运用各种技术测定和分析生命系统各层次对自然或人为作用的反应或反馈效应的综合表征来判断和评价这些干扰对环境产生的影响、危害及其规律，为环境质量的评估、调控和环境管理提供重要科学依据的科学活动过程。形象些说，生态监测就是利用生命系统及其相互关系的变化反应用仪器来监测环境质量状况及其变化的科学活动过程。

换言之，生态监测是运用可比的方法，在时间或空间上对特定区域范围内生态系统或生态系统组合体的类型、结构和功能及其组成要素等进行系统地测定和观察的过程，监测的结果则用于评价和预测人类活动对生态系统的影响，为合理利用资源、改善生态环境和自然保护提供决策依据。

二、生态监测技术类型与空间尺度

生态监测的范围是很广的，但根据生态监测的对象和内容，可把生态监测概括地分为两类，即宏观监测和微观监测，这也是生态监测两个基本的空间尺度。

（一）宏观生态监测

宏观生态监测的对象是区域范围内各类生态系统的组合方式、镶嵌特征、动态变化和空间分布格局等及其在人类活动影响下的变化。宏观生态监测以原有的自然本底图和专业图件为基础，主要依赖于遥感技术和生态图技术。监测所得的几何信息多以图件的方式输出。

主要内容是监测区域范围内具有特殊意义的生态系统的分布及面积的动态变化，例如热带雨林生态系统、沙漠化生态系统、湿地生态系统等，这类生态系统十分脆弱，极易受到人类活动的影响而发生变化。因此，宏观生态监测的地域等级至少应在区域生态范围之内，最大可扩展到全球一级。宏观生态监测最有效的方法是应用遥感技术、建立地理信息系统。当然区域生态调查与生态统计也是宏观生态监测的一种手段。

（二）微观生态监测

微观生态监测是指对一个或几个生态系统内各生态因子进行的物理和化学的监测。

微观生态监测的对象是某一特定生态系统或生态系统聚合体的结构和功能特征及其在人类活动影响下的变化。微观生态监测以物理、化学或生物学的方法对生态系统各个组分提取属性信息。因此，微观生态监测要以大量的生态监测站为工作基础，每个监测站的地域等级最大可包括由几个生态系统组成的景观生态区，最小也应代表单一的生态类型。生态监测站的建立与选择一定要有代表性，可按生态监测计划的大小，将不同的监测站分布于整个区域甚至全球系统。根据监测的具体内容，可将微观生态监测分为干扰性监测、污染性监测和治理性监测。

1. 干扰性生态监测

干扰性生态监测是指对人类特定生产活动所造成的生态干扰监测，例如，砍伐森林所造成的森林生态系统的结构和功能、水文过程和物质迁移规律的改变；草场过牧引起的草场退化，生产力降低；湿地的开发引起的生态类型的改变及生活污染的排放对水生生态系统的影响等。显然，这类监测的内容是十分广泛的。

2. 污染性生态监测

污染性生态监测主要是指对农药及一些重金属污染物等在生态系统中食物链的传递及富集的监测。波兰生态监测计划中的生物体污染程度的监测属于这一范畴。

3. 治理性生态监测

治理性生态监测则是对破坏生态系统经人类的治理后生态平衡恢复过程的监测。例如对侵蚀劣地的治理与植物重建过程的监测；对沙漠化土地治理过程的监测等。

上述三类生态监测均应以背景生态系统监测资料作为类比，以揭示在人类的影响下，生态系统内部各个过程所发生的变化及其程度。

一个完整的生态监测计划必须把各个空间尺度的监测结合起来，才能全面而又清楚地了解生态系统在人类活动影响下的综合变化。宏观监测必须以微观监测为基础，微观监测也必须以宏观监测为主导，二者只能相互补充，不能相互代替。

宏观监测和微观监测既相互独立，又相互补充，一个完整的生态监测计划必须包括宏观监测和微观监测两种尺度。由多个微观监测点再配合以宏观监测便可形成生态监测网。

三、生态监测的任务与特点

生态监测就是运用可比的方法，在时间或空间上对特定地域范围内生态系统或生态系统聚合体的类型、数量、结构和功能等方面中一个或几个要素进行定期的、系统的测定和观察过程。

生态监测的基本任务是：

（1）对区域范围内珍贵的生态类型包括珍稀物种以及因人类活动所引起的重要生态

问题的发生面积及数量在时间以及空间上动态变化的监测。

（2）对人类的资源开发活动所引起的生态系统的组成、结构和功能变化的监测。

（3）环境污染物对生态系统的组成、结构和功能的影响监测及其在生物链中的传递。

（4）对破坏的生态系统在人类的治理过程中生态平衡恢复过程的监测。

（5）通过监测数据的积累，研究上述各种生态问题的变化规律及发展趋势，建立数学模型，为预测预报和影响评价打下基础。

（6）为政府部门制定有关环境法规、进行有关决策提供科学依据。

（7）寻求符合我国国情的资源开发治理模式及途径，以保证我国生态环境的改善及国民经济持续协调地发展。

（8）支持国际上一些重要的生态研究及监测计划，如 GEMS、MAB、IGBP 等，加入国际生态监测网络。

生态监测不同于环境质量监测，这不仅表现在监测的对象、内容、方法及空间尺度上，而且生态学的理论及其监测技术决定了生态监测还有以下几个特点：

（1）综合性：现代生态学是一门包含数十个甚至上百个分支的庞大学科，而全球范围内的生态与环境几乎无一不受人类活动的影响，因而，生态监测必然是综合的、多学科的。一个完整的生态监测计划将会涉及农、林、牧、副、渔、工等各个生产领域，也必须配备一个包括生物、地理、环境、生态、物理、化学、数学信息和技术科学等多学科的科技队伍，否则，就不可能达到综合性生态监测的目的。

（2）长期性：由于自然界中许多生态过程的发展是十分缓慢的，例如森林演替、木材分解和脊椎动物种群的变化等，而且生态和系统本身具有自我调控功能，对于人类活动所产生的干扰作用反应也极为缓慢，如酸沉降对森林生态系统的影响大致经过林木受益期、土壤离子淋溶期和铝离子活化期后最终才表现出林木生长受到抑制、演替受到干扰。短期的监测结果往往不能说明问题，甚至使人们误解生态过程长期变化的趋势。因此，生态监测，特别是微观生态监测的有些项目有必要长达数十年甚至上百年，方能真正地说明问题。当然，也有解决长期监测的短期途径，但不能因此而忽视长期监测的重要性。而且，长期监测可能会导致一些重要的和预想不到的新发现。北美酸雨的第一次报道就是一例。

（3）复杂性：生态系统是自然界中生物与环境之间相互关联的动态复合体，在时间和空间上将表现出很大的变异性，而且自然界中许多偶然事件（如洪水、干旱和火灾等）所产生的生态干扰作用通常很大。因此，生态监测中要区分人类的干扰作用和自然变异以及自然干扰作用通常十分困难，特别是在人类干扰作用并不明显的情况下，而且许多生态过程（ecological process）在生态学的研究中并不十分清楚。这就使得生态监测十分复杂而又具有浓厚的研究色彩。当然，这也并不排除生态监测的另一个目的，即用现有的生态知识和监测结果为管理决策服务。

（4）分散性：由于生态监测费时费工，耗资巨大，设计复杂，监测台站的设置不可能像环境监测那样有众多的监测点或监测断面。监测网络具有较大的分散性，特别是那些跨区域的及全球级的监测计划，监测台站的分散性更大。同时，由于生态变化的缓慢性，监测的时间尺度很大，通常采取周期性的间断监测，而不是非间断的连续监测。

四、国内生态监测状况

近十多年来，国内在自然环境质量评价指标体系上做了一些工作，如中山大学与华南环科所在海南岛生态质量评价指标体系研究中，采用四个原则（生物量、多样性、稳定性和清洁度）和二十个指标参数，并将每个参数依其生态学特征及影响程度划分为五个等级，运用模糊聚类方法进行了评价。吉林环保所完成了东北地区自然保护区生态指标体系及有效管理的研究。他们对保护区进行了三级分类，将生态指标体系划分为三个层次、五个生态指标，并运用层次分析法确定指标权重，然后按不同标准进行赋分，将保护区评出七个等级。

在生态监测指标的研究方面，近几年来工作进展较快。华南环科所完成了《生态监测技术大纲》的研究，该项目研究提出野外生态站监测指标和参考方法。他们将野外生态站分为农田、森林、荒漠、淡水、海洋等类型，将陆地生态系统站监测指标体系分为气象、水文、土壤、植物、动物及微生物等六大要素，其常规监测指标和项目 100 多个，选测项目几十个。此外，新疆、洞庭湖、舟山等生态站各自提出了自己的监测指标。20 世纪 70 年代以来，我国林业、农业部门和中科院相继建立了若干个生态站，其中科学院所属的 53 个生态定位站类型最全，这些定位站进行了大量的生态研究工作，积累了多年的生态观测数据。在科学院的统一规划下，利用世界银行贷款，建立了全国性的生态研究网络，强调信息系统建设，其成果已引起了世界各国的注意，但这些研究仍是局地尺度的范围。综上所述，我国生态监测工作的特点是：注重生态过程的研究，生态监测覆盖的范围较小，属微观监测的范畴。

随着我国空间技术的发展和应用，生态监测在宏观领域有了较大的进步，“六五”期间内蒙古草场资源遥感调查，“七五”“八五”期间“三北”防护林遥感调查、黄土高原的遥感调查研究等均包括生态监测的内容。“十五”“十一五”期间利用遥感技术监测牧场的产量、农作物产量和灾害等方面的研究都取得了丰硕的成果，2010—2020 年中科院与环境保护部共同实施了全国生态调查 10 年规划，为生态监测工作的开展提供了技术支持。

生态监测是一项宏观与微观监测相结合的工作，不仅要从景观水平上对区域生态的总体特征有明确的认识，对区域生态变化的趋势能从宏观上把握，同时要从微观上对生态状况进行分析，建立起系统的生态监测网络定位站，以便定期、连续开展工作。而目前的一些监测指标，对监测部门而言内容太多，方法规范化方面差距甚大，微观和宏观生态监测有机结合上还做得不够。许多现代化的技术和手段，还没有在生态监测中发挥作用，对监测部门而言，现亟须一套可操作性强的指标和方法，以便在全国范围内开展生态监测工作。在这样一种情况下，必须要求对全国的各样生态类型的监测的技术路线有一个统一的规划，2010—2020 年中国生态监测网络建设规划研究就是在这样一种情形下提出并着手工作的。

从各国生态监测的发展状况来看，不难发现生态监测的总体趋势是：遥感手段和地面监测相结合，从宏观和微观角度来全面审视生态质量状况；网络设计上趋于一体化，考虑全球生态质量变化，重视加强国与国之间的合作；在生态质量评价上逐步从生态质量现状评价转为生态风险评价，对于生态质量状况提供早期预警；在信息管理上强调标准化，广泛采用地理信息系统，重视国与国之间数据联系。总之，随着经济的发展，人类面临着日益严峻的全球性的环境、人口压力、资源短缺等问题。对于了解环境质量状况，单纯地从理化、生物指标的监测来获得已不能满足要求，由于生态系统的复杂性，各要素间相互作用与相互影响，某一要素的变化势必引起其他影响的变化，正是由于这种复杂的关系，使得生态监测日益显示出其优越性。

当前生态监测的重点是建立基于生态系统内部格局和外部胁迫的生态环境综合评价指标，开展国家重点生态功能区县域生态环境质量监测与评价。在重点区域开展生物多样性监测。生态监测继续采用遥感监测与地面监测相结合的方式进行。

第二节 生态监测技术大纲

开展生态监测工作，首先要确定生态监测技术大纲。技术大纲的主要工作内容是明确生态监测的基本概念和工作范围，并制定相应的技术路线，提出主要的生态问题以便进行优先监测，制定我国主要生态类型和微观监测的指标体系，依据目前的分析水平，选出常用的监测指标分析方法。

一、生态监测技术路线

生态监测计划的制订、方案的实施及成果的应用这一全过程应按下列技术路线来进行。

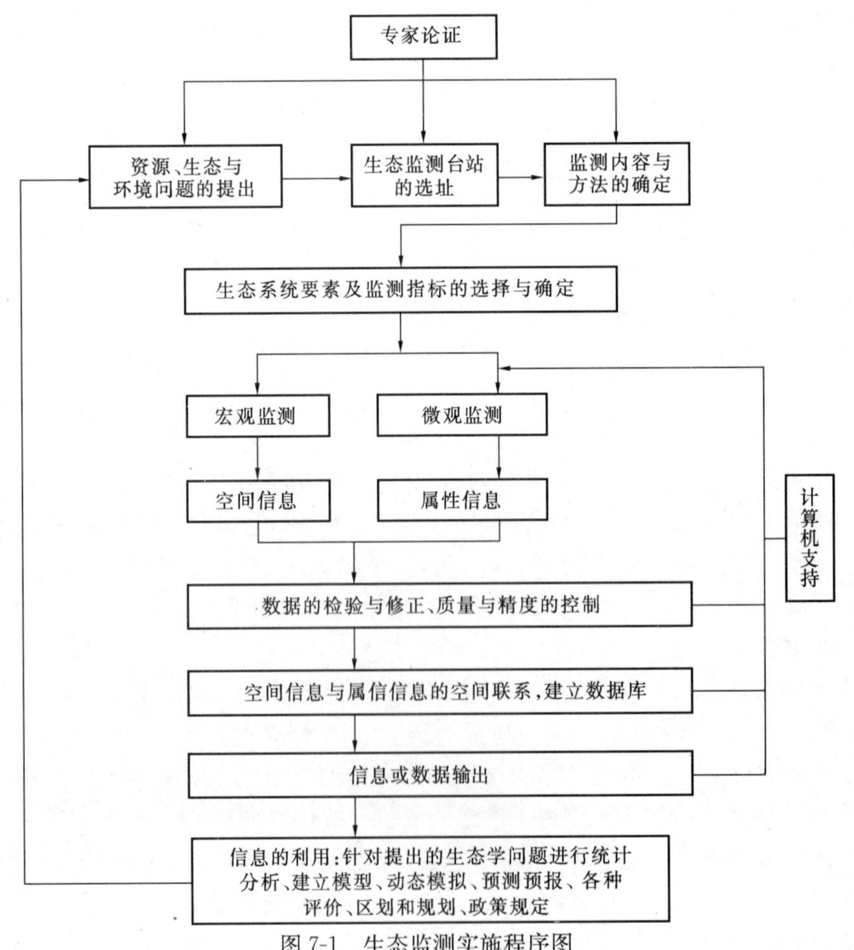

图 7-1 生态监测实施程序图

二、优先监测的生态项目及生态台站的选定

下列生态项目在我国开展生态监测中具有优先监测权：

（1）全球气候变暖所引起的生态系统或动植物区系位移的监测。

（2）珍稀濒危动植物物种的分布及其栖息地的监测。

（3）水土流失的面积及其时空分布和环境影响的监测。

（4）沙漠化的面积及其时空分布和环境影响的监测。

（5）草场沙化退化面积及其时空分布和环境影响的监测。

（6）人类活动对陆地生态系统（包括森林、草原、农田和荒漠等）结构和功能的影响监测。

（7）水环境污染对水体生态系统［包括湖泊（含水库）、河流和海洋等］结构和功能的影响监测。

（8）主要环境污染物（包括农药、化肥、有机污染物和重金属）在土壤-植物-水体系统中的迁移和转化的监测。

（9）水土流失地、沙漠化地及草原退化地优化治理模式的生态平衡监测。

（10）各生态系统中微量气体的释放通量与吸收的监测。

生态监测台站的选定：

（1）生态监测台站包括生态监测平台和野外生态监测站两种类型。

（2）生态监测平台必须以遥感技术做支持，并要具备容量足够大的计算机和宇航信息处理装置，生态监测平台是宏观监测的工作基础。

（3）野外生态监测站必须以完整的室内外分析观测仪器做支持，并要具备计算机等信息处理系统，以实现监测网络内信息的共享。野外生态监测站是微观监测的工作基础。

（4）生态监测台站的选定必须考虑区域内生态系统的典型性和代表性及台站对全区的可控性。一个大的监测区域至少应设置一个监测台和数个野外监测站。

三、生态监测主要类型的指标体系的确定

生态监测指标体系主要是指野外生态站的地面或水面监测项目。在设置指标体系时，首要的考虑因素是生态类型及系统的完整性，也就是说，所选择的指标应包括生态系统的各个组成部分。根据这一点，把陆地生态站的指标体系分为 6 个部分，即气象要素、水文要素、土壤要素、植物要素、动物要素和微生物要素；水文生态站分为 8 个部分，即水文气象要素、水质要素、底质要素、浮游植物要素、浮游动物要素、游泳动物要素、底栖生物要素和微生物要素。每个要素均设置常规指标，并根据生态站的特点、生态系统的类型及生态干扰方式设置特选指标。例如，陆地生态系统包括农田生态系统、森林生态系统和草原生态系统等，而水生生态系统又分为海洋和淡水两种类型，每一类型的生态系统都有其独特的生态特点，因而也应设置相应的指标。

在指标的设置上，要充分考虑生态系统的功能以及不同生态类型间相互作用的关系。大气和陆地界面、陆地和水域界面及大气和水域界面之间的物质和能量的迁移和转换指标应包括在生态监测指标体系范围之内。当然，在实际的生态监测工作中，可依生态站的规

模、建站的目的、课题类型等实际情况进行相应的双因素监测、多因素监测、生态系统监测，甚至多生态系统的联合监测。因此，生态监测指标体系的确定原则为：

（1）监测指标体系的确定应根据监测内容充分考虑指标的代表性、综合性及可操作性。

（2）不同监测台站间同种生态类型的监测必须按统一的指标体系进行，尽量实现监测内容具有可比性。

（3）各监测台站可依监测项目的特殊性增加特定指标，以突出各自的特点。

（4）指标体系应能反映生态系统的各个层次和主要的生态环境问题，并应以结构和功能指标为主。

（5）宏观监测可依监测项目选定相应的数量指标和强度指标。微观生态监测指标应包括生态系统的各个组分，并能反映主要的生态过程。

四、不同类型生态站的指标

（一）森林生态系统监测站

1. 气象要素指标

常规指标：气温、湿度、风向、风速、降水量及其分布、蒸发量、土壤温度梯度、日照和辐射收支。

选择指标：大气干湿沉降物及其化学组成，林冠径流量及化学组成，林间 CO_2 气体浓度及其动态。

2. 水文要素指标

常规指标：地表径流量及其化学组成（N、P、K、Ca、Mg、Na、S、有机质），地下水位。

选择指标：泥沙流失量及其颗粒组成和化学成分（N、P、K、Ca、Mg、Na、S、有机质），附近河水化学成分（同上）。

3. 土壤要素指标

常规指标：土壤养分含量及有效态含量（N、P、K、S）pH 值，交换性酸及其组成，交换性盐基及其组成，阳离子交换量，土壤有机质含量，土壤颗粒组成，团粒结构组成，容重、孔隙度、透水率、饱和水量及凋萎水量。

选择指标：土壤元素背景值，土壤矿质全量，土壤 CO_2 释放量及季节动态。

4. 植物要素指标

常规指标：植物种类及组成，指示植物、指示群落、种群密度、覆盖度、生物量、生长量、凋落物量、凋落物的化学组成及分解率以及热量、光能和水分的收支。

选择指标：珍稀植物及其物候特征，森林不同器官的生物量和化学组成。

5. 动物要素指标

常规指标：动物种类，种群密度，生物量及时空变化，能量和物质的收支，热值。

选择指标：珍稀野生动物的数量及动态，动物灰分、蛋白质、脂肪含量、必需元素。

6. 微生物要素指标

常规指标：种类、分布及其密度和季节动态变化，生物量、热值。

选择指标：土壤酶类型与活性，呼吸强度，元素含量与总量，固氮菌生物量及其固氮量。

（二）草原生态系统监测站

1. 气象要素指标

常规指标与森林生态系统气象常规指标相同。

选择指标：大气 CO_2 气体浓度及其动态，大气干湿沉降物的量及化学组成。

2. 水文要素指标

与森林生态系统水文常规指标和特选指标相同。

3. 土壤要素指标

与森林生态系统土壤常规指标和特选指标相同。

4. 植物要素指标

常规指标：与森林生态系统植物常规指标相同。

选择指标：珍稀物种及其物候特征。

5. 动物要素指标

与森林生态系统动物常规指标和特选指标相同。

6. 微生物要素指标

与森林生态系统微生物常规指标和特选指标相同。

（三）荒漠生态系统监测站

荒漠生态系统监测指标与草原生态系统监测指标基本相同，但在水文要素指标中可去掉泥沙流失量及颗粒组成和化学组成、地表径流量及化学组成两项内容。在土壤要素指标中则增加土壤盐分含量及其组成、碱饱和度、土壤风蚀量以及沙丘动态监测指标。

（四）农田生态系统监测站

1. 气象要素指标

常规指标：与森林生态系统气象常规指标相同。

选择指标：大气干湿沉降物的量及化学组成，大气 CO_2 浓度及动态。

2. 水文要素指标

常规指标：与森林生态系统水文常规指标相同。

选择指标：泥沙流失量及其颗粒组成，泥沙及径流携带农药（DDT、有机磷等）和其他有毒物质的量（Pb、Cd、Hg、Ni、Cr、F 和 As 以及多环芳烃等），泥沙化学组成，附近河流或水库的水质及化学成分，农田的灌水量、入渗量和蒸发量。

3. 土壤要素

常规指标：与森林生态系统土壤常规指标相同。

选择指标：土壤元素背景值，土壤矿质含量，土壤 CO_2 和 CH_4 的释放量及季节动态，土壤农药、重金属及其他有毒物质的累积量，稻田的氧化还原电位，盐碱地的总盐分含量及八大离子组分含量，碱饱和度，土壤化肥和有机肥的施用量。

4. 植物要素指标

常规指标：作物地上、地下及种子生物量和化学组成，热量、水分和光能的收支。

选择指标：果实或种子中农药、重金属、硝酸盐、亚硝酸盐等有毒物质的含量，作物粗灰分、粗蛋白、粗脂肪、粗纤维。

5. 动物要素指标

常规指标：与森林生态系统动物常规指标相同。

选择指标：动物体内农药、重金属、硝酸盐及亚硝酸盐等有毒物质含量。

6. 微生物要素指标

与森林生态系统微生物常规指标和特选指标相同。

（五）水生生态系统监测站

1. 水文气象要素

常规指标：水温、水深、水色、透明度、气温、风向、风速、降水量及其分布、蒸发量、日照和辐射。

选择指标：海况。

2. 水质要素

常规指标：pH、碱度、酸度、Eh、蒸发残渣及 SS、COD、BOD_5、Cl^-、DO、氨氮、亚硝酸盐、硝酸盐、酚、氰化物、硫化物、重金属元素（汞、铬、铜、铅、锌、镉、铁、锰、砷）和农药含量。

选择指标：油类。

3. 底质要素

常规指标：颜色、颗粒分析、有机质、总氮、总磷、pH、Eh、总汞、甲基汞、镉、铬、砷、硒、铜、铅、锌、氰化物和农药。

选择指标：硫化物、COD、BOD_5。

4. 浮游植物要素

常规指标：浮游植物总生物量、浮游植物群落组成及其数量（定量分类），优势种的动态。

选择指标：有毒物质在浮游植物中的残留量。

5. 浮游动物要素

常规指标：小型、中型和大型浮游动物群落结构、类型及总数，优势种的变化动态，总生物量。

选择指标：有毒物质在浮游动物中的残留量。

6. 底栖生物要素

常规指标：生物量、群落结构及组成（定量分类），种的丰度或覆盖面积，优势种及动态。

选择指标：有毒物质残留量。

7. 微生物要素

细菌和大肠杆菌的总量、分类及生化活性。

8. 游泳动物要素

常规指标：个体种类与数量，年龄与丰富度，现存量，捕获量和生产力。

选择指标：残毒分析，致残量和亚致死量，酶活性（P-450 酶）。

五、生态监测指标中分析方法的选定

生态站相同的监测指标应按统一的采样、分析和测定方法进行，以便站际间的数据具有可比性和交流性。这也是生态监测规范化的基本保证。但是，应该承认我国目前的工作基础离规范化和标准化的要求相差尚远，有许多问题仍是科学研究中的难题，特别是对生物要素的监测，方法更难统一。实际上，这个问题在国际的生态监测计划中也同样存在，即使是美国的长期生态研究计划，严格来讲，也只有凋落物的分解这一项算是真正地达到了规范化和标准化的要求。但毫无疑问，生态监测的规范化和标准化应是我们努力的方向。

在确定生态监测指标的分析方法过程中，应按照下面一个原则进行，即若国家已制定出该项目的分析方法标准，就应用国家标准方法，在国家尚无相关规范制定的情况下就推荐应用该学科较权威的分析方法进行分析。下面几点列出了主要的参考资料：

（1）地面气象要素中常规指标的监测频率和方法按中央气象局编、气象出版社1979年出版的《地面气象观测规范》中规定的方法进行，海洋气象的观测可参考国家海洋局1975年编写的《海洋调查规范》第一和第二分册海洋水文调查和海洋气象观测中规定方法进行。大气干湿沉降物的分析按国家环保局主持编写，中国环境科学出版社1990年出版的《空气和废气监测分析方法》中规定的相关方法进行。

（2）水文要素中地表径流量、泥沙流失量等野外监测指标可按水利电力部农村水利水土保持司主编、水利电力出版社1988年出版的《水土保持实验规范》SD239—87中规定的方法进行。水样采样及其化学组成分析则按国家环保局等编、中国环境科学出版社1989年出版的《水和废水监测分析方法》中规定的方法进行。

（3）土壤要素中样品的采集、制备（风干样品应过200目筛作理化分析用）和分析可参照中国土壤学会农业化学专业委员会编、科学出版社1984年出版的《土壤农化常规分析方法》和中国科学院南京土壤科学研究所编、上海科技出版社1979年出版的《土壤理化分析方法》中规定的相关分析方法进行。

（4）植物要素中野外监测指标按日本木村允著姜恕译、科学出版社1981年出版的《陆地植物群落生产量测定法》中相关的规定方法进行，室内分析指标按土壤要素介绍的两本书中有关植物采集与分析的规定方法进行。

（5）动物要素指标按日本伊藤嘉昭等著、邬祥光等译、科学出版社1986年出版的《动物生态学研究方法》中规定的方法进行。

（6）微生物要素指标中酶活性与类型按关松荫等编、农业出版社1986年出版的《土壤酶及其研究方法》中的规定方法进行分析，其他指标按中国科学院南京土壤研究所微生物室编著、科学出版社1985年出版《土壤微生物研究法》中的规定方法进行分析。

（7）水质要素淡水部分的指标按国家环保总局2002年主持编写的《地表水和污水监测技术规范》及中国环境科学出版社2002年10月出版的《水和废水监测分析方法》第四版中的有关规定进行分析，海水部分按国家海洋局主持、编写的《海洋污染调查暂行规范》中规定的方法进行分析。

（8）土壤、生物和水体中农药残留量指标按国标及行业标准方法和《农药残留量分析与检测》中规定的方法进行分析。

(9) 一些特殊指标可按目前生态站常用的监测方法进行分析。但方法使用前必先进行验证。

第三节 生态监测技术方法

一、生态监测指标体系

(一) 自然陆地生态监测指标

1. 森林生态系统

森林生态系统的监测指标分为2类，第1类适用于一级站本身，第2类指标适用于一级站周围监测点的监测工作。第1类指标分为6组，第2类指标分为4组，内容见表7-1。

表7-1 森林生态系统监测指标体系

指标类	指标组	监测指标
第1类	(1) 大气	气温、湿度、风向、风速、降水量、蒸发量、土壤温度梯度、日照、辐射收支 SO_2、NO_x、总悬浮颗粒物、$PM_{2.5}$
	(2) 土壤	土壤质量、土壤盐基饱和度、pH值
	(3) 水体	pH值、溶解氧量、浊度、F^-、Cl^-
	(4) 植物	林冠状况、病虫害、火灾、树叶中养分（N、P、K、Ca、Mg等）、植被结构、树叶中的化学污染物（SO_2 等）、生态系统多样性
	(5) 动物	鸟类丰度、鸟鸣声频度、蚯蚓丰度
	(6) 景观	地面覆盖情况、土地利用状况、水土流失模数或强度等级、其他干扰证据
第2类	(1) 土壤	土壤质量
	(2) 植物	林冠状况、病虫害、火灾、植被结构
	(3) 动物	鸟类丰度、鸟鸣声频度、蚯蚓丰度
	(4) 景观	地面覆盖情况、土地利用状况、水土流失强度等级、其他干扰证据

2. 荒漠生态系统

荒漠生态系统监测指标主要归纳为14种，见表7-2。为了评价荒漠生态系统与人类社会的关系，还要监测或调查了解荒漠生态系统中人类社会经济状况和影响类指标，包括人口状况、资源利用状况、产业构成、经济发展水平等。

表7-2 荒漠生态系统监测指标体系

序号	监测指标
1	多年生植被覆盖度（%）
2	生物量（干重）[mg/（hm^2·a）]
3	生物量（1 mm降雨的干物质，kg）
4	生物种类数（sp./hm^2）
5	优势种数（sp./hm^2）
6	优势度（%）
7	正常平面上的土壤风蚀率 [t/（hm^2·a）]

续表

序　号	监　测　指　标
8	正常平面上的砂土沉积率［t/（hm^2·a)］
9	一年内沉积的土层厚度（cm）
10	一年内风蚀带走土层厚度（cm）
11	沙暴频度（10 年间有沙暴年数）
12	一年内沙暴日数（d）
13	一年内沙暴时数（h）
14	2 m 高处最大风速（m/s）

（二）农业系统生态监测指标

农业系统包括农田、农垦区、草地和水产水域 4 类生态子系统，各子系统的生态学特点不同，生态监测指标也不相同。但是，根据各子系统的共性，归纳成农业系统的 3 大类、12 组、74 种监测指标，构成农业系统的生态监测指标体系框架，见表 7-3。各子系统在应用时可根据自己的特点和需要而有所侧重和选择，水产水域的监测指标还可参考淡水和海洋生态系统的监测指标体系并加以选择。

表 7-3　农业生态监测指标体系

指标类型	指标组	监测指标
1. 生境资源类	气候	温度、日照时数、雨量、无霜期、气候灾害、风力与风向、蒸发量
	土地	面积、土地利用类型、地形、坡度、土地侵蚀状况、地面景观
	土壤	土壤类型、土层厚度、土壤营养、土壤营养障碍、土壤质地、土壤湿度、土壤元素背景值
	水文	年径流量、地面水储量、水深、水温、透明度、含盐量、地下水位和变幅、地下水流向、水质背景值
	非主体生物	生物种类、生物数量、与主体生物间的关系、植被状况、植被结构、物种多度、生物多样性指数、<u>作为天敌的生物种类数量和活动强度</u>*、土壤生物种类和数量、环境指示生物状况
2. 主体生物类	农作物	<u>种类与品种</u>、<u>产量与生产率</u>、<u>光能利用率</u>
	家畜家禽	<u>种类与品种</u>、<u>产量与生产率</u>、<u>饲料转化率</u>
	鱼类	<u>种类与品种</u>、<u>产量与生产率</u>、<u>饵料转化率</u>
3. 人类社会影响类	人口	人口总数、人口密度、人口素质、人口从业状况
	经济与技术	工业产值、农业产量与产值、区域经济类型、城市化程度、人均产值、人均收入、经济产投比、<u>单位面积投入物质量</u>、<u>单位面积投入能源量</u>、<u>土地耕作与经营方式</u>
	生态破坏	水土流失量、土地沙化或盐渍化程度与数量、土地肥力减退情况、<u>病虫害猖獗程度</u>、<u>植被破坏情况</u>、生物多样性变化、气候状况变化
	化学污染	<u>土壤污染</u>、<u>水源污染</u>、<u>大气污染</u>、<u>农牧渔产品污染</u>、<u>野生生物生境污染</u>、<u>污染对生物及其生境的影响</u>

*　指标种类有下划线者为需要经常监测的指标。

（三）淡水生态监测指标

淡水系统包括河流湖泊生态系统和湿地生态系统 2 类，它们的生态监测指标体系不尽相同，分别归纳为表 7-4 和表 7-5。

表 7-4 河流湖泊生态系统监测指标体系

指标类	指标组	监测指标
生物类	大型水草	种类、数量、优势种、覆盖率、分布
	浮游动物	轮虫和甲壳虫种的丰度、不同种的丰度比例
	浮游植物	种类、数量、优势种
	底栖无脊椎动物	浮游目/襀翅目/毛翅目（EPT）数量、比例、丰度
	沉积性硅藻*	种类、丰度
	周丛生物*	种类、丰度
	微生物	细菌总数、大肠杆菌数
	鱼类	种类、丰度、年龄/大小结构、敏感种百分数、外来种百分数、外部变异性
	鸟类*	种类、丰度
生境资源类	物理状况	温度、色度、透明度、浊度、悬浮物
	水质状况	Na、K、Mg、Ca、Si、SO_4^{2-}、NO_3^-、Cl^-、CO_3^{2-}、硬度、pH、Eh、COD、BOD、DO、Mn、Fe、EC 等
	营养状况	叶绿素 a、可溶性有机碳、NO_3-N、NH_4-N、总氮、总磷和正磷酸盐
	有毒污染物	CN^-、油、农药类、As、Cd、Cr、Cu、Pb、Hg、Se、Zn
	岸边情况	植被的类型和数量
	水体性状	面积、最大深度、平均深度、水体体积、水面的波动
	生境复杂性	水深、流速、底质构成
社会经济影响类	土地利用和覆盖	农业、城市、采矿、放牧、造林等的强度和构成百分数
	人口、畜禽密度与产业结构	数量和密度
	污染物负荷	点源和非点源排放量
	水产养殖与鱼种引进	种类和数量

* 为中远期规划监测指标。

表 7-5 湿地生态监测指标体系

指标类	指标组	监测指标
生物类	植被	植被类型、植被覆盖度、植被群落结构与功能、植物生产量、植物季相变化
	动物	动物种群、动物数量、迁徙动物种类和数量、土壤微生物、种类和数量
生境资源类	气象	降水量、气温、空气湿度、风、蒸发量、日照、辐射
	土壤	湿度、冻结与解冻、呼吸强度、理化性状
	水文与水质	地表与地下水位、流向、水质（Na、K、Mg、Ca、Si、SO_4^{2-}、NO_3^-、Cl^-、HCO_3^-、硬度、pH、Eh、DO、EC 等）
	大气	贴地气层 CO_2、CH_4、SO_2、N_xO、降尘等
	湿地状况	面积改变
社会经济影响类	人口	数量、从业状况
	产业状况	工农业构成与发展水平、产业开发对湿地及其湿地生物的影响
	污染	污染物排放种类及数量、污染影响

（四）海洋生态监测指标

海洋生态系统的监测指标体系归纳为表 7-6。

表 7-6　海洋生态监测指标体系

指标类	指标组	指标种
生物类	浮游植物群落	细胞总数量、种类数、优势种及优势度、甲藻数量/硅藻数量
	浮游动物群落	生物量（或个体总数量）、种类数、优势种/优势度
	底栖动物群落	生物量、种类数、优势种/优势度、种类丰度
	潮间带生物群落	生物量、种类数、优势种/优势度
	微生物	异养细菌总数、异养细菌属组成、石油降解菌数/异养细菌数、弧菌数/异养细菌数、化能无机菌数/异常细菌数 大肠杆菌群数、粪大肠杆菌群数
	渔业生态	渔获总量、渔获物种类、渔获鱼类年龄组成、增养殖种类的存活率
	生产率	叶绿素 a、初级生产力
非生物类	常规水质	pH、悬浮物、总有机碳、浊度、溶解氧、化学需氧量、生物需氧量
	常规底质	有机质、硫化物、粒度、氧化还原电位
	营养盐类	氨氮、亚硝酸盐、硝酸盐、磷酸盐、硅酸盐
	水文要素	水深、水温、盐度、海流、海浪、透明度、水色、海冰
	其他	河流径流量
社会经济影响类	污染物	油类、六六六、DDT、多氯联苯、硫化物、挥发物、氢化物
		放射性核素、汞、铜、铅、镉、锌、总铬、砷
	渔业活动	近海养殖、海洋捕捞、海岸带开发

二、优先监测的指标体系

（一）优先监测指标的主要特征

各子生态系统的生态监测指标都是经过初步优选的重要的监测指标，如果监测条件允许，应该将这些指标列入各子系统的监测计划，以便较全面了解各子系统生态学特征及其生命支持能力。但是，由于不同时期、不同工作系统的实际监测能力和条件的限制，往往难以将这些指标全面列入工作计划，在实际工作中还需进一步对这些指标加以优选，抓住最主要、最基本的指标，以便在适应监测能力的条件下，有重点地反映生态系统的最主要问题。

优先监测指标体系不是随意确定的，也不是完全迁就现有监测能力条件确定的；优先监测指标体系的选择必须满足对生态系统的生命支持能力进行评价的最基本要求。具有以下主要特征。

1. 针对性

生态系统的许多特征指标值具有比较固定的随时间变化而往复振荡的特点，同时，由于生态系统本身固有自我修复或再生的能力，即对外界条件的有限变化具有较大的缓冲能力。因此，许多指标不需要经常测定，往往只需要几年测定一次来反映可能的长时间积累性变化。这样就给优先监测指标的选择留下较宽的余地。优先指标主要放在那些与生态系统本身改变或外界条件改变的作用力最大的因素有关的指标，比如与污染和工农业生产开发的生态影响有关的指标。

2. 适时性

不同时代或历史阶段，人类活动特点与强度不同，对生态系统造成的压力不同，生态系统改变的主要矛盾方面也不同，因此，不同时代选定的优先监测指标也会因实际情况不同而有所变化。比如我国当前主要是污染和经济开发强度大，保护生态系统的技术水平与措施较弱，因此当前污染与开发影响表现为主要矛盾，与这些压力有关的生态指标通常应确定为优先监测指标。未来的污染类型、方式及开发影响都会改变，到时候监测的优先指标也将随之变化。此外，当前的监测能力、技术与设备水平、对生态系统的认识程度等，也是确定优先监测指标的一类不可忽视的条件。

3. 系统类型

不同生态系统具有不同类型的特征生态指标，因而也就有其不同的优先监测指标，这是不言而喻的。比如水体透明度对水域生态系统中植物光合生产力和水生动物生存状态有很大的影响，而陆生生态系统则不可能有这样的优先监测指标。

（二）优先监测指标确定的原则

1. 重点与全面兼顾的原则

生态系统对生命的支持能力是由多方面因素构成的。前述所列各生态子系统的监测指标已经是经过初步筛选的比较重要的指标种类，由它们组合起来，可以比较全面地反映各子系统的生命支持能力。在选择重要优先指标体系时，应在 3 类指标和各有关指标组中都有所选择，以便兼顾指标的全面代表性。重点优先指标选择时应该注意以下 3 项原则：

（1）当前受外力影响最大、可能改变最快的指标一定要选为当前优先监测指标。例如：受经济开发影响和污染类指标、人口和经济状况指标、土地利用改变指标、主体生物和非主体生物受人类活动影响指标等都是当前较容易改变的指标类型。

（2）反映生态系统的生命支持能力的关键性指标一定要选为优先监测指标。例如：生境状态与面积的改变、灾害和人为破坏程度等。

（3）有综合性代表意义的指标应当尽可能选作优先监测指标。例如：区域工农业产量和产值、生态系统的生物量、生产率、产投比等指标，它们的数值都是由区域或生态系统的多种条件因素决定的，对生态系统的生命支持能力有较综合的代表性；同时，它们也是比较重要的生态经济指标，一般应尽可能选作优先监测指标。

2. 照顾现有监测能力与不放弃紧急监测指标的原则

我国当前生态监测工作主要限于污染生态监测，各有关部门监测系统的生态监测、评价的经验不足，现有生态监测能力有限。因此，确定当前的优先监测指标必须从现有监测经验和能力的实际情况出发，属于污染生态的指标应选为当前优先监测指标。同时，我国当前由于人口多、经济高速度发展、环境保护工作相对薄弱，经济开发对生态系统的压力大，生态系统某些指标受开发压力影响而变化很快，这些指标的监测需要在当前显得十分迫切。为了保证使人口、经济发展对生态系统的影响控制在尽可能小的范围，我国当前生态监测不能放弃这类指标。因而，要求国家和各有关部门加强对生态监测体系的支持，监测体系本身要克服困难，努力提高监测能力，把这类紧急需要监测的指标列入优先监测指标。

3. 优先监测指标逐步完善的原则

指标体系是各生态子系统应该监测的重点指标，这是从当前情况和认识能力确定的。这些指标当前由于监测能力限制，需要随监测能力发展而逐步列入例行监测。此外，未来社会经济发展影响变化和认识能力的提高，可能还会有新的、更切合那时重点需要的监测指标，需要不断补充列入优先监测指标范围；某些现在认为是优先监测指标到那时显得不十分重要，也可退出优先监测指标范围。总之，要根据实际情况和客观需要作适当调整，总的原则是逐步发展，不断调整，使生态监测紧密服务于生态系统评价和国民经济发展的需要。

4. 尽量采用可用的调查和统计资料的原则

生态监测的内容广泛，当前有许多有价值的指标已由各有关部门的例行工作完成了监测、调查、统计。例如一般农林业、水文、气象等部门都发布有关例行工作调查统计资料，各生态子系统所列生态监测指标通常有 60%～70%可从已有例行调查统计资料中获得，不需要生态监测者亲自进行监测工作。生态监测者的大部分工作在于勤于收集整理这些可用的资料，为生态监测、评价所用。在信息事业迅速发展的今天，生态监测系统应该首先强化信息工作和手段，充分利用已有的可用资料，减少工作重复、浪费，加强协作与信息共享，通过信息利用扩展生态监测、评价能力。

（三）各类生态子系统的优先监测指标

1. 自然陆生生态系统

（1）森林生态系统　当前重点应放在污染（SO_2、酸雨、O_3）对森林生态系统的影响指标、森林生长量指标、火灾、虫害影响指标、酸雨引起土壤酸化指标，森林面积变化及森林垦荒、破坏指标以及林区生物多样性改变（特别是珍稀濒危物种）等方面的指标。

（2）荒漠生态系统　当前重点应放在荒漠化面积扩大、准荒漠化地带植被量和过牧、过度樵采情况，荒漠地带水系改变以及人口、农牧业发展的情况方面的指标。

2. 农业生态系统

（1）农田（包括农垦区）生态系统　当前重点应放在土壤、农作物和农用水源污染，土地利用改变，农区植被破坏，病虫害发生情况，天敌物种变化，农垦区野生动物改变以及农用生物种和品种数量改变等方面的指标。

（2）草地生态系统　当前重点应放在草地面积变化，草地生产力变化，放牧强度，草地沙漠化程度和发展趋势，南方草地被垦殖和水土流失情况等方面的指标。

（3）水产水域生态系统　当前重点应放在水体污染、富营养化，水体利用改变，水域面积和水源枯竭情况，养殖与捕捞情况，水域水产物种改变等方面的指标。

3. 淡水生态系统

大致同于水产水域的优先指标，其中湿地还要重点监测重要水鸟、两栖类和兽类动物的物种和种群改变情况等方面的指标。

4. 海洋生态系统

大致同于水产水域生态系统的优先指标，同时要注意监测赤潮发生情况，河口流量与水质改变，海岸带开发利用情况，石油开采的污染和生态影响等方面的指标。

三、陆生生态系统监测指标的监测技术

（一）气象要素指标监测技术

表 7-7 气象要素指标

指标体系		推荐监测方法
常规指标	1. 空气温度和湿度：包括定时气温、日最高和最低气温、水汽压、相对湿度和露点温度	百叶箱干湿球温度表法
	2. 平均风速和最多风向	EL 型电接风向风速计或达因式风向风速计
	3. 降雨量	雨量器以及虹吸式雨量计
	4. 蒸发量	小型和 E601 型蒸发器
	5. 地面温度及浅层地温：包括地面温度、地面最低最高温度及离地面 5 cm、10cm、15cm、20 cm 深的地中温度	地面和曲管地温表法
	6. 日照时数	暗筒式或聚焦式日照计
选择指标	1. 大气干湿沉降物及其化学组成和性质	非接触型酸雨自动采样器（机型：ARS—300）
	（1）电导率	电极法
	（2）pH 值	电极法
	（3）硫酸根	离子色谱法，改良硫酸钡比浊法或铬酸钡-二苯碳酰二肼分光光度法
	（4）亚硝酸根	离子色谱法或盐酸萘乙二胺分光光度法
	（5）硝酸根	离子色谱法或紫外分光光度法
	（6）氯离子	离子色谱法或硫氰酸汞分光光度法
	（7）氟离子	离子色谱法或氟试剂分光光度法
	（8）铵离子	纳氏试剂分光光度法或次氯酸钠-水杨酸分光光度法
	（9）钾、钠离子	原子吸收分光光度法
	（10）钙、镁离子	原子吸收分光光度法
	2. 林间 CO_2 浓度（森林）	红外线二氧化碳气体分析仪

注：括号内标注“森林”为森林生态站特定指标；“草原”为草原生态站特定指标；“农田”为农田生态站特定指标；“荒漠”为荒漠生态站特定指标；“海洋”为海洋生态站特定指标；“淡水”指淡水生态站特定指标，下同。

（二）水文要素指标监测技术

表 7-8 水文要素指标

指标体系		推荐监测方法
常规指标	1. 地表径流量	径流小区法
	2. 径流水化学组成	
	（1）酸度和碱度	酸碱指示剂滴定或电位滴定法
	（2）总氮	过硫酸钾氧化-紫外分光光度法
	（3）总磷	钼锑抗分光光度法或氯化亚锡还原光度法
	（4）总钾	火焰光度法
	（5）硝态氮（农田）	酚二磺酸光度法或镉柱还原法
	（6）亚硝态氮（农田）	*N*-（1-萘基）-乙二胺光度法
	（7）农药（农田）	气相色谱或液相色谱法

续表

指标体系		推荐监测方法
常规指标	3. 径流水总悬浮物	过滤烘干法
	4. 地下水位	测杆或自记地下水位计
	5. 泥沙流失量	径流小区法
	6. 泥沙颗粒组成	吸管法
	7. 泥沙化学成分	光度法
	(1) 有机质	重铬酸钾法
	(2) 全氮	重铬酸钾硫酸消化法
	(3) 全磷	钼锑抗比色法
	(4) 全钾	火焰光度法
	(5) 农药(农田)	气相色谱或液相色谱法
	(6) 重金属(农田)	原子吸收法
选择指标	1. 附近河水水质	同径流水分析项目与方法
	2. 附近河流泥沙量	悬移质和推移质测定法
	3. 农田灌水量、入渗量和蒸发量(农田)	统计及实测

(三) 土壤要素指标监测技术

表 7-9 土壤要素指标

指标体系		推荐监测方法
常规指标	1. 土壤有机质	重铬酸钾法
	2. 土壤养分含量	
	(1) 全氮	重铬酸钾-硫酸硝化法
	(2) 全磷	钼锑抗比色法
	(3) 全钾	火焰光度法
	(4) 水解氮	碱解蒸馏法或扩散吸收法
	(5) 速效磷	碳酸氢钠法或盐酸-氟化铵法
	(6) 速效钾	火焰光度法
	3. 土壤 pH 值	电极法
	4. 交换性酸及组成	氯化钾交换中和滴定性
	5. 阳离子交换量	EDTA-铵盐快速法
	6. 交换性盐基及组成	原子吸收法(Ca^{2+}、Mg^{2+})及火焰光度法(K^{+}、Na^{+})
	7. 土壤颗粒组成	吸管法
	8. 土壤团粒结构	筛分法
	9. 土壤容重	环刀法
	10. 土壤含水量	重量烘干法
选择指标	1. 土壤 CO_2 释放通量(稻田测定 CH_4)	红外线 CO_2 吸收仪器法
	2. 农药残留量(农田)	气相色谱法或液相色谱法
	3. 重金属残留量(农田)	原子吸收法
	4. 盐分总量(农田)	电导法
	5. 水田 Eh 值(农田)	电位法
	6. 化肥和有机肥的施用量及化学组分(农田)	统计及化学分析
	7. 元素背景值	原子吸收法
	8. 生命元素含量	原子吸收法
	9. 沙丘动态(荒漠)	实地观测

（四）植物要素指标监测技术

表 7-10 植物要素指标

指标体系		推荐监测方法
常规指标	1. 种类及组成	分类鉴定
	2. 种群密度	样方调查
	3. 现存生物量	割样法或量算公式法
	4. 枯死凋落物量	落叶落枝回器法
	5. 凋落物分解率	袋装分解称重法
	6. 地上部分生产量	公式法实测法
	7. 不同器官的化学组成	光度法
	（1）粗灰分	干灰法
	（2）氮	高氯酸-硫酸消化法
	（3）磷	钒钼黄化色法
	（4）钾、钠	火焰光度法
	（5）有机碳	重铬酸钾法
	（6）热量、水分和光能的收支	CO_2 分析仪、氧弹仪、气孔计和辐射仪法
选择指标	1. 可食部分有毒物含量（农田）	
	（1）农药	气相色谱或液相色谱法
	（2）重金属	原子吸收法
	（3）硝酸盐	紫外分光光度法
	（4）亚硝酸盐	*N*-1（1-萘基）-乙二胺比色法
	2. 可食部分粗蛋白（农田）	H_2SO_4-K_2SO_4-$CuSO_4$ 消煮法
	3. 可食部分粗脂肪（农田）	残余法或折光法

（五）动物要素指标监测技术

表 7-11 动物要素指标

指标体系		推荐监测方法
常规指标	1. 动物种类	分类鉴定
	2. 种群密度	样方直接法或间接法
	3. 土壤动物生物量	筛分法或浮游法
	4. 热值	弹道量热计
	5. 能量和物质收支	1/4 原理估算和比重测定技术
	6. 元素分析	
	（1）灰分	重量法
	（2）蛋白质	
	（3）脂肪含量	高氯酸-硫酸消化法
	（4）全磷	钒钼黄比色法
	（5）钾、钠	火焰光度法
	（6）钙、镁	原子吸收法
选择指标	体内有毒物质残留量（农田）	
	（1）农药	气相色谱或液相色谱法
	（2）重金属	原子吸收法

（六）微生物要素指标监测技术

表 7-12 微生物要素指标

指标体系		推荐监测方法
常规指标	1. 微生物种类	分类鉴定
	2. 种群密度	计数法
	3. 生物量	熏蒸法或 ATP 含量换算法
	4. 热值	弹道量热计
选择指标	1. 土壤酶类型	测压法、比色法、滴定法
	2. 土壤固氮作用	土壤培养测全氮法或乙炔还原法
	3. 土壤呼吸强度	密闭静置培养测定 CO_2 法或通气培养测 CO_2 法

（七）植物要素指标的测定

1. 生物量

生物量是指一定地段面积内某个时期生存着的活有机体的数量，又称现存量。在所有植被类型中，热带雨林的生物量最大，其环境的能力亦最强。

生物量的测定，采用样地调查收割法。样地面积，森林选用 1 000 m^2，疏林及灌木林选用 500 m^2，草本群落或森林的草本层选用 100 m^2，样地选择以花费最少劳动力和获得最大精确度为原则，样地确定后，依次测定全部立木的高度、胸高直径等项目，草本及灌木层，测定各种类成分的高度、盖度、频度等，然后分别按不同植被类型确定其生物量。

热带天然林的生物量计算公式如下：

$$B_{mf} = 0.000\,033\,96 D^2 H$$

式中，B_{mf}——天然林的生物量干重（t）；

D——胸高直径（cm）；

H——树木的高度（m）。

橡胶因是作物，植株分布均匀，枝叶繁茂，含水量也较多，将上式修订后计算橡胶的生物量：

$$B_{mr} = 0.000\,017\,79 D^2 H$$

草本层生物量的测定略比木本层简便些，但往往由于种类分布的不均匀性和生物质积累的季节性而影响精确度。故取样时要特别注意物候期，且选择生物量最大的地段进行割样称重。草本层的样地调查，除了记录植物的高度、盖度、频度、物候期外，还确立了丰满度概念，即指某种植物在生存期间内所占的地位及其饱和程度，以植物的相对高度（%）、盖度（%）、频度（%）三者的连乘积表示，在一定的空间内，某种植物的丰满度越大，则其生物量也越大，其所占的地位也越重要。丰满度与生物量的关系可用下式表达：

$$B_{mg} = \frac{B_{ma}}{F_a} \sum_{i=1}^{N} F_i$$

式中，B_{mg}——草本层的生物量干重（t/hm^2）；

B_{ma}——草本层的最大生物量干重（t/hm^2）；

F_a——最大丰满度，B_{ma}和 F_a由取样地段求得；

F_i——某种植物的丰满度；

N——草本层的物种数。

2. 生长量

生长量是生物生产力的主要标志。绿色植物的生产力是生物生产力的基础，即单位面积的植物生产量。绿色植物的生产量是指植物体在一定期间内所增加的贮存量。

木本层生长量的测定，一般采用立木解析法或围径增粗测定法，热带森林木本层生长量可用下式计算：

$$B_g = 0.000\ 010\ 246(D^2 H)^{0.625\ 3}$$

式中，B_g——生长量（t）；

D——胸高直径（cm）；

H——树木的高度（m）。

天然的热带雨林和季雨林，多为异龄林，用生长量（B_g），除生长量（B_m），可求得森林的平均年龄（T）。

橡胶林均为同龄林，并且林龄（定植时间）易于确定，用林龄（T）除生物量（B_m），便可得出平均生长量（B_g）。

一般的草本层植物，越冬时地上部分枯萎，而成活部分全是当年生长出来的，这样便可把草本植物地上部分的最大现存量作为生长量，对于一年生草本植物，其生长量等于生物量，一年两茬作物的生长量等于生物量的两倍。

3. 物种量（植物种类及组成）

物种量即指群落的单位面积内的物种数（物种数/hm^2 或物种数/亩）。

4. 凋落物

是森林生态系统的重要组成部分，热带林尤为重要。森林凋落物使每年大量有机物质归还土壤，它是养分循环的物质基础。它构成的林褥层（Ao 层）是森林保水及培肥效应的功能层，在维持和改善土壤肥力方面起到特别重要的作用。

采样方法：在林内设置收集框，规格 1 m×1 m×1 m，框距地面 30 cm，每个月或半个月收集称重。

凋落物的化学组成影响着物质循环过程中物质归还的数量和质量，凋落物的主要营养元素可测 N、P、K、Ca、Mg，分析方法见《土壤农化常规分析方法》。

5. 频度

频度是表示一个种群在一定地段上出现的均匀度。频度测定是在群落范围内，设置一定数量的小样方，统计种类的出现与否。小样方的大小和数量，与测量对象有关。在草本群落中往往用 1 dm^2 的小样架，做 50 次测定，在对森林树木做频度测定时，可用 10～25 m^2 的小样地做 10 次以上的统计，计算方法为：

$$频度 = \frac{某种植物出现的次数}{小样地数} \times 100\%$$

6. 盖度

盖度可分为投影盖度和基部盖度，盖度的大小不决定于植株的数目，而是决定于植株的生物学特性，如体形、叶面积等。投影盖度是植物地上器官垂直投影所覆盖土地的面积，用百分数来表示。在植物群落中，可以测定一种植物的投影盖度，也可以分层来测定。在森林群落中，上层林冠的盖度，往往起到很大的作用，不同的林冠郁闭程度，对林下的环境条件产生不同的影响（特别是光照和湿度），并直接影响到下层植物的种类、数量和生活强度。

盖度的测定有多种方法，最常用的是目测法，以百分比来表示。

基部盖度又称纯盖度，是指植物基部实际所占的面积。多用于草本群落，主要是计算草丛基部的盖度，以此来分析群落和不同种的盖度。测定的方法用方格网法（用 1 m^2 的木架，再用线分隔 100 个 1 dm^2 的小格）直接计算。

7. 多度

多度是表示一个种在群落中的个体数目。这是对森林群落监测分析首先必须进行的。多度的统计法通常是有两种，一是个体的直接计算法，另一是目测估算法。个体的直接计算，对不同的研究对象，统计面积是完全不同的，一般是群落的最小面积。这种统计法工作量很大，但所得结果正确，有统一的客观标准和明确的数量概念，计算方法如下：

$$\text{某个种的多度}=\frac{\text{该种的个体数目}}{\text{样地中全部种的个体数}}\times 100$$

个体的直接计算法，在森林群落乔、灌木的监测研究中是普遍采用的。这是因为森林乔木寿命长，在一个样地中，包括不同生长期的种群，它们的高度、粗度、盖度等差异很大，如不直接对每株进行调查，就无法得到乔木树种在数量上的特征，也不利于对群落结构和动态监测的分析。

目测估计法是一种粗略的统计方法，其特点是迅速、方便、适宜于勘察性调查或对一些工作重要种类或层次的调查。这种方法有较大的主观性和经验性。目测法是按照事先划分多度等级进行估算的。

8. 种群密度、林地蓄积量

种群密度是指单位面积上的个体株数，即：

$$D = N/S$$

式中，D——种群密度；

N——株数；

S——单位面积。

林地蓄积量计算公式为：

$$M = \Sigma G \cdot H \cdot f$$

式中，M——林地蓄积量；

ΣG——胸高断面积总和；

H——树木平均高度；

f——形数，即树干体积与等高同底圆柱体体积之比。

四、水生生态系统监测指标监测技术

（一）水文气象要素指标监测方法

表 7-13 水文气象要素指标

指标体系		推荐监测方法
常规指标	1. 日照时数	日照计
	2. 总辐射量和光合有辐射量	辐射计
	3. 降水量	翻斗式雨量计
	4. 蒸发量	蒸发计
	5. 风速方向	电子风向风速仪
	6. 气温和湿度	百叶箱通风干湿温度表
	7. 气压	水银气压计
	8. 云量、云形、云高和可见度	肉眼观察
选择指标	1. 海况（海水）	目视
	2. 入流量和出流量（淡水）	流速仪
	3. 入流和出流的水化学组成（淡水）	同陆地水文要素中径流水化学分析项目和方法相同
	4. 大气干湿沉降物量及组成（淡水）	同陆地气象要素中监测项目和方法相同
	5. 水位（淡水）	水位计

（二）水质要素指标监测方法

表 7-14 水质要素指标

指标体系		推荐监测方法
常规指标	1. 水温	水温计法或溶氧仪法
	2. 颜色	比色法
	3. 气味	文字法
	4. 浊度	文字描述法计
	5. 透明度	分光光度法
	6. 残渣	烘干法
	7. 电导率	电极法
	8. 氧化还原电位	电极法
	9. pH 值	铂电极法
	10. 矿化度	重量法
	11. 总氮	过硫酸钾氧化-紫外分光光度法
	12. 硝态氮	酚二磺酸光度法或镉柱还原法
	13. 亚硝态氮	*N*-（1-萘基）-乙二胺光度法
	14. 铵氮	纳氏试剂光度法
	15. 总磷	钼锑抗分光光度法
	16. 总有机碳	燃烧氧化-非分散红外吸收法
	17. 溶解氮（DO）	碘量法或溶氧仪法
	18. 化学耗氧量（COD）	重铬酸钾法
	19. 生化耗氧量（BOD_5）	稀释接种法
选择指标	1. 重金属	
	（1）镉	原子吸收法
	（2）汞	冷原子吸收法
	（3）铅	原子吸收法或双硫腙分光光度法
	（4）砷	二乙氨基二硫代甲酸银分光光度法
	（5）铜、镍、锌	原子吸收法
	2. 农药	气相色谱或液相色谱法
	3. 油类	紫外分光光度法
	4. 挥发酚类	4-氨基安替比林光度法

（三）底质要素指标监测技术

表 7-15　底质要素指标

指标体系		推荐监测方法
常规指标	1. Eh 值	电位法
	2. pH 值	电极法
	3. 粒度	吸管法
	4. 总氮	重铬酸钾-硫酸消化法
	5. 总磷	钼锑抗比色法
	6. 有机质	重铬酸钾容量法
选择指标	1. 总汞	冷原子吸收法
	2. 砷	银-DDC 光度法
	3. 铬	原子吸收法
	4. 铜、锌、镉、铅、镍	原子吸收法
	5. 硫化物	对氨基二甲基苯胺光度法
	6. 农药	气相色谱法或液相色谱法

（四）游泳动物指标监测技术

表 7-16　游泳动物指标

指标体系		推荐监测方法
常规指标	1. 个体种类与数量	分类鉴定
	2. 年龄和丰富度	鳞质法或体长频数法
	3. 现存量、捕捞量和生产力	现场调查测量
选择指标	1. 残毒分析	与水质有关项目和方法相同
	2. 致死量和亚致死量	实验和慢性实验
	3. 酶活性（P-450 酶）	

（五）浮游植物要素指标监测方法

表 7-17　浮游植物要素指标

指标体系		推荐监测方法
常规指标	1. 群落组成	生物群落法
	2. 定量分类数量分布（密度）	生物群落法
	3. 优势种动态	生物群落法
	4. 生物量	湿重法，体积法，个体计数法
	5. 生产力	叶绿素 a 的测定，黑白瓶氧法
选择指标	残毒 （P-450 酶）	与水质有关项目和方法相同

（六）浮游动物指标监测技术

表 7-18　浮游动物指标

指标体系		推荐监测方法
常规指标	1. 群落组成定性分类 2. 定量分类数量分布 3. 优势种动态 4. 生物量	生物群落法 生物群落法 生物群落法 湿重法，体积测定法，个体计数法
选择指标	残毒	与水质有关项目和方法相同

（七）微生物指标监测技术

表 7-19 微生物指标

指标体系	推荐方法
1. 细菌总数 2. 细菌种类 3. 大肠杆菌群及分类 4. 生化活性	培养法 分类鉴定 多管发酵法

（八）着生生物藻类和大型底栖无脊椎动物指标监测技术

表 7-20 着生藻类底栖动物指标

指标体系		推荐监测方法
常规指标	1. 定性分类 2. 定量分类 3. 生物量动态 4. 优势种	人工基质法，采泥器法 个体计数法，湿重法（大型底栖无脊椎动物）
选择指标	残毒	与水质相关项目和方法相同

第四节 生态监测技术方案

一、生态监测方案的制定

生态环境的复杂性、生态影响的长期性和由量变到质变的特点，决定了生态监测在生态环境管理中具有特殊重要的作用，也是重要的生态环境保护措施。生态监测有哪些？如何进行？生态监测有施工期生态监测，也有长期跟踪的生态监测，不论哪种生态监测，其监测的目的不外乎有如下三种：

（1）了解背景。即继续对生态环境的观察和研究，认识其特点和规律。例如，对某些作为保护目标的野生生物及其栖息地的观察和研究，没有长期的过程是不可能完全把握的。

（2）验证假设。即通常验证环境影响评价中所做出的推论、结论是否正确，是否符合实际。这种验证不仅对评价的项目有益，而且对进行类比分析、推进生态环境影响评价工作是非常有意义的。

（3）跟踪动态。即跟踪生态监测实际发生的影响，发现环境影响评价中未曾预料到的重要问题，可以采取相应的补救措施。

因此，长期的生态监测技术方案，应具备如下主要内容：

1. 明确监测目的，或确定要认识或解决的主要问题。一般列入监测的问题都是敏感的、重要的而又是一时不能完全了解或把握的问题。如果是环境影响评价生态监测只针对环境影响报告书中确定的问题，而不是做全面的生态环境监测。

2. 确定监测项目或监测对象。针对想要认识或解决的问题，选取最具有代表性的或最能反映环境状况变化的生态系统或生态因子作为监测对象。例如，以法定保护的生物、珍稀濒危生物或地区特有生物为监测对象，可直接了解保护目标的动态；以对环境变化敏感的生物为监测对象，可判断环境的真实影响与变化程度；以土地利用或植被为监测对象，可了解区域城市化动态或土地利用强度，也可了解植被恢复措施的有效性等。合理选择监测对象是十分重要的。

3. 确定监测点位、频次或时间等，明确方案的具体内容。

4. 规定监测方法和数据统计规范，使监测数据可进行积累与比较。生态监测的方法规范化是一项严肃而科学细致的工作，在没有规范化的方法之前，一般可采用资源管理部门通用方法、生态学常规方法以及科研中常用方法，但一经规定，就要一直沿用下去。

5. 确立保障措施。由于生态监测可能持续几年，有时可能伴随建设项目的始终，因而制定明确而详尽的实施保障措施是十分必要的，这包括投资估算，如起始费用、维护费用、年度费用等，包括确定实施单位、技术装备、人员组成、监督检查机制、保障措施以及意外事故出现时的应急对策等。

二、生态评价指标计算

1. 生物丰度指数

生物丰度指数分权重按如表 7-21。

表 7-21 生物丰度指数分权重

	林地			草地			水域湿地			耕地		建筑用地			未利用地			
权重	0.35			0.21			0.28			0.11		0.04			0.01			
结构类型	有林地	灌木林地	疏林地和其他林地	高覆盖度草地	中覆盖度草地	低覆盖度草地	河流	湖泊（库）	滩涂湿地	水田	旱地	城镇建设用地	农村居民点	其他建设用地	沙地	盐碱地	裸土地	裸岩石砾
分权重	0.6	0.25	0.15	0.6	0.3	0.1	0.1	0.3	0.6	0.6	0.4	0.3	0.4	0.3	0.2	0.3	0.3	0.2

生物丰度指数计算方法按下式：

生物丰度指数＝A_{bio}×（0.35×林地＋0.21×草地＋0.28×水域湿地＋0.11×耕地＋0.04×建设用地＋0.01×未利用地）/区域面积

式中：A_{bio}——生物丰度指数的归一化系数。

2. 植被覆盖指数

植被覆盖指数的分权重见表 7-22。

表 7-22 植被覆盖指数分权重

	林地			草地			农田		建设用地			未利用地			
权重	0.38			0.34			0.19		0.07			0.02			
结构类型	有林地	灌木林地	疏林地和其他林地	高覆盖度草地	中覆盖度草地	低覆盖度草地	水田	旱地	城镇建设用地	农村居民点	其他建设用地	沙地	盐碱地	裸土地	裸岩石砾
分权重	0.6	0.25	0.15	0.6	0.3	0.1	0.7	0.3	0.3	0.4	0.3	0.2	0.3	0.3	0.2

植被覆盖指数计算方法按下式：

植被覆盖指数＝A_{veg}×（0.38×林地＋0.34×草地＋0.19×耕地＋0.07×建设用地＋0.02×未利用地）/区域面积

式中，A_{veg}——植被覆盖指数的归一化系数。

3. 水网密度指数

水网密度指数计算方法按下式：

水网密度指数＝A_{riv}×河流长度/区域面积＋A_{lak}×湖库（近海）面积/区域面积＋A_{res}×水资源量/区域面积

式中，A_{riv}——河流长度的归一化系数；

A_{lak}——湖库面积的归一化系数；

A_{res}——水资源量的归一化系数。

4. 土地退化指数

土地退化指数分权重按表 7-23。

表 7-23 土地退化指数分权重

土地退化类型	轻度侵蚀	中度侵蚀	重度侵蚀
权重	0.05	0.25	0.7

土地退化指数计算方法按下式：

土地退化指数＝A_{ero}×（0.05×轻度侵蚀面积＋0.25×中度侵蚀面积＋0.7×重度侵蚀面积）/区域面积

式中，A_{ero}——土地退化指数的归一化系数。

5. 环境质量指数

环境质量指数的分权重见表 7-24。

表 7-24 环境质量指数分权重

类型	二氧化硫（SO_2）	化学需氧量（COD）	固体废物
权重	0.4	0.4	0.2

环境质量指数计算方法见下式：

环境质量指数＝0.4×（100－A_{SO_2}×SO_2 排放量/区域面积）＋0.4×

(100－A_{COD}×COD 排放量/区域年均降雨量) ＋0.2×

(100－A_{sol}×固体废物排放量/区域面积)

式中，A_{SO_2}——SO_2 的归一化系数；

A_{COD}——COD 的归一化系数；

A_{sol}——固体废物的归一化系数。

三、生态环境状况评价分级

(一) 生态环境状况指数 (Ecological Index，EI) 计算

各项评价指标权重见表 7-25。

表 7-25 各项评价指标权重

指标	生物丰度指数	植被覆盖指数	水网密度指数	土地退化指数	环境质量指数
权重	0.25	0.2	0.2	0.2	0.15

生态环境状况指数 (EI) 计算方法见下式：

EI＝0.25×生物丰度指数＋0.2×植被覆盖指数＋0.2×水网密度指数＋0.2×(100－土地退化指数) ＋0.15×环境质量指数

(二) 生态环境状况分级

根据生态环境状况指数，将生态环境分为五级，即优、良、一般、较差和差，见表 7-26。

表 7-26 生态环境状况分级

级别	优	良	一般	较差	差
指数	EI≥75	55≤EI＜75	35≤EI＜55	20≤EI＜35	EI＜20
状态	植被覆盖度高，生物多样性丰富，生态系统稳定，最适合人类生存	植被覆盖度较高，生物多样性较丰富，基本适合人类生存	植被覆盖度中等，生物多样性一般水平，较适合人类生存，但有不适人类生存的制约性因子出现	植被覆盖较差，严重干旱少雨，物种较少，存在着明显限制人类生存的因素	条件较恶劣，人类生存环境恶劣

(三) 生态环境状况变化幅度分级

生态环境状况变化幅度分为 4 级，即无明显变化、略有变化 (好或差)、明显变化 (好或差)、显著变化 (好或差)，见表 7-27。

表 7-27 生态环境状况变化度分级

级别	无明显变化	略有变化	明显变化	显著变化
变化值	$\lvert\Delta EI\rvert \leq 2$	$2 < \lvert\Delta EI\rvert \leq 5$	$5 < \lvert\Delta EI\rvert \leq 10$	$\lvert\Delta EI\rvert > 10$
描述	生态环境状况无明显变化	如果 $2 < \Delta EI \leq 5$，则生态环境状况略微变好；如果 $-2 > \Delta EI \geq -5$，则生态环境状况略微变差	如果 $5 < \Delta EI \leq 10$，则生态环境状况明显变好；如果 $-5 > \Delta EI \geq -10$，则生态环境状况明显变差	如果 $\Delta EI > 10$，则生态环境状况显著变好；如果 $\Delta EI < -10$，则生态环境状况显著变差

习　题

1. 生态监测的任务和特点是什么?
2. 生态监测的技术类型和空间尺度有哪些?各有什么不同?
3. 图示说明生态监测的技术路线?
4. 怎样确定优先监测的生态站和生态项目?
5. 生态监测指标体系有哪些?选定的原则是什么?
6. 优先监测指标的主要特征是什么?确定的原则有哪些?
7. 土壤要素指标的监测方法如何选择?
8. 植物要素指标中生物量、生长量、物种量、种群密度、频度、盖度是如何测定的?
9. 长期生态监测的技术方案应具备几方面主要内容?
10. 生态环境评价指标主要有哪些?是如何计算分级的?

第八章　遥感监测技术

遥感（RS）是遥远的感知。遥感监测技术是通过航空或卫星等收集环境的电磁波信息对远离的环境目标进行监测识别环境质量状况的技术。遥感监测技术是一种先进的环境信息获取技术，在获取大面积同步和动态环境信息方面“快”而“全”，是其他监测手段无法比拟和完成的。因此，得到日益广泛地应用。如大气、水质遥感监测，海洋油污染事故调查，城市热环境及水域热污染调查，城市绿地、景观和环境背景调查，生态环境调查监测等。2012 年 11 月 19 日我国在太原卫星发射中心又成功发射了环境一号 C 星，获取了高质量合成孔径雷达影像图。随着遥感地理信息系统及全球定位系统等空间技术的快速发展，环境监测已从地面发展到空间，发展到天地协同监测。

第一节　水环境遥感监测技术

一、水质污染遥感监测机理

地表水或海水中存在的污染物会影响和改变水面的反向散射特性。传感器监测时经水面反射到传感器中的能量光谱信号变化的能力决定了测量水质参数的遥感应用。特定波长的能量可以表示水中污染物的存在和浓度。因此，用来监测不同水质参数的最佳波段，取决于被测物质和传感器的特性。见图 8-1。

水中光是太阳辐射经过折射、散射进入水体的部分，水中光、水面反射光、天空散射光共同被空中探测器所接收，探测结果是波长、高度、入射角、观测角的函数，其中前面部分包含有水的信息，因而可以通过高空遥感手段探测水中光和水面反射光，以获得水色、水流、水面形态等信息，并由此推测有关浮游生物、浑浊水、油污、污水等的质量和数量以及水面风浪等有关信息。因此，通过遥感系统测量并分析由水体吸收和散射太阳辐射而形成的光谱（包括可见光与近红外光）是水环境遥感监测的基础。

二、水环境遥感监测指标体系

根据污染水的光谱效应、水污染的遥感影像特征以及国内外遥感监测研究现状，我国水环境遥感监测指标体系，包括空间、物理、化学、生物、综合 5 大类 15 项指标（表 8-1）。

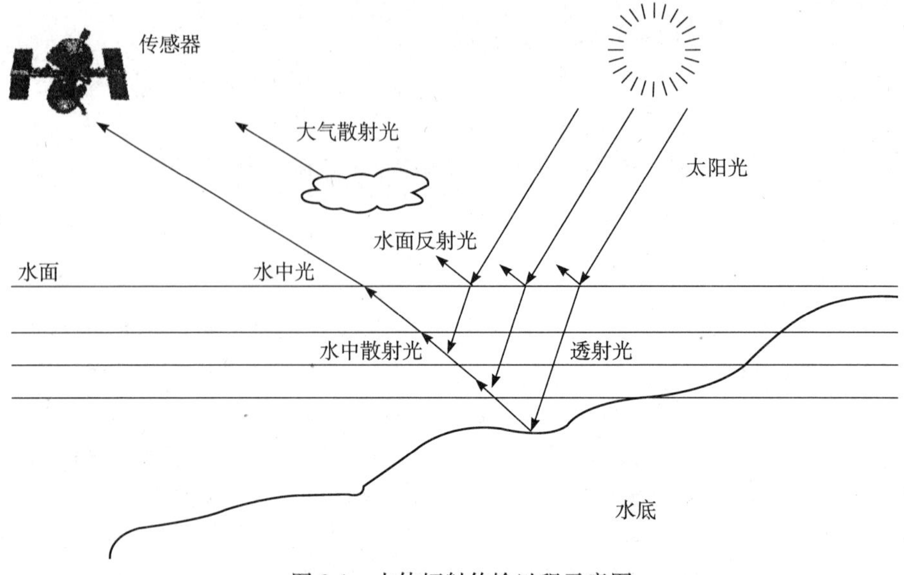

图 8-1　水体辐射传输过程示意图

目前，国内外对水环境的遥感应用主要为具有光学机理基础的一些水质参数的提取，包括叶绿素 a、悬浮物、CDOM、DOC、水温、透明度、油污等，而其应用目标主要为大洋水体，因为大洋水体面积大，成分比较稳定，水体遥感图像的大气校正处理比较完善；对于其他无光学机理、需利用数学相关模型或者是间接手段提取的部分水质指标，其精度还远远达不到实际应用的需要，因此国外相关业务部门都没有采用。

根据我国国情，从卫星遥感的角度讲，河流和中、小型湖泊受卫星遥感时间、空间分辨率的限制而无法进行有效的监测。基于目前我国能够获取遥感数据的时间、空间分辨率和信噪比，我国可进行业务遥感的水体为太湖和近海。

表 8-1　水环境遥感监测指标体系

指标类别	指标名称	指标单位	可遥感潜力	指标获取方法
空间指标	水华面积	km^2	直接遥感	多光谱数据解译
	溢油面积	km^2	直接遥感	多光谱、热红外、雷达数据反演
物理指标	水温/热污染	℃	直接遥感	热红外数据反演
	透明度	m	直接遥感	多光谱和高光谱数据反演
	悬浮物浓度	mg/L	直接遥感	多光谱和高光谱数据反演
化学指标	总氮浓度	mg/L	间接遥感	相关指标间接反演
	总磷浓度	mg/L	间接遥感	相关指标间接反演
	DO 浓度	mg/L	间接遥感	相关指标间接反演
	DOC 浓度	mg/L	间接遥感	相关指标间接反演
	BOD 浓度	mg/L	间接遥感	相关指标间接反演
	COD_{Mn}浓度	mg/L	间接遥感	相关指标间接反演
	CDOM 浓度	mg/L	直接遥感	高光谱数据反演
生物指标	藻密度	万个/L	直接遥感	多光谱和超光谱数据反演
	叶绿素 a 浓度	mg/L	直接遥感	多光谱和超光谱数据反演
综合指标	富营养化指数		间接遥感	利用单项指标反演结果计算

水环境遥感监测是基于污染水体的光谱效应，由于溶解或悬浮于水中的不同污染成分、浓度，使水体颜色、密度、透明度和温度等产生差异，导致水体反射能量的不同，

而在遥感图像上反映为色调、灰阶、形态、纹理等特征的差别，根据这些影像特征，一般可以识别污染源、污染范围、面积和浓度。在江河湖海各种水体中，污染物种类繁多。为了便于用遥感方法研究各种水污染，习惯上将其分为富营养化、悬浮泥沙、石油污染、废水污染、热污染和固体漂浮物等几种类型，表 8-2 为几种主要水体污染在遥感影像上的特征。

表 8-2　水污染的遥感影像特征

污染类型	水环境变化	遥感影像特征
富营养化	浮游生物含量高	在彩色红外图像上呈红褐色或紫红色，在 Landsat TM 图像上呈浅色调
悬浮泥沙	水体浑浊	在 Landsat TM 图相片上呈浅色调，在彩色红外片上呈淡蓝、灰白色调，浑浊水流与清水交界处形成羽状水舌
石油污染	油膜覆盖水面	在紫外、可见光、近红外、微波图像上呈浅色调，在热红外图像上呈深色调，为不规则斑块状
废水污染	水色水质发生变化	单一性质的工业废水随所含物质的不同色调有差异，城市污水及各种混合废水在彩色红外片上呈黑色
热污染	水温升高	在白天的热红外图像上呈白色或白色羽毛状，也称羽状水流

利用遥感技术监测水环境包括定性和定量两种方法。定性遥感方法是通过分析遥感图像的色调特征对水环境化学现象进行分析评价的，这往往需要了解水环境化学现象与遥感图像色调之间的关系，建立图像解译标志。定量遥感方法建立在定性方法的基础之上，为了消除随机因素的影响，通常需要获得与遥感成像同步（或准同步）的实测数据，以标定定量数学模型。

三、水质污染遥感监测判读标志

对水体的遥感监测是以污染水与清洁水的反射光谱性能研究为基础的。总的看来，清洁水体反射率比较低，水体对光有较强的吸收性能，而较强的分子散射性仅存在于光谱区较短的谱段上。故在一般遥感影像上，水体表现为暗色色调，在红外谱段上尤其明显。

水中悬浮物微粒会对入射进水里的光发生散射和反射，增大水体的反射率。悬浮物含量增加，水体反射率也变大。

水体里浮游植物大量繁殖是水质富营养化的显著标志。由于浮游植物体内含的叶绿素对可见和近红外光具有特殊的“陡坡效应”，使那些浮游植物含量大的水体兼有水体和植物的反射光谱特征。随浮游植物含量的增高，其光谱曲线与绿色植物的反射光谱越近似。水体里污油浓度越高，散射光越强。城市大量排放的工业废水和生活用水中带有许多有机物，它们在分解时耗去大量溶解氧，使水体发黑发臭。当有机物严重污染水体时，水色漆黑，污染程度轻一些的呈现各种灰黑色色调。在遥感相片上，这些水体的反射率很低，呈现为浊黑色条带。

黑白图像记录水体的反射光谱是依靠灰度特征表示的，彩色图像通过丰富的色彩、色调亮度和饱和度记录水体表面各种信息，能突出表现水面细微的变化。研究表明，应用彩色红外相片监测水质效果最理想。

一般清洁的深水在彩色红外相片上呈现蓝黑色调，而各种污染水则在蓝绿色基调上发生色彩变化。所以，在进行影像色彩处理时，要根据水体显色特点进行作业，以求突出水质的信息。根据在城市地区监测研究的结果，1∶10 000 比例尺的航空相片是比较适用的。识别水污染的特征标志包括影像的色彩、污染水的纹理及其相关的辅助标志见表 8-3。

利用彩色红外相片监测水质污染，除了上述影像色彩特征外，还可以凭借指示物发现隐蔽的污染物排放源，查明那些用肉眼不能直接观察到的污染物。实践证明，水中的悬浮泥沙和浮游植物可作为判读指示物。

表 8-3　利用 1∶10 000 彩色红外航空相片判读污染水的判读标志

污染类型＼项目	污染物来源	影像色彩	影像纹理	辅助标志	判读效果
油污染	船舶排放，炼油厂、工厂排口	绿，青绿	条、块状，烟云状	船舶，炼厂，航道	好
悬浮泥沙	农田排水，河水输送	淡蓝，绿，绿白，灰白色	条带状，旋涡状	排水渠，两河汇合处	好
有机污水	工厂、居民排放	灰黑，黑	条带、墨迹状	污水河，居民点水沟	好
浮游植物	工厂、居民排放污水及农田排水引起富营养化	红褐，淡红，浅褐	长条、块斑状、块状	农田，工厂，居民点附近	好
化学废渣	化工、机械工厂	灰蓝、绿、黄绿	喇叭状扩散、块状	工厂排污口	好
生活垃圾	垃圾堆废物侵蚀溶解	灰黑，黑色	墨迹状	垃圾渣堆	好
化学废液	化工厂、人工投放	由原生色调决定，五彩斑斓	由排放源性质决定	工厂，垃圾堆	若色调反差强则效果好
热排水	工厂排放冷却水	深蓝色中有白色浪花	喇叭状，波纹	工厂排放口	若影像纹理显示好则效果好

1. 悬浮泥沙在水污染遥感监测中的指示作用

水中的泥沙微粒，是许多污染物强有力的吸附物。例如重金属离子、农药和杀虫剂，排放进入水体后大部分依附在悬浮泥沙上。所以在彩色红外图像上通过对悬浮泥沙的判读分析，可以追踪重金属等污染物的形迹。其次堆放在池塘边的垃圾对水环境的影响，可在彩色红外相片上看到由于受到水浸泡而向水中扩散的黑色羽流。

2. 浮游植物在水污染遥感监测中的指示作用

浮游植物具有叶绿素反射光谱的“陡坡效应”，在彩色红外相片上能呈现红色色调而易于识别。利用水体中浮游植物可以追踪到污染物的排放源。如在天津海河上，曾从彩色红外相片上发现呈紫红色条带状的浮游植物蜿蜒伸展，它与纱厂厂房的排水口相联系。从而查明了这个从不被注意的隐蔽的排污口。

在天津汉沽、宁河等地发生了因抽灌蓟运河含有三氯乙醛、次氯酸钠化工污染毒物的河水浇灌麦田而造成 26.67 km^2 小麦被污染事件。在判读这个地区的航空遥感彩色红外图像时，借助于河水里悬浮泥沙对水流运动的指示作用，发现该河段河水存在着上溯现象，即在排水口附近呈青色弥漫的絮状，且偏向上游扩散。在这种水动力作用下，处在蓟运河下游的化工厂排放的污染物也漂向上游。形成蓟运河下游河水上溯的原因，是在大量用水季节，上游大量抽水站同时抽取河水所致。

3. 河水咸化在水污染遥测中的指示作用

对天津海河水质的分析表明，海河水质因海水上溯而造成咸化污染，使氯化物的含量超过正常范围 2～24 倍，硫酸盐及钙铁含量也相应超标。使用该地区彩色红外影像，经过 101 系统图像处理，将影像分解为红外、红和绿光谱段，分别扫描数字化，获得 3 个谱段的相对的影像密度值，并将它与水质参数进行相对计算。结果表明：在红和绿光谱段，尤其是绿光谱段范围内，检测到河水咸化污染参数与影像密度值有较好的相关，相关系数达 0.7～0.8。分析结果表明，该谱段的影像密度值愈小，水质参数值愈大，咸化污染就愈严重。

4. 泄漏排放在水污染遥感监测的指示作用

在大连海湾航空遥感试验中，利用航空相片判读出沿岸工业和码头漏油或排放污染物的地点有 20 多处，结合地面调查，弄清了污染物的性质和分布。在山东青岛胶州湾海洋遥感中，利用可见光摄影和热红外扫描方法取得了青岛沿岸水域的图像，判读出了沿岸工业污染和油污染的分布情况。

四、污水扩散规律及重度界线划分

热红外遥感是以航空红外扫描的方式接收地面不同物体的辐射能量成像的，地物的辐射温差是成像的前提。遥感成像视域开阔，可以反映宏观现象，对热异常的显示比较客观、真实。

实际效果明显，解决了常规方法对污水的扩散规律、分布范围、江面污染界线和程度等难以解决的问题。可用来指导生活饮水取水区范围的确定、工业取排水工程的合理布局。

（一）捕捉污水扩散规律

污水是由工厂的生产性质决定的，有的工厂连续工作，有的只是白天工作，因此排污规律也就有所不同。大致分为以下几种类型：①稳定型排污，连续不断的排放；②间歇型排污，有规律的定时排放；③不定型排污，没有规律的随意排放。

当污水排入大面积水域后，是难以用眼睛和地面测试方法查清其扩散范围及变化规律的，入海口河受潮流的影响，更增加了其变化的复杂性，即使采用常规航空相片也很难奏效。因为，污水多不带颜色或部分带有浅黄色及褐色，一经排入混浊的江水，便会很快消散，并且为了躲避环保部门的追究，多数工厂的排放量在白天已降到最低点，因此，各方面因素都很难满足摄影条件的需要。然而，利用热红外遥感方法来记录、捕捉污水流的扩散，则是行之有效的。因为物理前提条件充分，污水与江水自然水温有较大的差别。如电厂排出的污水温度一般在 35℃以上，化工厂、电化厂、焦化厂、炼油厂排出的污水温度也均在 30℃以上，造纸厂、印染厂、炼钢厂、洗涤剂厂等也都有较高的污水排放温度。而江水自然水温只有 20～25℃，虽然有些工厂排污温度较低，但与江水相比也有几度的温差，又加之红外探测器有较高的温度分辨率，而且具有快速宏观性，可以取得任何时间的瞬时图像，这样就可以利用红外扫描成像的很多有利条件来开展工作。

使用遥感方法进行水污染调查，实质就是以水的物理特性差异来区分净水与污水、水与其他物质。所以热容量、辐射率、动温度等都是重要的物理参数。

物质间动温度的高低，在相同条件下取决于热容量。在工业水污染调查中，主要是通过净水与污水动温度的差别进行热红外成像的。

遥感监测视野开阔，对大面积范围里发生的水体扩散过程容易通览全貌，观察出污染物的排放源、扩散方向、影响范围以及与清洁水混合稀释的特点。从而查明污染物的来龙去脉，为科学地布设地面水样监测站提供依据。污染水在彩色红外影像上平面展布的图形，受到排放源作用力和水体动力合成力的影响，它的扩散形态可以作为识别水动力特点的标志。

1. 静水中污染物的扩散

在水流静止的环境里，污染物的排放都以排污口为中心呈半圆形均匀地向外扩散，它在彩色图像上的几何形态非常明显。当排放口污水数量很大，污水流速很快时，则在平面上展布为扇形、喇叭形。

2. 流动河水中污水的扩散

由于受流水的动力作用，从排污口排放的污水向下游顺水流方向扩散并在平面上展开，且很快与河水渗混发生稀释作用，故在彩色红外影像上还可观测到水流的动力特点。

3. 河口海湾内污水的扩散

在河口海湾地区，当污染水注入时，由于受潮汐运动的影响，污染物随水流漂浮移动，运动方向与潮汐推移方向相同。海洋潮汐每天周期性地发生涨落，污染物运动方向也相应发生改变，在彩色红外影像上展布的形态也表现出不同的图案，在发生涌潮时，排污口污水呈现连续的一片；一旦退潮，污水与排污口失去联系，形成了脱离污染源的离岸孤立的混浊水体。

（二）污染重度的划分

江河污染范围的调查是环保部门的一个难题，工作量大，又很难做到直观准确，加之潮情的影响，更增加了其复杂程度，在不同时间里其范围和界线也是不相同的，使用常规手段难以查清。然而利用热红外扫描图像则可迎刃而解。污水范围比背景自然水温高，热图像反映效果明显，分布范围和运行方向随潮情的变化而变化，根据不同时间不同潮情图像的判读可以反映出污水的时空变化规律。

利用遥感图像划分污染重度主要决定于：①排污量大小；②排污规律；③工厂生产性质；④排放污水温度。以上诸因素指标均可在扫描图像上直接或间接获得。如排污量大小在图像上十分明显，异常范围直观醒目，通过判读对比可得出结论；排放规律可根据不同时相的资料获得，假如不同时间的图像均可“捕捉”到某个排污点，无疑为稳定型排污。而时有时无则是非稳定型排污。稳定型排污一般大于非稳定型排污；知道工厂的生产性质就能有目的地调查排污成分。如印染厂、造纸厂、化工厂、炼油厂等所排污水含有大量酚、氰化物、硫化物、废油和砷、铅、汞、锌等有毒有害物质。因此，工厂性质的确定是重要的污染调查依据，可在热图像上发现厂区的位置，结合地形图便可得知是何许工厂；反映排放温度是热图像的本能，只需用0.2℃的温度差异便可在热图像上有所显示。因此，以上几个基本因素都是判断污染重度必不可少的依据。

（三）取水位置的确定

江河污染地面动态监测，不仅耗费大量人力、物力，而且测点稀散，测试精度没有保证：①水上定位困难，影响测量和化验资料的使用；②乘船接触测量难以测得表面温度，不利于圈定污水范围；③船只进入污水区，异常区温度场会受到破坏。因此，使用遥感资料指导地面测试具有很大的实际意义。按照污水变化的规律进行工作，可减少监测工作中的盲目性、重复性。遥感资料对不同时间、不同潮情下污水的变化范围、界线十分明显，监测时可根据其界线对净水区、污水区、污水口的扩散情况有目的地进行温度测试、取样等工作，提高了工作效率，减少了工作量。

工业用水有一定标准，在污染严重的江河上如何取到符合工业用水标准的水，热图像可以为此提供可靠的依据，还可以反映出取水位置和取水时间是否合理，并根据图像反映的情况进行调整。比如工厂的取水口在排污口上游，一定要在落潮时取水，不然将会把自己排出的污水再取回去，同理，若取水口在排污口的下游，则要在涨潮时取水。如果工厂需水量大，要连续取水，可利用管道伸入江心寻找取水位置。

生活饮用水质量是关系到成千上万人民健康的大事，从热图像反映的江水污染情况来分析，河流上游没有受到污染，图像为均一的冷色调，没有工厂的分布也不受下游污水的影响，是一清洁水域，适合作为生活饮水区。

五、热污染与油污染遥感监测技术

（一）热污染遥测判读

热红外扫描图像主要反映目标的热辐射信息，对监测工厂的热排水造成的污染很有效，无论白天、黑夜，在热红外相片上排热水口的位置、排放热水的分布范围和扩散状态都十分明显，水温的差异在相片上也能识别出来。因而利用热红外遥感监测能有效地探测到热污染排放源。如天津海河热污染调查利用多级、多时相的红外扫描图像上呈现的热污染源的位置、热水扩散状况和范围，结合地面观测，查明了海河热污染状况。海河全线79 km共有热污染源23个，热排水口40个。并对热污染状况做了分段分级的评价，新红桥—解放桥为轻度热污染河段，解放桥—邢家圈为严重热污染河段，邢家圈—葛沽为中度热污染河段，葛沽—新河船厂为无热污染河段，新河船厂—海河闸为严重热污染河段。提出了海河热排水指标应限制在33℃以内等建议。

多时相是为获得同一地区不同季节、不同日期、不同时刻的遥感资料，以便研究污染物的时空分布，开展动态分析，在试验中有意安排了多时相的监测，分别在五、九、十二月进行了重复飞行，有些项目还在三个季节中选择早、午、晚进行了监测，通过上述监测获得了多时相的遥感资料，同时也为选择环境遥感的最佳监测时机提供了依据。

为了提取某些专题信息，对典型污染源的遥感图像进行了等密度分割、相关掩膜处理，对多波段影像进行了彩色合成，以及彩色红外影像的模数转换，多波段卫星磁带的计算机影像增强、密度变换、监督和非监督分类等处理。

在上述各项工作的基础上，利用获得的遥感图像和数据及有关资料开展了综合分析，以及量算、数据统计、相关分析、编图、绘图等一系列的分析判读工作。

（二）油污染遥测判读

未污染的海水与覆盖在水面上的油膜，由于两者的辐射发射率（即比辐射率）不同，从而显示出海面油污染分布的情况。

在夜晚拍摄的热红外图像上，船舶翻起的浪花呈现出较暖的色调显示，相片上呈现出白色条带，而排油的地方则呈现出黑色条带。根据油膜的厚薄在相片上表现为灰阶的不同，可以计算出石油覆盖的面积和数量。表 8-4 所列的是美国石油学会发表的不同的油膜色彩和状态与油膜的厚度和单位面积上油量之间的关系，可以用这种关系对海面油膜进行半定量的分析。

表 8-4 水面油膜状态及其与油量的关系

状态	厚度/μm	油量/（L/km²）
勉强可见	0.038	44
银色光辉	0.076	88
痕量彩色	0.152	176
鲜明的彩色带	0.305	352
阴暗模糊的彩色	1.016	1 170
暗黑色	2.032	2 340

（三）水污染的遥测定量

污染水质的遥感定量监测，大致可以从 3 个方面进行。

1. 利用水面反射光谱测量与水质参数进行回归分析，建立某一谱段上光谱反射率与某些水质参数的函数关系式。例如，在长春地区，曾求得在 0.65～0.85μm 谱段，水体积分反射率 $P_{\Delta\lambda}$ 与悬浮泥沙浓度 C 之间的数学表达式为：

$$P_{\Delta\lambda}=0.628C^{0.53}$$

对于海水中的叶绿素浓度，日本学者在大量实践的基础上，推导出定量计算海水叶绿素浓度 C 的模式为：

$$C=\alpha_1\left(\frac{R_{620}-R_{470}}{R_{560}}\right)+\alpha_2$$

式中，α_1，α_2——函数的待定系数，它们的值与背景影响因素有关；

R_{620}，R_{470}，R_{560}——波长 620、470 和 560 mm 处的水体反射率。

2. 利用航空遥感的多谱段图像或者彩色红外相片上某一谱段的密度值与某些水质参数进行回归分析，用影像的等密度分割方法求算水面污染物含量。例如，水面上油膜含油量的半定量计算，就是对影像作密度分割后求其值的。

3. 利用卫星多谱段图像对水质参数求解定量关系。一般来说，水质参数中的透明度、固体悬浮物浓度、叶绿素含量和水面浑浊度与卫星影像的密度值或光谱反射率之间往往存在比较明显的对应关系。

水体的光谱性质主要表现在透射率，它包含了一定深度水体的信息，且这个深度及反映的光谱特性是随时空而变化的。这一部分含有水色信息，是可以用来监测水质的部分，由于溶解或悬浮于水中的污染成分、浓度的不同，以及水温油膜，导致了水体对不同波长光的吸收和散射的不同，进而引起水体颜色、密度、透明度等表现参数的差异（水的组分含量不同，水体的反射光谱差异显著）。总体来说水体浑浊度愈大，水下散射光愈强，两者呈正相关；衰减后的水中散射光部分到达水体底部（固体物质）形成底部反射光，它的强度与水深呈负相关，且随着水体浑浊度的增大而减小。

第二节　大气环境遥感监测技术

一、大气环境遥感监测原理

大气是由氮、氧、氩等三种主要组分（约占 99.96%）的混合气及悬浮其中的水分及杂质组成。太阳辐射在穿过大气层和被地表反射的太阳辐射再次穿越大气层被传感器接收之前，大气分子和大气颗粒物通过反射、散射、吸收、透射等作用改变和影响着太阳辐射的强度。随着大气环境中 SO_2、NO_x、大气颗粒物等污染物和臭氧、CO_2 等可变成分的浓度不同，遥感探测器的各通道所记录的电磁辐射信息表现出了波谱特征的差异，使得利用遥感技术进行监测成为可能。根据它们的粒径分布，这种辐射差异主要是由于该类粒子与太阳辐射发生吸收和散射作用造成的，并且差异强度主要由大气组分及杂质的粒径、形状、质地等物理化学特征而共同决定的机理。

二、大气环境遥感监测

（一）二氧化硫（SO_2）遥感监测

二氧化硫（SO_2）是空气环境质量的指示参数和环境变化研究中的核心参数之一，一般说来大气中 SO_2 质量浓度达到 0.3 mg/m^3 时即可损坏农作物。当达到 1.4 mg/m^3 时对人体健康已有潜在危害。大气环境中 SO_2 污染程度遥感监测主要是针对人为排放产生的 SO_2 气体而进行的，SO_2 遥感工作波长范围通常为 0.25～0.31 nm，在紫外、可见光和红外波段的吸收特征光谱，在 0.26～0.32 μm、7.3 μm 及 8.6 μm 附近均为 SO_2 吸收带，但由于红外波段是水蒸气的强吸收波段，所以利用红外段进行探测常看不清，特别是当 SO_2 气体浓度较小时更困难。所以截至目前，SO_2 遥感探测器主要是在紫外或红外等光谱传感器。OMI 传感器以推扫方式观测可见光和紫外滤段太阳后向散射辐射，OMI 采用 740 个通道实现高光谱成像对地观测，数据产品包括臭氧、NO_2、SO_2、BrO 和 OClO 等气体的柱总量、气溶胶与云参量，UV-B 通量和臭氧廓线。

主要方法有：

1. 差分光学吸收光谱法：基于气体分子对光辐射的选择性吸收的光谱分析技术，通过分析大气中气体分子对光源发射光谱的微分吸收光谱，不但可以区分各种不同大气物质的吸收结构，而且可以分离出由于分子和气凝胶散射等引起的消光，从而确定大气中存在的污染物的种类和浓度。

2. 波段残差法：此法适用于浓度相对低的人为排放的 SO_2 强度的监测，而不适合于火山喷发等所形成的高浓度 SO_2 气体层。

（二）氮氧化物（NO_x）遥感监测

大气中的氮氧化物主要是一氧化氮和二氧化氮等几种气体混合物，并以二氧化氮为主，就全球来看，空气中的氮氧化物主要来源于天然源，但城市大气中的氮氧化物大多来自于燃料燃烧，即人为源，如汽车等流动源、工业窑炉等固定源。氮氧化物对人体危害较大，主要是人体的肺部，并且与氮氢化合物经紫外线照射发生反应形成光化学烟雾，产生更大的危害。同样，对生态环境也具有较强的破坏性，主要是和二氧化硫共同以酸沉降（如酸雨）的方式进行。由于 NO_2 是氮氧化物的主体，所以目前遥感监测中主要是针对 NO_2 开展监测，NO_2 在紫外光、可见光和红外波段的吸收特征如图 8-2。

NO_2 在 0.215 μm 附近，0.3～0.57 μm 和 5.8 μm 附近具有较强的吸收特征，其中在 0.3～0.57 μm 的吸收特征最为显著。OMI 仪器是目前应用中最广泛的二氧化氮遥感探测器之一。

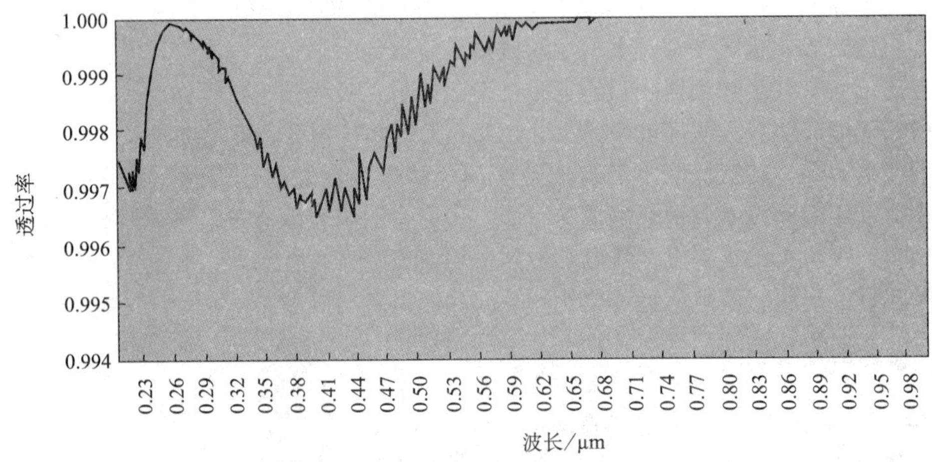

图 8-2 二氧化氮在紫外、可见光、近红外波段的光谱吸收特征

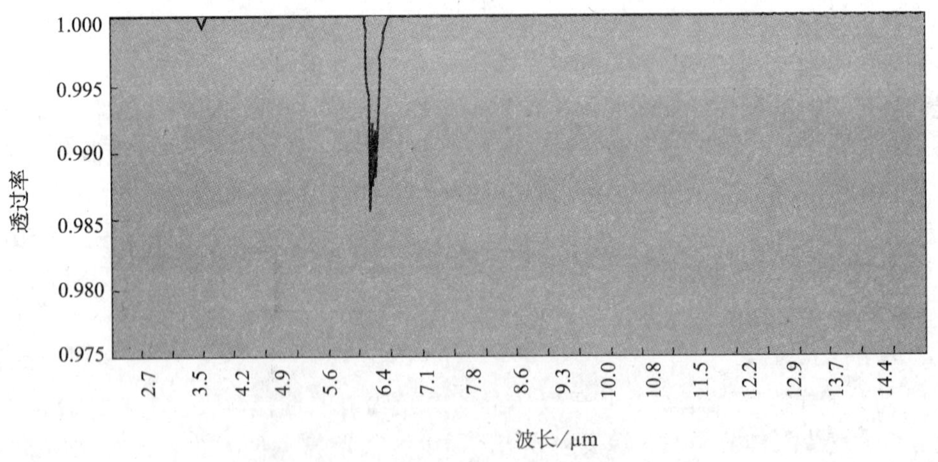

图 8-3 二氧化硫在红外波段的光谱吸收特征

（三）臭氧（O_3）遥感监测

臭氧在常温下是一种有特殊臭味的蓝色气体。大气层中臭氧气体主要存在于距地球表面 20km 高度同温层下部的臭氧层中。臭氧层通过吸收对太阳辐射中对人体有害的短波紫外线，阻止其辐射到地球表面，是地球上一切生命免受过量太阳紫外辐射伤害的天然屏障，对人类的生存和健康、生态环境等具有重要作用。臭氧的减少还会使大气层变暖、高层变冷，加重温室气体效应，从而导致地球气候异常骤变。因此，维护臭氧层的平衡已成

为全球性的环境问题。臭氧的吸收光谱特征趋势是利用遥感技术进行臭氧含量监测为依据，通过测量吸收谱线的强度，还可以得到那种气体成分的浓度，臭氧在紫外波段的0.2～0.3 μm（最强）、0.32～0.34 μm外以及在红外9.6 μm均有显著的吸收特征。

臭氧探测常见的卫星几何有后向紫外散射法、掩层法、翼形发射及翼形散射法四种技术。目前在臭氧探测器中使用频率最高的传感器有TOVS、TOMS和SBUV等。

（四）温室气体遥感监测

众所周知，因温室气体增加而造成全球气候变暖。引起温室效应的气体物质有二氧化碳（CO_2）、甲烷（CH_4）、一氧化二氮（N_2O）、臭氧（O_3）、氟氯烷烃（CFC）类等，其主要是二氧化碳（CO_2）和甲烷。CO_2约占总温室效应的一半。进行大气二氧化碳（CO_2）浓度监测实验室使用非分散型红外分光光度计、二氧化碳在4.3 μm附近时有一来源于分子固有的振动吸收带，根据其波长吸收光度，求得CO_2浓度。测定大气中的甲烷时经常使用FID-GC法，当前用高精度的传感器观测地球上二氧化碳等温室气体是成功的方法。

三、大气颗粒物遥感监测

大气颗粒物指大气中气体之外的各种各样的固体或液体的气溶胶，其中有固体的烟尘、灰尘、烟雾，以及液体的云雾和雾滴。天然源可起因于地面扬尘（风吹灰尘）、海浪溅出的浪沫、火山爆发的喷出物、森林火灾的燃烧物、宇宙来源的陨星尘及生物界产生的颗粒物（如花粉、孢子）等。燃料燃烧过程中产生的固体颗粒物，如煤烟、飞灰等，各种工业生产过程中排放的固体微粒，汽车尾气排出的卤化铅凝聚而形成的颗粒物以及人为排放SO_2，在一定条件下转化为硫酸盐粒子等的二次颗粒物。根据粒径不同，大气颗粒物分类如表8-5所示。

表8-5　大气颗粒物分类

分类名称	粒径/μm	物理状态	主要来源
粉尘（微尘）	1～100	固态	机械粉碎的固体微粒，风吹扬尘，风沙
烟（烟气）	0.01～1	固态	由升华、蒸馏、熔融及化学反应等产生的蒸气凝结而成的固体颗粒
灰	1～200	固态	燃烧过程中产生微粒，如煤、木材燃烧时产生的硅酸盐颗粒、粉煤燃烧时产生的飞灰等
雾	2～200	液态	水蒸气冷凝生成的颗粒小水滴或冰晶水平视程小于1 km
霭	>10	液态	与雾相似，气象上规定称轻雾，水平视程在1～2 km之内，使大气呈灰色
霾	～0.1	固态	尘或盐粒悬浮于大气中形成，使大气混浊呈浅蓝色或微黄色。水平视程小于2 km
烟尘（熏烟）	0.01～5	固态或液态	含碳物质，如煤炭燃烧时产生的固体碳粒、水、焦油状物质及不完全燃烧的灰分所形成的混合物，如果煤烟中失去了液态颗粒，即成为烟炭
烟雾	0.001～2	固态	现泛指各种妨碍视程（能见度低于2 km）的大气污染现象。光化学烟雾产生的颗粒物，粒径小于0.5 μm使大气呈淡褐色
总悬浮颗粒物	—	固态	用标准大容量颗粒采样器在滤膜上所收集的颗粒物的总质量
飘尘	<10	固态	长期飘浮在大气中颗粒PM_{10}、$PM_{2.5}$等
降尘	>10	固态	由于重力作用而沉降的微粒

（一）气溶胶遥感监测

气溶胶，又称气体分散体系，是由固体或液体小质点分散并悬浮在气体介质中形成的胶体分散体系。常见的雾、烟、霾、轻雾（霭）、微尘和烟雾等，都是天然的或人为的原因造成的大气气溶胶。气溶胶按其来源可分为一次气溶胶（以微粒形式直接从发生源进入大气）和二次气溶胶（在大气中由一次污染物转化而生成）两种。它们可以来自被风扬起的细灰和微尘、海水溅沫蒸发而成的盐粒、火山爆发的散落物以及森林燃烧的烟尘等天然源，也可来自石化或非石化燃料的燃烧、交通运输以及各种工业排放的烟尘等人为源。

电磁辐射信息在经过大气层时，气溶胶颗粒与其发生相互作用，从而对入射遥感器的辐射信息具有较强的散射和吸收作用，进而使得入射辐射的性质及强度发生了变化，利用遥感器所记录的该部分变化信息而实现对气溶胶遥感反演。气溶胶对表现反射率的影响如图所示。随着该领域应用不断成熟，已经发展了许多经典的方法，如暗目标法、结构函数法、地面反射波谱和多角度极化法等。

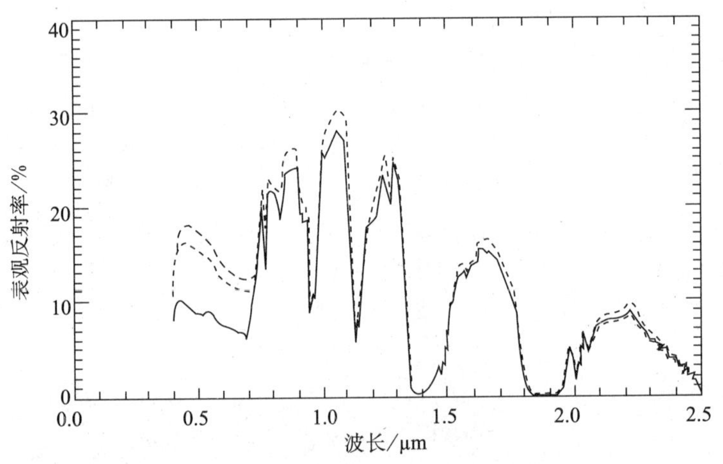

图 8-4 气溶胶颗粒物对表观反射率的影响

（二）沙尘暴遥感监测

沙尘暴也称沙暴或尘暴，是指强风将尘沙吹起使空气很浑浊、水平能见度小于 1 km 的天气现象，沙尘暴的两个基本条件为强风和沙源。由于沙尘暴对生态系统健康、环境质量和社会发展具有重要的影响作用，所以受到社会的广泛关注。沙尘暴问题涉及亚洲、非洲、北美洲、南美洲和大洋洲，属于世界性的环境问题和天气现象。全球有四大沙尘暴高发区，它们是中亚、北美、中非和澳大利亚。中国西北地区是中亚沙尘暴高发区的组成部分，其中不少地区每年沙尘暴日数达 30 天以上。20 世纪 60 年代特大沙尘暴在中国发生过 8 次，70 年代发生过 13 次，80 年代发生过 14 次，90 年代以后发生次数更多，并且波及的范围愈来愈广，造成的损失愈来愈重。沙尘暴分布和强度受到气候、自然地理和地理状况等因素综合决定，尽管发生区域和时间相对比较稳定，但是沙尘暴强度具有较大的空间和时间差异性，遥感技术的宏观性、快速性等使得遥感技术成为沙尘暴监测的必要手段。随着遥感技术的不断成熟，遥感技术已经成为沙尘暴监测的主要技术手段之一。

1. 沙尘暴遥测机理

沙尘中含有大量的矿物质，它通过吸收和散射地面和云层长波辐射来影响地球辐射收支和能量平衡，同时影响着大气的能见度，表现出了光谱的差异性。沙尘在可见光、中红外、远红外波段的光谱特性与下垫面和云的光谱特征差异是卫星遥感进行沙尘暴监测的理论基础。

当电磁波穿过由大小不同粒径的沙尘颗粒构成的沙尘层时，沙尘颗粒会强烈地吸收地表、太阳或其他辐射源发出的电磁波，同时在沙尘表面发生反射、散射、发射等现象。随着沙尘强度的不同，传感探测器的各通道所记录的电磁场辐射信息表现出了波谱特征的差异。这种具有差异的辐射特征主要是由沙尘粒子的粒径、形状、质地等物理、化学特征而共同决定的。在沙尘暴遥感监测研究中，沙尘颗粒形状一般假设为球形。根据沙尘的反射波谱特征进行监测。

2. 沙尘暴监测方法

目前常用的沙尘暴监测方法有差值法和沙尘指数法。

（1）差值法

差值法主要是利用了热红外波段的 11 μm、12 μm 进行沙尘暴监测。由于沙尘暴的形成、输送途径、消散和强度信息均与地表、大气边界条件热力条件和辐射条件相关，所以热红外遥感数据可以较好地反映沙尘信息，由于热红外的 11 μm、12 μm 波段对沙尘及其影响条件反应比较敏感，是沙尘暴差值法的常用波段。但是，11 μm、12 μm 波段的差值很难准确地描述沙尘暴的实际强度变化，这个差值对于沙尘暴监测仅具有影响区域识别的意义，而不能作为定量数据用于特征参数的计算。

根据沙尘的光谱特征，干燥沙尘在 11 μm 的衰减略强于 12 μm 的衰减，从而使得传感器探测到的辐射强度信息前者小于后者，根据两个波段的辐射强度差异，从而可以实现沙尘的信息提取，该方法的计算公式可以表示为：

$$\Delta T=\begin{cases}T_{12}-T_{11} & (T_{12}-T_{11}\geqslant 1)\\ 0 & (T_{12}-T_{11}<1)\end{cases}$$

式中，ΔT 为卫星传感器探测的亮度温度，T_{11}、T_{12}分别为在 11 μm 和 12 μm 探测得到的亮度温度。

（2）沙尘指数法

通过差值方法只能定性分析沙尘的空间分布识别和迁移路径分析，而无法提取沙尘光学厚度、沙尘含量等定量参数。为了实现对沙尘暴强度的定量描述，罗敬宁等认为在准确获得沙尘暴影响区域的基础上，可充分利用 1.6 μm 近红外波段特性对大气沙尘进行定量遥感，提出了沙尘指数。1.6 μm 近红外波段测值与沙尘强度有线性关系，使其具有了定量描述沙尘暴监测结果的能力。尽管如此，1.6 μm 近红外波段的测值仍然受空间、时间、卫星等方面的影响，为了准确监测沙尘暴，我们需要的是一种具有稳定性和长期可比性的数据，使得不同状态下得到的结果是基于同一标准的，而且任何两次沙尘暴的监测结果都可以进行对比分析。为此，定义可比沙尘指数如下：

$$I_{csd}=\alpha\times(e^{\beta\times R_{1.6}}-1)$$

式中，$R_{1.6}$为 1.6 μm 波段的图像反射率；α、β为调节因子，一般取值为 10 和 0.8。

为了消除可比沙尘指数随沙尘强度非线性变化的干扰，建立如下沙尘指数：

$$I_{ddi}=\left(I_{csd}\,e^{[(T_{12}-1)(T_{11}-1)]}-1\right)\times 100$$

式中，I_{ddi}为沙尘指数，T_{11}、T_{12}分别为在 11 μm 和 12 μm 探测得到的亮度温度。沙尘指数的计算结果是 1～100 的无量纲数值，数值越大，表示沙尘强度越大。

第三节　区域生态遥感监测技术

一、生态遥感监测原理

生态遥感监测的对象主要是指陆地表层生态系统。陆地植被作为陆地生态系统的重要组成部分（占陆地总面积的 90%以上），在地表与大气之间，能量、物质交换中起十分重要的作用。

如植被遥感是遥感技术应用的主要领域，不同类型、不同时间、不同分辨率的遥感数据被广泛用于植被研究。绿色植物具有独特的光谱反射特性，生长正常的植物的光谱反射曲线具有类似的形态特征，不同类型植物记录不同光谱段能量的反射和吸收状况。植物叶片的叶绿素、内部结构和水分状况决定了植物的反射光谱。各种遥感传感器正是根据植物的这一反射光谱特征来设计的。不同的植被及同一种植物在不同的生长发育阶段的反射光谱曲线形态和特征是不同的，并且，在受到外界环境因子影响下，也会引起植物反射光谱曲线的变化，因此，可以利用这一特征和遥感数据，结合地面调查进行区域生态研究。研究内容主要指通过遥感图像目视解译或通过图像处理技术定量反演模型对植被的分布、类型、结构、健康状况和产量等信息的提取。应用于生态环境相关的许多研究领域，包括对土地利用和土地覆盖的监测、植被监测、湿地监测、荒漠化监测、生物多样性监测和水土流失监测等。

二、生态环境遥感监测应用领域

随着遥感与 GIS 技术的发展，生态环境遥感监测被广泛应用到各个领域。如自然保护区的森林景观动态监测；矿山开采区植被覆盖与主要生态破坏问题动态监测等。

生态遥感监测的应用领域主要包括如下内容，见图 8-5。

1. 自然保护区生态环境遥感监测

自然保护区是指国家为了保护自然环境和自然资源，促进国民经济的持续发展，将一定面积的陆地和水体划分出来，并经各级人民政府确认而进行特殊保护和管理的区域。自然保护区一般是具有代表性、典型性或独特性的生态系统类型或拥有珍稀濒危的生物物种以及自然遗迹的区域，自然保护区在全国甚至全球具有极高的科学、经济和文化价值。针对自然保护区的主要保护对象以及生态系统保护类型开展的生态遥感监测主要有植被资源调查、土地利用和土地覆盖动态监测、物种生境、景观格局以及初级生产力等多方面。

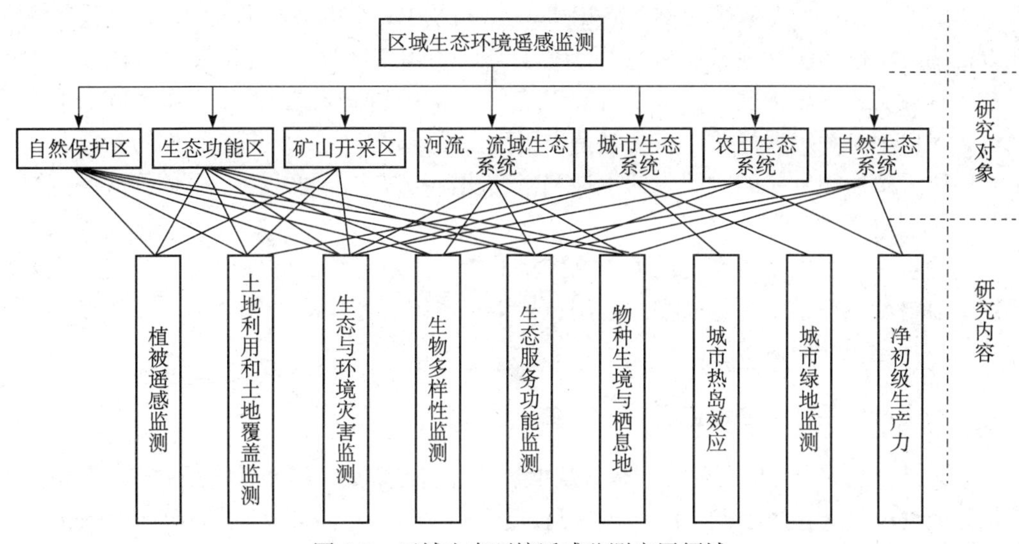

图 8-5　区域生态环境遥感监测应用领域

2. 生态功能区生态环境遥感监测

生态功能区是指在涵养水源、保持水土、调蓄洪水、防风固沙、维系生物多样性等方面具有重要作用的区域，这些区域对于防止和减轻自然灾害，协调流域及区域生态保护与保护地方生态安全具有重要意义，是需要进行重点保护和限制开发的区域。针对生态功能区的主要生态服务功能，对其进行的遥感监测包括生态服务功能价值评估、生态风险评价以及植被、初级生产力等多方面的监测。

3. 矿山开采区生态环境遥感监测

矿产资源的开采改变了原有的生态环境，易造成局部环境的污染与景观格局破坏，酿成资源与环境的危机，危害人类的可持续发展。矿区及其周围地区几乎全是生态环境遭到破坏最严重的地区，因此，对矿山开采区进行生态环境遥感监测是十分重要的，主要包括矿山开采区土地利用和土地覆盖现状、变化以及趋势，开采过程中造成的生态破坏、生态环境污染的监测以及开采区水质、植被、生物多样性等多方面的遥感监测。

4. 流域生态环境遥感监测

流域是指由不同等级尺度的汇水区域与具有水文功能的连续体组成的一个相对完整和独立的自然地理单元。目前对流域生态环境研究比较多的有：流域生态系统健康评价，流域土地利用和土地覆盖现状、变化以及趋势分析，景观格局动态变化分析，生态环境变化的主要胁迫因子与驱动力分析以及植被、生物多样性等方面的遥感监测。

5. 城市生态环境遥感监测（城市热岛效应监测、固体废弃物遥感监测）

伴随着城市化的加剧，人类活动范围和强度的加大，城市生态系统的健康和完整性受到巨大威胁，越来越多的城市生态环境问题涌现，例如城市热岛效应、耕地的过度利用、生活污水排放、固体废弃物污染等。卫星遥感技术被广泛应用在城市生态监测中，为我国城市化的健康发展发挥着重要作用。城市生态遥感监测主要包括城市土地利用和土地覆盖现状、变化以及趋势分析，城市热岛效应，城市绿地监测、景观格局动态变化分析等。

6. 农田生态系统遥感监测

农田生态系统通过自然过程和人类活动的共同作用为人类生存提供重要的物质产

品，与陆地上其他生态系统一样，农田生态系统还提供维持水质和水量、维持生物多样性以及调节气候等多种服务和功能（李文华等，2008）。然而，随着人口的增长，人类对自然资源的需求量加剧，大量农田被建筑和交通用地所侵占，农田生态系统面临严重危机，农田生态系统遥感监测将为维持农田生态系统可持续发展提供有力的支撑。农田生态系统遥感监测主要的应用包括土地利用变化、初级生产力与生态服务价值评估等。

7. 自然生态系统遥感监测

自然生态系统主要指人类活动干扰较小的森林生态系统、湿地生态系统与草地生态系统。对自然生态系统遥感监测的应用包括生态系统服务功能价值评估、净初级生产力评估、生物多样性监测等。

三、土地利用状况遥感监测

土地是自然综合体的一部分，是景观中各种自然因素长时间相互作用的产物。根据土壤剖面可以从理论上预言地区的景观特点；反过来，通过地区景观特点的研究，也能推断土壤剖面的主要性状。因此尽管土壤剖面，甚至土壤表面在遥感图像上没有直接反映出来，但其他许多景观要素，如地理位置、植物、地形、水系、岩石等，常常能够清楚而详尽地表现在相片上。这种掌握土壤资料的间接判读方法，可以称之为综合景观分析法。

不同类型的土壤是在不同地理环境下发育的，当地面没有被茂密的植被所覆盖时，反映在遥感图像上的影像轮廓往往就有不同的特点，如地貌部位的不同、表土有机物质的多寡、质地的粗细、含水量的高低、土地利用的不同，都会在遥感图像上有所反映，从而提供了辨识土壤界线及推断土壤性状与类型的依据。这可以称为土壤的直接判读。

（一）土地利用的结构判读标志

在遥感图像上，不同的土地利用常构成一定的几何图形，不同的地物之间在空间上具有一定的联系，并常可反映出不同系统、不同结构的几何图形之间具有相互关联的特点。例如水田，大都有方格状或四边形的畦埂图形。位于平原地区的都集中连片，并有灌溉渠系与之配套。梯田多分布于山坡、谷地、阶地，依地势成阶梯状，畦埂图形随谷凹脊凸呈平行等高线组延展；在航空遥感图像上，菜地畦垅清晰可辨，形成分割较小、色调多样的细栅状图案。山区旱地一般以单向条垅状图形为主，旱地田块轮廓因平整程度的粗细而反映出整齐程度的不同，也有随地形顺坡开垦的。山区旱地常有侵蚀沟系相伴随。在黑白全色相片上，耕地的色调为：土壤湿润的呈暗色，干燥的呈亮色，经耕翻过的会呈现暗色条纹。作物发育盛期影像呈暗色绒毛状条垅，而黄熟季节又呈淡灰色绒毛状条垅。间种套作则呈深浅相间的影像。在彩色红外航空相片上，作物封行的影像都呈鲜红色。

林地以粗粒状有立体效应的像对图形为特征。针叶林影像呈致密粒状，阔叶林树冠近似蓬松球状，密集时呈圆点。在全色相片上阔叶树色调比针叶树浅，在彩色红外航空相片上呈紫红、橙红色。针阔叶混交林呈锥状斑状交错的颗粒状。灌丛高不及 2 m、有茸毛状结构者，全色相片上呈浅灰并夹有稀疏灰黑色点状；彩色红外航空相片上呈浅红色，夹有稀疏红色斑点。经济林中的果园、茶园等，具有行列整齐的粒状影像特征。城镇为包含有主干街道的居民点，并有主要道路与周围地区相联结，由不同大小矩形方块图形组成立体像对构成有层次的三维图像，工厂区、商业区、学校区布局结构有差异。

乡村居民地呈不规则的块状图形，有道路与附近居民地相互沟通。

公路呈弧形或较直的淡色曲线，曲率规则，路基有填方和挖方，以保持路面的一定坡度。土路呈弯曲细线，顺地形起伏而延伸。

湖泊、池塘大都位于洼地中心，在全色相片上呈暗色，在彩色红外航空相片上呈深蓝色。水库上游有河流注入，下游有横列线状的堤坝拦住，通过溢洪道泄水。河流因受地质地貌条件的控制，主干河流系统往往形成正弦曲线，而支流水系，往往形成方格状、树枝状、扇状、平行状等结构形态。

结构标志在航空图像分析判读中是十分基础的方法；在卫星图像分析中，结构标志对于宏观环境的识别也具很重要的稳定特征。这些特征都有鲜明的可对比性。

（二）物候季相标志

在一块耕地中，因季节不同所种作物由出土、拔节、成熟直至收割，处于动态之中，影像所反映的灰阶或色调也因时间而异。这是因为每一耕地的影像颜色和结构是随着作物的物候发育期、品种、作物生态、杂草情况、表土颜色、灌溉情况等的不同而变异的。因此选择地面有显著变化，特别是叶面覆盖有显著差异季节的遥感图像进行分析，对于识别耕地情况和作物分布最为有利。例如在北京近郊的水浇地上，小麦在播种前后，航空遥感图像上只是反映了土壤裸露的色调。过了清明，小麦拔节以后，叶子逐渐发育，由绿转向蓝绿。及至孕穗、抽穗阶段，叶色浓绿，叶面覆盖地面达80%，叶面积指数达1.5～2.0，干物质的积累也已进入到最高状态，全色相片图像上显示出暗灰色，彩色红外图像可显示鲜红色。成熟以后，叶色渐由黄绿转黄，全色相片显示出灰色条垅，彩色红外相片将显示橙红条垅。6月下旬小麦已届收获时节，刈后耕地只留残茬，显露出土壤的影像，全色相片呈淡灰，彩色红外相片显示蓝绿。但在这时候“金皇后”或“白马牙”玉米，正值孕穗，是棵大封行的时节，全色相片呈暗灰条垅；而“夏小黄”玉米正播种不久，虽略有行垅痕迹，但呈淡灰—浅灰色调。高粱、谷子此时已经拔节，显示较暗色调，此时玉米在彩色红外相片上显示出鲜艳的红色，而高粱、谷子次之，与小麦刈后，土壤呈蓝绿色影像有显著区别，对于水稻，虽然其本身已发育到分蘖阶段，叶面积已开始发展，但由于稻田的方格状结构与水浇地条垅状的结构有显著的图案特征差异，彼此区分是不困难的。

小麦、玉米、水稻等作物，在拔节—抽穗发育期，是叶绿素与叶面积指数处于正常提高的阶段，在遥感图像上显示的色调最为醒目。因此，利用物候特征差异最大时节的遥感图像，可以获得农作物分布的最佳信息。

就全国来说，长江中下游平原及其以南地区，盛行以双季稻为中心的多熟制，稻—稻—绿肥、稻—稻—麦、稻—稻—油菜；长江、淮河之间以及云、贵、川的水田地区多为麦稻两熟或绿肥—稻、油菜—稻两熟；长江流域棉区则以麦棉套种为主。黄淮海平原和关中地区多数以麦田为中心，盛行小麦、玉米套种的一年两熟制或两年三熟制。东北、西北旱地，则以玉米、大豆、春小麦等旱粮的一年一熟制为主，间有多种类型的间种套作。

分析不同乔木、灌木、草本的物候特征，同样有助于遥感图像分析与判读。

（三）土地沙化成因判读

沙漠化土地一旦形成，如继续过度利用资源，或有更强大的风力作用，都能造成沙漠化范围扩大。因此进行沙漠化的监测，预测其发展趋势，是沙漠化防治的一个重要方面。利用不同时期的航空相片进行对比分析，是了解沙漠化现状及判断发展趋势的重要方法之一。土地沙化成因是多方面的，土壤的内在组成及降水和风的作用是自然因素；而人口增长、过度农垦、放牧和樵柴以及水资源利用不当等均为人为因素。

1. 土壤组成

发生现代沙漠化过程的地区，一般组成物质为质地松散、内聚力较差的沙质沉积物。沙粒粒径与反射率成反比关系，在遥感图像上，沙漠与戈壁分异明显。沙漠化之后，前者表现为沙质化，后者表现为砾质化。我们可以根据指示植物的判读来间接推断地表沙性土壤的存在，也可从遥感图像上了解到沙丘和戈壁的空间分布、含沙量、地下水出露地带等因素，来推论沙漠化的发生类型及发展速度。

2. 降水

降水稀少是沙漠化的重要因素之一，年缺雨使生命处于干旱的威胁之下，会促进沙漠化的进程。干旱季节和干旱年景，木本植物与多年生的植物尚能勉强挣扎生存下去，在地表上保持稀疏的植被。当降雨低于耐旱植物能够赖以生存的数量时，植物在酷热中死去，沙漠化便开始在大片土地上发生。这种沙漠化因素在大比例尺航空相片上可通过对耐旱植物的建群种变迁来推论。

3. 风的作用

气候干旱多大风，且年内风季与周期性干旱期相吻合，则质地疏松的地表组成物质，加上干燥期大风频繁的气候条件，会使土地表层易受风力吹蚀。风的吹蚀、搬运、堆积所造成的地表特征，便成为人为作用破坏植被后所造成的沙漠化地表景观的标志，而遥感图像便是记录和提供这种标志的最佳手段。

4. 人口的增长

居民点的密度增加，人的活动使道路网眼缩小，以居民地为中心分布着放射状的浅灰色便道；另一特征是土地负载压力随人口增加而增加，过度利用特别是樵柴活动，造成对土地生产力的严重破坏。在彩色航空相片上居民地附近出现淡黄色、乳白色的沙化斑点。草原上以居民地为中心的沙化同心圆不断向外扩大。分布在沙质草原地带及新开发地区周围的流沙往往与井、泉和居民地为伴；工矿、交通建设引起的沙漠化地区，往往呈点状或线状发展。成为这种流沙景观的明显标志。并具有突发性的特点。

5. 过度农垦

开垦种植是人类利用土地的主要方式之一。不合理地土地利用方向和开垦中采取不恰当的措施等，都能引起沙漠化。扩大耕地面积造成了大面积被犁耕破坏的无结构的沙质地表；当风季到来正值地表裸露的时期，便发生强烈的风蚀过程。

我国北方地区，由于过度农垦所引起的现代过程的沙漠化土地面积约为 11 735 km^2，占现代沙漠化土地面积的 23.3%。主要分布于内蒙古乌兰察布市后山地区、浑善达克沙地以南、科尔沁草原及鄂尔多斯草原中部及西南部等地。

6. 过度放牧

造成大面积草场沙漠化的主要原因是盲目增加牲畜头数。在天然条件下，各种类型的天然草场均有各自特定的生产潜力。过度放牧所造成的沙漠化，反映为饮水井泉周围植被破坏构成了沙漠化圈。以畜井为中心，植被由外向内盖度愈来愈小，在距水井 2～3 km 外植被生长正常；在 500～1 000 m 半径范围内，仅生长零星不适口的草木；在草场饮水井周围 300～500 m 半径范围内，往往为不生长植物的裸露的沙砾石地表，呈严重沙漠化的景观。水井周围的沙漠化圈与以水井为中心向四面八方辐射状分布的羊肠小道，构成类似蜘蛛网般的影像图案特征，是这类沙漠化土地的重要判读标志之一。

这种类型的沙漠化现代过程，主要发生在我国北部温带草原、干草原及荒漠草原地带的沙质及沙砾质地面上。据不完全统计，草场沙漠化面积为 14 821 km^2，占现代沙漠化土地的 29.4%。

7. 过度樵柴

樵柴活动所造成的沙漠化过程的特点是：樵柴破坏植被直接导致流沙的出现，这种过程在荒漠地带反映最为明显。固定沙丘或沙地表面的植物被砍掉以后，使地表裸露，在风力作用下，形成流动沙丘。

由于樵柴破坏天然植被引起沙漠化的土地分布范围很广。从干草原、荒漠草原直至荒漠地带均有，其面积约为 16 339 km^2，占全国现代沙漠化土地总面积的 32.4%。

8. 水资源利用不当

在内陆河流域的水资源利用缺乏统一规划的情况下，造成中游过度用水，下游水量减少，或者盲目开采地下水资源，造成地下水位不断降低，引起植被缺水枯死而导致沙漠化的发生。因水资源利用不当所引起的沙漠化土地，占我国现代沙漠化土地面积的 8.6%。

严重的沙漠化地区系指地表广泛分布密集的流动沙丘或吹扬的灌丛沙堆，其面积可占该地区的 50%以上，植被覆盖度已小于 15%。生物生产量大幅度下降，在风力作用下出现密集的沙丘群。土地几乎完全丧失利用价值。只有丘间低地还勉强可作为牧地。

严重的沙漠化土地，遥感图像上的基本色调是淡白色，图案特征为流沙密布的云絮状。沙丘类型多为新月形或新月形沙丘链等。新月形沙丘体中部较宽，两尖端应顺主导风向伸展，向阳坡色调较浅。若落沙坡向阳，色调更亮呈白色；背光坡色调稍暗。阴阳两坡色差分明。迎风坡缓，背风坡陡。沙丘链是由许多新月形沙丘横向连接逐渐发展演变而来的。丘间低地色调均匀偏暗，在每一个弓面有一个单独的背风面，弓面曲率较新月形沙丘小。由于严重沙漠化土地上的沙丘分布占地面积广阔，形体裸露，所以无论从航空相片或卫星相片上，都可以准确地判读出沙丘类型，确定主导风向，量算长宽比例，统计丘间地所占百分比，确定植被的分布和沙丘的发育阶段。在航空相片上可测量沙丘的形态数据。根据植被覆盖度、丘间低地色调及沙丘高度，还可间接判读出沙丘流动的情况。

（四）污染受害的判读

利用植物的危害状况作为间接标志来监测空气污染状况，结果直观可靠。植物污染危害是在城市特定生态环境下，各种污染物长期作用的结果，是近地面综合污染的生物效应，它体现了污染物在不断变化的气温、湿度、风场、地物条件下的实际危害状况，与空气污染有明显相关关系。实质上这是从另一侧面评价空气质量的生物学手段，与通常环境评价中所惯用的综合污染指数有对应关系，前者是多要素实际作用的综合表现，后者为多个单一指标经权重考虑计算而来的，应该说前者更可靠可信。

目前利用遥感手段直接监测空气污染尚有困难，但可根据植物被空气污染物伤害后成活的状况作为间接识别标志，进行分析判断，反演空气污染。

利用彩色红外相片，结合光谱测试、高平台摄影、植物季相节律观测、采样分析等手段研究了空气污染的生物效应。植物受空气污染危害后，生活力明显变弱，常常出现缺株断行，叶小枝短，树冠小，提前老化，叶片出现伤斑或失水干枯等现象，反映在彩色红外相片上，其颜色和形态与健康植物有明显差别。健康植物颜色鲜红，明亮，受害植物颜色晦暗或者失去红色而呈黄或绿色。根据这种特征，再结合形态等特征，可判定植被的污染源，圈出污染范围，划分危害程度，进而计算农田和园林树木的受害种类和面积。

近些年来，酸雨（pH<5.6）对植物危害的严重性已引起国内外广泛和高度的重视。现有的研究结果已经表明：当酸雨的酸度达到一定的阈值后，将破坏植物叶片的微结构，降低叶绿素含量和光合效率，叶面出现可见伤害症状，阻碍生长发育，甚至导致作物的减产等。水稻是我国南方首要的粮食作物，而我国南方又是酸雨影响最为严重的地区之一。由于水稻具有较强的抗逆性，可以认为低酸度的酸雨对其反射光谱特性所产生的影响不大，而高酸度的酸雨则会显著地制约其生长发育，不仅会降低叶片的叶绿素含量，从而导致其反射光谱可见光区（如 550 nm 和 680 nm）反射率升高，而且还会抑制叶片细胞组织，使其空气间隙、水分含量等发生一定变化，从而导致其反射光谱近红外区（如 800 nm）反射率降低，而中红外区（如 1 450 nm、1 650 nm、1 920 nm 和 2 210 nm）反射率升高；其次，由于叶片自身发育程度和生理活动强弱的差异，生育前期的水稻叶片的抗逆性相对弱于生育后期的叶片，故酸雨对水稻叶片反射光谱特性的影响在分蘖期要相对强于拔节期；再者，由于不同品种水稻抗逆性的差异，其光谱特性受酸雨影响的程度也必然有所差异。

（五）森林火灾和虫害的判读

在防火季节，林区干枯可燃物引燃温度为 300℃左右，维持燃烧的温度约为 500～700℃，其主要热辐射能分布在 3～5μm 区间，极轨气象卫星中红外谱段 3.55～3.93μm，正适于监测火情。考虑到反映背景温度，应选取 8～14 μm。因而航空红外系统也可满足需要。

利用遥感图像能够得到森林分布和森林类型的信息，根据森林类型的分布可以标定森林火灾可燃物的危险等级。结合地理位置、地形地势即可标定出气象因素的等级高低。关于火源分布情况，除少数为雷电引起的自然火源外，可以根据农地及居民点的分析来判读和标定火源等级。据此划分林火危险等级。

遥感探测森林病虫害是利用森林植物绿色叶子内部组织结构和功能的变异所导致的光谱反射率差异在红外彩色片上的反映对森林病虫害进行探测。当森林植物发生了病虫害时，叶肉水分减少，内部细胞构造可能开始塌陷，从而使红外反射变弱，在彩色红外相片上就比正常的森林植物所反映的红色要暗得多。这种红外反射率的降低，往往可在病虫害还未影响到林木外观时就能探测到，有利于提前防治。

森林病虫害调查一般采用大比例尺和特大比例尺的彩色红外及天然彩色航空相片。在这些图像上可统计受害株数，划分受害程度。

在 1∶34 000 的彩色红外相片上健康林分树冠由于强烈反射红外光而反映出红色；被害林分针叶被吃光，相片上反映出枝干的颜色呈现灰褐色。分布在阳坡的被害林分为明显的灰褐色；而分布在阴坡的被害林分因阴影的关系色调暗，不易分辨。林分密度大的被害林分，枝干密集，灰褐色影像特别明显；而疏林色调淡，与背景色调相似，需要细致的判读。在立体镜下观察，健康林分林冠有明显的红色颗粒感和高度感；被害林分无颗粒感，而是一片灰褐色悬浮的绒毛状感觉，难以分辨出单株的影像。

卫星遥感数据可应用于森林病虫害监测。

第四节　城市环境遥感监测技术

城市是以人类为中心、经济活动集中的人类生态环境系统。改善和保持城市生态系统状态和功能，必须以城市环境生态监测为基础，科学、合理地调整城市的生态结构来控制人口流、物质流、能量流、信息流和价值流，达到维持城市生态平衡。城市环境是个复杂的生态系统，具有多介质、多元、多层次、动态变化等特点。随着对城市环境和生态保护的深入发展，面对区域广阔的宏观环境，遥感监测技术是获取大范围、综合性、同步信息方面的先进的最佳手段。它能通过图像上的信息，详细、全面、客观地反映城市地面景物的形态、结构、空间关系和特征，是地表状况的缩影，包含着水、气、植被、土壤等环境要素的叠加信息，对城市环境和生态监测与研究大有潜力。

一、城市环境遥感监测指标体系

利用遥感卫星各传感器的光谱特征和地物反射特征，反映城市生态环境问题，提出改善城市生态环境问题的措施，是城市环境遥感监测的研究核心。

构建生态城市首先建立生态环境遥感监测指标体系。

表 8-6　城市生态环境遥感监测指标体系

城市环境要素	潜在的城市生态环境问题	遥感监测指标	说明
城市土地	城市建设用地的扩张使生态用地的规模、布局和结构发生了改变	城市土地利用、土地覆盖及其变化	基于遥感数据，提取建设用地、林地、耕地、公共绿地、水体湿地空间信息，总结各土地利用、土地覆盖面积、结构比例及其变化情况
		城市土地景观格局及其变化	分析计算建设用地、林地、耕地、公共绿地、水体湿地景观破碎度指数、景观连通性及其变化
城市气温	城市“热岛效应”	城市与郊区温差及其变化	基于遥感数据，提取城市与郊区温度差阈值，构建城市发展与温度差阈值之间的关系
		城市热岛总面积及其变化	设定温度差阈值，提取城市热岛范围，构建城市扩张与热岛范围之间的关系
		城市热岛分布及其变化	按温度高低，划分城市高温区、中温区、低温区，总结分区年际变化
城市水体	城市水体污染	城市水体水质及其变化	基于遥感数据，对城市水体按水质情况进行分级，总结水质年际变化
城市大气	城市大气污染	大气气溶胶光学厚度及其空间分布	通过大气散射模型或者大气校正模型，反演城市大气气溶胶光学厚度，以此间接反映大气污染物空间分布特征及其迁移转化趋势
城市固废	城市固体废弃物造成土壤、空气、水体间接污染	城市固体废弃物堆积场及其规模	基于遥感数据，提取固体废弃物堆积场空间信息，总结其年际变化

重点分析城市土地变化与水面积、水环境质量、大气环境质量以及城市热岛之间的关系、城市固体废弃物堆放以及垃圾露天堆放点的准确位置和规模、城市土地变化特别是城市中心区绿地面积变化与城市热岛的相关关系等。

二、城市绿地与森林作物的动态监测

城市的形成和扩大对周围自然环境会产生深远的影响。如植被破坏导致绿被率的显著下降；人工建筑的增加则改变了地表径流和局部地域气候的原有状况。在城市内部，随着工业规模的扩大和人口密度的增加，绿地和水域所占的比例日益缩小，给人类生活带来了消极的后果。绿色植物是环境中不可缺少的一个组成部分，它反映了城市的环境质量状况及现代文明的水平。所以，绿被率是城市环境是否优良的重要标志，是环境调查和环境评价中不可缺少的一项指标。

（一）绿地遥感监测的标志

1. 色调标志

根据色调标志，通过对树种间的比较分析，可把城市地区的树木按树种在彩色红外航空相片上显色的特征，如在天津市的彩色红外图像上，由暗到亮、由紫到黄排列成如下序列：松—桧—杨—椿—国槐—刺槐—旱柳—法国梧桐—鸡爪槭。

2. 形态标志

树木影像的形态特征，取决于树冠的形状、分枝形式和枝条伸展的方向，是识别树种的重要辅助标志。例如松和桧的色调相近，主要根据松树冠形不整齐、树冠边缘较破碎的特征与桧树相区别。刺槐、国槐和白蜡 3 种树的色调相近，但刺槐叶簇分布不均匀，影像上出现毡状纹理；白蜡则由于分枝较长、较疏、枝条间的阴影相互掩映，降低了红色的明度。垂柳和旱柳，因枝条伸展方式不同，其树冠边缘影像的破碎程度不一。

3. 生态标志

生态标志主要反映叶片生活力在展叶和落叶期的异常变化和秃顶的程度；其次也反映树木随年龄和环境污染所出现的衰老和病害程度（通常其影像色调偏离红色而带有非红色的纹理或出现染色斑块）。

影像的时相选择，是影像信息丰富程度的重要决定因素。北方春末的彩色红外相片比 9 月份的彩色红外相片具有更高的树种分辨力，更适于在绿被调查中应用。

（二）绿地类型的判读

城市规划要求对每一个小区都给出绿地现状及规划出绿地的面积，城市生态的研究又要求较详细地反映出不同地段绿化程度的差异。因此，在利用天然彩色航空相片进行绿地现状调查时，对绿化覆盖面积判读、界线勾绘和计算都要求有较高的精度。计算绿化覆盖率的基本面积单元不宜过大，工作中采用微分网格法计算绿化覆盖率，微分网格的面积单元为 100 m×100 m。树木和绿地的位置以及绿化覆盖率的数据精度均要求达到 95%以上。

参照地形图在天然彩色航空相片上标出每公顷微分网格的边界线，边界线的位置误差控制在±2 m 以内。实际操作时遇到相邻两张航空相片因比例尺不一致造成接边困难时，采用按每个网格逐格接边的办法，以保证每株树木、每块绿地都能准确地描绘在相应的网格内。表 8-7 列出了绿地类型、特征及其判读方法。

表 8-7 绿地类型特征判读法（适用大比例尺天然彩色航空相片）

绿地类型	类型特征	判读方法
成片绿地	建筑物周围、庭院中、街旁的小片绿地，绿色影像与其他地物不同	按绿地外围勾绘，绿地中的建筑物和小路应画出或扣除
行道树	道路两侧成行的树，多呈长带状或念珠状排列	沿条带状树体两侧边缘勾绘，断缺处应间断或扣除
单株树	居住区的分散树，断缺不成行的行道树，树冠分布较零乱	沿单株树正射投影的边缘勾绘
塔形树	针叶树，呈暗绿色圆锥	沿树冠下部最大直径处勾绘其正射投影轮廓
果　树	椭球形绿色树冠，行列式排列	逐棵勾绘树冠的正射投影轮廓
片　林	草圃呈行列式排列；其他片林由大小和形状不同，绿色深浅有差异的树冠镶嵌组成	按林地正射投影的外缘勾绘，并绘出或扣除林中空地面积
花圃及盆花	包括小畦状的花圃和蜂窝状的成片盆花	勾绘出外围轮廓

按照统一方法逐张进行航空相片判读，并转绘成图后，即完成了 1∶2 000 的市区树木绿地分布图。1 mm^2 相当于实际 2 m×2 m 的绿地面积。如果工作需要，根据绿地影像的彩色特征，植冠的形状、大小及排列组合状况，还可划分出次一级更详细的绿地类型，并编制成相应的图件。

树木绿地分布图，表示了树木绿地的准确位置和不同绿地类型的分布范围。可以直观地看出树冠和绿地的大小及树木生长的疏密程度。为了能够定量地分析城市绿化的水平，还需要计算出每个微分网格内绿地图斑的面积。为此，可将判读成果图按每公顷一块复印成黑白图纸；利用密度分割仪（显示精度应达到 99.9%）对黑白图进行密度分割，根据显示的数据即可得出每个微分网格的绿化覆盖面积。

三、城市土地利用动态监测

首先进行遥感监测数据预处理，包括几何精校正、大气辐射校正、波段融合、波段比值等。然后做土地利用信息提取，提取方法包括：监督分类、目视解译、实地校正等，最后根据土地利用提取结果开展城市土地空间规模与布局评价。能否利用不同时相的遥感数据监测城市土地动态变化取决于遥感数据的高精度几何配准。利用多年来土地利用信息提取结果，对其规模和空间分布特征进行动态评价包括城市建设用地规模和格局变化和生态用地规模与布局变化。

（一）城市土地利用遥感特点

城市环境受着自然因素与社会因素的相互作用，是一个特殊的生态环境。有如下特点：

（1）城市中心区无论冬夏，气温均高于周围原野而形成了“热岛”，容易应用热红外遥感进行监测。

（2）在遥感图像上，把城市内部的小片状植物图形与城市外部的线状交通网络及逐渐向大片农业土地利用相过渡的现象显示出来。

（3）城市型的土地利用可根据航空遥感图像上城市居民地的不同结构特征来加以区

别；它们彼此之间有着机能上的联系，也有一定的相互影响。

(4) 城市地区的植物覆盖率较低，只存在有少量的绿色植物。这些绿地有公园、广场、农田和山林等。遥感图像识别各种绿地的效果较好。

(5) 现代化的城市，不仅是一个平面结构，而且还是一个立体结构。航空遥感图像的立体效应，能详尽地分析城市的这种立体结构特征。

(6) 随着城市化过程的发展，污染物的排放量超过城市环境的自净能力时，便会对城市所在地及其郊区的下风、下游地区造成污染。遥感图像可显示出河流污染以及树木、作物受害的现象。

(7) 城市的迅速发展，使城市居民点不断向外扩展，使郊区农业土地利用不断减缩，根据不同时间的城市土地利用遥感图像可以发现这种变化，并对之做出定量分析。

在航空遥感图像上研究各类建筑物，尤其是研究居民区的建筑物，可间接推测城市人口的分布情况；此外还可根据航空遥感图像评定住房质量，研究街道区的社会经济特点。

(二) 城市土地面积变化的判读

当具有可靠的前期测定值的情况下，可以采用近期航空相片成数抽样判读，统计各种地类面积。然后，利用前后期目的地类面积的差值，做动态分析。估测总体成数的样本单元有 3 种情况：①样点，实际上是一个很小的面，一般指在航空相片上直径 2 mm 以上的圆形样地或边长 2 mm 以上的方形样地。②抽出线段，通常为截距线。截距线设置成以中心点为顶点的一对直角相交的直线或者是通过中心点的方框。判读和量测各类型在截距线的长度，转换成百分数。③局部勾绘的面积，如一个方块或一个小流域的范围。测定抽出面积中各地类的面积，作为估测总体各地类的样本。现以成数点抽样估测地类面积为例，介绍其原理和方法。

(1) 成数抽样的原理　成数点抽样是 0～1 变量的简单随机抽样，当样本含量大，样本的成数就是总体的成数，因此就可以用一套系统布置的点状样本判读各地类的成数，估测总体各类型的面积。

$$\frac{\text{某类型的面积}(a)}{\text{抽样总面积}(A)}=\frac{\text{某类型样地数}(n)}{\text{各类型样地总数}(N)}=P$$

式中，P——某类型成数；

用这种方法估测时，总体面积（A）必须为已知。各类型具体的成数抽样误差，可以用下式进行计算：

$$Q=1-P$$

成数点抽样判读的样点数按下式进行预估：

$$n=\frac{PQt^2}{E^2}$$

式中，P——某类型面积成数的预估值；

$Q=1-P$；

t——与选定的概率水准相应的 t 值；

E——允许误差，以小数表示。

样点应尽可能的小一些。在大比例尺航空相片上，取 0.1 hm^2 的圆形样点；在中小比例尺相片上取 0.2～0.25 hm^2 的圆形样点。这样，样地内地类属性近乎一致，避免综合地类。

（2）成数样点的布置　一般采用相片平面图或者平坦地区的相片略图布点，也可以直接在单张相片上布点。如果工作地区面积很大，相片数目超过或者接近于成数点的数目时，每张相片上布一个点，且布设在相片中心点。如果每张相片上布点的数目超过一个，则布点方式可分两种：一种是全面系统布点，把样点布在使用面积内，另一种是用一张透明模片，事先按一定的间隔系统布点。如果点数超过所需的数目，则按点的编号随机抽取所需要的点数，这样也可以避免使用面积的接边问题。

对于地形起伏较大的山区，需要先在地形图上系统地或是随机地布设样地点位，通过一定的技术方法再标定到航空相片上，以便判读。

（3）成数样点的判读分类统计　非成图的成数点抽样估测地类面积，不受最小测绘面积的限制，所以，在地块破碎、地类插花严重的地区，应用这种方法更为有利。当然，必须把样点的面积控制恰当。相片样点的判读，要准确地确定所属地类所判读的样点，要进行编号和登记所属地类，以便于检查和统计。

（4）成数点判读的检查和修正　在利用地形图布点，而后向航空相片标定样点判读时，其主要误差为判读误差。

（5）动态变化分析　利用原有数据作为前期测定值；以新航空相片成数抽样所得的最后结果作为后期测定值，二者的面积差值即为进行动态分析的依据，以 1∶10 000 彩色红外相片为主要依据，结合地面摄影、光谱测试、地面调查，对城市的绿地类型、树种进行分析判读，编绘出城市绿地现状图。

习　题

1. 水质污染遥感监测技术机理是什么？
2. 油污染遥感监测机理及完善技术的主要程序是什么？
3. 水质污染遥感监测的主要判读标志有哪些？
4. 如何利用遥感监测划分污染重度界限？
5. 如何利用遥感监测技术开展城市生态环境监测工作？
6. 大气遥感监测原理及主要项目是哪些？
7. 大气颗粒物监测的主要内容是什么？当前危害最大的是哪些项目？
8. 目前生态遥感监测的主要应用领域在哪些方面？

第九章　自动连续监测技术

由于定时、定点人工采样测定结果不能确切反映污染物质的动态变化规律，为了及时获得污染物质在环境中的动态变化信息，正确评价污染状况，并为研究污染物扩散、转移和转化规律提供依据，早在20世纪70年代初，一些国家和地区相继建立常年连续工作的大气污染和水质污染的连续自动监测系统。目前，我国环境自动监测系统在大中城市环境监测站及工矿企业应用越来越广泛，使环境监测向连续自动化方向发展。

第一节　水质自动监测技术

一、水质自动监测系统（WQMS)

（一）系统构成

地表水自动监测系统一般由一个中心站和若干个监测子站组成。监测子站设有地表水各污染因子连续监测仪器（COD、NH_3-N、pH、DO、TOC、TN、TP等分析仪器)、水文仪器（如流向、流速、水位等测定仪器）和辅助设备（分瓶采样等)，其工作方式为无人值守，昼夜连续（或间歇）自动运行。子站配备专用微处理机，采集各台仪器数据，通过有线或无线通信设备将数据传输到中心计算机房。中心计算机房设有小型或微型计算机及相应的各种外围设备，执行对各子站的状态信息及监测数据的收集，并能根据需要完成各种数据处理及输出报表和图件。

水质自动监测系统一般由采水系统、配水系统、水质自动监测系统、过程逻辑控制（PLC）系统、数据采集及传输等6个子系统构成。采水系统向系统提供可靠、有效的水样，包括水泵、管路、供电及安装结构部分。配水系统包括水样预处理装置、自动清洗装置、除藻装置及辅助部分，具有在线除泥沙和在线过滤、手动和自动管道反冲洗和除藻功能。分析系统由一系列水质自动分析仪器组成。控制系统包括系统控制柜和系统控制软件；数据采集及传输系统包括应用软件、有线通讯、无线通讯及卫星通讯设备等。

水质自动监测子站应包括站房、自动监测系统、避雷系统等。图9-1为水质自动监测系统的子站系统示意图。子站内的采样装置一般设有两套，轮换使用，保证采样不间断。采水泵常用能置于水中不同深度的潜水泵或水位涨落时能保持一定深度的浮动泵。泵把水样抽到高位水槽中，多余的水经溢流管排走，水槽使水样保持恒定压力，分流进入连续自动监测仪器。

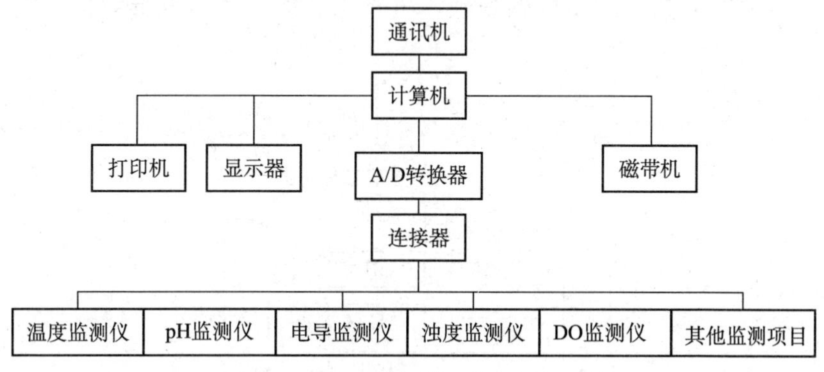

图 9-1　水质自动监测系统的子站系统

（二）监测项目方法

地表水自动监测的基本参数包括温度、pH、溶解氧、电导率及浊度五参数，其中浊度项目可根据水质情况选用。根据具体监测目的和水质污染状况选定监测项目，如对湖（库）可增加总氮、总磷，对部分特殊水域需增加硝酸盐氮、亚硝酸盐氮、大肠菌群、挥发酚等。此外，还需测定必要的水文、气象参数（水的流量和流速、水深、风向、风速、雨量、日照量等）。

表 9-1　地表水自动监测项目及监测方法

序号	项目	监测方法	测定范围/（mg/L）	标准
1	水温	热电偶、热电阻	0～40℃	—
2	pH	玻璃电极法	pH 2～12（无量纲）	HJ/T 96—2003
3	溶解氧	隔膜型极谱法	0～10/20	HJ/T 99—2003
		隔膜型伽伐尼电池法	0～10/20	
4	电导率	电极法	0～500 mS/m	HJ/T 97—2003
5	浊度	透过散射法	—	HJ/T 98—2003
		表面散射法	—	
6	高锰酸盐指数	高锰酸钾法	0～20	HJ/T 10—2003
7	氨氮	电极法	0.05～100	HJ/T 101—2003
		光度法	0.05～50	
8	总氮	碱性过硫酸钾氧化紫外分光光度法	0～100	HJ/T 102—2003
9	总磷	钼酸铵分光光度法	0～50	HJ/T 103—2003
10	总有机碳	过硫酸钾氧化法	0～50	HJ/T 104—2003
		燃烧氧化法	0～50	

二、水质自动监测仪器

（一）一般指标系统监测仪器

水质连续自动监测一般指标系统的监测仪器有水温监测仪、电导监测仪、pH

值监测仪、溶解氧监测仪、浊度监测仪等。前四项用电极法原理，浊度测定则是由水样悬浮颗粒散射的数值经微电脑处理，再转化成浊度值。五参数指标系统装置见图 9-2。

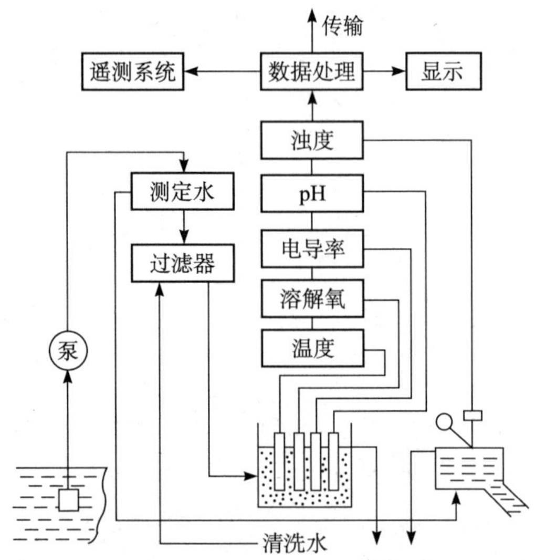

图 9-2 连续自动监测水质一般指标系统示意图

（二）COD 自动监测仪

仪器原理是将化学法测定 COD 的程序自动化，可用于间歇、自动测定的仪器有比色式自动测定仪、自动电位滴定式和恒电流库仑滴定式自动测定仪。恒电流库仑滴定法是水样以重铬酸钾为氧化剂在硫酸介质中回流氧化后，过量的重铬酸钾用电解产生的亚铁离子作为库仑滴定剂进行库仑滴定，根据电解产生亚铁离子所消耗的电量，按法拉第定律换算显示出 COD 值。见图 9-3。

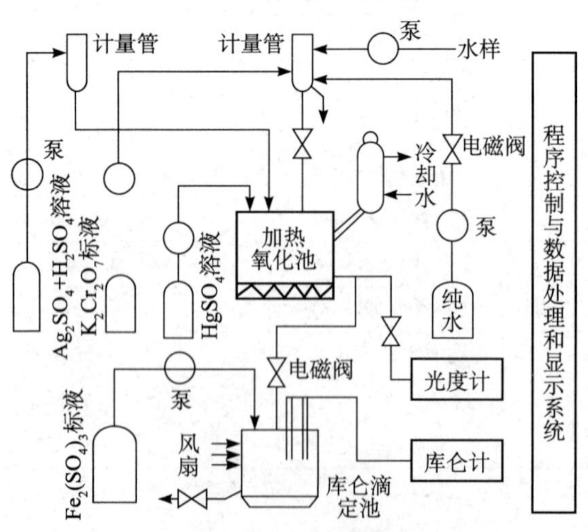

图 9-3 COD 自动监测仪测定流程示意图

（三）BOD 自动监测仪

用微生物传感器法测定 BOD 基本原理是：当含有饱和溶解氧的水样进入流通池中

与微生物传感器接触，水样中溶解性可生化降解的有机物受到微生物菌膜中菌种的作用，使扩散到氧电极表面上的氧的质量减少，当水样中可生化降解的有机物向菌膜扩散速度（质量）达到恒定时，此时扩散到氧电极表面上的氧的质量也达到恒定。因此产生一个恒定电流。由于恒定电流与水样中可生化降解的有机物浓度的差值和氧的减少量存在定量关系，据此可换算出水样中生物化学需氧量。

近年来研制成的微生物膜式 BOD 自动监测仪可在 30 min 内完成一次测定。该仪器由液体转送系统、传感器系统、信号测量系统及程序控制、数据处理系统组成。见图 9-4。

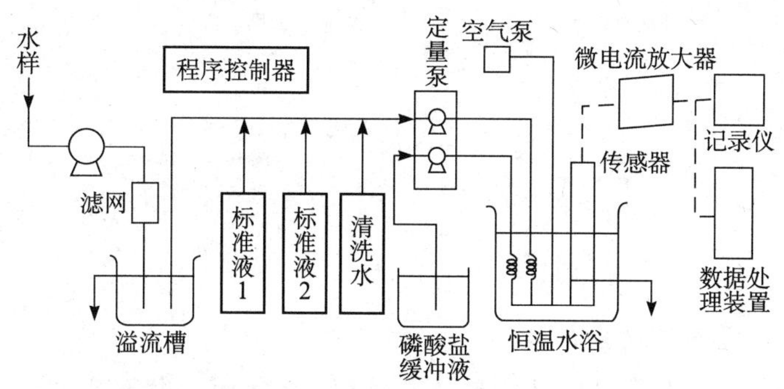

图 9-4　微生物传感器 BOD 自动监测仪原理图

（四）TOC 自动监测仪

总有机碳（TOC）是以碳的含量表示水体中有机物质总量的综合指标。由于 TOC 的测定采用燃烧法，因此能将有机物全部氧化，它比 BOD 或 COD 更能直接表示有机物的总量。因此常常被用来评价水体中有机污染的程度。TOC 自动监测仪是根据非色散红外吸收法原理设计的。总有机碳自动监测仪有单通道和双通道两种类型。单通道型仪器的流程原理图见图 9-5。

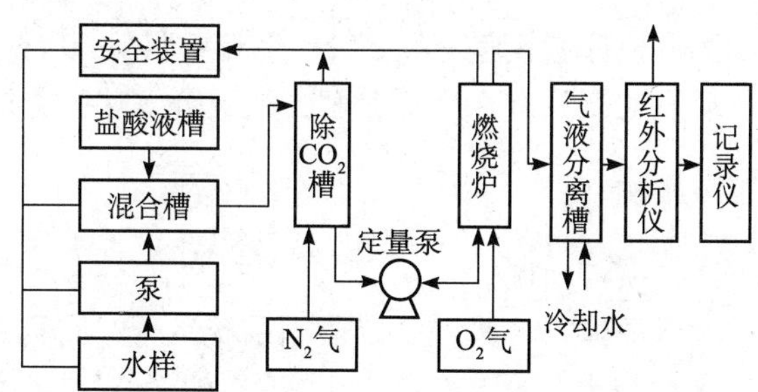

图 9-5　单通道 TOC 自动监测仪工作原理图

（五）氨氮/总氮自动分析仪

氨氮自动分析仪有：①氨气敏电极电位法；②分光光度法；③傅里叶变换光谱法。自动氨氮仪等需要连续和间断测量方式，水样经过在线过滤后，测定值相对偏差较大。总氮自动分析仪有过硫酸盐消解-紫外光度法和密闭燃烧氧化-化学发光法，前者受溴化物离子的干扰，后者无干扰，被认为是自动在线监测的首选方法，测定原理为水样注入温度为 750℃的密闭反应管中，在催化剂的作用下，样品中含氮化合物燃烧氧化生成 NO，然后通过载气（空气）将 NO 导入化学发光检测器进行测定，仪器框图见图 9-6。

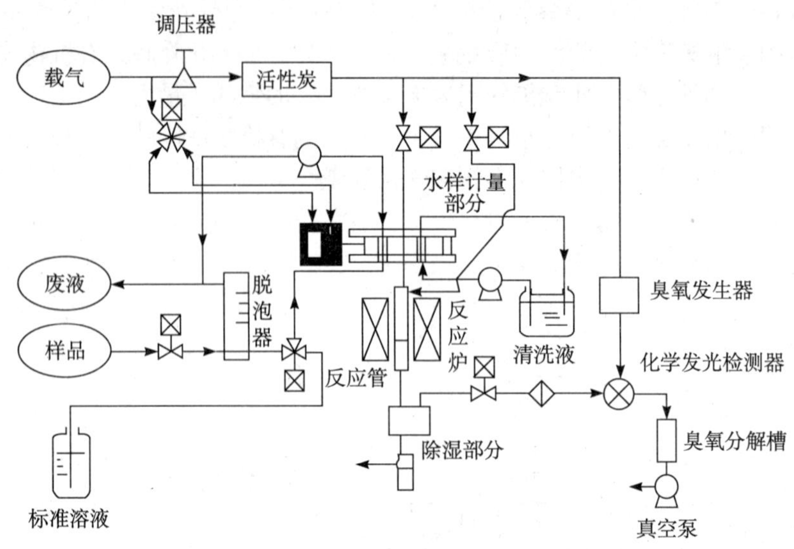

图 9-6 总氮自动分析仪流程图

(六) 磷酸盐/总磷自动分析仪

水中磷的测定，通常按其存在的形式而分别测定总磷、溶解性正磷酸盐和总溶解性磷。

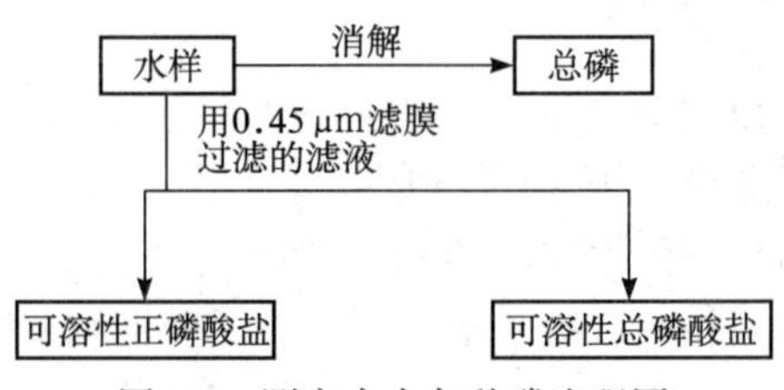

图 9-7 测定水中各种磷流程图

这类仪器主要有：①过硫酸盐消解-光度法；②UV 照射-铝催化加热消解，FIA-光度法。我国的总磷自动监测仪只有在水样分解方法及分解速度方面有所区别。

三、系统运行监控与维护

(一) 运行监控

水质自动监测的质量保证体系，是一个以监测系统运行、监测数据准确可靠为监控对象的管理体系。它要求对监测系统工作过程正常运行进行实时控制，以达到监测数据质量可靠的最终目标。

1. 系统运行

系统的正常运行是监测数据可靠的基础。必须定期对系统运行维护保养。一般分为现场值班人员的日常维护、技术人员的检修和供应商的现场维护，主要内容包括：检查站房电路、各种阀门、通讯线路、避雷设施是否正常；按系统运行要求对采水管路、配水系统、分析仪器的传感器、测量室进行清洗等。

2. 监管制度

建立水质自动监测系统的技术人员持证上岗制度、系统运行和值班记录制度、运转情况及事故报告制度、数据三级审核制度、质量控制档案的完善等管理制度。制定采样和预处理系统的维护规程、仪器操作和维护规程、校准规程、仪器定期考核规程、仪器性能测试规程、比对实验规程等操作规程，保证水质自动监测系统管理的规范化。

3. 质控措施

内部质量控制包括仪器的定期校准、性能测试、比对实验等。外部质量控制由质量管理部门定期对系统考核和评价。但由于水质自动监测系统有其自身的技术特点，它与通常的实验室分析有明显的差别，必须确定一套合适的质量控制措施，如①计量器具和自动监测仪器定期进行校准（一般每月一次）；②在规定范围内进行仪器空白测试；③自动监测仪器需与国家标准方法进行对比试验，其误差应小于10%；④对实际水样6次重复测定，相对标准偏差应小于15%；⑤注意标准溶液的准确性和有效期。

（二）系统维护

1. 预防性维护

①保持机房、实验室、监测用房（监控箱）的清洁，保持设备的清洁，避免仪器振动，保证监测用房内的温度、湿度满足仪器正常运行的需求。

②保持各仪器管路通畅，泵阀灵光，进出水正常，无漏液。

③对电源控制器、空调等辅助设备要进行经常性检查。

④按相关仪器说明书的要求进行仪器维护保养、易耗品的定期更换工作。

⑤操作人员在对系统进行日常维护时，应做好巡检记录，巡检记录应包含该系统运行状况、系统辅助设备运行状况、系统校准工作等必检项目和记录，以及仪器使用说明书中规定的其他检查项目和校准、维护保养、维修记录。

⑥仪器废液应送相关单位妥善处理。

表 9-2　采水、配水单元日常维护项目及周期表

维护项目		维护周期	维护内容
采水单元	采水浮筒	1周	检查浮筒固定情况
	加压泵	2个月	检查水泵管路和电缆连接、叶轮运转及水量情况
	过滤网	2周	清洗
	清水泵	2周	清洗泵体入水口滤网
	采水管路	2周	检查管路是否畅通，清理管路周边杂物
	水泵	1年	聘请专业人员维修维护
配水单元	水泵清水阀	2个月	检查工作状况
	沉砂池内壁及过滤网	经常	检查是否要清洗
	配水管道	2个月	检查是否有滴漏情况，酌情清洗
	电动（球）阀	经常	开关几次检查状况，清除阀内杂物、清洗阀体
	除藻装置	经常	检查是否有滴漏情况，清洗除藻泵及除藻池

2. 自动监测仪器单元日常维护

(1) 五参数自动监测仪日常维护

① pH电极的维护

除非操作条件被不正常地破坏，否则很少需要对含有样品的电极系统部件进行维护，只需清洗、浸泡电极或周期性地更换O形圈即可。

② 电导率（EC）电极的维护

当电极性能下降时清洗便可使其恢复，首先拧松流通池对应的电导率电极并取下，清洗过程中，采用一块沾有合适溶剂的软布或软纸擦去沉积物，或采用强水流冲洗，对一般的污泥和松粘物可用强水流直射的方式清洗；对油脂状有机沉积物可采用吸入了洗涤剂的棉线擦洗后彻底清洗。

③ 溶解氧（DO）电极的维护

当电极性能下降时，清洗可恢复其原来状态，否则需要更换电极头。首先拧松流通池上的DO电极取出清洗，采用一块软布擦去沉积物再用水流冲洗，应避免损伤电极膜。

④ 浊度（TB）电极的维护

每月用擦镜纸拭1次光学镜片。如水质较差，可每2周擦拭1次，再进行校准检查。

⑤ 温度电极：一般不需要维护，视准确度要求而定。见五参数自动监测仪日常维护表（表9-3）。

表9-3 五参数自动监测仪日常维护表

维护项目		维护周期	维护内容
更换电极		1～2年	视应用情况可适当调整
检查电极	pH电极	1个月	清洗、浸泡电极
	EC电极	1个月	清洗，视准确度要求校准
	DO电极	2～3个月	更换膜和电解液或进行再生处理，校准
	温度电极	2～3个月	一般不需维护，视准确度要求而定
	TB（浊度）	1个月	擦拭镜片或进行校准检查
人工清洗电极		1个月	擦拭电极表面的附着物
检查管路情况		1个月	检查流量是否适当，是否堵塞
检查各参数示值		1个月	检查示值准确度是否满足要求
更换电路板		2～3年	不更换可能会影响仪器性能

（2）CDO自动监测仪日常维护

①检查冷却水的量及冷却水管路，确认冷却系统正常。

②检查进样及流程系统是否有漏液漏酸问题。

③检查主控电路电子器件有无过热现象。

④确认各阀体、部件工作正常有效。

⑤清洗采样过滤器，确认采样系统工作正常。

⑥清理收集废液，进行集中处理。

⑦添加蒸馏水。

⑧当试剂不足一周使用时，配制、添加试剂。

⑨对仪器室进行通风。

⑩对仪器设备进行保洁，包括工控机过滤网、机壳尘土、机内污物、室内卫生。

⑪巡检维护工作每周进行一次，认真填写“巡检维护记录”。

⑫每月对比色阀清洗更换一次。

⑬每三个月对仪器校准一次。

（3）TOC自动监测仪日常维护

包括注入管的检查清洗、试样注入时间的调整、氮气的更换、试剂的配制补充、试样计量阀的情况、燃烧管维护、过滤膜的更换、红外线分析仪的零点确认和调整以及远红外气室的清扫等。具体元件的维护周期和维护内容见表 9-4。

表 9-4　TOC 监测仪元件维护表

维护项目	维护周期	维护内容（损坏现象）	维护项目	维护周期	维护内容（损坏现象）
催化剂	1～2 年	效率下降、测定值偏低	燃烧炉	2～3 年	温度报警
石英管	4 个月	损坏或有盐垢	碱石灰	1 年	变黄
陶瓷棉	2.5 个月	测定值偏低	活性炭	1 年	
O 形圈	4 个月	测定值偏离	注入管	2 个月	脏
泵管	1 年	无水样报警	阀芯	半年	测定值偏高
盐酸	10 个月～1 年	无试剂报警	滤膜	2 个月	测定值偏低
蒸馏水	1 年	无蒸馏水报警	N_2 瓶	1 个月	测定值异常
邻苯二甲酸氢钾	1 个月		远红外线分析仪	1 年	零点无法调整

（4）氨氮自动监测仪日常维护

①工作人员要定期检查仪器的运行情况，半个月检查 1 次管路有无泄漏，1 个月检查 1 次管路有无固体沉积物及藻类的积累，保证管路没有堵塞现象。

②定期检查试剂、清洗液及标准液的液位，至少半个月补充 2 次试剂、清洗液及标准液，1 个月彻底洗刷试剂桶 1 次。

③定期检查夹管阀及泵管的情况，一般 1 个月挪动 1 次夹管阀处硅胶管的位置，2 个月挪动 1 次泵管的位置，4 个月更换 1 次仪器全部管路及连接管路的两通、三通接头。

④定期检查气透膜，一般半个月检查 1 次气透膜上是否有气泡或气透膜是否被沾污，1 个月更换 1 次气透膜及内充液。

⑤时常注意仪器的过滤情况是否正常，半个月检查 1 次精过滤的过滤效果，1 个月清洗 1 次钛过滤芯，1 年更换 1 次钛过滤芯。

⑥视被测水质的情况，定期检查电极的性能，1 年更换 1 次电极。

⑦定期检查采水泵的运行情况，采水异常时维修、维护采水泵，必要时更换采水泵。

⑧当仪器长期停机时，将电极的内充液弃去，用无氨水将内电极和电极外套管洗净并用滤纸擦干，组装好放在电极包装中小心存放。

维护项目见表 9-5。

表 9-5　氨氮自动监测仪日常维护项目

维护项目	维护周期	维护内容
更换电极	1 年	
补充电解液	—	根据实际情况及时补充
检查电极内充液及电极膜状态	2 周	更换电极膜后必须补充内充电解液
移动夹管阀处软管	3 周	
检查管路情况	2 周	
泵管移位	6 个月	
更换泵管	12 个月	
清洗滤芯（采水单元）	2 周	拆下滤芯进行超声波清洗，水温为 40～50℃
检查采样泵	2 周	
检查采样头	2 周	
更换电路板	2～3 年	

第二节 空气质量自动监测技术

一、空气质量自动监测系统（AQMS)

空气质量连续自动监测系统与水质量连续自动监测系统相同，都是由一个中心监测站、若干个子站和信息传输系统组成。该系统是一个由监测仪器、数据通信、计算机组成的网络，见图 9-8。

空气质量自动监测系统中的各站点大多为固定站点，但有时也设有若干流动监测站、排放源监测站、遥测监测站与固定站，以互相补充成为一个完整的系统。

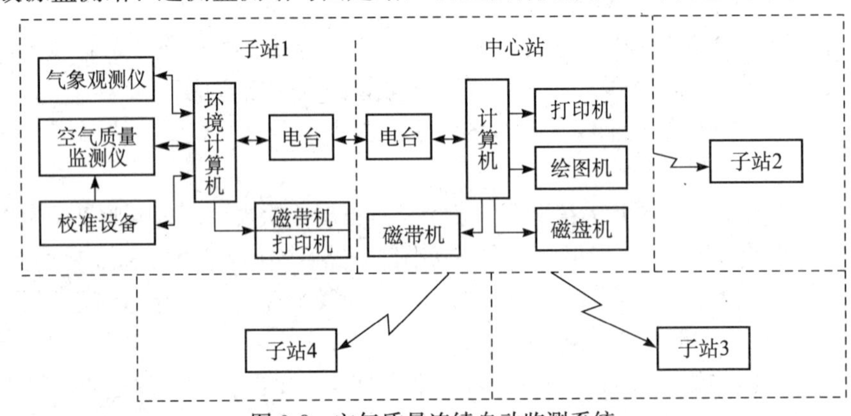

图 9-8 空气质量连续自动监测系统

由于城市各类污染源分布相互交错，使城市不同地点、时段、局地背景浓度差异显著，因此只能在各类污染浓度均匀区设立监测点，以保持一定的置信水平。

（一）自动监测子站数和站位的选定

监测点点数的设置，根据国外经验大致有以下几种可供选择的方法：①按人口密度确定；②按污染物活性不同确定；③按环境标准确定：④按统计学置信水平确定；但更重要的是国家的经济力量。一个无人操作的连续自动监测站，价格在 10 万美元左右，费用很高。如在系统布点利用已有的监测点密度为 1～3 km^2 的硫酸盐化速率数据所求得的浓度地域差为基础，应用下式计算设置的点数。

$$n=(CV)^2t^2/P^2$$

式中，n——设置的点数；

t——根据确定的置信水平，测点数为 $n-1$，查 t 表所得的 t 值；

CV——浓度地域差，应用几何平均值和几何标准差；

P——总体均值与 n 个测点均值之间的误差。当置信水平为 95％时均值误差应不大于 25％。

同时考虑了当前国家允许的经济条件，在城市近郊区建立若干个监测子站，在清洁的远郊区建立一个背景子站。

对于一个空气质量监测系统，一般来说，监测点位置的选择，应包含以下一些地区：

①有预期浓度最高的地区；

②包含人口密度高的、有代表性污染浓度的地区；

③重要污染源或污染源类型对环境空气污染水平有冲击影响的地区；

④背景浓度水平地区。

此外，采样点的位置还要考虑：

①大气物理因素。大气物理因素与污染物的迁移变化关系很大，所以选择位置时要考虑该地的风向及附近的建筑物、地形和污染源的影响。一般要求采样点离建筑物的距离至少为该建筑物高度的二倍以上，不受附近点源的直接影响，附近没有高楼或树林阻挡。

②污染物活性。由于污染源种类不同，各监测点的地形、地貌不尽相同，污染物在污染源和监测点之间时其组成会发生变化。一个采样点位置不一定对所有污染物的监测都合适。例如CO，是惰性气体，在空气中停留寿命较长，由汽车排放的CO，在道路中心和两侧几十米内浓度变化较大，一般地区变化较小，如需要监测交通造成的CO污染，监测点位置就应设在道路旁边。SO_2 活性较大，空气中 SO_2 浓度主要受点源和面源的影响，并易氧化成硫酸盐，在空气中停留时间为数小时至数日。测面源和测点源的布点方式，并不相同，对于光化学烟雾的监测，则需要考虑 NO_x 与HC产生 O_3 高峰的时间和空间。这些问题在设定监测点位置时，都是需要考虑的因素。

③可接近性。从理论上考虑的最适宜的监测点位置，在实际中未必能完全实现，这是因为每个城市都存在着一定的特殊性和复杂性。一般来说，建立一个监测子站需要有一定的空地，最好能采得360°空间的样品，至少也须采到270°空间样品；能获得方便的和质量好的电源，监测子站附近不能有小点源污染，如家庭、商业炊事、采暖烟囱及小工厂加工工业烟囱等。要有方便的汽车出入通道，社会安全需要保障，附近不能有强大的电磁波干扰。此外，如果是个古城，城近郊区保留有许多名胜古迹，监测子站的位置还必须与古城的特点相协调，不能破坏其整体性。因此，监测子站的位置，由于受到以上条件的限制，往往只能尽可能地接近具有代表性的位置。确定监测子站的数目和位置，在建立系统工作中是一件首要的非常复杂的技术性工作。

（二）空气自动监测子站系统

子站内装备有自动采样和预处理系统、污染物自动监测仪器及其校准设备、气象参数测量仪器、环境计算机及其外围设备、信息收发及传输系统等。图9-9为某市地面空气连续自动监测系统子站仪器装备的框图。

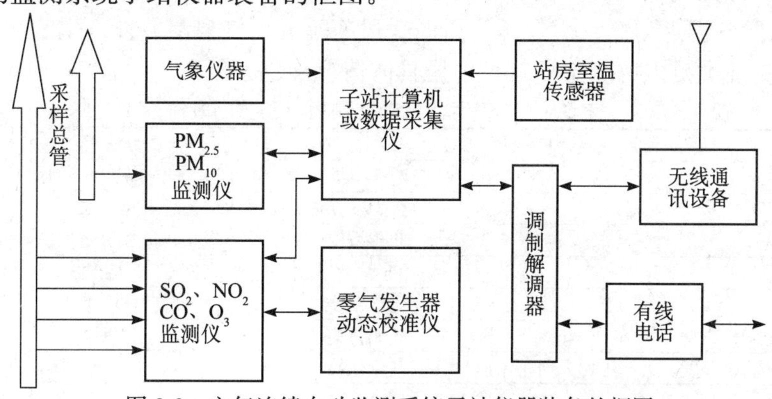

图9-9　空气连续自动监测系统子站仪器装备的框图

（三）自动进样系统

采样系统分集中采样和单独采样两种方式。前者指在每一子站设一总采气管，由抽风机将大气样品吸入，各仪器的采样管均从这一采样管中分别采样，但总悬浮颗粒物或可吸入颗粒物应单独采样。后者指各监测仪器分别用采样泵采集大气样品。实际工作中常将这两种方式结合使用。采样气路系统见图 9-10。

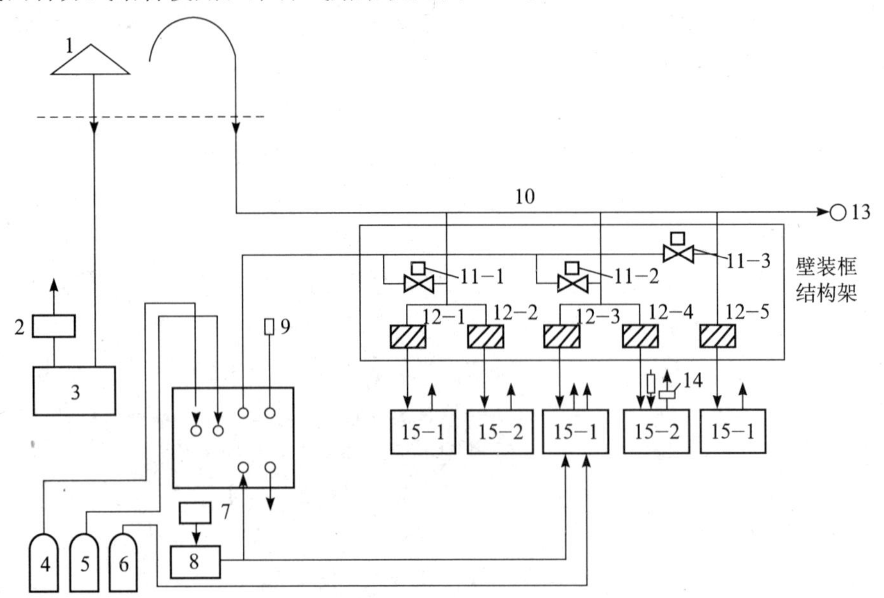

1. 采样探头　2.（14.）泵　3. TSP 或 PM_{10}、$PM_{2.5}$　4. NO 瓶　5. CO 瓶　6. C_mH_n 瓶　7. 空压机动性　8. 零气源　9. 安全阀　10. 采样玻璃总管　11-1. SO_2、O_3 阀　11-2. NMHC 阀　11-3. CO 阀　12-1～12-5. 过滤器　13. 抽气机　15-1～15-5. 动态校正器

图 9-10　采样气路系统示意图

（四）空气自动监测指标及方法

监测空气污染的子站监测项目分为两类：一类是温度、湿度、大气压、风速、风向及日照量等气象参数；另一类是二氧化硫、氮氧化物、一氧化碳、细颗粒物（$PM_{2.5}$）、臭氧、总碳氢化合物、甲烷烃、非甲烷烃等污染参数。

《环境监测技术规范》中，将地面空气自动监测系统的监测站分为 I 类测点和 Ⅱ 类测点。I 类测点数据按要求进国家环境数据库，Ⅱ 类测点数据由各省、市管理。I 类测点测定项目除气温、湿度、大气压、风向、风速等五项气象参数外，规定测定的污染因子见表 9-6；Ⅱ 类测点的测定项目可根据具体情况确定。

表 9-6　空气污染自动监测项目及监测方法

监测项目	监测方法
二氧化硫（SO_2）	溶液电导率法、电量法、火焰光度法、脉冲紫外荧光法
氮氧化物（NO_x）	化学发光法、分光光度法、电化学法
一氧化碳（CO）	非分散红外吸收法、气相色谱法、定电位电解法
细颗粒物（$PM_{2.5}$）	β 射线吸收法、压电天平法、光散射法、光吸收法
臭氧（O_3）	化学发光法、非分散红外吸收法
总碳氢化合物（HC）	气相色谱法
气象参数（气温、湿度、大气压、风向、风速）	气象仪器

二、空气污染自动监测仪器

大气污染自动监测仪器是获得准确污染信息的关键设备，必须具备连续运转能力强、灵敏、准确、可靠的特点。目前常用的监测仪器有：脉冲紫外荧光 SO_2 分析仪、库仑滴定仪、发光 NO_x 分析仪、非色散红外 CO 分析仪、紫外光度 O_3 分析仪、β射线飘尘监测仪、非甲烷烃监测仪等。

（一）SO_2 自动监测仪

基于 SO_2 分子接收紫外线（214 nm）能量成为激发态分子，在返回基态时，发出特征荧光，由光电倍增管将荧光强度信号转换成电信号，通过电压/频率转换成数字信号送给 CPU 进行数据处理。当 SO_2 浓度较低、激发光程较短且背景为空气时，荧光强度与 SO_2 浓度成正比。采用空气除烃器可消除多环芳烃（PAHs）对测量的干扰。

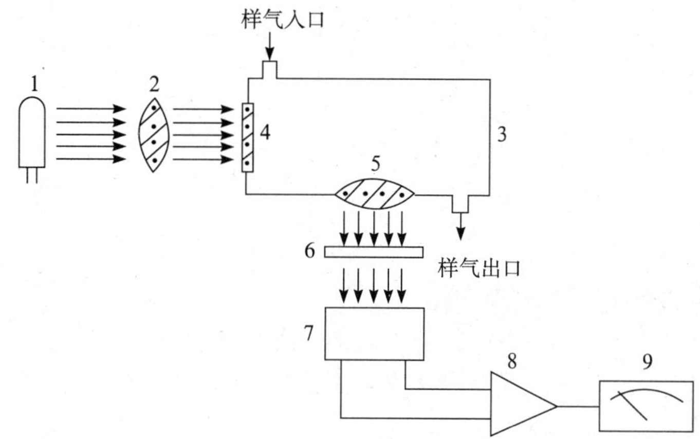

1. 紫外脉冲光源　2、5. 透镜　3. 反应室　4. 激发光滤光片　6. 发射光滤光片　7. 光电倍增管　8. 放大器　9. 指示表

图 9-11　SO_2 监测仪荧光计工作原理示意图

（二）NO_x 自动监测仪

NO 与 O_3 发生反应生成激发态的 NO_2^*，在返回基态时发射特征光，发光强度与 NO 浓度成正比。NO_2 不与 O_3 发生反应，可通过钼催化还原反应（315℃）将 NO_2 转换成 NO 后进行测量。如果样气通过钼转换器进入反应管，则测量的是 NO_x，NO_x 与 NO 浓度之差即为 NO_2。

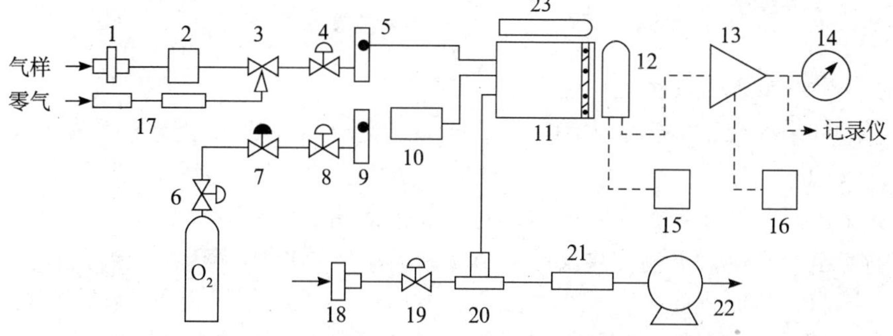

1、18. 尘埃过滤器　2. NO_2→NO 转换器　3、7. 电磁阀　4、6、19 针形阀　5、9. 流量计　8. 膜片阀　10. O_3 发生器　11. 反应室及滤光片　12. 光电倍增管　13. 放大器　14. 指示表　15. 高压电源　16. 稳压电源　17. 零气处理装置　20. 三通管　21. 净化器　22. 抽气泵　23. 半导体制冷器

图 9-12　化学发光 NO_x 监测仪工作原理示意图

(三) O_3 自动监测仪

利用 O_3 分子吸收射入中空玻璃管的 254 nm 的紫外光，测量样气的出射光强。通过电磁阀的切换，测量涤除 O_3 后的标气的出射光强。二者之比遵循比尔-朗伯公式，据此可得到 O_3 浓度值。

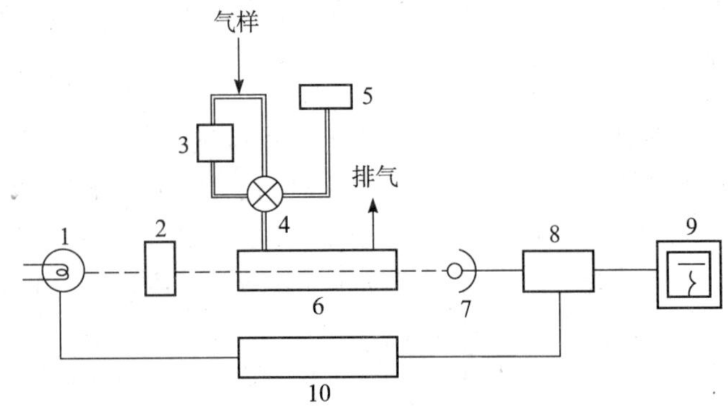

1. 紫外光源 2. 滤光器 3. 除 DO 器 4. 电磁阀 5. 标准 O_3 发生器 6. 气室 7. 光电倍增管 8. 放大器 9. 记录仪 10. 稳压电源

图 9-13 紫外吸收式 O_3 分析仪工作原理示意图

(四) CO 自动监测仪

它是基于非色散红外吸收法原理。

一氧化碳对以 4.5 μm 为中心波段的红外辐射具有选择性吸收，在一定浓度范围内，吸收程度与一氧化碳浓度呈线性关系，根据吸收值确定样品中一氧化碳浓度。

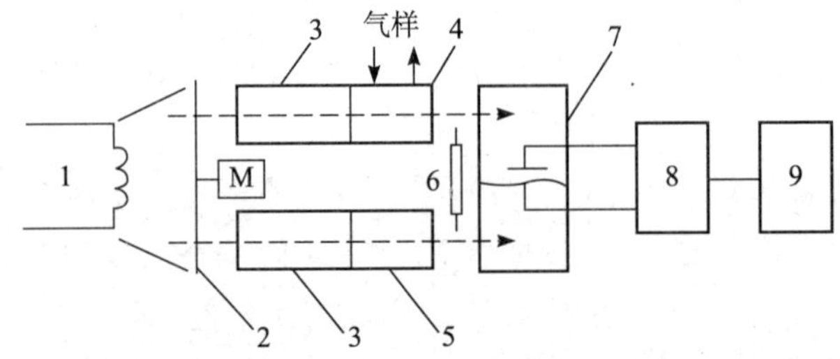

1. 红外光源 2. 切光片 3. 滤波室 4. 测量室 5. 参比室 6. 调零挡板 7. 检测室 8. 放大及信号处理系统 9. 指示表及记录仪

图 9-14 非色散红外吸收法 CO 监测仪原理示意图

(五) 非甲烷烃自动监测仪

对于空气中非甲烷烃类的监测，目前连续监测仪器主要采用气相色谱（FID）法和光离子化（PID）法。

氢火焰离子化气相色谱法：空气样品先经色谱柱分离成甲烷及非甲烷烃两个峰，用 FID 先测流出的甲烷，再测反吹出的非甲烷烃，反应周期约 5 min，通过仪器内装的微处理机，可自行编制程序来完成分析过程，并可随时进行基线校正、积分值的计值等。气相色谱法的主要问题是精度较差，作为连续监测仪器需要较多的维护。

另一种为光离子化检测器，即以高强度的紫外光作为激发源，紫外光照射到被测定的烃类化合物上产生电离，用离子检测器测定电离强度即可求出烃类的浓度。该法的主要问题是所选用的紫外光源只能对 C_4 以上的烃类产生电离，C_4 以下的不产生电离。因此，此处非甲烷烃的内涵与 FID 法非甲烷烃的内涵不完全相同。该法的主要优点是不需色谱柱分离，也不需要氢气源，仪器非常简单，作为连续监测仪器在应用上很有前景。

（六）细颗粒物自动监测仪

细颗粒物是指能长期悬浮在空气中，随人的呼吸进入呼吸道的颗粒不大于 2.5 μm 的飘尘。空气中的颗粒物直径越小，越容易富集有毒物质，并且被吸入呼吸道的部位越深。10 μm 的直径颗粒通常沉积在上呼吸道，而 2.5 μm 以下的颗粒物 100%地深入到细支气管和肺泡中，附着在呼吸道和肺泡内壁上，能刺激局部组织发生炎症，导致慢性支气管炎、支气管哮喘、肺气肿，甚至肺癌等。因此，国家将细颗粒物 $PM_{2.5}$ 列入重要的空气质量指标。细颗粒物的自动监测仪器根据测量原理不同分为振荡天平式、β 射线吸收式、光散式和光吸收式四种。

1. β 射线吸收式自动监测仪

是利用 β 射线与辐射源，β 粒子穿过一定厚度的吸收物质，其强度随吸收层增加而逐渐减弱的现象称 β 射线吸收。

仪器利用恒流抽气泵进行采样，空气中的悬浮颗粒被吸附在 β 源和盖革计数器之间的滤纸表面，抽气前后盖革计数器计数值的改变反映了滤纸上吸附灰尘的质量，由此可以得到单位体积空气中悬浮颗粒的浓度。

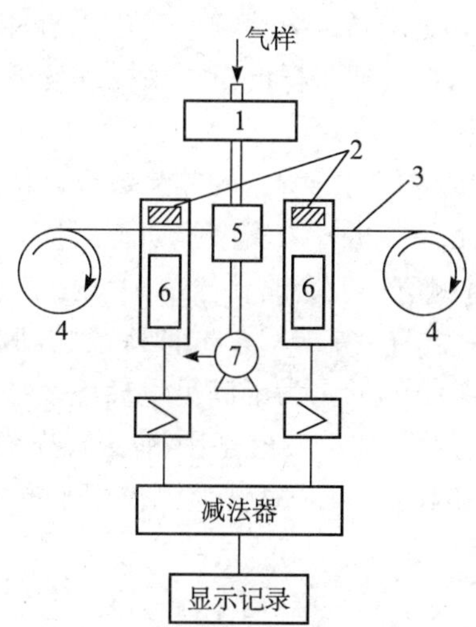

1. 切割器　2. β 射线源　3. 玻璃纤维滤膜　4. 滚筒　5. 集尘器　6. 检测器　7. 采样泵

图 9-15　β 射线吸收式细颗粒物测定仪工作原理图

仪器主要是由纸带传动机构、尘样采集系统、尘样检测系统和入口风罩 $PM_{2.5}$ 切割器组成。

①纸带传动机构：包括供带轮、过渡轮、驱动轮、压带装置、收带轮。驱动轮和压带装置一起驱动采样纸带前进。驱动时间为 10 s，采样纸带（PTFE 滤膜袋）走过 25 min的长度，供带轮、过渡轮都是从动轮，收带轮与驱动轮联动靠摩擦机构保证供带轮、收带轮同步。

②采样收集系统：包括管接头、转动鼓轮上的采样通道皱纹密封套，压紧平台、流

量计、节流阀等，当走带时，下平台向下移动，采集通道中没有负压，在样气采集前，平台向上移动，平台上端的支撑网栅上支撑块下端的密封台四周密封，使得采样通道密封，盖革计算管装在平台内，随平台运动。平台的运动是通过其下端的偏心转动轮实现的，通过光电耦合器确定平台的上下两个位置。

③尘样检测系统：是由放射源、滤纸和盖革计数管构成。在样气采集前后滤纸不作移动，而是将装有源和采集通道的转动鼓轮作相应的转动。当测量时，鼓轮转动使源和滤纸及盖革管的中心对齐；测量结束时，鼓轮转动使其上的采集通道和尘样采集通道对齐，进行样气采集。在样气采集结束后，转动鼓轮使源处于测量位置，对样气采集后的滤纸计数。

④入口风罩，PM_{10}、$PM_{2.5}$切割器：入口风罩设计成钟型，内部有两层隔网，特定的钟形结构可减少外界气流对采样的影响。PM_{10}、$PM_{2.5}$切割器是根据空气动力学原理设计的，用于分离不同直径的颗粒物。

2. 振荡天平式自动监测仪

该法是在捕集检测系统中质量传感器内使用一个振荡空心锥形管，在空心锥形振荡管上安装可更换的滤膜，振荡频率取决于锥形管特性和它的质量。仪器的核心结构是在特殊的热膨胀系数很小的石英锥形管的上端加装滤膜，由锥形管、滤膜和油沉积其上的颗粒物形成一个振荡系统，并按其自然频率进行振荡。当采样气流通过滤膜，其中的颗粒物沉积在滤膜上，滤膜质量变化导致振荡频率变化，通过测量振荡频率的变化计算出沉积在滤膜上颗粒物的质量，再根据采样流量、采样现场环境温度和气压计算出该时段的颗粒物标态质量浓度。

目前市场上该仪器可提供高时间分辨率的监测数据，使用的仪器对人员的维护水平要求较高。根据实验和监测结果分析，未安装膜动态测量系统（FDMS）的振荡天平法（TEOM）的自动监测仪的监测值一般会略低于β射线法自动监测设备的监测值。因为TEOM法监测仪的采样膜一直保持在50℃，这种持续的高温会使硝酸铵等一些半挥发性的颗粒物挥发而导致测量结果偏低，为了满足重量等效结果的要求，振荡天平法的测量数据应用一个默认的纠正系数1.3来校正因挥发而损失掉的颗粒物质量。或采用FDMS法校正。FDMS是用于校正TEOM法监测仪因半挥发性颗粒物的质量损失引起的测量结果偏差而研发的系统。

3. 光散射式监测仪

光散射式自动监测仪主要由检测器、光源、光源稳压回路、高压回路、光电积分回路、脉冲回路、运算控制等部分组成。

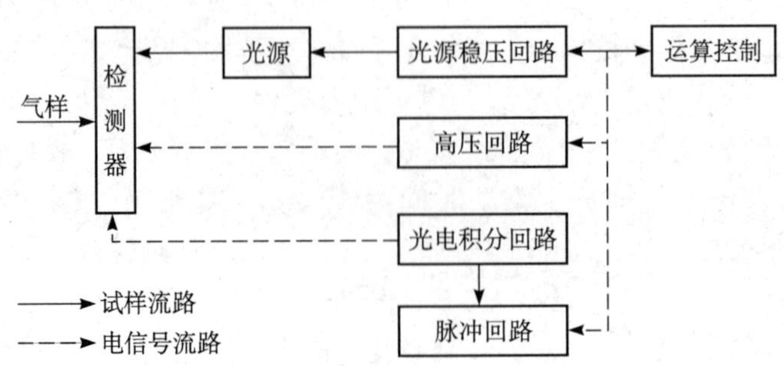

(1) 检测器。由于需要测量 $PM_{2.5}$ 对光的散射量，因此必须用风机将空气试样导入暗室中，通过光源、检测管（光电倍增管等）及光电积分回路检测光散射量，然后再将光信号转变为电信号。

(2) 光源。钨灯。

(3) 光源稳压回路。供给光源稳定的直流电源回路。

(4) 高压回路。供给光电倍增管稳定的负高压回路。

(5) 光电积分回路。将光电管测量出的光电流信号积分，并以脉冲信号输出的回路。

(6) 脉冲回路。使光电流积分回路检测出的脉冲信号形成波形，并以每小时的换算值输出。

(7) 运算控制器。对构成要素发出信号，并按程序操作及运算结果，测量周期为 1 h。

光散射式自动监测仪用稳定的乳白玻璃板为散射板装在检测部位作为等价输入。

4. 光吸收式监测仪

光吸收式自动监测仪主要由 $PM_{10/2.5}$ 捕集装置、滤纸供给装置、光源、光源稳压回路、检测器、运算控制器等部分组成。

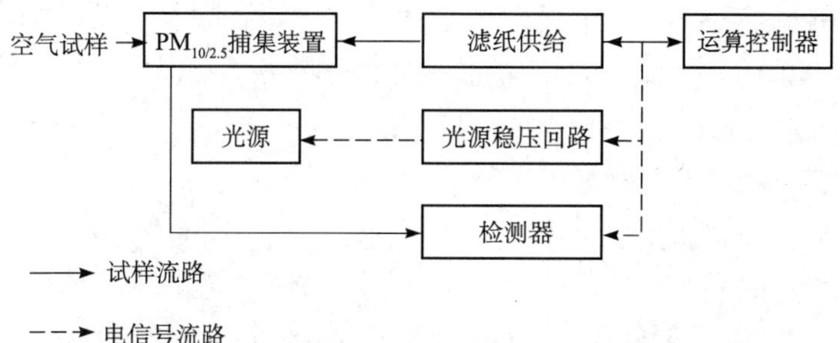

(1) $PM_{10/2.5}$ 捕集装置。用吸收泵吸入空气试样后，将 $PM_{2.5}$ 捕集到滤纸上，在空气试样导入口和空气抽吸泵之间放置带状滤纸的输出和移出装置。

(2) 滤纸供给装置。供给测量 $PM_{2.5}$ 未用的卷状滤纸，并在测定完成之后自动卷起并移出测量部位，使滤纸每隔一定时间移动一定的长度。

(3) 光源。钨灯。

(4) 光源稳压回路。供给光源的稳压直流电。

(5) 检测器。测量滤纸捕集 $PM_{2.5}$ 前后对光的吸收量，检测器常用光电管、半导体光电转换器元件。

(6) 运算控制器。对自动监测仪的各部分发出信号，并按设定的操作程序反复自动测量，测定周期为 1 h。

此外还具有以下功能：

移送滤纸；对光源及捕集 $PM_{2.5}$ 后的滤纸进行光量测量及浓度运算；通入试样时的启动和停止；透光量过强或过弱时的判断及控制；显示、记录等。

光吸收式自动监测仪把稳定的光膜等与滤纸一起装在检测部位作为等价输入。

上述几法基本原理和测量范围见表 9-7。

表 9-7 IP 自动监测原理及范围 单位：μg/m³

类别	基本原理	测定范围
振荡天平式	由于 $PM_{2.5}$ 的增加导致石英振子的振动频率降低，从而显示出质量浓度值	0～1 000，0～2 000 0～5 000，0～10 000
β射线吸收式	由捕集在滤纸上的 $PM_{2.5}$ 对β射线吸收值的增加显示出质量浓度	0～1 000，0～2 000 0～5 000，0～10 000
光散射式	由 $PM_{2.5}$ 对光散射量的增加，显示出相对浓度	0～1 000，0～2 000 0～5 000，0～10 000
光吸收式	由捕集到滤纸上 $PM_{2.5}$ 对光吸收量的增加，显示出相对浓度	0～1 000，0～2 000 0～5 000，0～10 000

三、系统运行维护与校正

（一）运行条件

1. 自动监测仪的性能要求

重复性误差≤±2%；零点漂移≤±2%；

最大量程误差≤±3%；示值误差≤±5%；

用标准粒子校正误差≤±10%；空白试验≤±10 μg/m³；

电源波动引起的误差±3%；空气流量稳定性±7%。

2. 自动监测仪的使用条件

使用温度在5～35℃范围内的任何温度下进行，要求温度变化小于5℃；

湿度相对湿度65%±20%；

气压在95～106 kPa范围内，变化在2 kPa以内；

测定范围0～1 000 μg/m³。

3. 仪器的等价输入

等价输入即根据不同监测方式输入，取代校正用标准气溶胶确认零或一定灵敏度的方法。等价输入一般有以下三种。

（1）零等价输入 相当于0 μg/m³ 的输入，即未导入空气试样时的测量状态。

（2）中间浓度等价输入 相当于500 μg/m³ 左右的浓度输入。

（3）满量程等价输入 相当于1 000 μg/m³ 左右的浓度输入。

（二）运行故障

空气质量自动监测系统出现故障时，除中心机房电脑故障、软件故障能当场发现外，各子站现场故障大都通过数据调取成功与否，调取后数据正常与否来分析判断。

（1）电脑故障。主要由于硬件损坏、病毒感染、系统文件误删除等。

（2）软件故障。主要由于软件没注册、程序冲突、有病毒、文件误删除等。

（3）电话线无法连接。主要由于现场雷击、现场停电、电话线短路或断线、调制解调器故障等。

（4）电话线连接正常而数据无法调取。主要由于调制解调器故障、数据采集器故障、分析仪至数据采集器的传输故障等。

（5）数据异常。①数据持续偏低：SO_2 主要由于紫外灯老化、光电倍增管老化、滤光片老化、限流孔堵塞导致流量偏低、气泵故障或泵膜老化、电磁阀漏气等；NO_2 主要由于臭氧放电管老化、臭氧放电管保险丝烧断、臭氧干燥器老化、光电倍增管老化等；PM_{10} 主要由于电源板故障、电源输出偏低、采样头脏、气泵故障导致流量低、采样口机械故障无法升降等。②数据持续偏高：SO_2、NO_2 主要由于反应室污染、电磁阀故障导致渗透管释放、CPU 板故障等；PM_{10} 主要由于 DAC 电压输出故障、短时停电造成满标显示等。③数据不变或无序变化：主要由于数据采集器故障、仪器程序设置混乱、$PM_{2.5}$ 纸带断等。

（三）系统维护

（1）子站的维护

对子站中昼夜运转的监测仪器设备要进行定期的维护。原则上每两周至一个月对各子站仪器维护和检查一次。包括检查仪器指示的流量、压力、温度、光强、噪声、电学零点、电学满度以及钢瓶气、渗透管消耗情况等规定内容。若安装在多尘、风沙较大的环境，每两周应清扫采样总管处聚集的尘埃和更换颗粒物过滤器的滤膜，一个月左右应清洗 CO、O_3 等仪器光路（或光室）部分中的尘埃，检查各仪器气路中毛细管的清洁度。对 PID 非甲烷烃仪器的紫外灯窗口，根据经验应经常清洗。在空气湿度较大的季节，要及时更换站房中气路部分所设的硅胶干燥剂。气象仪器的有关传感器由于长年暴露在室外，风吹雨打尘土聚积很厉害，应半年至一年左右取下进行清扫和保养。根据各台监测仪器提供的使用说明书的要求，每半年至一年应对一些关键性的大部件进行检查和预防性维护，建立仪器的维护和维修档案，有利于仪器管理。

（2）中心站的维护

中心站主要包括一个标准的计算机房再加上一台通讯机。因此，对中心站的维护要求与维护一台小型电子计算机基本相同。首先，在中心站的建设过程中，必须保证机房工程的质量有较高的标准，常年温度保持在 25℃左右，相对湿度最高不超过 80%，电压波动不大于±10%，要有良好的接地，接地电阻小于 40Ω，应有双路电源，避免突然停电造成机器受损。机房应保持良好的清洁度，空气应经过过滤。平时对计算机的维护最重要的是清洁防尘。最好将关键设备主机、磁盘机、磁带机与其他外围设备分开放置，减少尘埃进入。维护人员要定期清洗磁盘和磁头，检查设备完好，保持机器清洁。

（四）系统校准

空气自动监测仪器一般不能直接测定绝对浓度，因此仪器的准确度决定于校正的标准。校准系统包括校正监测仪器零点、量程的零气源和标准气气源、校准流量计等。校正方法可用标准气动态校正，或用标准溶液静态校正。表 9-8 列出了几种空气污染常见监测项目的自动监测仪器的校正方法。

表 9-8 空气自动监测仪器的校正方法

监测项目	校正方法	说明
SO_2	渗透管	恒温（25±0.1)℃或（30±0.1)℃，称量法测定渗透率
	标准溶液	适用电导法，用 0.005 mol/L 的 H_2SO_4 标准溶液
CO	渗透膜	恒温，定期用标准方法测定渗透量
	钢瓶气	在高纯氮中含量为 10^{-5}～10^{-4} mg/m³，由计量部门或厂家提供近期标定的浓度值
NO	渗透膜-钢瓶	装在仪器内，6×10^{-6}～12×10^{-6} mg/m³，用标准方法定期标定
	钢瓶气	在高纯氮中含量为 10^{-5}～10^{-4} mg/m³，由计量部门或厂家提供近期标定的浓度值，标定可用气相滴定法
NO_2	渗透管	恒温（25±0.1)℃或（30±0.1)℃，称量法测定渗透率
	气相滴定	用 NO 钢瓶气和臭氧发生器产生的 O_3 等浓度混合，由氮氧化物测定仪确定转化系数
	标准溶液	适用比色法，用 0.02 μg/ml 的 $NaNO_2$ 标准溶液
O_3	臭氧发生器	笔式低压汞灯恒温（45±0.1)℃，通入干燥净化的稳定空气流发生 O_3，用紫外光度法或气相滴定法测得浓度，3 个月变化不超过 3%
PM_{10} $PM_{2.5}$	等价输入	根据不同监测方式输入、取代校正用标准气溶胶确认零或一定灵敏度的方法，但振荡天平式一般不使用参考元件和检测元件发生的频率差信号，而使用仪器内设的发振器频率信号作为等价输入

第三节 污染源在线监测技术

一、污水自动监测系统（WPMS)

在污染物排放总量控制实施过程中，需采用污染物自动监测仪器对污染源实施总量在线监测，为实施污染物总量控制提供技术支持。世界上许多国家都已经建立了以监测水质污染综合指标及某些特点项目为基础的水质污染自动监测系统（WPMS)。

（一）监测系统构成

污水自动监测系统由一个监测中心站、若干个固定监测站（子站）和信息数据传输系统组成，见图 9-16。即在一个水系或一个地区设置若干个装备有连续自动监测仪器的监测站，由一个中心站控制若干个子站，各子站装备有采水设备、水质污染监测仪器及附属设备，水文、气象参数测量仪器，微型计算机及无线电台，随时对该地区的水质污染状况进行自动监测。

监测中心站的主要功能：

(1) 向各个子站发出工作指令，管理子站的工作，如开机、停机、校对检测仪器等；

(2) 定时收集各子站的监测数据，并进行数据处理和统计检验；

(3) 打印各种报表，绘制污染分布图；

(4) 将各种监测数据贮存到磁盘或光盘上，建立数据库，以便随时检索或调用；

(5) 当发现污染指数超标时，向有关污染源行政管理部门发出警报，以便采取相应的对策。

监测子站（两类）的主要功能：

(1) 计算机按预定的监测项目进行监测：

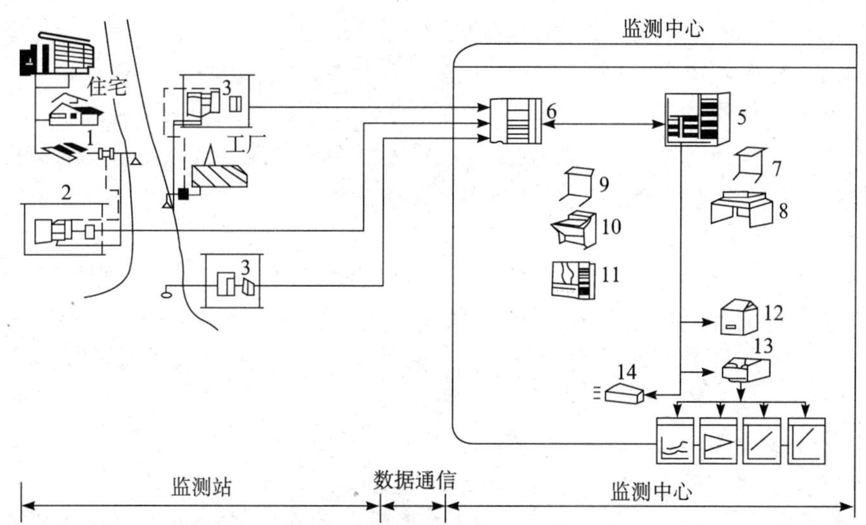

1—污水处理厂；2—污水处理厂监测站；3—污染源监测站；4—河川监测站；5—数据处理装置、磁盘磁带装置；6—通信装置；7—输入输出打字机；8—CRI；9—通信打字机；10—操作台；11—显示盘；12—行式打字机；13—绘图机；14—数据传送装置

图 9-16　污水自动监测系统的组成图

（2）按一定的时间间隔采集和处理监测数据；

（3）将收集到的数据按不同的需要进行显示、打印和短期储存；

（4）通过本站的无线电接受总站的工作并按总站的要求向总站传送检测数据。

（二）在线监测指标

国家总量控制项目为 COD、氨氮、石油类、氰化物、砷、汞、六价铬、铅和镉。其他项目根据环境管理的需要可酌情增加，相关指标有 pH 值、水温、浊度、电导率等。水污染物排放总量在线监测要求废水流量和污染物浓度应同步连续监测。

各监测站的监测项目根据水源的主要用途及监测站的主要任务而定。通常监测的项目有：

（1）综合指标的监测项目：水温、pH 值、电导率、氧化还原电位、溶解氧、浊度、悬浮物、生化需氧量、化学需氧量、总需氧量及总有机碳等。

（2）单项污染物的监测项目：金属离子、氟化物、氯离子、氰化物、酚、农药等。

每一个项目都有几种测定方法，目前已被水污染自动监测系统所采用或可能被采用的监测项目及监测方法，见表 9-9。主要指标自动监测仪器的原理及结构见第一节。

表 9-9　污水自动监测项目及监测方法

监测项目		监测方法	监测项目		监测方法
综合指标	水温	热敏电阻或铂电阻法	单项污染物浓度	氟离子	氟离子电极法
	浊度	表面光散射法		氯离子	氯离子电极法
	pH 值	玻璃电极法		氰离子	氰离子电极法
	电导率	电导电极法		氨	氨离子电极法
	溶解氧	隔膜电极法		铬	湿化学自动比色法
	化学需氧量	$K_2Cr_2O_7$ 或 $KMnO_4$ 湿化学法或流动池紫外线吸收光度法		酚	湿化学自动比色法或紫外线吸收光度法
	总需氧量	高温氧化锆-库仑法或燃料电池法等			
	总有机碳	气相色谱法或非色散红外线吸收法			

水污染自动监测系统的监测项目取决于建站的目的和任务，也与自动监测方法的成熟程度有关。同时，由于污染水质的污染物种类繁多、成分复杂、干扰严重，需要一系列的化学预处理操作，而且水质污染往往是痕量的，因此对水质污染连续自动监测比较困难。所以开发水质污染连续自动监测技术首先针对那些能够反映水质污染的综合指标项目，然后再逐步增加具体污染项目的连续自动监测。

（三）系统监控与验收

1. 监测数据要求

在连续排放情况下，化学需氧量（COD_{Cr}）水质在线自动监测仪、总磷水质自动分析仪、总有机碳（TOC）水质自动分析仪、紫外（UV）吸收水质自动在线监测仪和氨氮水质自动分析仪等至少每小时获得一个监测值，每天保证有 24 个测试数据；pH 值、温度和流量至少每 10 min 获得一个监测值。

对化学需氧量（COD_{Cr}）水质在线自动监测仪、总磷水质自动分析仪、总有机碳（TOC）水质自动分析仪、紫外（UV）吸收水质自动在线监测仪和氨氮水质自动分析仪而言，监测数据数不小于污水累计排放小时数。

对 pH 值、温度和流量而言，监测数据数不小于污水累计排放小时数的 6 倍。

实际水样比对试验或校验的结果不满足 HJ/T 355－2007 表 1 中规定的性能指标要求时，应立即重新进行第二次比对试验或校验，连续三次结果不符合要求，应采用备用仪器或手工方法监测。备用仪器在正常使用和运行之前应对仪器进行校验和比对试验。

2. 比对试验

对化学需氧量（COD_{Cr}）水质在线自动监测仪、总磷水质自动分析仪、总有机碳（TOC）水质自动分析仪、紫外（UV）吸收水质自动在线监测仪和氨氮水质自动分析仪而言，以水质在线自动监测方法与实验室标准方法进行现场实际水样比对试验，比对过程中应尽可能保证比对样品均匀一致。比对试验总数应不少于 3 对，其中 2 对实际水样比对试验相对误差应满足 HJ/T 355－2007 表 1 规定的要求。对 pH 值、温度和流量而言，以水质自动分析方法与标准方法分别测定实际水样的 pH 值和温度，要求实际水样比对试验绝对误差控制在±0.5 pH，温度变化幅度控制在±0.5℃。固定污染源废水自动监控系统比对监测结果评价指标限值见表 9-10。当比对监测项目均比对监测结果不符合表 9-10 中评价指标限值的，判定比对监测为不合格。

表 9-10 固定污染源废水自动监控系统比对监测结果评价指标限值

仪器名称	实际水样比对实验相对误差
pH 计	±0.5 pH
温度计	±0.5℃
总有机碳（TOC）水质自动分析仪	按 COD_{Cr}实际水样比对实验相对误差
化学需氧量（COD_{Cr}）水质在线自动监测仪	±10% 以接近水样的低浓度质控样代替水样进行实验 COD_{Cr}<30 mg/L
	±30% 30 mg/L≤COD_{Cr}<60 mg/L
	±20% 60 mg/L≤COD_{Cr}<100 mg/L
	±15% COD_{Cr}≥100 mg/L

续表

仪器名称	实际水样比对实验相对误差
总磷水质自动分析仪	±15%
紫外（UV）吸收水质自动在线监测仪	按 COD_{Cr}实际水样比对实验相对误差
氨氮水质自动分析仪	±15%

3. 监控检查

（1）诊断检查：数据采集传输仪对污水在线监测仪器应具备故障（传感器报警、断电记录等故障）判断功能。

（2）校正检查：通过数据采集传输仪上位机可发送零点和量程校准命令来校准水污染源在线监测仪器的零点和量程。

（3）控制检查：对不连续监测的项目（如 TOC、COD_{cr}等）上位机可通过数据采集转移设置水污染源在线监测仪器的测量时间，也可发送强制进行水质测定的命令。

（4）故障恢复试验：人为模拟现场断电、断水和断气等故障。在恢复供电后，水污染在线监测系统应能正常自启动和远程控制启动。在数据采集传输仪中保存故障前完整分析结果，并在故障过程中不被丢失。

二、烟气排放连续监测系统（CEMS）

（一）监测系统构成

固定污染源烟气排放连续监测系统是由烟尘监测子系统、气态污染物监测子系统、烟气排放参数测量子系统、系统控制及数据采集处理子系统等组成，见图 9-17。

（1）气态污染物监测子系统：是监测以气体状态分散在烟气中的污染物，包括 SO_2、NO_2、CO、CO_2 等。气态污染物采样探头安装在烟道上，中间由传输管线相连并传送样气至分析仪器。常用的采样方式为抽取法和稀释法，抽取法通过对传输管道加热，解决了采样过程中烟气所含水汽的冷凝问题。稀释法采用洁净的干空气按一定比例来稀释样品，没有水汽冷凝问题，但取样探头复杂，成本高。

（2）颗粒物（尘）监测子系统：监测的是烟尘污染物，监测方法主要有 β 射线衰减法、电荷转移法、浊度法和后散射法等。

（3）烟气参数监测子系统：是监测烟气的温度、湿度、压力、氧气含量、流量等辅助参数，以便将污染物的监测数据换算成标准状态下一定过量空气系数的干烟气数据，其中温度的测量采用热电阻、热电偶或红外方法等；湿度的测量采用电容传感法、红外吸收或双氧法等；流量的测量通过测量流速来计算流量。

组成 CEMS 的设备按照安装布置可分为烟道现场部分和仪器间部分。烟道现场仪器包括：直抽取样探头、烟尘监测仪、烟气温度、压力、湿度、流速仪。仪器间仪器包括：烟气预处理装置、分析仪器、工控机、气瓶等。现场仪器和仪器间通过烟气采样伴热管、电缆连接，负责气体、电源和信号的传输。

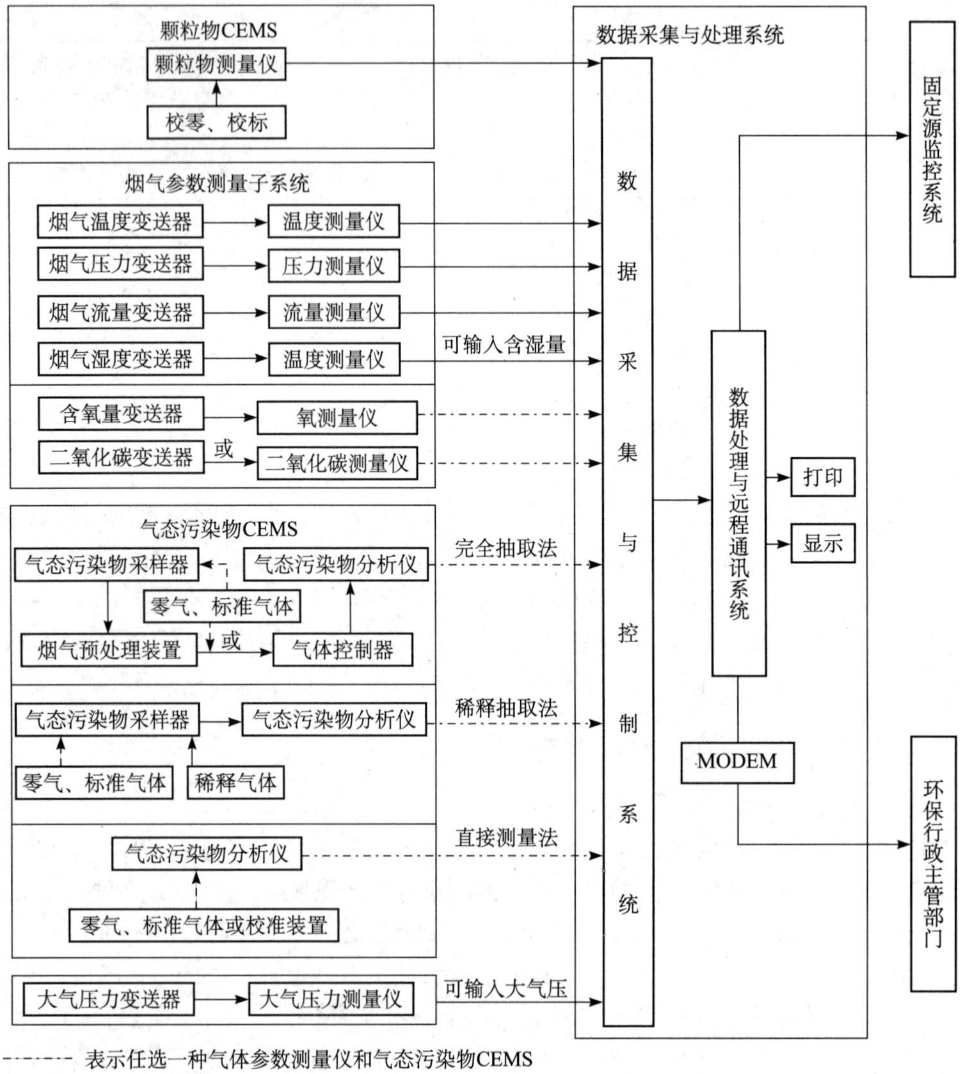

颗粒物CEMS
颗粒物测量仪
校零、校标
烟气参数测量子系统
烟气温度变送器
温度测量仪
烟气压力变送器
压力测量仪
烟气流量变送器
流量测量仪
烟气湿度变送器
温度测量仪
可输入含湿量
含氧量变送器
氧测量仪
二氧化碳变送器
或
二氧化碳测量仪
气态污染物CEMS
气态污染物采样器
气态污染物分析仪
完全抽取法
零气、标准气体
烟气预处理装置
或
气体控制器
气态污染物采样器
气态污染物分析仪
稀释抽取法
零气、标准气体
稀释气体
直接测量法
气态污染物分析仪
零气、标准气体或校准装置
大气压力变送器
大气压力测量仪
可输入大气压
数据采集与处理系统
数据采集与控制系统
数据处理与远程通讯系统
打印
显示
MODEM
固定源监控系统
环保行政主管部门
表示任选一种气体参数测量仪和气态污染物CEMS

图 9-17 烟气排放连续监测系统示意图

现场
取样采集
烟尘浓度采样器
烟气浓度采样器
烟气流速采样器
烟气温度采样器
烟气静压采样器
烟气湿度采样器
烟囱或烟道
MODEL
环保局远程监督
MODEL
MODEL
控制柜
控制室监视
数据采集与分析

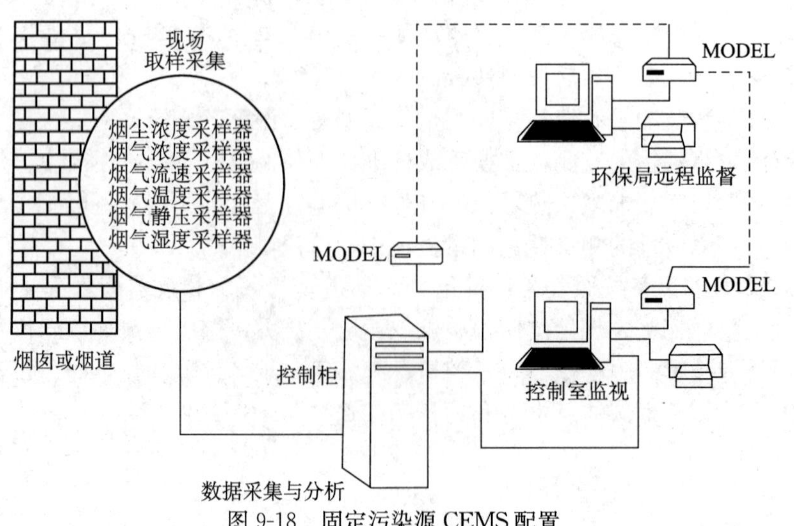

图 9-18 固定污染源 CEMS 配置

(二) 监测指标

烟气必测的参数项目指标有：烟气温度、烟气流速、烟道截面积、烟气流量、烟气湿度、烟道含氧量。烟道必测的污染物项目指标有：颗粒物、二氧化硫、氮氧化物。通过测量必须计算的参数项目有：污染物排放浓度、污染物排放速率、污染物排放量。

表 9-11 烟气自动监测项目与方法

序号	监测分析项目	监测分析方法
1	烟气温度	热电偶法
2	烟气流速	皮托管法
3	烟气湿度	红外吸收法、测氧法
4	烟道含氧量	氧化锆法、顺磁式氧分析法
5	烟道中颗粒物	浊度法、光散射法
6	二氧化硫	紫外荧光法、非分散红外吸收法
7	氮氧化物	化学发光法、非分散红外吸收法

(三) 系统监控

1. CEMS 测点布置的合理性

安装位置的合理和选择具有代表性的测点位置是保证 CEMS 数据准确性的基本条件。

由于场地等方面的原因，一些设计部门、电厂在设计、建设时没有考虑到 CEMS 监测位置的合理性。烟气脱硫系统的烟道长度一般比较有限，CEMS 测量精度要求的直管段长度比较难以保证，没有满足要求的烟道截面，使得 CEMS 数据的代表性发生偏差。

CEMS 的测点应优先选择在垂直管段，避开烟气涡流区，采样点离烟道内壁的距离不小于1 m或 1/3 的烟道当量直径。若烟道直管段长度大于 6 倍烟道当量直径，则监测孔前的直管段应不小于 4 倍当量直径且监测孔后的直管段长度不小于 2 倍当量直径；若烟道直管段长度小于 6 倍烟道当量直径，则监测孔前直管段长度必须大于监测孔后的直管段长度。

对于烟尘监测孔位置，垂直管段测量光束应通过烟道中心，水平管道可考虑烟尘重力沉降因素。在烟尘监测孔下游 0.5 m 左右应预留有手工采样孔，供校准使用。

2. 比对试验

由于安装 CEMS 的固定污染源的差异，应根据具体情况进行人工比对试验。对于安装在锅炉净化设施后的管道或烟囱上的 CEMS，应检测烟尘、SO_2、NO_x 以及辅助参数（如流速，O_2、温度、压力等)；对于安装在锅炉湿法净化除尘、脱硫装置后的管道或烟囱上的 CEMS，由于烟气中的水分成水雾或水滴状态，会明显地干扰光学原理的测尘仪的测量，比对试验的重点应为测定气体污染物，如 SO_2、NO_x 以及辅助参数流速、O_2、温度、湿度、压力等。

比对监测按照《固定污染源烟气排放连续监测系统技术要求及检测方法》（HJ/776—2007）进行，参比方法测孔设在 CEMS 系统测孔后 1.0 m 范围内。

比对监测期间，生产正常，除尘系统运行稳定。颗粒物与 CEMS 系统同时间区间同步测试 15 次，共获取 18 个数据对；二氧化硫与 CEMS 系统同时间区间同步测试 18 次，共获取 18 个数据对；烟气流速与 CEMS 系统每天同时间区间同步测试 5 次，连测

7天，共获取7个日均值数据对。比对监测前，对CEMS系统所有在线仪器的零点和量程进行了标定。

参比方法中的颗粒物采用3012 H型烟尘平行采样仪按GB/T 16157－1996进行测定；烟气流速通过测试烟气中温度、压力、含湿量和大气压等，按GB/T16157－1996进行计算；SO_2按《固定污染源排气中二氧化硫的测定　定电位电解法》（HJ/T57－2000）进行测定。比对监测前，使用有证流量校准仪对烟尘平行采样仪进行标定。

3. 质量控制措施

由于CEMS是组成复杂的技术系统，而且烟气成分特殊，如果不定期进行维护，很容易会导致严重的腐蚀和堵塞、数据漂移等问题，从而会使整个系统瘫痪。CEMS正常运行期间应按仪器使用说明书提出的要求，定期进行日常管理和维护工作，并及时更换已到试用期限的零部件。按系统运行、维护操作规程定期对系统各部分进行巡查，每3个月对系统进行一次系统地维护检查，保证仪器处于最佳技术状态。

（1）运行检查：是确定系统功能是否正常进行的每日/日常的检查。最常见的检查是零点和量程漂移；观测检查包括检查控制面板上指示灯、真空和压力表、转子流量计、温度设置、流速等。检查结果与控制要求比较。如果发现故障或超过限值，则立即采取纠正措施。

（2）定期维护：是指定期进行的工作。包括更换过滤器、发动机轴承、泵、灯等；也可以检查电学系统和光学系统。更换系统器件的时间间隔可从30天到1年或更长时间，可由试验结果和误差的大小来确定。

（3）性能审核：是对CEMS的运行进行的检查，通过检查指出存在的问题和需要改善预防性维护保养的方法或告知操作人员需要进行补偿性维护。

在定期维护检查时可能没有发现CEMS发生的故障，但在审核性能时发现了，可做补偿性维护。非定期维护是指在CEMS出现故障时进行的维护。通过这样的过程，逐渐建立完善的预防性维护程序，将有助于操作人员预测系统部件的故障率。改变进行预防性维护的时间间隔，使更换部件的时间与部件出现故障的时间基本保持一致，将减少系统发生故障的次数。

（4）建立质量保证体系和监督管理制度：包括对CEMS操作人员的技术要求、仪器的日常维护和保养、易耗品的更换、系统的标定、数据记录方法及内容、运行日志、故障检修记录等一整套运行管理制度，以及定点定时的质检、监督管理机制等。

第四节　环境噪声自动监测技术

目前，我国大多数城市的噪声监测都沿用一年监测若干频次和时段的手工监测方法。由于噪声有随机性和起伏变化大的特点，用手工监测方法获取的监测数据实时性、代表性差，花费的人力多，很难满足城市环境噪声污染的正确评价和管理决策需要。先进的城市环境噪声自动监测系统有着无须人员值守、长期24 h连续运行的特点，且结构又相对简单，容易取得既实时又同步的城市各设定测点噪声时空分布监测数据，噪声自动监测技术在国外已有多个城市应用。我国已经设立噪声自动监控系统的城市有北京、上海、哈尔滨等，噪声监测点1 000多个。

一、系统构成

环境噪声在线自动监测系统包括三部分：前端智能仪表、噪声数据管理中心、噪声数据处理中心，见图 9-19。

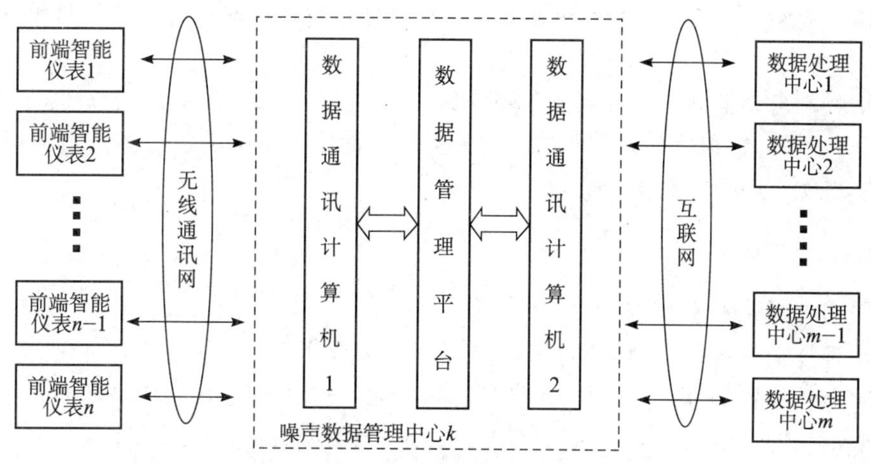

图 9-19　系统的结构示意图

环境噪声在线自动监测系统可具有 n 个前端智能仪表（$n<10\ 000$），k 个噪声数据管理中心（$k<100$），m 个噪声数据处理中心（$m<1\ 000$）。

1. 前端智能仪表

前端智能仪表是系统的户外单元，主要由噪声数据采样装置、数据预处理计算机、无线通讯传输模块构成。前端智能仪表在嵌入式微计算机系统程序的控制下进行自动工作。环境噪声状态通过数据采样装置传输到数据预处理计算机，再经过数据分析、统计、频谱分析、存储、录音处理、气象参数等预处理后传送给无线通讯数据模块单元，并自动将数据传送给管理中心。

2. 噪声数据管理中心

数据管理中心主要应由数据通讯计算机、数据管理计算机和网络设备构成。它是连接前端智能仪表与数据处理中心的桥梁。数据管理中心主要具有对前端智能仪表的管理；数据的管理和备份；根据不同的环境管理部门传送相应数据三大功能。

3. 噪声数据处理中心

数据处理中心主要由数据处理计算机、监视器及打印机等构成。处理中心平台需要有几个支撑软件作基础：数据库软件、地理信息系统软件、统计分析软件。它数据处理中心采用 B/S（浏览器/服务器）模式，用户可通过服务器确认调用及录入所需数据信息。数据处理中心能够完成监测点噪声数据动态显示波形图、噪声统计分布（正态分布或偏态分布）、相关性检验、期望值和标准差、噪声趋势预测、噪声超标报警及现场录音回放、噪声频谱分析、空间数据的地理信息演示、各种日、月、年统计图表等。

二、监测项目

城市环境噪声自动监测系统的监测项目按其性质和特点可分长期监测和短期监测两

类。长期监测项目为不同标准适用区域代表点或不同功能区代表测点的定点监测，其目的是为了长期监测了解该区域或全市环境噪声的污染状况和变化；短期监测项目为工厂边界、建筑施工场界等特殊需要的临时监测项目，其目的是为了短期了解该特定点的噪声污染程度和超标情况。

交通要道、飞机场、高速公路、铁路车站、城市轻轨、高架桥、港口等道路噪声、铁路噪声、船舶航运噪声、机场飞机噪声等监测项目可按需要分别选择长期和短期监测项目。

环境噪声自动监测系统主要监测指标为 L_p、L_{ep}、L_{max}、L_5、L_{10}、L_{50}、L_{90}、L_{95}、L_d、L_n、L_{dn}等，并利用有关噪声软件绘制实时或常年的城市噪声谱图，根据频谱分析发现、掌握噪声超标的点位和地段，并以此为依据制定噪声治理措施。

三、选点与维护

1. 噪声监测布点的优化

城市环境噪声自动监测点位的优化布设必须符合获取的数据信息具有代表性、完整性和监测点位设置的可行性原则。点位过多，需要安装的前端仪表数量增多，势必会耗费相当多的财力，也是不可取的。点位优化问题是噪声领域需解决的问题，也是自动监测系统面临的问题。

各监测项目的具体测点位及点位数应根据点位优化研究工作的结论和有关噪声监测规范来确定。城市环境噪声自动监测点位的优化布设，必须符合获取的数据信息具有代表性、完整性和监测点位设置的可行性原则。目前，国内外环境监测点位网络的优化设计方法归纳起来有统计法、模拟法和综合法三种。统计法是根据在任何一个范围内所测得的环境质量数据在时间上和空间上都是有相关的这一原理，它要求有足够的历史实测环境监测数据资料，该方法较为省力、简便；模拟法是依据噪声源的排放特征及环境条件（如周边建筑物情况）来预测噪声的强度分布，然后根据得出的噪声强度和范围大小来合理布设监测网点，它需要有足够的有关固定声源、流动声源排放强度和环境条件等方面的数据资料；综合法是综合了上述两种方法，取其方法之长、相互补充，既考虑现有监测数据的变化规律，又考虑声源的排放状况和环境条件，因此，它是一种较为被广泛采用的方法。无论采用何种优化方法，其目的都是为了使所测得的环境噪声监测数据在空间上有最好的代表性。当然设计出的监测点点位数应该是最少的。另外，在设计确定监测点点位数的同时，还要考虑区域的人口总数和人口分布、噪声污染的程度和面积、功能区属性等要素。

2. 户外单元的维护

户外声环境的测量是整个监测系统的关键所在，户外单元应保证系统能在各种恶劣环境（如高温、高湿）下正常运行。测点应根据需要安装气象传感器，在测量噪声的同时可加测气象要素，这对分析测量到的环境噪声数据和剔除雨天、风速超过规范要求时的异常数据起着重要作用。

噪声监测系统中数据采集系统大多需要在户外工作，供电一般采用蓄电池供给或蓄电池加市电联合供给两种方式。利用蓄电池供电，不受监测地点的限制，流动性好，适合短期监测工作；利用市电网络为监测系统供电则适合于长期监测工作，为防止停电的情况发生，接入小型蓄电池以提供紧急情况下的电源。

习　题

1. 水质自动连续监测系统中，子站和中心站各有什么不同？
2. 如何确定城市空气质量自动监测站（点）的站位和站数？
3. 图示说明空气质量监测自动站的结构及运行方式？
4. 空气质量自动监测仪器应符合哪些要求？如何选定？
5. 空气质量监测系统数据的传输和处理功能有哪些？
6. 空气质量自动监测系统如何实施运行维护工作？
7. 目前水质自动监测系统能测定哪些项目？有何特点？
8. 水质污染自动监测站是如何采集水样的？应注意哪些问题？
9. 空气中细颗粒物自动监测仪器有几种？其技术原理是什么？
10. 污水自动在线监测项目有哪些？怎样进行系统监控？
11. 简述噪声自动监测的选点和维护要点？

第十章　现场快速监测技术

现场快速监测使用的仪器轻便，操作简便，器皿试剂简单，测定速度快，并具一定的精度，特别适用于污染源监督监测和污染事故监测的现场应急监测。我国有 2 000 多个区县和上百万个企业，很需要现场简易快速的监测方法和技术。

概括地说，现场快速测定技术有以下几类：试纸法、水质速测管法（显色反应型）、气体速测管法（填充管型）、化学测试组件法、便携式分析仪器测定法等。

第一节　水中有机污染物快速监测技术

无论是天然水还是污染排放水，其有机污染物的种类繁多，既有植物性污染物（植物残体、腐殖质等），也有动物性污染物（动物残骸以及动物排泄物）。然而量大、面广的还是各种人为污染物，如工业废料、生活用水中各种有机废物。有机污染指标大致可归纳为：

（1）物理指标。水质物理指标主要包括：水温、色度、嗅、悬浮物、浊度等。

（2）综合指标。综合指标是间接测量水中有机物的总量的综合指标。有溶解氧、化学耗氧量、生化需氧量等。

（3）单项指标。单项指标是具体测定水中某些有机物的数量指标。如酚、石油类等。这些项目将愈来愈多。

一、水质物理指标的测定

（一）水温

水的温度由于水源不同而有很大差异。一般来说，地下水温度比较恒定，地面水的温度变化较大。天然地面水温度一年中，随着季节变化在 0～35℃的范围内变动。作为饮用水，适宜的水温在 6～20℃之间。

水温的测定应在现场进行。测定表面水的温度时可用水银温度计。测定深层水温时采用深水温度计或热敏电阻温度计等。

测定时，将温度计插入水中，静止 0.5～1 min，以便求得稳定的读数。测量的精度一般要求准确度±1℃。当温度计不能直接插入水中时，可用适当的采水器采水后，在水样中测定。测量水温时，应在采水样时同步进行。

（二）色度

水质的颜色主要取决于混杂入的污染物。由于污染源不同，工业废水颜色变得较为复杂。水色可分为“真色”和“表色”。水中悬浮物完全除去后呈现的颜色为“真色”；没有除去悬浮物时所呈现的颜色为“表色”。

水质监测一般用真色表示，故在测定前需先用澄清、过滤或离心沉降法除去水中的悬浮物。但不能用滤纸过滤。因为滤纸能吸收部分颜色，有些水样含有颗粒太细的有机物或无机物。不易用离心法除去，只能测定水样的表色，但要注明。色度的测定法如下。

1. 钴铂比色法

用氯铂酸钾与氯化钴的混合溶液作为标准溶液，称为钴铂标准。1 mg/L 以氯铂酸离子形式存在的铂产生的颜色，称为1度。

测定时，先配标准溶液，即溶解 1.246 g 氯铂酸钾（K_2PtCl_6，相当于 0.500 g 金属铂）和 1.000 g 结晶的二氯化钴（$CoCl_2 \cdot 6H_2O$）于含 100 ml 浓 HCl 的蒸馏水中，用蒸馏水稀释到 1 000 ml，此标准溶液相当于 500 度。再用此液配制 5～70 度递增的标准色列。配制方法和对应的度数见表 10-1。

表 10-1　铂钴标准色阶的配制与对应的度数

用蒸馏水稀释到 50.0 ml 所用标准液体积（ml）	以铂酸盐表示的色度	用蒸馏水稀释到 50.0 ml 所用标准液体积（ml）	以铂酸盐表示的色度
0.0	0	3.5	35
0.5	5	4.0	40
1.0	10	4.5	45
1.5	15	5.0	50
2.0	20	6.0	60
2.5	25	7.0	70
3.0	30		

测定时，用目视比较水样和钴铂标准色阶，直接记录水样色度。一般在 70 度以内直接比色。如果超过 70 度，可将水样用蒸馏水稀释后比色。一直到颜色在标准色阶内为止。

如果没有氯铂酸钾，可用重铬酸钾代替。制备标准色阶时，称取 0.043 7 g 重铬酸钾及 1.000 g 硫酸钴（$CoSO_4 \cdot 7H_2O$），溶于少量水中，加入 0.50 ml 浓 H_2SO_4，用水稀释至 500 ml，此溶液色度为 500 度。再用此液按上法配制标准色阶。此法适用于被天然物质污染的水源，不适用于颜色很深的工业废水。

2. 稀释倍数法

测定工业废水的色度时，常用稀释倍数法。将澄清的废水水样用无色水稀释至将近无色。装入比色管中（水柱高为 10 cm），在白色背景上与同样高度的蒸馏水相比较。一直稀释至不能察觉出颜色为止。这个刚好不能察觉的最大稀释倍数，即为该水样的稀释倍数。

测定色度时，应尽量使水样的颜色与标准色阶一致。如果不一致，应做颜色描述。采用文字描述时，可以用绿、微绿、黄、浅黄、红、紫红、微红等表示。

（三）浊度

水的浑浊度是由水中存在的悬浮物质（如泥沙、胶体物、有机物、浮游生物、微生物等）所造成的。它与河岸的状况、水流速度、工业废水的污染有关。浊度通常采用1L蒸馏水含有 1 mg 二氧化硅为一个浊度单位。有时为了方便起见，也采用每升水中悬浮物的量来表示。我国水质标准规定自来水浊度不超过 5 mg/L。工业用水一般不能用浊度。

水的浊度可以用浊度计进行测定。浊度计的原理是以丁达尔效应为基础。当水中的颗粒受到光的照射后，发生散射作用，散射光的强度用下式表示：

$$I = KI_0 \frac{nv^2}{\lambda^2}$$

式中，K——常数；

I_0——入射光的强度；

λ——波长；

n——单位体积中的粒子数；

v——颗粒的体积。

由上式可以看出，当其他条件固定时，散射光强度与单位体积内粒子数成正比。浊度计就是利用这一基本原理，将被测水样中颗粒的散射光由硒光电池接收，发生光电效应，转变为光电流。水的浊度越高、散射光越强，光电流也就越大。将此光电流接入以浊度数值标度的显示仪表。测定时即可直接读出被测水样的浊度。

水的浊度也可用分光光度法测定，测定波长选择在 660 nm 处。用比色皿先测定标准溶液的吸光度，绘制标准曲线。又在同样条件下测量水样吸光度，以求得相应的浊度。

（四）臭的检验

清洁水样是无臭味的，污染水由于污染物不同会产生各种臭味。如生活污水和轻工业废水，因含有较多量的有机质，发酵后会产生酸味、臭味；含有硫化氢的水会发出臭鸡蛋味等。

臭的检验，主要靠监测人员的嗅觉。由于人们对臭味的感觉灵敏度不同，测定时可请数人同时测定，取其平均值。

定性描述时，可将水样调到室温（冷法）或加热（热法），振荡后，闻其气味。并用适当文字描述，并见表中记录其强度见表 10-2 所示。

表 10-2　臭强度等级表

等级	强度	说明	等级	强度	说明
0	无	无任何臭和味	3	明显	可明显察觉
1	微弱	一般人难查出有臭，敏感者可觉出	4	强	有明显臭味
2	弱	一般则能察觉	5	极强	有强烈的恶臭

定量测定一般是用稀释法测定臭阈浓度，就是用无臭水（即蒸馏水和用活性炭过滤过的或煮沸过的自来水）逐步稀释待测水样，一直到测定人员嗅到有气味时的浓度。测定臭阈值，也就是水样稀释到臭阈浓度时的稀释倍数。具体操作时，按一定梯度吸取一定量水样，用无臭水稀释至 200 ml，如表 10-3 所示。并加热到预定温度（40℃或60℃），振摇并打开瓶塞，按照由低到高的顺序，测定其阈值。

表 10-3　不同稀释比例时的臭阈值

水样体积/ml 稀释至 200 ml	臭阈值	水样体积/ml 稀释至 200 ml	臭阈值
200	1	12	17
140	1.4	8.3	24
100	2	5.7	35
70	3	4	50
50	4	2.8	70
35	6	2	100
25	8	1.4	140
17	12	1.0	200

臭阈值的计算公式：

$$臭阈值=\frac{水样体积-无臭水体积}{水样体积}$$

（五）悬浮物——重量法

天然水和工业废水中都可能含有一些固体残渣，如矿渣、尘粒、有机物等。如果用过滤器过滤，把那些不能通过过滤器的固体物质称为悬浮物。悬浮物多时会使水质混浊，透光性降低，影响水生生物的呼吸及代谢作用。更多时会使河道阻塞、干涸后吹起扬尘，造成二次污染。

测定悬浮物时，先挑去新鲜水样中的树叶、棍棒、粪块、死鱼等杂物。为防止沉降，把水样摇匀，吸取定量水样，用滤纸过滤。如果废水中含有油脂，滤完后可用石油醚洗涤过滤，滤完后，将滤物置 105～110℃烘干至恒重、计算悬浮物的含量，用 mg/L 表示。

二、水中有机污染综合指标的快速测定

（一）OC/COD——滴定法

将重铬酸钾溶液和浓硫酸加入待测水样中，利用硫酸的溶解热的温度使反应进行，反应时间约 15 min，最后用硫酸亚铁铵滴定剩余的重铬酸钾。

硫酸溶解放热温度约为 110℃，但由于室温及其他因素影响，可能会有所变动产生误差，在现场测定是容许的，一般低于室内标准法。但同 BOD 的相关性是有意义的。

1. 试剂与仪器

（1）硫酸-硫酸银溶液：称取 11 g 硫酸银溶于 1 L 的硫酸中，完全溶解需要 1～2 d 时间，为使其速溶可以加热。

（2）硫酸汞。

（3）重铬酸钾溶液：称取 0.5 g 重铬酸钾溶于 1 L 水中。

（4）邻菲啰啉亚铁溶液：称取 2 g 邻菲啰啉（结晶水合物）和 1 g 硫酸亚铁（7 水盐）溶于水中并稀释至 100 ml。

（5）$N/20$ 硫酸亚铁铵溶液：称取 20 g 硫酸亚铁铵（6 水盐）溶于约 500 ml 经预先煮沸的冷却水中，加入 20 ml 硫酸，冷却后，用同一水稀释至 1L 水中。该溶液使用前须标定，其标定步骤如下：

准确量取重铬酸钾溶液（标定专用）10 ml 于锥形瓶中，加 100 ml 水，60 ml 硫酸，再滴入 2～3 滴邻菲啰啉亚铁溶液（作为指示剂），用硫酸亚铁铵溶液滴定，当滴定至溶液由蓝绿变为红色时，即为滴定终点。记录此时消耗硫酸亚铁铵体积（X，ml）再由下式算出系数 f 值：

$$f=\frac{10}{X}$$

说明：此时，若消耗的体积（ml）在 10±1 以下、相对误差在 10%以内可取 $f=1$。

标定用 $N/20$ 重铬酸钾溶液：预先将重铬酸钾（标准试剂）在玛瑙钵中研碎，在 100～110℃下干燥 3～4 h，移入干燥器中冷却后，准确称取 2.45 g $K_2Cl_2O_7$ 溶于水中，在体积 1L 的量筒中，用水稀至标线。该溶液 1 ml 相当于 0.4 mg 氧。

三角烧瓶 250 ml。

2. 试验操作

（1）量取适量水样加入预先放有 0.5 g 硫酸汞的 250 ml 三角烧瓶中，加水至液量总体积为 20 ml，充分振荡混匀。

（2）准确加入重铬酸钾溶液（$N/20$）10 ml，再小心地加入硫酸-硫酸银溶液 20 ml，充分振荡混合后，搁置反应 15 min。

（3）待此溶液冷却后，再用水稀释至 200 ml。

（4）加入 2～3 滴邻菲啰啉亚铁溶液，用 $N/20$ 硫酸亚铁铵溶液滴定过剩的重铬酸钾，当溶液由蓝绿色变成红色即为终点。

（5）取 20 ml 水（试验用水）同检测水并行操作，进行空白试验，步骤相同，由下式计算重铬酸钾消耗氧量（O）：

$$O=\frac{(a-b)\times f\times 1\,000}{V}\times 0.4$$

式中，a——空白试验中所消耗的 $N/20$ 硫酸亚铁铵溶液体积（ml）；

b——滴定时所消耗的 $N/20$ 硫酸亚铁铵溶液的体积（ml）；

f——$N/20$ 硫酸亚铁铵系数；

V——水样体积（ml）。

3. 注意事项

（1）较为理想的是使用的硫酸亚铁铵溶液的浓度是经准确测定的，但在现场往往是不可能的，这时可用重铬酸钾溶液进行标定。使用时，须将 $N/10$ 的重铬酸钾溶液稀释 1 倍，使浓度为 $N/20$。

（2）硫酸放热（溶解热），温度约为 110℃，大约 15 min 可降到 50～60℃以下。但由于室温或室外气温变化所产生的影响致使测定值不稳定，这也是难免的。

（3）一般情况下，由此而得到的测定值对应的 BOD 和 COD 的相关性大体上为 1∶1。

（二）溶解氧（DO）——滴定法

量取适量的水样，加入一定量的硫酸锰、碘化钾和氢氧化钠，使溶解氧与这些试剂反应生成棕色沉淀的过程叫氧的固定。一经静置使沉淀物集中于瓶底，氧吸附在沉淀物上。加入硫酸酸化，因碘化钾被氧化而产生游离碘，最后，用硫代硫酸钠滴定游离碘。

反应方程式为：

$$Mn^{2+}+2OH^{-}=Mn(OH)_2$$

$$Mn\ (OH)_2+\frac{1}{2}O_2=MnO(OH)_2$$

$$MnO(OH)_2+2I^{-}+4H^{+}=Mn^{2+}+I_2+3H_2O$$

$$I_2+2SO_3^{2-}=2I^{-}+S_4O_6^{2-}$$

1. 试剂与仪器

（1）硫酸锰溶液：称取 48.0 g 硫酸锰溶于水中稀释至 1L。

(2)碱性碘化钾溶液：称取氢氧化钠 50.0 g(或氢氧化钾 70 g)和碘化钾 150 g(或碘化钠 135 g)分别加水溶解后，再混合在一起，加水稀释至 1 L，装入棕色瓶中，用橡胶塞盖严，保存于阴暗处，此溶液呈酸性时不会游离出碘。

（3）淀粉溶液：称取 1 g 淀粉与 10 ml 水充分搅拌均匀，然后边搅动边加入 100 ml 热水，加热煮沸 1 min 后，冷却至室温，使用其上面的澄清液。因为此溶液易变色，所以应现用现配。

（4）硫代硫酸钠溶液：称取 3.2 g 硫代硫酸钠（5 水盐）和 0.2 g 碳酸盐（无水），溶于水并稀释至 1 L。此液与 f 因子可通过下述方法进行标定：用移液管量取 25 ml$N/80$ 标定用碘酸钾溶液放入带塞的 300 ml 三角碘量瓶中，加入 2 g 碘化钾和 5 ml 硫酸（1∶5）溶液，立即盖塞，轻轻摇匀，在暗处静置 5 min 后，加入 100 ml 水利用此溶液滴定游离碘，滴定至呈淡黄色时，加约 3 ml 淀粉溶液，继续滴定至蓝色消失为止。记录此时消耗掉硫代硫酸钠体积（X，ml），由下式计算出 f 因子：

$$f=25/X$$

（5）$N/30$ 碘化钾溶液：取适当碘酸钾（标准试剂）在 120～140℃条件下干燥 2 h，然后置于硫酸干燥器内冷却至室温，称取 0.4 g 溶于少量水中，移入体积为 1 L 的刻度量筒中，稀释至标线。若采用市场出售的 $N/10$ 重铬酸钾溶液，用时须稀释至 8 倍。

（6）氧瓶：使用带塞细径磨口瓶（100 ml），若塞下部向外沿成 45°时，密封时不得有气泡残留。瓶子的实际容量，可以通过把瓶子装满水称重，再扣除瓶子本身的重量即可得到。

（7）移液管：备用 2 支下部内径约为 1.5 mm 的吸管，即一支用于吸量硫酸锰溶液，另一支用于吸量碱性碘化钾溶液，其刻度均为 1.0 ml。

$N/80$ 硫代硫酸钠溶液的 f 因子可由下述方法求得：将 1 L 水装入烧杯中，有曝气装置充气 30 min，准确测定此时水温，由表 10-4 查出相应的饱和溶解氧量。

$$f=\frac{O}{a}\times\frac{V-2}{1\ 000}\times 10$$

式中，O——溶解氧（O_2）(mg/L)；

a——滴定时所需 $N/80$ 硫代硫酸钠溶液的体积（ml）；

f——$N/80$ 硫代硫酸钠溶液的因子；

V——氧瓶容量（ml）。

表 10-4　纯水中饱和溶解氧量（O_2，mg/L）

（在气压为 7 600 Pa、氧 20.9%、水蒸气饱和大气中）

t（℃）	0.0	0.1	0.2	0.3	0.4	0.5	0.6	0.7	0.8	0.9
0	14.16	14.12	14.08	14.04	14.00	13.97	13.93	13.89	13.85	13.81
1	13.77	13.74	13.70	13.66	13.63	13.59	13.55	13.51	13.48	13.41
2	13.40	13.37	13.33	13.30	13.26	13.22	13.19	13.15	13.12	13.08
3	13.05	13.01	12.98	12.94	12.91	12.87	12.84	12.81	12.77	12.74
4	12.70	12.67	12.64	12.60	12.57	12.54	12.51	12.47	12.44	12.41
5	12.37	12.34	12.31	12.28	12.25	12.22	12.18	12.15	12.12	12.09
6	12.06	12.03	12.00	11.97	11.94	11.91	11.88	11.85	11.82	11.79
7	11.76	11.73	11.70	11.67	11.64	11.61	11.58	11.55	11.52	11.50
8	11.47	11.44	11.41	11.38	11.36	11.33	11.30	11.27	11.25	11.22
9	11.19	11.16	11.14	11.11	11.08	11.06	11.03	11.00	11.98	11.95
10	10.92	10.90	10.87	10.85	10.82	10.80	10.77	10.75	10.72	10.70
11	10.67	10.65	10.62	10.60	10.57	10.55	10.53	10.50	10.48	10.45
12	10.43	10.40	10.38	10.36	10.34	10.31	10.29	10.27	10.24	10.22
13	10.20	10.17	10.15	10.13	10.11	10.09	10.06	10.04	10.02	10.00
14	9.98	9.95	9.93	9.91	9.89	9.87	9.85	9.83	9.81	9.78
15	9.76	9.74	9.72	9.70	9.68	9.66	9.64	9.62	9.60	9.58
16	9.56	9.54	9.52	9.50	9.48	9.46	9.45	9.43	9.41	9.39
17	9.37	9.35	9.33	9.31	9.30	9.28	9.26	9.24	9.22	9.208
18	9.18	9.17	9.15	9.13	9.12	9.10	9.08	9.06	9.04	9.03
19	9.01	8.99	8.98	8.96	8.94	8.93	8.91	8.89	8.88	8.86
20	8.84	8.83	8.81	8.79	8.78	8.76	8.75	8.73	8.71	8.70
21	8.68	8.67	8.65	8.64	8.62	8.61	8.59	8.58	8.56	8.55
22	8.53	8.52	8.50	8.49	8.47	8.46	8.44	8.43	8.41	8.40
23	8.38	8.37	8.36	8.34	8.33	8.32	8.30	8.29	8.27	8.26
24	8.25	8.23	8.22	8.21	8.19	8.18	8.17	8.15	8.14	8.13
25	8.11	8.10	8.09	8.07	8.06	8.05	8.04	8.02	8.01	8.00
26	7.99	7.97	7.96	7.95	7.94	7.92	7.91	7.90	7.89	7.88
27	7.86	7.85	7.84	7.83	7.82	7.81	7.79	7.78	7.77	7.76
28	7.75	7.74	7.72	7.71	7.70	7.69	7.68	7.67	7.66	7.65
29	7.64	7.62	7.61	7.60	7.59	7.58	7.57	7.56	7.55	7.54
30	7.53	7.52	7.51	7.50	7.48	7.47	7.46	7.45	7.44	7.43
31	7.42	7.41	7.40	7.39	7.38	7.37	7.36	7.35	7.34	7.33
32	7.32	7.31	7.30	7.29	7.28	7.27	7.26	7.25	7.24	7.23
33	7.22	7.21	7.20	7.20	7.19	7.18	7.17	7.16	7.15	7.14
34	7.16	7.12	7.11	7.10	7.09	7.08	7.07	7.06	7.05	7.05
35	7.04	7.03	7.02	7.01	7.00	6.99	6.98	6.97	6.96	6.95
36	6.94	6.94	6.93	6.92	6.91	6.90	6.89	6.88	6.87	6.86
37	6.86	6.85	6.84	6.83	6.82	6.81	6.80	6.79	6.78	6.77
38	6.76	6.76	6.75	6.74	6.73	6.72	6.71	6.70	6.70	6.69
39	6.68	6.67	6.66	6.65	6.64	6.63	6.63	6.62	6.61	6.60
40	6.59	6.58	6.57	6.56	6.56	6.55	6.54	6.53	6.52	6.51

2. 试验操作

(1) 量取一定的水样于氧瓶中，分别加入 1 ml 硫酸锰溶液和 1 ml 碱性碘化钾溶液。

(2) 每个吸管的尖端都要贴在氧瓶的首部，轻轻注入试剂，此时比重大的试剂就会沉淀于氧瓶的底部。

(3) 试剂加完，盖上瓶塞（此时水样要向外溢出约 3 ml），激烈反复连续颠倒 20 s（约 30 回），使其混匀。

(4) 照例静置，使沉淀物沉淀到氧瓶的底部，待上部溶液澄清时，打开瓶塞，加入 1 ml浓硫酸，再盖上塞子（澄清的上清液要溢出约 1 ml），反复颠倒数次使其混合。

(5) 待瓶内呈淡黄色-黄棕色状态时，打开瓶塞，将溶液移到 300 ml 锥形瓶中，再用少量水冲洗氧瓶和氧瓶塞，并将洗下的液体加到锥形瓶中。

(6) 使用 $N/80$ 硫代硫酸钠溶液滴定锥形瓶中的水样，滴定至黄色时，再滴加数滴淀粉指示剂，陆续滴定到溶液的蓝色消失为止。记录此时消耗掉的 $N/80$ 硫代硫酸钠溶液的体积（a，ml），由下式计算出溶解氧（O_2）的浓度（mg/L）：

$$O=\frac{a\times f\times 100}{V-2}\times 0.1$$

式中，a——滴定所需要的 $N/80$ 硫代硫酸钠溶液体积（ml）；

f——$N/80$ 硫代硫酸钠溶液因子；

V——氧瓶的体积（ml）。

(三) 碘耗量——滴定法

用碘耗量测定废水中所含的硫化物、硫化氢和多数还原性物质总量，是使水样与定量的碘作用，过量的碘用硫代硫酸钠滴定，最后算出碘耗量。但是，可与碘化合的物质除了硫化物外，还有很多物质（如亚硝酸盐、酚类、萘酚类等）。

1. 试剂与仪器

(1) $N/130$ 硫代硫酸钠溶液：称取 1.9 g 硫代硫酸钠，溶于水并稀释至 1 L，此溶液 1 ml 相当 1 mg 碘，标定后使用。称取 0.27 g 预先在 120～140℃下干燥 2 h，并在干燥器中冷却过的碘酸钾（标准试剂）溶于水并稀释于 1 L 量筒至标线，即为 $N/130$ 碘酸钾溶液。

(2) $N/130$ 碘溶液：称取 1 g 碘和 2 g 碘化钾溶于 20 ml 水以后，用水稀释至 1 L，贮于棕色瓶中。

(3) 淀粉溶液：称取 1 g 淀粉于 10 ml 水充分搅匀，然后边搅边加入 100 ml 热水，加热煮沸 1 min 后，冷却至室温，使用其上面的澄清液（因此液易变色，故应现用现配）。

2. 试验操作

(1) 量取 100 ml 水于体积为 300 ml 带塞玻璃瓶中，加 10 ml$N/130$ 碘溶液，再加 1 g碘化钾（KI）充分混匀。

(2) 然后用另一支吸管滴加 $N/130$ 硫代硫酸钠溶液，滴定至溶液的淡黄棕色变为淡黄色为止。

(3) 再加入 5 ml 淀粉溶液，继续滴定至所生成的蓝色消失为止。记录消耗的硫代硫酸钠溶液的体积（a，ml）。

(4) 另将 100 ml 水样徐徐加入预先装有 10 ml$N/130$ 碘溶液和 1 g 碘化钾的带塞玻璃瓶中，盖上塞子，充分混匀。

(5) 静置 2 min，用 $N/130$ 硫代硫酸钠溶液滴定水样呈淡黄色时，加入 5 ml 淀粉溶液，继续滴定至所生成蓝色消失为止。记录这时所消耗的硫代硫酸钠溶液的体积（b，ml)，由下式计算出碘耗量（mg/L)：

$$碘耗量（I，mg/L）=（a-b）F\times\frac{1\,000}{水样体积}$$

式中，F——$N/130$ 硫代硫酸钠的效力。

3. 注意事项

因为硫代硫酸钠溶液在很多项目的测定中都要使用，所以可以预先制备浓度高的贮备液（如 $N/10$ 溶液)，使用时，根据需要加水稀释一下就可以使用。

(四）酚类——滴定法

当水中含微量酚（>0.005 mg/L）的化合物时，则与所加消毒剂残留的氯反应生成氯酚，就会有异臭味。酚化合物的测定法是根据 4-氨基安替比林同酚化合物反应生成的氨替比林色素色调进行比色的方法。因为这种色素溶于氯仿，所以采用氯仿来萃取。

氧化性物质、还原性物质、金属离子、芳香族胺、油分、焦油类物质等均干扰测定，为了获得准确的测定结果，可以预先采用蒸馏的办法去除。

1. 试剂与仪器

(1) 盐酸。

(2) 氯化铵-氨溶液：称取 67.5 g 氯化铵溶于 570 ml 氨水中，加水稀释至 1 L。将此溶液移入密闭瓶中，于低温处保存。

(3)溴酸钾-溴化钾溶液($N/10$)：称取 2.78 g 溴酸钾和 10 g 溴化钾溶于水并稀释至 1 L。

(4) $N/10$ 硫代硫酸钠溶液：称取 26 g 硫代硫酸钠（5 水盐）和 0.2 g 无水碳酸钠，用无碳酸的水溶解并稀释至 1 L，再加入约 10 ml 异戊醇，充分振荡混合后，放置 2 d。

标定：用吸管量取 25 ml$N/10$ 碘酸钾溶液（标定用）于 300 ml 三角烧瓶中，加 2 g 碘化钾和 5 ml 硫酸（1∶5）立即盖塞，轻轻振荡，在暗处放置 5 min 后，加水 100 ml，使用此液滴定游离碘，滴定至黄色溶液变浅时，加入作为指示剂的淀粉溶液 3 ml，继续滴定至碘淀粉的蓝色消失为止。由平行进行的空白试验修正过的标定液的体积（x，ml）用下式计算因子（f)：

$$f=\frac{25}{x}$$

(5) $N/10$ 碘酸钾溶液（标定用)：预先在 120～140℃下干燥 2 h，在干燥器中冷却至室温后，从中准确称取碘酸钾（KIO_3 标准试剂）3.57 g，溶于水，移入 1 L 刻度量筒中，稀释至标线。

(6) 铁氰化钾溶液：称取 9 g 大颗粒状铁氰化钾，先用少量水将颗粒表面洗涤干净后，溶于水并稀释至 100 ml，必要时须过滤。此溶液有效期为一周。在一周内若发现变红则重新配制。

(7) 无水硫酸钠。

（8）碘化钾。

（9）4-氨基安替比林溶液（2%）：称取 2 g 4－氨基安替比林溶于水，稀释至 100 ml。此溶液现用现配（在阴暗处保存可连续使用 3～5 d）。

（10）酚标准溶液：

①酚原液：称取 1 g 酚溶于水并稀释至 1 L，此溶液作为原液存放于阴冷处（可在冰箱下部存放）。

标定：将大约 100 ml 水加入 500 ml 的带塞三角烧瓶中，准确加入 50 ml 酚原液，加入 50 ml $N/10$ 溴酸钾-溴化钾溶液（反应量约为 40 ml），再加 5 ml 盐酸（这时生成三溴酚白色沉淀）。盖严瓶塞，轻轻摇匀，待棕色的溴游离出以后，静置 10 min，然后加 1 g 碘化钾，用 $N/10$ 硫代硫酸钠滴定游离碘，待溶液变为浅黄色时，加入 3 ml 淀粉溶液，继续滴定至蓝色消失（终点）为止。记录此时消耗的 $N/10$ 硫代硫酸钠溶液的体积（b，ml）。

另外，量取 100 ml 水于 500 ml 三角烧瓶中，准确加入 $N/10$ 溴酸钾-溴化钾溶液 25 ml，以下步骤同上，求出消耗的 $N/10$ 硫代硫酸钠溶液的体积（a，ml）。

利用下式计算原液中酚的浓度 p（mg/L）：

$$p=(2a-b)\times 31.4$$

②酚标准溶液：准确量取相当于含 10 mg 酚的酚原液于 1 L 刻度量筒中，加水稀释至 1 L，再从中量取 100 ml 放入另一支 1L 刻度量筒中，加水稀释至 1 L，此液即为酚标准。每 ml 标准液中含酚为 0.001 mg。此液现用现配。

（11）淀粉溶液：与溶解氧（DO）中的配制相同。

（12）三氯甲烷（氯仿）

（13）100 ml 比色管（10 支）。

2. 试验操作

（1）将水样的 pH 值调整到约为 7。

（2）量取 80 ml 水样于比色管中，加入 3.0 ml 氯化铵-氨溶液，摇匀。

（3）加入 2.0 ml 4-氨基安替比林溶液，摇匀，加入 2.0 ml 铁氰化钾溶液，充分振荡混匀，静置 3 min。

（4）加 10 ml 氯仿，激烈振荡 1 min 以上，然后静置分层。

（5）在 0～50 ml 之间，间隔式量取酚标准液于序列比色管中，加水至 80 ml，以下步骤与水样相同。最后，将水样的呈色所对应的标准液管中酚标准液的体积（a，ml）代入下式，从而求出水样酚类的浓度（mg/L）。

$$\text{酚类浓度（mg/L）}=a\times\frac{1\,000}{80}\times 0.001$$

（五）油类——重量法

作为水体的有机污染物之一的油类，多来自生活污水和工业废水，也有来自水生生物体的分解产物。漂浮于水面的油，一方面影响水体与空气界面上氧的交换。另一方面，可被微生物氧化分解，消耗水中的溶解氧，使水质恶化。污染水体的油，在水中处于三种状态：一部分吸附于悬浮微粒上，一部分以乳化状态存在于水体中，还有少量的则溶解于水中。水体中油的测定方法，最简便的是用有机溶剂抽提，用重量法测定。即向所采水样加入硫酸，使水样 pH<2，以抑制微生物活性。将酸化过的水样倒入分液漏斗中，加入氯化钠，然后用石油醚抽提。在抽提液中加入无水硫酸钠脱水，并用滤纸过滤。收集滤液于 65℃烘干 1h。冷却 30 min 后称重。根据称量的质量求出水样中油类的含量。此法最低检出限度为 5 ml/L 油。所用的石油醚必须纯净，否则需要重蒸馏。分液漏斗活塞切勿涂任何油脂。

（六）阴离子洗涤剂——比色法

合成洗涤剂主要含有表面活性物质。过去通常用的是烷基苯磺酸盐（ABS），从 20 世纪 60 年代中期开始，很多国家改用线型烷基磺酸盐（LAS）。我国目前生产的合成洗涤剂两者均有，且以烷基苯磺酸盐为主。阴离子洗涤剂主要是烷基苯磺酸钠、烷基磺酸钠和脂肪醇硫酸钠，均能与次甲基蓝反应，生成蓝色的盐或离子对化合物，这类能与次甲基蓝络合的物质称为次甲基蓝活性物质（MBAS）。所生成的络合物易溶于氯仿，用氯仿萃取后其色度与浓度成正比。

用此法测定时以直链烷基苯磺酸钠作为标准，其测定结果也以此标准物表示被测物浓度。测定时，将标准物溶于 50％乙醇中。用石油醚（沸程 30～60℃）萃取多次。除去不皂化物后，把乙醇溶液蒸发浓缩到干，再溶于无水乙醇中，过滤除去无机盐，滤液浓缩结晶，又用苯重新结晶，得白色固体，80～85℃干燥产物经红外光谱鉴定，并经碳、硫元素定量分析，纯度不应低于 98％。用此法精制的标准品配制标准溶液，绘制工作曲线。进行水样分析时，吸取一定体积的水样于分液漏斗中，加入次甲基蓝溶液，待生成蓝色络合物后，用氯仿萃取，比色测定。

此法的最低检出限浓度为 0.02 mg/L LAS，测定上限为 0.60 ml/L LAS。

（七）BOD_5——稀释法

生化需氧量（BOD_5）是指在好氧条件下微生物分解水中有机物所需的溶解氧的量，它是环境水质标准和污水排放标准中重点控制的水质有机污染综合指标之一。此法测定原理基本同溶解氧。所不同者是先把水样加特制的水稀释，并培养 5 d。测定时，测两次，一次是测当时的溶解氧；另一次是测培养 5 d 后的溶解氧，两者之差即为 BOD_5。其具体操作流程如图 10-1 所示。

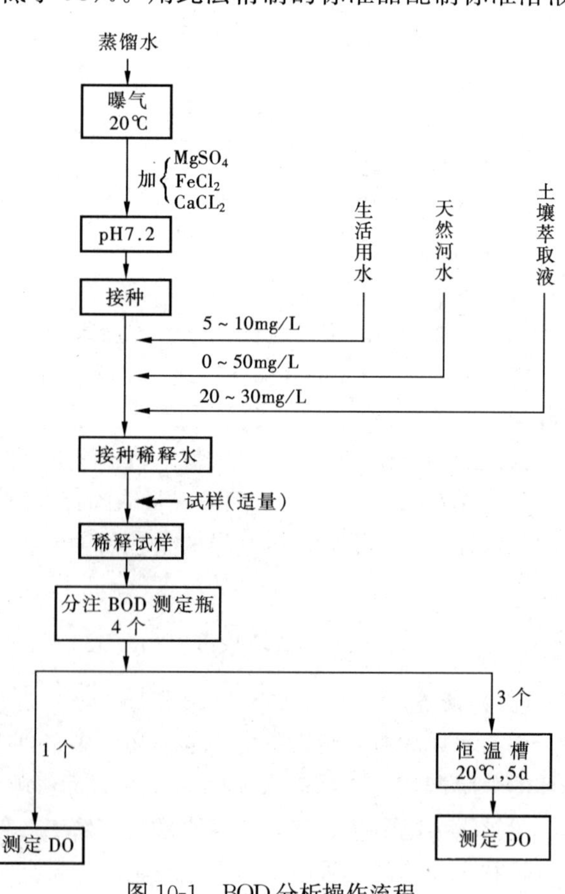

图 10-1 BOD 分析操作流程

特制稀释用水，实际上就是给水中补充微生物养料，即蒸馏水中加 $MgSO_4$、$FeCl_2$，以供微生物繁殖之用，用磷酸缓冲液调节 pH 至 7.2～8.0；并充分曝气，使水中溶解的氧接近饱和，水样必须含微生物，否则要接种（生活污水或天然河水）。水样如果不呈中性，必须先中和（以麝香草酚蓝为指示剂）后再稀释培养。为适应现场快速测定，恒温培养箱可以因地制宜。主要是控制温度在 20℃（±1℃），以生化完全、基本达到平衡为准。

（八）BOD——检压法

此法是将水样置于三角瓶中，如图 10-2 所示。瓶上空装有二氧化碳吸收剂（45%的 NaOH 溶液或用苏打石灰等），用带有压力计的瓶塞密封三角瓶，再将上述装置放在恒温槽内，在恒温瓶中的水样用电磁搅拌器搅拌，补充由于好氧性微生物所消耗的氧量，使溶解氧经常保持在饱和状态。有机物分解时产生的 CO_2 被密封系统中的 CO_2 吸收剂所吸收。这时，密封系统仅因消耗了氧量而成为负压状态，在压力计上显示一定的压差。在三角瓶中反应完成后，即可由水银压力计所示的压力计算出生化需氧量。

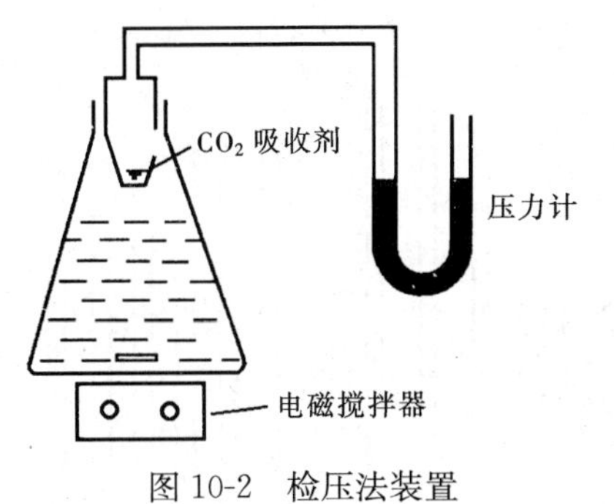

图 10-2　检压法装置

第二节　水中无机污染物快速监测技术

一、pH 值——比色法

pH 值比色法原理是抽取在特定的 pH 值下具有一定变色范围的色素（指示剂）溶液滴入待测的水样中，将所呈色调与标准系列的色调比较，由此得出水样的 pH 值。如将滤纸浸入各种指示剂溶液中（如表 10-5 所列 pH 6～8 间的一些指示剂变色范围）干燥后可制成 pH 试纸，这种试纸在现场使用更为方便。

表 10-5　各种指示剂变色范围

指示剂名称	pH 变色范围
氯酚红（CPR）	4.8（黄）～6.4（红）
溴甲酚紫（BCP）	5.2（黄）～6.8（紫）
溴酚红（BPR）	5.2（黄）～6.8（红）
溴百里酚蓝（HTR）	6.0（黄）～7.6（蓝）
酚红（PR）	6.8（黄）～8.4（红）
甲酚红（CR）	7.2（黄）～8.8（红）

使用 pH 试纸时，用镊子将 pH 试纸夹住，把其尖端浸入待测水样后取出，让多余的水样从试纸尖端滴去，再将试纸的色调与标准色阶比较得知水样的 pH 值。

使用指示剂时，量取相应量的水样，加入一定量的指示剂溶液，充分混合后与同一色调的标准色阶进行对比，从而测得 pH 值。对于 pH 指示剂，在其变色范围中间部分是明显的，易于观察，两侧难以辨析，因此尽可能使用指示剂变色范围的中间部分测定。注意在比色时不是色的浓度而是色调。要求水样量和加入水样中的指示剂量均应一定。水样的色的浓度和标准色的浓度是相同的。比色法测得的 pH 值误差范围在±0.2～0.5。

二、阳离子快速监测技术

（一）锌（Zn）

1. 试验纸法

取检水约 5 ml（pH 1～8）于烧杯中，加入 2 粒颗粒状氢氧化钠（NaOH），振摇混溶，用滤纸过滤，再将试验纸浸入滤液中，待全部湿润后即刻提出，将其橙红—红色的呈色与标准色比较即可，浓度范围在 10～25 mg/L 之间的均可使用此法。

2. 检测管法

先将水样的 pH 调整到 3～8，取 2～3 ml 于试管中，加两小匙添加剂［1］，再各加 2 滴添加剂［2］和添加剂［3］摇匀。此时使 pH 在 4～6 范围内，吸入检测管内。因为有锌存在就会显示相应的紫红色，就可根据发色带的长度与标准浓度表比较读出结果（mg/L），如图 10-3 所示。锌浓度在 0.1～20 mg/L 的判别可以划分 6 个区间进行。

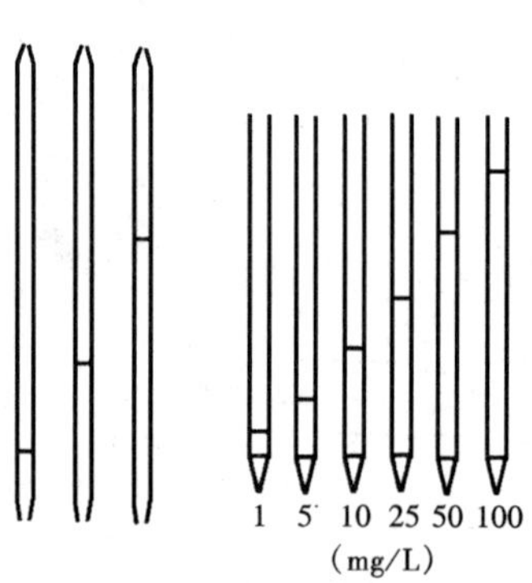

图 10-3 检测管使用时的标准浓度

（二）镉（Cd）

1. 2-*p*-硝基苯卡巴脲定性法

试剂：

（1）0.1% 2-*p*-硝基苯卡巴脲乙醇溶液（滴瓶）；

（2）10%氢氧化钠水溶液（滴瓶）；

（3）10%氰化钠水溶液（滴瓶）；

（4）40%福尔马林水溶液（滴瓶）。

操作：

在滴板上依次滴加水样 1 滴，10%氢氧化钠水溶液 1 滴，试剂 10%氰化钠水溶液 1 滴，然后加 0.1%的 2-*p*-硝基苯卡巴脲乙醇溶液，如果水样中有镉存在就会生成蓝绿色。此法检出限量 0.3 μg，稀释限界 1∶62 000。

2. 铁- α，α′联吡啶定性法

试剂：

铁-联吡啶溶液（联吡啶 0.25 g，硫酸亚铁 0.146 g，溶于 50 ml 水中加 10 g 碘化钾，剧烈振荡 30 min 后，用滤纸过滤，将滤液保存在滴板上）。

操作：

滴 1 滴水样于滤纸上，再滴 1 滴吡啶溶液，如有镉存在便会出现紫红色斑点或环状着色。此法检出限量为 0.05 μg，稀释界限 $1:1\times10^6$。

3. 检测管法

将所取水样 pH 调整到 3～8 的范围，滴加添加剂［1］和［2］各 3 滴，振荡混匀，再加添加剂［3］2 滴，剧烈振摇约 30 min，确认 pH 在 4～6 之间，吸入检测管内。将因镉存在而显色的发色带的长度同标准浓度表比较，从而得出结果。测定范围为 0.2～5 mg/L。

（三）铬（Cr）

1. 试纸法

（1）取约 5 ml 水样于试管中，滴入 25%硫酸水溶液，直至 pH<1 呈强酸性，将试纸

浸入水样中，即刻提起，约 15 s 后，与附带的粉红色—紫色的标准色表比较，从而得出结果。测定范围 5～250 mg/L（以 CrO_7^{2-} 计）。当有铜、铁、铅等干扰时需预先处理。

（2）将试纸浸入水样中，即刻取出。振去多余溶液，30 s 后，若有六价铬离子存在会呈现浅紫色—紫色，再将其与标准色表进行比较，从而得出检测结果。此法测定范围在 5～100 mg/L。对于三价铬可先经高锰酸钾氯化后再行测定，此外，若铁含量在 100 mg/L 以上时，由于产生干扰，可以用氰化钾掩蔽。

表 10-6　主要离子试验纸

检测离子	定量范围/（mg/L）	使用 pH
锌	10，40，100，250	1～8
六价铬	5，20，50，100，250	1 以下硫酸酸性
钴	10，25，50，100，250，1 000	1～7
铁	5，20，50，125，250，500，1 000	1～7
铜	10，25，50，100，200，500	2～7
镍	10，25，50，100，250，500	2～7
锰	10，25，50，100，250，500	1～6

2. 比色法

取水样于试管下方刻度线，加蓝盒内试剂，再加红盒内试剂振匀，5 min 后，加提取液至上方刻度线，剧烈摇振 30 min 后，静置分层，将上层着色的紫红色度同塑料制标准色管进行比较。读取结果（mg/l）。本法检测范围 0.1～2.0 mg/L。本法测定的是六价铬，也可按同样的操作对三价铬测定（要进行相应的处理）。

3. 检测管法

取水样于试管中，将 pH 调整到 4～8，吸入检测管后，放置 3 min，将其着色（紫红色）用纸标准比色表比较读取结果（mg/L）。测定范围 0.2～25 mg/L。此法测定的是六价铬，三价铬还要进行相应处理。

（四）汞（Hg）

1. 二苯卡巴腙法

试剂：

1%二苯卡巴腙乙醇溶液（现用现配）。

操作：

将 1 滴水样滴在经硝酸酸化了的滤纸上，再加二苯卡巴腙试剂 1 滴，根据汞的浓度会出现紫—蓝色的斑点。将斑点同标样进行比较得出结果。此法检出限为 1 μg，稀释限为 1∶5×10^4。当检出限 0.2 μg 时，稀释限则为 1∶2.5×10^5。

2. 检测管法

先将水样 pH 值调整到 3～9，然后取 2～3 ml 于试管中，加入 3 滴硫酸和附带的添加剂［1］和添加剂［2］，吸入检测管内，先是橙红色，逐渐上端变成绿色，下端变成黄色，将其黄色层的长度同标准浓度表上的印刷长度进行比较，从而求出汞的浓度。此法检出限 0.05～5 mg/L。

（五）铁（Fe）

1. 试纸法

取水样（pH 1～7）约 10 ml 于试管中，加一牛角勺抗坏血酸粉末，振荡 15 s，将试纸浸入且完全沾湿，甩去余水，将其呈现的桃色同标色比较，从而求出 Fe 的浓度。此法测定范围 5～1×10^3 ppm。共存的铜、钴、钒等对本法有干扰，需排除。

2. 比色法

取水样至试管刻度，加显色试剂片一片，振荡，将其红色发色程度同塑料制标准色棒（管）比较，读出结果（mg/L）。此法测定范围 0.3～20 mg/L。

3. 检测管法

量取约 10 ml 水，将 pH 调到 1～3，加 1 小匙还原剂，将水样吸入检测管内，如果有铁存在就会发红褐色，将这个色调同标准色（印在纸上）比较，读出结果（mg/L）。此法检测范围 0.5～2.5 mg/L。

（六）铜（Cu）

1. 试纸法

量取适量水样（pH 2～7）于试管中，瞬间浸一下试纸，使检验带浸沾完全，即刻甩去余水，约 10～15 s 后，将其紫色呈色同标准色比较，读出结果。检测范围 10～500 mg/L。

2. 比色法

量取水样至试管刻度，加发色试剂片 1 片振荡，将发色溶液色度同塑料制标准色棒进行比较。读出结果（mg/L）。此法检测范围 0.3～15 mg/L。

3. 检测管法

取水样 10 ml 于试管中，加入还原剂和缓冲剂各 3 小匙，处理后吸入检测管中，将黄褐色带色的长度同印在纸上的标准浓度表进行比较，读出结果（mg/L）。此法检测范围1～100 mg/L。

（七）铅（Pb）

1. 双硫腙法

试剂：

（1）30%氰化钾水溶液（滴瓶）；

（2）浓氨水（滴瓶）；

（3）双硫腙四氯化碳溶液（滴瓶，现用现配）：2 mg 双硫腙溶于 100 ml 四氯化碳中。

操作：

取 1 滴水样于小试管中，分别滴加氰化钾水溶液 3 滴、浓氨水 1 滴和双硫腙四氯化碳溶液，剧烈振荡使下部带有红色。检出限 0.05 μg，稀释限 1∶12.5×10^5。

2. 检测管法

调节水样 pH 3～8，取 2～3 ml 于试管中，加 3 小匙添加剂［1］，添加剂［2］2 滴，添加剂［3］3 滴，剧烈振荡，确定 pH 4～8 之间，吸入检测管。如果水样有铅存在即出现红褐色，将其发色带长度同标准浓度表比较，读取结果（mg/L）。此法检测范围为 1～10 mg/L。

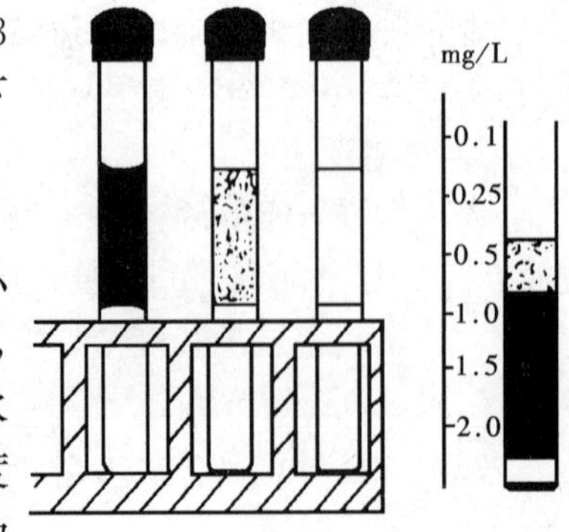

图 10-4　塑料制品比色测定标准色

（八）镍（Ni）

1. 试纸法

先将水样的 pH 调节到 3～7，再将试纸瞬时浸入水样中，湿润后甩掉多余水，30 s 后将所呈的桃色—红色同标准色比较，读出结果。测定范围 10～500 mg/L。若显色同标色不同，1 min 以后再测定。其他共存离子干扰应予以排除。

2. 比色法

按要求取适量水样，分别加添加剂［1］1 滴，添加剂［2］2 滴和发色试剂一片。振荡后，将对有镍存在时发色的桃色溶液的色度同塑料制标准色棒比较，读出结果（mg/L）。此法检测范围 0.5～10 mg/L。

（九）锰（Mn）——试纸法

瞬时将试纸浸入（浸湿安全）pH 1～6 的水样中，然后浸入氢氧化钠溶液（1～2mol/L）中 15 s，再浸入 10%醋酸溶液 15 s，最后将其蓝色呈色同标准色比较，读出结果（mg/L）。此法测定范围 10～50 mg/L。若所呈色调同标准色有差别时应考虑有干扰离子。此时，可参照使用说明书，先将干扰离子掩蔽后再按上述方法进行测定。

（十）氨（NH_4）——萘斯勒试剂法

试剂：

（1）萘斯勒试剂溶液；

（2）1mol/L 氢氧化钠水溶液（滴瓶）。

操作：

取适量水样于试管中，加数滴氢氧化钠水溶液使其呈碱性后，再加数滴试剂——萘斯勒溶液，充分振荡，如果有氨存在就会呈现黄色。

（十一）水的硬度

1. 片剂添加法

取水样至测定容器的上方刻度 100 ml 或下方刻度 50 ml，加入 1 小匙试剂 A（EDTA），振荡混匀，此时溶液呈紫红色，每次加试剂一片，充分振荡混匀，直到溶液呈蓝色为止。此时，加入试剂 B（BT）的片数相当于硬度 10 mg/L 值。例如，取 100 ml 水样，加 1 片试剂 B 相当硬度 10 mg/L，如再加 7 片即相当 70 mg/L（指 1L 水中含70 mg $CaCO_3$）。其硬度比较高时，可取 50 ml 水样进行同样操作，此时，一片试剂 B 相当 20 mg/L。

2. 滴瓶法

用水样洗涤配套滴定容器数次后，盛水样至标线 5 ml，加指示剂（BT）一片，充分振荡混匀，待溶液呈红色，一滴一滴滴入滴瓶内 EDTA 溶液。每滴一滴振荡一次，直至滴至溶液呈蓝色为止，记录消耗的 EDTA 滴数，并以此表示水样的硬度［德国度：每 100 ml 水样中含 CaO 的质量（mg）］。例如，滴至终点消耗了 8 滴 EDTA 溶液，那么，水样的硬度即为 8 度。此值乘以 18 即为 mg/L 硬度［每升水样中含 $CaCO_3$ 质量（mg）］。

三、阴离子快速监测技术

（一）亚硝酸离子（NO_2^-）

1. 试纸法

将试纸瞬时浸入水样 pH 1～14 中，全部浸湿后即取出甩去余水，15 s 后将所呈红紫色与标准色比较。读出结果（mg/L）。此法检测范围 1～50 mg/L。要说明的是，试纸要密封于容器中保存。只有临用时才能取出，取后要随手将容器密封好。氧化性离子的共存会使水体产生灰浊色。

2. 比色法

取容器式瓶一支，将瓶顶部弄一个小孔，强力挤压容器瓶，使容器瓶内的空气挤出再吸入水样，吸入水样至整个容器的一半处，轻轻摇振使水样与其内试剂完全溶解。30 s 后，将所呈淡桃—红紫色同印在纸上的标准色比较读取结果（mg/L）。此法检测范围 0.02～0.5 mg/L。

（二）硫离子（S^-）

1. 硝普酸钠法

试剂：

2%硝普酸钠水溶液（滴瓶盛）。

操作：

将碱性水样和试剂各加 1 滴于滴板上，存在硫离子便会呈现紫色。此法检出限 1 μg，稀释限 1∶5×10^4。

2. 检测管法

预将水样 pH 调到 7 以上，再吸入检测管，有硫离子存在会有褐色发色。将发色的长度同印在纸上的标准浓度比较，读出结果（mg/L）。此法检测范围为 0.5～100 mg/L。

（三）游离氯（Cl_2）——比色法

量取水样至试管刻度（3 ml），加试剂 A1 滴振荡混匀，继续加 1 小匙试剂 B，振混。有氯存在则呈现蓝色。将所呈蓝色同型料制标准色棒比较，读出结果（mg/L）。此法检测范围 0.1～1.5 mg/L。

（四）氰离子（CN^-）——比色法

1. 游离氰的比色定量法

量取水样于专用试管至标线，加入中和剂片一片。待溶解后，加酒石酸酸化，同时，立即将沾有发色试剂的试纸按在试管塞上，连同塞一起封闭于试管上，水样放出的氰气会使试纸变蓝。10 min 后，将呈色同印在纸上的标准色比较，读出结果（mg/L）。检测范围 0.5～4 mg/L。

2. 总氰的比色定量法

取发色试剂至试管 A 的刻度，再加 2 滴辅助发色剂，另在试管 B 中加水样至刻度，若有残留氯共存时须加 1 小勺处理剂以预处理。加入 2 滴蒸馏试剂，即可按图 10-5 样式安装就绪。

调节气泵量和酒精灯焰适度，蒸馏 5～10 min 终止。将蒸馏液在室温下冷却。用图 10-6 中标准比色计比色。观察与其最接近的浓色。读出结果（mg/L）。此法检测范围为0.5～10 mg/L（见图 10-6）。

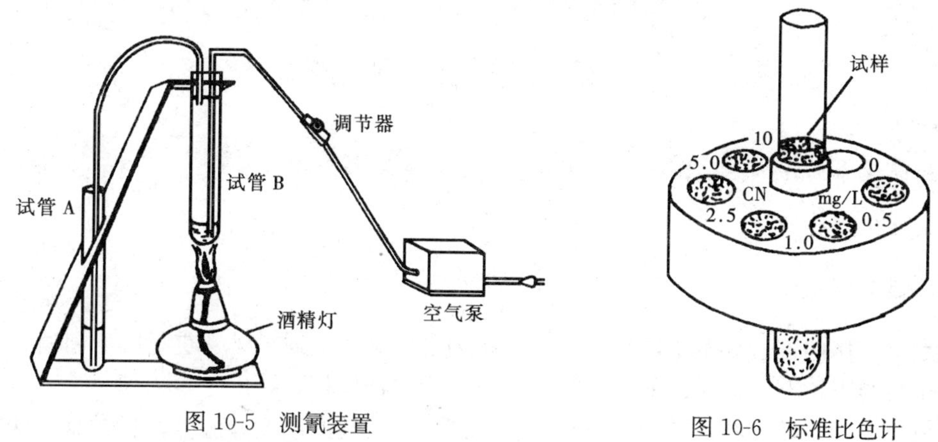

图 10-5 测氰装置

图 10-6 标准比色计

（五）氟离子（F^-）——比色法

取水样在试管下方刻度，加萃取液至该试管上方刻度，加发色试剂一片，振荡混匀，约 15 min 后，再振荡 30 s，静止分层，取上层色调同塑料制标准棒进行比较，读出结果（mg/L）。此法检测范围为 0.1～0.5 mg/L。

离子检验反应式

加试剂生成沉淀再加酸：

- Cl^-、Br^-、I^- $\xrightarrow[HNO_3]{Ag^+}$
  - $AgCl\downarrow$ 白色 $\xrightarrow{NH_3}$ 溶解
  - $AgBr\downarrow$ 浅黄 $[Ag(NH_3)_2]^+$
  - $AgI\downarrow$ 黄色 $\xleftarrow{I^-}$
  - （Ag_2SO_4 有干扰，不加酸则 CO_3^{2-}、SO_3^{2-}、PO_4^{2-} 有干扰）
- SO_4^{2-} $\xrightarrow[H^-]{Ba^{2+}}$ $BaSO_4\downarrow$ 白色
  （不加酸则 CO_3^{2-}、SO_3^{2-}、PO_4^{2-} 有干扰）
- PO_4^{2-} $\xrightarrow[pH=7\pm]{Ag^+}$ $AgPO_4\downarrow$ 黄色 $\xrightarrow{H^+}$ 溶解

加试剂（加热生成气体）：

- CO_3^{2-}、SO_3^{2-} $\xrightarrow{H^+}$ CO_2、SO_2 气体 $\xrightarrow[溶液]{品红}$ 不变、褪色
- NO_3^-（太稀则先浓缩）$\xrightarrow[\triangle]{浓 H_2SO_4+Cu}$ 红棕色气体
- NH_4^+ $\xrightarrow[\triangle]{OH^-}$ NH_3 气体 $\xrightarrow[石蕊试纸]{湿的红色}$ 变蓝

其他：

- Fe^{2+}、Fe^{3+} $\xrightarrow{SCN^-}$ 不变、红色 $\xrightarrow{或 OH^-}$ 白色沉淀、红褐色沉淀；白色沉淀 $\longrightarrow$ 即变灰绿 $\longrightarrow$ 红褐色沉淀
- $\xrightarrow{[Fe\ (CN)_6]^{4-}}$ 蓝色沉淀
- 金属或其化合物的焰色反应
  - 钠——黄色
  - 钾——浅紫

第三节　固定源排气现场监测技术

燃料燃烧时，从烟道中排出的烟尘和有害气体是空气污染的主要来源。现将烟尘浓度的测定方法分述如下。

一、过滤称重法

它是最常用的方法，基本原理是一定体积的含尘烟气，通过已知重量的滤筒后，烟气中的尘粒被阻留，根据采样前后滤筒的重量差和采样体积，算出含尘浓度。

因烟道中的气体具有一定的流速和压力，还具有较高的温度和湿度，且常有一些腐蚀性气体，所以必须采用等速采样的方法。其尘粒采样系统见图 10-7。

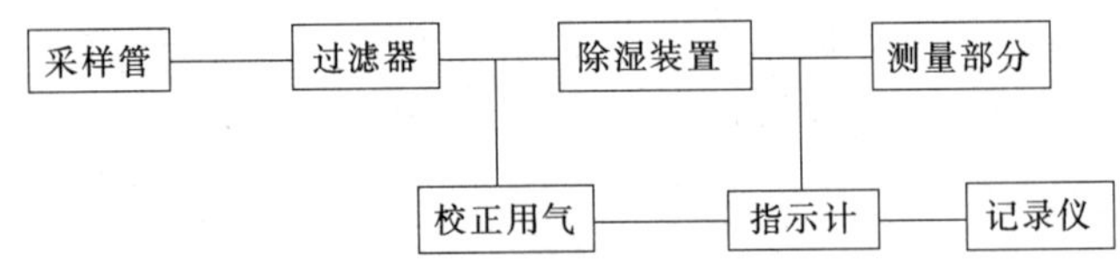

图 10-7　烟尘采样系统

等速采样流量及采样体积按普通型采样管法公式计算。烟尘浓度可按下式计算：

$$尘粒浓度\ [mg/m^3\ (标\cdot干)] = \frac{W_2 - W_1}{V_{nd}} \times 10^6$$

式中，W_1，W_2——采样前后滤筒重量（g）；

V_{nd}——采样体积［L（标、干）］。

该方法准确度高、精密度好，国外许多国家将此方法定为标准方法。我国也将此方法作为鉴定其他分析方法的标准。但该法是手动测定，不可能知道烟尘浓度的动态变化。为了提高燃料的利用率和提高除尘器效率，必须应用烟尘连续测定的仪器。

二、光电透射法

光电透射法测定烟尘的理论是依据朗伯-比尔定律，通过测定悬浮在烟气中的尘粒对入射的测定光减弱的程度求烟尘相对浓度的方法。其方法是向烟道气投射测定光，烟尘即引起测定光减弱，通过光电传感元件，使之产生与含尘浓度成正比的电信号，此信号由电位差计予以连续地显示记录。由下式可知，光速通过含尘烟气后的光通量 F 为：

$$F/F_0 = \exp\ (-KLN\pi r^2)$$

式中，F_0——零点情况（即清洁气体中）下的原始光通量；

L——光束在含尘气体中通过的长度；

N——单位容积中尘粒数目；

r——尘粒半径；

K——尘粒的消光系数。

若以光电流 I 代替光通量 F，以零点情况下基本准光电流 I_0 代替 F_0，同时考虑尘粒粒径分布无明显变化时，含尘浓度 $C\propto N\pi r^2$。对于固定测点，L 一定，对于固定种类烟尘，K 值也一定，则 KL 乘积仍为一常数，以 σ 表示，则上式可改写为：

$$I/I_0=\exp(-\sigma C)$$

再代入变换得：$(I-I_0)\cdot R=\Delta I\cdot R=V$

可得：$C=\lg\frac{I_0R}{I_0R-V}\cdot\frac{1}{\sigma'}\quad\sigma'=0.4348\sigma$

式中，I_0——零点情况下光电流，常数；

K——负载电阻，常数；

V——记录仪指示的结果（mV）。

由式可见，含尘浓度 C 值与指示仪表显示的电位差 V 值相互对应。

国产光电透射式测尘仪由检测器、稳定电源控制器和显示仪表组成，其结构简单、使用方便、维护量小、响应快，并能在被测含尘气体物理化学性质不变的条件下进行连续测定。但该仪器对安装要求较高，标定工作也较麻烦。

三、β 射线吸收法

此法的基本原理是：先用放射线核素所放射出的 β 射线（电子流）照射空白滤纸，测出空白滤纸对 β 射线的吸收程度，然后通过采样管将烟尘捕集在滤纸上，再用 β 射线照射集尘后的滤纸，测出集尘滤纸对 β 射线的吸收程度。根据空白滤纸和集尘滤纸对 β 射线的吸收程度确定烟尘浓度。β 射线的吸收与物质粒径、成分、颜色及分散状态无关，与物质的质量成正比。

在滤纸质底和捕集在滤纸上的尘粒分布均匀的前提下，设 β 射线透过空白滤纸的程度为 I_0，通过集尘滤纸的强度为 I，每平方厘米滤纸上捕集的烟尘质量为 G（g），则：

$$I=I_0e^{-\mu G}$$

式中，μ——尘粒质量吸收系数单位（cm^2/g）；

G 可由式 $G=\frac{Q\cdot t\cdot C}{A}$ 求出。

式中，Q——采样抽气量（m^3/min）；

t——抽气时间（min）；

C——烟尘浓度（g/m^3）；

A——滤纸集尘面积（cm^2）；

将以上二式合并得：$C=\frac{A}{\mu\cdot Q\cdot t}(\ln I_0-\ln I)$

由此可见，当 $\frac{A}{\mu\cdot Q\cdot t}$ 选定后，烟尘浓度 C 与（$\ln I_0-\ln I$）成正比，所以通过测定集尘前后所透过的 β 射线的强度就可决定烟尘浓度。

β 射线测尘仪是一个能够用于现场且实现间歇和自动测定烟尘浓度的仪器。

1996 年 11 月北京环境保护科技开发公司研制的 β 传感器式快速烟尘浓度直读式测试仪通过了国家环境保护局组织的专家鉴定，从而翻开了我国便携式烟尘测试仪实现浓度直读的崭新的一页。

该仪器除直读烟气浓度外，还具备自动跟踪测试仪的功能，例如测定烟气流速及烟气温度、显示、打印、断电保护等。特别值得一提的是，由于是无动力采样，不需要抽气泵，因而较其他便携式烟尘测试仪更为小巧、轻便。

四、林格曼黑度仪测定法

这是一种监测烟气排放的视觉方法，即以人的感觉器官对烟气气味、颜色等的反应强度的强弱作为监测的指标。

具体方法是把林格曼烟气浓度图放在适当的位置上，将图上的黑度与烟气的黑度（或不透光度）进行比较，凭借人视觉的主观反应来确定烟气中有害物排放的情况。

林格曼烟气浓度图有多种规格，我国绘印的标准形式是 14 cm×21 cm。该图由黑度不同的六个小块组成。除全白与全黑 2 块外，其他 4 块是在白色背景底上画上不同宽度的黑色条格。根据黑色条格在整个小块中所占面积的百分数分成 0～5 的林格曼级数。0 级是全白，5 级是全黑，1 级是黑色条格面积占整块面积的 20%，2 级占 40%，3 级占 60%，4 级占 80%。

根据此原理，国内外均已制成易于携带和操作的小型林格曼图和测烟望远镜。

林格曼烟气浓度的特点见表 10-7。

表 10-7　林格曼烟气浓度图特点

林格曼级数	视觉烟气特点	黑色条格面积百分数(%)
0	全白	0
1	微灰	20
2	灰	40
3	深灰	60
4	灰黑	80
5	全黑	100

测定应在白天进行。观察时应将刚离开烟囱的烟的黑度与图上的黑度进行比较，记下该烟气的林格曼级数及持续的时间。如果烟气黑度介于两个林格曼级数之间，还可估计一个 0.5 或 0.25 林格曼级数。

采用林格曼仪监测烟气的黑度，取决于观察者的判断力。但观察到的烟气黑度的读数，不仅取决于烟气本身的黑度，还与天空的均匀性、亮度、风速、烟囱的大小结构（直径和形状）及观察时照射光线的角度有关。另外，烟气黑度与烟气中尘粒含量之间很难找到一个确定的定量关系，因此，该方法不能取代烟气中有害物质的排放浓度和排放量的测定。但由于这一方法简便易行、成本低廉，特别适宜于黑色烟气的监测，因此许多国家仍将其列为常用的现场烟气排放监测方法之一。

五、锅炉烟气中 SO_2 的测定——碘量法

以 0.5 L/min 流量采样 20～30 min，样品溶液移入 150 ml 碘量瓶，并用吸收液洗涤吸收瓶，洗涤液并于样品溶液。现场按碘量法分析。记录消耗碘溶液的体积（V），同法测定空白吸收液消耗碘溶液的体积（V_0）。

（一）烟气中二氧化硫排放浓度（mg/dm^2）

1. 采样体积计算

$$V_{nd}=5.1\times10^{-2}Q'_r n\sqrt{\frac{B_a+P_r}{T_r}}$$

或

$$V'_{nd}=0.58Q'_r n\sqrt{\frac{B'_a+P'_r}{T_r}}$$

式中，V_{nd}（V'_{nd}）——标准状态下干烟气的采样体积（dl）；

Q'_r——采样时流量计的读数（L/min）；

n——采样时间（min）；

T_r——流量计前的烟气绝对温度（K）；

B_a（B'_a）——大气压力（Pa）；

P_r（P'_a）——流量计前压力计的读数（Pa）。

2. 二氧化硫浓度计算

$$C_{SO_2}=\frac{(V-V_0)\ C\left(\frac{1}{2}I_2\right)\times 32.0}{V_{nd}}$$

式中，V_{nd}——采样体积（标）（dl）；

V_0——空白消耗碘溶液的体积（ml）；

V——所测试液消耗碘溶液的体积（ml）；

C_{SO_2}——烟气中 SO_2 排放浓度（mg/dm^3）。

（二）烟气中二氧化硫排放量

1. 烟道或排气筒的烟气流量计算

$$Q_{snd}=Q_s\ (1-X_{sw})\ \frac{B_a+P_s}{760}\times\frac{273}{273+t_1}$$

其中，$Q_s=\overline{V}\cdot F\times 3\ 600$。

式中，Q_s——烟道或排气筒中排气流量（m^3/h）；

Q_{snd}——标准状态下，烟道中干烟气的流量（dm^3/h）。

2. 烟气排放量计算

$$G=C_{SO_2}\times Q_{snd}\times 10^{-6}$$

式中，G——烟道或排气筒中二氧化硫排放量（kg/h）；

C_{SO_2}——烟道或排气筒中二氧化硫的浓度（mg/dm^2）；

Q_{snd}——标准状态下，烟道中干烟气的流量（dm^3/h）；

10^{-6}为单位换算系数。

六、烟气中 NO_x 的测定——快速苯酚二磺酸法

烟气中 NO_x 被吸收液吸收后，生成硝酸根离子，在无水条件下与苯酚二磺酸耦合，在氢氧化铵存在的条件下显黄色，根据颜色深浅比色定量。

硝酸盐、亚硝酸盐对测定产生正误差，卤化物对测定产生负误差，增加吸收液中氧化剂量可以排除二氧化硫的干扰。测定范围 20～2 000 mg/m^3。

（一）试剂

（1）吸收液：在 1 000 ml 容量瓶中，加水 800 ml，浓硫酸 3.0 ml，摇匀，再加 30%过氧化氢 10.0 ml，用水稀释至杯线，摇匀保存（1 个月），使用前吸取吸收液 25.0 ml，用水稀释至 100 ml 摇匀。

(2) 浓氨水、发烟硫酸（含游离 SO_2、15%～30%浓硫酸）。

(3) 30%过氧化氢；在冷暗处保存。

(4) 苯酚二磺酸溶液制备：称取 25.0 g 苯酚加入 150 ml 浓硫酸中，冷却后，加发烟硫酸 75.0 ml，在水溶上加热回流 2 h，冷却后，贮于棕色瓶中。

(5) 硝酸钾贮备液：称取 0.43 g 硝酸钾（在 105～110℃干燥 2 h），用水溶解后移入 1 000 ml 容量瓶中，用水稀释至标线，摇匀。此溶液每毫升含 200 μg 二氧化氮。

(6) 硝酸钾标准溶液：现用时吸取硝酸钾贮备液 10 ml 于 100 ml 容量瓶中，用水稀释至标线，摇匀。该溶液每毫升含 20 μg 二氧化氮。

(7) 4%氢氧化钠溶液：称取 4 g 氢氧化钠溶液于 100 ml 水中。

(二) 标准曲线的绘制

取 7 只 75ml 瓷蒸发皿按表 10-8 配制标准色列。

表 10-8 标准色列

标准色列号	0	1	2	3	4	5	6
硝酸钾标准溶液（ml）	0	1.00	2.00	3.00	4.00	5.00	7.00
吸收液（ml）	10.00	10.00	10.00	10.00	10.00	10.00	10.00
二氧化氮（NO_2）含量（μg）	0	20.0	40.0	60.0	80.0	100.0	140.0

将表 10-8 各标准色列号溶液摇匀后，加 4%氢氧化钠溶液数滴于瓷蒸发皿中，至石蕊试纸刚好呈碱性，然后在水浴上加热蒸干。冷却后，滴加苯酚二磺酸溶液 2.00 ml，并用玻璃棒搅拌，待充分反应溶解后，加水 1.0 ml 和硫酸 4 滴并搅拌，冷却后加水 10 ml，搅拌混匀后缓慢加入浓氨水 15 ml，立即用定量滤纸过滤于 100 ml 棕色容量瓶中，用水洗涤瓷蒸发皿和滤纸 2～3 次，洗涤液并入 100 ml 容量瓶中，用水稀释至标线，摇匀，在 420 nm 处，用 3 cm 比色皿，以试剂空白液为参比，测定吸光度。以吸光度对二氧化氮含量（μg）绘制标准曲线，或用最小二乘法计算回归方程式。

(三) 试样测定

将已采集气体的注射器（见图 10-8）放至室温数分钟，读取气体体积（V）及室温（t℃），用 20 ml 注射器吸取吸收液 20.0 ml，注入 200 ml 注射器，关闭考克，剧烈振摇 1 min，放置 2 h 后，再振摇 1 min，然后注射器内溶液移至 120 ml 蒸发皿内，以下步骤同标准曲线的绘制。

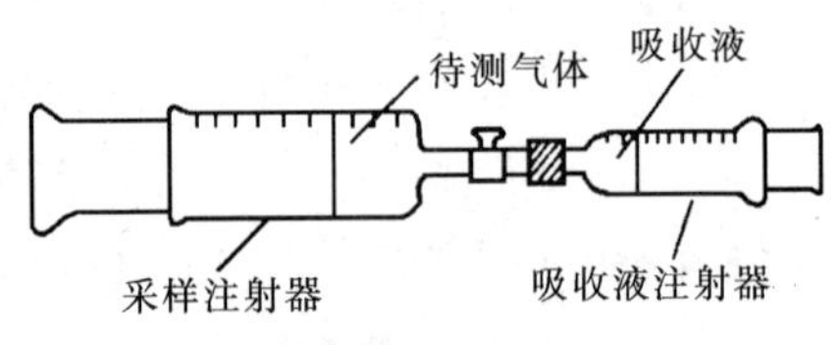

图 10-8 注射器采样

另取吸收液 20.0 ml 于 120 ml 瓷蒸发皿中，加水 10.0 ml，同法做空白试验。

氮氧化物浓度在 1 000 mg/m³ 以上时，将注射器内溶液及洗涤液移入 100 ml 容量瓶中，加水至标线，摇匀。吸取样品溶液 10.00 ml 于 120ml 瓷蒸发皿中。同时取吸收液 20.00 ml 于 100 ml 容量瓶中，并加水至标线，摇匀。吸收该溶液 10.00 ml 于 120 ml 瓷蒸发皿中，做空白试验，以下步骤同标准曲线的绘制。其氢氧化物（NO_2 计）由下式计算求得：

$$二氧化氮（NO_2）=\frac{W \cdot V_t}{V_{nd} \cdot V_a}$$

式中，W——分析时所取样品溶液中二氧化氮的量（μg）；

V_t——样品溶液总体积（ml）；

V_a——分析时所取样品溶液体积（ml）；

V_{nd}——标准状态下干烟气采气体积（dl）。

说明：

（1）在用氢氧化钠中和样品溶液时，注意氢氧化钠溶液的用量，氢氧化钠溶液用量不足时，一部分硝酸将挥发损失，使测定结果偏低；过剩时，生成过多的盐，在显色时，生成大量不溶性成分，易产生误差。

（2）加氨水应缓慢滴入，以防崩溅，氨水加入后，若不能及时过滤，应将试样装入棕色瓶，在暗室内保存。

（3）测定时使用的滤纸，应采用同一型号，过滤时应将滤纸洗至无色。

目前生产的便携式烟气测定仪可连续测量锅炉净化前后的浓度，测量 O_2、CO、NO、NO_2、SO_2、CO_2、C_xH_y 烟气中水分、温度、湿度、流速、压差、燃烧效率及空气过剩系数等，可对固定（在线）烟气分析进行调校、验收、比对的理想仪器。

第四节　汽车排气现场监测技术

汽车排放的有害气体，对大气特别是城市空气造成严重污染。行驶中的汽车排出的尾气中主要含有一氧化碳（CO）、碳氢化合物（C_mH_n）、氮氧化物（NO_x）以及烟尘等。汽车尾气监测仪有监测响应速度快、移动灵活、预热时间短、操作及保养简单、耐用等特点。主要有 CO 监测仪、C_mH_n 监测仪和组合式监测仪。

交直流两用便携式汽车排气分析仪测定量程可为 C_mH_n 0～8 000 mg/L，S 0～10%，具有体积小、重量轻、外部清洗数字显示等特点。

一、汽车排气的采集

1. 直接取样法

直接从汽车排气尾管中取出部分尾气，导入监测仪器，连续地直接测定与汽车行驶状态同步的尾气各组分的浓度。该法测定对象浓度高，分析装置简单。采样流路要采取如下对策：

（1）由于试样中的 C_mH_n 在采样中易于产生吸附而出现滞后脱离现象，所以流路要分为高浓度流路和低浓度流路。在高浓度气体测定时，低浓度流路不流入 C_mH_n。另外，要经常进行流路清洗。

（2）试样中的水分在流程中凝缩时，高沸点的 C_mH_n 可溶解于其中，使浓度发生变化。因此，包括 C_mH_n 监测仪的整个流路要加热至 200℃左右，才能进行测定。

2. 袋式采样法

这是欧洲各国规程中所采用的方法，在尾气测试的各个时间内，将全部排气量都采入大容量试样袋中，然后进行测定。由于对试样袋中气体组分变化问题没有良好的对策，分析装置和直接采样法的装置相同。

3. 稀释采样法

因为空气污染与排气中有害物质的量与排气总量和浓度乘积有关，所以合理的标准不是浓度标准，而是重量浓度标准。相应这一标准的测定法就是稀释采样法（CVS）。日本、美国都应用此法。该法是用空气稀释全部排气，近似于汽车排气扩散于空气中后的实际状况下的取样方式，与袋式采样法、直接采样法比较，此法优点是没有由于低温捕集引起高温物质凝缩或溶解于水中而产生的测定误差。另外，由于试样是经过稀释再取样于试样袋中，因此减少了化学性质活泼的物质相互反应引起组分变化的问题。

二、CO 监测仪

用 CO 监测仪测定汽车排气的方法是将仪器测管插入汽车排气尾管中。由安装于仪器主体上的 CO 浓度计读取 CO 浓度。

由于从排气管排出的尾气湿度大、温度高，而且含有烟尘，所以仪器响应速度达不到规定的指标。为此要将试样冷却、除湿和除尘后再导入分析部分。图 10-9 为 CO 监测仪采样流程图。当红外线通过气体层时，某一波长的红外线辐射能量与气体浓度被吸收掉。气体层厚度之间的关系遵循比尔定律：

$$\Delta E=E_0-E=E_0\ (1-e^{K\cdot C\cdot L})$$

式中，E_0——入射光能量；

E——气体吸收后剩余光能量；

K——气体吸收系数；

C——气体浓度；

L——气体样品长度。

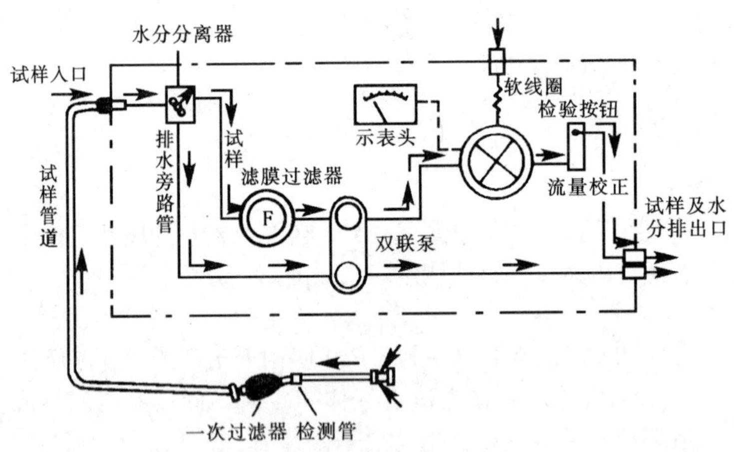

图 10-9 CO 监测仪采样流程图

光气部件结构及工作原理如图 10-10 所示。

光学部件的主要功能是把待测主体的浓度转换成与之相应的电讯号，然后经放大电路使表头指示该浓度，主要由以下部件构成：

（1）光源：向气室投射红外线。

（2）切光电机：为一磁带式交流同步电动机，其转子是一块扇形遮光片。当以一定转速旋转时周期性地把左右两光束同时遮断或加开。

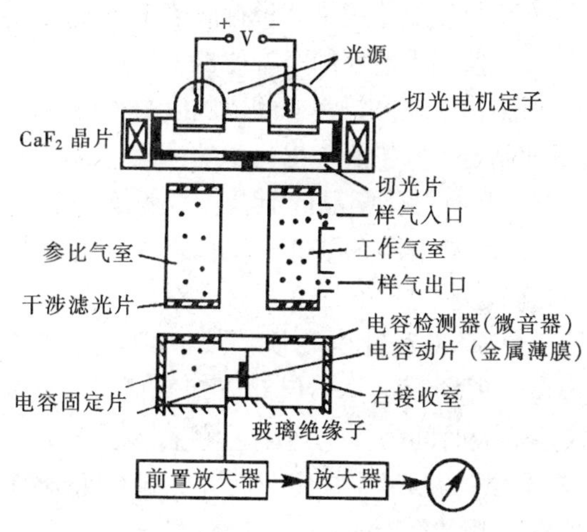

图 10-10　红外线分析仪结构及原理图

（3）气室：两个气室，左称参比气室，内充不吸收红外线的气体；右称工作气室，待测气体即流过这里。两气室内径相等。气室下端装有干涉滤光片，它只允许某一波长的红外线通过。

（4）检测器：又称微音器。这是仪器的心脏部件，其作用是将红外辐射能量差 ΔE 转换为相应的电信号，它有左右两个对称的接收室，两室以一金属箔相隔开，里面都有一定浓度的待测气体组分，金属膜与固定电极构成一电容器。

测管用能足以经受尾气温度的金属管制成。测管所采用的试样经一次过滤去除粗粒烟尘，再由软管导入仪器主体。在仪器主体的气体入口处，设有水汽分离器将测管和软管内产生的凝缩水与气体分离。已分离的凝缩水部分气体由泵排出仪器外，经水汽分离后的气体，通过滤膜过滤器去除其中的细粒烟尘，由泵送入分析部分。进行 NDIR 法（不分光红外吸收法）测定 CO 浓度。其原理是根据 CO 对波长 4.6 μm 的红外线吸收特性而选择性地测定 CO 浓度。

三、C_mH_n 监测仪

C_mH_n 监测仪的使用方法与结构基本上与 CO 监测仪相同，其测定原理是利用碳氢化合物对波长约为 3.3 μm 的红外线选择吸收特性而进行测定，并换算成正己烷浓度显示出来。由于采用 NDIR 法测定，对于不同种类的碳氢化合物，即使同一浓度，仪器的灵敏度也不同。同型号的不同仪器，也有不同的测定方式，灵敏度也不一样。因此，仪器的研制标准规定：碳氢化合物中的正己烷和丙烷灵敏度比为 1.925，分析值偏差为 10%以内。

另外，碳氢化合物一般极易吸附于仪器的配管、测管、软管的内壁上，与 CO 监测仪相比，响应速度慢。为此，要提高抽气泵的功率以增加流量，适当选择配管材质，尽可能减少吸附作用。

四、组合式监测仪

将上述 CO 监测仪与 C_mH_n 监测仪组合成一台仪器，并将一个测管插入排气管即能同时测定 CO 和 C_mH_n 的浓度，结构上除两仪器重复功能的部分共用外，分析部分和指示部分因两仪器有所不同而分别设置各自系统。

第五节　突发性污染事故应急监测技术

一、应急监测机理

突发性环境污染事故通常分为五大类，即剧毒农药和有毒化学品的泄漏扩散污染事故、易燃易爆物的泄漏爆炸污染事故、溢油污染事故以及非正常大量排放废水造成的污染事故等。在突发性环境污染事故应急监测中，要求监测人员使用小型便携、快速的检测仪器。在尽可能短的时间内对污染物质的种类、污染物的浓度、污染的范围以及可能造成的危害作出判断，以便及时、正确地处理、处置和制定恢复措施提出科学的决策依据。

便携式傅里叶变换红外光谱可以对剧毒农药和有毒化学品的泄漏扩散污染事故、易燃易爆物的泄漏爆炸污染事故、溢油污染事故以及非正常大量排放废水造成的污染事故等四种应急污染事故进行现场检测，特别是在确定未知污染物方面具有不可替代的特殊作用。我国已选择的优先登记的有毒化学品清单有40种化学物质，其中部分沸点较低的气态污染物即可用便携式傅里叶变换光谱直接现场测定，不仅对未知气体进行识别，可同时显示出未知成分结果和吸收曲线，仪器响应时间为5～120 s，测量气体浓度均可用 mg/m^3 至百分含量表示。测量精度为：检出限＜2%最小标定量程，大多数组分检出限低于 1×10^{-6}；线性偏离＜1%量程，总交叉干扰＜4%量程。

此外，还可检测羟硫化物COS、甲烷 CH_4、乙烷 C_2H_6、丙烷 C_3H_8、丁烷 C_4H_{10}、乙烯 C_2H_6、丙烯 C_3H_6、丁二烯 C_4H_6、乙炔 C_2H_2、辛烷 C_8H_{18}、苯 C_6H_6、甲苯 C_7H_8、乙烷基苯 C_8H_{10}、邻二甲苯 C_8H_{10}、甲醇 CH_4O、乙醇 C_2H_6O、丙醇 C_3H_8O、乙醚 $C_4H_{10}O$、异戊醇 $C_5H_{12}O$、甲醛 CH_2O、乙醛 C_2H_4O、甲酸 CH_2O_2、乙醇 $C_2H_4O_2$ 等，其测定浓度范围均为 $0\sim200\times10^{-6}$。

二、应急监测程序

到突发污染事故现场后对未知污染物种类的应急监测程序，应按“一闻二看三摸四查五验”的程序进行。

（一）现场判断

1. 从气味判断：各种毒物都有其特殊的气味，尤其是易挥发的毒物，一旦发生化学泄漏事故后，在泄漏地域或下风方向，可嗅到毒物散发出的特殊气味，可初步判断是有机的还是无机的。如氢氰酸是苦杏仁味，可嗅质量浓度为1.0 μg/L；光气散发出烂干草味，可嗅质量浓度为4.4 μg/L；氯化氰为强烈刺激味，可嗅质量浓度为2.5 μg/L；硫化氢气体散发出臭鸡蛋味等。

2. 从水性判断：用pH试带检测染毒空气或水中的毒物性质，大致判断出待测物可能属于哪一类化学毒物。

3. 从人畜受害中毒症状判断：由于各种毒物所产生的毒害作用不同，可根据人员或动物中毒之后所表现的特殊症状，可以判断毒物的大致种类。如出现刺激眼睛和呼吸道、流泪、打喷嚏、流鼻涕等症状，可判断为刺激性毒物；而出现瞳孔缩小、出汗、流口水和抽筋等症状，可判断为含磷毒物。

4. 从染毒症候判断：由于各种化合毒物其理化性质存在较大的差异，故发生化学事故后产生的症候各有差别。例如氨气、氯气等毒物，由于沸点低、易挥发，泄漏后常以气态形式扩散，地面无明显残留物，但周围农作物常伴随有灼烧状，大量泄漏时造成农作物茎叶枯萎、发黄，苯、有机磷农药等一些油状液体毒物，泄漏后常漂浮在水面或流淌到低洼处。因此可根据这些典型特征判断泄漏物是气态毒物还是液态毒物。

5. 从危险源查明可能的毒物：在事故发生地，可根据平时掌握的该地区危险源资料以及当事人提供的背景资料，准确判断出毒物的种类和名称。

（二）实地监测

1. 正确选择监测点

在检测染毒气体时，一是要通风检测，二是选择毒物的飘移云团经过的路径，三是对掩体、低洼地等位置实施快速检测。在检测地面毒物时要找到存在明显毒物的地域。

2. 灵活选用监测器材和速测方法

如事故危险区无明显的有毒液体，则要重点检测气态毒物；如发现有明显的有毒液体，可实施多手段同时检测。有条件的可使用便携式 FYIR 测定特征因子，现场定性判断污染物种类，并用仪器内存谱库至少作出定量判断。用便携式气相色谱法现场定量测定；气体直接进样，水样、固体样使用顶空法。

3. 综合分析，现场评估

综合分析是将判断过程中得到的各种情况及使用检测器材的情况，结合平时工作中积累的经验加以系统分析得出正确的结论以便及时、正确地处理、处置。

（三）实验室分析

为了进一步对事故原因、后果和制定恢复措施，对危害较大的污染事件，在现场检测的同时进行现场取样迅速送达实验室分析，其主要工作程序如图。

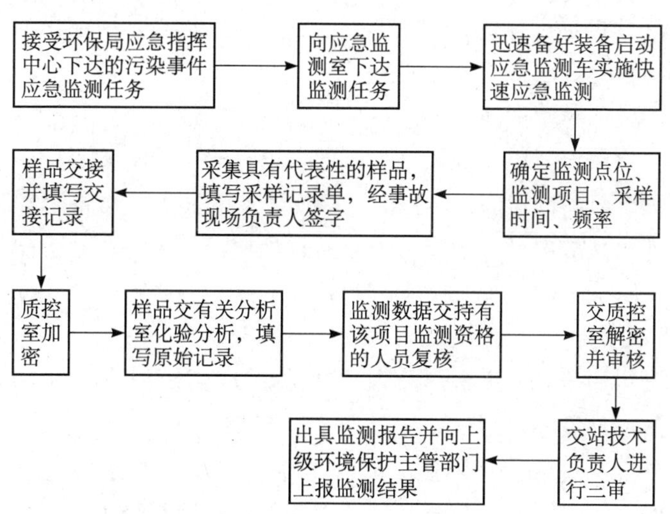

三、便携式监测仪器

我国地域辽阔、地形复杂，国有工矿企业和乡镇企业分布很广，突发性环境污染事故的不断发生，而许多县和乡镇还没有监测能力。因此，简易便携式现场监测分析仪器有很大的应用前景。这类仪器的使用不仅可以减少环境试样在传输过程中的沾污，减少固定和保存的繁杂手续，还可以大大减轻监测分析人员的工作量，便于适时掌握环境污染的动态变化趋势。但从目前的便携式仪器来看，无机污染物的监测分析仪器较多，多开发一些有机污染物的监测分析仪器是该领域的发展方向。开发这类仪器也可减少监测分析的消耗。此外，在进行这类仪器设备及监测分析方法研究时，必须进行实用性检验，即使用同样的污染源样品，用标准方法和现场测定方法同时对污染成分进行测定，检验测定结果的可比性和准确性。

（一）便携式酸度计

测定水质的pH值除用pH值比色法外，如果现场有条件也可用pH值电极法。即以饱和甘汞电极为参比电极，以pH玻璃电极为指示电极组成电池。此电池的电动势符合能斯特方程。当待测溶液的温度为25℃时，电池的电动势E与试液的$\lg a$和pH存在直线关系：

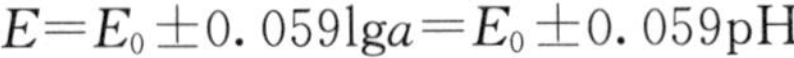

$$E=E_0\pm 0.059\lg a=E_0\pm 0.059\text{pH}$$

即当两溶液组成的电池的电动势相差59 mV时，它们的pH值差一个pH单位。pH计就是根据此原理设计的。它是由上述测量电池和线性放大器、显示仪表等组成，如图10-11所示。

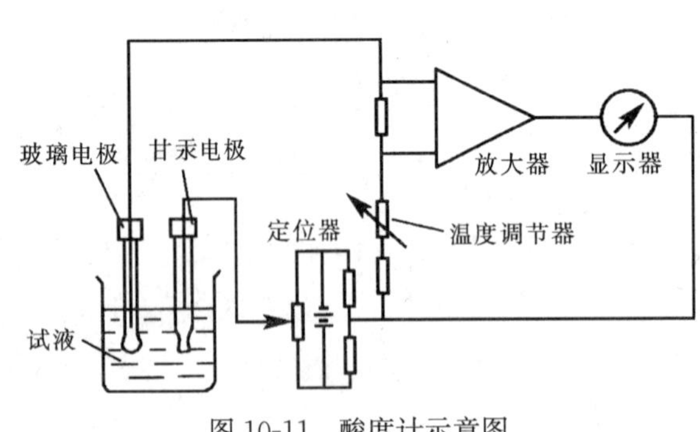

图10-11　酸度计示意图

因为E与pH有上述关系，故只需如下操作即可直接读出待测液的pH值。

1. 先用已知pH的标准液进行定位：将pH玻璃电极和甘汞电极插入待测液中，用仪器的定位器调节指针到已知的pH值上。

因为电动势的数值与待测液的温度有关，所以在定位时，应将酸度计上的温度调节器置于待测液的温度值上，以消除温度引起的误差。

2. 测定试液的pH：将定位时所用的电极插入待测液中，再将温度调节器置于待测液的温度值上，即可从酸度计显示指针上直接读出溶液pH值。最适合于野外现场的轻便式酸度计为pH S-2型全晶体管结构，其体积很小，易携带。

（二）便携式浊度计

测定水样浊度可用分光光度法、目视比浊法，比浊计是根据ISO 7027国际标准设计进行现场测定水的浊度的仪器。

利用一束红外线穿过含有待测样品的样品池，光源为具有890 nm波长的高发射强度的红外发光二级极管，以确保使样品颜色引起的干扰达到最小，传感器处在发射光线垂直的位置上。它测量的样品中悬浮颗粒散射的光量，通过微电脑处理再将该数值转化为浊度值。仪器使用校正参见各自说明书。

（三）便携式电导率测定仪

电导率是常用于间接推测水中离子成分的总浓度的常规指标。

水中的离子数量越多则电导率越大。单位面积、单位距离上的电导称为电导率，用K表示（Ω/cm），因为电导率与水中离子含量大致成比例的变化，所以通过测定水中的电导率，可以间接地推测水的污染离子的含量。

天然水的电导率多在 50～500 μΩ/cm 之间，新鲜蒸馏水的电导率为 0.5～2.0 μΩ/cm。若存放几周后，上升到 2～4 μΩ/cm。溶解于水中的有机物，因其难电离或不电离，只能表现出很微弱的电导率，所以不能依据水中电导率的测定来推断水中有机物的含量。

测量水中电导率的仪器是电导仪。因当电流通过电极时会发生氧化还原反应而改变，电极附近溶液的组成产生“极化”现象，从而引起测量误差，故采用交流电源使电极表面的氧化还原迅速交替进行，不再发生极化现象。电极材料常用金属铂制成，并镀以“铂黑”。铂黑是在铂电极上覆盖一层很细的铂，呈黑色，它可以大大增加电极，与试液的接触面减少极化。测量电路基本是电桥平衡法，其电路结构如图10-12 所示。

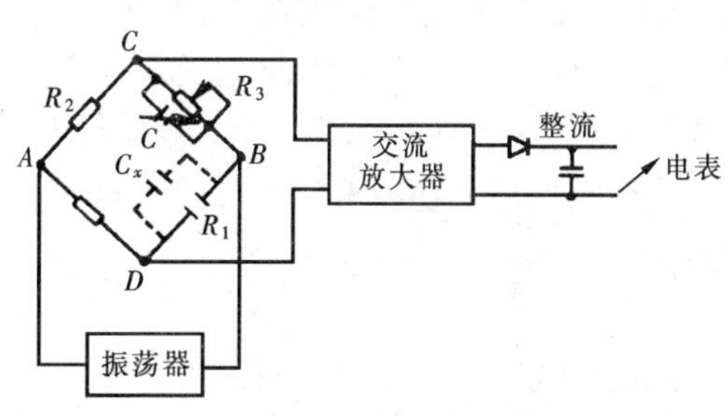

图 10-12 电桥平衡法测定电导

R_1、R_2、R_3、R_x 构成惠斯登电桥，其中 R_x 代表电导池的池电阻。振荡器产生交流电压，加在桥的 AB 端，测定讯号从桥的 CD 端输出，经交流放大器放大后再经整流将交流讯号变成直流讯号推动电表。当电桥平衡时，电表指零，此时：

$$\frac{R_1}{R_2}=\frac{R_x}{R_3} \qquad R_x=\frac{R_1}{R_2}\cdot R_3$$

R_1、R_2 称为比例臂，由准确电阻构成，可选择 $R_1/R_2=0.1$、1.0、10。R_3 是一个带刻度盘的可调电阻或精密的多位数字电阻箱，电导池既有两个电极，它们之间便存在极间电容，还有接线的分布电容，两者的总和用 C_x 表示。C_x 的存在会使交流电位产生相移，因此必须调整与平衡臂 R_3 并联的可变电容器以消除 C_x 的影响，所以测定水中的电导时只要将仪器稳定后，将电极插入待测水样中，适当调整 R_3，即可直接读出被测水样的电导率。在实际应用中，大多数电导仪是直读式的，使用起来很方便，有利于现场快速测定和连续自动测量。国产 DPS—11 型即为直读式电导仪。

（四）溶氧测定仪

DO 隔膜电极法是一种仪器测定法，是利用只能通过气体而不能透过溶质的膜，将电池和试样隔开。所用的薄膜一般是聚四氯乙烯，厚度约 10^{-2} cm。仪器有极谱式和原电池式两种。国产的溶氧仪多为原电池式。溶氧仪主要由两部分组成，即电池探头和电流放大部分。电池探头结构如图 10-13 所示。

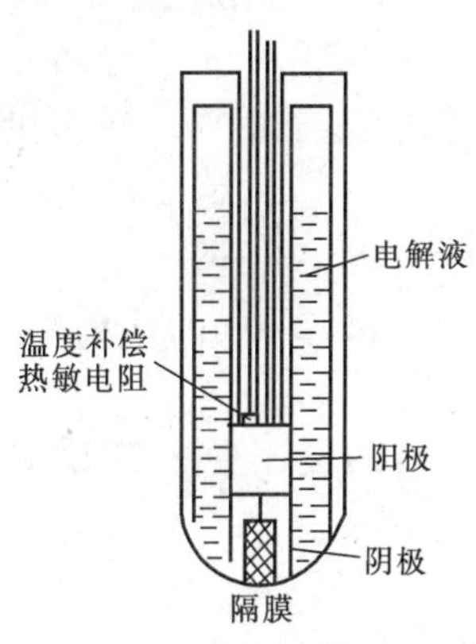

图 10-13 隔膜电极的构造

它的阳极是高纯铅，阴极为玻璃碳。两极之间注入碱溶液（KOH，1 mol/L）。在阴极表面覆有聚四氯乙烯薄膜。当空气或水中氧分子透过薄膜扩散至玻璃碳电极表面时，发生还原反应：

阴极：$O_2+2H_2O+4e \rightarrow 4OH^-$

而在阳极发生氧化反应：

阳极：$2Pb \rightarrow 2Pb^{2+}+4e$

$2Pb^{2+}+4OH^- \rightarrow 2Pb(OH)_2$

$2Pb(OH)_2+2KOH \rightarrow 2KHPbO_2+2H_2O$

这种原电池，在外电路接通的情况下，便有电流通过，此电流称为扩散电流。扩散电流的大小与试样中的氧浓度、阴极面积、薄膜材料的性质和厚度有关。在一定温度下，扩散电流与上述因素的定量关系是：

$$I=\frac{nFa\rho}{b}\cdot C$$

式中，I——扩散电流；

n——电极反应时电子传递数；

F——法拉第常数；

a——工作电极面积；

ρ——薄膜透过系数；

b——薄膜厚度（cm）；

C——试样中氧的浓度。

由上式可知，当其他条件固定时，扩散电流与氧气浓度成正比，即：

$$I=K\cdot C$$

故而，将水中氧的浓度转变为电讯号，再经放大电路放大后，由电表直接指示氧读数。由于溶氧与温度有关，故溶氧仪上都附有测温装置，测氧时自动进行温度补偿。

容氧仪能测温度 0～45℃天然水、污水的溶解氧浓度测量范围 0～15 mg/L（±1 mg/L），响应时间 2 min。

（五）便携式 COD 快速测定仪

便携式 COD 测定仪携带方便，操作简单，环保系统广泛应用。

由 USEPA 认可的 Hach 半微量 COD 测定仪，使用方便，费用低，设计比其他现行的测定仪都紧凑。其操作步骤仅包括简单的三步：

①将 2 ml 水样加至 COD 测试管中；②将 COD 测试管放入仪器中然后加热；③用 Hach 比色计或分光光度计直接读取 COD 值。

哈希现成的 COD 试剂管包含 3 ml 各种所需试剂。无需对试剂进行混合、转移和标定等操作。试剂管不必火封也不泄漏。

设计紧凑的 COD 反应器可放置 25 个 16 mm 的 COD 试管，只占据普通消解装置的一半空间。可选择生产厂家设定的温度（150℃）或设定 100℃～160℃间的任意温度，可用程序设定消解时间。

使用一台哈希比色计或分光光度计，可直接读取结果。独特的设计使得 COD 测试管在消解完毕之后可直接插入仪器进行比色测定。

（六）紫外曝气快速 COD/BOD 测定仪

通常所说的 BOD 和 COD，是通过测定水体中有机物生物或化学的耗氧量来间接表示水中有机物的污染强度。而水中一切有机物，其结构中必然存在的 n 电子、π 电子或生色基团等，在紫外光区对电磁波均有吸收，形成吸收峰，其吸收值与有机物强度成正比，在同一类型废水中，其成分基本确定，混合物吸收曲线的叠加与单组分摩尔吸光系数 ε 呈有规律的变化，所形成的混合物曲线的峰面积 ΣS 应是整个体系中有机污染强度的体现。而存在的某些误差，可以用换算系数 k 相对抵消。研究证明：混合物被生物降解前后的峰面积之差 ΔS 乘以换算系数 k_b 得出的结果，所表达的正是 BOD。生物降解所采用的是特殊菌种，降解过程始终使微生物处在对数生长期的最佳阶段进行。

测量范围：4～2 000 mg/L；

基本误差：±8%；

重现性：误差不超过 5%；

测量一次样品的时间：2 h，一批可做 4～16 个样品。

UA—I 型 BOD/COD 快速测定仪特别适用于工业废水的测定，操作简便，容易掌握，并且有一机多用的功能，除 BOD/COD 外，还可以测定多种无机、有机成分的含量。自动进样、微机自动处理数据、打印测定结果、绘制吸收曲线。还可以代替振荡器进行生物化学培养。

（七）便携式水质分析实验室

DR2000 分光光度计与其他装置、设备和试剂包装在一起，组成一个便携式实验室，以便在任何时间、任何地点都能快速、准确地测试，DR2000 在实验室可以用在线作业电源或在野外使用充电池进行分析。坚固的搬运箱使这个多功能实验装置运输很容易。DREL / 2000 便携式水质实验室包括：

①DR2000 分光光度计；②不易碎的数字滴定仪；③程序和仪器手册；④便携式 HACH ONE™pH 计和电极；⑤便携式电导仪 / TDS 计；⑥电池整流器/充电器；⑦试剂和装置；⑧装置/化学箱；⑨仪器箱。

测试项目：酸度、碱度、溴、钙、氯化物、氯、导电率、铜、硬度、铁、硝酸盐、亚硝酸盐、pH、磷、硫酸盐、氟化物、锰、PAN、DO、二氧化碳、铬、氨氮、非过滤性残渣、二氧化硅。

（八）便携式气相色谱仪

便携式 GC 与一般的 GC 相比，在性能方面已无明显差别；而体积小、轻便、适用于现场监测是其主要特征。这类仪器主要使用 PID。PID 可检测离子电位不大于 12 eV的任何化合物，如烷烃（除甲烷外）、芳香族、多环芳烃、醛类、酮类、酯类、胺类、有机磷、有机硫化合物以及一些有机金属化合物，还可检测 O_2、NH_3、H_2S、AsH_3、PH_3、Cl_2、I_2 和 NO 等无机化合物。用 PID 测定烷烃、芳香族和多环芳烃等 HC 化合物的灵敏度比火焰离子化检测器（FID）高 5～10 倍；测定含 P、S 农药类比 FPD 低 10 倍左右。此外，PID 对无机物的检测限达到或超过其他任何检测器。如对 NH_3 的检测限达 200 pg，比热导池检测器（TCD）低 2～3 个数量级；对无机硫化合物比 FPD 的检测限低 30 倍；对 PH_3 的检测限比 FPD 低 5 倍。此外，ECD 对电负性高的卤化物等响应的高灵敏度和高选择性，必将会使其成为便携式 GC 的常用检测器之一。

（九）便携式红外光谱仪

便携式傅里叶变换红外光谱仪对我国已选择的优先登记的有毒化学品清单有 40 个化学物质中部分沸点较低的气态污染物可直接进行现场测定。见表 10-9。

表 10-9 便携式 FTIR 可测定的我国部分优先登记有毒化学品

污染物	波数/cm^{-1}	污染物	波数/cm^{-1}
氢化氢	2 820、2 776	丙烯酰胺	1 740、1 600、1 415
氮氧化物	1 900（NO）、1 615（NO_2）	二氯甲烷	1 280、1 260、3 000
二氧化硫	1 360、2 500、1 133	氯乙烯	1 620、1 598、940
一氧化碳	2 170、2 360	苯	3 060、3 080、1 480
氰化氢	2 220、2 584、2 998	甲基丙烯酸甲酯	1 170、1 750、1 310
苯　胺	1 620、1 500、1 270	甲基丙烯酸乙酯	1 330、1 770、1 105
丙烯腈	972、957、1 405		

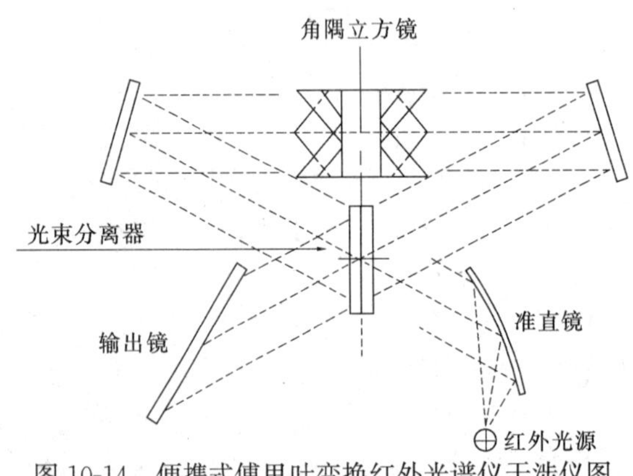

图 10-14 便携式傅里叶变换红外光谱仪干涉仪图

由芬兰生产的 GASMETDX 具有较强的软件和硬件配置。由于其干涉仪采用角隅立方镜系统，使得仪器的体积更加小巧轻便。另外干涉仪配有 He-Ne 激光准直定位系统，自动温度控制器，保证了仪器的精度。见图 10-14。

仪器内部与气体接触部分均涂有金或铑等贵金属，抗腐蚀性强。仪器设有 4～10m 的固定光程，可使用交直流电作为工作电源。内置红外吸收特征标准谱库，其计算机分析软件具有谱库自动查询功能，可以从基本光谱库中自动匹配出适合的气体成分，对未知气体进行识别，可以同时显示 50 个成分的分析结果和吸收曲线。仪器的响应时间为 5～120 s，测量气体浓度均可用 mg/m^3 至百分含量表示，测量精度为：检出限＜2%最小标定量程，大多数组分的检出限都低于 1×10^{-6}；线性偏离＜2%量程；总交叉干扰＜4%量程，实现了现场快速测定和在线实时监测。

习　题

1. 简述水质现场监测的主要物理指标和测定方法？
2. 水中有机物总量的综合指标有哪些？如何实现现场快速监测？
3. 简述事故污染的应急监测方法各有哪些？
4. 便携式现场监测仪器主要有哪些？其特点是什么？
5. 固定源现场测定方法有哪些？各有什么特点？
6. 过滤称重法和林格曼黑度法的主要原理和特点各是什么？
7. 简述锅炉烟气现场测定技术？
8. 汽车排气监测采样技术有哪些？各自的特点是什么？

综　　表

综表 1　金属污染监测技术一览表

<table>
<tr><th>监测项目</th><th>类别</th><th>技术原理</th><th>测定范围/(mg/L)</th><th>最低检出浓度(量，检测限)/(mg/L)</th><th>方法标准</th></tr>
<tr><td rowspan="10">铜</td><td rowspan="3">AAS</td><td>直接火焰原子吸收法</td><td>0.05～5</td><td>0.05</td><td>GB 7475—87</td></tr>
<tr><td>螯合萃取火焰原子吸收法</td><td>1～50 μg/L</td><td>1 μg/L</td><td>GB 7475—87</td></tr>
<tr><td>在线富集流动注射-火焰原子吸收法</td><td></td><td>2 μg/L</td><td>GB 7475—87</td></tr>
<tr><td rowspan="2">POL</td><td>阳极溶出伏安法</td><td>0.001～1</td><td>0.5 μg/L</td><td>GB/T 13896—1992</td></tr>
<tr><td>示波极谱法</td><td>0.001～1</td><td>10^{-6} mol/L</td><td>GB/T 13896—1992</td></tr>
<tr><td>ICP</td><td>等离子发射光谱法</td><td></td><td>0.01</td><td>GB 21900—2008</td></tr>
<tr><td>AAS</td><td>石墨炉原子吸收法</td><td>1～50 μg/L</td><td></td><td>GB 5085.3—2007</td></tr>
<tr><td rowspan="2">SP</td><td>2，9-二甲基-1，10-菲啰啉光度法</td><td>测定上限 3</td><td>0.06</td><td>GB/T 7473—87
HJ 486—2009</td></tr>
<tr><td>二乙基二硫化氨基甲酸钠分光光度法</td><td>0.02～0.06</td><td>0.01</td><td>GB/T 7474—87
HJ 485—2009</td></tr>
<tr><td rowspan="7">镉</td><td>SP</td><td>对-偶氮苯重氮氨基偶氮苯磺酸分光光度法</td><td></td><td>0.000 1</td><td>HJ/T 64.3—2001</td></tr>
<tr><td rowspan="2">AAS</td><td>火焰原子吸收分光光度法</td><td>0.05～1.0 μg/m³</td><td>3×10^{-6}</td><td>HJ/T 64.1—2001</td></tr>
<tr><td>石墨炉原子吸收分光光度法</td><td>0.5～10 ng/m³</td><td>3×10^{-8}</td><td>HJ/T 64.2—2001
GB/T 17141—1997</td></tr>
<tr><td rowspan="2">POL</td><td>阳极溶出伏安法</td><td>0.001～1</td><td>0.5 μg/L</td><td>GB 13896—1992</td></tr>
<tr><td>示波极谱法</td><td></td><td>10^{-6} mol/L</td><td>GB 13896—1992</td></tr>
<tr><td>ICP</td><td>等离子发射光谱法</td><td></td><td>0.003</td><td>GB 21900—2008</td></tr>
<tr><td>SP</td><td>双硫腙分光光度法</td><td></td><td>1 μg/L</td><td>GB/T 7471—87</td></tr>
<tr><td rowspan="4">铬</td><td>AAS</td><td>火焰原子吸收法</td><td>0.1～5</td><td>0.03</td><td>GB 7466—87</td></tr>
<tr><td rowspan="2">SP</td><td>高锰酸钾氧化-二苯碳酰二肼分光光度法</td><td>测定上限 1.0</td><td>0.004</td><td rowspan="2">GB 7466—87</td></tr>
<tr><td>硫酸亚铁铵滴定法</td><td></td><td>1</td></tr>
<tr><td>ICP</td><td>等离子发射光谱法</td><td></td><td>0.01</td><td>GB 21900—2008</td></tr>
<tr><td rowspan="3">六价铬</td><td>SP</td><td>二苯碳酰二肼分光光度法</td><td></td><td>0.004</td><td>GB 7467—87</td></tr>
<tr><td>VOL</td><td>硫酸亚铁铵滴定法</td><td></td><td>1</td><td>GB/T 15555.7—1995</td></tr>
<tr><td>SP</td><td>二苯碳酰二肼分光光度法</td><td>测定上限 1.0</td><td>0.004</td><td>GB 7467—87
GB/T 15555.4—1995</td></tr>
</table>

续表

监测项目	类别	技术原理	测定范围/(mg/L)	最低检出浓度(量，检测限)/(mg/L)	方法标准
总铬	SP	二苯碳酰二肼分光光度法	测定上限 1.0	0.004	GB 7466—87 GB/T 15555.5—1995
	VOL	硫酸亚铁铵滴定法		1 mg/ml	GB 7466—87 GB/T 15555.8—1995
	AAS	直接吸入火焰原子吸收分光光度法	0.08～3.0		GB/T 15555.6—1995
镍	ICP	等离子发射光谱法		0.01	GB 21900—2008
	SP	丁二酮肟分光光度法	测定上限 10	0.25	GB 11910—89
	SP	丁二酮肟分光光度法	测定上限 4	0.1	GB 11910—89 GB/T 15555.10—1995
	SP	丁二酮肟-正丁醇萃取分光光度法	0.4～1.6	0.002	GB/T 11912—89 HJ/T 63.3—2001
	AAS	直接吸入火焰原子吸收分光光度法	0.08～5.0		GB/T 15555.9—1995
	AAS	火焰原子吸收分光光度法	0.01～0.5	0.03 μg/m³	GB/T 17139—1997 HJ/T 63.1—2001
		石墨炉原子吸收分光光度法	5～200 ng/m³	3 ng/m³	HJ/T 63.2—2001
	AAS	螯合萃取火焰原子吸收法	10～200 μg/L	10 μg/L（螯合萃取法）	GB 7475—87
铅	AAS	火焰原子吸收分光光度法		0.013 0.000 5	GB 7475—87 GB/T 15264—1994 HJ 538—2009
	SP	双硫腙分光光度法		0.01	GB 7470—87 GB/T 17140—1997
	POL	阳极溶出伏安法	0.001～1	0.5 μg/L	GB/T 13896—1992
	AAS	石墨炉原子吸收法	1～5 μg/L		GB/T 17141—1997
	ICP	等离子发射光谱法		0.05	GB 21900—2008
	POL	示波极谱法	0.10～10.0	0.02	GB/T 13896—92
锌	AAS	火焰原子吸收法	0.05～1	0.02	GB 7475—87
	POL	在线富集流动注射-火焰原子吸收法		2 μg/L	GB/T 17138—1997
		阳极溶出伏安法	0.001～1	0.5 μg/L	GB/T 13896—1992
		示波极谱法		10^{-6} mol/L	GB/T 13896—1992
	ICP	等离子发射光谱法		0.006	GB 21900—2008
	SP	双硫腙分光光度法		0.005	GB 7472—87

续表

监测项目	类别	技术原理	测定范围/(mg/L)	最低检出浓度(量，检测限)/(mg/L)	方法标准
镉、铜、铅、锌	AAS	原子吸收分光光度法	Cu 0.08～4.0，Zn 0.05～1.0，Pb 0.03～10，Cd 0.03～1.0		GB 7475—87 GB/T 15555.2—1995
铁	AAS	火焰原子吸收法		0.03	GB 11911—89
	SP	邻菲啰啉分光光度法	测定上限 5.00	0.03	HJ/T 345—2007
铁(Ⅱ、Ⅲ)氰络合物	SP	三氯化铁分光光度法	2～10	0.4	GB/T 13899—92
	AAS	原子吸收分光光度法	2～10	0.5	GB/T 13898—92
铁(Ⅱ、Ⅲ)氰化合物	AAS	原子吸收分光光度法		0.5	GB/T 13898—92
	SP	三氯化铁分光光度法		0.4	GB/T 13899—92
铁、锰	AAS	火焰原子吸收分光光度法	铁 0.1～5 锰 0.05～3	铁 0.03，锰 0.01	GB 11911—89
锰	ICP	等离子发射光谱法		0.001	GB 21900—2008
	SP	高碘酸钾分光光度法	测定上限 3	0.02	GB 11906—89
	SP	甲醛肟分光光度法	0.05～4.0	0.01	HJ/T 344—2007
锑	AAS	火焰原子吸收法	测定上限 40	0.2	HJ/T 350—2007
	SP	5-Br-PADAP 光度法	测定上限 1.2	0.05	HJ/T 345—2007
	AFS	原子荧光法		0.000 2	GB/T 5750.6—2006
铋	AFS	原子荧光法		0.000 2	GB/T 5085.3—2007
硒	AFS	2，3-二氨基萘荧光法		0.25 μg/L	GB 11902—89
	AAS	石墨炉原子吸收分光光度法	0.015～0.2	0.003	GB/T 15505—1995
钾	AAS	火焰原子吸收法	0.05～4.00	0.03	GB 11904—89
	ICP	等离子发射光谱法		0.5	GB 21900—2008
钠	AAS	火焰原子吸收法	0.01～2.00	0.01	GB 11904—89
	ICP	等离子发射光谱法		0.2	GB 21900—2008
钠、钾	AAS	原子吸收分光光度法	钾 0.08～4，钠 0.02～0.04	钾 0.013，钠 0.008	GB 13580.12—92
钙	AAS	火焰原子吸收法	0.1～6.0	0.02	GB 11905—89
	ICP	等离子发射光谱法		0.002	GB 21900—2008
	VOL	EDTA 滴定法	2～100		GB 7476—87
钙、镁	AAS	原子吸收分光光度法	钙 0.2～7，镁 0.02～0.5	钙 0.02，镁 0.002 5	GB 11905—89 GB 13580.13—92

续表

监测项目	类别	技术原理	测定范围/(mg/L)	最低检出浓度(量，检测限)/(mg/L)	方法标准
钙和镁总量	VOL	EDTA 滴定法		0.05 mmol/L	GB 7477—87
镁	AAS	火焰原子吸收法	0.01～0.6	0.002	GB 11905—89
钼	AAS	无火焰原子吸收法		0.003	GB 5085.3—2007
	ICP-MS	等质联机法		0.000 03	GB/T 5750.6—2006
钴	AAS	无火焰原子吸收法		0.002	GB/T 5750.6—2006
	AES			0.002 5	
硼	SP	姜黄素分光光度法	测定上限 1.0	0.02	HJ/T 49—1999
锑	AAS	氢化物原子吸收法		0.002 5	GB/T 5750.6—2006
	ICP-MS	等质联机法		0.000 04	GB 5085.3—2007
钡	AAS	无火焰原子吸收法		0.006 18	GB 5085.3—2007 HJ 6021—2011
	EP	电位滴定法	47.1～1 180 μg	28 μg	GB/T 14671—93
	AAS	原子吸收分光光度法	1.7～500		GB/T 15506—1995
钒	AAS	火焰原子吸收分光光度法		0.007	GB/T 5750.6—2006
	ICP-MS			0.000 07	
	AAS	石墨炉原子吸收分光光度法	0.05～1.0		GB/T 14673—93
	SP	钽试剂（BPHA）萃取分光光度法	0.018～10.0		GB/T 15503—1995
钛	POL	催化示波极谱法		0.4 μg/L	GB 13896—92
	SP	水杨基荧光酮分光光度法		0.02	GB 5057.6—2006
	ICP-MS	等质联机法		0.000 4	GB/T 5085.3—2007
铊	AAS	无火焰原子吸收法		4 ng/L	GB/T 5750.6—2006
汞	SP	高锰酸钾-过硫酸钾消解法双硫腙分光光度法	测定上限 40μg/L	2 μg/L	GB 7469—87
	AAS	冷原子吸收分光光度法		0.1 μg/L	GB 7468—87
	AFS	巯基棉富集-冷原子荧光分光光度法	0.01～30	6×10^{-6}（采样 15 L）	HJ/T 542—2009
	AAS	金膜富集-冷原子吸收分光光度法	0.01～30	1×10^{-5}（采样 60 L）	HJ/T 543—2009

续表

监测项目	类别	技术原理	测定范围/(mg/L)	最低检出浓度(量，检测限)/(mg/L)	方法标准
总汞	AAS	冷原子吸收分光光度法	0.2～50 μg/L	0.05 μg/L	GB/T 15555.1—1995 GB/T 17136—1997
锡	AAS	石墨炉原子吸收分光光度法	5～100 ng/m^3	3 ng/m^3	HJ/T 65—2001
银	SP	3，5-Br_2-PADAP分光光度法	测定上限 1.0	0.02	GB 11909—89 HJ 489—2009
		镉试剂 2B分光光度法	测定上限 0.8	0.01	GB 11908—89 HJ 490—2009
	AAS	火焰原子吸收分光光度法	测定上限 5.0	0.03	GB 11907—89
铍	ICP	等离子子发射光谱法		0.000 3	GB 21900—2008①
	SP	铬菁 R 分光光度法	0.7～40.0 μg/L	0.2 μg/L	HJ/T 59—2000
	AAS	石墨炉原子吸收分光光度法	0.2～0.5 μg/L	0.02 μg/L	HJ/T 59—2000
砷	SP	硼氢化钾-硝酸银分光光度法	测定上限 12μg/L	0.4 μg/L	GB 11900—89
		二乙基二硫代氨基甲酸银分光光度法		0.007	GB 7485—87
	AAS	氢化物发生原子吸收法	0.001～0.012	0.000 25	GB 11900—89
	ICP	等离子子发射光谱法		0.1	GB 21900—2008①
	AFS	原子荧光法		0.000 2	GB 5085.3—2007
砷	SP	二乙基二硫代氨基甲酸银分光光度法	测定上限 0.5	0.007	GB 7485—87 GB/T 15555.3—1995

综表 2　核污染监测技术一览表

项目	方法类别	测定范围	检测限	方法标准
碘-131	β谱仪法 γ谱仪法		β探测下限植物 0.17 Bq/kg、动物甲状腺 6 Bq/kg，γ探测下限植物 0.01 Bq/kg、动物甲状腺 8 Bq/kg	GB/T 13273—91
碘-131		牛奶	β探测下限 0.007 Bq/L，γ探测下限 0.01 Bq/L	GB/T 14674—93
碘—131	γ谱仪法		3.7×10^{-3} Bq/m	GB/T 14584—93
微量铀	激光荧光法	7.5×10^{-11}～3.0×10^{-8} g/m^3		GB 12377—90
	TBP 萃取荧光法	6.7×10^{-10}～1.3×10^{-6} g/m^3		GB 12378—90
钚			1×10^{-5} Bq/L	GB 11225—89
氚			探测下限 0.5 Bq/L	GB 12375—90
铯-137		0.1～10 Bq		GB 11221—89
锶-90	二-（2-乙基己基）膦酸酯萃取色层法	0.1～10 Bq		GB 11222.1—89
	离子交换法	0.1～10 Bq		GB 11222.2—89
铀	固体荧光法	5.0×10^{-9}～5.0×10^{-5} g/g 灰		GB 11223.1—89
	激光液体荧光法	2.5×10^{-8}～2.5×10^{-5}g/g 灰		GB 11223.2—89
氡				GB/T 14582—93
钾-40	AAS 原子吸收分光光度法	6.2×10^{-3}～3.1×10^{-1} Bq/L		GB 11338—89
	SP 火焰光度法	2.2×10^{-3}～62 Bq/L		GB 11338—89
	EP 离子选择电极法	2.5×10^{-3}～120 Bq/L		GB 11338—89
镭-266		2.0×10^{-3}～3.0×10^{3} Bq/L 镭—226		GB 11214—89
镭的α放射性核素			8×10^{-3} Bq/L	GB 11218—89
钋-210			1×10^{-3} Bq/L	GB 12376—90
铯-137		0.01～10 Bq/L		GB 6767—86
锶-90	发烟硝酸沉淀法	0.1～10 Bq/L		GB 6764—86
	离子交换法	0.01～10 Bq/L		GB 6765—86
	二-（2-乙基己基）磷酸萃取色层法	0.01～10 Bq/L		GB 6766—86
钍		0.01～0.5 μg/L		GB 11224—89
微量铀	FS 固体荧光法	0.05～100 μg/L		GB 6768—86
	FS 液体激光荧光法	0.02～20 μg/L		GB 6768—86
	FS 分光光度法	2～100 μg/L		GB 6768—86
钚	萃取色层法		1.5×10^{-5} Bq/g	GB 11219.1—89
	离子交换法		1.5×10^{-5} Bq/g	GB 11219.2—89
铀	SP Cl-5209 萃淋树脂分离 2-（5-溴-2-吡啶偶氮）-5-二乙氨基苯酚分光光度法	0.5～15 μg/g		GB 11220.1—89
铀	FS 三烷基氧膦萃取-固体荧光法	0.05～100 μg/g		GB 11220.2—89

综表 3　无机污染监测技术一览表

监测项目	类别	技术原理	测定范围/(mg/L)	最低检出浓度（量，检测限）/(mg/L)	方法标准
无机阴离子	IC	离子色谱法		F^-、Cl^- 0.02，NO_2^- 0.03，NO_3^- 0.08，HPO_4^{2-} 0.12，SO_4^{2-} 0.09	HJ/T 84—2001
氯化物	VOL	硝酸银滴定法	2.5～500	2.5	HJ/T 343—2007
	IC	离子色谱法		0.04	GB 5085.3—2007
	EP	电极流动法	9.0～1 000	0.9	
	VOL	硝酸银滴定法	10～500		GB 11896—89
游离氯和总氯	VOL	*N*，*N*-二乙基-1，4-苯二胺滴定法	0.03～5		GB 11897—89 HJ 585—2010
	SP	*N*，*N*-二乙基-1，4-苯二胺分光光度法	0.03～5		GB 11898—89 HJ 186—2010
二氧化氯	EP/VOL	连续滴定碘量法		—	GB 4287—92 附录 A
氟化物	IC	离子色谱法		0.02	GB 5085.3—2007
	SP	氟试剂分光光度法		0.02	GB 13580.10—92 HJ 488—2009
	COP	茜素磺酸锆目视比色法	测定上限 1.5	0.1	GB 7482—87 HJ 487—2009 HJ 480—2009 HJ 481—2009
	EP	离子选择电极法	测定上限 1 900	0.05	GB 7484—87 GB/T 15555.11—1995
总氰化物	COP	异烟酸-吡唑啉酮比色法	测定上限 0.25	0.004	GB 7486—87 HJ 484—2009
	COP	吡啶-巴比妥酸比色法	测定上限 0.45	0.002	GB 7486—87
	VOL	硝酸银滴定法	测定上限 100	0.25	GB 7487—87 HJ 484—2009
氰化物	SP	异烟酸-巴比妥酸分光光度法①		0.001	HJ 484—2009
	VOL	催化快速法①	0.002～0.5		GB 7487—870
		硝酸银滴定法	测定上限 100	0.25	GB 7487—87 HJ 484—2009
	COP	异烟酸-吡唑啉酮比色法	测定上限 0.25	0.004	GB 7487—87 HJ 484—2009
	SP	吡啶-巴比妥酸比色法	测定上限 0.45	0.002	GB 7487—87 HJ 384—2009

续表

监测项目	类别	技术原理	测定范围/(mg/L)	最低检出浓度（量，检测限）/(mg/L)	方法标准
硫氰酸盐	SP	异烟酸—吡唑啉酮分光光度法	0.15～1.5	0.04	GB/T 13897—92 HJ 484—2009
亚硝酸盐氮	COP	*N*-(1-萘基-)-乙二胺比色法		0.005	GB 13580.7—92
	COP	α-萘胺比色法		0.003	GB 13589.5—92
	IC	离子色谱法		0.05	GB 5085.3—2007
	SP	分光光度法	测定上限 0.20	0.003	GB 7493—87 HJ 634—2012
	GC	气相分子吸收光谱法	测定上限 10	0.002	HJ/T 197—2005
硝酸盐氮	SP	紫外分光光度法	测定上限 4	0.08	HJ/T 346—2007
	IC	离子色谱法		0.04	GB 5085.3—2007
	EP	电极流动法	1.00～1 000	0.2	
	SP	酚二磺酸分光光度法	测定上限 2.0	0.02	GB 7480—87
	GC	气相分子吸收光谱法	测定上限 10	0.006	HJ/T 198—2005
凯氏氮	VOL	滴定法		0.2	GB 11891—89
	GC	气相分子吸收光谱法	测定上限 50	0.01	HJ/T 196—2005
硫酸盐	SP	铬酸钡光度法	5～120	1	GB 21900—2008 HJ 342—2007
	IC	离子色谱法	0.3～500	0.09	GB 21900—2008
	AAS	火焰原子吸收分光光度法	测定上限 30	0.4	GB 13196—91
	WeL	重量法	测定上限 5 000	10	GB 11899—89
硫化物	AAS	间接火焰原子吸收法			GB 21900—2008
	VOL	碘量法		0.4	HJ/T 60—2000
	GC	气相分子吸收光谱法	测定上限 10	0.002	HJ/T 200—2005
	SP	亚甲基蓝分光光度法	测定上限 0.500	0.005	GB/T 16489—1996
		直接显色分光光度法	0.008～25	0.004	GB/T 17133—1997
二硫化碳	SP	二乙胺乙酸铜分光光度法	0.045～1.46		GB/T 15504—1995
黄磷	SP	钼锑抗分光光度法		0.002 5	HJ 541—2009
阴离子表面活性剂（阴离子洗涤剂）	SP	亚甲蓝分光光度法	测定上限 2.0	0.05	GB 7494—87
	EP	电位滴定法	测定上限 24	5	GB 13199—91

综表 4　有机污染监测技术一览表

监测项目	类别	技术原理	测定范围 /（mg/L）	最低检出浓度（量，检测限）/（mg/L）	方法标准
挥发性卤代烃	GC-PT	顶空气相色谱法		三氯甲烷 0.3 μg/L，四氯化碳 0.05 μg/L，三氯乙烯 0.5 μg/L，四氯化碳 0.2 μg/L，三溴甲烷 1 μg/L	GB/T 17130—1997
苯系物	GC-PT	顶空气相色谱法	0.005～0.1	0.005	GB 11890—89
	GC	二硫化碳萃取气相色谱法	0.05～12	0.05	GB 11890—89
1，2-二氯苯、1，4-二氯苯、2，4-三氯苯	GC	气相色谱法		1，2-二氯苯 2 μg/L，1，4-二氯苯 5 μg/L，1，2，4-三氯苯 1 μg/L	GB/T 17131—1997
氯苯	GC	气相色谱法		0.01（100 ml）	HJ/T 74—2001
苯胺类	SP	*N*-（1-萘基）乙二胺偶氮分光光度法	测定上限 1.6	0.03	GB 11889—89
	HPLC	高效液相色谱法		苯胺 0.3 μg/L，对硝基苯胺 1.3 μg/L，间硝基苯胺 0.4 μg/L，邻硝基苯胺 0.9 μg/L，2，4-二硝基苯胺 0.6 μg/L	
丙烯腈	GC	气相色谱法		0.6	HJ/T 73—2001
丙烯腈和丙烯醛	GC-PF	吹脱捕集气相色谱法	0.26～33.0	丙烯腈 0.2 μg/L，	HJ/T 37—1999
			0.31～100.0	丙烯醛 0.1 μg/L	HJ/T 36—1999
邻苯二甲酸二甲（甲基二丁、二辛）酯	LC	液相色谱法		邻苯二甲酸二甲酯 0.1 μg/L，邻苯二甲酸二乙酯 0.1 μg/L，邻苯二甲酸二辛酯 0.2 μg/L	HJ/T 72—2001
甲醛	SP	变色酸光度法	测定上限 3.33	0.1	GB 13197—91
	SP	乙酰丙酮分光光度法	0.2～3.2 测定上限 3.2	0.05	GB 13197—91 HJ 601—2011
吡啶	GC	气相色谱法	0.49～4.9	0.031	GB/T 14672—93
尿中 1-羟基芘	HPLC	高效液相色谱法			GB/T 16156—1996
苯酚类	GC-PT	气相色谱法		0.03	GB 8972—88
苯酚	GC-PT	气相色谱法		1.5	GB 8972—88
2，4-二甲基苯酚	GC-PT	气相色谱法		2.7	GB 8972—88

续表

监测项目	类别	技术原理	测定范围/（mg/L）	最低检出浓度（量，检测限）/（mg/L）	方法标准
2-氯苯酚	GC/PT	气相色谱法		3.3	GB 8972—88
2，4-二氯苯酚	GC/PT	气相色谱法		2.7	GB 8972—88
2，4，6-三氯苯酚	GC/PT	气相色谱法		2.7	GB 8972—88
2，4，5-三氯苯酚	GC/PT	气相色谱法		10	GB 8972—88
2，3，4，6-四氯苯酚	GC/PT	气相色谱法		10	GB 8972—88
4-氯-3-甲基苯酚	GC/PT	气相色谱法		3	GB 8972—88
2-硝基苯酚	GC/PT	气相色谱法		3.6	GB 8972—88
4-硝基苯酚	GC/PT	气相色谱法		2.4	GB 8972—88
2，4-二硝基苯酚	GC/PT	气相色谱法		42	GB 8972—88
2，6-二硝基苯酚	GC/PT	气相色谱法		50	GB 8972—88
2-甲基-4，6-二硝基苯酚	GC/PT	气相色谱法		24	GB 8972—88
硝基苯、硝基甲苯、硝基氯苯、二硝基甲苯	GC	气相色谱法		一硝基苯类 0.2 μg/L，二硝基苯类 0.3 μg/L	HJ 592—2010
总硝基化合物	SP	分光光度法			GB 4918—85
	GC	气相色谱法		硝基苯、邻位硝基甲苯、对位硝基甲苯、2，6-二硝基甲苯、2，4-二硝基甲苯 0.002，2，4，6-三硝基甲苯 0.003	HJ 592—2010

续表

监测项目	类别	技术原理	测定范围 /（mg/L）	最低检出浓度（量，检测限）/（mg/L）	方法标准
硝基苯类	SP	还原—偶氮光度法（一硝基和二硝基化合物）		0.2	GB 13194—91
	SP	氯代十六烷基吡啶光度法（三硝基化合物）	0.1～70		GB/T 5750.8—2006
烷基汞	GC	巯基棉富集萃取 ECD 法	0.1～1	甲基汞 10 mg/L，乙基汞 20 ng/L	GB 14204—93
甲基汞	GC	巯基棉富集萃取 ECD 法	0.1～1	0.01 ng/L	GB/T 17132—1997
苯并［*a*］芘	SP	乙酰化滤纸层析荧光分光光度法		0.004 μg/L	GB 11895—89
	HPLC	高效液相色谱法		0.001 μg/L	GB 13198—91
多环芳烃	HPLC	LL/S 萃取法	高效液相色谱法（荧蒽、苯并［*b*］荧蒽、苯并［*k*］荧蒽、苯并［*a*］芘、苯并［*g*，*h*，*i*］苝、茚并（1，2，4-*cd*）芘	ng/L 级	HJ 478—2009 GB 13198—91 GB 5085.6—2007
多氯联苯	GC-MS	GC-MS		0.57～1.4 μng/L	GB 5085.6—2007
		薄层色谱法			GB 13015—91
	GC	气相色谱法（ECD）		0.15～0.45 μg	GB 13015—91 HJ 621—2011
多氯代二苯并二噁英和多氯代二苯并呋喃	GC-MS	同位素稀释高分辨毛细管气相色谱/高分辨质谱法		TCDD、TCDF，10pg/L；PeCDD、PeCDF、HxCDD、HxCDF、Hp CDD、HpCDF，50 pg/L；OCDD、OCDF，100 pg/L	HJ/T 77—2001
三氯乙醛	GC	气相色谱法	0.14～30mg/m³	3×10⁻⁵μg	HJ/T 35—1999
	SP	吡唑啉酮分光光度法	检测上限 2	0.08	HJ/T 50—1999
可吸附有机卤素（AOX）	IC	离子色谱法	有机氯 0.015～0.6，有机氟 0.005～0.3，有机溴 0.009～1.2		HJ/T 83—2001
	EP	微库仑法	0.01～0.4		GB/T 15959—1995
丙烯酰胺	GC	气相色谱法		0.15 μg/L	
一甲基肼	SP	对二甲氨基苯甲醛分光光度法	0.02～0.80		GB/T 14375—93
肼	SP	对二甲氨基苯甲醛分光光度法	0.002～1.00		GB/T 15507—1995
偏二甲基肼	SP	氨基亚铁氰化钠分光光度法	0.01～1.0		GB/T 14376—93

续表

监测项目	类别	技术原理	测定范围/（mg/L）	最低检出浓度（量，检测限）/（mg/L）	方法标准
三乙胺	SP	溴酚蓝分光光度法	0.5～3.5		GB/T 14377—93
二乙烯三胺	SP	水杨醛分光光度法	0.4～3.2		GB/T 14378—93
黑索今	SP	分光光度法	0.1～100	0.05	GB/T 13900—92
二硝基甲苯	POL	示波极谱法	0.10～5.00	0.05	GB/T 13901—92
硝化甘油	POL	示波极谱法	0.10～10.0	0.02	GB/T 13902—92
梯恩梯	SP	分光光度法	0.2～4.0	0.05	GB/T 13903—92
	SP	亚硫酸钠分光光度法	0.2～10	0.1	GB/T 13905—92 HJ 598—2011
梯恩梯、黑索今、地恩梯	GC	气相色谱法	梯恩梯 0.02～0.40，黑索今 0.20～4.00，地恩梯 0.01～0.15	梯恩梯 0.02、黑索今 0.10、地恩梯 0.01	GB/T 13904—92 HJ 600—2011
五氯酚	SP	藏红 T 分光光度法		0.01	GB 9803—88
	GC	气相色谱法		0.04 μg/L	GB 8972—88 HJ 391—2010
阿特拉津	GC	气相色谱法（NPD）		0.05 μg/L	GB/T 5750.9—2006
	LC	液相色谱法		0.02 μg/L	
（固体）多氯代二苯并噁英和多氯代二苯并呋喃	GC-MS	同位素稀释高分辨毛细管气相色谱/高分辨质谱法		多氯代二苯并二噁英（4～8 个氯的取代物；PCDDs）10^{-6}，多氯代二苯并呋喃（4～8 个氯的取代物；PCDFs）10^{-9}	GB 5085.2—2007
有机磷农药	GC	气相色谱法		0.000 2～0.002 9 mg/kg	GB 7492—87 GB/T 14553—93
有机磷农药	GC	气相色谱法（乐果、对硫磷、甲基对硫磷、马拉硫磷、敌敌畏、敌百虫）		敌敌畏 6.0×10^{-5}，敌百虫 5.1×10^{-5}，乐果 5.7×10^{-4}，甲基对硫磷 4.2×10^{-4}，马拉硫磷 6.4×10^{-4}，对硫磷 5.4×10^{-4}	GB 13192—91
有机磷农药	GC	气相色谱法（速灭磷、甲拌磷、二嗪磷、异稻瘟净、甲基对硫磷、杀螟硫磷、溴硫磷、水胺硫磷、稻丰散、杀扑磷）		速灭磷 3.446 1pg，甲拌磷 3.9 pg，二嗪磷 5.7 pg，异稻瘟净 10 pg，甲基对硫磷 7.6 pg，杀螟硫磷 9.5 pg，溴硫磷 11.4 pg，水胺硫磷 22.9 pg，稻丰散 17.6 pg，杀扑磷 16.9 pg	GB/T 14552—93
有机氯农药	GC	气相色谱法		r-六六 4 ng/L，滴滴涕 200 ng/L	GB 7492—87
六六六和滴滴涕	GC	气相色谱法		0.000 04～0.004 87 mg/kg	GB/T 14551—93

综表 5　水质常规监测技术一览表

监测项目	类别	技术原理	测定范围/(mg/L)	最低检出浓度(量，检测限)/(mg/L)	方法标准
水温	EP	温度计或颠倒温度计测定法		0.1℃	GB 13195—91
色度	COP	铂钴比色法		—	GB 11903—89
		稀释倍数法			GB 11903—89
臭		文字描述法		—	
		臭阈值法		—	
浊度	SP	分光光度法		3 度	GB 13200—91
		目视比浊法		1 度	GB 13200—91
透明度		铅字法		0.5 cm	
		塞氏圆盘法		0.5 cm	
pH 值	EP	玻璃电极法		0.01 pH	GB 6920—86
悬浮物	Wel	重量法		4	GB 11901—89
矿化度	Wel	重量法		4	GB 11901—89
全盐量	Wel	重量法		10	HJ/T 51—1999
电导率	EP	电导仪法		1 μS/cm (25℃)	GB 13580.3—92
总硬度	VOL	EDTA 滴定法		0.05 mmol/L	GB 7477—87
		钙镁换算计		—	GB 11901—89
		流动注射法		—	
溶解氧	VOL	碘量法		0.2	GB 7489—87
	EP	电化学探头法			GB 11913—89 HJ 506—2009
高锰酸盐指数	SP	碱性高锰酸钾法			GB 11892—89
		酸性高锰酸钾法	0.5～4.5	0.5	GB 11892—89
化学需氧量	EP	库仑法	测定上限 100	2	
	SP	快速 COD 法（催化快速法，密闭催化消解法，节能加热法）		2	HJ/T 399—2007
	SP	碘化钾碱性高锰酸钾法	测定上限 62.5	0.2	HJ/T 132—2003
		氯气校正法		30	HJ/T 70—2001
	SP	重铬酸盐法	采用重铬酸钾溶液 0.25 mol/L 时为 50～700，0.025 mol/L 时为 5～50	30	GB 11914—89
生化需氧量		稀释与接种法	2～6 000	0.5	GB 7488—87 HJ 505—2009
	EP	微生物传感器快速测定法			HJ/T 86—2002

续表

监测项目	类别	技术原理	测定范围/(mg/L)	最低检出浓度(量，检测限)/(mg/L)	方法标准
氨氮	GC	气相分子吸收光谱法	测定上限 50	0.003	HJ/T 195—2005
	COP	纳氏试剂比色法		0.05	GB/T 7479—87
		纳氏试剂目视法		0.02	
	SP	水杨酸分光光度法		0.01	GB/T 7481—87
		蒸馏和滴定法	测定上限 1 000	0.2	GB/T 7478—87
挥发酚	SP	蒸馏后萃取 4-氨基安替比林光度法	0.002～6	0.002	GB 7490—87
		蒸馏后 4-氨基替比林分光光度法	0.001～0.09 0.04～7.5	0.0003	HJ 503—2009
	VOL	蒸馏后溴化容量法	0.4～45.4	0.1	GB 7491—87 HJ 502—2009
总有机碳	IR	非色散红外线吸收法	0.5～60	0.5	GB 13193—91
		燃烧氧化-非分散红外吸收法		0.5	HJ/T 71—2001 HJ 501—2009
油类	Wel	重量法		10	
	IR	非分散红外法	0.02～1 000 (0.5～5 L)		GB/T 16488—1996
		红外分光光度法	0.01～0.16 (25/1 000)	0.1 (500 ml), 0.01 (5 L)	GB/T 16488—1996 HJ 637—2012
总氮	SP	碱性过硫酸钾消解紫外分光光度法	测定上限 4	0.05	GB 11894—89 HJ/T 199—2005
	GC	气相分子吸收光谱法	测定上限 100	0.01	HJ/T 199—2005
总磷	SP	孔雀绿-磷钼杂多酸分光光度法	0～0.3	0.001	
		钼锑抗分光光度法	测定上限 0.6	0.01	HJ 632—2011
	IC	离子色谱法		0.01	GB 593—2010
单质磷	SP	钼酸铵分光光度法	测定上限 0.6	0.01	GB 11893—89
微囊藻毒素-LR	HPLC	高效液相色谱法		0.0～1 μg/L	
微型生物		PFU 法	淡水及废水		GB/T 12990—91
粪大肠菌群		发酵法			HJ/T 347—2007
		滤膜法			HJ/T 347—2007
细菌总数		培养法			
急性毒性		发光细菌法			GB/T 15441—1995
物质对淡水鱼(斑马鱼)		急性毒性			GB/T 13267—91
物质对蚤类(大型蚤)		急性毒性			GB/T 13266—91
叶绿素 a	SP	分光光度法			
流量		超声波明渠污水流量计			HJ/T 15—1996

综表6　空气常规监测技术一览表

测定项目	类别	技术原理	测定范围/（mg/L）	最低检出浓度（或检测限）/（mg/L）	方法标准
温度	EP	玻璃液体温度计法	−10～50℃	准确度±0.3℃	GB/T 18204.13
		数显式温度计法	−10～50℃	准确度±0.3℃	
相对湿度	EP	通风干湿表法	12%～99%	准确度±0.3℃	GB/T 18204.14
		氯化钾湿度计法	12%～99%	准确度±0.3℃	
		电容式数字湿度计法	12%～99%	准确度±0.3℃	
空气流速		热球式电风速计法	0.01～20 m/s	准确度±0.5℃	GB/T 18204.15
		数字式风速表法	0.01～20 m/s	准确度±0.5℃	
新风量		示踪气体法			GB/T 18204.18
二氧化硫	SP	甲醛溶液吸收-盐酸副玫瑰苯胺分光光度法		0.007	GB/T 16128，GB/T 15262
	FS	紫外荧光法		0.　006	
硫化物	SP	亚甲基蓝分光光度法	0.005～0.7	0.005	GB/T 6489—1996
二氧化氮		改进的 Saltzaman 法	0.03～1.7		GB 12372—1995
	CF	化学发光法		0.004	GB/T 15435—1995
氮氧化物		Saltzman 法（酸性高锰酸钾溶液氧化法、三氧化铬-石英砂氧化法）	0.015～2.0		GB/T 15436—1995
一氧化碳	IR	非分散红外法	0～62.5	0.125	GB 9801—88 HJ/T 44—1999
	GC	气相色谱法	0.50～50.0	0.5	
	EP	电化学法	1.0～60/125	0.6	GB 18204.23—2000
二氧化碳	IR	非分散红外线气体分析法	0～0.5%/1.5%	0.01%	GB/T 18204.24
	GC	气相色谱法	0.02%～0.6%	0.01%	
	VOL	容量滴定法	0.001%～0.5%	0.00%	
氨	SP	靛酚蓝分光光度法	0.01～0.5	0.000 2	GB/T 18204.25
		纳氏试剂分光光度法	0.04～0.88	0.01	GB/T 14668—1995 HJ 533—2009
	EP	离子选择电极法		0.014	GB/T 14669—1993
	SP	次氯酸钠-水杨酸分光光度法	0.008～110	0.000 1	GB/T 14679—1993 HJ 534—2009
	GC	光离子化气相色谱法	0.05～100	0.05	
臭氧	SP	紫外光度法	0.003～2mg/m³		GB/T 15438—1995 HJ 590—2010
	SP	靛蓝二磺酸钠分光光度法	0.030～1.200	0.01	GB/T 18204.27，GB/T 15437—1995 HJ 504—2009
	CP	化学发光法		0.005	
甲醛	SP	AHMT 分光光度法	0.01～0.16		GB/T 16129—1995
	SP	酚试剂分光光度法	0.01～0.15		GB/T 18204.26
	GC	气相色谱法		0.2 μg/ml	GB/T 15516—1995
	SP	乙酰丙酮分光光度法	0.5～800	0.008	GB/T 15516—1995
	EP	电化学传感器法	0～10	0.01	
	SP	硼酸碘化钾光度法	0.006		

续表

测定项目	类别	技术原理	测定范围/（mg/L）	最低检出浓度（或检测限）/（mg/L）	参照标准
苯系物	GC	活性炭吸附-二硫化碳提取毛细管气相色谱法	苯 0.025～20，甲苯 0.05～20，二甲苯 0.1～20	0.05	GB/T 18883，GB 11737 GB 11890—89
		光离子化气相色谱法	5 $\mu g/m^3$～500	5 $\mu g/m^3$	HJ 583—2010
		Tenax-GC 吸附-热解吸气相色谱法		1.2～2.0 $\mu g/m^3$	GB 11737，GB 14677
总挥发性有机化合物	GC	热解吸-毛细管气相色谱法	0.5 $\mu g/m^3$～100		GB/T 18883
		光离子化气相色谱法	5$\mu g/m^3$～350	5$\mu g/m^3$	HJ 584—2010
		光离子化总量直接检测法（非仲裁用）	5 $\mu g/m^3$～350	5 $\mu g/m^3$	HJ 584—2010
苯并［*a*］芘	HPLC	高效液相色谱法		乙腈/水 流动相 6×10^{-5} $\mu g/m^3$，甲醇/水 流动相 1.8×10^{-4} $\mu g/m^3$	GB/T 15439
菌落总数		撞击法			GB/T 18883
氡 ^{222}Rn		两步测量法	10～10^5 Bq/m^3	10 Bq/m^3	
总悬浮颗粒物	Wel	重量法		0.001	GB/T 15432—1995
		重量法			GB 9802—88
空气飘尘	SP	乙酰化滤纸层荧光分光光度法	FS	20 pg/m^3	GB 8971—88
		$PM_{2.5}$采样器技术要求及检测方法			GB/T4918—85
降尘	Wel	重量法		0.2 t/km^2，30 d	GB/T 15265—94
可吸入颗粒物	Wel	撞击式-称重法			GB/T 17095
大气降水	PM_{10} $PM_{2.5}$	重量法	0.01 mg/m^3		HJ 618—2011
pH 值	EP	电极法		0.02 pH	GB 13580.4—92
电导率	EP	电极法			GB 13580.3—92
大气降水 铵盐	SP	次氯酸钠-水杨酸光度法	0.02～1.2	0.01	GB 13580.11—92
		纳氏试剂光度法	0.06～1.5	0.05	
大气降水 硝酸盐	SP	镉柱还原法	0.01～0.2	0.004	GB 13580.8—93
		紫外光度法	0.4～10	0.2	GB 13580.8—92
大气降水 亚硝酸盐	SP	*N*-（1-萘基）-乙二胺光度法	0.01～0.02	0.04	GB 13580.7—92 GB 7493—87
大气降水 硫酸盐	SP	铬酸钡-二苯碳酰二肼光度法	0.5～10	0.1	GB 13580.6—92
		硫酸钡浊度法	1.0～70	0.4	
大气降水 氯化物	SP	硫氰酸汞高铁光度法	0.4～6.0	0.03	GB 13580.9—92
大气降水	SP	新氟试剂光度法	0.06～1.5	0.05	GB 13580.10—92

综表 7　废气污染监测技术一览表

监测项目	类别	技术原理	测定范围/(mg/m^3)	最低检出浓度(或检测限)/(mg/m^3)	方法标准
工业尾气 NO_x	SP	二磺酸酚分光光度法	100～7 000		GB/T 13906—92
	VOL	中和滴定法	1 000～20 000		
	SP	盐酸萘乙二胺分光光度法	2.4～208	0.7	HJ/T 43—1999
		紫外分光光度法	34～1 730	10	HJ/T 42—1999
二氧化氮		Saltzman 法	0.015～2.0		GB/T 15435—1995
二氧化硫	VOL	碘量法	100～6 000		HJ/T 56—2000
	EP	定电位电解法	15～14 300		HJ/T 57—2000
	SP	甲醛吸收-副玫瑰苯胺分光光度法		0.003	GB/T 15262—1994
	IR	非分散红外法或紫外荧光法		10	HJ/T 75—2001
	FS	四氯汞盐-盐酸副玫瑰苯胺比色法	0.015～0.500	30	GB 8970 —88
一氧化碳	IR	非色散红外吸收法	60～150 000	20	HJ/T 44—1999
		非分散红外法	0～62.5	0.3	GB 9801—88
	EP	定电位电解法	0.62～62	0.6	HJ/T 58—2000
		汞置换法	0.02～30	0.04	GB/T 16157—1996
二硫化碳	SP	乙二胺分光光度法		0.03	GB/T 14680—93
耗氧值和氧化氮	SP	重铬酸钾氧化、萘乙二胺比色法	耗氧值 2～200，氧化氮 1～100		GB 4921—85
光气	SP	苯胺紫外分光光度法	无组织排放 0.06～1.0，有组织排放 1.2～20	无组织排放 0.02，有组织排放 0.4	HJ/T 31—1999
甲醛	SP	乙酰丙酮分光光度法	0.5～800		GB/T 15516—1995
乙醛	GC	气相色谱法	0.14～30	0.04	HJ/T 35—1999
非甲烷总烃	GC	气相色谱法	0.12～32	0.04	HJ/T 38—1999
总烃	GC	气相色谱法	0.04	0.16	GB/T 15263—1994 HJ 604—2011
恶臭		三点比较式臭袋法			GB/T 14675—93
氨	EP	氨气敏电极法		0.014	GB/T 14669—93
	SP	次氯酸钠-水杨酸分光光度法	0.008～110	0.008	GB/T 14679—93 HJ 534—2009
	COP	纳氏试剂比色法	0.5～800	0.25	GB/T 14668—93 HJ 533—2009
	IC	离子色谱法		0.007	GB 5085.3—2007
硫化氢、甲硫醇、甲硫醚和二甲二硫	GC	气相色谱法		0.000 2～0.001 0	GB/T 14678—93

续表

监测项目	类别	技术原理	测定范围/(mg/m^3)	最低检出浓度(或检测限)/(mg/m^3)	方法标准
氰化氢	SP	异烟酸-吡唑啉酮分光光度法	无组织排放 0.005 0～0.17，有组织排放 0.29～8.8	无组织排放 0.002，有组织排放 0.09	HJ/T 28—1999
氯化氢	SP	硫氰酸汞分光光度法	无组织排放 0.16～0.80，有组织排放 3.0～25	无组织排放 0.05，有组织排放 0.9	HJ/T 27—1999
	IC	离子色谱法	$(0.10～2.00)\times10^{-3}$	0.003	HJ 549—2009
氯气	SP	甲基橙分光光度法			HJ/T 30—1999
氟化物	EP	离子选择电极法	1～1 000	0.06	HJ/T 67—2001
	EP	石灰滤纸-氟离子选择法		0.18 μg/ (dm^2 · d)	GB/T 15433—1995
		滤膜-氟离子选择法		0.5 $\mu g/m^3$	GB/T 15434—1995
硫酸浓缩尾气硫酸雾	COP	铬酸钡比色法	100～30 000		GB 4920—85
沥青烟	WeL	重量法	17.0～2 000 mg	5.1 mg	HJ/T 45—1999
石棉尘		镜检法	100～600 根/mm^2		HJ/T 41—1999
烟尘	IR	光散射法(红外或激光)			HJ/T 75—2001 附录 A
		浊度法			
	WeL	重量法			GB/T 5468—1991
铬酸雾	SP	二苯基碳酰二肼分光光度法	无组织排放 0.001 8～30.3，有组织排放 0.018～12	无组织排放 0.000 5，有组织排放 0.005	HJ/T 29—1999
硫酸雾	IC	离子色谱法	0.3～500 mg/m^3		GB 21900—2008
苯胺类	GC	气相色谱法	线性范围 10^3	苯胺，*N*，*N*—二甲基苯胺，0.05；2，5—二硝基苯胺、间硝基苯胺，0.08；邻硝基苯胺，0.06；对硝基苯胺，0.2	HJ/T 68—2001
	SP	盐酸萘乙二胺分光光度法	0.5～600		GB/T 15502—1995
氟、氯、亚硝酸盐、硝酸盐、硫酸盐	IC	离子色谱法		F^-、Cl^- 0.03，NO_2^- 0.05，NO_3^-、SO_4^{2-} 0.10 mg/L	GB 13580.5—92

续表

监测项目	类别	技术原理	测定范围/(mg/m^3)	最低检出浓度(或检测限)/(mg/m^3)	方法标准
甲醇	GC	气相色谱法	5.0～10 000	2	HJ/T 33—1999
甲酸、乙酸	IC	离子色谱法			GB 21900—2008
氯乙烯	GC	气相色谱法	0.26～10 000	0.08	HJ/T 34—1999
甲苯、二甲苯、苯乙烯	GC	热脱附气相色谱法		0.001 0～0.002 0	GB/T 14677—93 HJ 583—2010
	GC	活性炭吸附二硫化碳解析气相色谱法	$1.5\times10^{-3}mg/m^3$	0.01	HJ/T 584—2010
苯乙烯	GC	气相色谱法		0.002 7	GB/T 14670—93
低分子醛	GC	气相色谱法	0.14～30	0.01	HJ/T36—1999
丙醛	GC	气相色谱法	0.31～100	0.1	HJ/T 36—1999
丙烯腈	GC	气相色谱法	0.26～33.0	0.2	HJ/T 37—1999
氯苯类化合物	GC	气相色谱法	定量下限无组织排放氯苯 0.05、1，4-二氯苯 0.10、1，2，4-三氯苯 0.11，有组织排放氯苯 0.60、1，4-二氯苯 1.2、1，2，4-三氯苯 1.4	无组织排放氯苯 0.02、1，4-二氯苯 0.03、1，2，4-三氯苯 0.03，有组织排放氯苯 0.2、1，4-二氯苯 0.4、1，2，4-三氯苯 0.4	GB 5085.3—2007 HJ/T 39—1999
	GC	气相色谱法		氯苯 0.04、1，4-二氯苯 0.11、1，2，4-三氯苯 0.36	HJ/T 66—2001
酚类化合物	SP	4-氯基安替比林分光光度法	无组织排放直接比色法 0.083～0.17、萃取比色法 0.0083～0.17，有组织排放 1.0～80	无组织排放直接比色 0.03、萃取比色法 0.003，有组织排放 0.3	HJ/T 32—1999
	HPLC		0.002	0.15	HJ 638—2012
三甲胺	GC	气相色谱法		0.002 5	GB/T 14676—93
硝基苯类（一硝基和二硝基化合物）	SP	锌还原-盐酸萘乙二胺分光光度法	6～1 000		GB/T 15501—1995
邻苯二甲酸酯类	LC	液相色谱法		0.01～0.03	HJ 638—2012
苯并[*a*]芘	HPLC	高效液相色谱法	7.6 ng/m^3～4.0 $\mu g/m^3$	2 ng/m^3	HJ/T 40—1999
		高效液相色谱法		乙腈/水流动相 0.06 ng/m^3，甲醇/水流动相 0.18 ng/m^3 4×10^{-8}	GB/T 15439—1995 HJ 478—2009
	FS	荧光光度法		4×10^{-7}	GB 11895—89
二噁英类	MS	高分辨质谱法	0.05ng/kg		HJ 77.3—2008

续表

监测项目	类别	技术原理	测定范围/(mg/m^3)	最低检出浓度(或检测限)/(mg/m^3)	方法标准
多环芳烃	HPLC GC-MS	高效液相色谱法	0.4～43.7mg/L	3×10^{-6}	HJ 478—2009 GB 5085.6—2007 GB 5085.3—2007
甲基对硫磷	GC	气相色谱法		0.001 7	GB 13192—91 GB 5085.3—2007
	SP	盐酸萘乙二胺分光光度法	0.01～5.00	0.008	
敌百虫和敌敌畏	HPLC-FS	间苯二酚荧光法		0.07	GB 5085.6—2007
吡啶	SP	巴比妥酸分光光度法		0.001 (30 L)	GB/T 5750.8—2006
	GC	气相色谱法		0.04	GB/T 14672—93
肼	SP	对二甲基苯甲醛分光光度法	0.002～1.0	0.002 (60 L)、	GB/T 15507—95
偏二甲基肼	SP	氨基亚铁氰化钠分光光度法	0.01～1.0	0.02 (100 L)	GB/T 14376—93
肼、偏二甲基肼	GC	气相色谱法	肼 0.026～6.7、偏二甲基肼 0.007～1.0	0.007 (100 L)	GB 5085.3—2007
多氯代二苯并二噁英和多氯代二苯并呋喃	GC-MS	同位素稀释高分辨毛细管气相色谱/高分辨质谱法		提取物 TCDD、TCDF，0.5 pg/μl；PeCDD、PeCDF、HxCDD、HxCDF、HpCDD、HpCDF，2.5 pg/μl；OCDD、OCDF，5.0 pg/μl	HJ/T 77—2001
汽油车排气污染物		双怠速法简易工况法			GB 18285—2005 GB/T 3845—93
汽油车燃油蒸发污染物		收集法			GB/T 14763—93
柴油机自由加速烟度		滤纸烟度法			GB/T 3847—93
汽车、摩托车柴油机全负荷烟度测量					GB 19758—2005 GB/T 3847—83 GB 14621—2011
火电厂烟气(连续监测)	流量	压差传感器、超声波法和热传感法	0～40 m/s	分辨率 0.1 m/s	HJ/T 75—2001
	温度	热电偶	0～300℃		HJ/T 75—2001
	烟气静压	压力传感器	0～4 kPa	精度±3%	HJ/T 75—2001
	大气压力	压力传感器	0～120 kPa	精度±2%	
	水分(湿度)	红外吸收法、测氧计算法	0～20%	精度±10%	
	含氧量	氧化锆法	0～25%		HJ/T 75—2001

附　　表

附表 1　EP 典型的电位滴定数据一例

1	2	3	4	5	6	7	8
滴定剂体积 V/ml	电位计读数 E/mV	ΔE	ΔV	$\Delta E/\Delta V$ (mV/ml)	平均体积 $\overline{V}$/ml	Δ ($\Delta E/\Delta V$)	$\Delta^2 E\Delta V^2$
0.00	114						
		0	0.10	0.0	0.05		
0.10	114						
		16	4.90	3.3	2.55		
5.00	130						
		15	3.00	5.0	6.50		
8.00	145						
		23	2.00	11.5	9.00		
10.00	168						
		34	1.00	34	10.50		
11.00	202						
		16	0.20	80	11.10		
11.20	218						
		7	0.05	140	11.225		
11.25	225					120	2 400
		13	0.05	260	11.275		
11.30	238					280	5 600
		27	0.05	540	11.325		
11.35	265					−20	−400
		26	0.05	520	11.375		
11.40	291					−220	−4 400
		15	0.05	300	11.425		
11.45	306						
		10	0.05	200	11.475		
11.50	316						
		36	0.50	72	11.75		
12.00	352						
		25	1.00	25	12.50		
13.00	377						
		12	1.00	12	13.50		
14.00	389						

附表 2　EP 常用膜电极性能

电极名称	膜的组成	被测离子	检测范围	pH 范围	内　阻	主要干扰离子	注　意　事　项
氟电极	LuF_3 F^- La^{3+}	$1\sim10^{-6}$、Al^{3+}	5~6	6~8	<30 MΩ		新电极需在蒸馏水浸泡半天以上，测定前在 0.1 mol/ml 的氟溶液中浸泡 0.5 h，长期不用时宜干贮
氯电极	AgCl-Ag_2S	Cl^-	$1\sim5\times10^{-5}$	3~13	<30 MΩ	Br^-、I^-、S^{2-}、NH_3、CN^-	参比电极用双盐桥的甘汞电极外盐桥液 1 mol/L KNO_3 或 $NaNO_3$，测定前浸于 10^{-3} mol/L Cl^- 溶液中活化 1~2 h，然后浸入蒸馏水中待用，长期不用时宜干贮

续表

电极名称	膜的组成	被测离子	检测范围	pH 范围	内阻	主要干扰离子	注意事项
溴电极	$AgBr\text{-}Ag_2S$	Br^-	$1\sim5\times10^{-6}$	0～14	<10 MΩ	I^-、S^{2-}、NH_3、CN^-	同氯电极浸入10^{-3} mol/L Br^-溶液中活化
碘电极	$AgI\text{-}Ag_2S$	I^-	$1\sim5\times10^{-8}$	8～14	1－5 MΩ	S^{2-}、CN^-	同氯电极浸入10^{-3} mol/L I^-溶液中活化
硫、银电极	Ag_2S	S^{2-}、Ag^+	$1\sim10^{-7}$	0～14	<1 MΩ	Hg^{2-}	参比电极用 1 mol/L KNO_3 或 $NaNO_3$ 盐桥的某汞电极，测硫化物含量时，可用“SAOR”抗氧化缓冲液做本底溶液（即 0.5 mol/L NaOH、0.5 mol/L 水杨酸钠，0.1 mol/L 抗坏血酸）测银时，用 1 mol/L $NaNO_3$ 做本底溶液电极待测液浸泡 1 d，暂不用时可泡于蒸馏水中，长期不用时宜干放
铜电极	$CuS\text{-}Ag_2S$	Cu^{2+}	$1\sim10^{-7}$	0～14	<1 MΩ	Hg^{2+}、Ag^+、S^{2-}	
铅电极	$PbS\text{-}Ag_2S$	Pb^{2+}	$1\sim10^{-7}$	2～14	<1 MΩ	Hg^{2+}、Ag^+、Cu^{2-}	
镉电极	$CdS\text{-}Ag_2S$	Cd^{2+}	$1\sim10^{-7}$	1～14	<1 MΩ	Hg^{2+}、Ag^+、Cu^{2+}	
氰电极	$AgI\text{-}Ag_2S$	CN^-	$10^{-6}\sim10^{-2}$	1～14	<30 MΩ	I^-、S^{2-}	
硫氰酸根电极	$AgSCN\text{-}Ag_2S$	SCN^-	$1\sim10^{-5}$	0～14		Br^-、I^-、S^{2-}、NH_3、CN^-	

附表 3 六种标准缓冲溶液的 pH 值

温度	0.05 mol/L 四草酸氢钾	饱和酸氢钾	0.05 mol/L 苯二甲酸氢钾	0.025 mol/L 磷酸盐	0.01mol/L 硼砂	$Ca(OH)_2$
0	1.67	—	4.01	6.98	9.46	13.42
5	1.67	—	4.00	6.95	9.39	13.21
10	1.67	—	4.00	6.92	9.33	13.61
15	1.67	—	4.00	6.90	9.28	12.82
20	1.68	—	4.00	6.88	9.23	12.64
25	1.68	3.56	4.00	6.85	9.18	12.46
30	1.68	3.55	4.01	6.85	9.14	12.29
35	1.69	3.55	4.02	6.84	9.10	12.13

附表 4 一些元素的原子吸收法(AAS)操作条件

元 素	波 长 λ/nm	灯电流/mA	空气流量/(L/min)	乙炔流量/(L/min)	燃助比	检测限/(μg/ml)
Cd	228.8	3	5.2	1.8	4∶1.3	0.01
Pb	283.3	3	5.2	1.8	4∶1.3	0.1
Zn	213.6	3	5.2	1.5	4∶1.15	0.01
Mn	279.5	2	5.2	1.3	4∶1.0	0.005
Cu	324.7	3	5.2	1.4	4∶1.08	0.01

附表 5 碱金属及碱土金属的电离度(%)

元 素	电离能/eV	丙烷-空气焰	乙炔-空气焰	乙炔-N_2O焰
Li	5.35	0.6	5.2	63.8
Na	5.12	1.1	9.0	78.9
K	4.32	9.7	48.9	98.4
Rb	4.16	14.7	85.0	99.1
Cs	3.87	30.4	95.2	99.7
Be	9.32	<0.1	<0.1	0.1
Mg	7.64	<0.1	<0.1	2.8
Ca	6.11	0.2	2.0	40.5
Sr	5.69	0.6	5.2	68.5
Br	5.21	2.1	16.4	92.5

附表 6 GC 合成固定相

名 称	化学结构	极性	最高温度/℃	用 途
GDX—101	二乙烯苯-苯乙烯共聚物	很弱	270	
—102	二乙烯苯-苯乙烯共聚物	很弱	270	通用型
—103	二乙烯苯-苯乙烯共聚物	很弱	270	正苯酚-丁醇
—104	二乙烯苯-苯乙烯共聚物	很弱	270	通用型
—105	二乙烯苯-苯乙烯共聚物	很弱	270	
—201	二乙烯苯-苯乙烯共聚物	很弱	270	
—202	二乙烯苯-苯乙烯共聚物	很弱	270	高沸点化合物
—203	二乙烯苯-苯乙烯共聚物	很弱	270	
—301	二乙烯苯-三氯乙烯	弱	250	HCl-乙炔
—303	二乙烯苯-三氯乙烯	弱	250	
—401	二乙烯苯-吡咯酮	中等	250	氯化氢中水等
—403	二乙烯苯-吡咯酮	中等	250	水中氨,甲醛等
—501	二乙烯苯-丙烯腈	较弱	270	烯烃
—502	二乙烯苯-丙烯腈	强	259	烯烃
401 有机担体	二乙烯苯-乙烯乙基苯	很弱	270	
402—	二乙烯苯-苯乙烯	很弱	270	
403—	二乙烯苯-苯乙烯	很弱	270	
404—	二乙烯苯-丙烯腈	较强	270	
406—	苯乙烯-二乙烯苯			
407—	二乙烯苯-乙基乙烯			
408—	二乙烯苯-苯乙烯—极性			
Porapak-P	苯乙烯-二乙烯苯	弱	350	美国 W. A. I
Porapak-P	苯乙烯-二乙烯苯	强	250	

产地:天津试剂二厂。

附表 7 常用凝胶

凝胶	牌号	来源	有机胶① 无机胶②	均匀胶① 半均匀胶② 非均匀胶③	软胶① 半硬胶② 硬胶③	亲油性胶① 亲水性胶② 两性胶③
交联 聚苯乙烯	NGX JD Styragal Big-Beads	天津试剂二厂(中国) 吉大化工厂(中国) Waters(美国) Bio-Rad(美国)	① ① ① ①	①②③ ③ ②③ ①	①② ② ② ①	① ① ① ①
多孔硅胶	NDE Porasil Spherosil	天津试剂二厂(中国) Waters(美国) Pechiney—st. Gobain(法国)	② ② ②	③ ③ ③	③ ③ ③	①② ①② ①②
多孔玻璃	CPG Bio-Rad	Electro Nucleoni (美国) Bio-Rad(美国)	② ②	③ ③	③ ③	① ①
交联聚乙酸 乙烯酯	Merckogel —OR	E. Merck(德国)	①	①②	①②	①
交联葡聚糖羟 丙基化交联 葡聚糖	Sephadex 交联葡聚糖 LH—20 Sephadex LH—20	Fharmacia(瑞典) 上海东风生化制品厂 (中国) Fharmacia(瑞典)	① ① ①	① ① ①	① ① ①	② ③ ③
交联聚丙烯 酰胺	Bio-Gelp	Bio-Rad(美国)	①	①	①	①
琼脂 糖凝胶	珠状琼脂糖 Sepharose Bio-GelA	上海东风生化制品厂(中国) Fharmacia(瑞典) Bio-Rad(美国)	① ① ①	① ① ①	① ① ①	② ② ②

附表 8 GC 热导检测中校正因子

化合物	f_w	化合物	f_w	化合物	f_w	化合物	f_w
甲烷	0.45	苯	0.780	甲醇	0.58	丙酮	0.68
乙烷	0.50	甲苯	0.794	乙醇	0.84	甲乙酮	0.74
丙烷	0.68	乙苯	0.822	正丙醇	0.72	甲基正乙酮	0.67
丁烷	0.68	间二甲苯	0.812	异丙醇	0.71	环己酮	0.785
戊烷	0.69	对二甲苯	0.812	正丁醇	0.78	2-壬酮	0.84
己烷	0.70	邻二甲苯	0.840	异丁醇	0.77	甲基正戊酮	0.86
庚烷	0.70	异丙苯	0.826	另丁醇	0.76	氩气	0.95
辛烷	0.71	正丙苯	0.847	特丁醇	0.77	氮气	0.67
壬烷	0.72	另丁苯	0.847	2-戊醇	0.80	氧气	0.80
癸烷	0.71	联苯	0.912	3-戊醇	0.81	CO_2	0.915
十一烷	0.79	苯	0.923	正己醇	0.87	CO	0.67
十四烷	0.85	1,2,4-三甲苯	0.800	正庚醇	0.91	CCl_4	1.43
C20-135 烷	0.72	1,2,3-三甲苯	0.806	癸庚	0.88	H_2S	0.89

附表 9 GC 氢焰检测相对校正因子(f_w)

化合物	f_w	化合物	f_w	化合物	f_w	化合物	f_w
甲烷	0.97	苯	1.12	甲醇	0.23	甲酸	0.01
乙烷	0.97	甲苯	1.07	乙醇	0.46	乙酸	0.24
丙烷	0.98	乙苯	1.03	正丙醇	0.60	丙酸	0.40
丁烷	1.09	对二甲苯	1.00	异丙醇	0.53	丁酸	0.48
戊烷	1.04	间二甲苯	1.04	正丁醇	0.66	乙酸	0.63
己烷	1.03	邻二甲苯	1.02	异丁醇	0.68	庚酸	0.61
庚烷	1.00	乙炔	1.07	另丁醇	0.69	辛酸	0.65
辛烷	0.97	乙烯-1	1.02	特丁醇	0.74	丙酮	0.49
壬烷	0.93	辛烯-1	0.99	戊醇	0.71	甲乙酮	0.61
丁醛	0.62	癸烯-1	1.01	己醇	0.74	丁基丁酮	0.71
庚醛	0.77	乙烯	1.02	辛醇	0.88	乙基戊酮	0.80
辛醛	0.78		癸醇	0.84	环己酮	0.72	
癸醛	0.80						

附表 10 LC 凝胶色谱常用溶剂物理常数

溶 剂	物 理 性 质			
	沸点(℃)	黏度($\mathrm{CP}^{20℃}$)	$\mathrm{nD}^{20℃}$	无紫外吸收下限/nm
四氢呋喃	66	0.51(25℃)	1.407 0	220
三氯代苯	213	1.89(25℃)	1.571 7	
邻二氯苯	180	1.26	1.551 5	
甲苯	110.6	0.59	1.496 1	285
二甲基甲酰胺	153	0.90	1.428 0	295
环己烷	80.7	0.98	1.426 2	220
间二甲苯	139.1	0.86	1.497 2	290
二氧六环	101.3	1.439	1.422 1	220
二氯乙烷	84	0.84	1.444 3	225
间甲酚	202.8	20.8	1.544	
苯	80.1	0.652	1.501 1	280
邻氯代苯酚	175.6	4.11	1.547 3(40℃)	
四氯化碳	79.8	0.969	1.460 7	265
水	100	1.00	1.333	
三氯甲烷	61.7	0.58	1.446	245
己 烷	68.7	0.326	1.374 9	210
二氯甲烷	40.0	0.440	1.423 7	220

附表 11 SP 萃取分光光度法中某些项目的操作条件

元 素	显色剂	萃取剂	pH 范围	最大吸收波长/nm	ε
Pb	双硫腙	CCl_4,$CHCl_3$	8~9	510	5.7×10^4
Hg	双硫腙	$CHCl_3$			—
Zn	双硫腙	CCl_4	4~5.5	535	9.3×10^4
Cd	双硫腙	$CHCl_3$		518	8.56×10^4
Cu	新亚铜灵	$CHCl_3$	4~9	457	8×10^3

附表 12 UV 法中常用有机溶剂及其适用波长极限范围 单位:nm

溶　剂	10mm 液池	0.1mm 液池	沸点/℃
乙腈	190	180	81.4
甲醇	205	186	64.7
(乙醇 95%)	204	187	78.1
乙醚	215	197	34.6
四氯化碳	265	255	76.9
氯仿	245	235	62
水	205	172	100.0
甲苯	285	268	110.8
苯	280	265	80.1
戊烷	195	173	68.8
环己烷	205	190	80.8
己烷	195	173	62.8

附表 13 气体和有机物蒸汽的导热系数* 单位:10^{-3} W/(m·K)

化合物	工作温度/K		化合物	工作温度/K	
	273.15	373.15		273.15	373.15
空气	24.3	31.4	环己烷	—	18.0
H_2	174.1	223.4	乙烯	17.6	31.0
He	145.6	374.1	乙炔	18.8	28.5
N_2	24.3	31.4	苯	9.2	18.4
O_2	24.7	31.8	乙醇	—	22.2
氩	16.7	21.8	丙酮	10.0	17.6
CO	23.4	30.1	CCl_4	—	9.2
CO_2	14.6	22.2	氯仿	6.7	10.5
NO	23.8	—	溴乙烷	7.1	—
SO_2	8.4	—	甲烷	15.9	—
H_2S	13.0	—	二乙胺	12.6	—
NH_3	21.8	32.6	乙丁醚	—	19.7
CS_2	13.5	—	甲乙醚	—	24.9
甲烷	30.1	45.5	丙醚	—	19.2
乙烷	18.0	30.5	丁醚	—	16.7
丙烷	15.1	26.4	乙酸甲酯	6.7	—
正丁烷	13.4	23.4	乙酸乙酯	—	17.2

* 导热系数定义为单位温差下热流量。

附表 14　LC 几种淋洗液的本底电导

淋　洗　液	温度/℃	测量值/μs
NaB_2 4×10^{-4} mol/L pH 7.0	22	0.50
NaB_2 H^-型交换	21.3	0.92
KB_2 2×10^{-4} mol/L pH 7.0	22.0	0.65
HB_2 8.4×10^{-4} mol/L	22.2	2.15
$NaHCO_3$ 2×10^{-4} mol/L pH 7.5	22.8	0.53
$NaHCO_3$ H^+型交换	27.7	0.15
纯水	23.0	0.042
$NaHCO_3$ 0.003 mol/L	22.8	20.9
Na_2CO_3 0.0024 mol/L		
KPh 2×10^{-4} mol/L pH 6.7	22.1	1.36
KPh　H^+型交换	22.6	1.93
K_2Cit 2×10^{-4} pH 7.6	22.0	2.37
K_2Cit H^+型交换	22.0	1.96
K_2—苯甲酸根　pH—邻苯二甲酸根　Cit—柠檬酸根		

附表 15　GC 常用担体

型　　号	用途(特点)	厂　　家
红色担体		大连
6201	非极性	大连
6201 硅烷化	吸附小,催化活性小	大连
6201 釉化	吸附小,催化活性小	大连
301 釉化	各等极性组分	上试
302 釉化	由 202 釉化,再高温灼烧	上试
201		上试
201 酸洗	盐酸洗	上试
202		上试
202 酸洗	盐酸洗	上试
Chromosorbe 白色担体	红色硅藻土担体	美国 J. M.
403		大连
101		上试
101 酸洗		上试
102		上试
102 酸洗		上试
102 烷化		上试
Chromosorbe	白色硅藻土担体	上试
其他		上试
玻璃微球		上试
701	氟担体	上试
玻璃球硅烷化担体	用六甲基二硅胺处理	上试

附表 16 IP 定性分析的官能团分类试验

序号	试剂	官能团	阳性反应颜色	检出限 $D/\mu g$
1	$K_2CrO_7-HNO_3[Ce(NO_3)]$	醇类	蓝色	23
2	2,4-二硝基苯肼(Schiff 试剂)	醛类	黄色沉淀	23
3	2,4-二硝基苯肼	酮类	黄色沉淀	20
4	氧肟酸铁	酯类	红色	20
5	亚硝基铁氰化钠	硫醇	红色	53
6	$Pb(OAC)_2$	硫醇	黄色沉淀	100
7	亚硝基铁氰化钠	硫醚	红色	50
8	亚硝基铁氰化钠	二硫化物	红色	50
9	锭红	二硫化物	绿色	100
10	碱性苯磺酸酰氯	胺类	橙色	100
11	氧肟酸铁-丙二醇	腈类	红色	40
12	$HCHO-H_2SO_4$	芳香族	酒红色	20
13	$HCHO-H_2SO_4$	脂肪族(不饱和)	酒红色	40
14	$C_2H_5OH-AgNO_3$	卤代烃	白色沉淀	20

附表 17 ICP-ES 检出限测试结果比较表

序号	测定元素	选用波长/nm	检出限/($\mu g/ml$)		
			国产 7502 型测定值	美国 J-A 型测定值	文献值
1	S	190.027	3.6		10
2	As	197.197	0.053		0.051
		193.696(美)		0.15	
3	Mo	202.030	0.0018	0.003 6	0.005 3
4	W	207.911	0.0021	0.01	0.020
5	P	213.618	0.010		0.051
		214.914(美)		0.7	
6	Sb	217.581	0.006 5		0.029
		206.833(美)		0.017	
7	Bi	223.061	0.01	0.016	0.023
8	Co	228.616	0.001 4	0.001 6	0.004 7
9	Sn	235.484	0.019		0.064
		189.989(美)		0.016	
10	Fe	240.488	0.002		0.007 3
		259.940(美)		0.043	
11	B	249.678	0.001	0.002 9	0.003 8
12	Mn	257.610	0.0001 3	0.001 6	0.000 93
13	Cr	267.716	0.000 95	0.003 4	0.004 7
14	Mg	279.553	0.000 05		0.000 1
		279.079(美)		0.003	
15	Si	288.158	0.007		0.018
		251.611(美)		0.002 5	
16	V	292.402	0.000 8	0.001 4	0.005
17	Nb	309.418	0.002 3		0.024

续表

序号	测定元素	选用波长/nm	检出限/(μg/ml)		
			国产 7502 型测定值	美国 J—A 型测定值	文献值
		271.662(美)		0.008 5	
18	Ca	317.933	0.001 7	0.016	0.006 7
19	Cu	324.754	0.000 6	0.001 6	0.002
20	Na	330.237	0.54		1.3
		588.995(美)		0.001	
21	Ti	336.121	0.000 5		0.003 5
		334.904(美)		0.000 8	
22	Zr	343.823	0.000 7	0.000 7	0.004 7
23	Y	360.073	0.000 97		0.003 2
		371.911(美)		0.000 12	
24	Yb	639.419	0.000 5		0.002
		328.937		0.000 8	
25	La	379.478	0.001 2	0.000 5	0.006 7
26	C	193.091×2			0.029
27	Al	396.152	0.008 5		0.019
		308.215(美)		0.01	
28	K	404.721	6.42		42.857
		766.400(美)		0.04	
29	Zn	206.200×2	0.004 6		0.003 9
		213.856(美)		0.002	
30	Ce	418.660	0.008 3	0.006 5	0.035
31	Te	214.182×2	0.022 6		0.027
		238.578(美)		0.1	
32	Sr	216.596×2			0.005 5
33	Pb	220.353×2	0.058	0.009 6	0.028
34	Bk	449.670			
35	Ba	455.403	0.000 4		0.000 87
		493.409(美)		0.001 5	
36	Ni	231.604×2	0.006		0.010
		231.604(美)		0.004 2	

附表 18　ICP-ES 精密度和长期稳定度的测试结果比较

序号	测定元素	选用波长/nm	质量分数($\times10^{-6}$)	精密度 RSD(%)		长期稳定性	
				国产 7502 型测试值	美国 J-A1160 型测试值	国产 7502 型测试值	美国 J-A1160 型测试值
1	S	190.027	1 000	1.03		1.51	
2	As	197.197	100	0.401		0.69	
		193.697	10		1.06		1.36
3	Mo	202.030	10	0.482	1.13	1.09	1.69
4	W	207.911	100	0.304		1.21	
			10		1.47		2.06
5	P	213.618	100	0.462		1.11	
		214.914	10		1.16		1.70
6	Sb	217.581	10	0.407		1.54	
		206.833	10		1.34		2.05
7	Bi	223.061	10	0.385	1.13	0.35	1.60
8	Co	228.616	10	0.406	0.78	1.58	0.95

续表

序号	测定元素	选用波长/nm	质量分数(×10⁻⁶)	精密度 RSD(%)		长期稳定性	
				国产 7502 型测试值	美国 J-A1160 型测试值	国产 7502 型测试值	美国 J-A1160 型测试值
9	Sn	235.484	100	0.425		0.96	
		189.989	10		1.16		2.97
10	Fe	240.488	10	0.345		0.57	
		259.940	10		1.1		1.83
11	B	249.678	10	0.286	0.83	1.17	0.62
12	Mn	257.610	10	0.414	0.68	1.17	1.19
13	Cr	267.716	10	0.476	0.74	0.83	0.36
14	Mg	279.553	1	0.716		0.51	
		279.079	10		0.76		1.17
15	Si	288.158	100	0.427		0.29	
		251.611	10		0.71		0.01
16	V	292.402	10	0.593	1.36	0.66	0.53
17	Nb	309.418	100	0.736		0.21	
		271.662	10		1.67		0.39
18	Ca	317.933	10	0.639	0.64	0.65	1.1
19	Cu	324.754	10	0.348	1.08	0.80	0.4
20	Na	330.237	1 000	0.776		0.42	
		588.995	10		0.87		1.17
21	Ti	336.121	10	0.273		2.0	
		334.904	10		1.05		1.64
22	Zr	343.823	10	0.488	0.95	0.4	1.64
23	Y	360.073	10	0.723		0.73	
		371.911	10		1.25		1.14
24	Yb	369.419	10	0.557		1.32	
		328.937	10		0.64		1.4
25	La	379.478	10	0.331	1.23	0.45	1.3
26	C	193.091×2					
27	Al	396.152	10	0.289		0.675	
		308.215	10		1.3		1.63
28	K	404.721	1 000	0.689		0.33	
		766.400	10		1.1		1.68
29	Zn	206.200×2	10	0.554		1.08	
		213.856	10		0.67		0.73
30	Ce	418.660	10	0.482	1.47	1.01	1.2
31	Te	214.281×2	100	0.473		0.63	
		238.578	10		2		3.1
32	Sr	216.596×2	10		1.09		0.68
33	Pb	220.353×2	100	0.48		0.34	
		220.353	10		0.91		0.7
34	Bk						
35	Ba	455.403	10	0.488		0.46	
		493.409	10		1.1		0.6
36	Ni	231.604×2	10	0.464		0.83	
		231.604	10		1.09		1.7

参 考 文 献

毕爱华，等．医学免疫学．北京：人民军事医学出版社，1995.

陈丙成，等．城市遥感分析．南京：南京大学出版社，1991.

戴树桂，等．仪器分析．北京：高等教育出版社，1985.

董鸣，等．生物群落调查观测分析．北京：中国标准出版社，1996.

国家环保局．中国生态监测网络规划．北京：中国环境科学出版社，1996.

国家环保总局．环境监测技术规范．北京：中国环境科学出版社，2003.

国家环保总局．空气废气监测分析方法．北京：中国环境科学出版社，2003.

国家环保总局．水和废水监测分析方法．北京：中国环境科学出版社，2002.

化学工业部．大气污染监测方法．北京：化学工业出版社，1986.

角淑艳，等．中国环境监测，2013，29（2）．

陆雍森，等．环境监测．北京：中国环境科学出版社，1996.

孟学强，等．环境毒理学．北京：中国环境科学出版社，2000.

齐文启，等．环境监测实用技术．北京：中国环境科学出版社，2006.

齐文启，等．环境监测新技术．北京：化学工业出版社，2003.

清华大学．现代仪器分析．北京：清华大学出版社，1983.

天津环保局．天津——渤海湾地区环境遥感论文集．北京：科学出版社，1985.

王文杰，等．环境遥感监测与应用．北京：海洋出版社，2011.

吴邦灿，等．环境监测管理学．北京：中国环境科学出版社，2004.

吴邦灿，等．环境监测中仪器分析．北京：中国环境科学出版社，1993.

吴邦灿．环境监测管理．北京：中国环境科学出版社，1997.

吴邦灿．环境监测技术．北京：中国环境科学出版社，1996.

吴邦灿．现代环境监测技术．北京：中国环境科学出版社，1999.

吴培中，等．海洋遥感研究应用论文集．北京：海洋出版社，1992.

徐冠华，等．再生资源遥感研究．北京：科学出版社，1988.

徐希孺，等．环境监测与作物估产遥感研究文集．北京：北京大学出版社，1991.

杨承义，等．环境监测．天津：天津大学出版社，1993.

郑威，等．资源遥感纲要．北京：中国科技出版社，1995.

Sherry JP，et al.，Enzyme-immunoassay techniques for the detection of atrazine in water samples：evaluation of a commercial tube based assay. Chemosphere，1993，26（12）：2173.

Thurman EM，et al.，Enzyme-linked immunsorbent assay compared with gas chromatography/mass spectrometry for the determination of triazine herbicides in water. Anal Chem.